《有机化学》编委会

（供高职高专使用）

主　编： 陈优生

副主编： 王　希　贾红圣

编　者：（按姓氏笔画排序）

王　希（广东食品药品职业学院）

刘尚莲（健雄职业技术学院）

刘晓庚（南京财经大学）

陈优生（广东食品药品职业学院）

贾红圣（健雄职业技术学院）

主　审： 顾　准

有机化学

ORGANIC CHEMISTRY

陈优生 主编

暨南大學出版社
JINAN UNIVERSITY PRESS

中国 · 广州

图书在版编目（CIP）数据

有机化学/陈优生主编．—广州：暨南大学出版社，2012.2
ISBN 978-7-5668-0105-0

Ⅰ.①有…　Ⅱ.①陈…　Ⅲ.①有机化学—高等职业教育—教材　Ⅳ.①O62

中国版本图书馆 CIP 数据核字（2012）第 019148 号

出版发行：暨南大学出版社

地　址：中国广州暨南大学
电　话：总编室（8620）85221601
　　　　营销部（8620）85225284　85228291　85228292（邮购）
传　真：（8620）85221583（办公室）　85223774（营销部）
邮　编：510630
网　址：http：//www.jnupress.com　http：//press.jnu.edu.cn

排　版：广州市天河星辰文化发展部照排中心
印　刷：佛山市浩文彩色印刷有限公司

开　本：787mm×1092mm　1/16
印　张：23.625
字　数：606 千
版　次：2012 年 2 月第 1 版
印　次：2012 年 2 月第 1 次
印　数：1—2000 册

定　价：48.00 元

前 言

有机化学是医药类、化工类等的专业基础课，对专业培养效果起着举足轻重的作用，本教材主要供制药、药学、中药、化学、化工等专业的高职高专学生使用。

高职重在培养学生的应用型能力，编者在教材编写的过程中本着够用为度、实用为主的方针对有机化学课程的内容进行了编排。

本教材共分十五章，分别为：绪论，链烃，环烃，对映异构，卤代烃，醇和酚，醚和环氧化合物，醛、酮、醌，羧酸及其衍生物，羟基酸和酮酸，有机含氮化合物，杂环化合物，碳水化合物，氨基酸、蛋白质和核酸，光谱法在有机化学中的应用。编者在教材编排中删除了药学、化工等专业少用的一些知识，对一些内容加大了深度，以利于高职学生理解能力的培养，从而更有利于学生的深度学习。碳水化合物，氨基酸、蛋白质和核酸，光谱法在有机化学中的应用为拓展内容。

本书的编写分工如下：广东食品药品职业学院陈优生负责第 1 章、第 3 章、第 8 章，广东食品药品职业学院王希负责第 4 章、第 9 章、第 12 章，南京财经大学刘晓庚负责第 2 章、第 6 章、第 15 章，健雄职业技术学院贾红圣负责第 5 章、第 11 章、第 13 章，健雄职业技术学院刘尚莲负责第 7 章、第 10 章、第 14 章。

由于时间仓促，本书在编写中难免有疏漏之处，欢迎读者批评指正。

本书的编写工作得到了主审健雄职业技术学院顾准老师的指导与帮助，在此一并表示感谢。

编 者

2012 年 1 月

目　录

第1章 绪 论

1.1 有机化合物和有机化学

有机化合物都含碳元素，是含碳的化合物。绝大多数有机化合物还含有氢，有的还含氮、硫、氧和卤素等元素。有机化学是研究有机化合物的结构、性质、反应、合成和相互转变等规律的一门科学。

对有机化合物的认识和对其他事物的认识一样，都是由表及里，由浅入深，并在此基础上发展成一门学科的。有机化合物与人的生活和生存环境密切相关，人们在生活和生产实践中，早已使用各种有机化合物，后来从动植物中提取和加工得到各种有用的物质，如糖、酒、染料和药物等都为有机化合物。18 世纪末人们得到许多纯的化合物，如酒石酸、尿酸和乳酸等。这些化合物与矿物质相比，在性质上有明显差异，如对热不稳定、加热后易分解等。当时人们认为只有来自生物体，在“生命力”作用下产生的化合物才有这些特性，同时为区别这两类不同来源的化合物，分别把它们称为有机化合物和无机化合物，从此有了有机化合物和有机化学的概念。

1828 年德国一位年仅 28 岁的青年化学家 Wöhler F. 在实验室里浓缩氰酸铵时，偶然制得了有机物尿素。

$$NH_4OCN \xrightarrow{\triangle} (NH_2)_2CO$$

随后化学家们又合成了不少有机化合物，如 1845 年德国化学家 Kolber H. 合成了醋酸，1854 年法国化学家 Berthelot M. 合成了油脂等，人们才冲破了传统观念“有机物是来自生物体中的物质”的束缚，从此有机化学进入有机合成时代，从 1850 年至 1900 年的 50 年中，数百万种有机化合物被合成出来。如今，许多生命物质，例如蛋白质（我国科学家于 1965 年首次合成了相对分子质量较小的蛋白质——结晶牛胰岛素）、核酸和激素等也都被成功地合成出来。1848 年 Gmelin L. 根据 Wöhler F. 的实验和越来越多的有机合成事实，确立了有机化合物的新概念，即有机化合物是含碳化合物。而有机化学就是研究含碳化合物的化学。由于历史的沿用，现在人们仍然使用“有机”两字来描述有机化合物和有机化学，不过它的含义与早期 Berzelius J. 提出的“有机”的含义有本质的区别。

1.2 有机化学与生命科学的关系

有机化学最初的含义是生物物质的化学，即以生物体中的物质为研究对象。可见“有机”二字是同生命现象紧密相连而产生的，是历史的遗物。近200年来，有机化学已经发展成一门庞大的学科，它同其他科学技术一起创造了人类的美好生活，仅1995年一年化学家就创造了100万种以上的新化合物。现在，从结构复杂多样的生物大分子的合成到模拟生物过程模型的确立，标志着有机合成技术已达到了相当高的境界。

有机化学理论和实验上的成就，为现代分子生物学的诞生和发展打下了坚实的基础，是生命科学的有力支柱。生命科学也为有机化学的发展充实了丰富的内容。20世纪后半期诺贝尔奖的授予对象也反映了学科之间的交叉和融合的力量。Watson J. 和 Crick F. 的 DNA 双螺旋结构分子模型的提出是分子生物学发展史上划时代的成果。这一发现是基于对 DNA 分子内各种化学键的本质，特别是对氢键配对的充分了解。Cech T. 和 Altman S. 对核酶的发现，改变了酶就是蛋白质的传统观念。美国医学家、诺贝尔奖获得者 Kornberg A. 认为，“人类的形态和行为……都是由一系列各负其责的化学反应来决定的”，“生命的许多方面都可用化学语言来表达，这是一个真正的世界语”。实践表明，几乎所有生命科学中的问题都必将接受化学的挑战。20世纪90年代后期兴起的化学生物学是一门用化学理论、研究方法和手段在分子水平上探索生命科学问题的学科，这是化学自觉进入生命科学领域的标志。

有机化学与生命科学广泛地相互渗透，相互融合，二者的学科界限越来越模糊，令人看到有机化学在研究生物体本义上的回归。药理学关于药物的构效关系的研究、中草药成分提取分离以及病因的探索等，无一不是以有机化学知识为基础的。人类的衣食住行无不与有机化学有关系，人人都需要化学制品，我们生活在有机化学的世界里。

1.3 有机化合物结构与结构理论

有机化合物的结构是指分子中原子间的排列次序、原子相互间的立体位置、化学键的结合状态以及分子中电子的分布状态等各项内容的总称。

1.3.1 凯库勒结构式

19世纪后期凯库勒和古柏尔在有关结构学说的基础上，确定有机化合物中碳原子为四价；碳原子可以相互连接成碳链或碳环，也可与其他元素的原子（其他原子也有一定的化合价）连接成杂环；碳原子间可以单键、双键或叁键相互连接或与其他元素相互连接。例如，乙烷中两个碳原子以1价相互结合，乙烯中两个碳原子以2价相结合等，并采用以下凯库勒（Kekulé）结构式来表示：

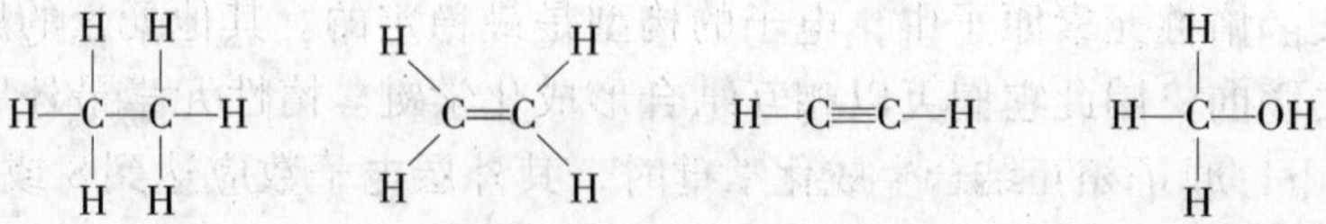

乙烷 乙烯 乙炔 甲醇

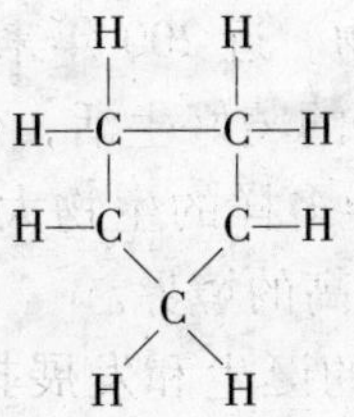

环戊烷

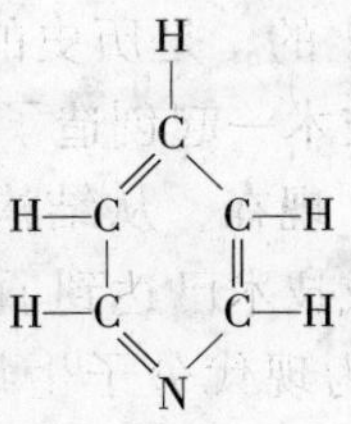

吡啶

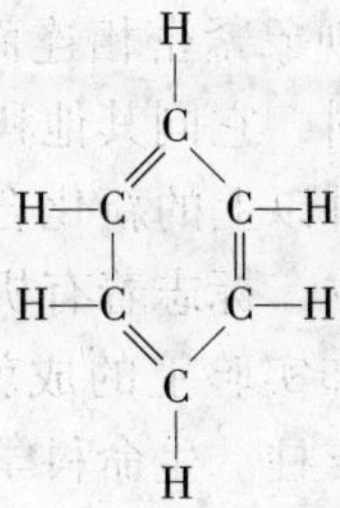

苯

1.3.2　碳原子的四面体结构

在 19 世纪末 20 世纪初，电子的发现、原子结构的揭示使物质结构理论有了极大的发展。荷兰化学家范霍夫（J. H. Van't Hoff，1852—1911）和法国化学家勒贝尔（J. A. Le Bel，1847—1930）分别独立提出了碳原子的立体概念，认为碳原子具有四面体结构。碳原子位于四面体中心，四个相等的价键伸向四面体的四个顶点，各个键之间的夹角为 109°28′（见图 1-1）。例如，当碳原子与四个氢原子结合成甲烷时，碳原子位于四面体中心，四个氢原子在四面体的四个顶点上（见图 1-2）。

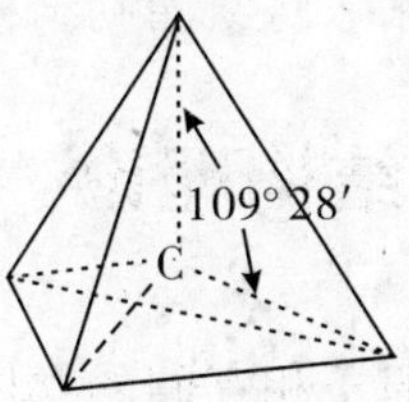

图 1-1　碳原子的四面体结构

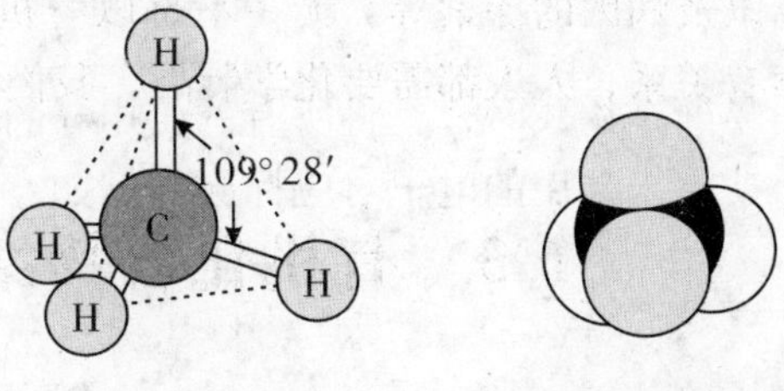

(a)棍球模型　(b)斯陶特模型

图 1-2　甲烷的四面体结构

碳原子的四面体结构不仅反映了碳原子的真实形象，而且为研究有机分子的立体形象奠定了基础。

1.3.3　路易斯结构式

对于碳原子为什么是四价的，两个原子之间靠什么力量相结合的问题，是直至原子结构学说的诞生才得到说明的。美国物理化学家路易斯（G. N. Lewis，1875—1946）等，在原子结构学说的基础上提出了著名的“八隅学说”，认为通常化学键的生成只与成键原子的最外层价电子有关。惰性元素原子中，电子的构型是最稳定的。其他元素的原子，都有达到这种稳定构型的倾向，因此它们可以相互结合形成化学键。惰性元素最外层电子数为 8 或 2，故一般情况下，原子相互结合生成化学键时，其外层电子数应达到 8 或 2。为了达到这种稳定的电子层结构，它们采取失去、获得或共用电子的方式成键。

有机化合物中的主要元素是碳，其外层有 4 个电子，它要失去或获得 4 个电子都不容易，因此，采用折中的办法，即和其他原子通过共用电子的方式成键。

例如：

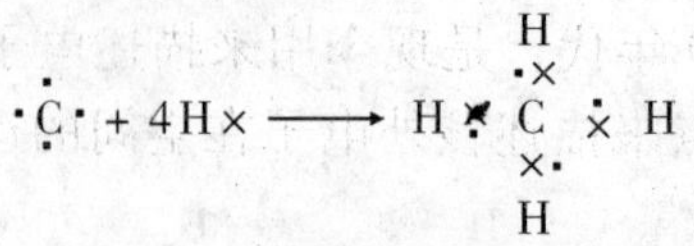

甲烷

在甲烷分子中，碳原子和氢原子最外层分别有 8 个和 2 个电子，都达到了最稳定的构型。

原子间通过共用一对电子而形成的化学键称为共价键。有机化合物中绝大多数的化学键是共价键。

用电子对表示共价键的结构式称为路易斯（Lewis）结构式，路易斯结构中的一对电子，在凯库勒结构式中用一短横线来表示。

两个原子间共用两对或三对电子，就生成双键或叁键。例如：

乙烯　乙烯

乙炔

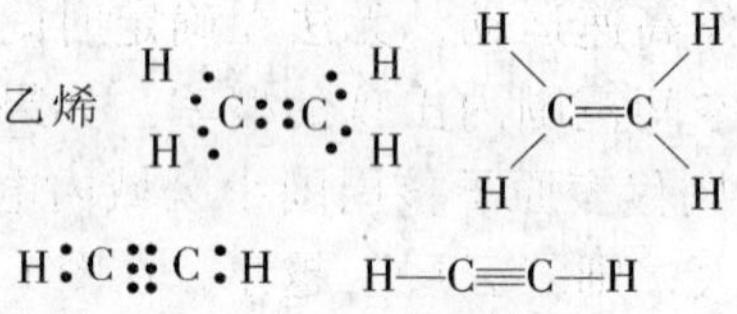

路易斯结构式　凯库勒结构式

书写路易斯结构式时，要将所有的价电子都表示出来。将凯库勒结构式改写成路易斯结构式时，要将未共用的电子对应标出。例如：

乙醇

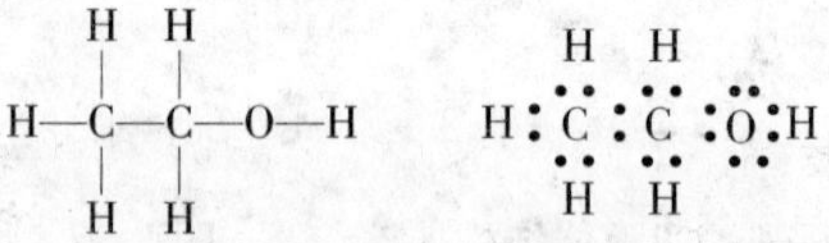

凯库勒结构式　　路易斯结构式

有机化合物的一些性质与未共用电子对有关。

原子间通过电子转移产生正、负离子，两者相互吸收所形成的化学键称离子键。例如：

这两个离子的最外电子层都有 8 个电子，都达到了最稳定的构型。

配位键：这是一种特殊的共价键，其特点是形成共价键的一对电子是由一个原子提供的。例如：氨分子与质子结合生成铵离子时，由氨分子中的氮原子提供一对电子形成氮氢 N—H 共价键。

1.3.4　原子轨道

路易斯价键理论虽然有助于对有机化合物的结构与性质的关系的理解，但仍是一种静态的理论，并未能说明化学键形成的本质，即未能从电子的运动来阐明问题。对分子如何形成的概念和共价键本质的更深入理解，还是在量子力学建立以后的事。

量子力学创始于20世纪20年代，是现今用来描述电子或其他微观粒子运动的基本理论。化学家们用量子力学的观点来描述核外电子在空间的运动状态和处理化学键问题，建立了现代共价键理论。

现代共价键理论包括价键理论和分子轨道理论，现就相关概念和知识作一些简单介绍。

20世纪20年代，人们用电子衍射实验证明，凡是微观粒子如光子、电子等，都具有波粒二象性，其运动是服从微观运动规律的，可以用量子力学的波动方程——薛定谔方程来描述。

$$H\psi = E\psi$$

求解波动方程所得的每一个 ψ 值，则表示粒子的一个运动状态。与每一个 ψ 相应的 E 就是粒子在该状态下的能量。因此，对于原子来说，波函数 ψ 就是描述其核外电子运动的状态函数，称原子轨道。轨道有不同的形状态和大小；不同能量的电子分占不同类型的轨道。

由于电子围绕原子核作高速运动，无法在确定时间内找出电子的准确位置，但是可以知道电子在某一时间某一空间范围内出现的概率。如果将电子出现的概率看作带负电荷的云，波函数的平方（ψ^2）则代表原子核周围小区域内电子云出现的概率。ψ^2 与概率密度成正比。电子出现的概率越大，则“云层”越厚，在图1－3（b）中的黑点越密（图1－3是氢原子的1s轨道示意图）；电子出现的概率越小，则“云层”越薄。

轨道的形状和“云”的形状大致相似。s轨道为球形核对称，沿轨道对称轴转任何角度，轨道的位相不变，没有方向性。轨道的大小为1s＜2s＜3s。

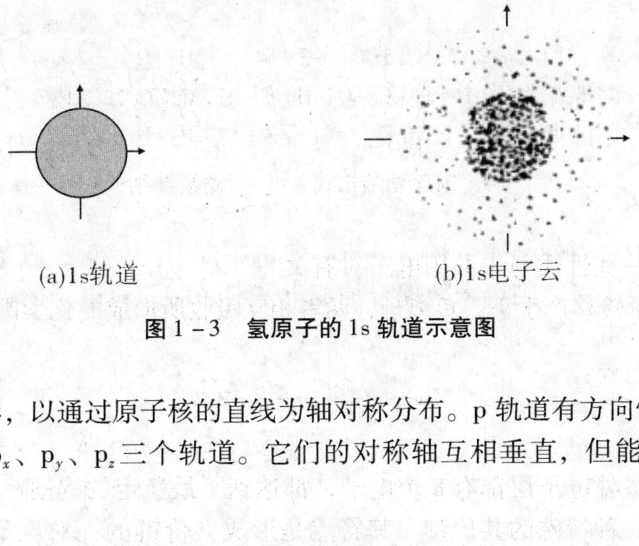

图1－3 氢原子的1s轨道示意图

p轨道为哑铃形，以通过原子核的直线为轴对称分布。p轨道有方向性，沿 x、y、z 三个方向伸展，分别为 p_x、p_y、p_z 三个轨道。它们的对称轴互相垂直，但能量相等。如图1－4所示。

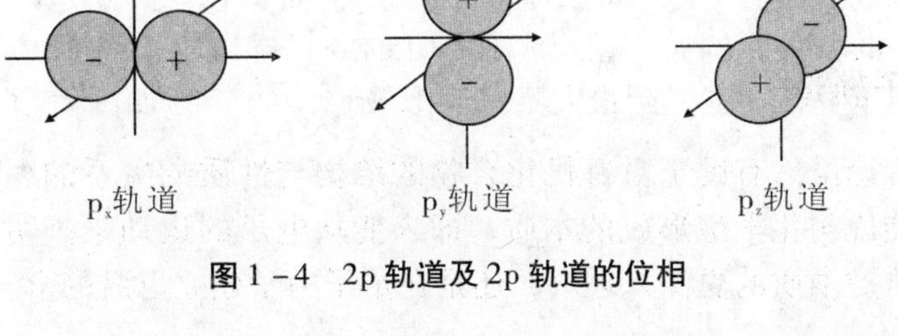

图1－4 2p轨道及2p轨道的位相

轨道图中的“+”和“-”表示波位相。p 轨道的大小为 2p < 3p < 4p。

任何一个原子轨道只能被两个自旋相反的电子所占据，通常用向上和向下的箭头（↑↓）来表示。电子首先占据能量最低的轨道，将此种轨道填满后，才依次占据能量较高的轨道。当有几个能量相同的轨道时，则电子尽可能分占不同的轨道。以上三点就是保里（W. Pauli）不相容原理、能量最低原理和洪特（E. Hund）规则。

1.3.5 共价键的本质

两个氢原子通过共用一对电子形成氢分子，并且在通常条件下，氢分子不会自动分解成氢原子。这说明两个氢原子共用一对电子比各自带一个电子要稳定得多。1927 年德国化学家海德勒（W. Heiter）和伦敦（F. London）首次成功地论证了这一事实。他们利用量子力学的近似方法处理化学键问题，计算氢分子中共价键形成时体系的能量变化。结果发现，当各自带有一个单电子且自旋相反的两个氢原子相互接近到一定程度（核间距 $r = 0.074$ nm）时，两个原子轨道重叠，核间产生电子云密度较大的区域，吸引着两个原子核，此时体系能量降低（比两个孤立的氢原子的能量低），形成了稳定的氢分子（如图 1-5 所示），降低的能量就是氢分子的结合能，这就是共价键的本质。

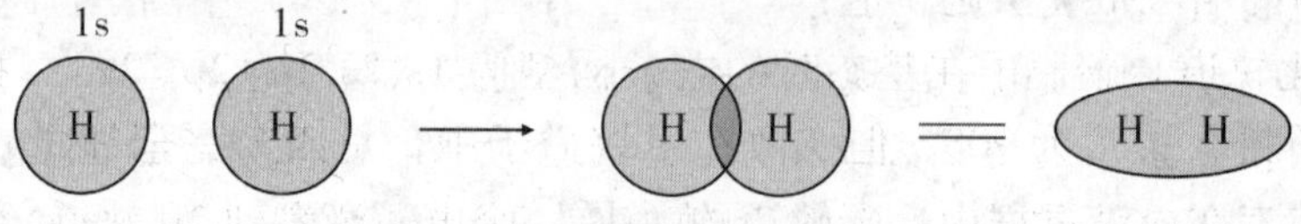

图 1-5 氢分子的生成

后来美国化学家鲍林（L. Pauling，1901—1994）等，把处理氢分子的共价键的方法定性地推广到双原子和多原子分子时，发现通过近似方法计算可以得到与实验大致符合的结果。近似方法中最常用的两种方法是价键法和分子轨道法。

1.3.6 价键法

价键法把键的形成看作是原子轨道的重叠或电子配对的结果。原子在化合前所含的未成对电子如果自旋反平行，则可两两偶合构成电子对，每一对电子的偶合就生成一个共价键，所以价键法又称电子配对法。

价键法的主要内容：

（1）形成共价键的两个电子必须自旋反平行（↑↓）。

（2）共价键有饱和性：元素原子的共价键数等于该原子的未成对电子数。如果一个原子的未成对电子已经配对，它就不能再与其他原子的未成对电子配对。例如，氢原子的 1s 电子与一个氯原子的 3p 电子配对形成 HCl 分子后，就不能再与第二个氯原子结合成 HCl_2。

（3）共价键有方向性：原子轨道重叠成键时，轨道重叠越多，形成的键越强，即最大重叠原理。因此，成键的两个原子轨道必须按一定方向重叠，以满足两个轨道最大程度的重叠，形成稳定的共价键。例如，在形成 H—Cl 时，只有氢原子的 1s 轨道沿着氯原子的 3p 轨道对称轴的方向重叠，才能达到最大重叠而形成稳定的键（如图 1-6 所示）。这就是共价键的方向性。

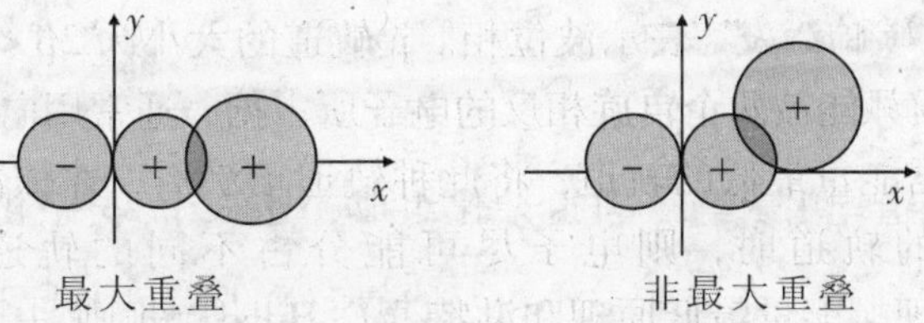

图1-6 s轨道和p轨道的重叠

(4) 能量相近的原子轨道可以进行“杂化”(hybridization)，从而组成能量相等的“杂化轨道”。

1.3.7 杂化轨道理论

杂化轨道理论是鲍林等人于1931年提出来的。杂化轨道理论认为，元素的原子在成键时，不但可以变成激发态，而且能量近似的原子轨道可以重新组合成新的原子轨道，称杂化轨道。杂化轨道的数目等于参与杂化的原子轨道的数目，并包含原子轨道的成分。杂化轨道的方向性更强，成键的能力也更强。

碳原子有 sp^3、sp^2 和 sp 杂化轨道：

(1) sp^3 杂化轨道。碳原子在基态时的电子构型为 $1s^2 2s^2 2p_x^1 2p_y^1 2p_z^0$，按理只有 $2p_x$ 和 $2p_y$ 可以形成共价键，键角为90°，但实际在甲烷分子中，是四个完全等同的键，键角均为109°28′。这是因为在成键过程中，碳的2s轨道有一个电子激发到 $2p_z$ 轨道，成为 $1s^2 2s^1 2p_x^1 2p_y^1 2p_z^1$。然后三个p轨道与一个s轨道重新组合杂化，形成四个完全相同的 sp^3 杂化轨道。其形状一头大一头小。每个轨道都是由 $\frac{s}{4}$ 与 $\frac{3p}{4}$ 轨道杂化而成。这四个 sp^3 轨道的方向都指向正四面体的四个顶点，因此 sp^3 轨道间的夹角都是109°28′，见图1-7。

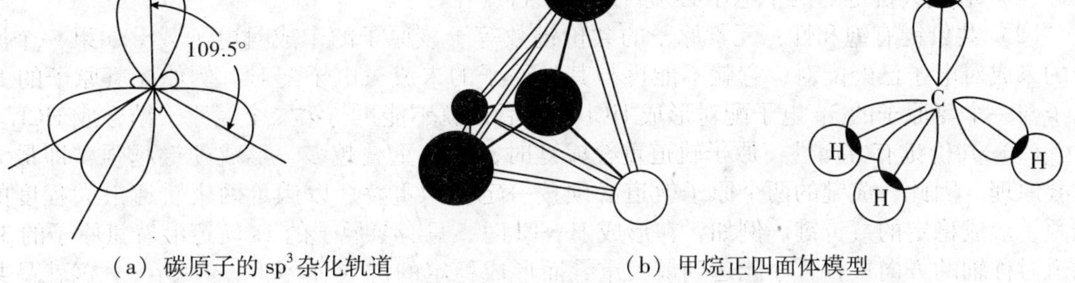

(a) 碳原子的 sp^3 杂化轨道　　(b) 甲烷正四面体模型

图1-7

(2) sp^2 杂化轨道。其碳原子在成键过程中，首先是碳的基态2s轨道中的一个电子激发到$2p_z$空轨道，然后碳的激发态中一个2s轨道和两个2p轨道重新组合杂化，形成三个相同的sp^2杂化轨道，还剩余一个p轨道未参与杂化。

每一个sp^2杂化轨道均由$\frac{s}{3}$与$\frac{2p}{3}$轨道杂化组成，这三个sp^2杂化轨道在同一平面，夹角为120°。余下一个$2p_z$轨道，垂直于三个sp^2轨道所处的平面，见图1-8。

乙烯分子中的两个碳原子和其他烯烃分子中构成双键的碳原子均为sp^2杂化。

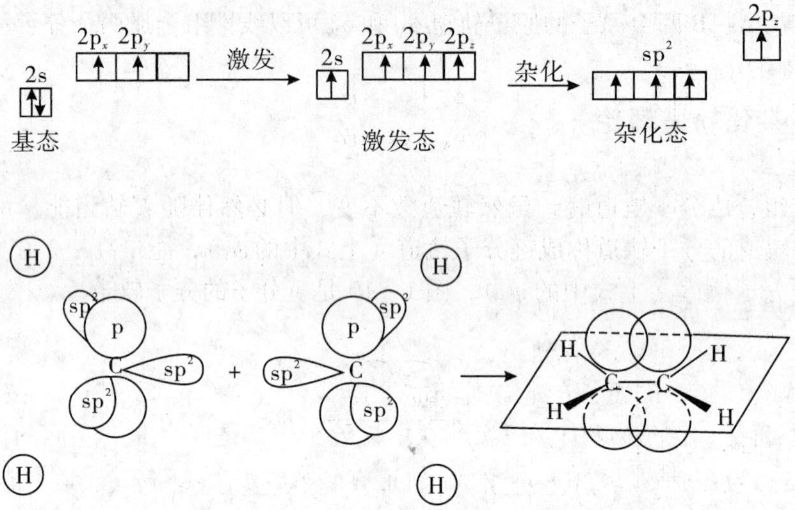

图1-8　碳原子的sp^2杂化轨道

（3）sp杂化轨道。sp杂化轨道是碳原子在成键过程中，碳的激发态的一个2s轨道与一个2p轨道重新组合杂化形成两个相同的sp杂化轨道，还剩余两个p轨道未参与杂化。

sp杂化轨道夹角为180°，呈直线形。余下两个互相垂直的p轨道又都与此直线垂直，见图1-9。

乙炔分子中的碳原子和其他炔烃分子中构成碳碳叁键的碳原子均为sp杂化。

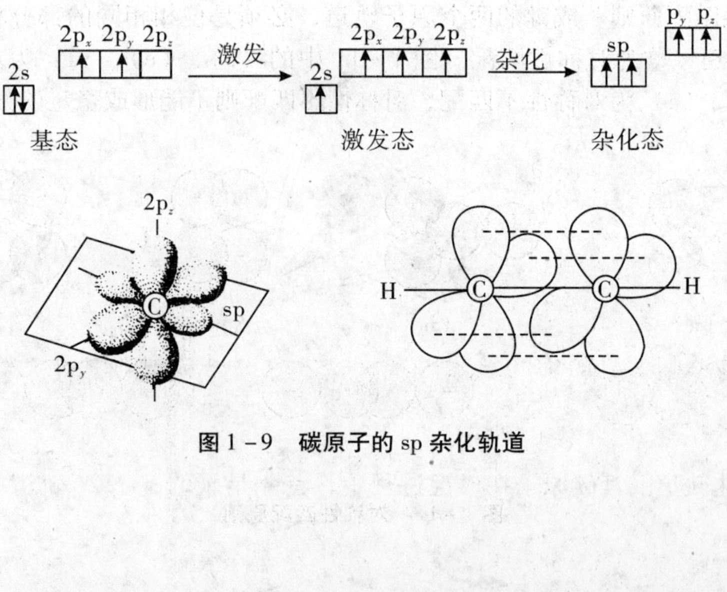

图1-9　碳原子的sp杂化轨道

1.3.8 分子轨道法

分子轨道法中目前应用最广泛的是原子轨道线性组合法，简称 LCAO 法，认为共价键的形成是成键原子的原子轨道相互接近相互作用而重新组合成整体的分子轨道的结果。分子轨道是电子在整个分子中运动的状态函数。分子轨道法认为“形成共价键的电子分布在整个分子之中”，这是一种“离域”的观点。其主要内容简单归纳如下：

（1）分子轨道由原子轨道线性组合而成。分子轨道法认为，n 个原子轨道组合成 n 个分子轨道。例如 A、B 两个原子的原子轨道 ϕ_A 和 ϕ_B 可以线性组合成两个分子轨道 ψ_1 和 ψ_2。

$$\phi_A + \phi_B = \psi_1$$

$$\phi_A - \phi_B = \psi_2$$

原子轨道组合成分子轨道时，虽然轨道数不变，但必然伴随着轨道能量的变化，能量低于 2 个原子轨道的分子轨道称成键分子轨道（上式中的 ψ_1），能量高于 2 个原子轨道的分子轨道称反键分子轨道（上式中的 ψ_2），图 1－10 是氢分子的分子轨道示意图。

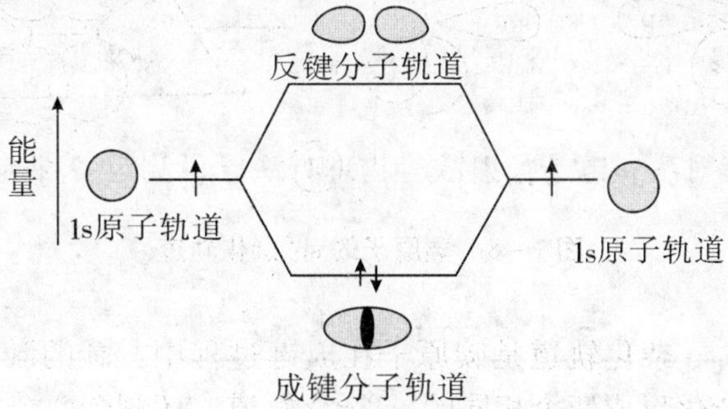

图 1－10 氢分子的分子轨道

（2）能量相近原则。分子轨道法认为，只有能量相近的原了轨道才能线性组合形成分子轨道。

（3）对称性匹配原则。成键的两个原子轨道，必须是位相相同的部分相互重叠才能形成稳定的分子轨道，称为对称性匹配。图 1－11 中的（c）、（e）、（f）为对称性匹配，而（a）、（b）、（d）、（g）为对称性不匹配，对称性不匹配则不能形成稳定的分子轨道。

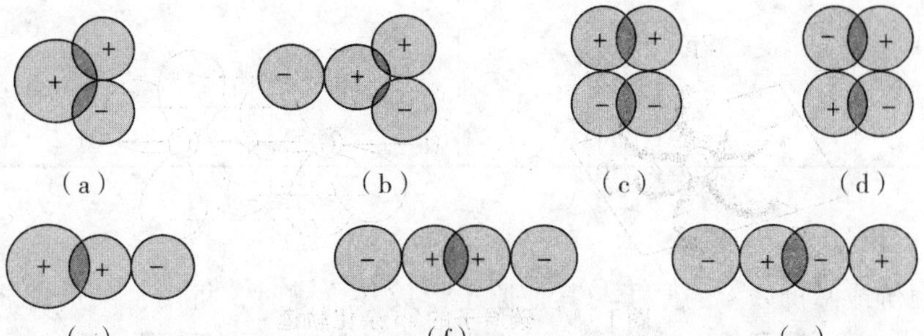

图 1－11 对称性匹配原则

(4) 重大重叠原则。即原子轨道相互重叠形成分子轨道时，轨道重叠越多，形成的键越稳定。这一点与价键法类似。

(5) 分子中电子排布时遵守能量最低原理、保里不相容原理和洪特规则。分子中的电子，在不违背每个分子轨道只能容纳两个自旋反平行的电子的原则下（也就是不违背保里不相容原理），电子将优先占据能量最低的分子轨道，并按照洪特规则尽可能分占能量相同的轨道且自旋平行。

1.4 共价键参数

有机化合物中最常见的是共价键，下面就共价键的一些基本特性（如键长、键角、键能等）作一些介绍。认识这些特性对进一步了解有机化合物的结构和各种性质是很有益的。

1. 键长

以共价键相结合的两个原子核间的距离称为键长。相同的共价键在不同的分子中其键长会稍有不同。因为成键的两个原子在分子中不是孤立的，它们要受到分子中其他原子的影响。

化学键的键长是考察化学键的稳定性的指标之一。一般来说，键长越长，越容易受到外界的影响而发生极化。

现在应用 X 射线衍射法、电子衍射法等物理方法已可测定各种键的键长。表 1－1 列出了一些常见共价键的键长。

表 1－1 一些常见共价键的键长

键	键长（nm）	键	键长（nm）
H—H	0.074	N—H	0.104
N—N	0.145	O—H	0.096
C—C	0.154	H—Cl	0.126
C—H	0.109	C═C	0.133
C—F	0.140	N═N	0.123
C—Cl	0.177	C═N	0.128
C—Br	0.191	C═O	0.120
C—I	0.212	C≡C	0.121
C—N	0.147	C≡N	0.116
C—O	0.143	N≡N	0.110

2. 键角

当一个两价或两价以上的原子与其他原子形成共价键时，每两个共价键之间的夹角称为键角。例如，前面提到的甲烷分子中，每两个 C—H 键之间的夹角为 109°28′。乙烯分子中，两个 C—H 键之间的夹角为 120°。这是因为甲烷和乙烯分子中碳原子的杂化状态不同。

显然键角的大小与成键的中心原子的杂化状态有关。此外，键角的大小还与中心碳原子上所连的基团有关。当中心碳原子相同而与之相连的基团不同时，键角也将有不同程度的改变。例如，甲烷和正丙烷分子：

甲烷　　　　正丙烷

每两个 C—H 键的夹角为 109°28′，是正四面体型

与中间 C 相连的两个 C—H 键的夹角为 106°，不是正四面体型

因此，键角与有机分子的立体形象有关。以上表示甲烷和丙烷的立体形象的式子称楔形式，式中的楔形实线表示该价键朝向纸平面前面，楔形虚线表示该价键朝向纸平面后面。

3. 键能和键的离解能

共价键断裂时需要从外界吸收能量；反之则要放出能量。分子中某一共价键均裂成原子或自由基所需要的能量称为该共价键的离解能，离解能亦称解离能。例如：

	DH（$kJ\cdot mol^{-1}$）
$H—H \longrightarrow 2H\cdot$	435.4
$H_3C—CH_3 \longrightarrow 2\dot{C}H_3$	368.4

反之，两个氢原子结合成氢分子，两个甲基自由基结合成乙烷，则分别放出 435.4 $kJ\cdot mol^{-1}$和 368.4 $kJ\cdot mol^{-1}$的能量。表 1－2 列出了一些分子中常见共价键的离解能。

表 1－2　一些分子中常见共价键的离解能

键	离解能（$kJ\cdot mol^{-1}$）	键	离解能（$kJ\cdot mol^{-1}$）
F—F	153.2	CH_3—Cl	351.6
H—F	565.1	Br—Br	192.6
CH_3—F	435.4	H—Br	364.2
C_2H_5—H	410.3	CH_3—Br	293.0
$(CH_3)_2CH$—H	397.4	I—I	150.6
$(CH_3)_3C$—H	380.9	H—I	297.2
C_6H_5—H	468.8	CH_3—CH_3	368.4
$C_6H_5CH_2$—H	355.8	$(CH_3)_2CH$—CH_3	351.6
CH_2═CH—H	452.1	$(CH_3)_3C$—CH_3	339.1
Cl—Cl	242.8	CH_2═CH—CH_3	406.0
H—Cl	431.2	CH_2═$CHCH_2$—CH_3	309.0

若将甲烷分子中的四个 C—H 键断裂总共需要的离解能（1 662.1 $kJ\cdot mol^{-1}$）除以 4，

即为断裂甲烷分子中每个 C—H 键平均需要的能量。人们将“一个多原子分子中几个同种共价键均裂时每个键平均需要的能量”称为平均键能，但四个 C—H 的离解能是不尽相同的，由此可见，平均键能与键的离解能的含义是不同的，甲烷分子中的四个 C—H 键的解离能量值如下：

	DH（$kJ \cdot mol^{-1}$）
$H_3C—H \longrightarrow \cdot CH_3 + H\cdot$	435.4
$H_2\dot{C}—H \longrightarrow \cdot \dot{C}H_2 + H\cdot$	368.4
$\cdot\dot{C}(H)—H \longrightarrow \cdot \dot{\underset{\cdot}{C}}H + H\cdot$	443.8
$\cdot\dot{\underset{\cdot}{C}}—H \longrightarrow \cdot\dot{\underset{\cdot}{C}}\cdot + H\cdot$	339.1

表 1-3　常见共价键的平均键能（$kJ \cdot mol^{-1}$）

键	键能	键	键能	键	键能	键	键能
O—H	464.7	C—C	347.4	C—Cl	339.1	C═N	615.3
N—H	389.3	C—O	360	C—Br	284.6	C≡N	891.6
S—H	347.4	C—N	305.6	C—I	217.8	C═O	736.7（醛）
C—H	414.4	C—S	272.1	C═C	611.2		749.3（酮）
H—H	435.3	C—F	485.6	C≡C	837.2		

通常将平均键能简称为键能。但对于双原子分子来说，键能就是离解能。键能是衡量共价键牢固度的一个重要参数。共价键的键能越大，说明键越牢固。

此外，利用平均键能可计算一个反应的反应热。因为从理论上讲，反应热就是化学反应前后键能的变化（ΔH），即反应物分子中键能的总和与反应后分子中键能总和之差。当 ΔH 为负值时，表示反应为放热反应；ΔH 为正值时，反应为吸热反应。当然，利用键能来计算一个反应的反应热，只是一种粗略的估算方法，因为并没有考虑对化学键键能的其他影响因素。但作为预测，还是很有用的。

4. 键的极性和极化性

由两个相同的原子形成的共价键，由于它们对成键电子的吸引力相同，其电子云在两个原子之间对称分布，这种共价键是没有极性的，称非极性共价键，例如 H—H 键和 Cl—Cl 键。

由不相同的原子形成的共价键，由于两个原子的电负性不同，它们对共享电子对的吸引力也不同。共享电子对偏向于电负性较大的原子，结果电子云在两个原子之间的分布就不对称，这种共价键具有极性，称极性共价键。例如，氯化氢分子中，氯的电负性比氢大，成键的一对电子偏向于氯，使氯附近的电子云密度大一些，而氢附近的电子云密度小一些，这样 H—Cl 键就产生了偶极，氯带上部分负电荷，而氢带上部分正电荷。所以 H—Cl 是极性共价键。极性共价键两端的带电状况一般用“δ^-”或“δ^+”标在有关原子的上方来表示。“δ^-”表示带有部分负电荷，“δ^+”表示带有部分正电荷。例如：

$$\overset{\delta^+}{H}—\overset{\delta^-}{Cl}$$

共价键极性的大小，主要取决于成键两原子的电负性之差。两种原子的电负性差越大，形成的共价键的极性就越大。表 1－4 列出了几种常见元素的电负性值。

表 1－4　几种常见元素的电负性值

元素	电负值	元素	电负值	元素	电负值	元素	电负值
H	2.15	P	2.1	C	2.6	F	3.9
Li	0.95	Mg	1.2	N	3.0	Cl	3.1
Na	0.9	S	2.6	O	3.5	Br	2.9
K	0.8	Ca	1.0	Al	1.5	I	2.6

共价键极性的大小可以用偶极矩（dipole moment，μ）来度量。偶极矩是指正负电荷中心间的距离 d 和正电荷或负电荷中心的电荷值 q 的乘积：

$$\mu = q \times d$$

μ 的单位为库仑·米（C·m）。偶极矩是一个向量，用符号“┼──→”表示，箭头指向带负电荷的一端。例如：

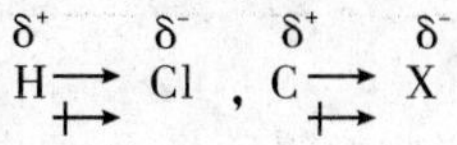

多原子分子的偶极矩是各极性共价键偶极矩的向量和。图 1－12 是几种化合物的偶极方向和偶极矩。

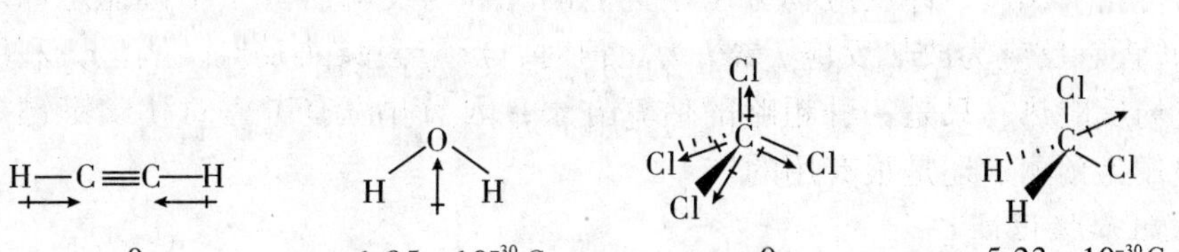

$\mu = 0$　　$\mu = 1.85 \times 10^{-30}$ C·m　　$\mu = 0$　　$\mu = 5.23 \times 10^{-30}$ C·m

图 1－12　几种化合物的偶极矩及偶极方向

共价键的极性是键的内在性质，它是共价键的一种永久极性（或称永久偶极）。

在外界电场的影响下，共价键的电子云分布会发生改变，即分子的极化状态发生了改变。但当外界电场消失后，共价键以及分子的极化状态又恢复原状。共价键对外界电场的这种敏感性称为共价键的极化性（或极化度）。极化性与成键原子的结构和键的种类有关。

各种共价键的极化性是不同的。共价键的极化性与其键内电子的流动性有关，成键原子的体积越大，电负性越小，核对成键原子的约束就越小，键电子的流动性越大，键的极化性就越大。例如 C—X 键的极化性大小顺序为：

$$C—Cl < C—Br < C—I$$

共价键的极化性与极性是共价键很重要的性质，它们和化学键的反应性能有着密切的关系。因为有机反应无非是旧键的断裂和新键的形成过程，而极性共价键就已孕育了破裂的因素。

［问题 1-1］ 写出与 C_3H_4 相适应的所有可能结构式。

［问题 1-2］ 写出嘌呤 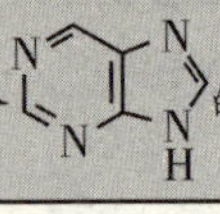 的分子式。

1.5 共价键的断裂方式

任何有机反应都要涉及键的断裂和形成。有机化合物中的化学键主要是共价键，下面介绍共价键断裂的两种方式。

1. 共价键的均裂

共价键的均裂是指共价键断裂后成键的 1 对电子平均分给 2 个原子或原子团。可表示为：

$$A : B \longrightarrow A\cdot + B\cdot \qquad \text{均裂}$$

共价键均裂所产生的带有一个孤电子的原子或原子团称自由基（radical）或游离基。自由基是有机反应中的一种活性中间体。上式中的符号“↷”和“↶”，表示单电子转移的方向。

通过均裂，即通过自由基中间体而进行的化学反应称自由基反应（radical reaction）。自由基反应一般在光、热或自由基引发剂的作用下进行。例如：

$$Br : Br \xrightarrow{\text{光照}} 2Br\cdot$$

2. 共价键的异裂

共价键的异裂是指共价键断裂后，成键的一对电子为某一个原子或原子团所占有，产生正离子和负离子。可表示为：

$$A : B \longrightarrow \underset{\text{负离子}}{A^-} + \underset{\text{正离子}}{B^+} \qquad \text{异裂}$$

上式中符号“↶”表示电子对转移的方向。正离子、负离子也是有机反应中的活性中间体。经过异裂所进行的化学反应称离子型反应。例如：

$$H:Cl \longrightarrow H^+ + Cl^-$$

离子型反应往往在酸、碱或极性条件下进行。

[问题 1－3]　$CH_2{=}CH_2$ 与 Br^+ 在一定条件下发生反应时，Br^+ 是什么试剂？

[问题 1－4]　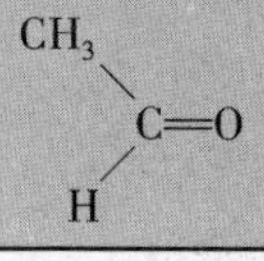 与 CN^- 在一定条件下发生反应时，CN^- 是什么试剂？

1.6　有机化学中的酸碱概念

有机化学中的酸碱理论是理解有机反应的最基本的概念之一，目前广泛应用于有机化学的是阿累尼乌斯（Arrhenius）酸碱电离论、布朗斯特（J. N. Brönsted）酸碱质子理论和路易斯（G. N. Lewis）酸碱电子理论。

1.6.1　阿累尼乌斯酸碱电离论

阿累尼乌斯于 1884 年提出在水中能电离出质子的化合物为酸，能电离出氢氧负离子的化合物为碱。

能在水中产生质子的有机化合物有羧酸（RCOOH）、磺酸（RSO_2OH）、酚（ArOH）、硫醇（RSH）等化合物；能产生氢氧负离子的主要是胺类化合物。

其他化合物如烃、卤代烃、醇、醛、酮和酰胺等在水中不能电离出氢质子，都属中性化合物。这种酸碱理论有很大的局限性。

1.6.2　布朗斯特酸碱质子理论

布朗斯特认为，凡是能给出质子的分子或离子都是酸；凡是能与质子结合的分子或离子都是碱。酸失去质子，剩余的基团就是它的共轭碱；碱得到质子生成的物质就是它的共轭酸。例如，醋酸溶于水的反应可表示如下：

$$CH_3COOH + H_2O \rightleftharpoons CH_3COO^- + H_3O^+$$

在正反应中，CH_3COOH 是酸，CH_3COO^- 是它的共轭碱；H_2O 是碱，H_3O^+ 是它的共轭酸。对逆反应来说，H_3O^+ 是酸，H_2O 是它的共轭碱；CH_3COO^- 是碱，CH_3COOH 是它的共轭酸。

在共轭酸碱中，一种酸的酸性愈强，其共轭碱的碱性就愈弱，因此，酸碱的概念是相对的，某一物质在一个反应中是酸，而在另一反应中可以是碱。例如，H_2O 对 CH_3COO^- 来说是酸，而对 NH_4^+ 来说则是碱：

$$\underset{(酸)}{H_2O} + \underset{(碱)}{CH_3COO^-} \rightleftharpoons \underset{(共轭酸)}{CH_3COOH} + \underset{(共轭碱)}{OH^-}$$

$$\underset{(碱)}{H_2O} + \underset{(酸)}{NH_4^+} \rightleftharpoons \underset{(共轭碱)}{NH_3} + \underset{(共轭酸)}{H_3O^+}$$

酸的强度，通常用离解平衡常数 K_a 或 pK_a 表示；碱的强度则用 K_b 或 pK_b 表示。在水溶液中，酸的 pK_a 与共轭碱的 pK_b 之和为 14。即：

$$碱的\ pK_b = 14 - 共轭酸的\ pK_a$$

在酸碱反应中，总是较强的酸把质子传递给较强的碱。例如：

$$\underset{(较强碱)}{RONa} + \underset{(较强酸)}{H_2O} \rightleftharpoons \underset{(较弱酸)}{ROH} + \underset{(较弱碱)}{NaOH}$$

酸性强度和结构的关系：从结构上分析，化合物的酸性主要取决于其解离出氢质子后留下的负离子（共轭碱）的结构的稳定性。负离子越稳定，负离子与氢质子结合的倾向性越小，该酸的酸性就越大。影响负离子的稳定性因素有：

（1）中心原子的电负性。中心原子是指与酸性氢直接相连的原子，如几种酸的中心原子处于元素周期表同一周期，它们的电负性增大，原子核对负电荷的束缚加大，使这些负离子的稳定性增大，酸性增强。如甲烷、氨、水、氟化氢几种酸的中心原子碳、氮、氧和氟处于同一周期，它们的酸性随中心原子的电负性递增而递增。

中心原子电负性（↑）	C	N	O	F
负离子的稳定性（↑）	H_3C^-	H_2N^-	HO^-	F^-
酸性（↑）	$H_3C—H$	$H_2N—H$	$HO—H$	$F—H$
pK_a（↓）	49	35	15.7	3.8

（2）中心原子的原子半径。如中心原子处于元素周期表同一族，如硒、硫和氧，它们的原子半径增大，有利于负电荷的分散，与质子结合的倾向减小，使负离子的稳定性增大，相应酸的酸性增强。水、硫化氢和硒酸的酸性随中心原子的半径增大而增强。一个带电体的稳定性随电荷的分散而增大，这是个重要的规律。

原子半径（↑）	O	S	Se
负离子的稳定性（↑）	HO^-	HS^-	HSe^-
酸性（↑）	$HO—H$	$HS—H$	$HSe—H$
pK_a（↓）	15.7	7.0	3.77

（3）取代基。当中心原子相同时，如甲磺酸、乙酸和苯酚的中心原子都是氧，中心原子上分别连有甲磺酰基、乙酰基和苯基，酸性有明显区别，磺酸、乙酸和苯酚都是弱酸，

但苯酚的酸性更弱。

取代基吸电诱导效应（↑）	甲磺酰基	乙酰基	苯基
负离子的稳定性（↓）	$CH_3SO_2—O^-$	$CH_3CO—O^-$	$C_6H_5—O^-$
酸性（↓）	甲磺酸	乙酸	苯酚
pK_a（↑）	-1.2	4.74	10

1.6.3 路易斯酸碱电子理论

布朗斯特酸碱质子理论仅限于得失质子，而路易斯酸碱电子理论着眼于电子对，认为酸是能接受外来电子对的电子接受体；碱是能给出电子对的电子给予体。因此，酸和碱的反应可用下式表示：

$$A + :B \rightleftharpoons A:B$$

上式中，A 是路易斯酸，它至少有一个原子具有空轨道，具有接受电子对的能力，在有机反应中常称为亲电试剂；B 是路易斯碱，它至少含有一对未共用电子对，具有给予电子对的能力，在有机反应中常称为亲核试剂。酸和碱反应生成的 AB 叫做酸碱加合物。

路易斯碱与布朗斯特碱两者没有多大区别，但路易斯酸要比布朗斯特酸概念广泛得多。例如，在 $AlCl_3$分子中，Al 的外层电子只有 6 个，它可以接受另一对电子。

$$H_2\ddot{O}:,\ \ddot{N}H_3,\ R\ddot{N}H_2,\ R\ddot{\underset{..}{O}}H,\ R\ddot{\underset{..}{O}}R',\ R\ddot{\underset{..}{S}}H$$

$$AlCl_3 + Cl^- \rightleftharpoons AlCl_4^-$$

1.7 有机化合物的分类方法

1.7.1 按碳架分类

有机化合物是以碳为骨架的，可根据碳原子结合而成的基本骨架不同，分成三大类：

（1）链状化合物：化合物分子中的碳原子连接成链状，因油脂分子中主要是这种链状结构，因此又称为脂肪族化合物（aliphatic compound），例如：

$CH_3CH_2CH_3$	$CH_3CH_2CH_2CH_2OH$	CH_3CH_2COOH
丙烷	正丁醇	丙酸

（2）碳环化合物：化合物分子中的碳原子连接成环状结构，故称为碳环化合物。碳环化合物又可分成脂环族化合物和芳香族化合物。

①脂环族化合物：这类化合物的性质与脂肪族化合物相似，只是碳链连接成环状，例如：

环戊烷

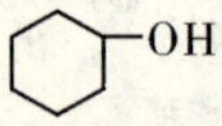
环己醇

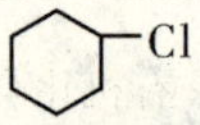
氯代环己烷

②芳香族化合物（aromatic compound）：化合物分子中含有苯环或稠合苯环，它们在性质上与脂环族化合物不同，具有一些特性，例如：

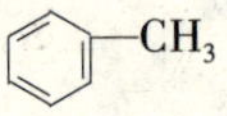
甲苯

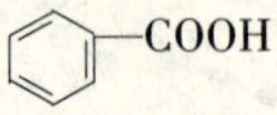
苯甲酸

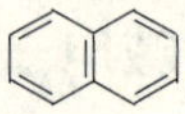
萘

（3）杂环化合物（heterocyclic compound）：化合物分子中含有由碳原子和氧、硫、氮等杂原子组成的环，例如：

呋喃

噻吩

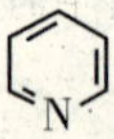
吡啶

1.7.2 按官能团分类

官能团又称功能基，是决定有机化合物主要性质和反应的原子或原子团。官能团是有机化合物分子中比较活泼的部位，一旦条件具备，它们就充分发生化学反应。含有相同官能团的有机化合物具有类似的化学性质。例如：丙酸和苯甲酸，因分子中都含羧基（—COOH），因此都具有酸性。因此，将有机化合物按官能团进行分类，便于对有机化合物的共性进行研究。表 1－5 列出了有机化合物中常见的官能团。

表 1－5 有机化合物中常见的官能团

官能团		有机化合物类别	化合物举例
基团结构	名称		
$>C=C<$	双键	烯烃	$CH_2=CH_2$ 乙烯
$-C\equiv C-$	叁键	炔烃	$H-C\equiv C-H$ 乙炔
$-OH$	羟基	醇，酚	CH_3-OH 甲醇，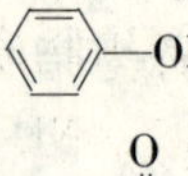—OH 苯酚
$>C=O$	羰基	醛，酮	$CH_3-\overset{O}{\overset{\|}{C}}-H$ 乙醛，$CH_3-\overset{O}{\overset{\|}{C}}-CH_3$ 丙酮
$-\overset{O}{\overset{\|}{C}}-OH$	羧基	羧酸	$CH_3-\overset{O}{\overset{\|}{C}}-OH$ 乙酸
$-NH_2$	氨基	胺	CH_3-NH_2 甲胺
$-NO_2$	硝基	硝基化合物	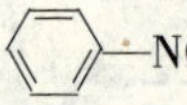$-NO_2$ 硝基苯

（续上表）

官能团 基团结构	官能团 名称	有机化合物类别	化合物举例
—X	卤素	卤代烃	CH_3Cl　氯甲烷，CH_3CH_2Br　溴乙烷
—SH	巯基	硫醇，硫酚	$CH_3CH_2—SH$　乙硫醇，—SH　苯硫酚
$—SO_3H$	磺酸基	磺酸	$—SO_3H$　苯磺酸
—C≡N	氰基	腈	$CH_3C≡N$　乙腈
—C—O—C—	醚键	醚	$CH_3CH_2—O—CH_2CH_3$　乙醚

［问题1-5］　指出此化合物中的官能团和特征结构：

$NH_2—CH_2—C(=O)—N(H)—CH(CH_2SH)—C(=O)—N(H)—CH(CH_2OH)—COOH$

习　题

1. 以下化合物是否有极性？若有试用"┼──→"标记标明偶极矩方向。（醇醚O以sp^3杂化）

a. H—Br　　b. 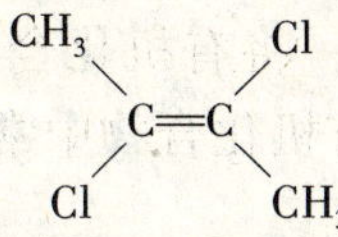　　c. CH_2Cl_2

d. 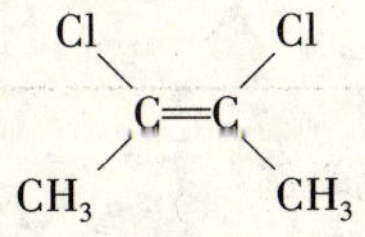　　e. CH_3OH　　f. CH_3OCH_3

2. 根据S与O的电负性差别，H_2O与H_2S相比，哪个有较强的偶极作用力或氢键？

3. 预测下列各对物质的酸性相对强弱。

a. H_3O^+和NH_4^+　b. H_3O^+和H_2O　c. NH_4^+和NH_3　d. H_2S和HS^-　e. H_2O和OH^-

4. 把下列各组物质按碱性强弱排列成序。

a. F^-，OH^-，NH_2^-，CH_3^-

b. HF，H_2O，NH_3

c. F^-，Cl^-，Br^-，I^-

5. 下列物质哪些是亲电试剂，哪些是亲核试剂？

H^+，Cl^+，H_2O，CN^-，RCH_2^-，RNH_3^+，NO_2^+，$R—\overset{+}{C}=O$，OH^-，NH_2^-，NH_3，RO^-

第 2 章　链　烃

分子中仅含有碳和氢两种元素的有机化合物称为烃（hydrocarbon）；烃是有机化合物的母体，其他各类有机化合物可视为烃的衍生物（derivative），如甲醇 CH_3OH 可视为 CH_4 分子中的一个 H 原子被—OH 羟基取代的产物。烃的种类很多，根据烃分子中碳原子相互连接的方式不同，可将烃分为两大类：链烃（chain hydrocarbon）和环烃（cyclic hydrocarbon）。

链烃分为饱和烃（saturated hydrocarbon）和不饱和烃（unsaturated hydrocarbon）；饱和烃称为烷烃（alkane），不饱和烃包括烯烃（alkene）和炔烃（alkyne）。

环烃根据结构不同可分为脂环烃（alicyclic hydrocarbon）和芳香烃（aromatic hydrocarbon）。芳香烃又可分为苯型芳香烃（benzenoid aromatic hydrocarbon）和非苯型芳香烃（non-benzenoid aromatic hydrocarbon）。

2.1　烷　烃

2.1.1　烷烃的同系列及同分异构现象

1. 烷烃的同系列

最简单的烷烃是甲烷，依次为乙烷、丙烷、丁烷、戊烷等，它们的分子式、结构式、结构简式分别为：

	分子式	结构式	结构简式
甲烷	CH_4	H | H—C—H | H	CH_4

乙烷	C_2H_6	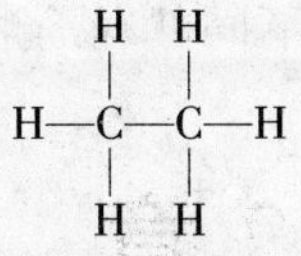	CH_3CH_3
丙烷	C_3H_8	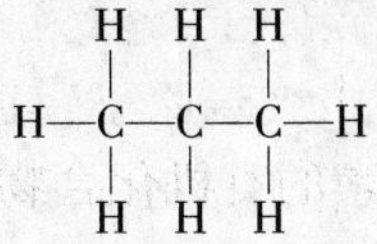	$CH_3CH_2CH_3$
丁烷	C_4H_{10}	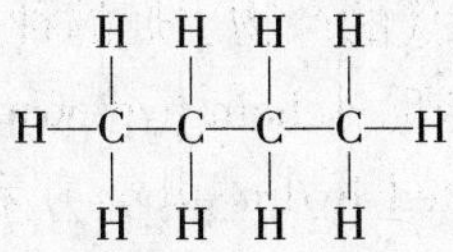	$CH_3CH_2CH_2CH_3$

从上述结构式可以看出，链烷烃的组成都是相差一个或几个 CH_2（亚甲基）而连成碳链，碳链的两端各连一个氢原子。

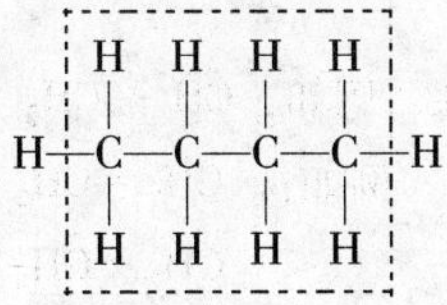

故：烷烃的通式为 $H\leftarrow CH_2 \rightarrow_n H$ 或 C_nH_{2n+2}（$n\geqslant1$）。

具有同一通式，结构和化学性质相似，组成上相差一个或多个 CH_2 的一系列化合物称为同系列。同系列中的化合物互称为同系物。

由于同系列中同系物的结构和性质相似，其物理性质也随着分子中碳原子数目的增加而呈规律性变化，所以掌握了同系列中几个典型的有代表性的成员的化学性质，就可推知同系列中其他成员的一般化学性质，为研究庞大的有机物提供了方便。

在应用同系列概念时，除了注意同系物的共性外，还要注意它们的个性（因共性易见，个性则比较特殊），要根据分子结构上的差异来理解性质上的异同，这是我们学习有机化学的基本方法之一。

2. 同分异构现象

链烃随着碳原子数增加会出现不同的碳链异构体。如丁烷 C_4H_{10} 有两种异构体：

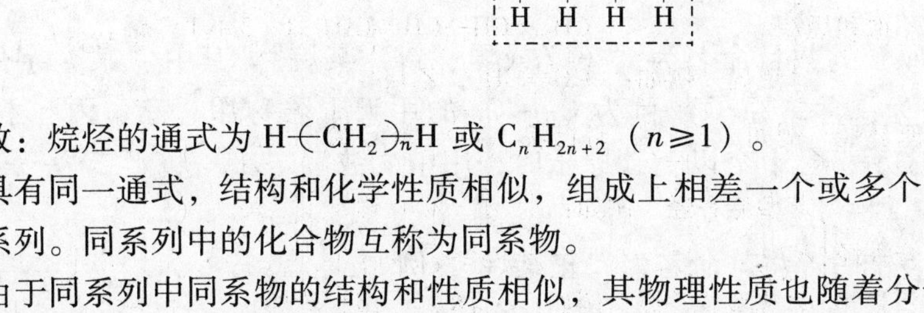

正丁烷（沸点为 -0.5 ℃）

异丁烷（沸点为 -11.73 ℃）

上述这种分子式相同而结构式不同的化合物称为同分异构体，这种现象称为构造异构现象。

3. 碳原子的级别

烷烃中碳原子按与其他碳原子相连数目的不同可分为伯、仲、叔、季碳原子。伯碳原子是只与一个其他碳原子相连的碳原子，称为一级碳原子，用1°表示；仲碳原子是与两个其他碳原子相连的碳原子，称为二级碳原子，用2°表示；叔碳原子是与三个其他碳原子相连的碳原子，称为三级碳原子，用3°表示；季碳原子是与四个其他碳原子相连的碳原子，称为四级碳原子，用4°表示。例如：

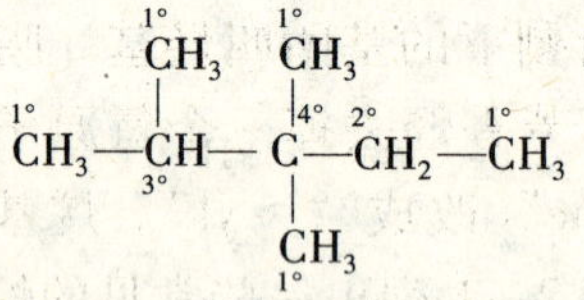

伯、仲、叔碳原子上的氢分别称为伯（1°）、仲（2°）、叔（3°）氢原子。不同类型氢原子相对的反应活性各不相同。

2.1.2 烷烃的命名

1. 习惯命名法

根据烷烃分子中碳原子的数目命名为“正（或异、新）某烷”。其中“某”字代表碳原子数目，其表示方法为：含碳原子数目为 $C_1 \sim C_{10}$ 的用天干名称甲、乙、丙、丁、戊、己、庚、辛、壬、癸来表示；含十个以上碳原子时，用中文数字“十一、十二……”来表示。命名原则如下：

（1）当分子结构为直链时，将其命名为“正某烷”。例如：

$CH_3CH_2CH_2CH_3$　正丁烷

$CH_3(CH_2)_{10}CH_3$　正十二烷

（2）当分子结构为“$CH_3—\underset{CH_3}{\underset{|}{CH}}(CH_2)_nCH_3$ （$n=0, 1, 2, \cdots$）”时，将其命名为“异某烷”。例如：

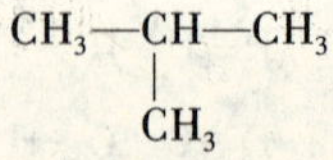

异丁烷

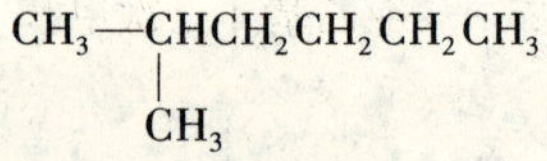

异庚烷

（3）当分子结构为“$CH_3—\overset{CH_3}{\overset{|}{\underset{CH_3}{\underset{|}{C}}}}(CH_2)_nCH_3$ （$n=0, 1, 2, \cdots$）”时，将其命名为“新

某烷”。例如：

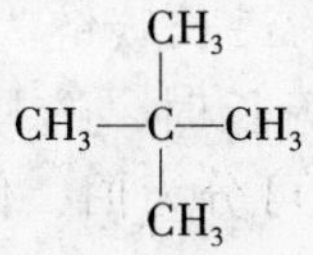
新戊烷

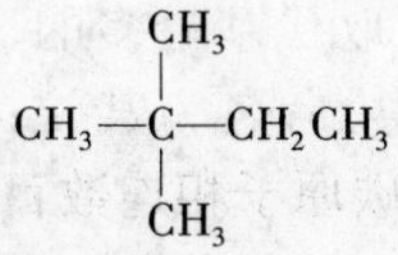
新己烷

用正、异、新可以区别烷烃中具有五个以下碳原子的同分异构体，六个碳原子链状烷烃有五个同分异构体，除用正、异、新表示其中三种化合物以外，尚有两种无法加以区别，故此命名法只适用于简单的化合物。对于结构比较复杂的烷烃，就必须采用系统命名法。

烃分子中去掉一个氢原子，所剩下的基团叫烃基。脂肪烃去掉一个氢原子后所剩下的基团，叫脂肪烃基，用 R—表示。芳香烃去掉一个氢原子后所剩下的基团叫芳香烃基，用 Ar—表示。英文命名只是将“ - ane”改成“ - yl”。烷基的个数分别用词头“di”、“tri”和“tetra”表示二、三、四个。表 2 - 1 列出一些常见的烷基的名称。

表 2 - 1　常见烷基

烷基结构	名称	烷基结构	名称
CH_3—	甲基	CH_3CH_2CH— | CH_3	仲丁基
CH_3CH_2—	乙基	CH_3CHCH_2— | CH_3	异丁基
$CH_3CH_2CH_2$—	丙基	$(CH_3)_3C$—	叔丁基
CH_3CH— | CH_3	异丙基	$CH_3(CH_2)_3CH_2$—	正戊基
$CH_3(CH_2)_2CH_2$—	丁基	$CH_2CHCH_2CH_2$— | CH_0	异戊基
$(CH_3)_3CCH_2$—	新戊基		

此外，两价的烷基称为亚基，三价的烷基称为次基，例如：

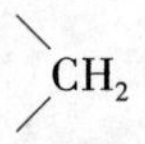
亚甲基

亚乙基

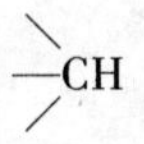
次甲基

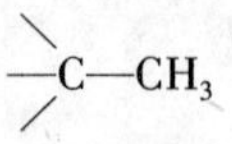
次乙基

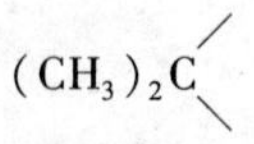
亚丙基

2. 系统命名法

系统命名法是 1892 年在日内瓦召开的有机化学命名法则大会上首次拟定的，又称为日内瓦命名法。此后经 IUPAC（International Union of Pure and Applied Chemistry）多次修订，最近一次修订是在 1979 年，修订后又称为 IUPAC 命名法。我国根据 IUPAC 法的命名原则并结合汉字的特点制定出我国的有机化学系统命名法。其要点是如何确定主链和取代基位置。

烷烃系统命名法的要点是：

（1）选主链：选择含有取代基最多的、连续的最长碳链为主链，以此作为“母体烷烃”，并按主链所含碳原子数命名为某烷；碳链等长时，选择支链较多的一条为主链。例如：

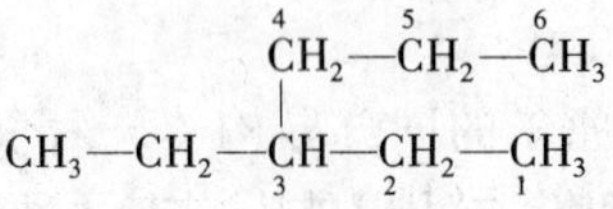

母体是己烷，不是戊烷

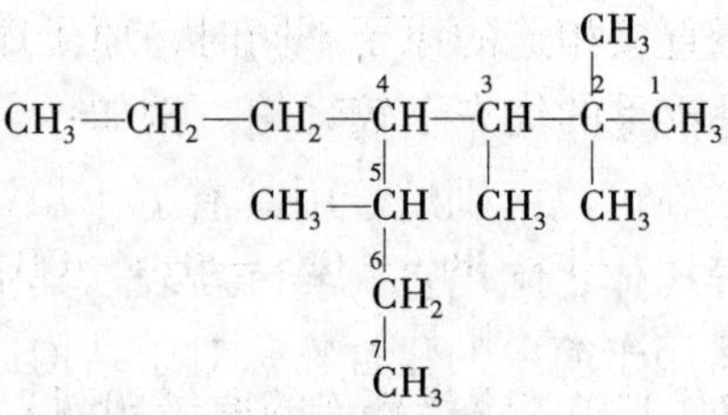

母体是庚烷

（2）编号：主链上若有取代基，则从靠近取代基的一端开始，给主链上的碳原子依次用1、2、3、4、5等标出其位次。

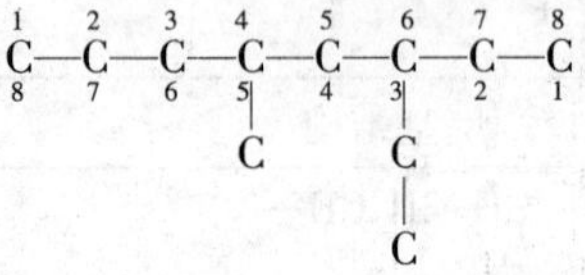

编号错误
编号正确

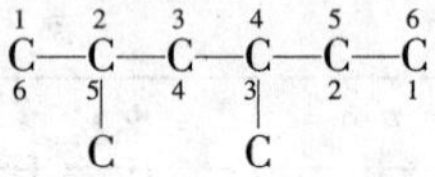

编号正确
编号错误

两个不同的取代基位于相同位次时，次序规则（sequence rule）中排列小的取代基具有较小的编号。例如：

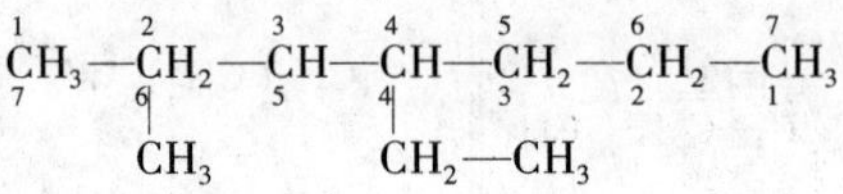

编号正确
编号错误

若第一个支链的位置相同，则依次比较第二、第三个支链的位置，以取代基的系列编号最小为原则（最低系列原则）。例如：

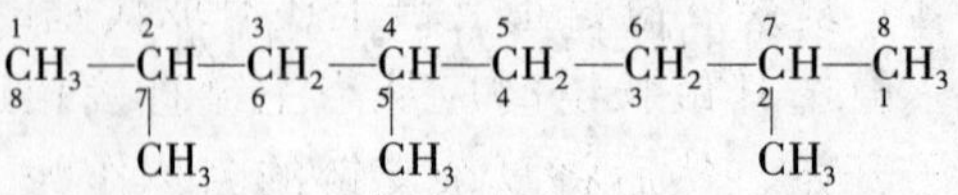

编号正确
编号错误

（3）命名：主链为母体化合物，若连有相同的取代基时，则合并取代基，并在取代基名称前，用二、三、四等数字表明取代基的个数。各取代基的位次都应标出，表示各位次的数字间用“，”隔开。取代基的位次与名称之间用半字线连接起来，写在母体化合物的名称前面。例如：

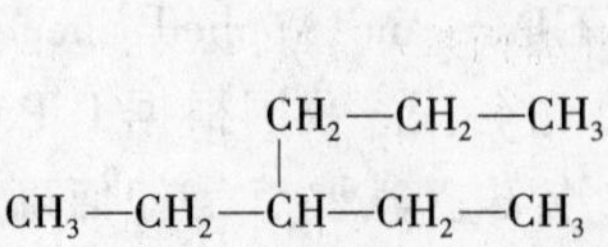

3－乙基己烷

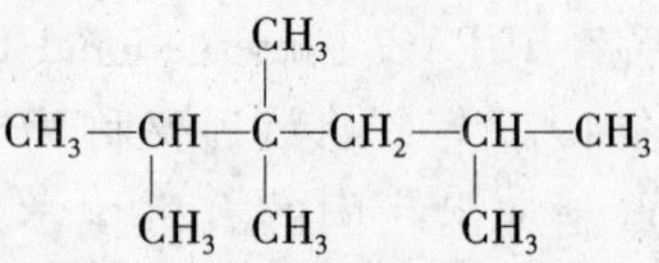

2，3，3，5－四甲基己烷

主链上若连有不同的取代基，应按“次序规则”将取代基先后列出，较优基团应后列出。

顺序规则最主要的原则是比较原子序数，首先是比较与主链直接相连的原子的原子序数，原子序数大的原子优先于原子序数小的原子。具体比较方法如下：

①与主链碳直接相连的原子不同时，原子序数由大到小的排列顺序，即为其先后顺序。对同位素，质量较重的优先于较轻的。例如：

$$—I > —Br > —Cl > —SH > —OH > —NH > —CH_3 > —D > —H$$

②若几个取代基中与主链相连的原子相同，则需比较与该原子相连的后面的原子，直到比较出大小为止。例如，$—CH_3$和$—CH_2CH_3$，第一个原子都是碳，需比较后面的原子，在$—CH_3$中是C、H、H、H，而$—CH_2—CH_3$中是C、C、H、H，所以$—CH_2CH_3$优先于$—CH_3$。

③若取代基中第一个原子以双键或叁键与其他原子相连，则把它看作与两个或三个其他原子以单链相连。例如：

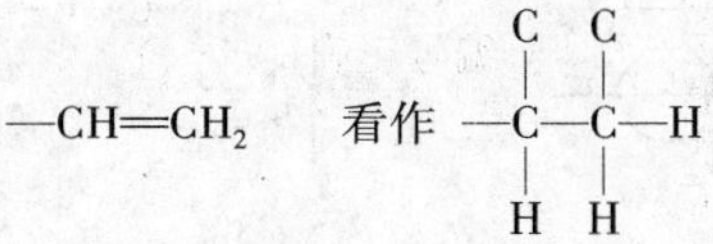

若遇到苯基，我们规定用凯库勒结构式来进行比较。

根据顺序规则，叔丁基 > 异丙基 > 异丁基 > 丁基 > 丙基 > 乙基 > 甲基。在英文命名中，取代基是按首字母的排列顺序先后列出的。例如：

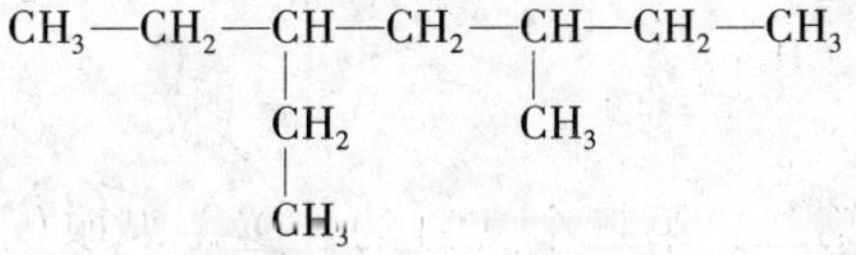

3-甲基-5-乙基庚烷

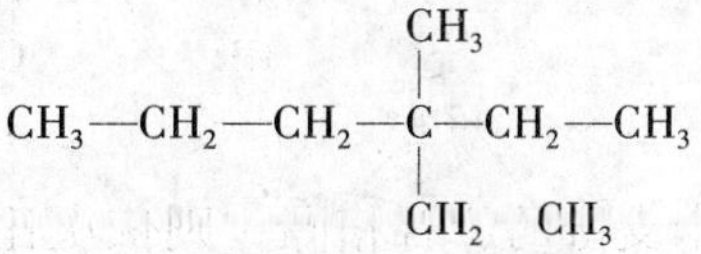

3-甲基-3-乙基己烷

（4）含复杂支链烷烃的命名：复杂支链是指支链上还有取代基的烷基。复杂支链的命名方法与烷烃的命名方法类似，但选其最长链时应从与主链直接相连的那个碳原子开始，这条长链的编号亦要从该碳原子开始，然后将复杂支链的名称作为一个整体放在括号内，括号外冠其在主链的位次。

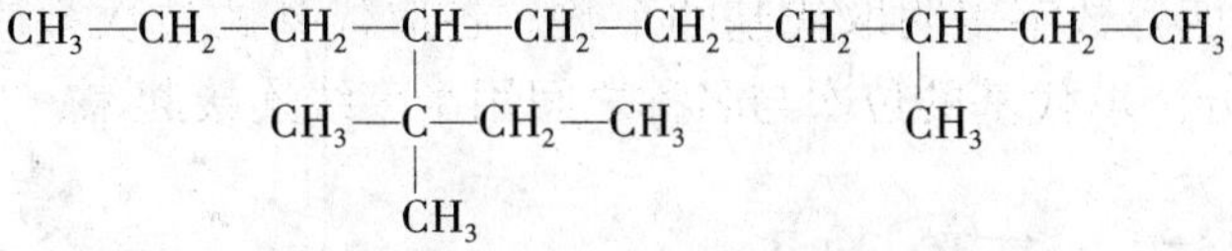

3-甲基-7-（1，1-二甲基丙基）癸烷

2.1.3 烷烃的结构

1. 碳的正四体结构及 sp^3 杂化

烷烃的碳原子都是 sp^3 杂化，各原子之间都以 σ 键相连，键角接近 109.5°，C—C 键平均键长为 154 pm，C—H 键平均键长为 109 pm，由于 σ 键电子云沿键轴近似于圆柱形对称分布，两个成键原子可绕键轴自由旋转。

在烷烃分子中碳原子是以 sp^3 杂化轨道成键的：

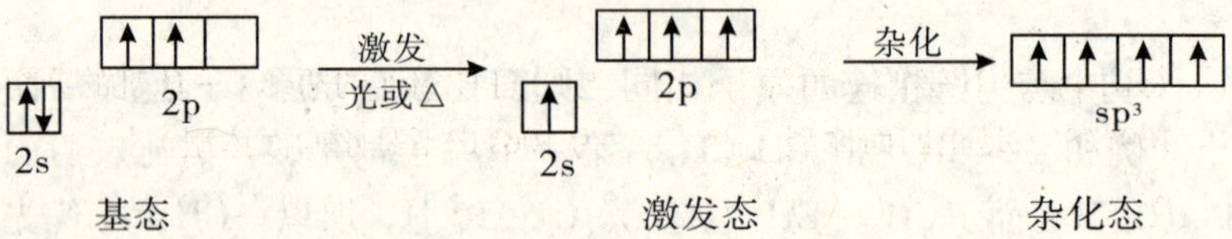

sp^3 轨道有方向性，图形为一头大，一头小，示意图如下：

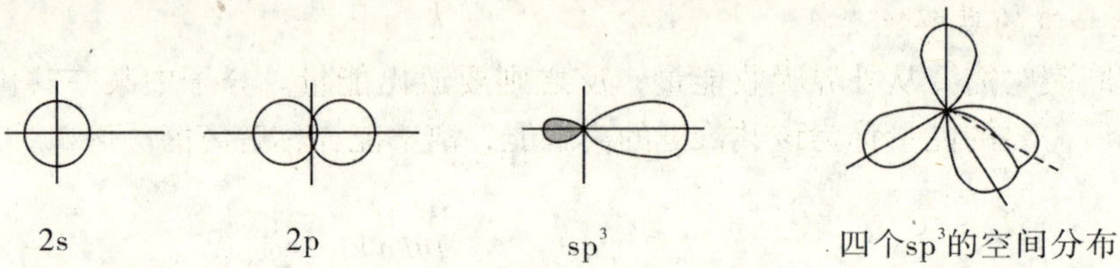

甲烷是烷烃中最简单的分子，分子中的碳原子以四个 sp^3 杂化轨道分别与四个氢原子的 s 轨道重叠，形成四个 C—H σ 键，在空间成正面体排布，氢原子之间距离最远，排斥力最小，能量最低，体系最稳定，如图 2－1 所示。

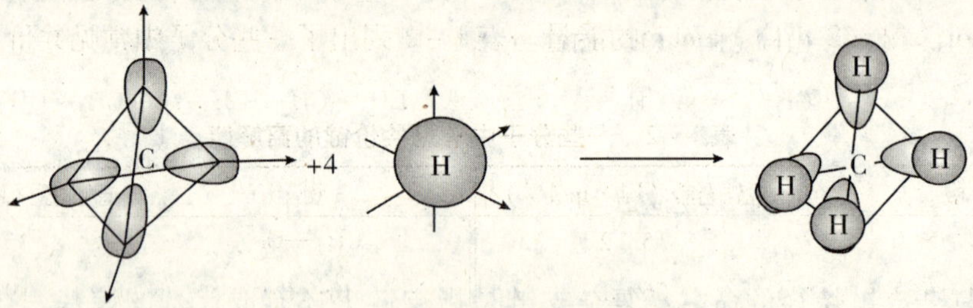

图 2－1　甲烷分子的形成示意图

乙烷分子中两个碳原子各以 sp^3 杂化轨道重叠形成 C—C σ 键，余下的杂化轨道分别和六个氢原子的 s 轨道重叠形成 C—H σ 键。如图 2－2 所示。

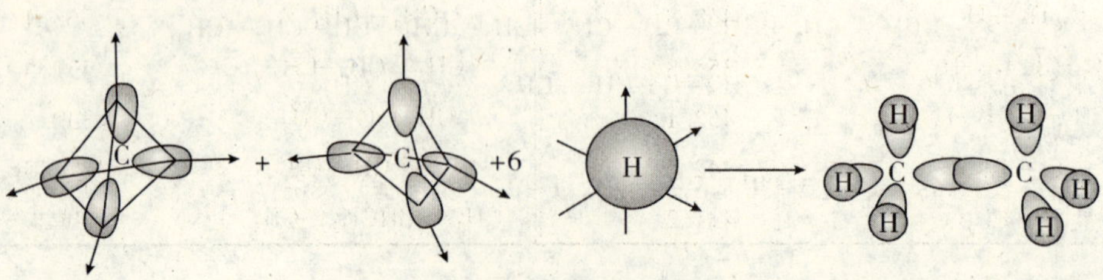

图 2－2　乙烷分子的形成示意图

与σ键相连接的两个碳原子，通过沿C—C σ键的旋转，可使两个碳原子上的原子或者基团在空间有不同的排布方式。这种具有一定构型的分子，由于围绕单键旋转，使分子中各原子在空间有不同的排布，称为构象，因单键旋转产生的异构体称为构象异构体。构象异构体的分子构造相同，但其空间排布不同，因此，构象异构体属于立体异构范畴。

2. 乙烷的构象

在乙烷分子中，以C—C σ键为轴进行旋转，使碳原子上的氢原子在空间的相对位置随之发生变化，可产生无数的构象异构体。为了说明，我们选择两种典型情况来研究：一种是内能比较高的重叠式，另一种是内能最低的交叉式。常用两种三维式表示，即锯架式和Newman投影式。如图2-3所示。

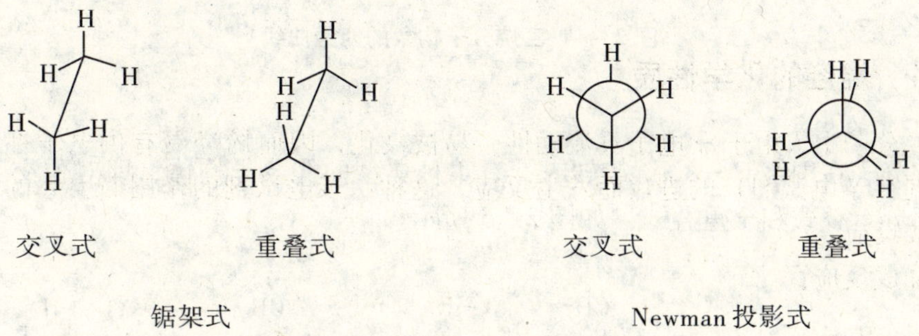

图2-3 乙烷分子构象

锯架式是从分子的侧面观察分子，能直接反映碳原子和氢原子在空间的排列情况。Newman投影式是沿着C—C键观察分子，从圆圈中心伸出的三条线，表示离观察者近的碳原子上的价键，而从圆周向外伸出的三条线，表示离观察者远的碳原子上的价键。

在乙烷的重叠式构象中，前后两个碳原子上的氢原子相距最近，相互间的排斥力最大，分子的能量最高，所以是不稳定的构象。在交叉式构象中，碳原子上的氢原子相距最远，相互间斥力最小，分子的能量最低。从乙烷分子各种构象的能量曲线图（见图2-4）可见交叉式构象的能量比重叠式构象的低12.6 $kJ \cdot mol^{-1}$，所以交叉式是乙烷稳定的优势构象。室温下，分子间的碰撞即可产生83.8 $kJ \cdot mol^{-1}$的能量，足以使C—C键自由旋转，各构象间迅速互变，成为无数个构象异构体的动态平衡混合物，无法分离出其中某一构象异构体，但大多数乙烷分子是以最稳定的交叉式构象状态存在的。介于交叉式和重叠式两种构象之间，尚有无数种构象，其能量也介于两者之间，例如斜交叉式就是其中的一种构象。

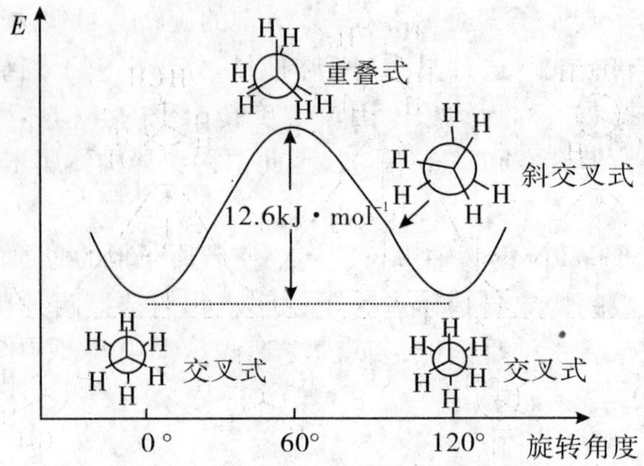

图 2－4 乙烷分子构象的能量曲线

3. 正丁烷的构象

正丁烷分子在围绕 $C_2—C_3$ 键旋转时，有 4 种典型的构象异构体，即对位交叉式、邻位交叉式、部分重叠式和全重叠式。如图 2－5 所示。

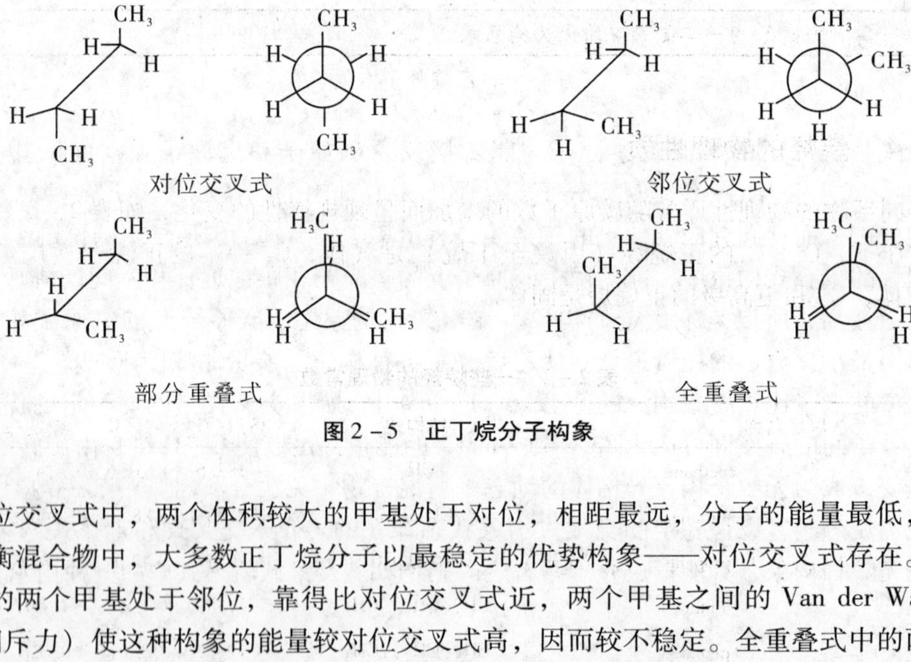

图 2－5 正丁烷分子构象

对位交叉式中，两个体积较大的甲基处于对位，相距最远，分子的能量最低，所以在动态平衡混合物中，大多数正丁烷分子以最稳定的优势构象——对位交叉式存在。邻位交叉式中的两个甲基处于邻位，靠得比对位交叉式近，两个甲基之间的 Van der Waals 斥力（或空间斥力）使这种构象的能量较对位交叉式高，因而较不稳定。全重叠式中的两个甲基及氢原子都各处于重叠位置，相互间作用力最大，故分子的能量最高，是最不稳定的构象。部分重叠式中，甲基和氢原子的重叠使其能量较高，但比全重叠式的能量低。因此 4 种构象的稳定性次序是：对位交叉式 > 邻位交叉式 > 部分重叠式 > 全重叠式。

从正丁烷 $C_2—C_3$ 键旋转时的能量曲线图（如图 2－6 所示）可见，正丁烷各种构象之间的能量差别不太大。在室温下分子碰撞的能量足可引起各构象间的迅速转化，因此正丁烷实际上是构象异构体的混合物，但主要是以对位交叉式和邻位交叉式的构象存在，前者约占 63%，后者约占 37%，其他两种构象所占的比例很小。

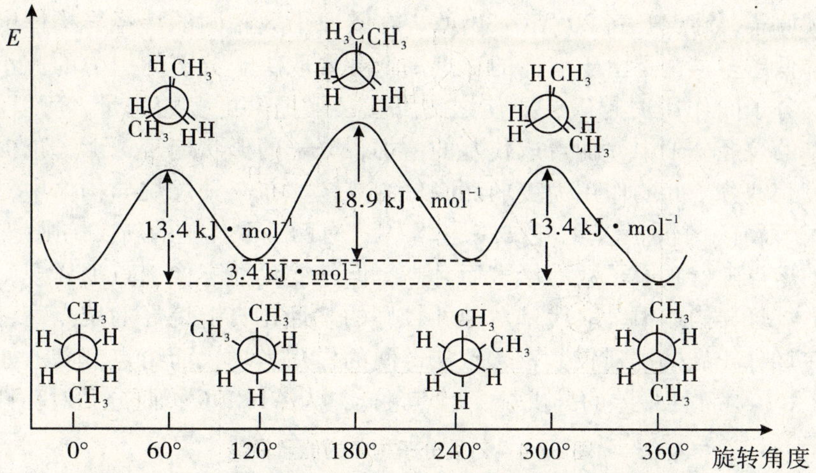

图2-6　正丁烷围绕 $C_2—C_3$ 旋转时各种构象的能量曲线

随着正烷烃碳原子数的增加，它们的构象也随之越来越复杂，但其优势构象都类似正丁烷，是能量最低的对位交叉式。因此，直链烷烃的碳链在空间的排列绝大多数是锯齿形，而不是一条真正的直链，通常只是为了书写方便，才将结构式写成直链的形式。

[问题2-1]　画出1，1—二氯乙烷的优势构象式。

2.1.4　烷烃的物理性质

烷烃同系物的物理性质常随碳原子数的增加而呈现规律性的变化，如表2-2所示。在室温和常压下，$C_1\sim C_4$ 的正烷烃（甲烷至丁烷）是气体，$C_5\sim C_{17}$ 的正烷烃（戊烷至十七烷）是液体，C_{18} 和更高级的正烷烃是固体。

表2-2　一些烷烃的物理常数

烷烃名称		结构式	熔点/℃	沸点/℃	密度/g · cm^{-3}
甲烷	methane	CH_4	-182.6	-161.6	0.424（-160 ℃）
乙烷	ethane	CH_3CH_3	-183	-88.5	0.546（-88 ℃）
丙烷	propane	$CH_3CH_2CH_3$	-187.1	-42.1	0.582（-42 ℃）
丁烷	butane	$CH_3(CH_2)_2CH_3$	-138	-0.5	0.597（0 ℃）
戊烷	pentane	$CH_3(CH_2)_3CH_3$	-129.7	36.1	0.626（20 ℃）
己烷	hexane	$CH_3(CH_2)_4CH_3$	-95	68.8	0.659（20 ℃）
异丁烷	isobutane	$(CH_3)_2CHCH_3$	-159	-12	0.603（0 ℃）
异戊烷	isopentane	$(CH_3)_2CHCH_2CH_3$	-160	28	0.620（20 ℃）
新戊烷	neopentane	$(CH_3)_4C$	-17	9.5	0.614（20 ℃）
2，3-二甲基丁烷	2，3-dinethyl butane	$(CH_3)_2CHCH(CH_3)_2$	-129	58	0.662（20 ℃）

正烷烃的沸点随着碳原子数的增多而呈现出有规律的升高。除了很小的烷烃外，链上

每增加 1 个碳原子，沸点升高 20 ℃ ~ 30 ℃。在碳原子数相同的烷烃异构体中，取代基越多，沸点就降低越多。这是由于液体的沸点高低主要取决于分子间引力的大小。烷烃的碳原子数越多，分子间作用力越大，要使之沸腾就必须提供更多的能量，所以沸点就越高。但在含取代基的烷烃分子中，随着取代基的增加，分子的形状趋于球形，减少了分子间有效接触的程度，使分子间的作用力变弱而降低沸点。如在三种戊烷异构体中，正戊烷的沸点是 36.1 ℃；而有一个取代基的异戊烷是 28 ℃；有两个取代基的新戊烷则是 9.5 ℃。

正烷烃的熔点随着碳原子数的增多而升高，但其变化并不像沸点那样规则。在具有相同碳原子数的烷烃异构体中，取代基对称性较好的烷烃比直链烷烃的熔点高，这是由于对称性较好的烷烃分子晶格排列较紧密，致使链间的作用力增大而熔点升高。如正戊烷的熔点是 -129.7 ℃；对称性最差的异戊烷，熔点最低，为 -160 ℃；而分子对称性最好的新戊烷，则熔点最高，为 -17 ℃。

随着碳原子数的增多，含偶数碳原子的正烷烃比含奇数碳原子的正烷烃的熔点升高幅度大，并形成一条锯齿形的熔点曲线。将含偶数和奇数碳原子的烷烃分别画出熔点曲线，则可得偶数烷烃在上、奇数烷烃在下的两条平行曲线（见图 2-7）。X 光衍射研究证明：含偶数碳原子的烷烃分子具有较好的对称性，导致其熔点高于相邻的两个含奇数碳原子烷烃的熔点。

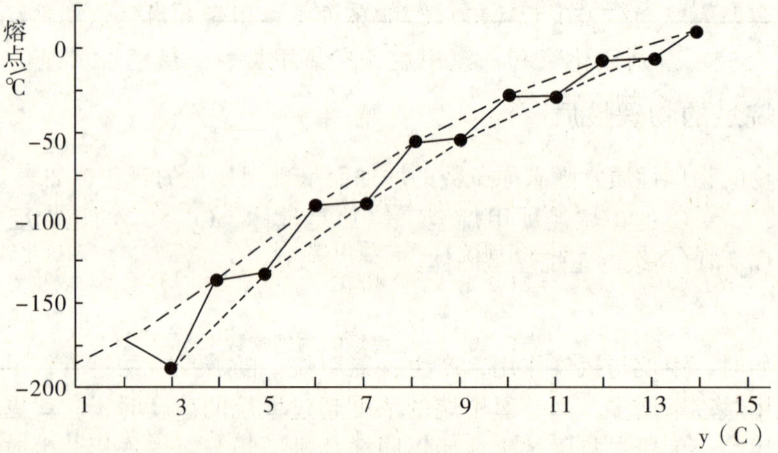

图 2-7　正烷烃的熔点曲线

正烷烃的密度随着碳原子数的增多而增大，但在 0.8 $g \cdot cm^{-3}$ 左右时趋于稳定。所有烷烃的密度都小于 1 $g \cdot cm^{-3}$，烷烃是所有有机化合物中密度最小的一类化合物。

烷烃分子是非极性或弱极性的化合物。根据“极性相似者相溶”的经验规律，烷烃易溶于非极性或极性较小的苯、氯仿、四氯化碳、乙醚等有机溶剂，而难溶于水和其他强极性溶剂。液态烷烃作为溶剂时，可溶解弱极性化合物，但不溶解强极性化合物。

2.1.5　烷烃的化学性质

烷烃是饱和烃，分子中只存在牢固的 C—C σ 键和 C—H σ 键，所以烷烃具有高度的化学稳定性。在室温下，烷烃与强酸（如 H_2SO_4、HCl）、强碱（如 NaOH）、强氧化剂（如 $K_2Cr_2O_7$、$KMnO_4$）、强还原剂（如 Zn + HCl、Na + EtOH）一般情况下都不发生反应。但在适宜的反应条件下，如光照、高温或在催化剂的作用下，烷烃也能发生共价键均裂的自由基反应。

产生自由基的反应称为自由基反应。共价键均裂成自由基所需的能量称为共价键的离解能，见表 2-3。共价键的离解能可衡量共价键的强度，离解能越大，键就越牢固而不易断裂。

表 2-3 单键均裂的离解能/$kJ \cdot mol^{-1}$

共价键	离解能	共价键	离解能	共价键	离解能	共价键	离解能
H—H	435	Cl—Cl	243	$(CH_3)_2CH$—H	397	C_2H_5—Br	289
H—F	569	Br—Br	192	$(CH_3)_3C$—H	385	CH_3—CH_3	368
H—Cl	431	I—I	151	C_6H_5—H	460	C_2H_5—CH_3	356
H—Br	368	CH_3—H	435	CH_3—Cl	351	$CH_3CH_2CH_2$—CH_3	356
H—I	297	C_2H_5—H	410	C_2H_5—Cl	339	$(CH_3)_2CH$—CH_3	351
F—F	159	$CH_3CH_2CH_2$—H	410	CH_3—Br	293	$(CH_3)_3C$—CH_3	335

1. 卤代反应

在紫外光照射或温度在 250 ℃ ~400 ℃ 的条件下，甲烷和氯气这两种气体混合物可剧烈地发生氯代反应，得到氯化氢和一氯甲烷、二氯甲烷、三氯甲烷（氯仿）及四氯甲烷（四氯化碳）的取代混合物。

$$CH_4 \xrightarrow[光]{Cl_2} CH_3Cl \xrightarrow[光]{Cl_2} CH_2Cl_2 \xrightarrow[光]{Cl_2} CHCl_3 \xrightarrow[光]{Cl_2} CCl_4$$

沸点：	甲烷	一氯甲烷	二氯甲烷	三氯甲烷	四氯化碳
	-161.5 ℃	-24.2 ℃	40 ℃	61.7 ℃	76.5 ℃

在反应开始时，甲烷与氯气作用，产生一氯甲烷。随着反应的进行，甲烷的比例逐渐减少，而一氯甲烷逐渐增多。当一氯甲烷的浓度超过甲烷的浓度时，它就更容易与氯气作用，生成二氯甲烷。大量二氯甲烷生成后，同样会进一步与氯气作用，生成三氯甲烷和四氯甲烷，所以反应的产物是四种氯代甲烷的混合物。如果用超过量的甲烷与氯气反应，反应就几乎限止在一氯代反应，从而使反应产物以一氯甲烷为主。由于甲烷的沸点比一氯甲烷低得多，所以很容易将两者分离开来。

有机化合物分子中的氢原子（或其他原子）或基团被另一原子或基团取代的化学反应称为取代反应（substitution reaction）。烷烃分子中的氢原子被卤素原子取代的反应称为卤代反应（halogenation reaction）。

卤素与甲烷的反应活性顺序为：$F_2 > Cl_2 > Br_2 > I_2$。此反应活性顺序适用于卤素对其他烷烃的反应，也适用于卤素对大多数其他有机化合物的反应。

甲烷的氟代反应十分剧烈，难以控制，强烈的放热反应所产生的热量可破坏大多数的化学键，以致发生爆炸。碘最不活泼，碘代反应难以进行。因此，卤代反应一般是指氯代反应和溴代反应，溴代反应比氯代反应进行得稍慢一些，也需在紫外光或高温下进行。

反应热可根据单键均裂的离解能数据（见表 2-3）计算得到。例如，甲烷氯代生成的一氯甲烷的反应热（$\Delta_r H_m^\theta$）：

$$\begin{array}{lcccccccc} & CH_3—H & + & Cl—Cl & \longrightarrow & CH_3—Cl & + & H—Cl \\ 离解能/kJ\cdot mol^{-1} & 435 & & 243 & & 351 & & 431 \end{array}$$

$$\Delta_r H_m^\theta = (435+243)-(351+431) = -104\ kJ\cdot mol^{-1}$$

2. 卤代反应的机制

化学反应式一般只表示反应物和产物之间的关系，并不说明反应物是怎样变成产物的。在化学转变过程中要经过哪些中间步骤？每步有哪些键断裂，哪些键形成？反应条件又起什么作用？这些问题正是反应机制所要说明的。简而言之，反应机制就是对某个化学反应逐步变化过程的详细描述。反应机制又称反应历程。

烷烃卤代是反应自由基的链反应。自由基的链反应可分为链引发、链增长和链终止三个阶段。

（1）链引发。

$$Cl:Cl \xrightarrow{热或光} Cl\cdot + Cl\cdot \qquad \Delta_r H_m^\theta = +243\ kJ\cdot mol^{-1} \qquad ①$$

氯分子从光或热中获得能量，使 Cl—Cl 键均裂，生成高能量的氯原子 Cl·，即氯自由基。自由基的反应活性很强，一旦形成就有获取一个电子的倾向，以形成稳定的八隅体结构。

（2）链增长。形成的氯自由基使甲烷分子中的 C—H 键均裂，并与氢原子生成氯化氢分子和新的甲基自由基 $CH_3\cdot$ 。

$$CH_3—H + Cl\cdot \longrightarrow CH_3\cdot + HCl \qquad \Delta_r H_m^\theta = +4\ kJ\cdot mol^{-1} \qquad ②$$

活泼的甲基自由基也有通过形成新键达到八隅体结构的倾向，它使氯分子的 Cl—Cl 键均裂，并与生成的氯原子形成一氯甲烷和新的氯自由基 Cl·。

$$CH_3\cdot + Cl_2 \longrightarrow Cl\cdot + CH_3Cl \qquad \Delta_r H_m^\theta = -108\ kJ\cdot mol^{-1} \qquad ③$$

反应③是放热反应，所放出的能量足以补偿反应②所需吸收的能量，因而可以不断地进行反应，将甲烷转变为一氯甲烷。

当一氯甲烷达到一定浓度时，氯原子除了与甲烷作用外，也可与一氯甲烷作用生成 $\cdot CH_2Cl$ 自由基，它再与氯分子作用生成二氯甲烷 CH_2Cl_2 和新的 Cl·。反应就这样继续下去，直至生成三氯甲烷和四氯甲烷。

$$CH_3Cl + Cl\cdot \longrightarrow \cdot CH_2Cl + HCl$$
$$\cdot CH_2Cl + Cl_2 \longrightarrow CH_2Cl_2 + Cl\cdot$$
$$CH_2Cl_2 + Cl\cdot \longrightarrow \cdot CHCl_2 + HCl$$
$$\cdot CHCl_2 + Cl_2 \longrightarrow CHCl_3 + Cl\cdot$$
$$CHCl_3 + Cl\cdot \longrightarrow \cdot CCl_3 + HCl$$
$$\cdot CCl_3 + Cl_2 \longrightarrow CCl_4 + Cl\cdot$$

甲烷的氯代反应，每一步都消耗一个活泼的自由基，同时又为下一步反应产生另一个活泼的自由基，所以这是自由基的链锁反应。

(3) 链终止。两个活泼的自由基相互结合，生成稳定的分子，而使链反应终止。

$$Cl\cdot + Cl\cdot \longrightarrow Cl_2$$
$$CH_3\cdot + CH_3\cdot \longrightarrow CH_3CH_3$$
$$CH_3\cdot + \cdot Cl \longrightarrow CH_3Cl$$

在自由基的链反应中，加入少量能抑制自由基生成或降低自由基活性的抑制剂，可使反应速率减慢或终止反应。例如，在上述反应中，少量氧与甲基自由基可生成较不活泼的过氧自由基 $CH_3—O—O\cdot$ 而降低反应速率，只有当所有的氧分子与甲基自由基结合后，反应才能以正常速率进行。

甲烷氯代反应的机制不仅适用于甲烷的溴代反应，而且也适用于其他烷烃的卤代反应，甚至还适用于分子中含有类似烷烃结构的许多非烷烃化合物。

氯原子与甲烷作用生成甲基自由基和氯化氢的反应，根据反应热 $\Delta_r H_m^\theta$ 的计算，只要提供4.2 $kJ\cdot mol^{-1}$的能量就能发生反应，但实验表明，必须提供16.8 $kJ\cdot mol^{-1}$的能量，作为生成不稳定的过渡态所需要的活化能才能发生反应。这是因为键的断裂和键的形成并不完全同步，成键过程中释放出来的能量并不可能完全用于断裂另一条键。为了使反应发生，则必须由碰撞提供最低限度的能量，这个能量称为活化能，用 E_a 表示，这是从反应物转化为产物的过程中必须达到的一个能量高峰。

过渡态理论认为：化学反应是从反应物到产物逐渐过渡的一个连续过程，在这个过程中，必须经过一种过渡态，即反应物与产物之间的中间状态。反应物与过渡态之间的能量差，就是反应的活化能，如图 2－8 所示。

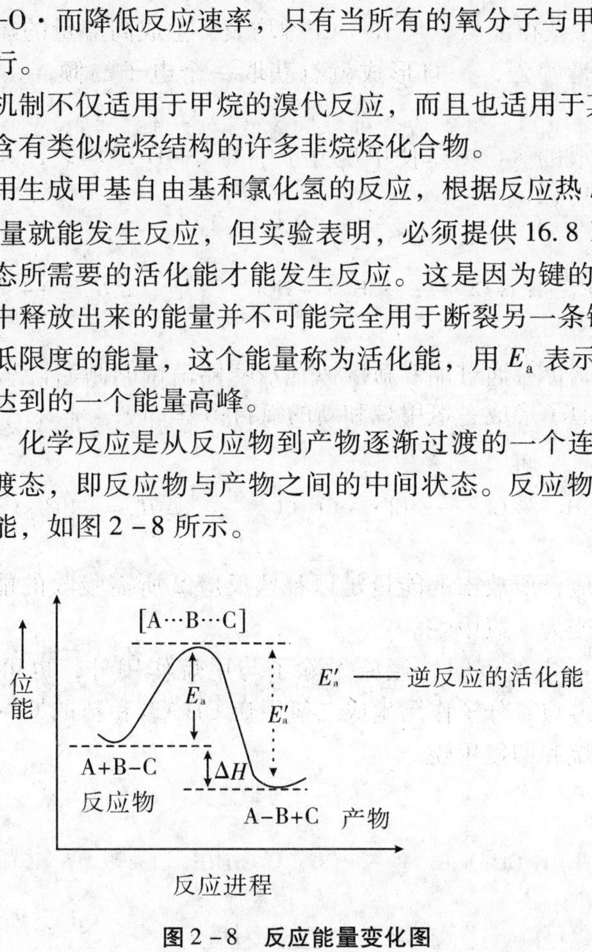

图 2－8 反应能量变化图

过渡态处于能量的最高峰，这是从反应物转化为产物所必须攀登的能量高峰。在相似的反应中，过渡态的能量越低，过渡态越稳定，反应活性就越大，反应速率也就越快。甲烷氯代反应链增长的第二步，即甲基自由基与氯分子反应，生成一氯甲烷和氯原子只需要 8 kJ · mol^{-1}的活化能就可形成过渡态。由于该反应是高度放热，所需的活化能又小，所以反应很容易进行。其逆反应是高度的吸热反应，逆反应比正反应所需的活化能大得多，所以几乎不可能发生。

由甲烷氯代反应的反应历程——位能曲线图可以看出活化能决定的反应速度：

$E_F = 9.8$

$E_{Cl} = 16.7$

$E_{Br} = 75.3$

$E_I > 138$

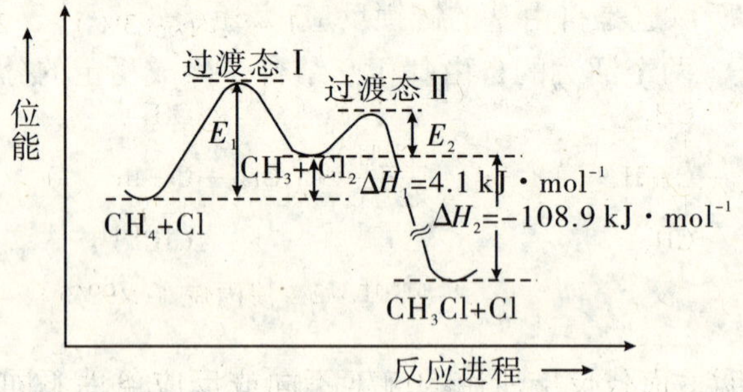

图 2-9　甲烷氯代反应能量变化图

3. 烷烃卤代反应的取向

碳链较长的烷烃卤代时，可生成各种异构体的混合物。例如：

$$CH_3CH_2CH_3 + Cl_2 \xrightarrow[25\ ℃]{光照} \underset{1-氯丙烷（43\%）}{CH_3CH_2CH_2Cl} + \underset{2-氯丙烷（57\%）}{CH_3-\underset{\displaystyle Cl}{\underset{|}{CH}}-CH_3}$$

丙烷分子中有 6 个 1°氢原子和 2 个 2°氢原子，按每个被卤素原子取代的概率之比应为 3∶1，但在室温条件下这两种产物得率之比为 43∶57，说明 2°氢原子比 1°氢原子的反应活性大。2°氢原子与 1°氢原子的相对反应活性为：

$$\frac{2°氢原子}{1°氢原子} = \frac{57/2}{43/6} = \frac{4}{1}$$

许多氯代反应的实验结果表明：室温下，3°、2°、1°氢原子的相对活性之比为 5∶4∶1，并与烷烃的结构基本无关。根据各级氢的相对活性，可预测烷烃各氯代产物异构体的得率。例如：

$$CH_3CH_2CH_2CH_3 + Cl_2 \xrightarrow[25\ ℃]{光照} \underset{1-氯丁烷}{CH_3CH_2CH_2CH_2Cl} + \underset{2-氯丁烷}{CH_3\overset{\displaystyle Cl}{\overset{|}{C}}HCH_2CH_3}$$

$$\frac{1-氯丁烷}{2-氯丁烷} = \frac{1°\ 氢的总数}{2°\ 氢的总数} \times \frac{1°\ 氢相对反应活性}{2°\ 氢相对反应活性} = \frac{6}{4} \times \frac{1}{4} = \frac{3}{8}$$

$$1-\text{氯丁烷的得率为}:\frac{3}{3+8}\times 100\% = 27\%$$

$$2-\text{氯丁烷的得率为}:\frac{8}{3+8}\times 100\% = 73\%$$

烷烃的溴代反应生成相应的溴代物。例如：

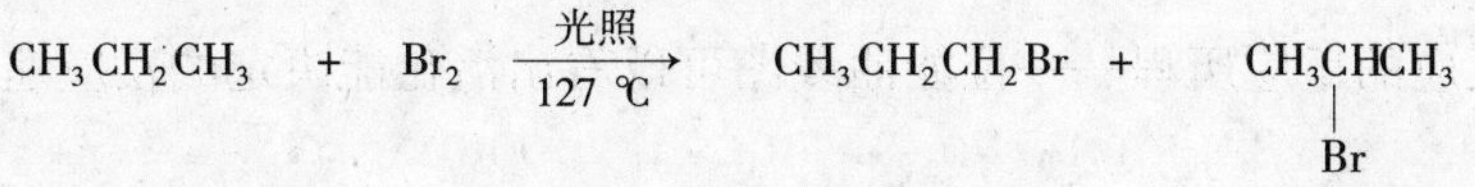

1 - 溴丙烷（3%）　2 - 溴丙烷（97%）

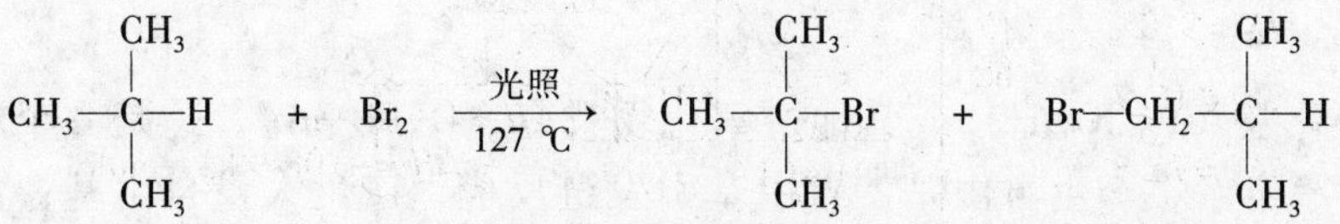

2 - 甲基 - 2 - 溴丙烷（>99%）　2 - 甲基 - 1 - 溴丙烷（痕量）

实验结果表明，卤代反应所用的卤素不同或反应条件不同，各种异构体产物的相对数量有着显著的差异。氯代反应产物中，各种异构体间的比例相差不大；而溴代反应中，则有一种异构体占有很高比例，这是由于在 127 ℃时，3°、2°、1°氢原子的相对反应活性比为 1 600∶82∶1。

由于溴原子比氯原子的反应活性低，烷烃的溴代比氯代有较高的活化能，因而溴代具有较迟到达的过渡态［R……H…Br］，其结构较接近产物自由基。能稳定自由基的因素在过渡态中的影响最大，所以 3°、2°、1°氢的活性差别也大，反应的选择性就强。相反，氯代具有较早到达的过渡态［R…H……Cl］，其结构较接近反应物，能稳定自由基的因素在过渡态中的影响较小，所以 3°、2°、1° 氢的活性差别不太大。

在丙烷与氯原子、溴原子反应能量曲线图（见图 2 - 10）中，氯与 1°氢和 2°氢反应的活化能只相差 4.2 kJ · mol^{-1}，而溴与 1°氢和 2°氢反应的活化能相差 12.6 kJ · mol^{-1}。溴代反应时，两种氢原子的反应活性差别比氯代时大得多，因而溴代反应的选择性高于氯代反应。

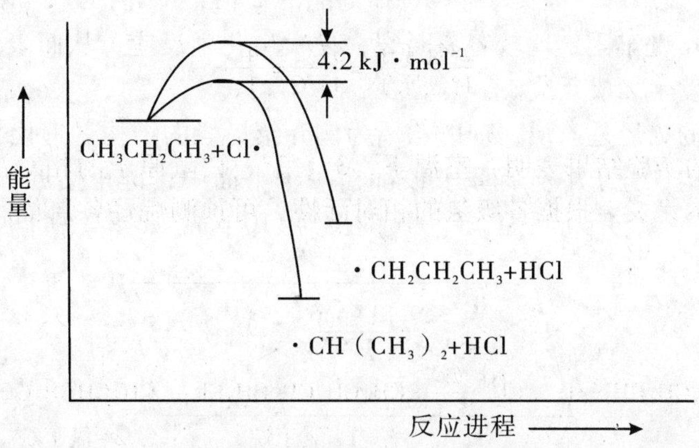

图 2 - 10　丙烷与氯反应能量图

4. 烷烃的自动氧化

在生活中经常遇见这样的现象，人老了皮肤有皱纹，橡胶制品用久了变硬变黏，塑料制品用久了变硬易裂，食用油放久了变质，这些现象称为老化。老化过程很缓慢，老化的原因首先是空气中的氧进入具有活泼氢的各种分子而发生自动氧化反应，继而再发生其他反应。烷烃中的叔氢（除此以外，还有醛基中的氢、醚 α－位的氢、烯丙位的氢）可与氧发生自由基反应。

$$R_3CH\cdot + O_2 \longrightarrow R_3C\cdot + \cdot OOH$$
$$R_3C\cdot + O_2 \longrightarrow R_3COO\cdot$$
$$R_3COO\cdot + R_3CH \longrightarrow R_3COOH + R_3C\cdot$$

烃基过氧化氢（R_3COOH）或其他过氧化物具有—O—O—键，这是一个弱键，在适当的温度下很容易分解，产生自由基，自由基引发链反应，产生大量自由基，促使反应很快进行，并放出大量的热，这是过氧化物发生爆炸的原因。过氧乙酸是一种很好的消毒剂，能杀死很多细菌和病毒。在 2003 年春季“SARS”流行时，就曾采用过氧乙酸消毒，但在运输和使用中一定要注意安全，严防发生意外事故。

［问题 2－2］ 写出 $CH_3\underset{\large CH_3}{\underset{|}{C}}HCH_3$ 与 Br_2 在光照作用下生成的主产物。

2.2 烯 烃

2.2.1 烯烃的构象与构型异构

烯烃（alkene）为不饱和烃（unsaturated hydrocarbon），其结构特征是分子中含有一个 C ═C双键，通式为 C_nH_{2n}。C ═C 的两个碳原子均为 sp^2 杂化，它是由一个 σ 键和一个 π 键组合而成，经测定 C═C 的键能为 611 kJ · mol^{-1}，与 C—C 的键能（347 kJ · mol^{-1}）比较，C ═C 大于 C—C 单键，但又小于 C—C 键能的 2 倍，由此推断，π 键的键能小于 σ 键的键能。π 键不如 σ 键牢固，比较容易断裂，易发生化学反应，从而表现出 π 键比 σ 键活泼，烯烃比烷烃易发生加成反应。

烯烃中最简单的烯烃是乙烯，现以乙烯为例介绍烯烃的结构。近代物理学方法已证明，乙烯是一个平面结构，分子中所有原子核都在一个平面中，键角接近 120°，C ═C 键长为 134 pm，比 C—C 键（154 pm）短，C—H 键长为 110 pm。如图 2－11 所示。

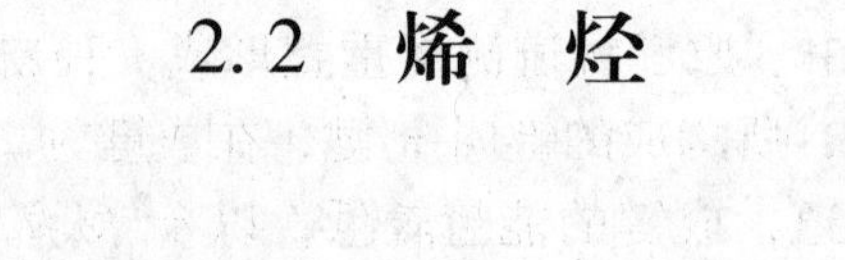

图 2－11 乙烯分子示意图

在乙烯分子中，两个碳原子各以一个 sp^2 轨道重叠形成一个 C—C σ 键，又分别以两个 sp^2 杂化轨道与两个氢原子的 1s 轨道形成 C—H σ 键。这五个 σ 键都处于同一平面上。另外，每个碳原子的一个垂直于上述平面的 p 轨道，彼此平行地侧面重叠，形成 C—C 间的另一个键即 π 键。如图 2－12 所示。

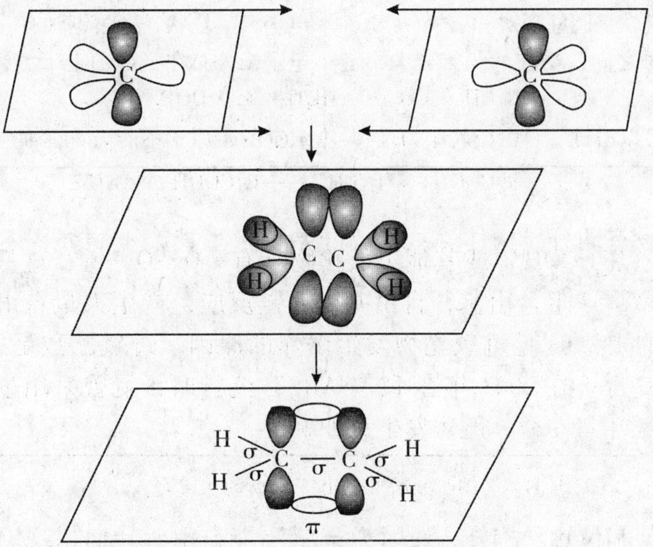

图 2－12 乙烯分子形成示意图

根据分子轨道理论，两个 p 原子轨道侧面重叠形成一种新的分子轨道，即 π 轨道，在此轨道上的电子叫做 π 电子，所构成的键叫 π 键，在成键时，两个 p 轨道可以线性组合形成成键和反键的两个分子轨道，成键的能量较低，以 π 表示，反键的能量较高，以 π^* 表示，π 键的分子轨道能级如图 2－13 所示。

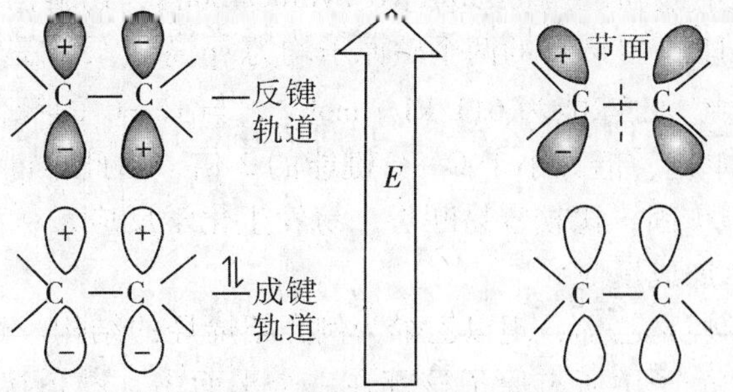

图 2－13 乙烯分子轨道能级示意图

乙烯分子在基态时，它的两个 π 电子处于成键轨道上，反键轨道是空着的。

π 键是由 p 轨道“肩并肩”形式重叠形成的，因此 π 键不像 σ 键那样能自由旋转，因为旋转会使两个 p 轨道的平行关系被破坏，以至于不能重叠，π 键与 σ 键的主要特点归纳如表 2－4。

表 2-4 σ 键和 π 键的主要特点

σ 键	π 键
可单独存在，存在于任何共价键中	不能单独存在，只能在双键或叁键中与 σ 键共存
成键轨道沿键轴“头碰头”重叠，重叠程度较大，键能较大，键较稳定	成键轨道“肩并肩”平行重叠，重叠程度较小，键能较小，键不稳定
电子云呈柱状，对键轴呈圆柱形对称	电子云呈块状，通过键轴有一对称平面
电子云密集于两原子之间，受核的约束较大，键的极化性小	电子云分布在平面的上下方，受核的约束小，键的极化性大
成键的两个碳原子可以沿键轴自由旋转	成键的碳原子不能沿着键轴自由旋转

乙烯、丙烯都没有同分异构体。从丁烯开始，除了骨架不同外，还要加上双键位置不同的因素。所以同分异构现象较复杂，异构体数目也较多。如丁烷有两种异构体。

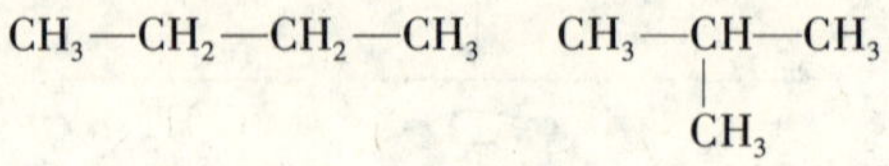

正丁烷　　异丁烷

而丁烯除了骨架和位置异构外，还因为 π 键不能自由旋转而出现顺反异构，所以丁烯有四种异构体。

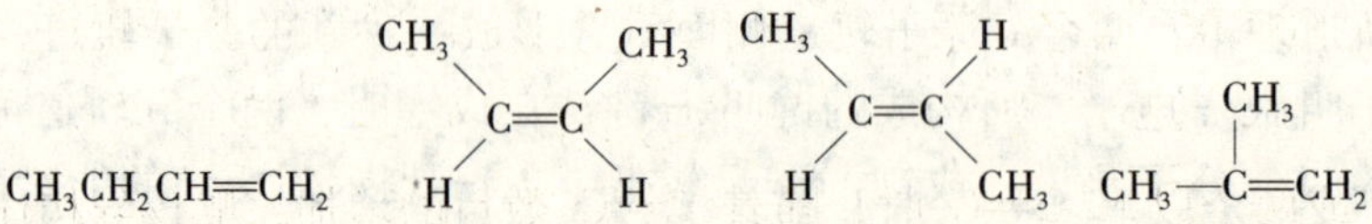

1-丁烯　　顺-2-丁烯　　反-2-丁烯　　异丁烯

可见烯烃随着碳原子增长，异构体越来越多，这也是有机化合物较无机化合物复杂的原因之一。

顺-2-丁烯和反-2-丁烯虽然分子式相同，但由于结构不同，两者的物理常数也不相同，如表 2-5 所示。

表 2-5 顺、反-2-丁烯的物理常数

化合物	沸点/℃	熔点/℃	密度 ρ/g·cm^{-3}	偶极矩/c·m
顺-2-丁烯	3.5	-139.3	0.621 3	1.10×10^{-30}
反-2-丁烯	0.9	-105.5	0.604 2	0

两种 2-丁烯虽然分子中原子的结合顺序相同，但空间排列方式却不同，两个甲基（或两个氢原子）在双键同一侧的称为顺式，在异侧的叫反式，这种由于双键上所连接的原子或基团不同而形成的同分异构体叫做顺反异构体。顺反异构现象是立体异构现象。

虽然顺反异构现象在烯烃中普遍存在，但并非所有具有 C═C 的化合物都存在顺反异构体，如1-丁烯就不存在顺反异构体，产生顺反异构现象必须满足两个条件：

（1）分子中存在着限制原子自由旋转的因素，如双键、脂环等结构。

（2）在每个不能自由旋转的两端原子上，必须各自连接着两个不同的原子或基团。

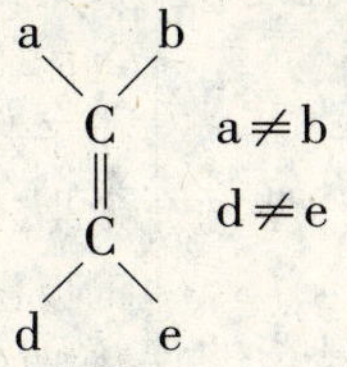

顺反异构现象不仅存在于含有碳碳双键的烯烃范围内，其他含双键的化合物中也存在顺反异构现象。比如含碳氮双键的化合物（肟、腙），其中N原子为sp^2杂化，呈平面结构，在N原子的一个sp^2杂化轨道上含有一未共用电子对，因此，碳氮双键如同碳碳双键一样可存在顺反异构体。

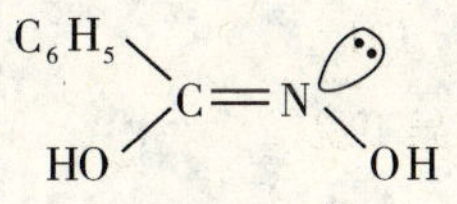

顺式

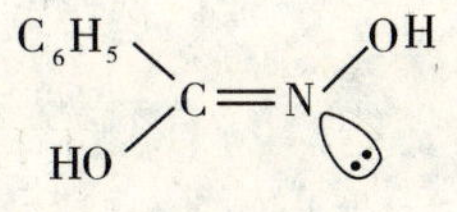

反式

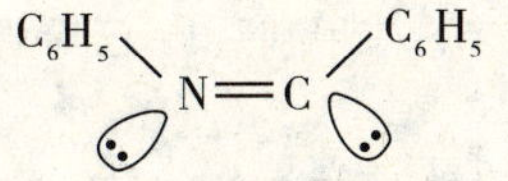

顺式

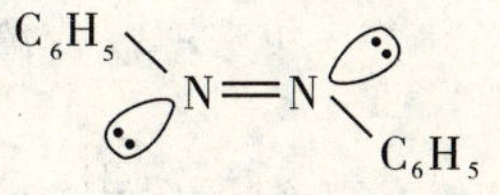

反式

当含有两个或两个以上 C═C 时，随着 C═C 数目的增加，顺反异构体数目也相应增加，例如，$CH_3CH═CH—CH═CHCH_3$ 有三个顺反异构体：

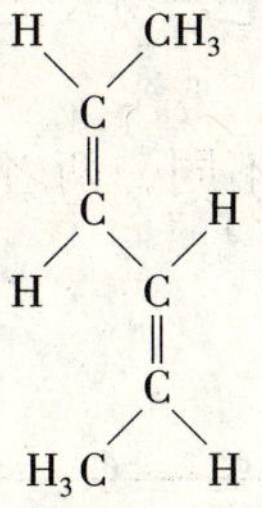

顺，顺-1，4-己二烯

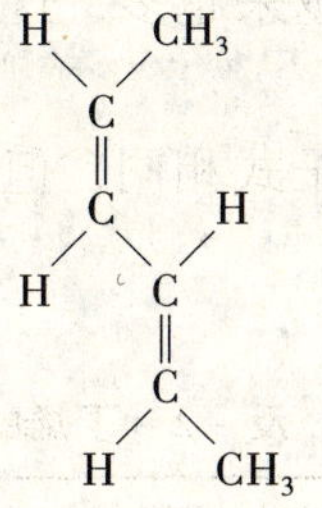

顺，反-1，4-己二烯

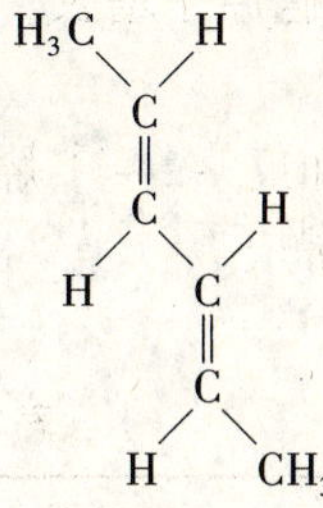

反，反-1，4-己二烯

2.2.2 烯烃的命名

烯烃的命名类似于烷烃，简单烯烃可用普通命名法命名，例如：

$CH_3CH_2CH═CH_2$

正丁烯

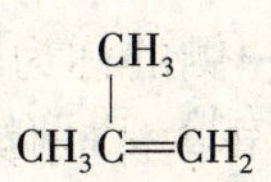

异丁烯

也可以按衍生物命名法命名，即以乙烯母体衍生物来命名。

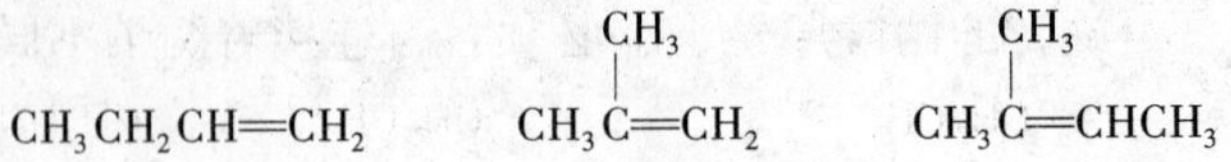

乙基乙烯　　二甲基乙烯　　三甲基乙烯

对结构较复杂的烯烃一般采用系统命名法来命名，烯烃的系统命名法基本原则与烷烃相同，只需略加补充：

（1）选择结构中包括双键在内的最长的连续碳链作为主链，按照主键碳原子数目称为某烯。

（2）从靠近双键的一端开始，将主链碳原子依次编号。

（3）在烯烃名称“某烯”之前标明双键的位置，并以双键两端碳原子中编号较小的数字表示。

（4）将主链上烷基的位置、数目及名称按由简单到复杂的顺序写在“某烯”之前，有多个相同烷基时，则合并表示，例如：

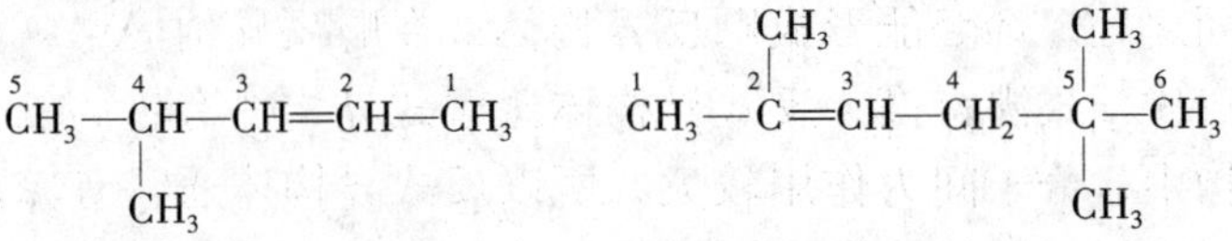

4-甲基-2-戊烯　　2，5，5-三甲基-2-己烯

在考虑到使双键位置编号尽可能最小的前提下，还需要照顾到使支链位置的编号尽可能最小。例如：

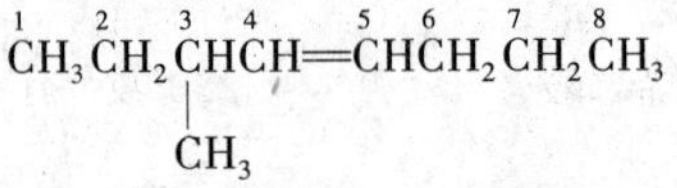

3-甲基-4-辛烯

烯烃分子中去掉一个氢原子的余下基团，称为烯基，烯基的命名编号是以有游离价键的碳为1位，例如：

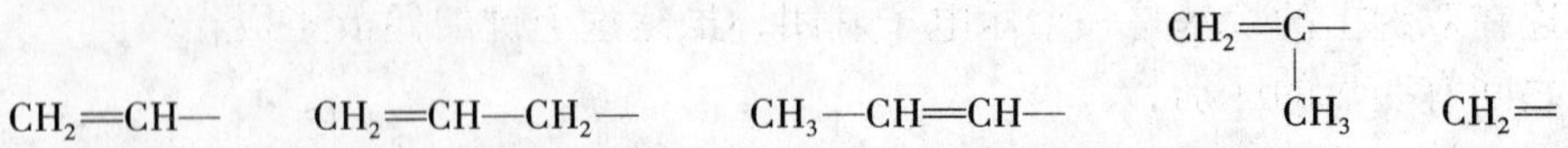

乙烯基　　烯丙基（2-丙烯基）　　丙烯基（1-丙烯基）　　异丙烯基　　甲叉基

顺反异构体的命名方法：对于一简单烯烃的顺反异构，可用词头“顺”（cis）、“反”（trans）表示。但对于比较复杂的烯烃，IUPAC命名法规定另一种以（Z）、（E）符号为词头的表示方法。Z和E分别取自德语“Zusammen”（意为“在一起”，指同侧）和“Entgegen”（意为“相反”，指异侧）的首位字母，是（E）还是（Z）则根据“顺序规则”而定。例如：

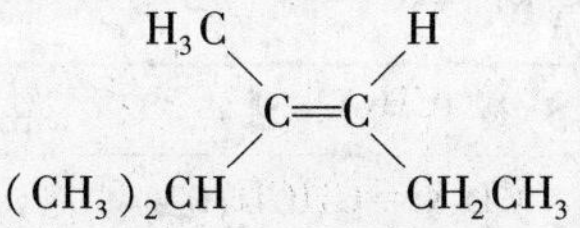

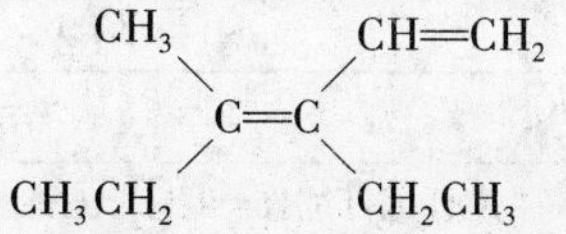

（Z）－2，3－二甲基－3－己烯　（E）－4－甲基－3－乙基－1，3－己二烯

顺反异构体不仅理化性质不同，而且生物活性也不同，这就表明了分子构型与生物功能之间的相互关系。

2.2.3　烯烃的物理性质

在常温常压下，2~4 个碳原子的烯烃是气体，5~18 个碳原子的烯烃是液体，19 个碳原子以上的烯烃是固体。烯烃的物理性质与相应烷烃很相似，其沸点、溶解度、密度、熔点随着碳原子数递增而有规律性地变化。烯烃的密度均小于 1 $g \cdot cm^{-3}$，比相应烷烃略大，烯烃中由于 π 键的存在，极化性比烷烃强，所以分子间范德华引力比相应的烷烃稍强，故沸点比烷烃略高，折射率也略高，烯烃也不溶于水，而溶于非极性有机溶剂（如苯、乙醚、氯仿、四氯化碳等）。值得注意的是，与烷烃不同的是烯烃能溶于浓硫酸中。

与烷烃另一不同之处是烯烃能形成顺反异构体，在顺反异构体中，由于顺式异构体极性较大，通常其沸点比反式沸点高；反式异构体比顺式异构体有较高的对称性，分子能较规则地排入晶体结构中，分子间力作用较大，所以反式异构体通常有较高的熔点和较小的溶解度。例如：顺－丁烯二酸的熔点为 130 ℃，溶解度为 77.8 g，反－丁烯二酸的熔点为 300 ℃，溶解度为 0.7 g。

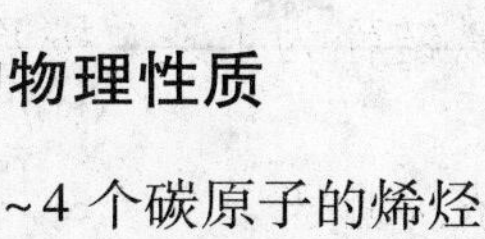

顺－丁烯二酸

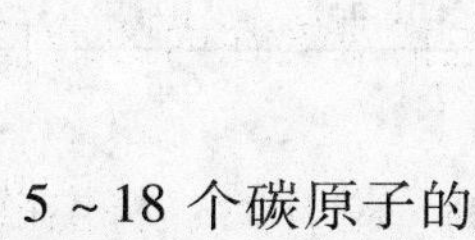

反－丁烯二酸

连接在碳碳双键上的烷基与双键碳原子间有一个 Csp^3—Csp^2 σ 键，由于 sp^2 轨道的伸展度较小，所以这个键中的共用电子对比较靠近 Csp^2 原子，使这个键有如下方向的偶极矩：

$$C \mapsto C=C$$

所以连在双键上的烷基是一个斥电子基团，虽然这个键的偶极矩很小，但它足以使顺、反异构体之间有明显的区别。

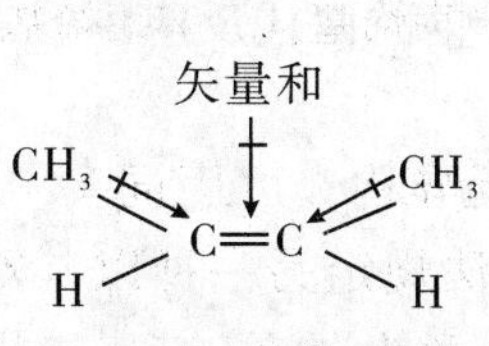

$\mu = 1.1 \times 10^{-30} C \cdot m$

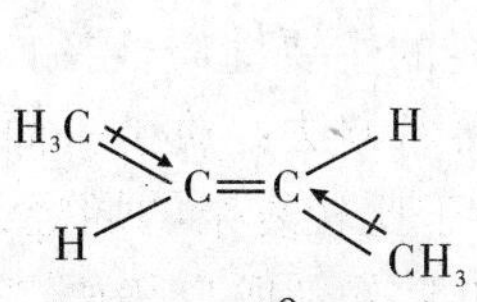

$\mu = 0$

根据这个性质，偶极矩的测定是推测顺、反异构体的一种方法。

表 2-6 一些烯烃的物理常数

烯烃		结构式	熔点/℃	沸点/℃	密度/g·cm^{-3}
乙烯	ethene	$CH_2{=}CH_2$	-169.4	-102.4	0.579 0
丙烯	propene	$CH_3CH{=}CH_2$	-185.3	-47.4	0.519 3
1-丁烯	1-butene	$CH_3CH_2CH{=}CH_2$	-185.4	-6.3	0.595 1
异丁烯	isopropene	$(CH_3)_2C{=}CH_2$	-140.4	-6.9	0.590 2
1-戊烯	1-pentene	$CH_3(CH_2)_2CH{=}CH_2$	-165.2	30.0	0.640 5

2.2.4 烯烃的化学性质

在烯烃分子中，由于 π 电子具流动性，易被极化，因而烯烃具有供电子性能，易受到缺电子试剂（亲电试剂）的进攻而发生反应，这种由亲电试剂的作用而引起的加成反应称为亲电加成反应。

亲电加成反应：

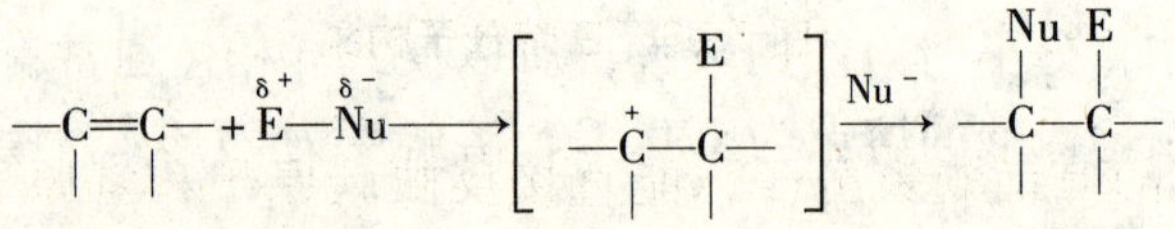

烯烃　亲电试剂　碳正离子中间体　产物

在有过氧化物等游离基引发剂存在的条件下，π 键均裂发生自由基加成反应。

自由基加成反应：

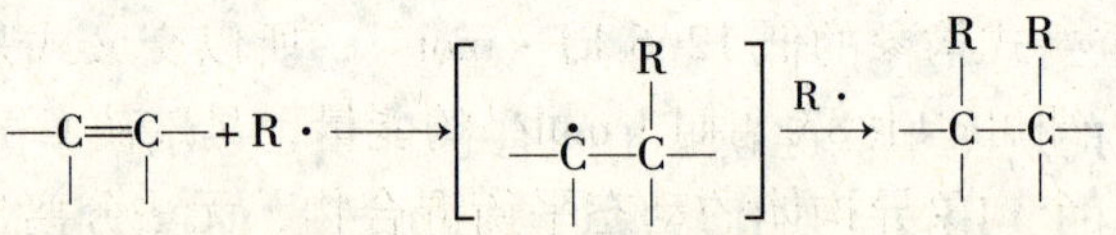

烯烃　自由基　自由基中间体　产物

这种加成反应，断裂了一个较弱的 π 键，形成了两个较强的 σ 键，所以往往是热力学上有利的放热反应。

由于烯键引入分子，会使直接与烯键碳相连的碳原子（常称为 α 碳）上的氢变得更为活泼，α 碳上氢原子的解离能降低，更容易发生选择性的卤代反应。

综上所述，烯烃的主要性质概括如下：

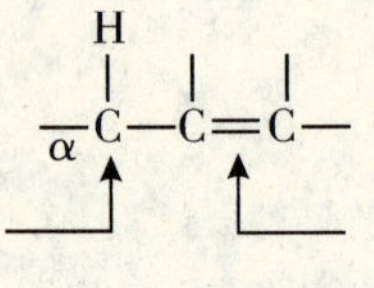

选择性自由基卤代反应　亲电或自由基加成反应

1. 加成反应

（1）催化加氢。烯烃与氢气在金属 Pt、Pd、Ni 等催化剂存在的条件下能发生加成反应。

$$R—CH═CH—R' + H_2 \xrightarrow{Pt} RCH_2CH_2R'$$

烯烃的加氢反应在热力学上是一个放热反应，每个 C ═C 氢化对放出的热量约为 126 $kJ \cdot mol^{-1}$（称为氢化热），但是由于反应具有很高的活化能，如果没有催化剂存在，反应很难发生。用高度分散的铂、钯、镍等金属作催化剂，可降低反应的活化能，使反应顺利发生。反应是在金属表面进行的，高度分散的金属粉末有极高的表面活性，能与吸附在金属表面的烯烃分子和氢分子作用，削弱碳碳 π 键和 H—H σ 键，促使它们发生均裂，而相互反应形成产物。

值得注意的是，铂、钯、镍等金属催化剂均不溶于有机溶剂，称为异相催化剂。近年来又发展了一些可溶于有机溶剂的均相催化剂，如氯化铑与三苯基膦的配合物。

异相催化加氢是在金属表面上进行的，在立体化学上倾向于顺式加成，两个氢原子从双键平面的同一侧加成到两个碳原子上去。

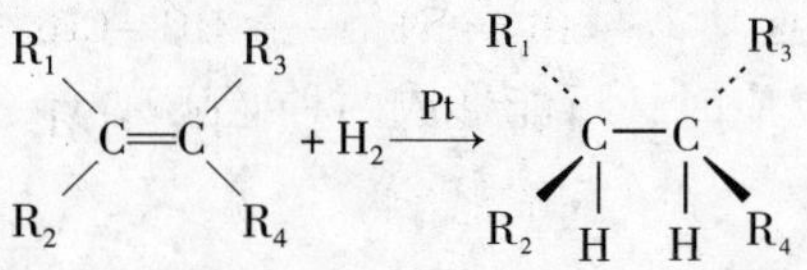

（2）与酸性试剂的亲电加成反应。双键平面的两侧是 π 电子云密度高的区域，易与带正电荷的亲电试剂反应，烯烃与卤化氢的加成分两步进行，第一步是 H^+ 用外电子层的空轨道与烯烃的 π 轨道相互作用，并形成碳正离子中间体，这一步反应速率慢，是决定整个反应速率的一步。第二步是碳正离子中间体很快与负离子结合形成加成产物。

$$HX \rightleftharpoons X^- + H^+$$

第一步：$CH_3 \rightarrow \overset{\delta^+}{C}H \overset{\frown}{=} \overset{\delta^-}{C}H_2 + H^+ \xrightarrow{慢} [CH_3\overset{+}{C}HCH_3]$

丙烯中的“→”表示 σ 电子云的偏移，弯箭头“⌒”表示 π 电子云的转移。

第二步：$[CH_3\overset{+}{C}HCH_3] + X^- \xrightarrow{快} CH_3\underset{\displaystyle X}{\underset{|}{C}}HCH_3$

烯烃与卤化氢反应，反应活性对于卤化氢来讲，与它们的酸性顺序一致：HI > HBr > HCl。对于烯烃来讲主要取决于烯烃的结构，双键碳原子上有斥电子基团时，可使 π 电子云密度提高而有利于反应；反之，有吸电子基团时，则使 π 电子云密度降低而降低反应活性。对于较复杂的烯烃，可以分析过渡状态的稳定性，以判断它们的反应活性。

不对称烯烃与卤化氢（HX）加成时，质子加到双键两端哪一个碳上，取决于所产生碳正离子的稳定性。烷基碳正离子为 sp^2 杂化，其结构与烷基自由基结构类似，能与邻碳原子

的 σ 键形成共轭（碳氢之间形成的 σ），从而降低碳正离子的缺电程度，增加碳正离子的稳定性，所不同的是烷基碳正离子 p 轨道上没有电子，是一个空轨道，如图 2－14 所示。

碳正离子　自由基

图 2－14　碳正离子和自由基 p 轨道示意图

加之烷基是斥电子基团，中心碳原子上连接的烷基越多，中心碳原子的正电荷就越低，换句话说，也就是中心碳原子正电荷的分散程度越高。根据物理原理，一个体系的电荷越分散，这个体系就越稳定。

烷基碳正离子的稳定性如下：

叔碳正离子 > 仲碳正离子 > 伯碳正离子 > 甲基碳正离子

即：

$$(CH_3)_3\overset{+}{C} > (CH_3)_2\overset{+}{C}H > CH_3\overset{+}{C}H_2 > \overset{+}{C}H_3$$

当丙烯与 HX 发生加成反应时，可能形成两种碳正离子

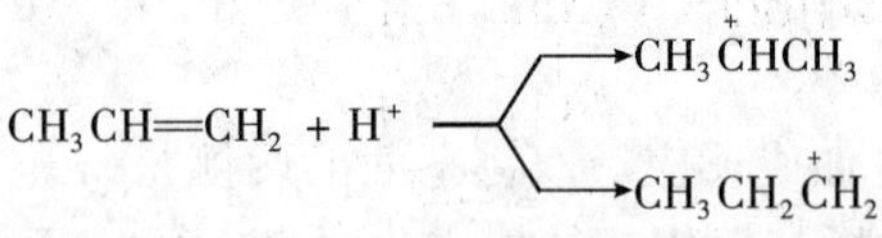

因为 $CH_3\overset{+}{C}HCH_3$（仲碳正离子）比 $CH_3CH_2\overset{+}{C}H_2$（伯碳正离子）稳定，所以整个反应的主要产物是$CH_3\underset{X}{\underset{|}{C}H}CH_3$。

从以上不对称试剂（HX）与不对称烯烃加成的产物可以看出：“当烯烃与酸性试剂发生加成反应时，酸分子中的质子主要加到双键两端含氢较多的碳原子上，其余部分则加到另一个碳原子上。”这个反应规律是 1866 年著名的俄国化学家马尔可夫尼可夫（V. V. Markovnikov）总结出来的，故称为马尔可夫尼可夫加成规则。

马尔可夫尼可夫加成规则是总结不带官能团的烯烃加成反应时的经验规律，如果应用到带有官能团的烯烃的衍生物，则需要从原理上进行具体分析，例如：

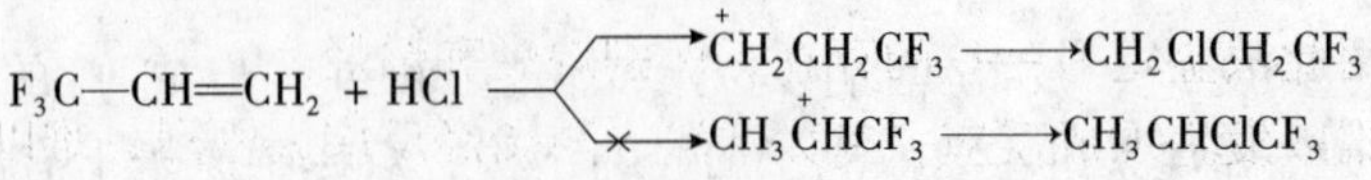

因为氟原子有很高的电负性，使 CF_3 成为极强的吸电子基团，因而第一步生成的碳正离子中间体只能是 $\overset{+}{C}H_2CH_2CF_3$，而不是 $CH_3\overset{+}{C}HCF_3$。

所以马尔可夫尼可夫加成规则应正确理解为：“当不对称烯烃与不对称试剂发生离子型

加成反应时，不对称试剂中带正电荷部分总是加成到烯烃带部分负电荷碳原子上，形成较稳定的碳正离子。”

有时通过重排生成更稳定的碳正离子如下式所示：

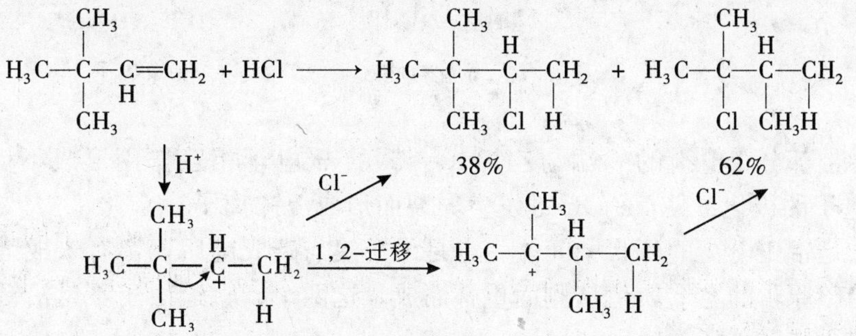

其他无机酸（如硫酸、硝酸、磷酸、次卤酸）及有机弱酸（如醋酸）在酸作催化剂作用下都可与烯烃进行亲电加成，其反应规律及产物与 HX 加成时相似。例如：

$$CH_2{=}CH_2 + H_2SO_4 \longrightarrow CH_3CH_2OSO_3H \xrightarrow[90\ ^\circ C]{H_2O} CH_3CH_2OH + H_2SO_4$$

硫酸乙酯　　　　乙醇

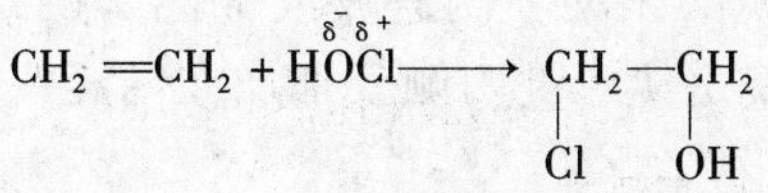

氯乙醇

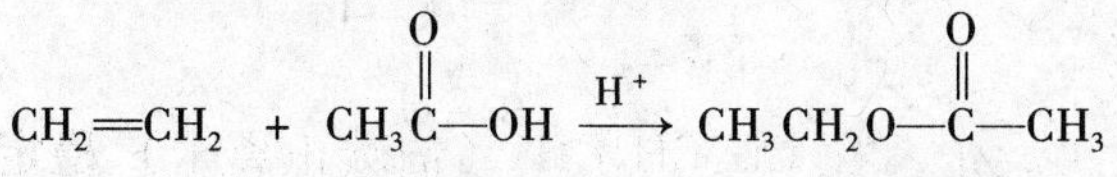

醋酸乙酯

这些反应在制备醇类等有机化合物时常被采用。

（3）烯烃与卤素的亲电加成反应。烯烃容易与氯或溴发生加成反应，生成邻二卤代烷。例如，在室温条件下，将乙烯通入溴的四氯化碳溶液中溴的红棕色立即褪去，生成无色的 1，2 - 二溴乙烷。

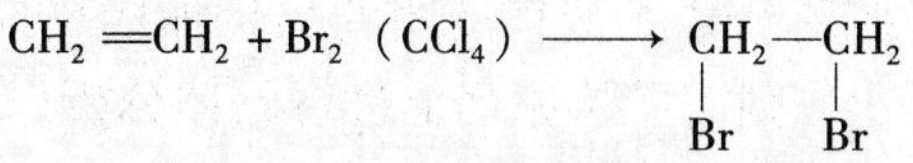

实验室中常用此法鉴定 C ═C 的存在，区别烷烃和烯烃。

碘不活泼，难以发生加成反应，氟太活泼，与烯烃反应太剧烈，难以控制，产物复杂。

烯烃与卤素的亲电加成反应也是分步进行的离子型反应，例如，乙烯与溴加成时，第一步是溴分子受 π 电子云的影响而被极化成一端带部分正电荷、一端带部分负电荷的极性分子。

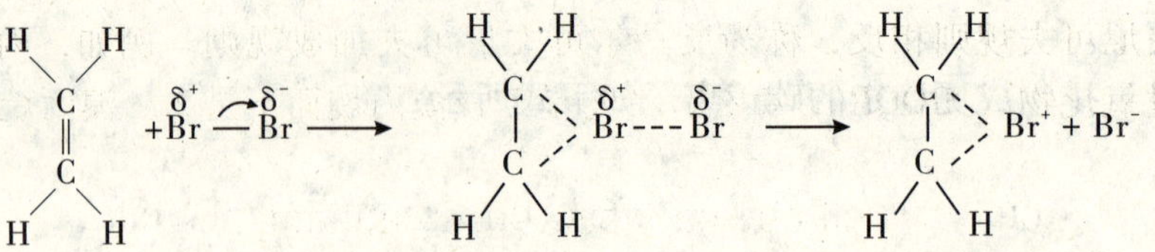

溴分子中带部分正电荷的一端与乙烯 C═C 的 π 电子相互作用形成不稳定的 π 配合物，受到 π 电子的极化，使 Br—Br 键发生异裂而形成溴𬭩离子。

溴𬭩离子是带正电荷的环状中间体，它是由于溴与碳成键后仍留有未成键的 p 电子对，可与缺电子的碳原子的空 p 轨道从侧面重叠而成。这两个 p 轨道由于不是沿键轴方向重叠，故此键不稳定。

图 2-15 环状溴𬭩离子的形成

第二步反应是溴负离子从带有正电荷溴的相反一侧进攻溴𬭩离子的一个碳原子，将环打开生成邻二溴乙烷。从加成产物来看，溴是从双键两侧分别加在烯烃双键碳原子上。

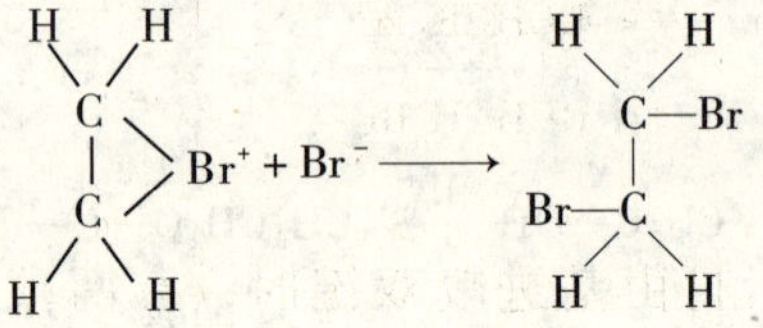

卤素虽然都有未共用的电子对，但它们的原子半径和电负性各异，与烯烃加成时，形成环状正离子的难易程度不同。一般认为，烯烃与碘和溴加成时，首先形成环状𬭩离子中间体，而与氯加成时，有时形成环状氯𬭩离子中间体，有时则形成链状碳正离子中间体。

总之，烯烃的亲电加成反应是分步进行的离子型反应。其反应过程中有正离子中间体形成，存在链状和环状正离子间的平衡：

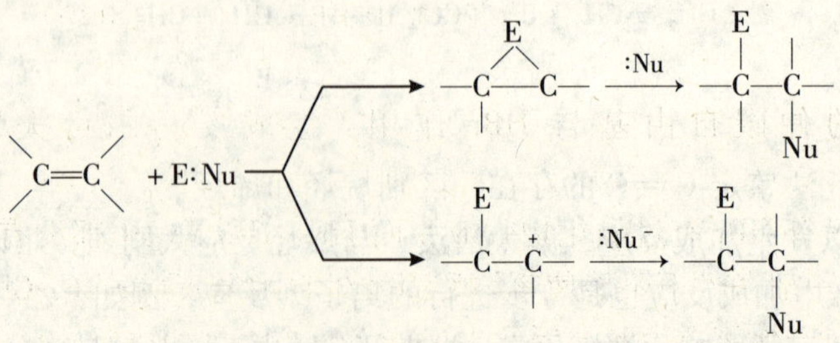

E^+ 和 $:Nu^-$ 分别表示加成试剂 E:Nu 中亲电和亲核部分。

(4) 自由基加成反应。不对称烯烃与不对称试剂的亲电加成取向是按马尔可夫尼可夫规则进行的，但人们在实验中发现，烯烃与氢溴酸加成时，如有过氧化物存在，得到的产物与马尔可夫尼可夫规则相反，称为反马尔可夫尼可夫加成规则。例如，丙烯与溴化氢加成时，若有过氧化物（ROOR′）存在，产物是1－溴丙烷而不是2－溴丙烷。

$$CH_3CH{=}CH_2 + HBr \longrightarrow CH_3\underset{\displaystyle Br}{\underset{|}{C}}HCH_3$$

$$CH_3{-}CH{=}CH_2 + HBr \xrightarrow{ROOR'} CH_3CH_2CH_2Br$$

这种由过氧化物而引起溴化氢加成反应按反马尔可夫尼可夫规则进行的反应称为过氧化物效应。这种反应不是离子型亲电加成反应，而是有过氧化物参与的自由基加成反应，其反应机理类似于烷烃的自由基取代反应，反应分三步进行：

第一步，链引发：$R{-}O{-}O{-}R \longrightarrow RO\cdot$

$RO\cdot + HBr \longrightarrow ROH + Br\cdot \quad \Delta_r H_m^\theta = -96\ kJ\cdot mol^{-1}$

第二步，链增长：$RCH{=}CH_2 + Br\cdot \longrightarrow R\dot{C}HCH_2Br \quad \Delta_r H_m^\theta = -38\ kJ\cdot mol^{-1}$
（中间体）

第三步，链终止：$R\dot{C}HCH_2Br + HBr \longrightarrow RCH_2CH_2Br + Br\cdot \quad \Delta_r H_m^\theta = -29\ kJ\cdot mol^{-1}$
（加成产物）

$2Br\cdot \longrightarrow Br_2$

$Br\cdot + R\dot{C}HCH_2Br \longrightarrow RCHBrCH_2Br$

$$2R\dot{C}HCH_2Br \longrightarrow \begin{array}{l} RCHCH_2Br \\ \ \ | \\ RCHCH_2Br \end{array}$$

在上述链增长的一步中，自由基进攻双键时，有两种取向，即有产生两种中间体 $R\dot{C}HCH_2Br$ 和 $RCHBr\dot{C}H_2$ 的可能性，其产物取决于中间体自由基的稳定性，由于自由基的相对稳定性 $RCHBr\dot{C}H_2$ 是 $CH_2{=}CH{-}CH_2\cdot > 3° > 2° > 1° > CH_3\cdot > CH{=}CH\cdot$，因此中间体相对稳定的自由基应为 $R\dot{C}HCH_2Br$。

$$Br\cdot + RCH{=}CH_2 \longrightarrow R\dot{C}HCH_2Br \text{（2° 自由基）}$$
$$Br\cdot + RCH{=}CH_2 \not\longrightarrow RCHBr\dot{C}H_2 \text{（1° 自由基）}$$

反应所得到的仲碳自由基与 HBr 作用，生成反马尔可夫尼可夫规则的产物 RCH_2CH_2Br。

在卤化氢中，只有 HBr 有过氧化物效应，而 HF、HCl 和 HI 都没有此效应。这是因为 H—F 键很牢固，在一般条件下不能使其均裂而发生自由基反应；H—Cl 键较牢固，其中 H 不能被自由基夺去而产生氯自由基，因此也不能发生自由基加成反应。

$$RCH{=}CH_2 + Cl\cdot \longrightarrow R\dot{C}HCH_2Cl \quad \Delta_r H_m^\theta = -92\ kJ\cdot mol^{-1}$$

$$R\dot{C}HCH_2Cl + HCl \longrightarrow RCH_2CH_2Cl + Cl\cdot \quad \Delta_r H_m^{\theta} = +33\ kJ\cdot mol^{-1}$$

H—I 键虽然较弱，容易生成自由基，但所形成的碘自由基活性低，很难与双键发生自由基加成反应。

$$RCH=CH_2 + I\cdot \longrightarrow R\dot{C}HCH_2I \quad \Delta_r H_m^{\theta} = +21\ kJ\cdot mol^{-1}$$

$$R\dot{C}HCH_2I + HI \longrightarrow RCH_2CH_2I + I\cdot \quad \Delta_r H_m^{\theta} = -100\ kJ\cdot mol^{-1}$$

（5）硼氢化加成反应。与乙硼烷的加成：

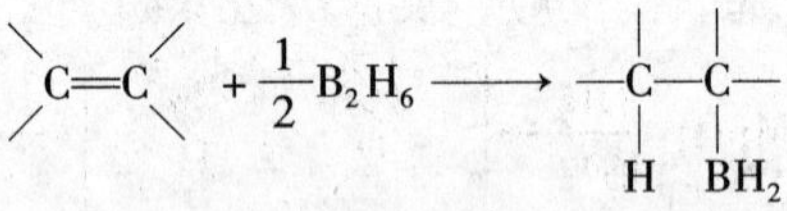

乙硼烷是甲硼烷的二聚体，反应时乙硼烷离解成甲硼烷。

$$B_2H_6 \rightleftharpoons 2BH_3$$

①产物为三烷基硼，是分步进行加成而得到的。

$$CH_3CH=CH_2 \xrightarrow{\frac{1}{2}B_2H_6} \underset{\text{一烷基硼}}{CH_3CH_2CH_2BH_2} \xrightarrow{CH_3CH=CH_2} \underset{\text{二丙基硼}}{(CH_3CH_2CH_2)_2BH}$$

$$\xrightarrow{CH_3CH=CH_2} \underset{\text{三丙基硼}}{(CH_3CH_2CH_2)_3B}$$

②不对称烯烃加硼烷时，硼原子加到含氢较多的碳原子上。

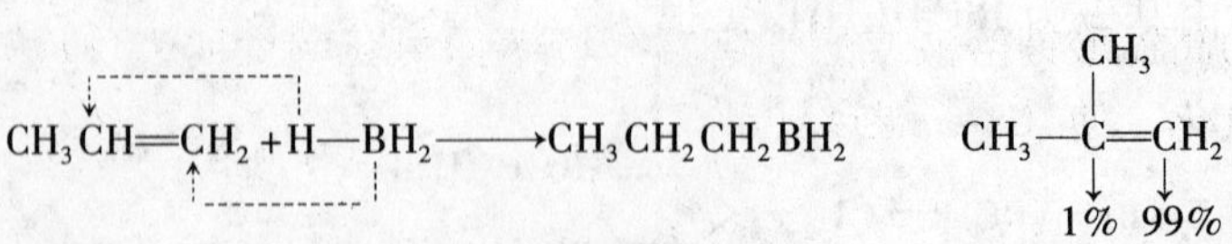

③烷基硼与过氧化氢（H_2O_2）的氢氧化钠（NaOH）溶液作用，立即被氧化，同时水解为醇。

$$(RCH_2CH_2)_3B \xrightarrow[OH^-]{H_2O_2} (RCH_2CH_2O)_3B \xrightarrow{3H_2O} 3RCH_2CH_2OH + B(OH)_3$$

此反应是用末端烯烃来制取伯醇的好方法，其操作简单，副反应少，产率高，在有机合成上具有重要的应用价值。

硼氢化反应是美国化学家布朗（Brown）于 1957 年发现的，由此布朗获得了 1979 年的诺贝尔化学奖。

2. 氧化反应

烯烃与某些氧化剂作用可使烯烃 C═C 中的 π 键断裂，如果反应条件剧烈一些，除了使 π 键断裂外，也能使 σ 键断裂，例如烯烃在冷的碱性高锰酸钾水溶液或过氧酸中反应，能生成邻二醇，此反应又称为羟基化反应。

烯烃与稀冷高锰酸钾反应可用下式表示：

$$CH_2{=}CH_2 + KMnO_4\text{（稀冷）} \longrightarrow \underset{OH}{CH_2}{-}\underset{OH}{CH_2}$$

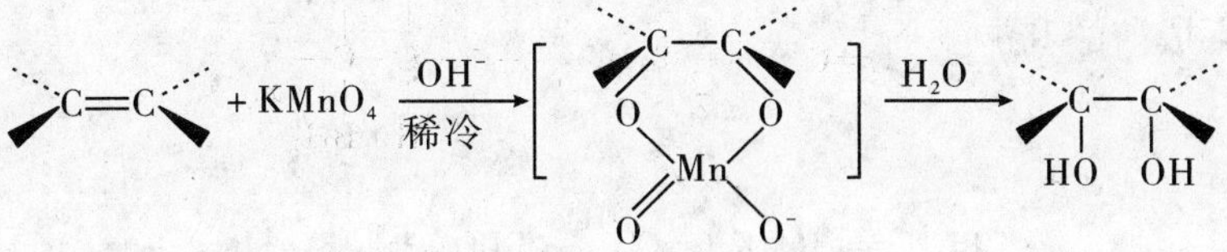

反应通过顺式加成方式进行，首先形成一个环状的锰酸酯，然后迅速水解得到邻二醇。

烯烃与过氧酸反应，首先得到氧化三元环状化合物，三元环氧化合物有较大张力，因此在酸性条件下很容易发生酸性水解开环，生成邻二醇。

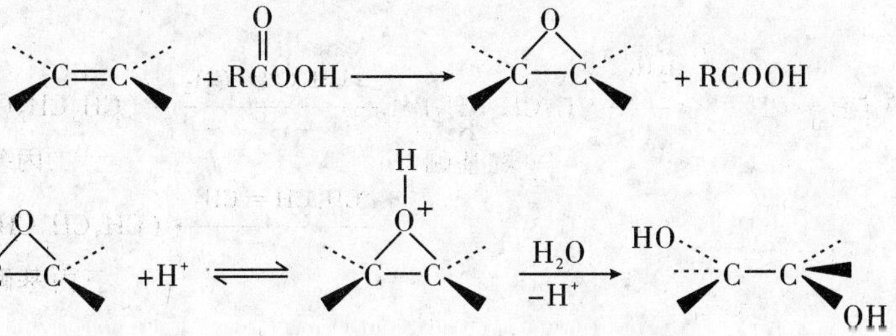

因为水解开环时，水分子从与氧环相反的一面进攻，结果使烯烃发生了反式二羟化。

当用热而浓的高锰酸钾溶液或酸性高锰酸钾溶液氧化烯烃时，反应并不停留在邻二醇阶段，而是继续氧化，使 C═C 断裂。

$$RCH{=}CH_2 + KMnO_4 \xrightarrow{H^+} RCOOH + CO_2 + H_2O$$

氧化产物随烯烃结构不同而得到不同的氧化产物。

$$RCH{=}CHR' + KMnO_4 \xrightarrow{H^+} RCOOH + R'COOH$$

$$R{-}\underset{R'}{C}{=}CH_2 + KMnO_4 \xrightarrow{H^+} R{-}\overset{O}{\overset{\|}{C}}{-}R' + CO_2 + H_2O$$

反应中，C═C 氧化为 C═O，双键碳上的氢被氧化为—OH，通过对反应最终产物的分析，可以确定原来烯烃的结构。

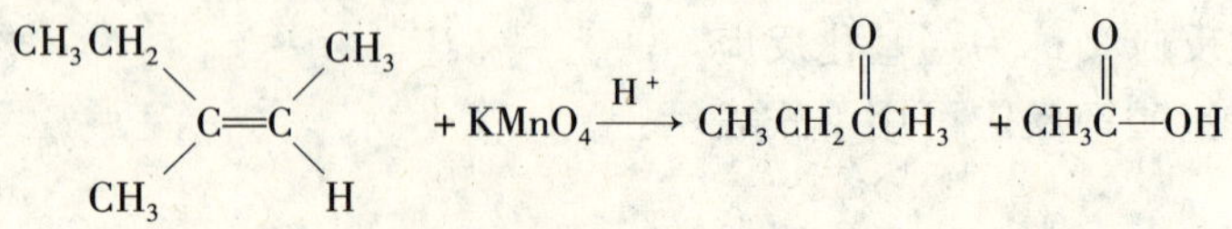

我们把产物中的氧去掉，在双键处连接起来，便是原来烯烃的结构。

重铬酸钾也是一种强氧化剂，当它和烯烃作用时，与酸性高锰酸钾一样，在C═C处发生氧化断裂，生成羧酸和酮。

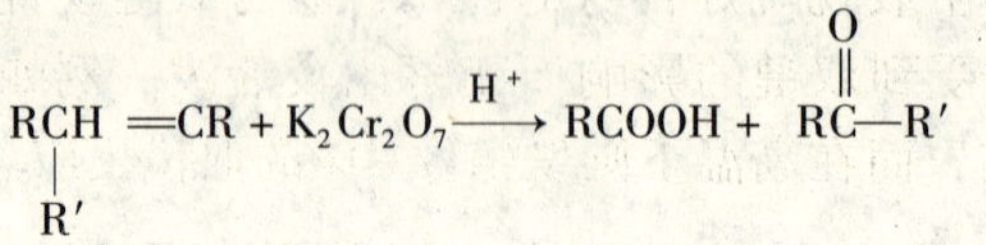

烯烃与臭氧也能发生氧化反应，反应通常是将烯烃溶于惰性溶剂，然后在低温（-80 ℃）下通入含有臭氧的空气，能迅速生成臭氧化合物。

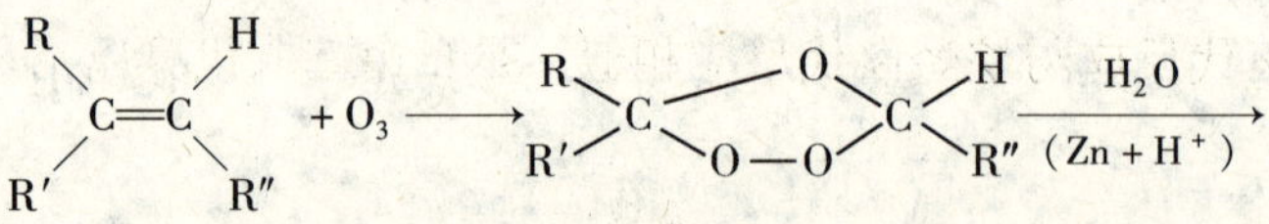

臭氧化合物

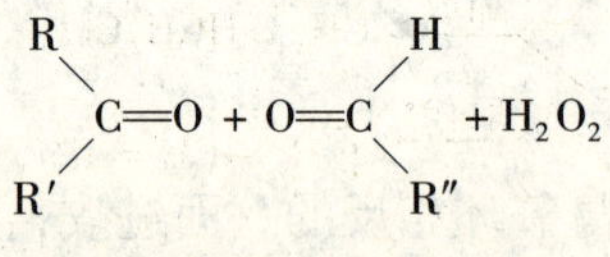

臭氧化合物易爆炸，一般不把它分离出来而直接加水水解，水解产物为醛或酮。为避免产物中的醛被 H_2O_2氧化，臭氧化物通常在锌粉和醋酸或者氢气和铂的存在下分解。

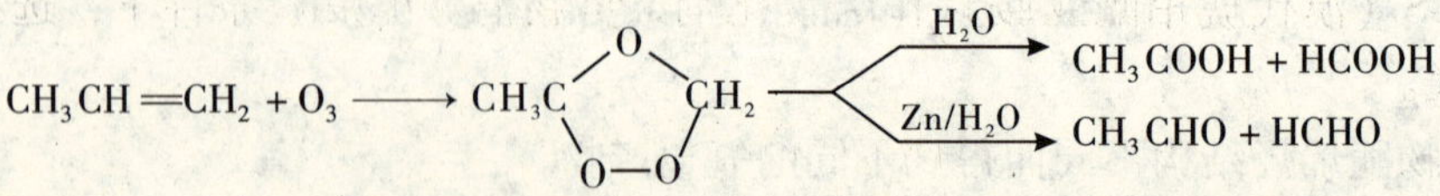

不同结构的烯烃通过臭氧化、还原水解，所得产物也不同，有如下一般规律：

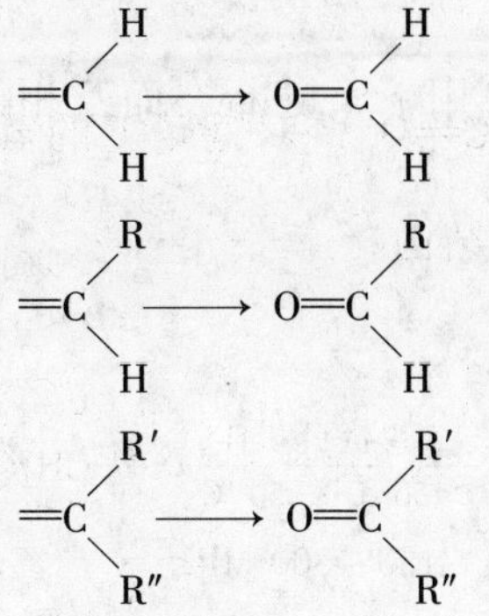

将上述产物中的氧去掉，在双键外连接起来，也可推知原来烯烃的结构。

3. α-氢的卤代反应

烯烃分子中除了 C═C 外，同时还存在饱和的 sp^3碳原子构成的烷烃骨架，那些远离双键的烷烃骨架结构，基本上表现烷烃自身的性质，但与双键碳直接连接的碳（称为烯丙位或 α-位）上的氢原子，受到双键的影响而变得比较活泼。例如，在室温条件下丙烯与氯发生双键的亲电加成反应，而在高温下则发生 α-H 的取代反应。

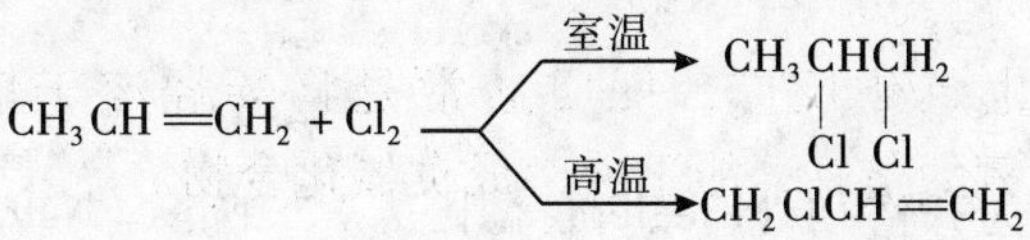

烯烃的 α-H 卤代反应与烷烃卤代反应相似，是自由基取代反应：

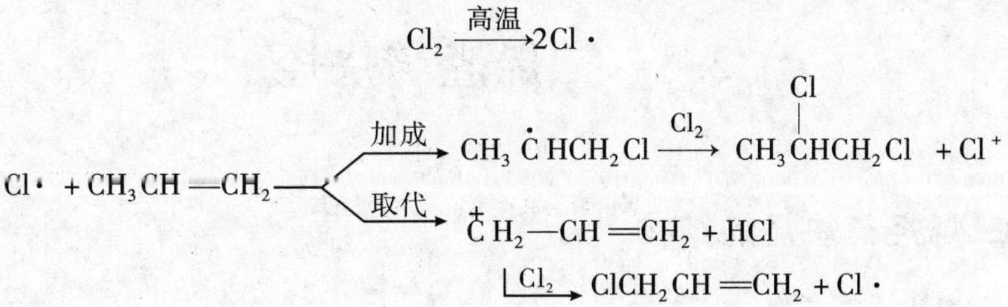

在上述两种反应中间体中，烯丙基自由基（$\cdot CH_2—CH═CH_2$）较氯代异丙基自由基（$CH_3\dot{C}HCH_2Cl$）稳定，因此取代反应比加成反应快，故主要按取代反应进行。

选择 NBS（溴代琥珀酰亚胺）作为溴化剂，可在温和的反应条件下，选择性地进行 α-位的溴代。

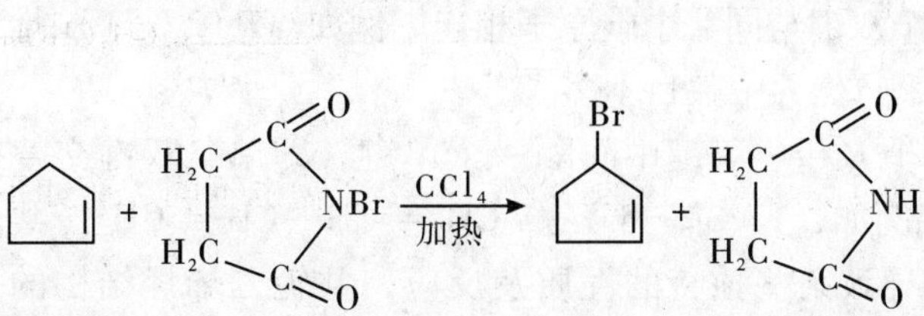

4. 聚合反应

烯烃在少量引发剂或催化剂作用下，键断裂而互相加成，形成高分子化合物的反应称为聚合反应。

例如，乙烯的聚合：

高压法 $$nCH_2{=}CH_2 \xrightarrow[150\ ℃\sim250\ ℃,\ 150\sim300\ MPa]{\text{少量引发剂}} \mathrm{[\!-}CH_2{-}CH_2\mathrm{-\!]}_n$$

乙烯（单体） 聚乙烯（高分子） 高压聚乙烯

低压法 $$nCH_2{=}CH_2 \xrightarrow[60\ ℃\sim75\ ℃,\ 0.1\sim1\ MPa]{TiCl_4-Al(C_2H_5)_3} \mathrm{[\!-}CH_2{-}CH_2\mathrm{-\!]}_n$$ 低压聚乙烯

聚乙烯是一种电绝缘性能好、耐酸碱、抗腐蚀、用途广的高分子材料（塑料）。

$$nCH_3CH{=}CH_2 \xrightarrow[50\ ℃\quad 100\ MPa]{TiCl_4-Al(C_2H_5)_3} \mathrm{[\!-}\underset{\displaystyle CH_3}{\underset{|}{CH}}{-}CH_2\mathrm{-\!]}_n$$ 聚丙烯

$TiCl_4-Al(C_2H_5)_3$称为齐格勒（Ziegler，德国人）、纳塔（Natta，意大利人）催化剂。1959 年齐格勒、纳塔利用此催化剂首次合成了立体定向高分子——人造天然橡胶，为有机合成作出了巨大的贡献。为此，两人共享了 1963 年的诺贝尔化学奖。

2.3 二烯烃与炔烃

2.3.1 二烯烃与炔烃的结构

1. 二烯烃的结构

具有两个或更多双键的烯烃，通称为多烯烃。根据所含双键的数目分别称为二烯、三烯等。

二烯烃分子中的两个 C═C 双键的位置和它们的性质有密切关系。根据 C═C 双键的相对位置，可把二烯烃分为三类：聚集二烯烃、共轭二烯烃、隔离二烯烃。

聚集二烯烃，两个双键与同一个碳原子相连。例如，1，2－丁二烯 $CH_2{=}C{=}CH{-}CH_3$，这类化合物不够稳定，自然界中数目不多。

共轭二烯烃，两个 C═C 双键中间隔一个单键，即单、双键交替排列的结构体系（共轭体系）的二烯烃。例如，1，3－丁二烯 $CH_2{=}CH{-}CH{=}CH_2$。共轭二烯烃中的两个双键存在着相互影响，导致某些独特的性质及反应，共轭二烯烃结构的一些基本特征为一切共轭体系所共有。

隔离二烯烃，也称孤立二烯烃。此类二烯烃的两个双键被两个或两个以上的单键隔开，

例如，1，4－戊二烯 $CH_2=CH-CH_2-CH=CH_2$ 和1，5－己二烯 $CH_2=CH-CH_2CH_2-CH=CH_2$，这类二烯烃中两个双键彼此相隔较远，相互间基本上没有影响，各自表现出简单烯类的通性。

聚积二烯烃的中心碳原子呈 sp 杂化，两个 π 键呈相互垂直的方向，迫使双键上的四个取代基也处于相互垂直的两个平面上。例如1，2－丁二烯，如图2－16所示。

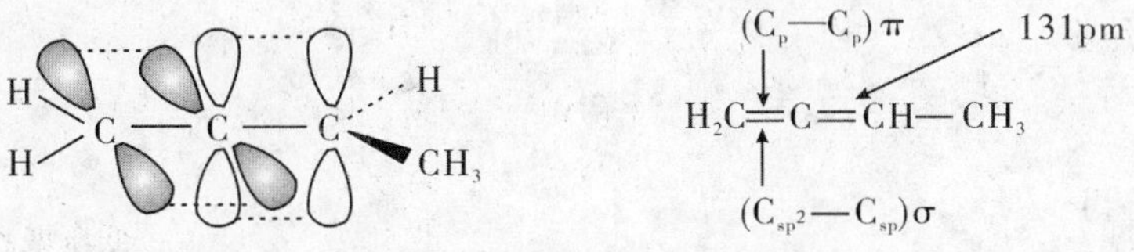

图2－16 1，2－丁二烯的结构

在聚集二烯烃中 C=C 的键长（131 pm）比单烯烃中 C=C 的键长（134 pm）要短。这是因为中心碳 sp 杂化 $C_{sp}-C_{sp^2}$ 的键长短于 $C_{sp^2}-C_{sp^2}$ 的键长所致。

共轭二烯的结构以1，3－丁二烯为例，分子中四个碳碳 σ 键和六个碳氢 σ 键在一个平面上。四个碳原子均为 sp^2 杂化，各有一个 p 轨道垂直于 σ 键骨架所在平面，通过侧面“肩并肩”重叠分别在 C_1 和 C_2 及 C_3 和 C_4 之间形成 π 键。

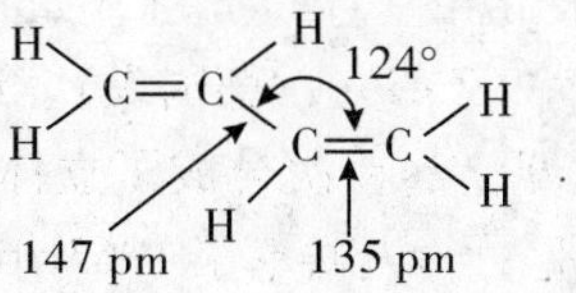

在1，3－丁二烯分子中，两个 C=C 双键的键长为135 pm，比一般烯烃分子中的 C=C双键的键长（134 pm）长；而 $C_{sp^2}-C_{sp^2}$ 单键的键长为147 pm，又比一般的烷烃 $C_{sp^3}-C_{sp^3}$ 单键的键长（154 pm）短；出现了键长平均化现象。

实际上，在1，3－丁二烯分了中，由丁四个碳原了共平面，每个碳原了未杂化的 p 轨道彼此互相平行（如图2－17）。1，3－丁二烯中心碳靠得很近，以至于 C_2 和 C_3 的 p 轨道也是重叠的，当然这种重叠不像 C_1 和 C_2（或 C_3 和 C_4）轨道间重叠的那样大，但已具有部分双键的性质，在这种情况下，这四个 p 轨道相互平行重叠，形成一个以四个碳原子为中心的大 π 键（共轭 π 键）。

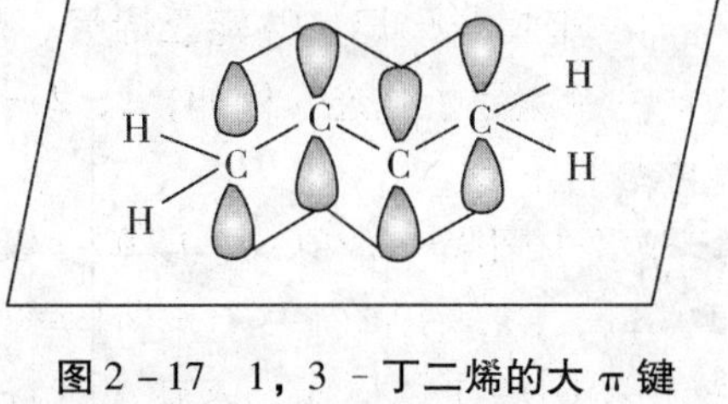

图2－17 1，3－丁二烯的大 π 键

尽管1，3－丁二烯分子中 C_2-C_3 之间并不是一个简单的单键，但 C_2-C_3 之间的旋转所需的能量并不高，1，3 －丁二烯两种构象异构的能量仅相差 9.6 kJ·mol^{-1}，由于 S－反较 S－顺稳定，所以室温下 1，3 －丁二烯主要以反式存在。

S－顺－1，3－顶二烯　　S－反－1，3－丁二烯

2. 炔烃的结构

含有碳碳叁键的烃称为炔烃，单炔烃的通式为 C_nH_{2n-2}，单炔烃与链状二烯烃为同分异构体，C≡C 是炔烃的官能团，与 C≡C 一样，是一个具有很高反应活性的官能团，许多能与烯烃发生反应的试剂，也能与炔烃发生反应。此外炔烃还有自己独特的反应。

炔烃（alkyne）的结构特征是 C≡C 中的碳原子均为 sp 杂化，以最简单的炔烃——乙炔为例，衍射和光谱实验数据已证明乙炔分子具有线型结构，即四个原子排列在一条直线上。

在乙炔分子中，两个碳原子 sp 杂化轨道沿轴向互相重叠，形成一个 C—C σ 键，又各用一个 sp 杂化轨道分别与两个氢原子的 1s 轨道重叠，形成两个 C—H σ 键。未参加杂化的 p 轨道两两平行重叠，形成两个彼此相垂直的 π 键，如图 2－18 所示。

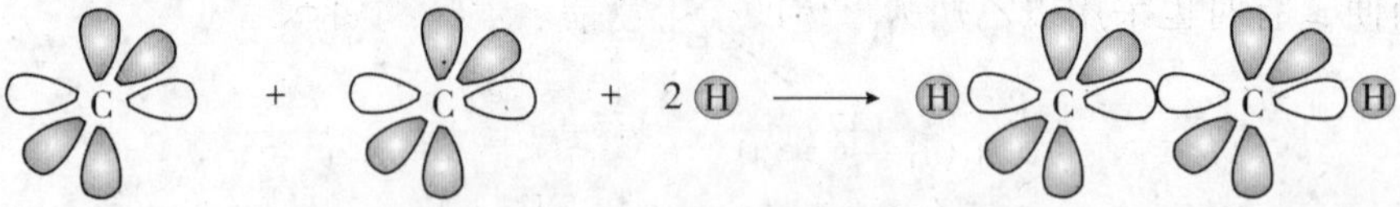

图 2－18　乙炔分子的形成

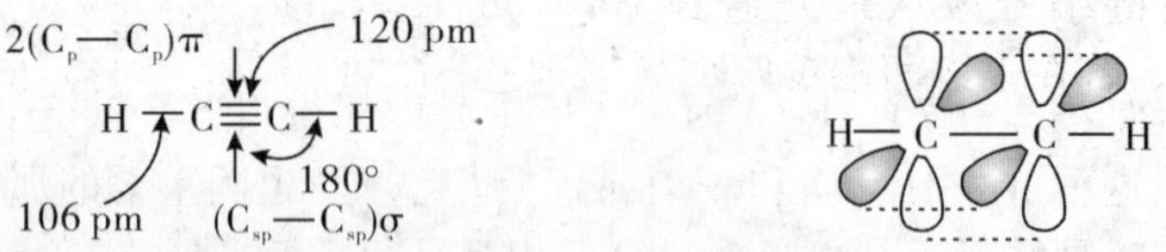

图 2－19　乙炔的结构

这两个 π 键的电子云呈圆筒形对称地分布在 σ 键的周围，如图 2－20 所示。

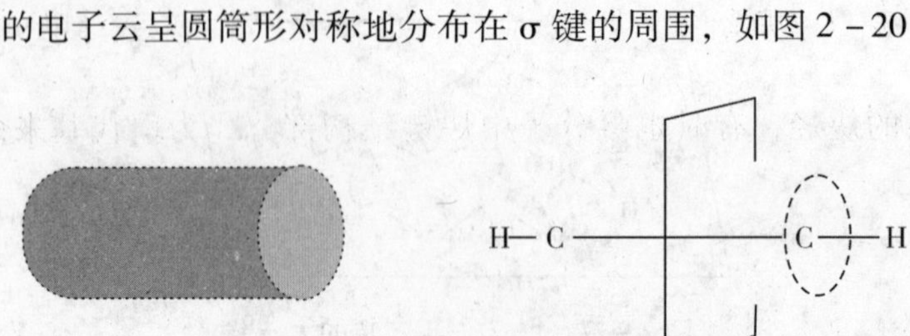

图 2－20　乙炔分子的 π 电子云

乙炔 C≡C 的键长为 120 pm，是最短的碳碳键；C—H 的键长为 106 pm，比乙烯和乙烷的键长（108 pm 和 110 pm）都短。C≡C 的键能为 835 kJ · mol^{-1}，比 C═C、C—C 的键能都要大。这说明乙炔分子中两个碳原子的 p 轨道重叠程度大。同时，在乙炔分子中由于 C≡C 的两个碳原子 sp 杂化，与烯烃和烷烃比较，s 成分明显提高，从而增加了对双方原子核的吸引力，使两个原子更加靠近。因此，炔烃中的 π 键比烯烃中的 π 键要强一些。因此，炔烃的亲电加成反应活性不如烯烃。

炔烃结构的另一个特征，是直接连接在炔键碳上的氢，由于炔键碳 sp 杂化，使 Csp—H 键电子更靠近碳原子，从而使 C—H 键极性增加，当遇到某些强碱性试剂时，直接连在炔键碳上的氢能表现出一定的酸性，这一特征在烷和烯烃中不存在。

［问题 2－3］　标出化合物 $CH\equiv C-CH=C=CH_2$ 各碳原子的杂化状态。

2.3.2　炔烃的命名

炔烃的命名法和烯烃相似，只需将“烯”改为“炔”，例如：

$$CH_3\underset{\underset{CH_3}{|}}{C}HC\equiv CCH_3$$

4－甲基－2－戊炔

为了简便，有时也采用以乙炔为母体的衍生物命名法，例如：

$$CH_3CH_2-C\equiv CH \qquad CH_3C\equiv CCH_3$$

乙基乙炔　　二甲基乙炔

当分子中同时存在双键和叁键时，则首先选出含有双键和叁键的最长碳链作为主链，称作“烯炔”。碳链编号应从最先遇到 C═C 或 C≡C 的一端开始，并以 C═C 在前、C≡C 在后为原则，若在主链两端等距离处遇到 C═C 和 C≡C，则编号要从靠近 C═C 的一端开始。例如：

$$CH_3-C\equiv C-CH_2-\overset{\overset{CH_3}{|}}{C}H-CH=CH_2$$

3－甲基－1－庚烯－5－炔

$$CH_3-C\equiv C-\overset{\overset{CH_3}{|}}{C}H-CH_2-CH=CH-CH_3$$

5－甲基－2－辛烯－6－炔

对于某些复杂的炔烃，有时也将分子中炔键结构部分作为取代基来命名，常见的炔基有：

$$HC\equiv C- \qquad CH\equiv CCH_2- \qquad CH_3-C\equiv C-$$

乙炔基　　1－丙炔基　　2－丙炔基

［问题 2－4］　命名或写出下列化合物：

1. $CH\equiv C-CH=CH-CH=CH_2$；2. 3－methyl－2－hepten

2.3.3 炔烃的物理性质

炔烃的物理性质与烯烃、烷烃相似，它们仍是以非极性或极性极小的碳碳键和碳氢共价键所组成的非极性分子。分子之间的主要作用力是较弱的范德华力。与烯烃、烷烃比较，炔键中由于 π 电子增多，同时炔键呈直线型结构，分子间较易靠近，分子间作用略增大，沸点、熔点、密度均略高。在室温条件下，乙炔、丙炔和 1－丁炔为气体。炔烃的 C≡C 在中间的比 C≡C 在末端的沸点和熔点都高。炔烃在水中的溶解度较小，易溶于石油醚、四氯化碳、苯等有机溶剂。

表 2－7 一些炔烃的物理性质

炔烃名称		结构式	熔点/℃	沸点/℃	密度/$g\cdot cm^{-3}$
乙炔	ethyne	HC≡CH	－81.8	－75	0.617 9 (l)
丙炔	propyne	$HC{\equiv}CCH_3$	－101.5	－23.3	0.671 4 (l)
1－丁炔	1－butyne	$HC{\equiv}CCH_2CH_3$	－122.5	8.6	0.668 2 (l)
1－戊炔	1－pentyne	$HC{\equiv}C(CH_2)_2CH_3$	－98	39.7	0.695 0

纯净的乙炔是无色无臭的气体。常用的乙炔有难闻的鱼腥味，是因为它含有磷化氢、硫化氢等杂质。乙炔是工业上最重要的炔烃，自然界中没有乙炔存在。乙炔的工业来源主要是水解电石（碳化钙）制备；在常压下，15 ℃时，1 体积丙酮可溶解 25 体积的乙炔。乙炔在压力下很容易发生爆炸。所以贮存乙炔的钢瓶中常填以丙酮饱和的多孔物质，这样在较小的压力下就能溶解大量的乙炔。乙炔在氧气中燃烧的火焰温度高达 3 500 ℃，可用于金属焊接。

［问题 2－5］ 比较丁烷，1－丁烯，1－丁炔和 1，3－丁二烯的熔点和沸点。

2.3.4 炔烃的化学性质

炔烃分子中含有 C≡C，C≡C 中含有两个较弱的 π 键，因此和烯烃类似，亦可以发生加成、氧化等反应，不同的是，炔烃分子 C≡C 的碳原子 sp 杂化，使得"C≡C—H"上的 C—H 键的极性增大。C≡C—H 的氢具有微弱酸性，可以与金属作用生成金属炔化物。金属炔化物与卤代烃作用可进行烷基化反应。

1. 炔烃的亲电加成反应

炔烃与烯烃相似，能与 X_2、HX 等亲电试剂发生反应，但炔烃对亲电试剂的反应活性比烯烃低，若分子中同时存在 C═C 和 C≡C，则加成反应首先在 C═C 上进行。炔烃与亲电试剂发生亲电加成反应遵守马尔可夫尼可夫加成规则。

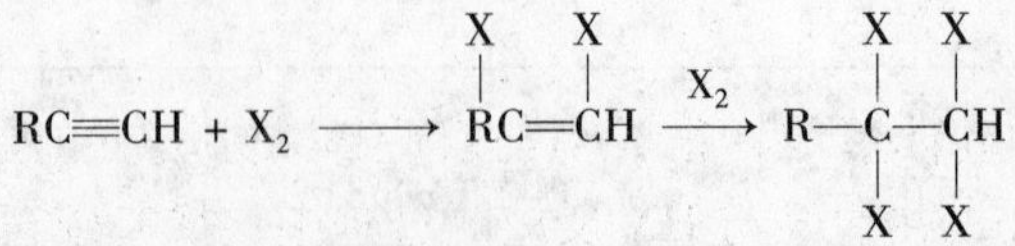

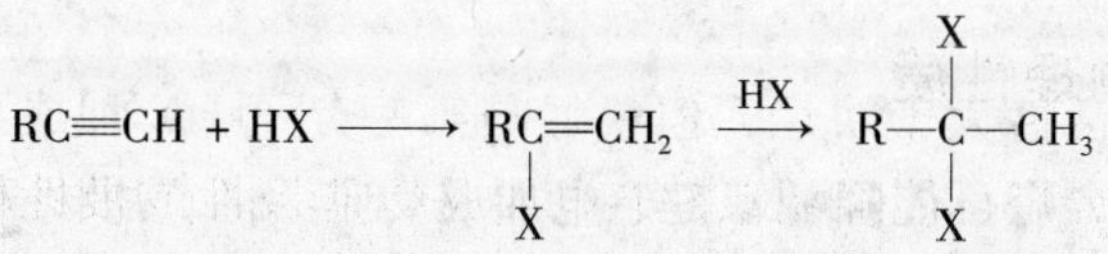

例如：

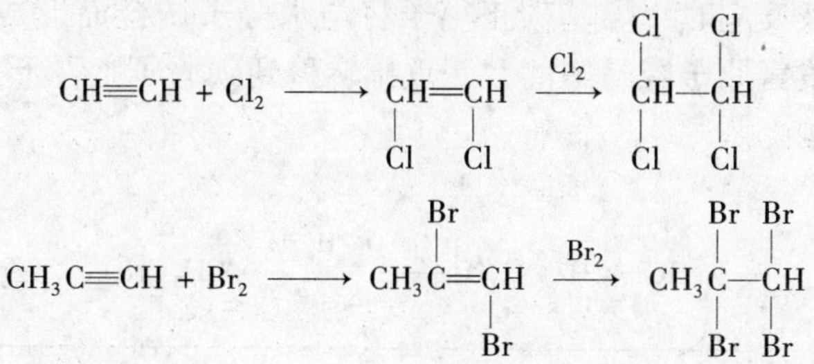

炔烃与溴加成，也能使溴水的颜色褪去，利用此方法可以鉴定不饱键的存在。

碘与炔烃加成较难，通常只加一分子碘而得到1，2－二碘乙烯。炔烃与HX反应是分两步进行的，例如：

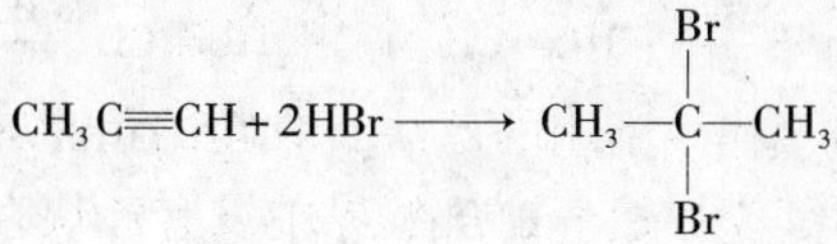

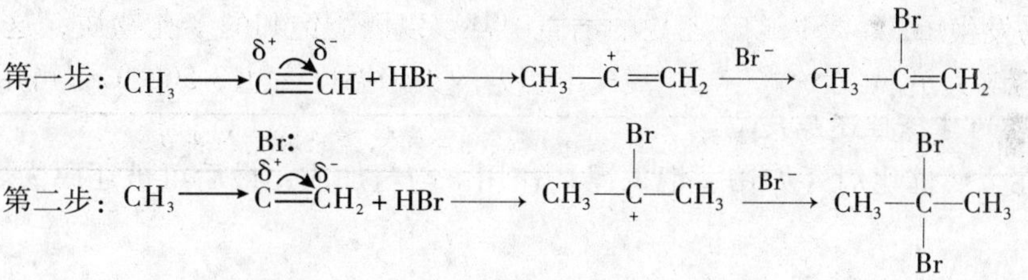

烯烃的亲电加成活性大于炔烃可以通过形成的碳正离子中间体的稳定性来解释：

$$CH_3C\equiv CH + HBr \longrightarrow CH_3\overset{+}{C}=CH_2$$

烯基碳正离子

$$CH_3CH=CH_2 + HBr \longrightarrow CH_3\overset{+}{C}H-CH_3$$

烷基碳正离子

炔烃加成所得的烯基碳正离子，正电荷定域于烯键碳的一个sp^2杂化轨道中，并且sp^2成分较没有杂化的p能量低，离碳原子核更近，正电荷较靠近碳原子核，是一个不稳定体系；而烯烃加成所得到的烷基碳正离子，正电荷分布在离碳原子核较远的p轨道中，形成的碳正离子由于受相邻烷基的斥电子诱导效应和σ—p超共轭效应的影响，所以碳正离子较稳定。

一旦烯基碳正离子中间体形成，很容易与反应体系中存在的亲核试剂（带负电荷或带有未共用电子对）相结合，在炔烃与HX反应的过程中，烯基碳正离子中间体与X^-结合形成卤代烯烃。

尽管烯烃亲电加成活性大于炔烃，但炔烃与第一分子 HX 加成后，由于电负性较强的卤素直接连接在双键上，有可能降低双键亲电加成反应活性，所以只要适当控制反应条件，就可使反应停留在卤代烯烃阶段。

炔烃与硫酸水溶液反应时，烯基碳正离子将与水分子结合而形成烯醇产物，烯醇结构不够稳定，氧上的活泼氢原子容易解离，并重排转移到碳原子上，形成较稳定的酮式结构，这种现象称为互变异构。

$$HC{\equiv}CH + H_2O \xrightarrow{HgSO_4/H_2SO_4} \underset{\text{乙醛}}{CH_3CHO}$$

$$CH_3C{\equiv}CH + H_2O \xrightarrow{HgSO_4/H_2SO_4} \underset{\text{丙酮}}{CH_3\overset{\overset{\displaystyle O}{\|}}{C}CH_3}$$

该反应需在二价汞（Hg^{2+}）盐的催化下才能顺利进行，其反应机理可能为：

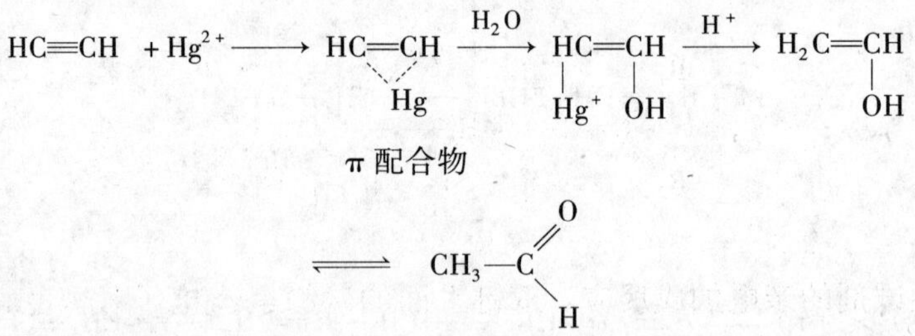

2. 炔烃的选择性还原反应

炔烃在金属催化剂（如铂、钯、镍）作用下与氢加成，最后可被还原为烷烃。

$$R{-}C{\equiv}CH + 2H_2 \xrightarrow{Pt} RCH_2CH_3$$

两个 π 键分步发生加成，加成第一分子氢时，放出的热量比第二步加氢要多，例如：

$$HC{\equiv}CH + H_2 \longrightarrow H_2C{=}CH_2 \quad \Delta_r H_m^\circ = -175.4\ kJ \cdot mol^{-1}$$
$$CH_2{=}CH_2 + H_2 \longrightarrow CH_3CH_3 \quad \Delta_r H_m^\circ = -136.9\ kJ \cdot mol^{-1}$$

第二步加氢非常快，采用一般的金属催化剂无法使反应停留在烯烃阶段，故为了使反应停留在烯烃阶段，必须使用一些活性减弱的特殊催化剂，如 Lindlar 催化剂（Pd + $BaSO_4$/纯喹啉）。催化氢化的特征是顺式加成，所得产物为顺式烯烃。

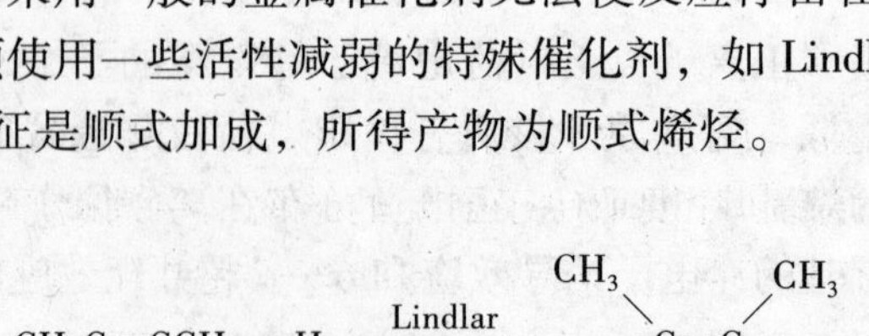

若用碱金属锂或钠放在液氨中，则产物为反式烯烃。

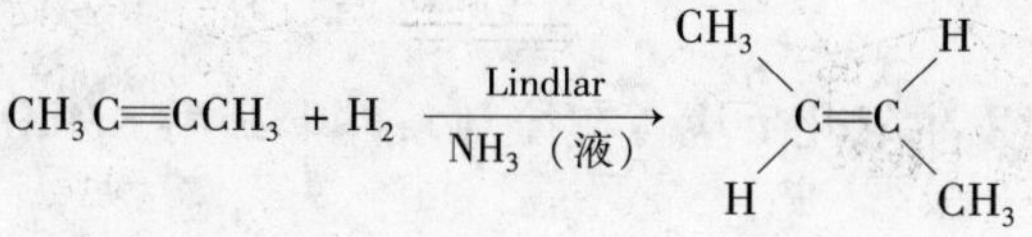

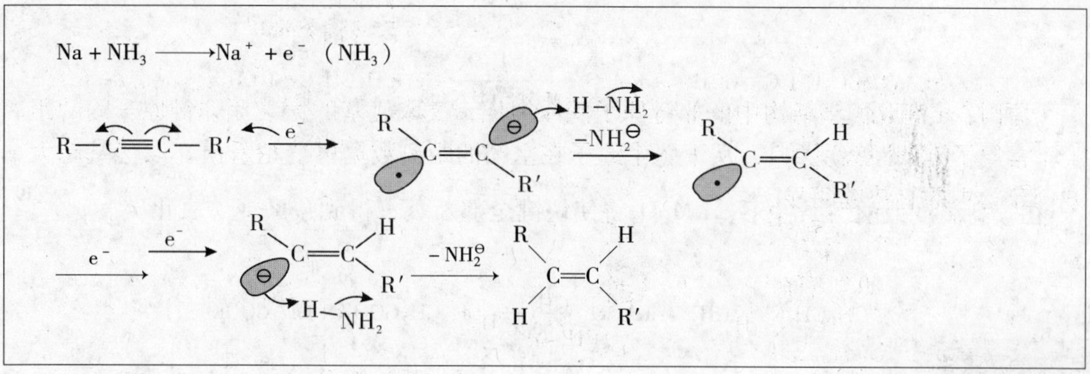

使用两种不同催化剂得到两种不同的反应产物，主要是它们的反应机制发生了变化。

这些反应都具有高度立体选择性，巧妙地应用这两种还原反应，可以得到立体化学上纯度相当高的产物。

3. 炔烃的自由基加成反应

炔烃与烯烃一样，在过氧化物或光作用下，能与 HBr 发生自由基加成反应，加成遵循马尔可夫尼可夫加成规则进行。

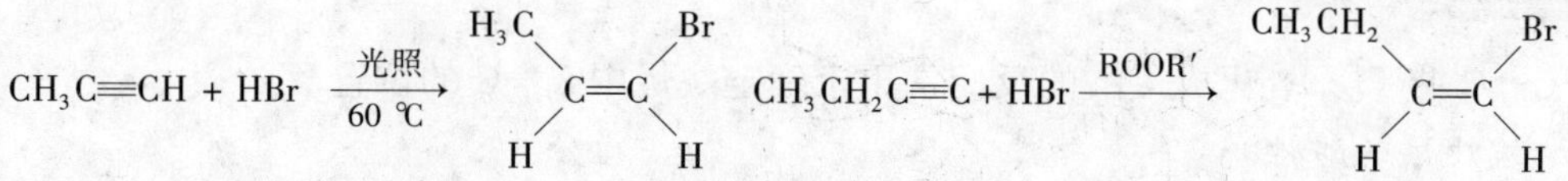

反应是经过自由基链锁反应历程进行的，一般情况下，经反式加成得到顺式产物，如丙烯与 HBr 在 ROOR′作用下的反应机理为：

$$ROOR' \longrightarrow RO\cdot + \cdot OR'$$

$$HBr + RO\cdot \longrightarrow HOR + Br\cdot$$

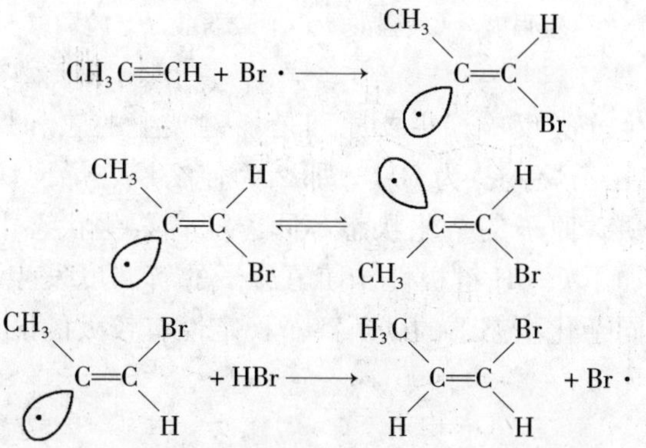

从丙炔与 HBr 的自由基加成反应可以看出，加成反应是以反式取向进行的，HBr 与中间体自由基反应时，从溴的异侧更容易进行。

4. 炔烃的氧化反应

炔烃与烯烃相似，能发生氧化反应，在控制条件下，用 $KMnO_4$ 氧化炔烃（末端炔烃除外），可以得到二元酮。

$$CH_3CH_2C{\equiv}CCH_3 + KMnO_4 \xrightarrow[0\ ^\circ C,\ pH=7.5]{H_2O} CH_3CH_2\underset{\underset{O}{\|}}{C}-\underset{\underset{O}{\|}}{C}CH_3$$

在较高温度或酸性条件下，$KMnO_4$ 将使炔键全部断裂，得到羧酸或二氧化碳。

$$CH_3CH_2C{\equiv}CCH_3 + KMnO_4 \xrightarrow[100\ ^\circ C]{H_2O} CH_3CH_2COOK + CH_3COOK$$

$$CH_3CH_2C{\equiv}CH + KMnO_4 \xrightarrow[25\ ^\circ C]{H^+} CH_3CH_2COOH + CO_2$$

炔烃被 $KMnO_4$ 溶液氧化，同时 $KMnO_4$ 溶液紫色褪去，这一反应可作为 $C{\equiv}C$ 的定性试验。

臭氧也能氧化炔烃，氧化产物水解后得到相应的羧酸。

$$CH_3CH_2C{\equiv}CH \xrightarrow[②H_2O]{①O_3} CH_3CH_2COOH + HCOOH$$

$C{\equiv}C$ 断裂，氧化成羧酸的反应常用于确定炔烃中 $C{\equiv}C$ 的位置。

5. 端炔烃的酸性

与末端炔键碳直接相连的氢原子，表现出一定的弱酸性。乙炔（pK_a 约为 25）酸性比水（pK_a 为 15.7）和醇（pK_a 为 16 ~ 18）弱得多，但比氨（pK_a 约为 35）要强。

$$\underset{较强酸}{RC{\equiv}CH} + \underset{较强碱}{NaNH_2} \rightleftharpoons \underset{较弱碱}{RC{\equiv}CNa} + \underset{较弱酸}{NH_3}$$

$$\underset{较强碱}{RC{\equiv}CNa} + \underset{较强酸}{H_2O} \rightleftharpoons \underset{较弱酸}{RC{\equiv}CH} + \underset{较弱碱}{NaOH}$$

烯烃和烷烃不能发生这类反应，主要原因是烯键碳上的氢和烷基上的 C—H 键的氢酸性太弱（乙烯 pK_a 为 44，乙烷 pK_a 为 50）。那么为什么烷、烯、炔氢的酸性有如此大的区别呢？主要是烷、烯、炔碳原子的杂化状态不同，随着杂化状态中 s 成分的增大，原子核对电子束缚力增强，增加了 C—H 键极性，使氢原子的解离度发生变化，当碳氢键断裂后，形成碳负离子，三种不同杂化状态下的碳负离子稳定性有较大的区别：

$$RC\equiv C^- > CH_2=CH^- > CH_3^-$$

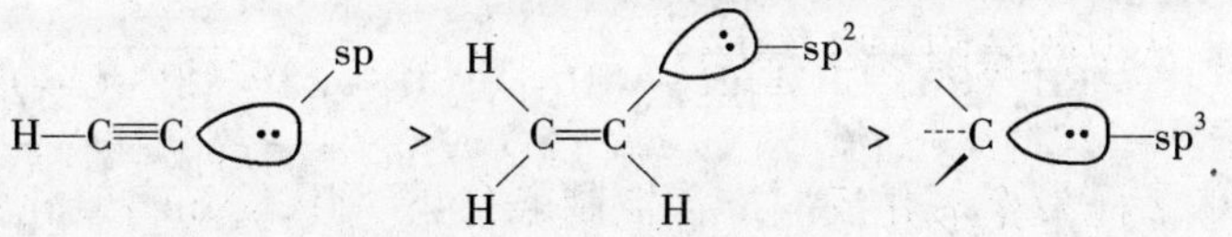

碳负离子的一对电子处在 s 成分越多的杂化轨道中，越靠近原子核，因而也越稳定，它的碱性也就越弱，而相应的共轭酸就越强。

$$HC\equiv CH + NaNH_2 \xrightarrow{NH_3\text{（液）}} \underset{\text{乙炔二钠}}{NaC\equiv CNa}$$

$$CH_3C\equiv CH + NaNH_2 \xrightarrow{NH_3\text{（液）}} \underset{\text{丙炔钠}}{CH_3C\equiv CNa}$$

炔钠与卤代烃作用可用来制备更高级的炔烃。

$$RC\equiv CNa + R'Br \longrightarrow RC\equiv C—R' + NaBr$$

末端炔烃的氢原子也能被一些重金属离子取代，生成不溶性的盐，此反应较灵敏，现象明显，可用作末端炔烃的鉴别反应。例如，将乙炔通入硝酸银氨溶液或氯化亚铜的氨溶液中，则分别生成白色的乙炔银和砖红色的乙炔亚铜沉淀。

$$CH\equiv CH + 2[Ag(NH_3)_2]NO_3 \longrightarrow \underset{\text{乙炔银(白色)}}{AgC\equiv CAg\downarrow} + NH_3 + 2NH_4NO_3$$

$$CH\equiv CH + 2[Cu(NH_3)_2]Cl \longrightarrow \underset{\text{乙炔亚铜(砖红色)}}{CuC\equiv CCu\downarrow} + 2NH_3 + 2NH_4Cl$$

重金属炔化物在湿润时比较稳定，在干燥状态下易爆炸，不宜保存，所以在实验完毕后，应及时用盐酸或硝酸等将其分解。

[问题 2-6]　完成反应式：$CH\equiv C—CH_2—CH=CH_2 + 1\ \text{mol HBr} \longrightarrow$

2.3.5　共轭二烯烃的化学性质

1. 共轭体系和共轭效应

像 1，3-丁二烯这样的共轭体系是由两个 π 键组成的。由于共轭 π 键的形成，π 电子能围绕更多的原子核运动，电荷分散，体系的能量降低，共轭体系比相应的非共轭体系更加稳定。共轭体系有以下几种类型：

（1）π—π 共轭体系。在有机分子中，凡双键、单键交替排列的结构都属此类。

1，3 -丁二烯是最典型的例子，下列例子中虚线框内部分即是分子的 π—π 共轭体系。

$CH_3-CH=CH-CH=CH-C_2H_5$

1，3 -庚二烯

$CH_3-CH=CH-C=O$

H

1，3 -庚二烯醛

苯

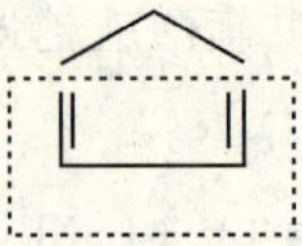

环戊二烯

（2）p—π 共轭体系。与双键碳原子相连的原子，由于共平面，其 p 轨道与双键的 π 轨道平行并发生侧面重叠，形成共轭。下列三个例子代表不同类型的 p—π 共轭体系。

$\ddot{B}r-CH=CH_2$

溴乙烯

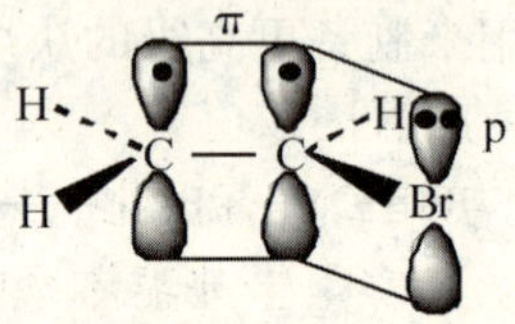

（三个原子核吸引四个 π 电子，是多电子共轭体系）

$CH_2=CH-\overset{+}{C}H_2$

烯丙基碳正离子

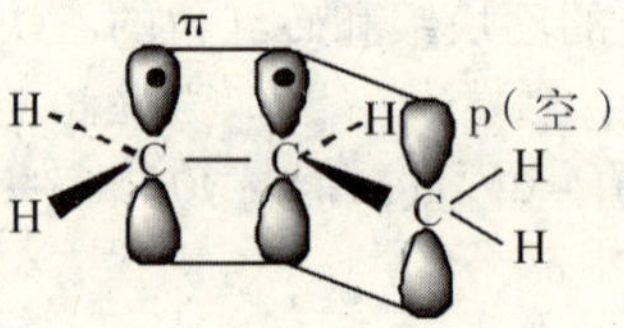

（三个原子核吸引两个 π 电子，是缺电子共轭体系）

$CH_2=CH-\dot{C}H_2$

烯丙基自由基

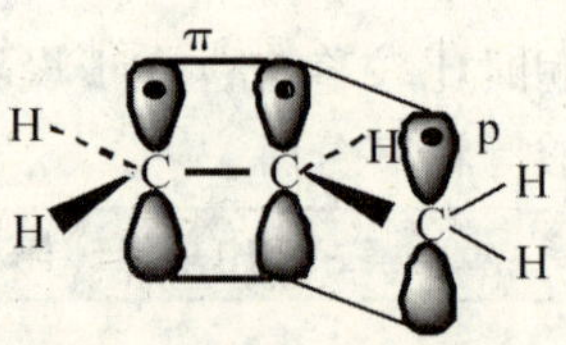

（三个原子核吸引三个 π 电子，是等电子共轭体系）

（3）超共轭体系。超共轭是 C—H σ 键参与的共轭，由于氢原子的体积很小，像是嵌在 C—H σ 电子云中，因此，C—H σ 键似未共用电子对。C—H 的 σ 轨道与毗邻的 π 键或 p 轨道虽不平行，但仍可以发生一定程度的侧面重叠，形成 σ—π 或 σ—p 超共轭。例如，丙烯或乙基碳正离子中都存在超共轭。

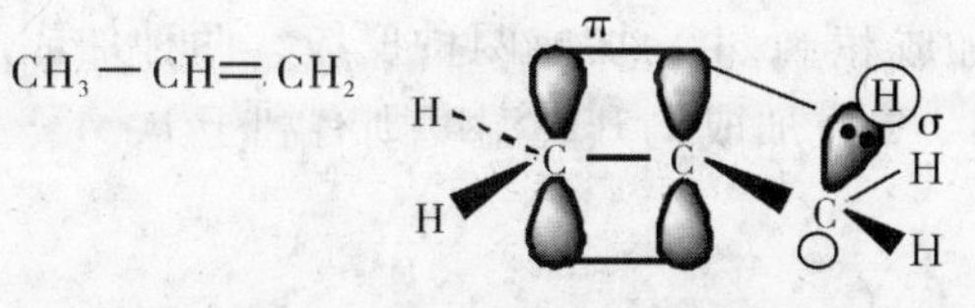

σ—π 超共轭

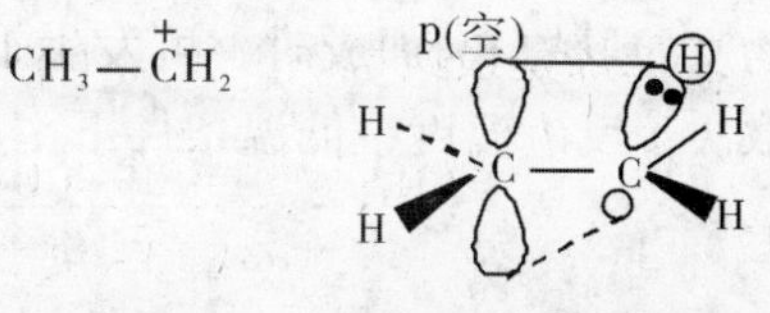

σ—P 超共轭

由于C—C单键可以自由旋转，甲基上三个C—H σ键在分子结构中处于等同的地位，每个C—H键均有可能在其最佳位置上形成完全相同的超共轭。这种体系之所以称为超共轭，是因为σ轨道与π键或p轨道并不平行，轨道之间重叠程度较小，不同于π—π和p—π的共轭效应。

通过以上例子，我们不难看出，共轭体系有以下特点：

（1）形成共轭体系的原子都在同一个平面上。

（2）必须有可以实现平行重叠的p轨道，还要有一定数量的供成键用的p电子。

（3）键长平均化。

共轭效应（conjugative effect）是分子中原子之间一种特殊的相互作用，它又可分为静态和动态共轭效应两种。

静态共轭效应是分子内固有的效应，主要是使体系（分子、离子、自由基）的内能降低（稳定性增强）、键长平均化和静态极化。共轭体系极化时，涉及整个体系，可出现电荷密度“正负交替”的现象。在多电子共轭体系中，由于p电子或σ电子对向体系分散（离域），呈现供电性，例如：

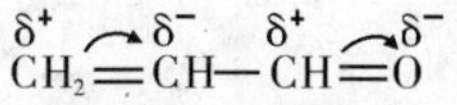

静态极化

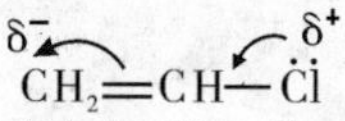

p－π共轭的供电作用

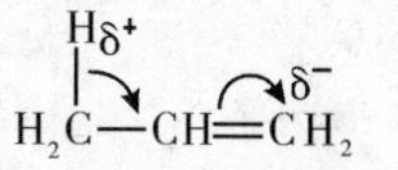

σ—π超共轭的供电作用

氯乙烯分子中的共轭极化和诱导极化的方向相反，分子的极化由这两种电子效应的总和决定。

动态共轭效应是共轭体系受外电场（试剂）作用时的极化作用。例如，1，3－丁二烯分子无静态极化，分子无极性，当受到试剂（如H^+）作用时，产生极化。

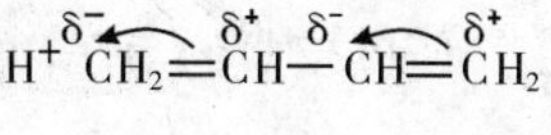

已有静态极化作用的体系也可发生动态极化，两种极化的方向总是一致的，互相加强，因而有利于反应。

共轭效应是一类重要的电子效应，它和诱导效应在产生原因和作用方式上是不同的。诱导效应建立在定域的基础上，所以是短程作用，不出现交替极化现象；共轭效应则建立在离域的基础上，所以是远程作用。一个分子可同时存在这两种电子效应。

2. 共轭二烯烃的加成反应

共轭二烯烃的化学性质和烯烃相似，可以发生加成、氧化等反应，但由于两个双键共轭的影响，又显示出一些特殊的性质。例如，1，3－丁二烯的加成反应，当1，3－丁二烯

与等物质的量的 Br_2加成时，可发生1，2 －加成和1，4 －加成两种反应，两种加成产物的比例取决于反应温度，低温条件下主要发生1，2 －加成，升高温度则有利于1，4 －加成。

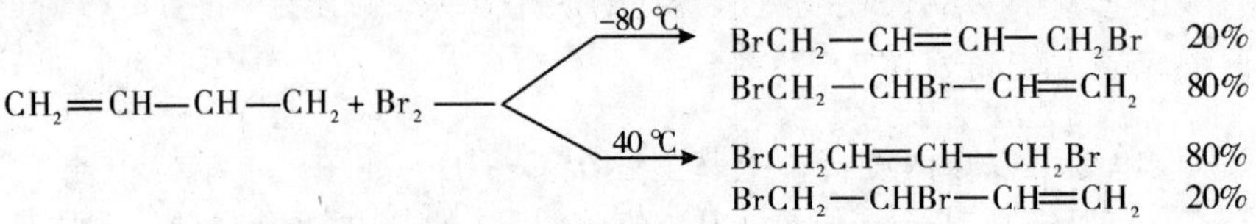

该反应是溴分子受二烯烃 π 电子云的作用而极化，极化了的溴分子与二烯烃的 π 键形成 π 配合物。接着 π 配合物异裂为碳正离子，而不是形成环状溴鎓离子，这是因为生成的烯丙基型碳正离子比溴鎓离子更为稳定。

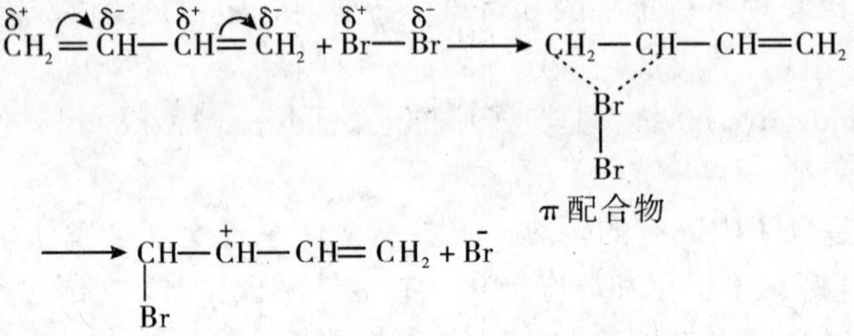

生成的烯丙基型碳正离子是个 p—π 共轭体系，由于 π 电子的离域使正电荷分散，结果使 C_2和 C_4上均带有微量正电荷，于是 Br^- 离子可以进攻 C_2或 C_4两个位置，完成了1，2 －加成或1，4 －加成。

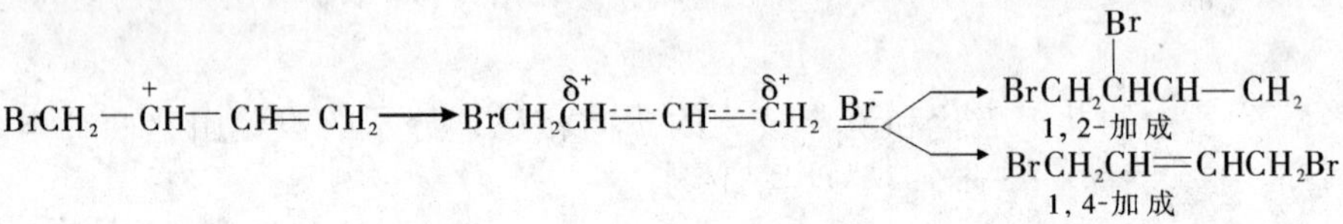

当共轭二烯分子不对称时，加成反应的第一步是生成更为稳定的碳正离子中间体。例如，2 －甲基－1，3 －丁二烯在60 ℃与 HBr 的1，4 －加成反应，亲电试剂 H^+ 在进攻 C_1和 C_4两种可能的取向中优先进攻 C_1，所以反应的主产物是3 －甲基－1 －溴－2 －丁烯。

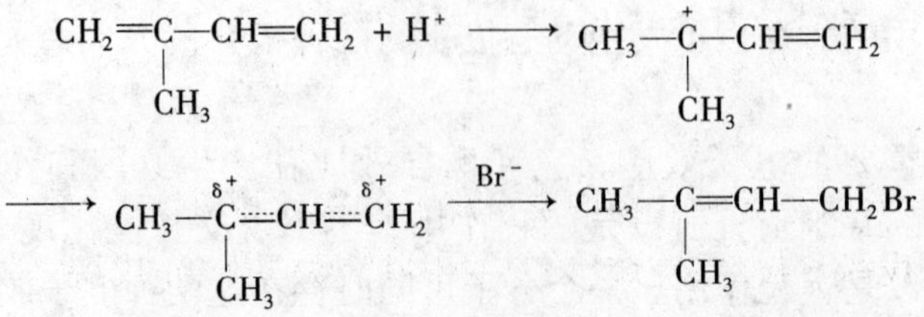

在室温条件下，1，4－加成反应是共轭二烯烃的特征加成反应。

3. Diels－Alder（狄尔斯—阿尔德）反应

共轭二烯烃可与二烯亲和物发生1，4－加成反应生成环状化合物（通常为六元环），这个反应叫 Diels－Alder 反应或称双烯合成。二烯亲和物是指含有一个活泼双键（如双键碳原子上连有吸电子基团）的烯烃或活泼叁键的炔烃以及它们的衍生物。乙烯也可作为二烯亲和物，但反应条件较高。

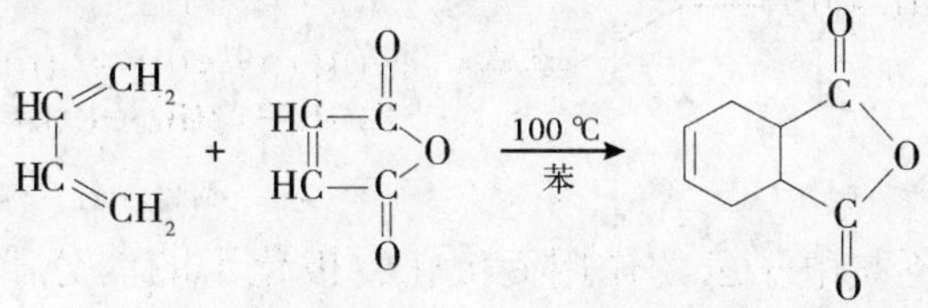

丁烯二酸酐　　四氢化邻一苯二甲酸酐（沉淀）

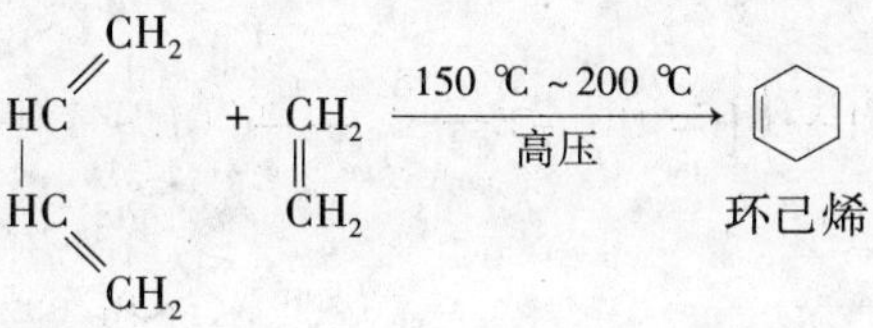

双烯合成也是共轭二烯烃的特征反应。

值得一提的是，这一反应的机制十分复杂。反应历程中化学键的断裂和生成协同在同一步中完成。反应一般不受溶剂的影响，也不被酸碱催化，这就是在自由基反应（共价键均裂）和离子型反应（共价键异裂）以外的第三大类反应，称为协同反应。

习 题

烷 烃

1. 用中文系统命名法命名或写出结构式。

a. 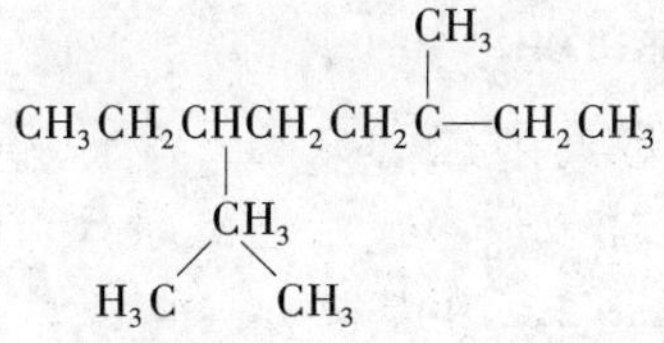

b. 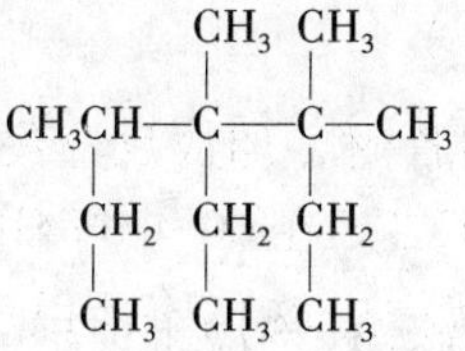

c. 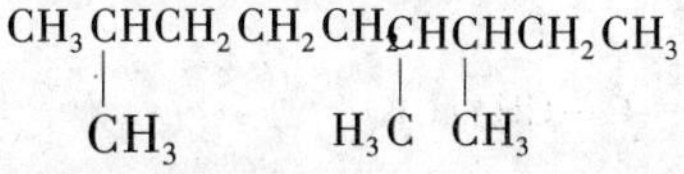

d. 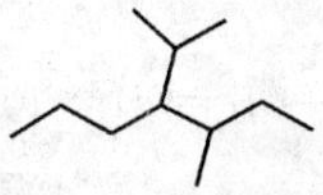

e. 四甲基丁烷　　f. 异己烷

2. 不要查表试将下列烃类化合物按沸点降低的次序排列。

a. 2，3－二甲基戊烷　b. 正庚烷　c. 2－甲基庚烷　d. 正戊烷　e. 2－甲基己烷

3. 写出下列烷基的名称。

a. $CH_3CH_2CH_2-$　b. $(CH_3)_2CH-$　c. $(CH_3)_2CHCH_2-$

d. $(CH_3)_3C-$　e. CH_3-　f. CH_3CH_2-

4. 某烷烃的相对分子质量为72，根据氯化产物的不同，试推测各烷烃的结构，并写出其结构式。

a. 一氯代产物只能有一种　　b. 一氯代产物可以有三种

c. 一氯代产物可以有四种　　d. 二氯代产物只可能有两种

5. 判断下列各对化合物是构造异构、构象异构还是完全相同的化合物。

a. 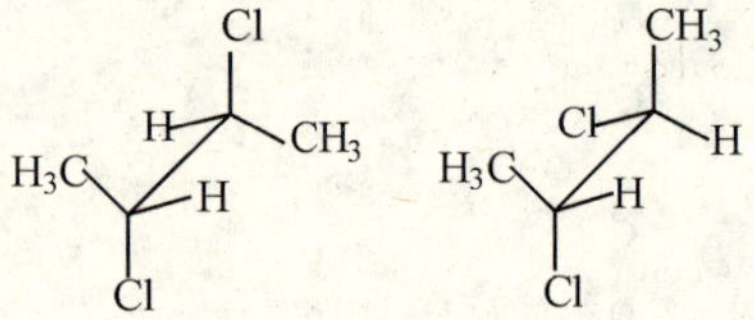

b. 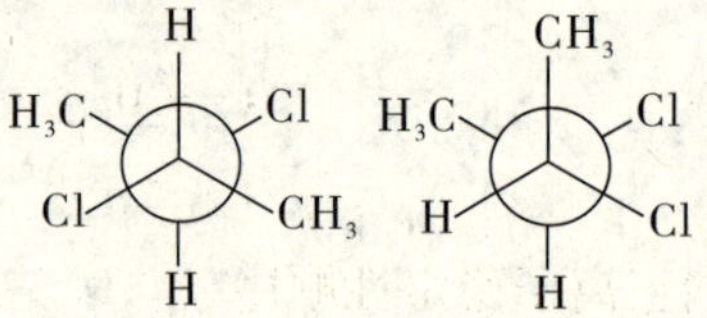

c. 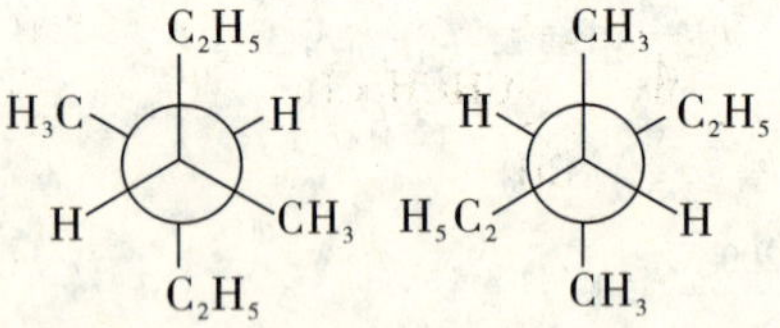

d. 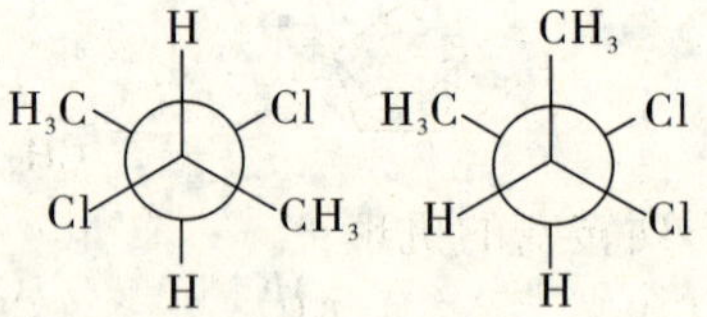

e. 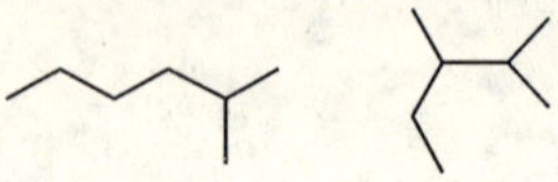

f. 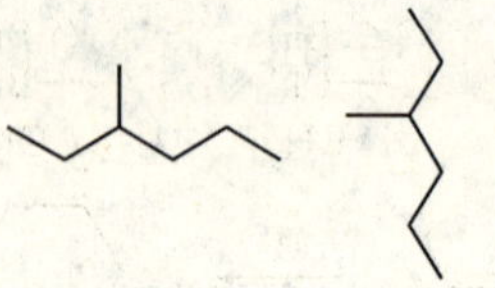

6. 由下列指定的化合物制备相应的卤代物，用Cl_2还是Br_2，为什么？

a. 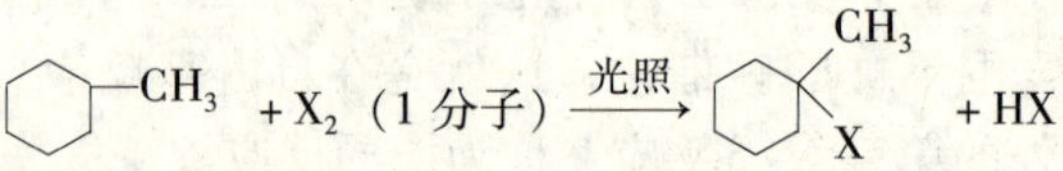

b. 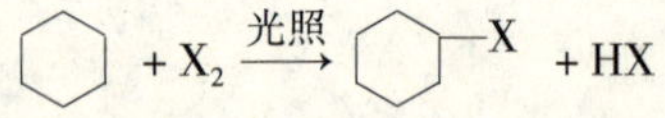

7. 解释等摩尔的甲烷和乙烷混合进行一氯代反应，得到 CH_3Cl 和 C_2H_5Cl 的比例为 1∶400。

8. 以C_2与C_3的σ键为轴旋转，试分别画出2，3－二甲基丁烷和2，2，3，3－四甲基丁烷的典型构象式，并指出哪一个为其最稳定的构象式。

9. 试将下列烷基自由基按稳定性大小排列成序。

a. $\cdot CH_3$　　b. $CH_3\dot{C}HCH_2CH_3$

c. $\cdot CH_2CH_2CH_2CH_3$　　d. $CH_3-\dot{C}(CH_3)-CH_3$

10. 试说明为什么甲烷氯代反应机理不太可能按下述方式进行：

a. $Cl_2 \xrightarrow{光照} 2Cl\cdot$

b. $Cl\cdot + CH_4 \longrightarrow CH_3Cl + H\cdot$

c. $H\cdot + Cl_2 \longrightarrow HCl + Cl\cdot$

重复b、c。

烯　烃

1. 完成反应式（在标有＊的括号内注明产物构型）。

a. $CF_3CH=CHCH_3 + HOCl \longrightarrow$ (　　　)

b. 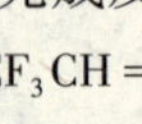 $\xrightarrow[OH^-]{KMnO_4}$ (　　　)*

2. 下列化合物氢化热最小的是（　　）。

a. 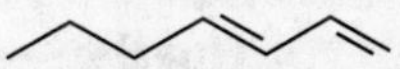 b. 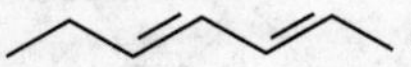 c.  d. 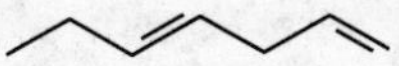

3. 下列化合物中最稳定的是（　　）。

a. 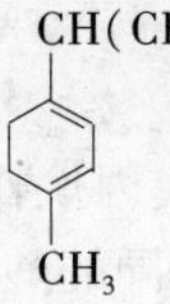 b. 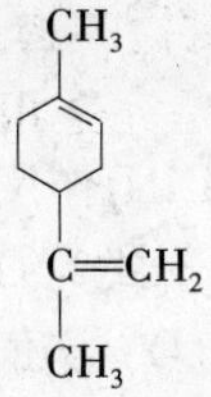 c. 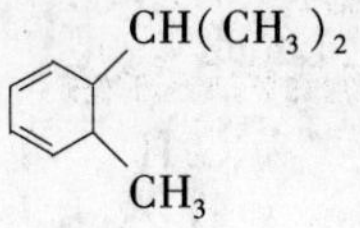

4. 排列碳正离子稳定性顺序（　　）。

a. 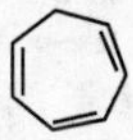 b. 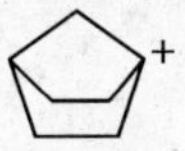 c. 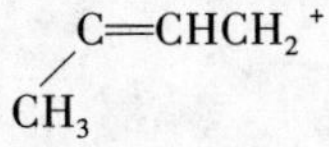 d. 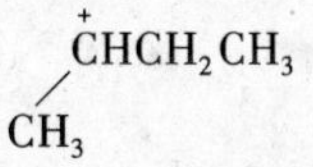

5. 写出下列转变的机理：

a. 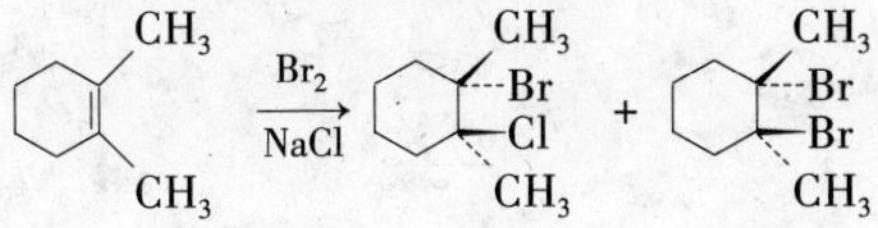

b. 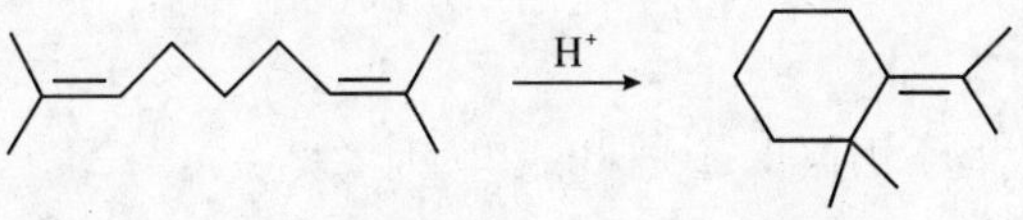

6. 化合物 a 与 HBr 加成的重排产物是（　　）。

a. 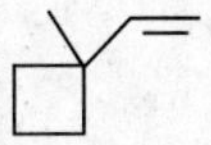 b. 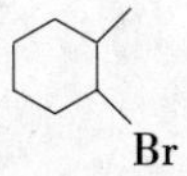 c. 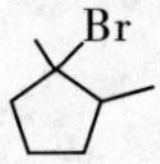 d. 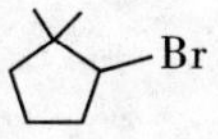

7. 解释下列两个反应的加成位置为何不同?

$CF_3CH{=}CH_2 \xrightarrow{HCl} CF_3CH_2CH_2Cl$　①

$CH_3OCH{=}CH_2 \xrightarrow{HCl} CH_3OCHClCH_3$　②

8. 某化合物 A，分子式为 $C_{10}H_{18}$，经催化加氢得化合物 B，B 的分子式为 $C_{10}H_{22}$。化合物 A 与过量 $KMnO_4$溶液作用，得到三个化合物：

$CH_3\overset{O}{\overset{\|}{C}}CH_3$　　$CH_3\overset{O}{\overset{\|}{C}}CH_2CH_2\overset{O}{\overset{\|}{C}}OH$　　$CH_3\overset{O}{\overset{\|}{C}}OH$

试写出 A 可能的结构式。

二烯烃与炔烃

1. 简要回答问题：为什么 $CH{\equiv}CH$ 的酸性大于 $CH_2{=}CH_2$ 的酸性?

2. 用共振论解释 1，3 – 丁二烯的 1，2 – 加成反应和 1，4 – 加成反应。

3. 写出 1，3 – 丁二烯及 1，4 – 戊二烯分别与 1 mol HBr 或 2 mol HBr 加成的产物。

4. 用化学方法区别下列各组化合物。

a. 丙烷、丙烯和丙炔　　　b. 1 – 丁炔，2 – 丁炔和 1，3 – 戊二烯

5. 以丙烯为唯一碳源合成： 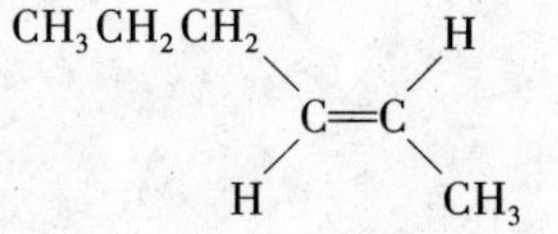

6. 以所给的起始物为原料（其他化学试剂不限）完成下列合成：

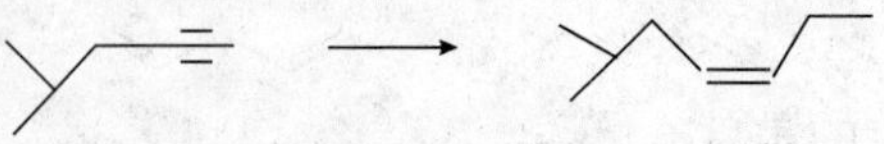

7. 以乙炔、丙烯为原料合成 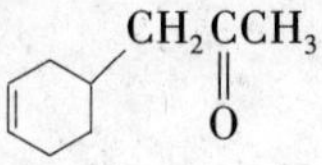 。

8. 某化合物 A 的分子式为 C_5H_8，在液氮中与 $NaNH_2$作用后，再与 1 - 溴丙烷作用，生成分子式为 C_8H_{14}的化合物 B，用 $KMnO_4$ 氧化 B 得分子式为 $C_4H_8O_2$的两种不同的酸 C 和 D。A 和稀 $H_2SO_4/HgSO_4$水溶液作用，可生成酮 E（$C_5H_{10}O$）。试写出 A→E 的结构式。

第 3 章　环　烃

结构上碳链首尾相连成环的碳氢化合物总称为环烃，环烃包括脂环烃和芳香烃两类。

3.1　脂环烃

3.1.1　脂环烃的分类和异构

1. 脂环烃的分类

链状烷烃碳链的首尾两个碳原子以单键相连，所形成的具有环状结构的烷烃称为脂环烃。三元环和四元环的脂环烃性质活泼，容易发生反应。较高级的脂环烃与链状烷烃的性质相似，性质不活泼，因而脂环烃又称为饱和脂环烃。

脂环烃的分类根据脂环烃分子中所含的碳环数目可分为单环、双环和多环脂环烃。分子中只有一个碳环结构的烷烃，称为单环脂环烃，其分子通式为 C_nH_{2n}，与链状单烯烃为同分异构体。

根据成环的碳原子数目分类，脂环烃可分为小环（三元环、四元环）、常见环（五元环、六元环）、中环（七元环 ~ 十二元环）及大环（十二元环以上）脂环烃 。

2. 异构

脂环烃的异构有构造异构和顺反异构。如 C_5H_{10} 的环烃的异构有：

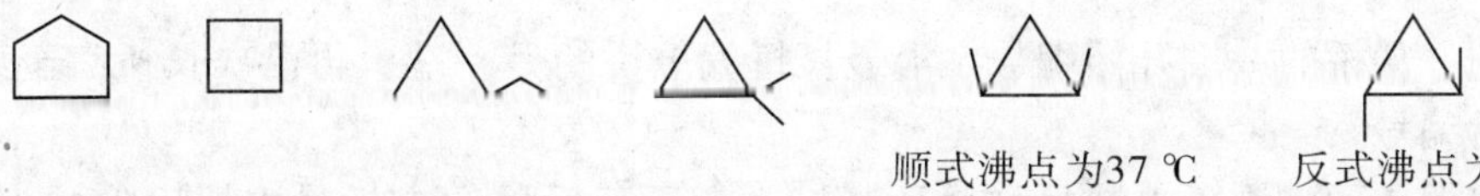

顺式沸点为37 ℃　　反式沸点为29 ℃

［问题 3 - 1］　写出 1 - 甲基 - 3 - 乙基环己烷的顺式和反式构型的两种异构体。

3.1.2　脂环烃的命名

1. 环烷烃

①根据分子中成环碳原子数目，称为环某烷；②把取代基的名称写在环烷烃的前面；③取代基位次按“最低系列”原则列出，基团顺序按“次序规则”将小的优先列出。

例如：

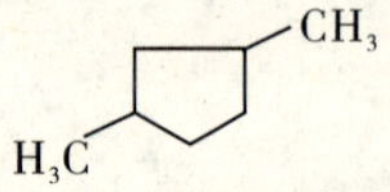

1，3–二甲基环戊烷

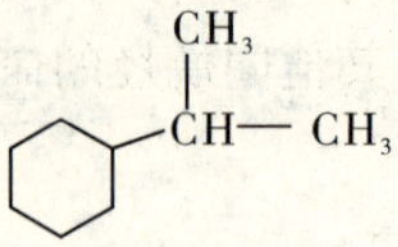

异丙基环己烷

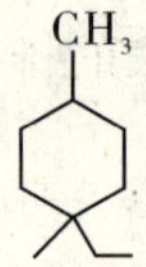

1，4–二甲基–4–乙基环己烷

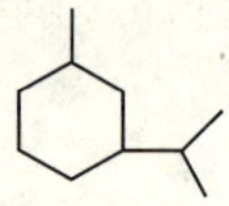

1–甲基–3–异丙基环己烷

2. 环烯烃

①称为环某烯；②以双键的位次和取代基的位置最小为原则。

例如：

环戊烯

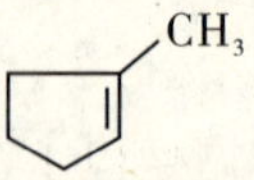

1–甲基环戊烯

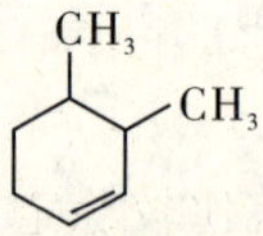

3，4–二甲基环己烯

1，3–环戊烯

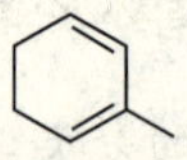

2–甲基–1，3–环己二烯

3. 多环烃

（1）桥环烃。分子中含有两个或多个碳环的多环化合物中，其中两个环共用两个或多个碳原子的化合物称为桥环化合物。

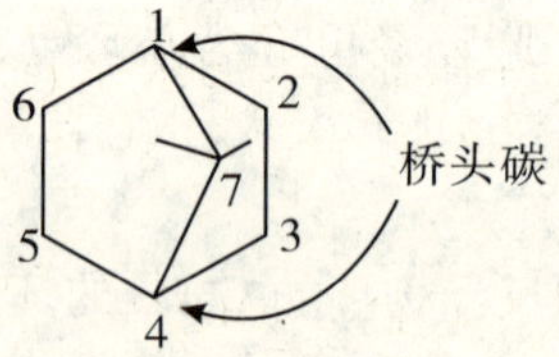

编号原则：从桥的一端开始编号，沿最长桥编至桥的另一端，再沿次长桥编至始桥头，最短的桥最后编号。

命名：根据成环碳原子总数目称为环某烷，在环字后面的方括号中标出除桥头碳原子外的桥碳原子数（大的数目排前，小的排后），如上面的结构式所示。其他同环烷烃的命名。

例如：上面的化合物命名为 7，7 – 二甲基二环［2. 2. 1］庚烷

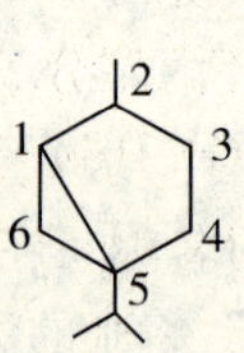

2 – 甲基 – 5 – 异丙基二环［3. 1. 0］己烷

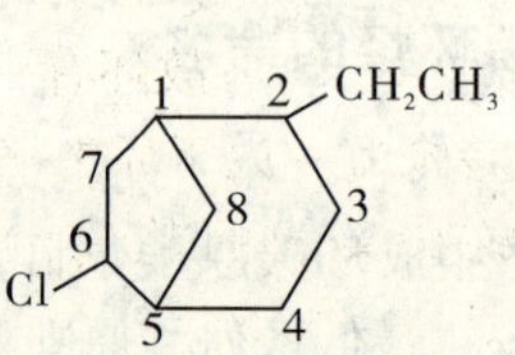

2 – 乙基 – 6 – 氯二环［3. 2. 1］辛烷

（2）螺环烃。两个环共用一个碳原子的环烷烃称为螺环烃。

编号原则：从较小环中与螺原子相邻的一个碳原子开始，途经小环到螺原子，再沿大

环至所有环碳原子。

命名：根据成环碳原子的总数称为环某烷，在方括号中标出各碳环中除螺碳原子以外的碳原子数目（小的数目排前，大的排后），其他同烷烃的命名。

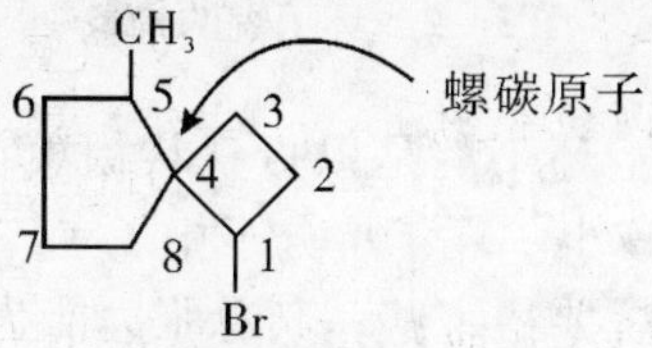

1-溴-5-甲基螺［3.4］辛烷

3.1.3 脂环烃的结构

环丙烷最不稳定，环丁烷次之，环戊烷比较稳定，环已烷以上的大环都稳定，这反映了环的稳定性与环的结构有着密切的关系。

1. 环丙烷的结构与张力学说

（1）环丙烷的结构。理论上：①饱和烃，C 为 sp^3杂化，键角为 109.5°；②三碳环，成环碳原子应共平面，内角为 60°。现代物理方法测定，环丙烷分子中： C—C—C 键角为 105.5°； H—C—H 键角为114°。所以环丙烷分子中碳原子之间的 sp^3杂化轨道是以弯曲键（香蕉键）相互交盖的。

由图 3-1 可见，环丙烷分子中存在着较大的张力（角张力和扭转张力），是一个有张力环，所以易开环，发生加成反应。

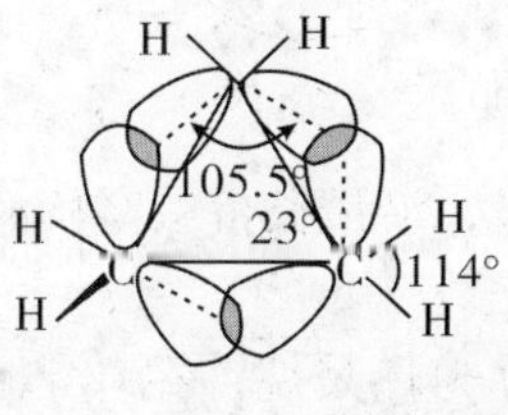

图 3-1 环丙烷的结构图

（2）张力学说。在环丙烷分子中，电子云的重叠不能沿着 sp^3轨道轴对称重叠，只能偏离键轴一定的角度以弯曲键侧面重叠，形成弯曲键（香蕉键），其键角为 105.5°，因键角要从 109.5°压缩到 105.5°，故环有一定的张力（角张力）。另外环丙烷分子中还存在着另一种张力——扭转张力（由于环中三个碳位于同一平面，相邻的 C—H 键互相处于重叠式构象，有旋转成交叉式的趋向，这样的张力称为扭转张力）。环丙烷的总张力能为114 $kJ \cdot mol^{-1}$。

2. 环丁烷和环戊烷的构象

（1）环丁烷的构象。与环丙烷相似，环丁烷分子中存在着张力，但比环丙烷的小，因为环丁烷分子中四个碳原子不在同一平面上，见图 3-2：

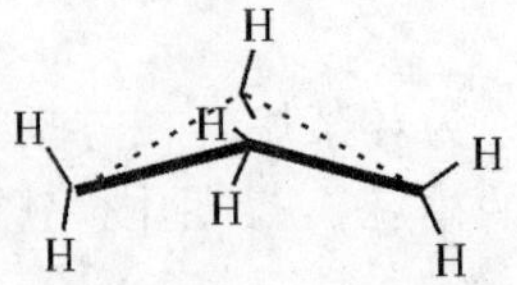

图 3 – 2　环丁烷的构象

根据结晶学和光谱学的证明，环丁烷是以折叠状构象存在的，这种非平面型结构可以减少 C—H 的重叠，使扭转张力减小。环丁烷分子中 C—C—C 键角为 111.5°，角张力也比环丙烷的小，所以环丁烷比环丙烷要稳定些，其总张力能为 108 kJ · mol^{-1}。

（2）环戊烷的构象。环戊烷分子中，C—C—C 夹角为 108°，接近 sp^3 杂化轨道间夹角 109.5°，环张力甚微，是比较稳定的环。但若环为平面结构，则其 C—H 键都相互重叠，会有较大的扭转张力，所以，环戊烷是以折叠式构象存在的，为非平面型结构，见图 3 – 3，其中有四个碳原子在同一平面，另外一个碳原子在这个平面之外，为信封式构象。这种构象的张力很小，总张力能 25 kJ · mol^{-1}，扭转张力在 2.5 kJ · mol^{-1} 以下，因此，环戊烷的化学性质稳定。

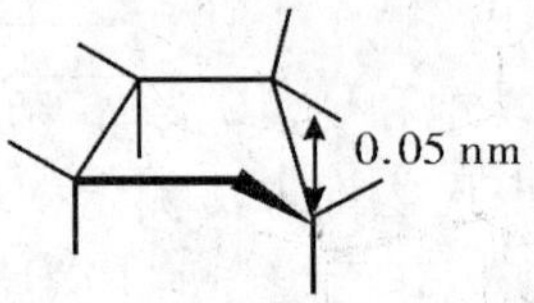

图 3 – 3　环戊烷的构象

3. 环己烷的构象

环己烷分子中，六个碳原子不在同一平面内，碳碳键之间的夹角可以保持 109.5°，因此环很稳定。

（1）两种极限构象——椅式和船式。

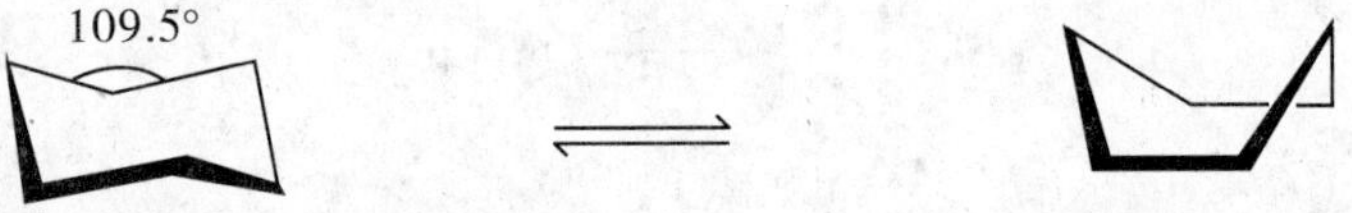

椅式	船式
无角张力	无角张力
无 C—H 键间的扭转张力	有 C—H 键间的扭转张力
无张力环	有张力环
常温下占 99%	常温下占 1%

椅式构象稳定的原因：

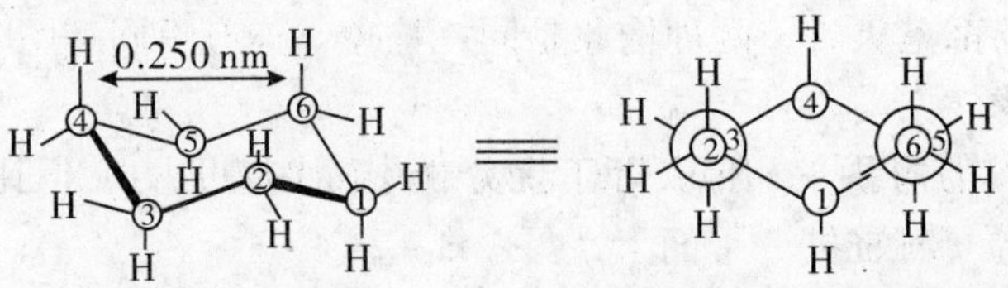

相邻碳上的C—H键全部为交叉式

船式构象不稳定的原因：

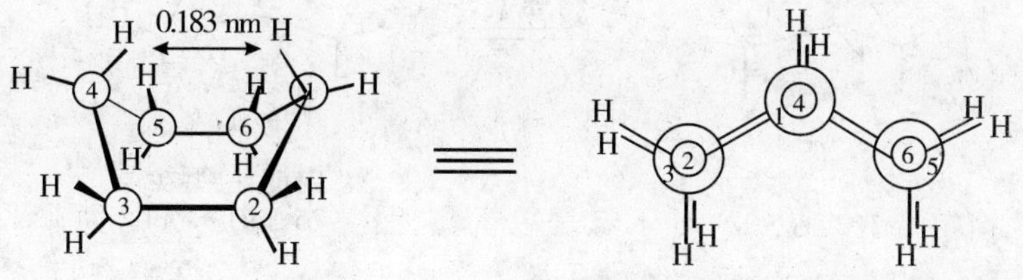

（2）平伏键（e键）与直立键（a键）。

在椅式构象中C—H键分为两类。第一类六个C—H键与分子的对称轴平行，叫做直立键或a键（其中三个向环平面上方伸展，另外三个向环平面下方伸展）；第二类六个C—H键与直立键形成接近109.5°的夹角，平伏着向环外伸展，叫做平伏键或e键。如图3－4：

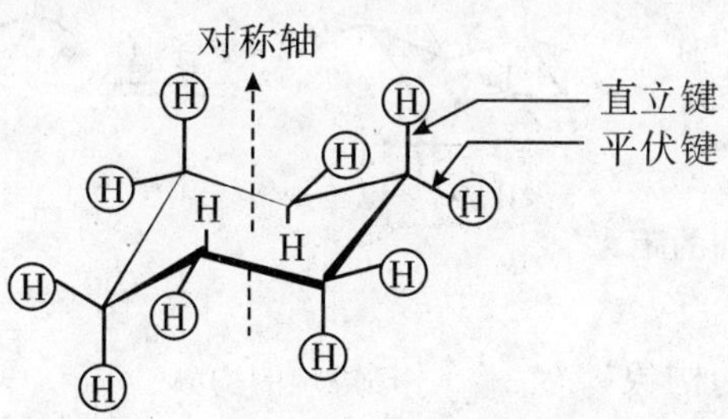

图3－4　环己烷的直立键和平伏键

在室温时，环己烷的椅式构象可通过C—C键的转动（而不经过C—C键的断裂），由一种椅式构象变为另一种椅式构象，在互相转变中，原来的a键变成了e键，而原来的e键变成了a键。

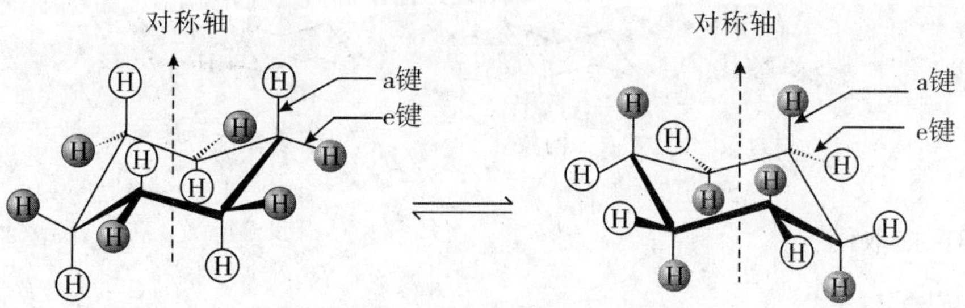

图3－5　两个椅式构象的互相转变

当六个碳原子上连的都是氢时，两种构象是同一构象。连有不同基团时，则构象不同。

4. 取代环己烷的构象

（1）一元取代环己烷的构象。一元取代环己烷中，取代基可占据a键，也可占据e键，但占据e键的构象更稳定。例如：

7%　　　　93%

内能比a型少

75.3 kJ · mol⁻¹

原因：a 键取代基结构中的非键原子间斥力比 e 键取代基的大（因非键原子间的距离小于正常原子键的距离所致），从下图中原子在空间的距离数据可清楚看出，取代基越大 e 键型构象为主的趋势越明显。

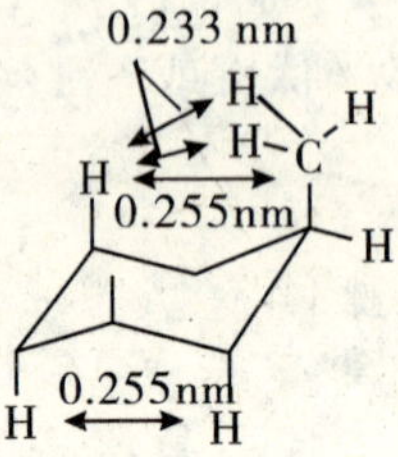

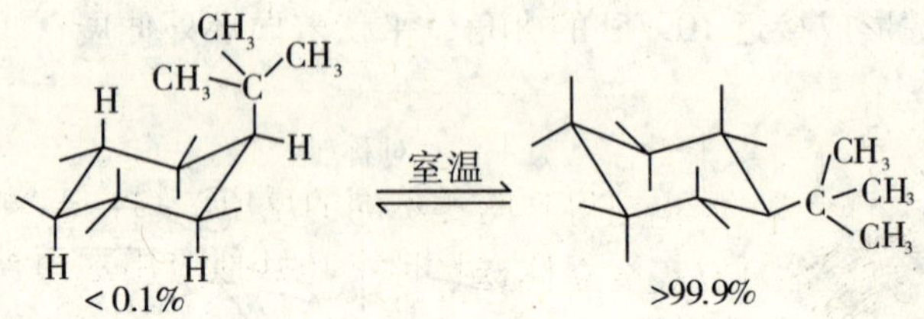

甲基环己烷原子间的距离　　< 0.1%　　>99.9%

（2）二元取代环己烷的构象。

①1，2－二取代：

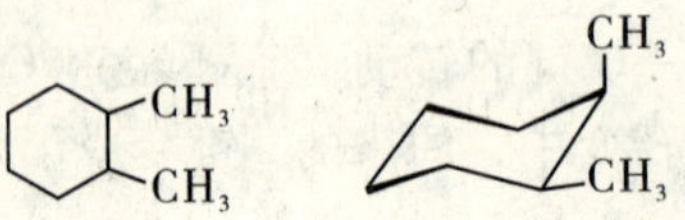

（顺式）　　只能是e，a构象

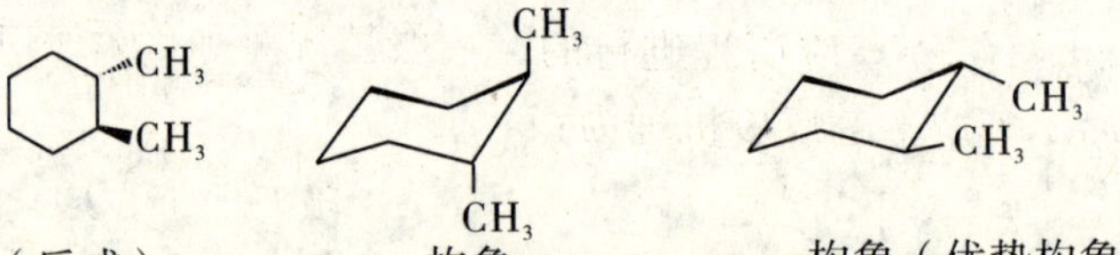

（反式）　　a，a构象　　e，e构象（优势构象）

②1，3－二取代：

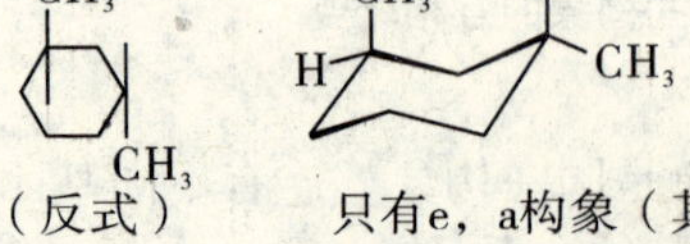

（反式）　　只有e，a构象（其中有大的基团时，则在e键上）

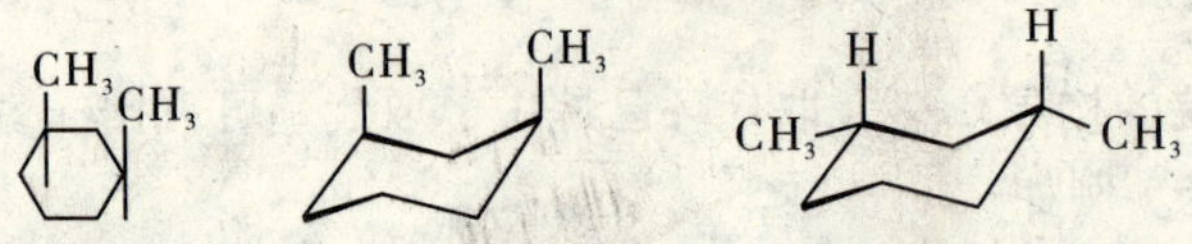

（顺式）　　a，a构象　　e，e构象（优势构象）

其他二元、三元等取代环己烷的稳定构象，可用上述同样方法得知：①环己烷有两种极限构象（椅式和船式），椅式为优势构象；②一元取代基主要以 e 键和环相连；③多元取代环己烷最稳定的构象是 e 键上取代基最多的构象；④环上有不同取代基时，大的取代基在 e 键上构象最稳定。

3.1.4　脂环烃的物理性质

脂环烃的物理性质与烷烃相似，在常温下，小环脂环烃是气体，常见环脂环烃是液体，大环脂环烃呈固态。脂环烃和烷烃都不溶于水。由于脂环烃分子中单键旋转受到一定的限制，分子运动幅度较小，并具有一定的对称性和刚性，因此，脂环烃的沸点、熔点和密度都比同碳原子数的烷烃高。

3.1.5　脂环烃的化学性质

脂环烃的化学性质与链状烷烃相似，能发生自由基取代反应；与强酸（如 H_2SO_4、HNO_3）、强碱（如 NaOH、KOH）、强氧化剂（如 $KMnO_4$、$K_2Cr_2O_7$）等试剂都不发生反应。但由于脂环烃具有环状结构，所以还具有与链状烷烃不同的特殊化学性质，如常见环、中环和大环脂环烃较稳定。小环脂环烃（环丙烷和环丁烷）不稳定，易开环发生加成反应而破坏环系，生成开链产物。

1. 自由基取代反应

脂环烃与烷烃相似，在光照或高温条件下，可发生自由基取代反应。例如：

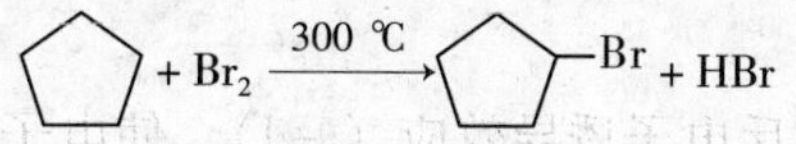

2. 加成反应

在催化剂 Ni 的作用下，脂环烃可进行催化加氢反应，加氢时脂环烃开环，碳链两端的碳原子与氢原子结合生成烷烃。由于脂环烃的环碳原子数不同，所以它们的反应难易程度也不同。环丙烷在 80 ℃时即可加氢生成丙烷；环丁烷在 200 ℃时加氢生成丁烷；而环戊烷、环己烷和含碳原子数更多的脂环烃，通常不能发生催化加氢反应。

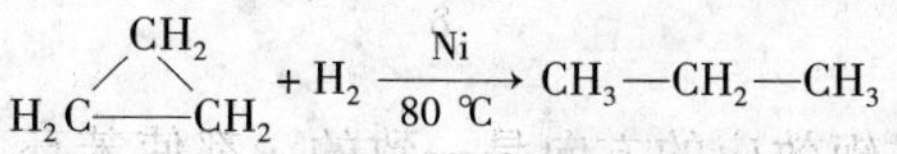

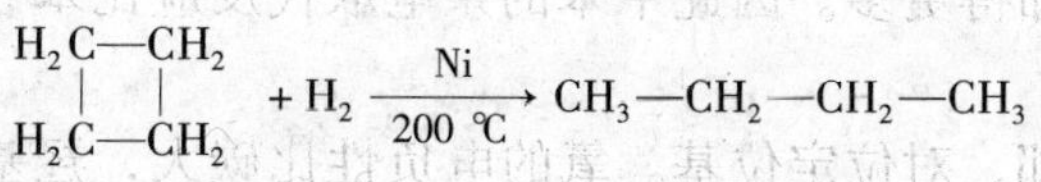

环丙烷在常温下，能与卤素或氢卤酸发生亲电加成反应。例如：

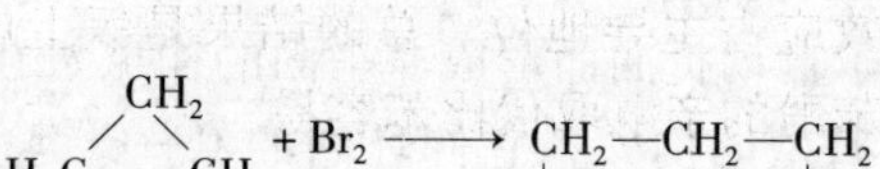

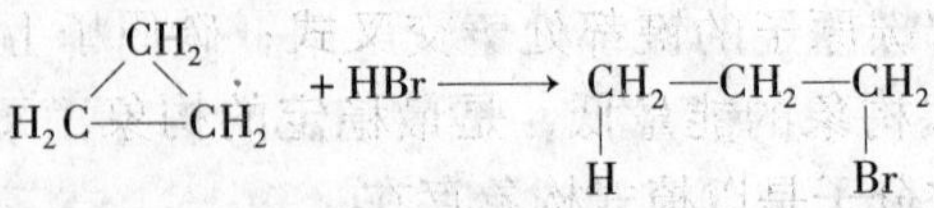

在这些加成反应中，环丙烷的一条 C—C σ 键断裂，试剂的两个原子分别与碳链两端的两个碳原子结合生成链状化合物。

当环丙烷的烷基衍生物与氢卤酸作用时，碳环开环多发生在连氢原子最多和连氢原子最少的两个碳原子之间。氢卤酸中的氢原子加在连氢原子较多的碳原子上，而卤原子则加在连氢原子较少的碳原子上，加成遵循马尔可夫尼可夫加成规则。例如：

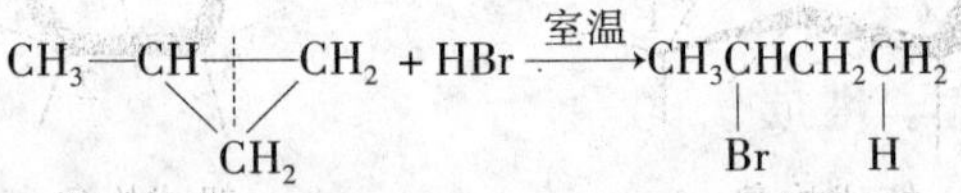

环丁烷的反应活性比环丙烷略低，常温下环丁烷与卤素或氢卤酸不发生加成反应，在加热条件下才能发生反应。

环戊烷、环己烷及高级脂环烃的化学性质则与开链烷烃相似，环比较稳定，难发生开环加成反应。

［问题 3－2］ 写出 1，1－二甲基环丙烷与氢溴酸的反应式。

3.1.6 脂环烃的构象

1. 环戊烷的构象

通常环戊烷的四个碳原子处在一个平面上，一个碳原子离开平面，与平面的距离为 50 pm，时而在上，时而在下，呈动态平衡。环戊烷构象在动态转换时，环上每一个碳原子可依次轮流离开平面。离开平面的碳上的氢原子与相邻碳上的氢原子呈交叉式，明显降低了扭转张力，所以能量较低，是环戊烷较稳定的优势构象，见图 3－6。

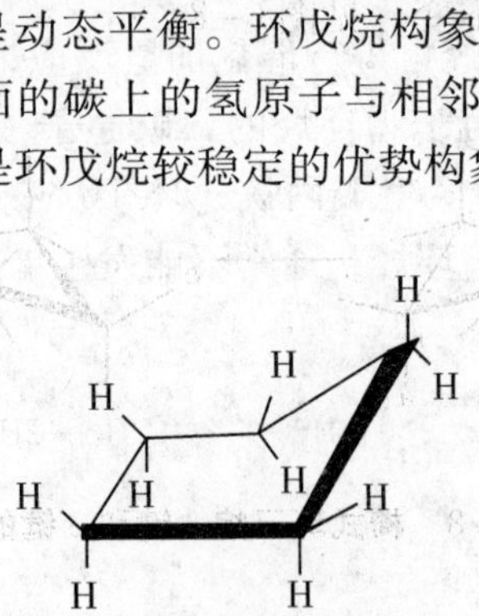

图 3－6 环戊烷的构象

2. 环己烷的构象

环己烷分子中六个碳原子若在同一平面上，其 C—C 键角应为 120°，分子内存在较大的角张力。实际上环己烷分子自动折曲而形成非平面的构象，在一系列构象的动态平衡中，椅式构象和船式构象是两种典型的构象，它们环内的 C—C 键角均接近 109.5°。在船式构象中，C_2 与 C_3、C_5 与 C_6 两对碳原子的键都处于重叠式；C_1 与 C_4 键上的氢原子相距很近，斥力较大。而椅式构象中相邻碳原子的键都处于交叉式；碳原子上的氢原子相距较远，斥力最小，所以椅式构象比船式构象的能量低，是最稳定的构象，又称优势构象，见图 3－7。在室温下，99.9% 的环己烷分子是以椅式构象存在。

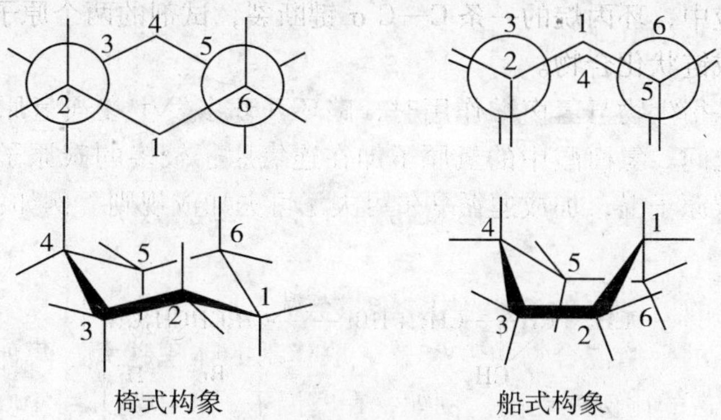

图 3－7 环己烷的椅式构象和船式构象

在常温下，由于分子的热运动可使船式和椅式两种构象互相转变，因此不能拆分环己烷的船式或椅式中的某一种构象异构体。

在椅式环己烷分子中有 12 条 C—H 键，它们可分为两组：一组是垂直于 C_1、C_3、C_5（或 C_2、C_4、C_6）碳原子所组成平面的六条 C—H 键，称为直立键（竖键）或 a 键。三条竖键相间分布于环平面之上；另外三条竖键则相间分布于环平面之下。另一组六条 C—H 键与垂直于环平面的对称轴成 109.5°的夹角，称为平伏键（横键）或 e 键。环上的每个碳原子都有一条 a 键和一条 e 键。

椅式环己烷通过环内 C—C 键的扭曲，可从一种椅式构象转变为另一种椅式构象。这种椅式构象的翻环作用，使原来环上的 a 键全部变为 e 键，而原来的 e 键则全部变为 a 键，但键在环上方或环下方的空间取向不变，见图3－8。

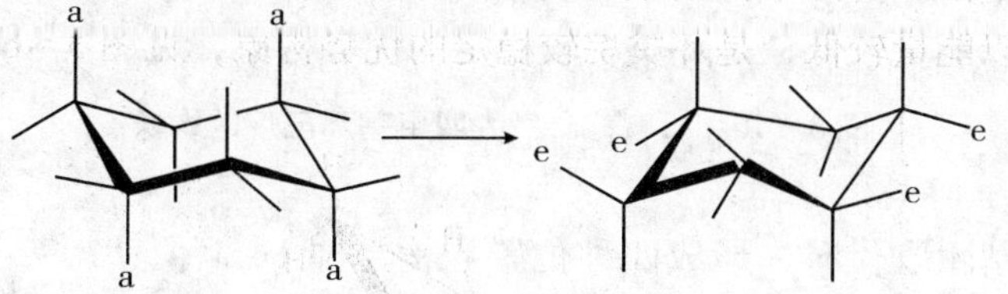

图 3－8 椅式环己烷 a 键和 e 键的互变

椅式环己烷构象式之间的转化，需要 46 $kJ \cdot mol^{-1}$的能量，虽稍高于船式与椅式构象转换的能量，但仍可在常温下迅速地进行，形成动态平衡体系。

环己烷分子中的一个氢原子被其他原子或基团取代时，取代基可处于横键或竖键，故取代环己烷可以两种不同的椅式构象存在，其中横键取代的构象能量较低，是较稳定的优势构象。在甲基环己烷分子中，横键上的甲基与环中的 C_3和 C_5两个碳上竖键的氢原子距离较远，相互间的斥力较小而稳定。而竖键上的甲基则与 C_3和 C_5位上的竖键氢原子距离较近，相互间斥力较大而不稳定。这种因空间拥挤而产生的相互作用称为1，3－二竖键效用，见图 3-9。

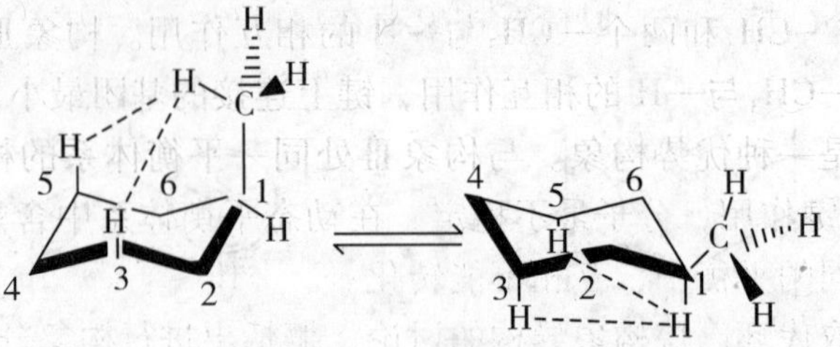

图 3-9 甲基环己烷中的 1，3-二竖键效应

由于甲基在 e 键的构象比在 a 键的构象能量低 7.5 kJ · mol^{-1}，因此在室温下，a 键的甲基环己烷在两种构象的平衡混合物中占 95%。取代基的体积越大，两种构象的能量差也越大，e 键取代构象所占的比例就更高。例如，在室温下，叔丁基几乎 100% 处于 e 键。

总之，一取代环己烷的椅式构象比船式构象稳定，最稳定的椅式构象是最大基团在 e 键的构象，见图 3-10。

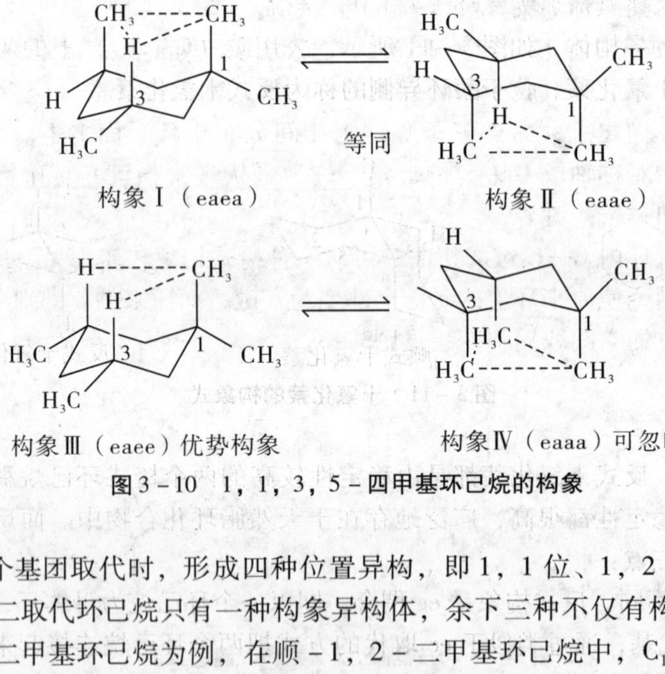

构象Ⅰ（eaea）　　　　构象Ⅱ（eaae）

构象Ⅲ（eaee）优势构象　　　　构象Ⅳ（eaaa）可忽略

图 3-10 1，1，3，5-四甲基环己烷的构象

环己烷被两个基团取代时，形成四种位置异构，即 1，1 位、1，2 位、1，3 位和 1，4 位，其中 1，1-二取代环己烷只有一种构象异构体，余下三种不仅有构象异构，还有构型异构，以 1，2-二甲基环己烷为例，在顺-1，2-二甲基环己烷中，C_1 和 C_2 上的甲基，只能占有 a、e（或 e、a）取代位置才符合顺式要求的几何形状，同时存在一对构象对映体，各占 50%。

顺-1，2-二甲苯环己烷只有一种 e、a 型（或 a、e 型）取代，反-1，2-二甲苯环己烷有 e、e 型和 a、a 型两种取代。顺式和反式不能互相转化，它们之间不是构象异构体，不可混淆。

通过以上讨论，从理论上阐明了构型、构象间的关系，揭示了微观分子运动的真实性和复杂性。但在实际应用上，凡属构象异构体都无法分离，且可在建立的动态平衡中相互迅速转化。

多取代环己烷的构象 以1，1，3，5-四甲基环己烷为例，进行构象分析，见图3-10。该化合物有三种构象式，其构象Ⅰ与构象Ⅱ等同，每个构象分子中，存在三个直立键的相斥作用，即一个—CH_3与—CH_3和两个—CH_3与—H的相互作用。构象Ⅲ是能量上最有利的分子，分子中仅有两个—CH_3与—H的相互作用，键上连接的基团最小，相斥作用最弱，在平衡体系中含量最高，是一种优势构象。与构象Ⅲ处同一平衡体系的构象Ⅳ分子中，有三个—CH_3与—CH_3的直立键作用，分子最不稳定，在动态平衡体系中含量很低。构象Ⅰ、Ⅱ与构象Ⅲ、Ⅳ各处于不同的平衡中，互相不能转化。

通过以上对各种取代环己烷构象异构的讨论，概括出进行构象分析的一般规律：

（1）椅式构象与六元环的其他构象相比是最稳定的优势构象；

（2）e-取代多的构象是优势构象；

（3）大基团处于e-取代位置的为优势构象。

［问题3-3］ 写出1-甲基-2-乙基环己烷最稳定的构象，并说明原因。

3. 十氢化萘的构象

十氢化萘（decahydronaphthalene）相当于两个环己烷通过一条公用边稠合而成的桥环化合物，系统命名法将其命名为二环［4.4.0］癸烷。

十氢化萘有两种异构体，如图3-11所示，公用碳（C_1、C_6）上的两个H位于萘环平面同侧的称为顺式十氢化萘，位于萘环异侧的称为反式十氢化萘。

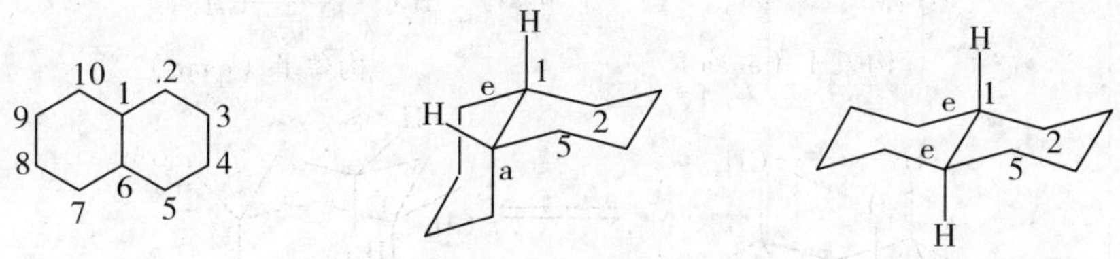

顺式十氢化萘 反式十氢化萘

图3-11 十氢化萘的构象式

事实证明，顺、反式十氢化萘都是由稳定性较高的两个椅式环己烷稠合而成，所以两种十氢化萘构象的稳定性都很高，广泛地存在于天然脂环化合物中。而反式分子的稳定性更高，原因有以下三点：

（1）稠合方式不同，反式构象是ee稠合，即以一个环己烷为母体环，另一个环己烷中的两个C—C为取代基，通过类似于ee取代的方式把两个环己烷连接起来，形成反式十氢化萘构象；而顺式十氢化萘是通过ea取代的方式连接，所以反式较顺式的稳定性更高。

（2）反式分子的排列开阔而平展，无空间张力；顺式分子呈盆状，排列拥挤。

（3）沿C_6—C_1键观察，在反式构象中，C_1与C_6上的氢处于对位交叉式构象，而在顺式构象中，C_1与C_6上的氢处于邻位交叉式，邻位交叉式构象的扭转张力略大于对位交叉式构象的扭转张力。

3.2 芳香烃

芳香烃简称芳烃，是芳香族化合物的母体。在有机化合物发展初期，从树脂和香精油等天然产物中取得一些具有芳香气味的物质，研究发现它们大多含有苯环结构。为了与脂肪族化合物相区别，将此类化合物称为芳香族化合物。后来发现，许多含有苯环结构的化合物并无香味，甚至具有令人不愉快的气味，因此“芳香”一词已失去原有的含义。现在认为，芳香族化合物是具有“芳香性”的化合物，芳香烃则是具有“芳香性”的环状碳氢化合物。所谓芳香性是指化学性质上表现为易发生取代反应，难发生加成和氧化反应，环具有特殊稳定性不易破裂，并具有一定的光谱特征。

在芳香烃中，把具有苯环结构的称为苯型芳香烃，不含有苯环而具有芳香性的称为非苯型芳香烃；非苯芳香烃是指分子中不含苯环，但具有一定程度的芳香性的化合物。例如环丙烯碳正离子、环戊二烯碳负离子和薁等。

芳烃按其结构可分类如下：

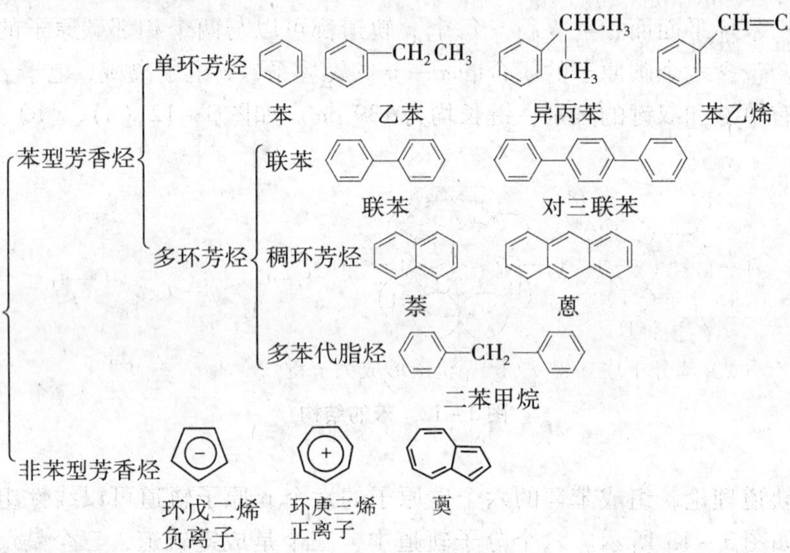

3.2.1 苯的结构

苯是最简单的芳烃。要了解芳香烃的特性，首先要研究苯的结构。

1. 苯的凯库勒结构式

通过元素分析及相对分子质量的测定，确定了苯的分子式为 C_6H_6。

1865 年，凯库勒首先提出了苯的环状结构，认为六个碳原子结合成六元环，每一个碳原子上都连接一个氢原子，碳原子间以间隔的单双键相结合，以满足碳的化合价为四价，苯的这种结构式称为凯库勒结构式：苯的凯库勒结构式在一定程度上反映了客观事实，如苯经催化加氢生成环己烷，说明苯分子的六个碳原子是结合成环状结构；也能解释苯的一元取代物只有一种，说明六个氢原子是完全等同的。但不能解释苯分子既然含有三个双键，却难发生亲电加成反应以及苯的邻位二元取代物理论上有两种，而实际上只有一种，可见凯库勒结构式尚不能完全反映出苯的真实结构。

2. 苯分子结构的现代解释

随着现代物理学的发展，X－衍射分析和光谱方法等研究证明，苯分子六个碳原子和六个氢原子都在同一平面上，六个碳组成一个正六边形，所以键角都是120°，各C—C键键长均为139 pm，如图3－12（a）所示。

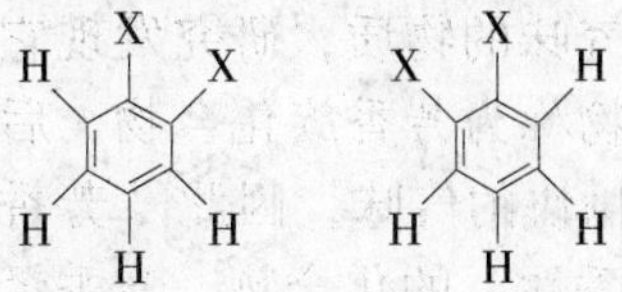

苯分子为平面结构，六个碳原子都是sp^2杂化的，每个碳原子以sp^2杂化轨道互相重叠形成C—C σ键，又各自以sp^2杂化轨道与氢原子的1s轨道相重叠形成六个C—H σ键，由于碳原子的三个sp^2杂化轨道处在同一平面内，夹角为120°，所以六个碳原子正好形成一个正六边形，所有的碳原子和氢原子都在同一平面上。

碳原子除以sp^2杂化轨道形成两个C—C σ键和一个C—H键外，每个碳原子还有一个p轨道，均垂直于苯环平面而相互平行。每个p轨道都可以与两个相邻碳原子的p轨道侧面重叠，形成一个包含六个碳原子的闭合的π—π共轭体系，π电子离域，电子云密度完全平均化，环上没有单键和双键的区别，键长均为139 pm。如图3－12（a）、（b）、（c）所示。

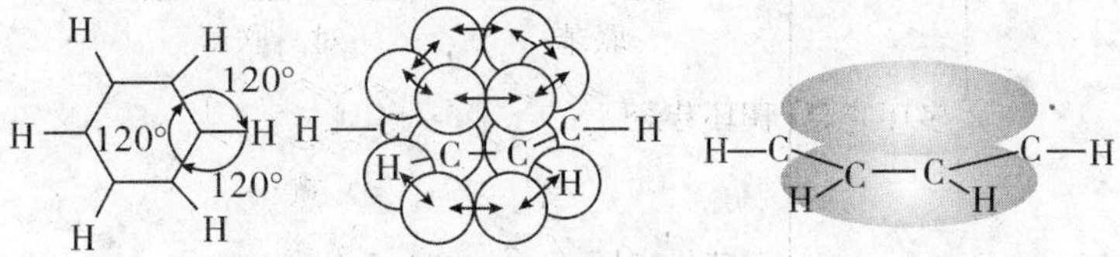

（a）苯分子中σ键　（b）p轨道形成大π键　（c）苯分子

图3－12　苯的结构

按照分子轨道理论，组成苯环的六个碳原子的六个p原子轨道可以线性组合形成六个π分子轨道，如图3－13所示。六个分子轨道中，三个是成键轨道，三个是反键轨道。在基态下，苯分子的六个π电子都在成键轨道上，其能量比在三个孤立的π轨道中要低得多，因此，苯环是一个很稳定的体系。

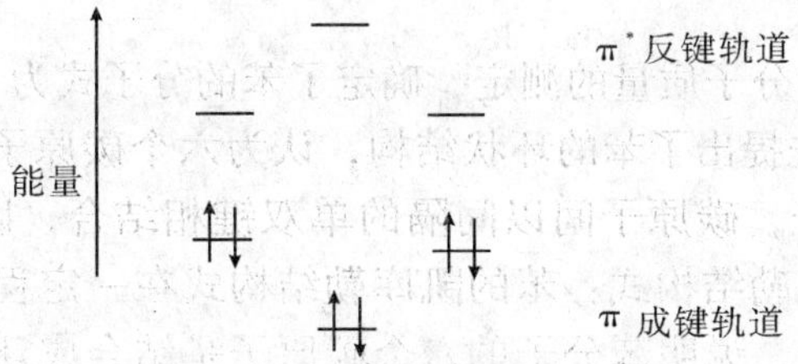

图3－13　苯分子轨道的能级

关于苯结构的书写方法，近年来除仍沿用凯库勒结构式外，还采用正六边形中加一个圆圈表示苯的结构，圆圈代表苯分子中的大 π 键：。

此外，按照共振论观点，不能用经典结构式圆满表示其离域结构的分子，如苯，它的真实结构可以由多个经典结构式的共振（或称叠加）而形成的共振杂化体来代表。共振杂化体不是经典结构式混合物，也不是互变体平衡体系。共振式写法的规定：①原子排列的(位置）应相同；②都具有相等的未成对电子数；③都要符合路易斯结构。

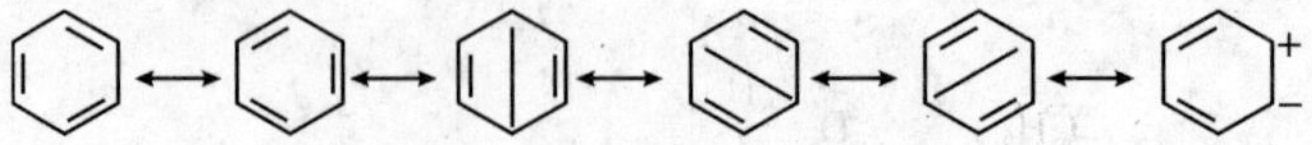

苯的真实结构是下列苯共振结构所产生的杂化体。

3.2.2 单环芳烃的异构及命名

1. 异构现象

（1）烃基苯有烃基的异构：

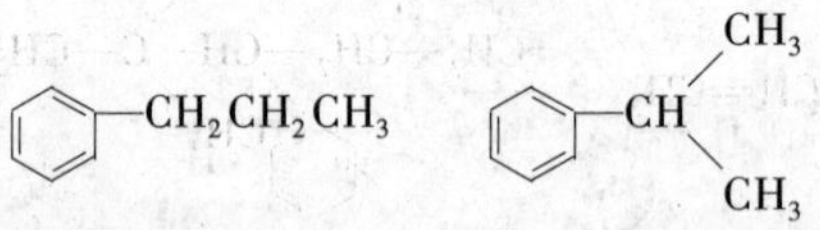

（2）二烃基苯有三种位置异构：

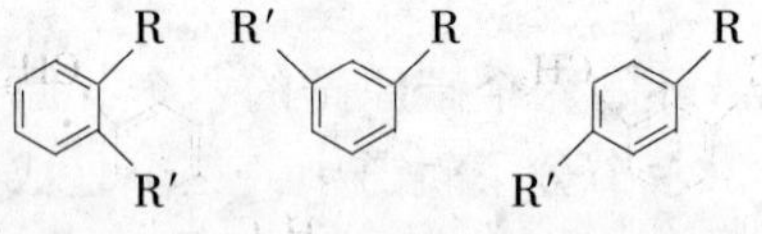

（3）取代苯有三种位置异构：

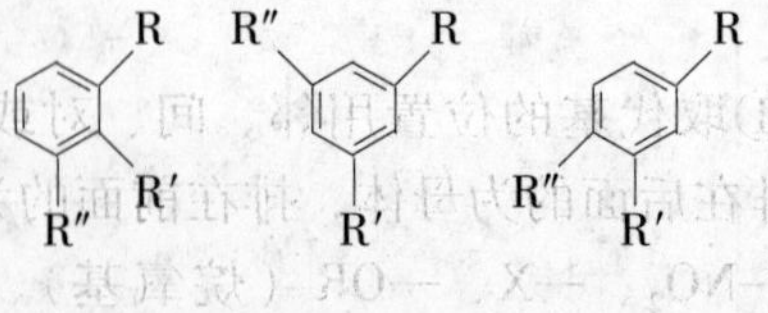

2. 命名

（1）芳基的概念。芳烃分子去掉一个氢原子后所剩下的基团称为芳基（aryl)，用 Ar 表示。重要的芳基有：

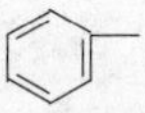 苯基，用 Ph 或 φ 表示

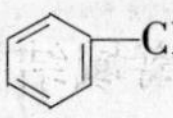 $—CH_2—$ ($C_6H_5CH_2—$) 苄基（苯甲基），用 Bz 表示

（2）一元取代苯的命名。

①当苯环上连的是烷基（R—）、—NO_2、—X 等基团时，则以苯环为母体，叫做某基苯。

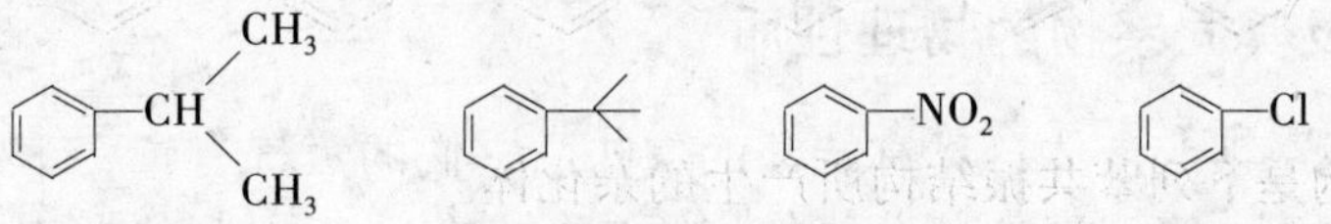

异丙基苯　　叔丁基苯　　硝基苯　　氯基苯

②当苯环上连有—COOH、—SO_3H、—NH_2、—OH、—CHO、—CH═CH_2 或 R 较复杂时，则把苯环作为取代基。例如：

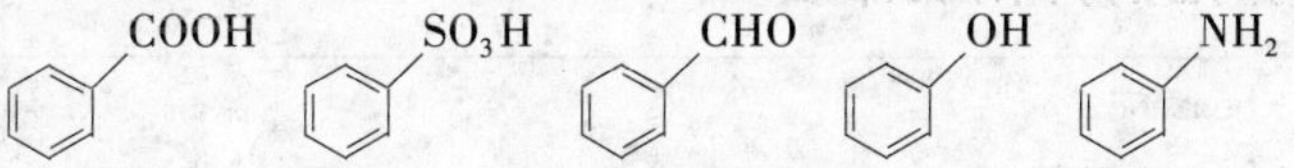

苯甲酸　　苯磺酸　　苯甲醛　　苯酚　　苯胺

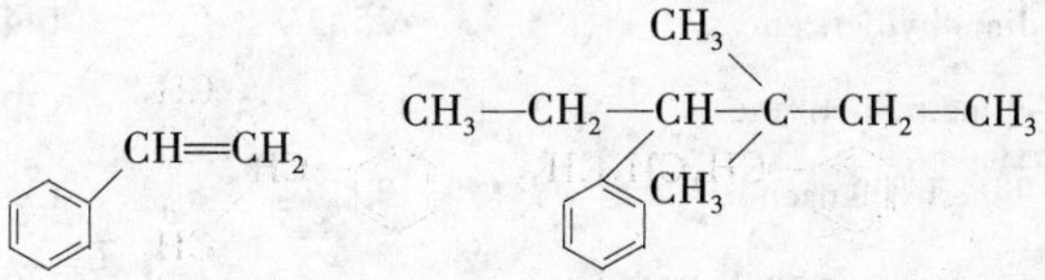

苯乙烯　　3,3－二甲基－4－苯基己烷

（3）二元取代苯的命名。取代基的位置用邻、间、对或 1，2；1，3；1，4 表示。

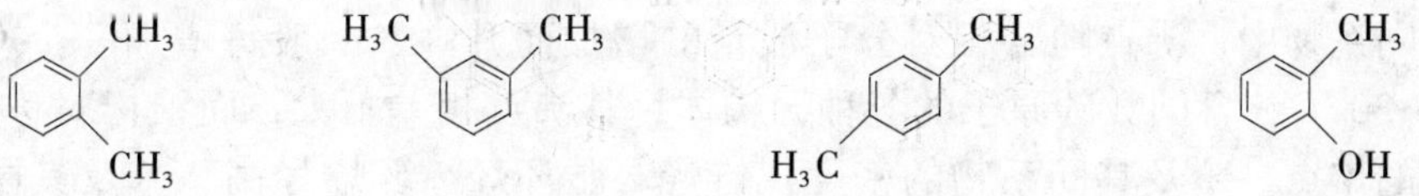

邻二甲苯	间二甲苯	对二甲苯	邻甲基苯酚
（1，2－二甲苯）	（1，3－二甲苯）	（1，4－二甲苯）	
（o－二甲苯）	（m－二甲苯）	（p－二甲苯）	（o－甲基苯酚）

（4）多取代苯的命名。①取代基的位置用邻、间、对或 2，3，4，…表示；②母体选择原则（按以下排列次序，排在后面的为母体，排在前面的为取代基。）

选择母体的顺序如下：—NO_2、—X、—OR（烷氧基）、—R（烷基）、—NH_2、—OH、—COR、—CHO、—CN、—$CONH_2$（酰胺）、—COX（酰卤）、—COOR（酯）、—SO_3H、—COOH、—N^+R_3等。

例如：

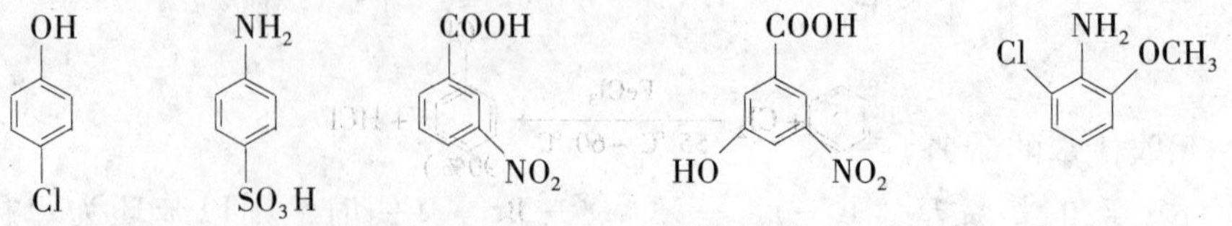

对氯苯酚　对氨基苯磺酸　间硝基苯甲酸　3-硝基-5-羟基苯甲酸　2-甲氧基-6-氯苯胺

3.2.3　苯及其同系物的物理性质

苯及其同系物一般为液体，具有特殊的气味。它们的蒸气有毒，苯的蒸气可以通过呼吸道对人体产生损害，高浓度的苯蒸气作用于中枢神经，能引起急性中毒，长期接触低浓度的苯蒸气将损害造血器官。苯及其同系物的部分物理常数列于下表。

苯及其同系物的物理常数

化合物		熔点/℃	沸点/℃	密度/g·cm^{-3}
苯	benzene	5.5	80.1	0.876 5
甲苯	methylbenzene	-9.5	110.6	0.866 9
邻二甲苯	o-dimethylbenzene	-25.2	144.4	0.880 2
间二甲苯	m-dimethylbenzene	47.9	139.1	0.864 2
对二甲苯	p-dimethylbenzene	13.2	138.4	0.861 0
1，2，3-三甲苯	1，2，3-trimethylbenzene	-15	176.1	0.894 2
乙苯	ethylbenzene	-94.9	136.2	0.866 7
正丙苯	propylbenzene	-101.6	159.2	0.862 0

在苯的同系物中，沸点随着相对分子质量的增加而升高，一般每增加一个 CH_2，沸点升高 20 ℃~30 ℃，含同数碳原子的各种异构体，其沸点相差不大，而结构对称的异构体，却具有较高的熔点。苯及其同系物的密度比链烃、脂环烃、环烯烃高。苯及其同系物都不溶于水，它们是许多有机化合物的良好溶剂。

3.2.4　苯环亲电取代反应及其反应机制

苯环是一个非常稳定的体系，所以苯与烯烃的性质有显著区别，具有特殊的“芳香性”，主要表现在易发生取代反应，不易发生加成反应和氧化反应。苯最重要的反应是亲电取代反应。在反应中苯环上的氢原子被—X、—NO_2、—SO_3H、—R 等原子或基团所取代。

苯及其同系物的取代反应都是亲电取代历程，其历程可用通式表示如下：

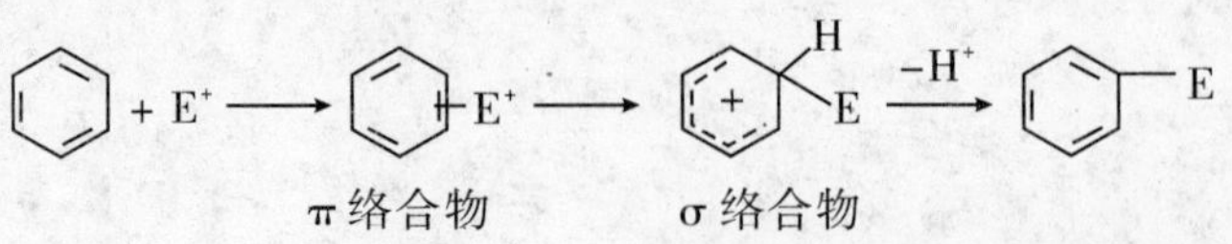

苯环上的亲电取代反应主要有卤代、硝化、磺化、Friedel - Crafts 反应等。

1. 卤代反应

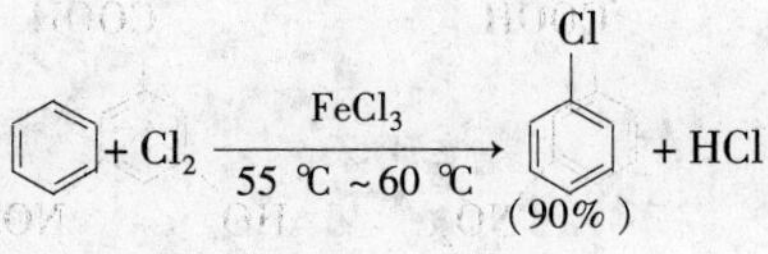

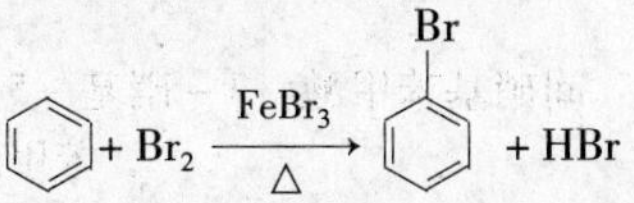

卤代反应历程：

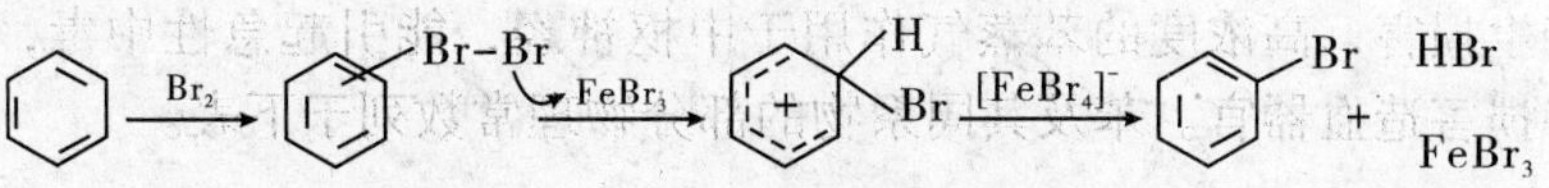

π络合物 σ络合物

烷基苯的卤代：

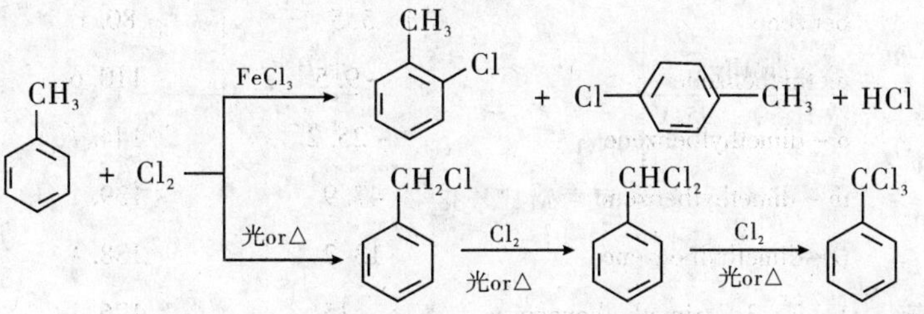

氯化苄（苯氯甲烷） 苯二氯甲烷 苯三氯甲烷

反应条件不同，产物也不同。因两者反应历程不同，前者为离子型取代反应，光照卤代为自由基历程。侧链较长的芳烃光照卤代主要发生在α碳原子上。

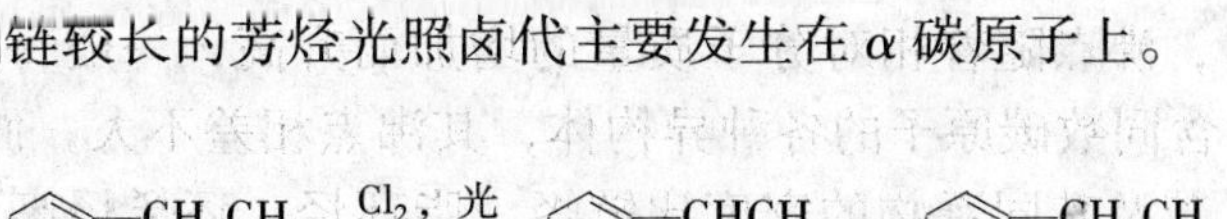

91% 9%

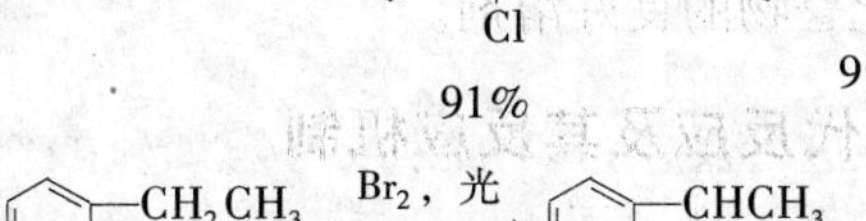

100%

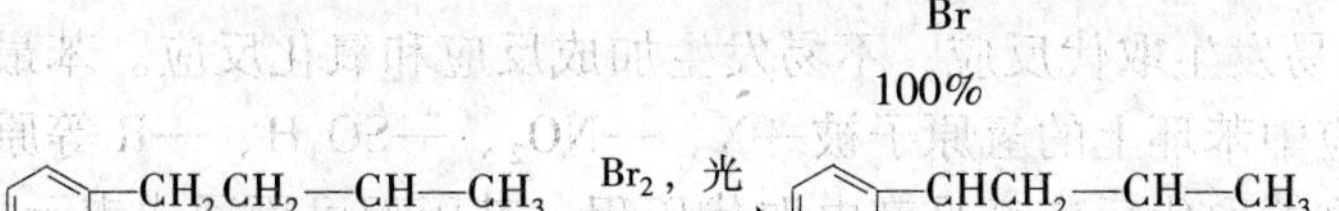

2. 硝化反应

苯与浓硝酸和浓硫酸的混合物作用，生成硝基苯：

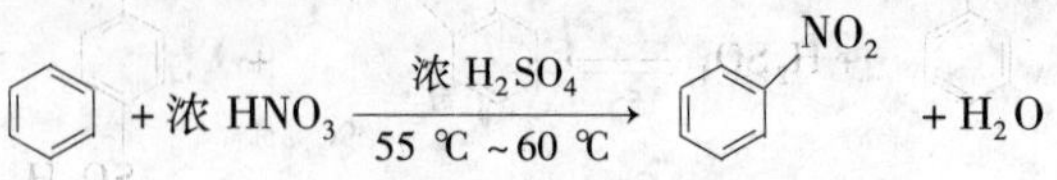

硝化反应历程：

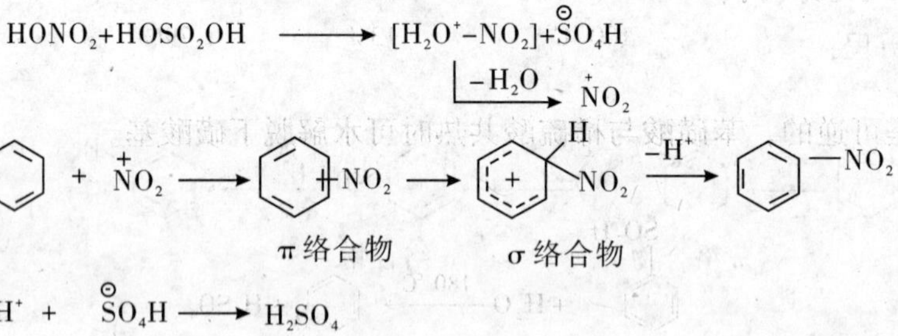

硝基苯继续硝化比苯困难：

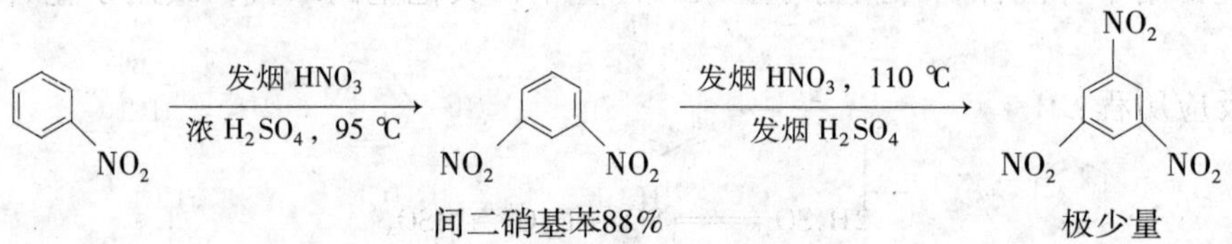

烷基苯比苯易硝化：

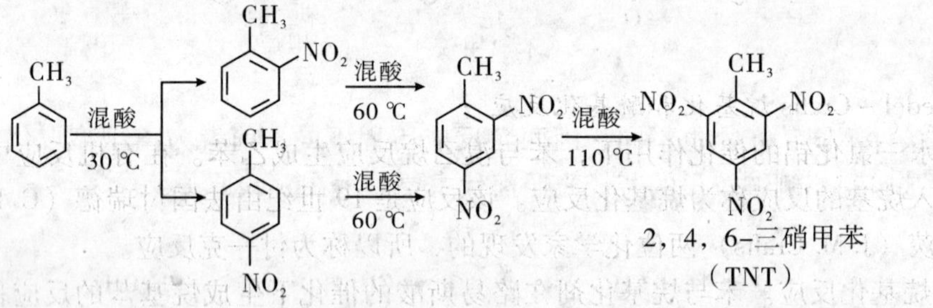

3. 磺化反应

苯和浓硫酸在常温下难进行反应，若加热或与发烟硫酸作用，则苯环上氢原子被磺酸基（—SO_3H）取代，生成苯磺酸。苯磺酸与过热水蒸气作用时，可以发生水解反应，脱去磺酸基又生成苯。磺化反应是一个可逆反应：

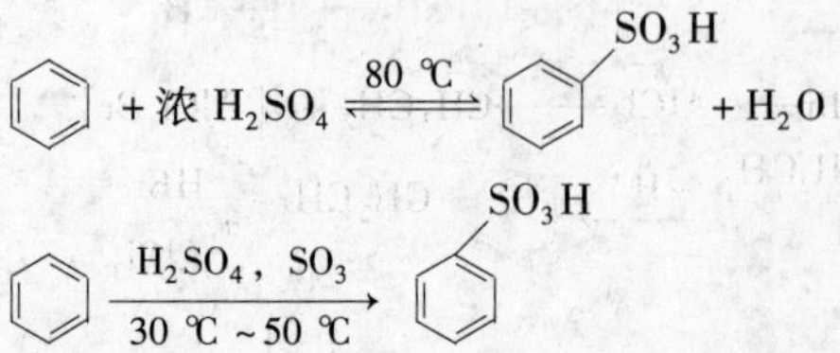

反应可逆，生成的水使 H_2SO_4 变稀，磺化速度变慢，水解速度加快，故常用发烟硫酸进行磺化，以减少可逆反应的发生。

烷基苯比苯易磺化：

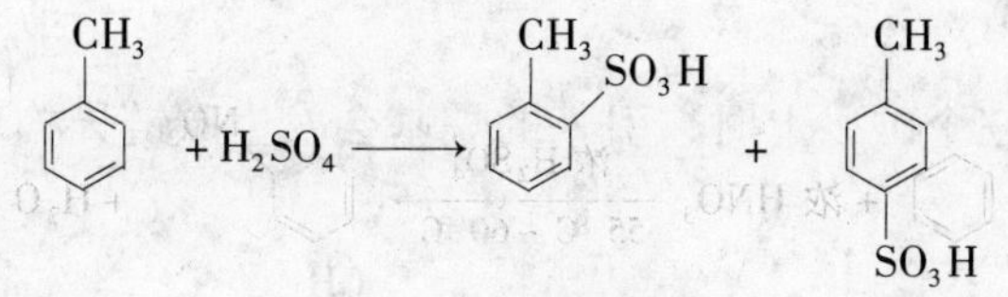

		邻甲基苯磺酸	对甲基苯磺酸
反应温度不同	0 ℃	43%	53%
产物比例不同	25 ℃	32%	62%
	100 ℃	13%	79%

磺化反应是可逆的，苯磺酸与稀硫酸共热时可水解脱下磺酸基。

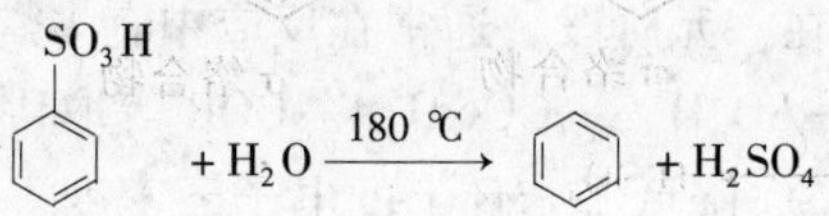

此反应常用于有机合成时控制环上某一位置不被其他基团取代，或用于化合物的分离和提纯。

磺化反应历程：

$$2H_2SO_4 \rightleftharpoons SO_3 + H_3O^+ + HSO_4^-$$

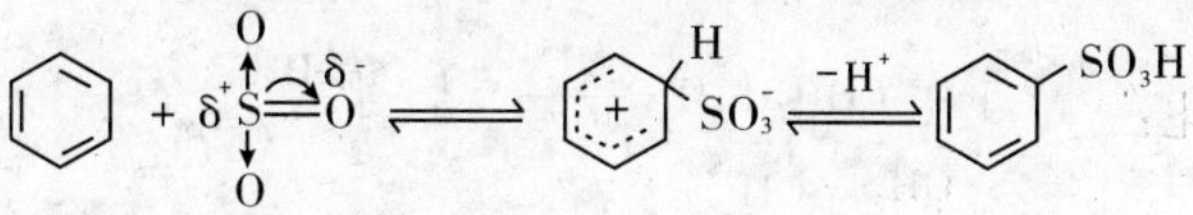

4. Friedel - Crafts 烷基化和酰基化反应

在无水三氯化铝的催化作用下，苯与溴乙烷反应生成乙苯。在有机反应中凡是有机物分子中引入烷基的反应称为烷基化反应。该反应是19世纪由法国付瑞德（C. Friedel）和美国克拉弗茨（J. M. Crafts）两位化学家发现的，所以称为付—克反应。

（1）烷基化反应。苯与烷基化剂在路易斯酸的催化下生成烷基苯的反应称为付—克烷基化反应。

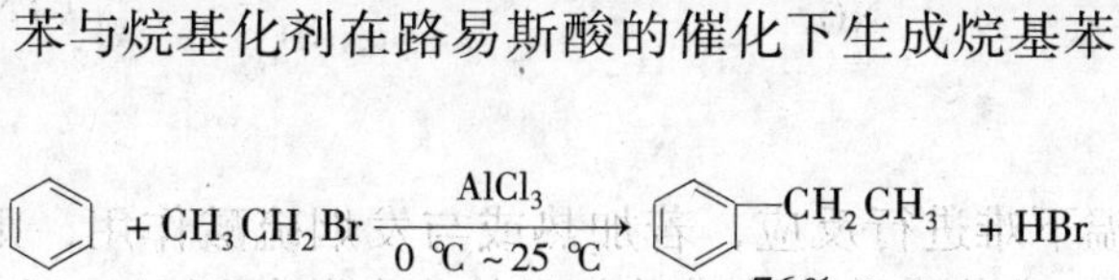

反应历程：

$$CH_3CH_2Br + AlCl_3 \longrightarrow CH_3\overset{\delta^+}{C}H_2—Br\cdots\cdots\overset{\delta^-}{A}lCl_3 \longrightarrow CH_3\overset{+}{C}H_2 + [AlCl_3Br]^-$$

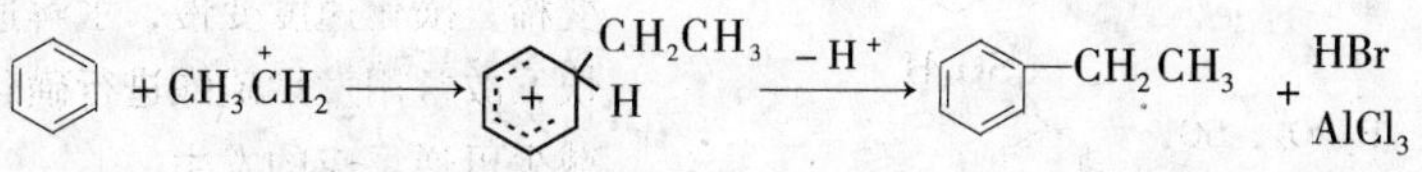

此反应中应注意以下几点：

① 常用的催化剂是无水 $AlCl_3$，此外 $FeCl_3$、BF_3、无水 HF、$SnCl_4$、$ZnCl_2$、H_3PO_4、H_2SO_4等都有催化作用。

② 当引入的烷基为三个碳以上时，引入的烷基会发生碳链异构现象。

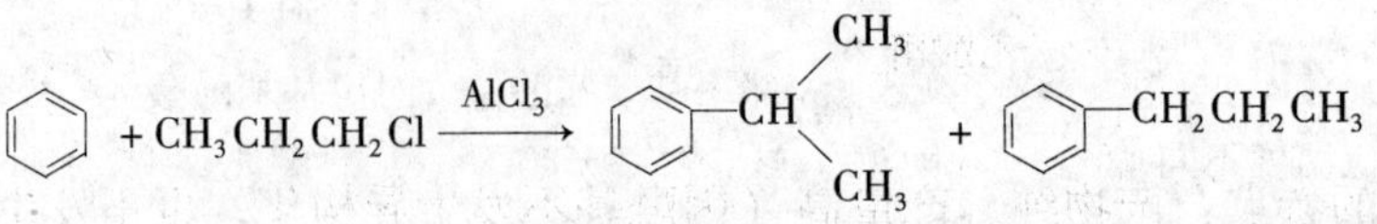

异丙苯（65% ~69%）　正丙苯（35% ~31%）

原因：反应中的活性中间体碳正离子发生重排，产生更稳定的碳正离子后，再进攻苯环形成产物。

③ 烷基化反应不易停留在一元阶段，通常在反应中有多烷基苯生成。

④ 苯环上已有—NO_2、—SO_3H、—COOH、—COR 等取代基时，烷基化反应不再发生。因这些取代基都是强吸电子基，降低了苯环上的电子云密度，使亲电取代不易发生。例如，硝基苯就不能起付—克反应，且可用硝基苯作溶剂来进行烷基化反应。

⑤ 烷基化试剂也可是烯烃或醇。

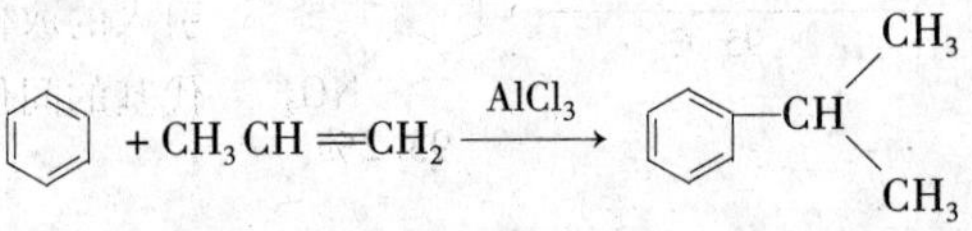

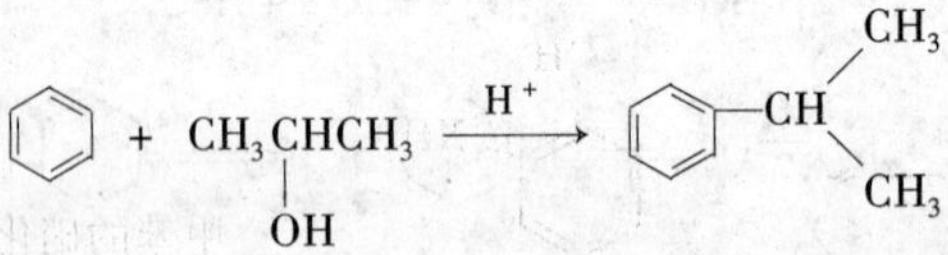

因：$CH_3CH{=}CH_2 + H^+ \longrightarrow CH_3\overset{+}{C}HCH_3$

$$CH_3\underset{\displaystyle OH}{\underset{|}{C}}HCH_3 + H^+ \longrightarrow CH_3\underset{\displaystyle ^+OH_2}{\underset{|}{C}}HCH_3 \xrightarrow{-H_2O} CH_3\overset{+}{C}HCH_3$$

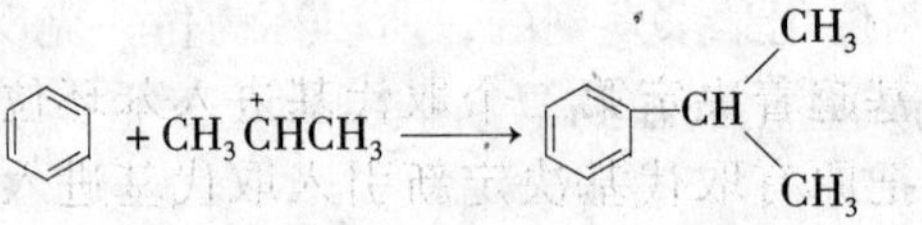

（2）酰基化反应。

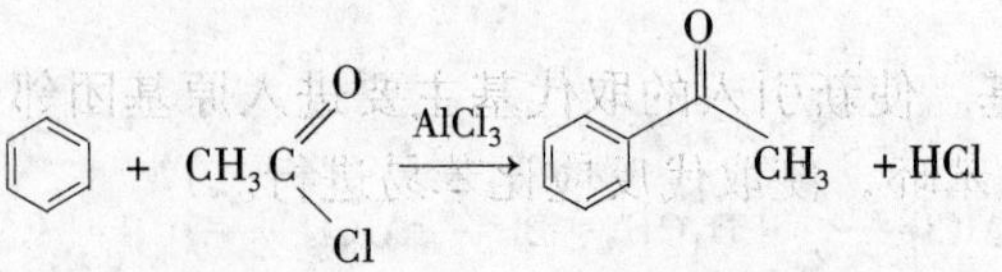

乙酰氯　　甲基苯基酮
苯乙酮　97%

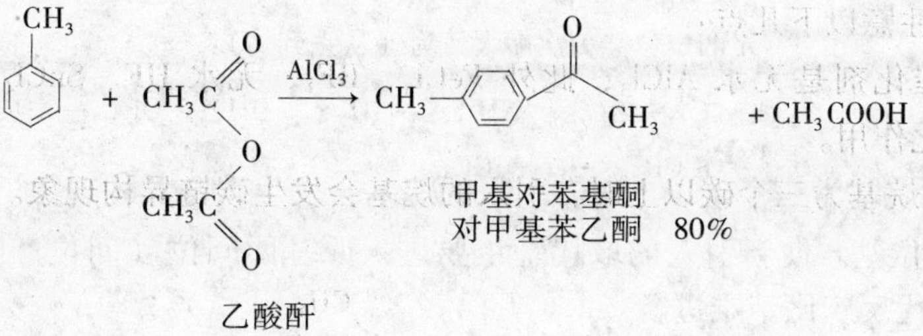

酰基化反应的特点：产物纯、产量高（因酰基不发生异构化，也不发生多元取代）。

3.2.5 苯环上的亲电取代的定位效应

一取代苯有两个邻位、两个间位和一个对位，在发生一元亲电取代反应时，都可接受亲电试剂进攻，如果取代基对反应没有影响，则邻位、间位、对位产物的比例应为2:2:1。但从前面的性质讨论可知，原有取代基不同，发生亲电取代反应的难易就不同，第二个取代基进入苯环的相对位置也不同。例如：

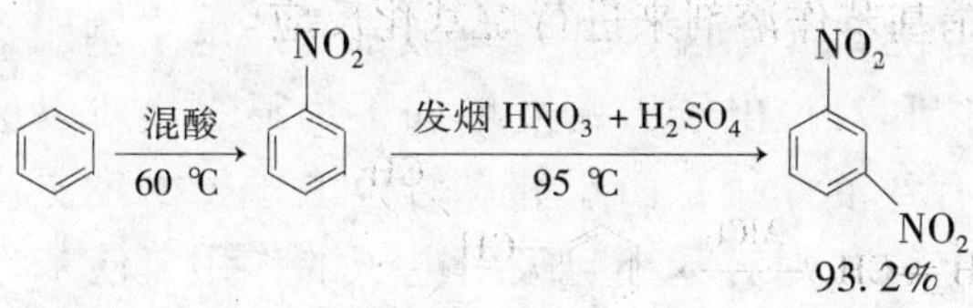

硝基苯的硝化比苯困难，新引入的取代基主要进入原取代基的间位。

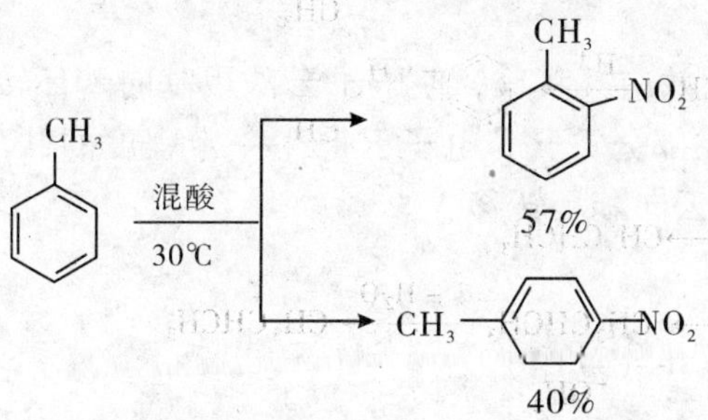

甲苯的硝化比苯容易，新引入的取代基主要进入原取代基的邻对位。

可见，苯环上原有取代基起着决定第二个取代基进入苯环位置的作用，也影响着亲电取代反应的难易程度。我们把原有取代基决定新引入取代基进入苯环位置的作用称为取代基的定位效应。

1. 三类定位基

根据原有取代基对苯环亲电取代反应的影响，即新引入取代基导入的位置和反应的难易分为三类。

（1）邻、对位定位基。使新引入的取代基主要进入原基团邻位和对位（邻、对位产物之和大于60%），且活化苯环，使取代反应比苯易进行。

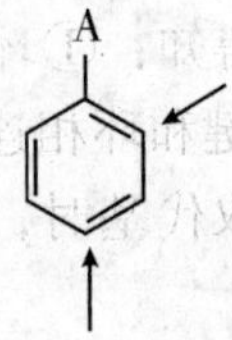

A 的定位能力次序大致为（从强到弱）：

$—O^{-}$，$—NR_2$，—NHR，$—NH_2$，—OH，—OR，—NHCOR，

—OCOR，—R，$—CH_3$。

（2）间位定位基。使新引入的取代基主要进入原基团间位（间位产物大于 50%），且钝化苯环，使取代反应比苯难进行。

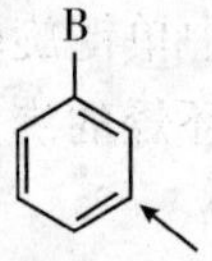

B 的定位能力次序大致为（从强到弱）。

$—\overset{+}{N}R_3$，$—NO_2$，$—CF_3$，$-CCl_3$，—CN，$—SO_3H$，

—CHO，—COR，—COOH，$—CONH_2$。

（3）第三类定位基（此类主要是指卤素及$—CH_2Cl$ 等）。使新引入的取代基主要进入原基团邻位和对位，但使苯环略微钝化，取代反应比苯难进行。

2. 定位效应的解释

苯环是一个电子云分布均匀的闭合体系，当苯环上有一个取代基时，取代基就能使苯环的电子云分布发生改变。邻、对位定位基（除卤素外）一般都是斥电子基团，能使苯环电子云密度增高，尤其是定位基的邻位和对位电子云密度增加更为显著，所以这一取代基有利于苯环的亲电取代反应，对苯环有致活作用；由于邻、对位电子云密度更高，所以亲电试剂易进攻邻、对位碳原子。间位定位基则对苯环起吸引电子的作用，使苯环电子云密度降低，因而不利于苯环的亲电取代反应，即起钝化作用，其中间位电子云密度降低最少，所以亲电试剂易进攻间位。

在甲苯中，甲基对苯环有斥电子诱导效应（+I），使电子云从甲基向苯环转移。同时，甲基的 C—H σ 轨道与苯环的大 π 键存在部分重叠，电子云产生一定程度的共享，形成了 σ—π 超共轭效应，使 C—H 键的 σ 电子云向苯环转移。

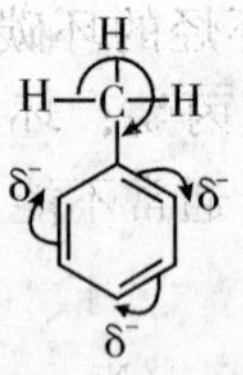

甲基的诱导效应和超共轭效应的方向是一致的，都使苯环上的电子云密度增加，特别是甲基的邻位和对位增加得更多。因此甲苯的亲电取代反应比苯容易，取代作用主要发生在甲基的邻位和对位。

羟基是一个较强的邻、对位定位基。氧的电负性比碳大，羟基对苯环有吸电子的诱导效应（−I），−I 效应使苯环上的电子云密度降低，但氧上的未共用电子对与苯环上的 π 电子形成 σ—π 共轭体系，氧上的一对未共用电子向苯环转移，产生给电子的共轭效应。在反应中，动态的给电子的共轭效应占主导地位。总的结果是氧上电子向苯环上转移，使苯环上的电子云密度升高，所以苯酚的亲电取代比苯容易。

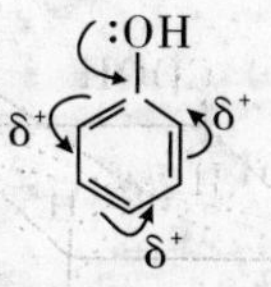

苯酚发生亲电取代时，邻、对位中间体各有四个共振式，而间位取代的中间体只有三个：

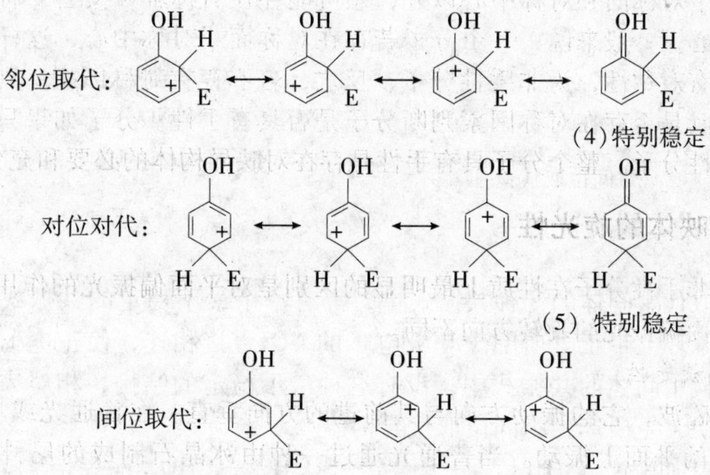

在邻、对位取代的中间体共振式中，（4）和（5）特别稳定。在这种结构中，氧与苯以双键相连，使所有原子（除氢外）都形成八隅体，具有稳定的惰性气体的电子层结构，故特别稳定。间位取代的中间体共振式却不存在这种稳定结构，因此邻、对位的取代速率大于间位，产物以邻、对位为主。与羟基类似的基团如—OR、$—NH_2$、$—NR_2$、—NHCOR等，与苯环直接相连的原子上具有未共用电子对的基团都有这种作用，它们通过孤对电子与苯环的共振形成八隅体，稳定碳正离子，这种稳定作用比烷基与苯环的超共轭作用大得多，因此它们对苯环有较强的致活作用，且为邻、对位定位基。

硝基苯分子中，硝基为一吸电子基，对苯环起着吸电子诱导效应（-I），同时硝基中氮氧间的π键与苯环的大π键构成π—π共轭，由于氧和氮的电负性均比碳强，使共轭体系的电子云移向硝基（—C），诱导和共轭的方向一致，都使苯环上的电子云密度降低，特别是硝基的邻位和对位上电子云密度降低得更显著，而间位的电子云密度降低得少些，因此，硝基苯进行亲电取代反应比苯困难，且主要产物是间位取代物。

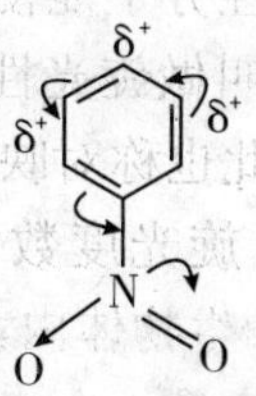

当亲电试剂进攻苯环时，可生成邻、对及间位三种中间体，每种中间体都有三个共振式。

邻位取代：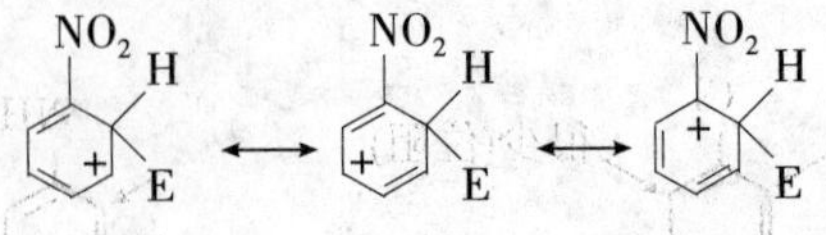

(6) 特别不稳定

对位取代：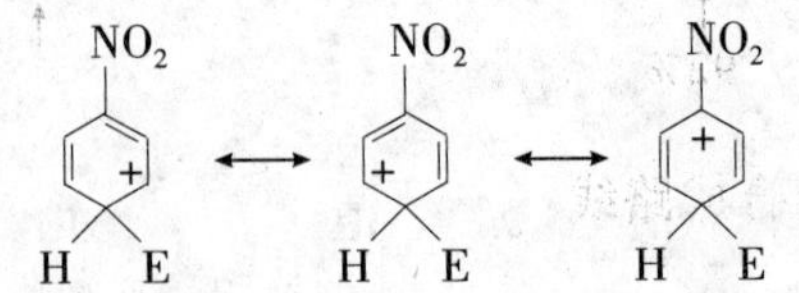

(7) 特别不稳定

间位取代：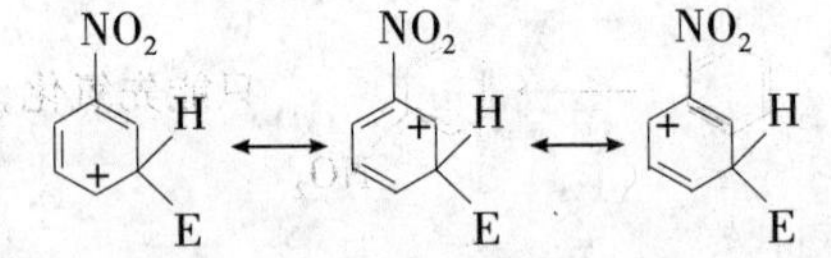

在邻、对位取代中间体的三种共振式中，都有一个最不稳定的共振式（6）、（7），在这种共振式中，苯环上带正电荷的碳与吸电子的 NO_2 直接相连，使正电荷比较集中，较不稳定。而间位取代中间体的共振式中，没有这种最不稳定的结构，相对来说比较稳定。故间位取代速率较快，主要产物为间位取代异构体。

其他吸电子基如—$N^+(CH_3)_3$、—CF_3、—SO_3H、—CHO、—CN 等，对苯环的钝化作用类似于硝基，它们都使苯环上的电子云密度降低，相对来说，间位降低得较少，故取代反应主要发生在间位，它们为间位定位基。

3. *定位规律的应用——预测反应的主要产物*

苯环上已有两个取代基，引入第三个取代基时，有下列几种情况：

（1）原有两个基团的定位效应一致。

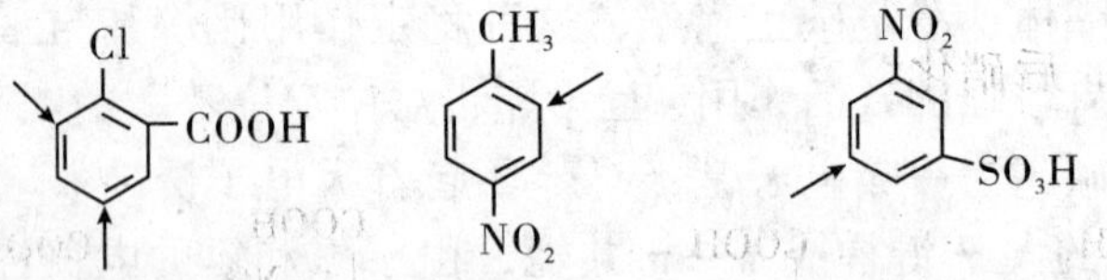

（2）原有两个取代基同类，而定位效应不一致，则主要由强的定位基确定新导入基进入苯环的位置。

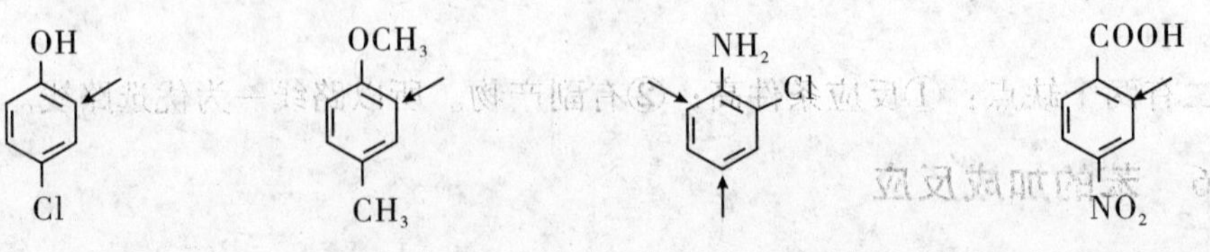

定位基强弱	—OH > —Cl	CH_3O— > —CH_3	—NH_2 > —Cl	—NO_2 > —COOH

（3）原有两个取代基不同类，且定位效应不一致时，新导入基进入苯环的位置由邻、

对位定位基确定。

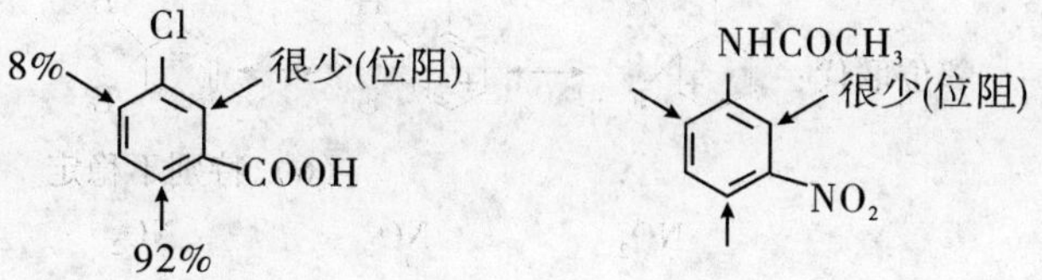

定位效应还可以指导合成路线：

例 1：

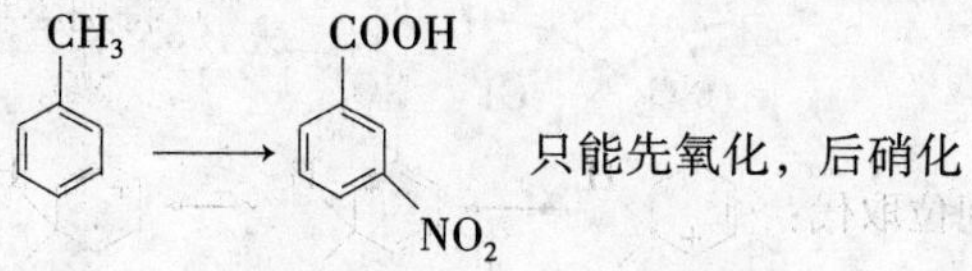

例 2：

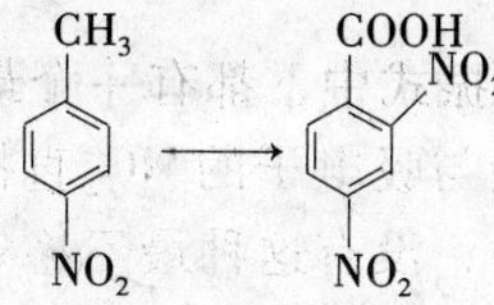

路线一：先硝化，后氧化

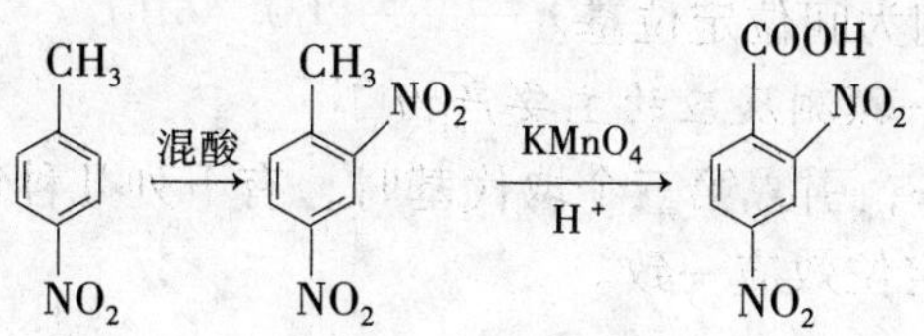

路线二：先氧化，后硝化

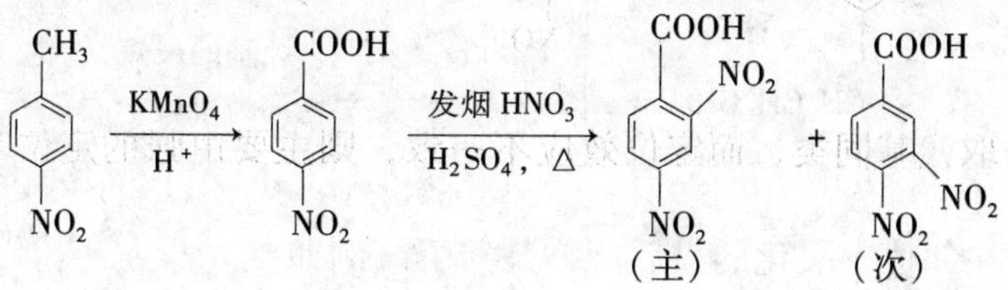

路线二有两个缺点：①反应条件高；②有副产物。所以路线一为优选路线。

3.2.6　苯的加成反应

苯环易起取代反应而难起加成反应，但并不是绝对的，在特定条件下，也能发生某些加成反应。

1. 加氢

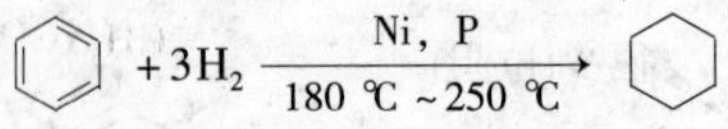

2. 加氯

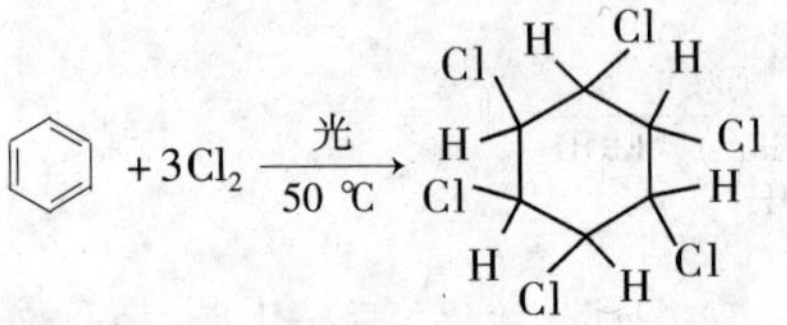

六六六对人畜有害，世界禁用，我国从 1983 年起开始禁用。

3.2.7　氧化还原反应

苯环一般不易氧化，在特定激烈的条件下，苯环可被氧化破环。例如：

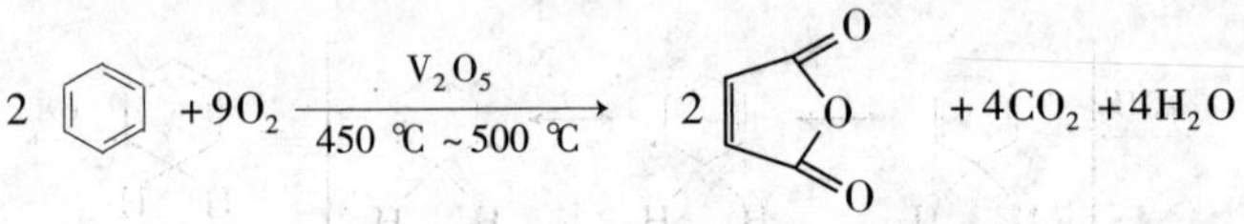

顺丁烯二酸酐

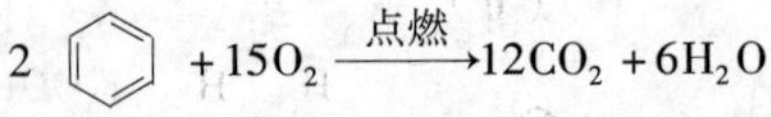

烷基苯（有 α－H 时）侧链易被氧化成羧酸。

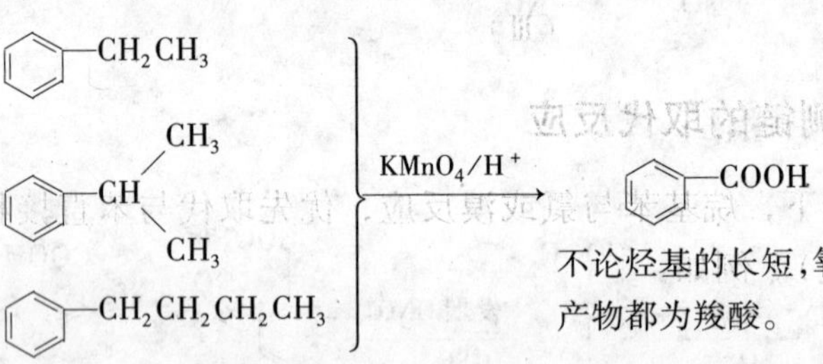

不论烃基的长短，氧化产物都为羧酸。

若两个烃基处在邻位，氧化的最后产物是酸酐。例如：

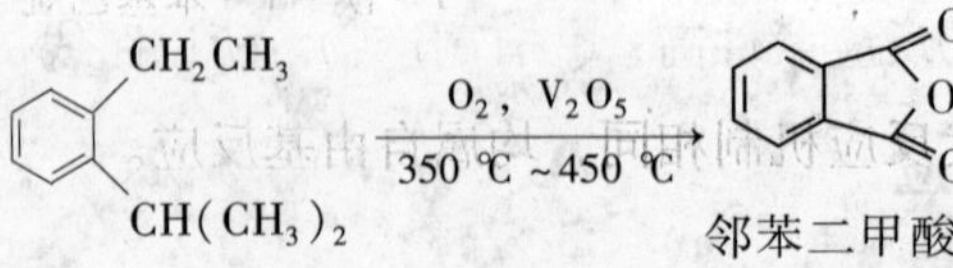

邻苯二甲酸酐

当与苯环相连的侧链碳（α－C）上无氢原子（α－H）时，该侧链不能被氧化。例如：

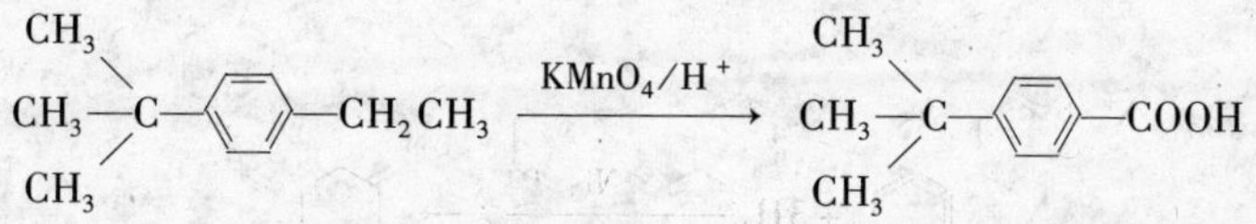

芳香化合物用碱金属（钠、钾或锂）在液氨与醇（乙醇、异丙醇或仲丁醇）的混合液中还原，苯环可被还原成非共轭的1，4－环己二烯化合物。

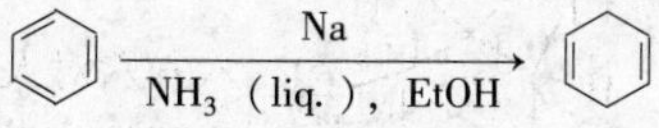

反应机理：

$$Na + NH_3 \longrightarrow Na^+ + e$$

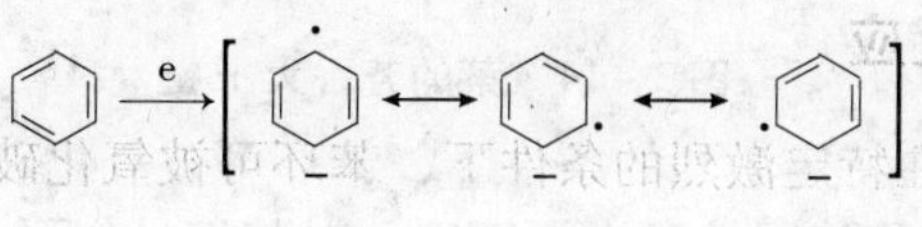

（Ⅰ）

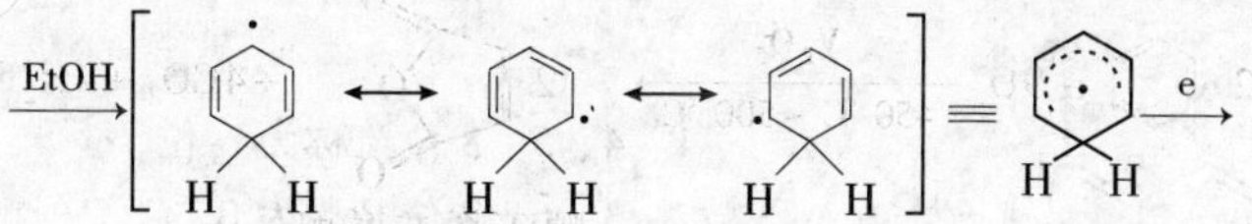

（Ⅱ）

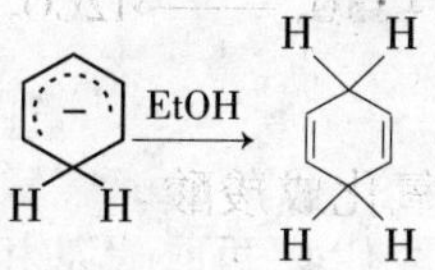

（Ⅲ）

3.2.8 烷基苯侧链的取代反应

在较高温度或光照下，烷基苯与氯或溴反应，优先取代与苯直接相连的α－碳上的氢原子（通常称为苄基氢）。例如：

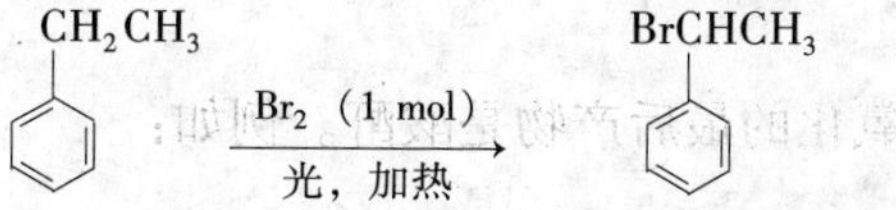

1－溴－1－苯基乙烷

苯侧链卤代与烷烃卤代反应机制相同，均属自由基反应。

3.2.9 稠环芳香烃

稠环芳香烃是由两个或两个以上苯环共用两个邻位碳原子稠合而成的多环芳香烃。例如萘、蒽、菲等。

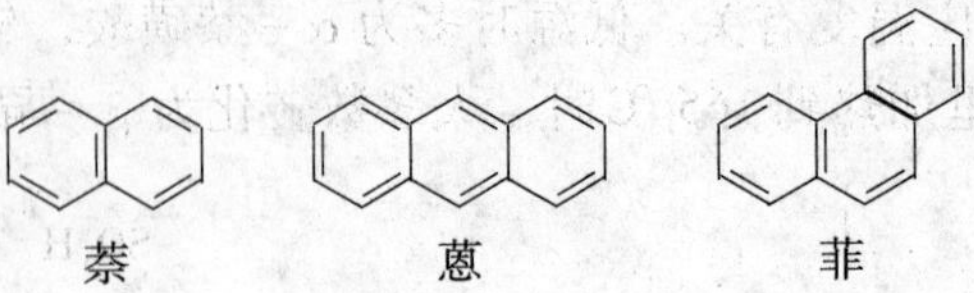

萘　　　　蒽　　　　菲

平面结构，所有的碳原子都是 sp^2 杂化的，是大 π 键体系。如图 3－14 所示：

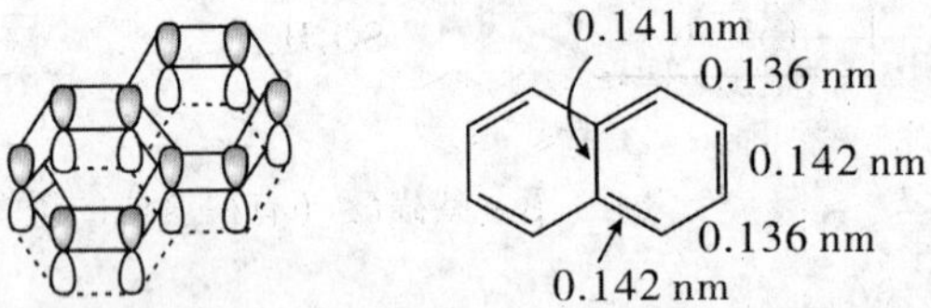

说明萘环中各碳原子的 p 轨道重叠的程度不完全相同，稳定性不如苯。

图 3－14　萘的芳香大 π 键

分子中 10 个碳原子不是等同的，为了区别，对其编号如下：

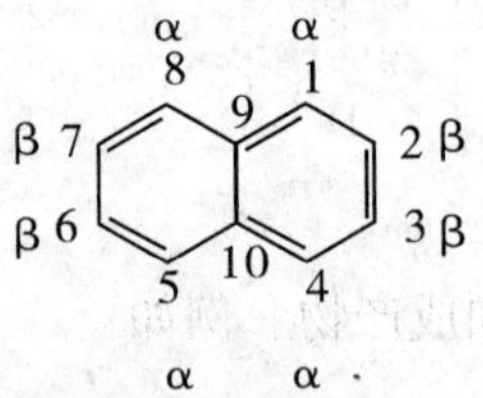

1、4、5、8 位又称为 α 位，
2、3、6、7 位又称为 β 位，
电荷密度 α > β。

萘的一元取代物只有两种，二元取代物两取代基相同时有 10 种，不同时有 14 种。

萘分子电子云分布的不均匀，使萘环上不同位置的碳原子具有不同的反应活性，α－位比 β－位碳原子一般易起反应。萘为白色晶体，熔点 80.5 ℃，沸点 218 ℃，易升华，不溶于水，能溶于乙醇、乙醚和苯等有机溶剂。

1. 萘的卤代、硝化和磺化等取代反应

萘的苯溶液在 $FeCl_3$ 的催化下通入氯气，主要生成 α－氯苯：萘与混酸（H_2SO_4，HNO_3）反应，主要产物为 α－硝基萘：

70%
α－氯苯

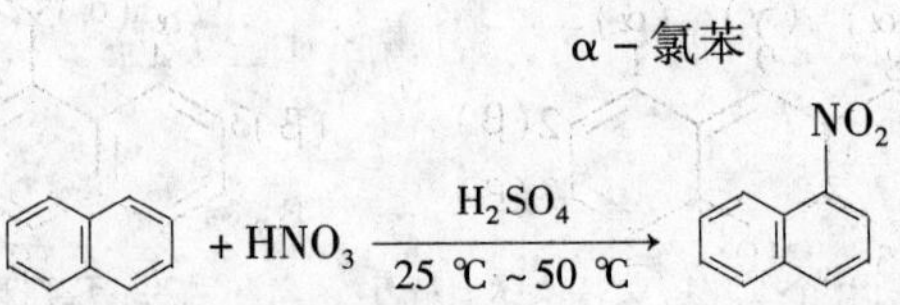

70%
α－硝基萘

磺化反应的产物与反应温度有关。低温时多为α－萘磺酸，较高温度时则主要是β－萘磺酸，α－萘磺酸在硫酸里加热到165 ℃时，大多数转化为β－异构体。其反应式如下：

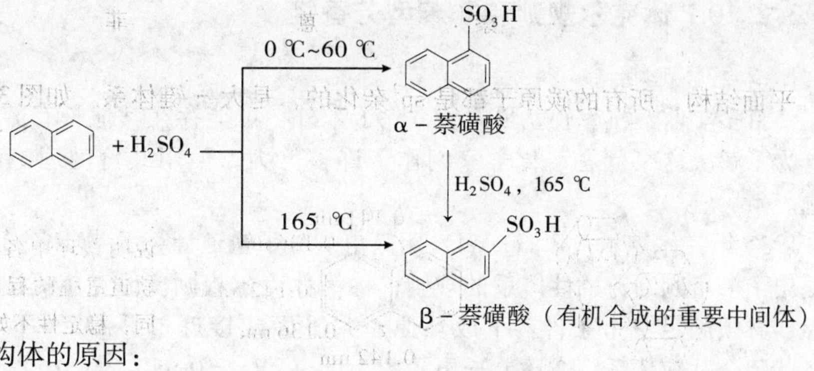

高温生成β－异构体的原因：

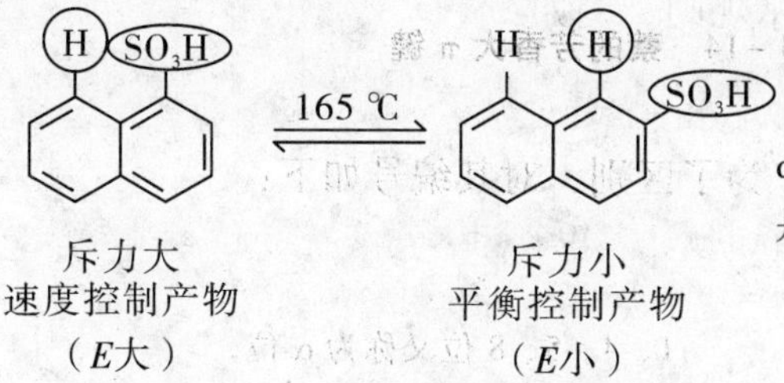

α－位比β－位稳定，被认为是空间斥力的结果。

2. 萘的加成反应

萘比苯易发生加成反应，在不同条件下生成不同的加成产物。例如：

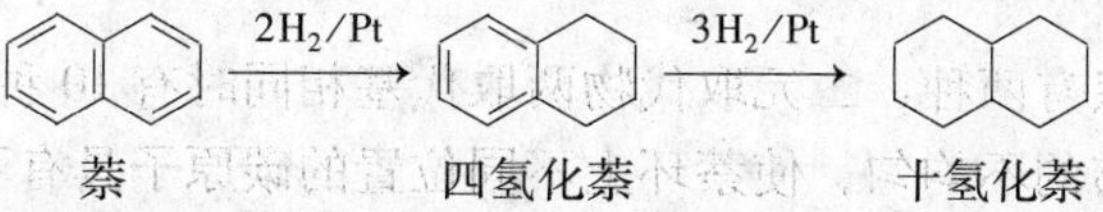

［问题3－4］　将十氢化萘命名为双环化合物。

蒽和菲都存在于煤焦油中，蒽为无色片状晶体，熔点216 ℃，沸点240 ℃；菲为具有光泽的无色晶体，熔点101 ℃，沸点340 ℃。蒽和菲的分子式皆为$C_{14}H_{10}$，两者互为同分异构体，在结构上都形成了闭合的共轭体系，但是各碳原子上的电子云密度是不均匀的，因此各碳原子的反应能力也随之有所不同，其中9、10位碳原子特别活泼，它们的结构式及碳原子位次的编号如下：

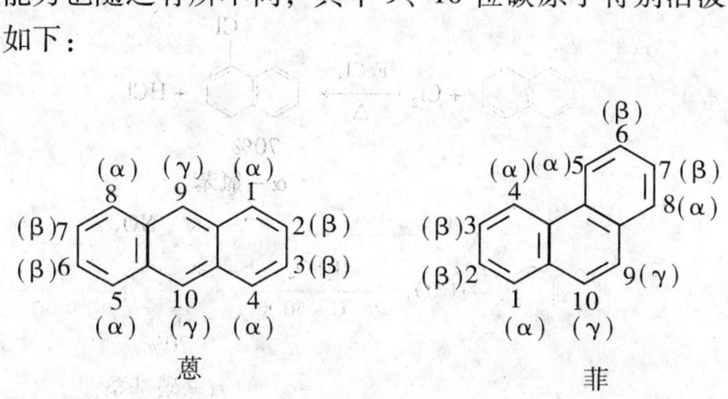

1、4、5、8位置相同，称为α-位；2、3、6、7位置相同，称为β-位；9、10位置相同，称为γ-位。

3.2.10 休克尔规则和非苯型芳香烃

1. 休克尔规则

一百多年前，凯库勒就预见到，除了苯外，可能存在其他具有芳香性的环状共轭多烯烃。为了解决这个问题，化学家们作了许多努力，但用共价键理论没有很好地解决这个问题。

1931年，休克尔（E. Huckel）用简单的分子轨道计算了单环多烯烃的π电子能级，从而提出了一个判断芳香性体系的规则，称为休克尔规则。休克尔提出，单环多烯烃要有芳香性，必须满足三个条件：①成环原子共平面或接近于平面，平面扭转不大于0.1 nm；②环状闭合共轭体系；③环上π电子数为$4n+2$（$n=0, 1, 2, 3\cdots$）。符合上述三个条件的环状化合物就有芳香性，这就是休克尔规则。例如：

6个π电子　　10个π电子

$n=1$　　$n=2$

2. 非苯型芳香烃

其他不含苯环，π电子数为$4n+2$的环状多烯烃，具有芳性，我们称它们为非苯型芳香烃。

（1）具有芳香性的离子。

①戊二烯负离子。

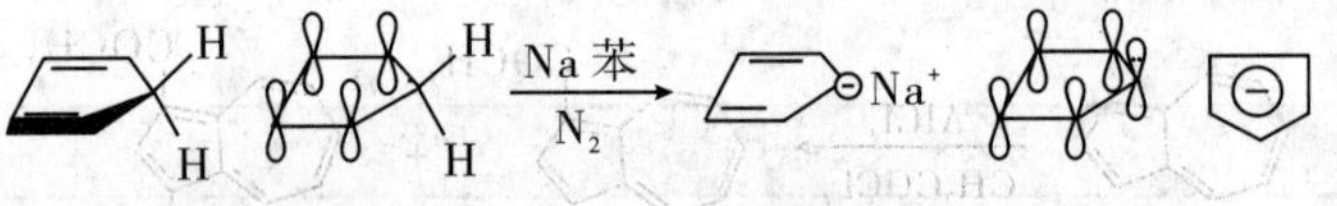

成环C共平面；π电子=4；非环状闭合共轭 —— 无芳香性

成环C共平面；π电子=6　$n=1$；环状闭合共轭 —— 有芳香性

其典型代表物为二茂铁。

②环庚三烯正离子。

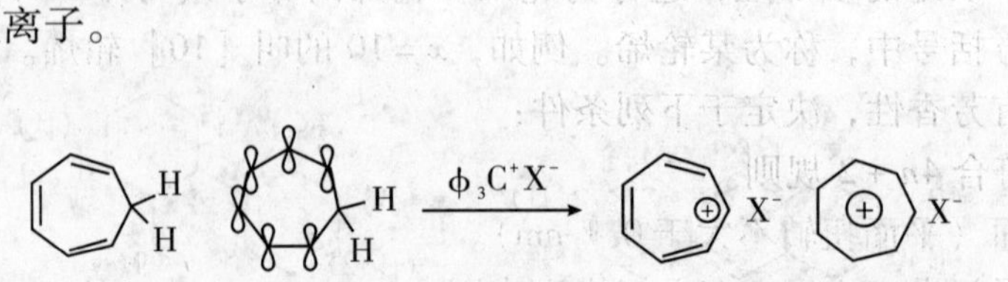

无芳香性　　　　有芳香性

③环辛四烯双负离子。

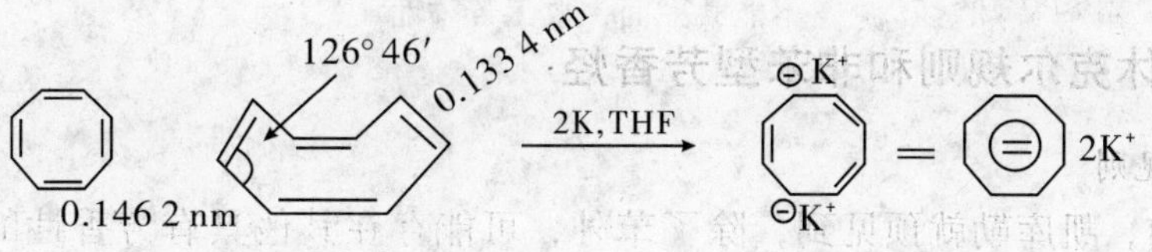

成环 C 不在同一平面
π 电子 = 8
不能形成环状共轭体系
无芳香性

成环 C 在同一平面
π 电子 = 10　$n = 2$
环状闭合共轭体系
有芳香性

（2）薁。

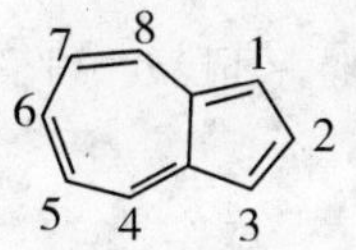

天蓝色片状固体，熔点 90 ℃
含 10 个 π 电子，成环 C 都在同一平面
是闭环共轭体系，有芳香性

薁有明显的极性，其中五元环是负性的，七元环是正性的，可表示如下：

薁有明显的芳香性，表现在能起亲电取代反应上。例如，薁能起酰基化反应，取代基进入 1，3 - 位：

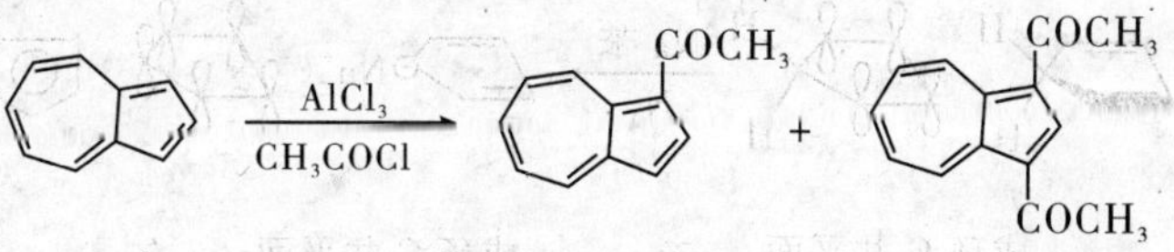

薁的衍生物如 1，4 - 二甲基 - 7 - 异丙基薁存在于香精中，含有万分之一时，就显蓝色，它又叫愈创蓝油烃，是治疗烧伤、烫伤和冻疮的药物。

（3）轮烯。

具有交替的单双键的多烯烃，通称为轮烯。轮烯的分子式为 $(CH)_x$，$x \geq 10$，命名时将碳原子数放在方括号中，称为某轮烯。例如，$x = 10$ 的叫［10］轮烯。

轮烯是否具有芳香性，决定于下列条件：

①π 电子数符合 $4n + 2$ 规则。

②碳环共平面（平面扭转不大于 0.1 nm）。

③轮内氢原子间没有或很少有空间排斥作用。

［10］轮烯：

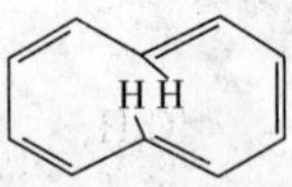

π 电子 =10，$n=2$
但由于轮内氢原子间的斥力大，使环发生扭转，
不能共平面，故无芳香性。

［14］轮烯：

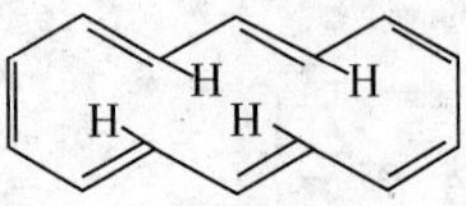

π 电子 =14，$n=3$
但由于轮内氢原子间的斥力大，使环发生扭转，
不能共平面，故无芳香性。

［18］轮烯：

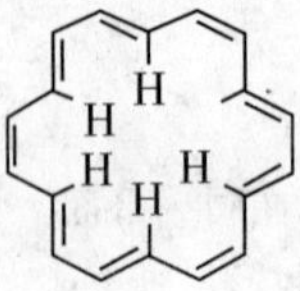

π 电子 =8，$n=4$
轮内氢原子间的斥力微弱，环接近于平面，
故有芳香性。

轮烯受热至 230 ℃仍然稳定，可发生溴代、硝化等反应，足可见其芳香性。
（4）杂环化合物。

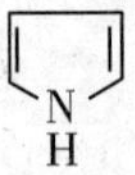
吡咯

呋喃

吡啶

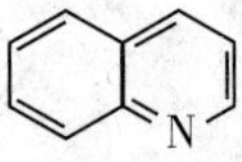
喹啉

上述杂环化合物都符合休克尔规则，故都有芳香性。

习　题

脂环烃

1. 命名： 。

2. 用化学方法鉴别下列化合物，并写出有关反应式：

a.  b.  c.  d. 

3. 写出 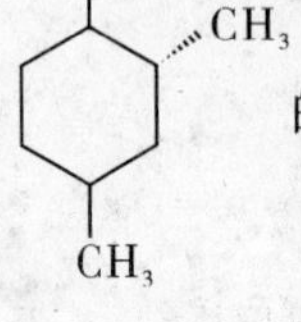 的最稳定的构象。

4. 比较下列两组化合物的稳定性：

a. 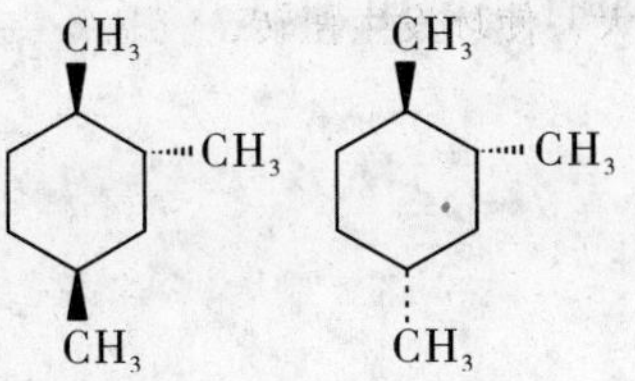

b. 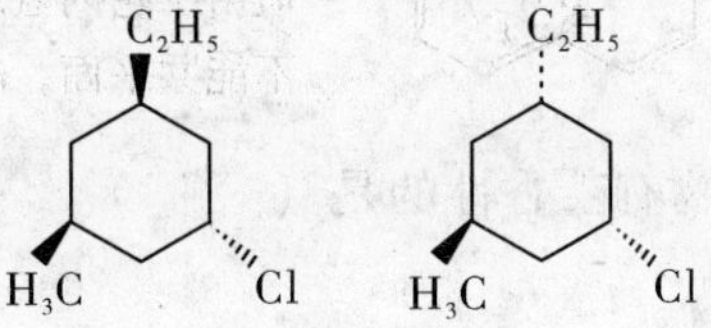

单环芳烃

1. 比较稳定性大小：

(1) a. 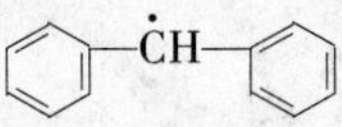 b. 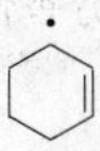 c. 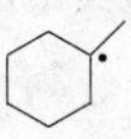 d. 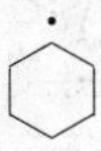

(2) a. 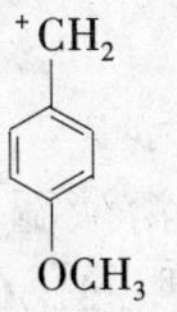 b. 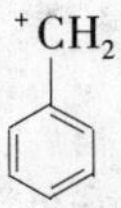 c. 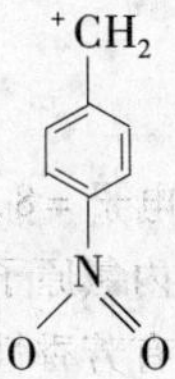

2. 判断下列化合物苯环上亲电取代反应活性的大小：

a. 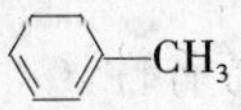 b. 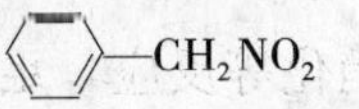 c. 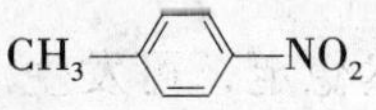 d. 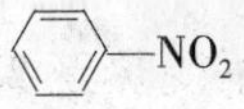

3. 用箭头标出下列化合物硝化反应主要产物的位置：

a. 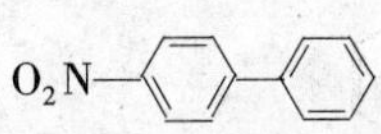 b. 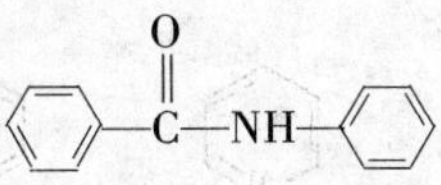 c. 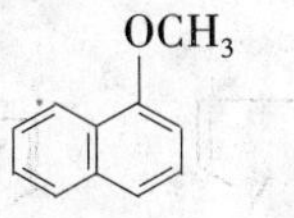 d. 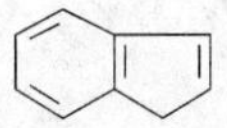

4. 用简单的化学方法鉴别：

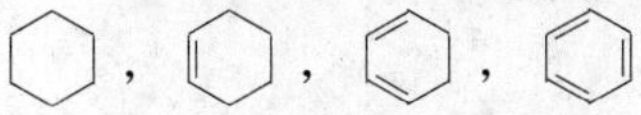

5. 完成反应并提出合理的反应机理：

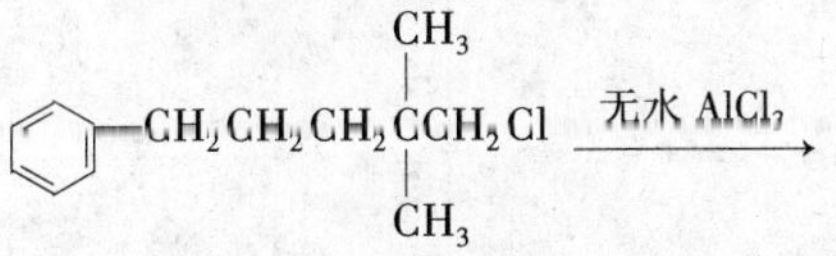

6. 已知光照下乙苯和氯气反应时氯自由基夺取 α－H 比夺取 β－H 的速度快 14.5 倍，试用反应历程解释。

7. 以甲苯为原料合成邻硝基甲苯。

8. 某芳香烃的分子式为 $C_{16}H_{16}$，溴氧化分解的产物为 $C_6H_5CH_2CHO$，强烈氧化得到苯甲酸。试推断该芳香烃的结构。

9. 溴苯氯代后分离得到两个分子式为 C_6H_4ClBr 的异构体 A 和 B，将 A 溴代得到几种分子式为 $C_6H_3ClBr_2$ 的产物，而 B 经溴代得到两种分子式为 $C_6H_3ClBr_2$ 的产物 C 和 D。A 溴代后所得产物之一与 C 相同，但没有任何一个与 D 相同。推测 A，B，C，D 的结构式，写出各步反应式。

多环芳烃和非苯型芳香烃

1. 环戊二烯为什么可以与 Na 反应？

2. 解释环庚三烯中 CH_2 上的 H 的酸性要比典型烯丙基 H 的酸性小。

3. 薁的结构式为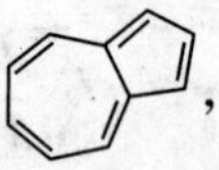，判断其是否有芳香性；如有，亲电取代反应发生在几元环上？

4. 下列化合物有芳香性的是（　　）。

a. 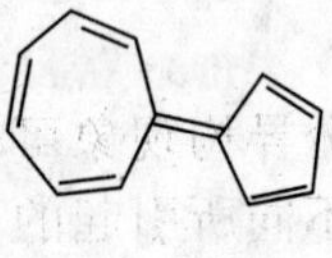
b. 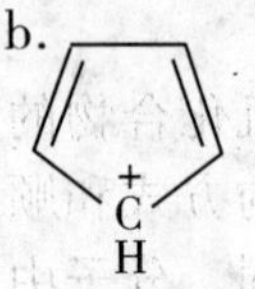
c. 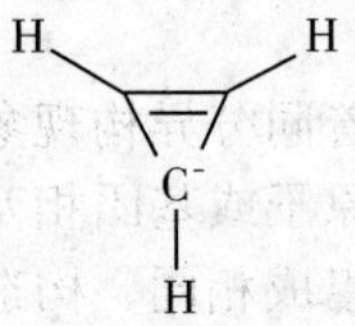
d. 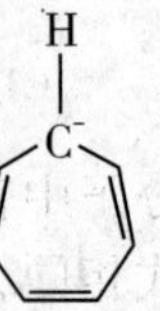
e. 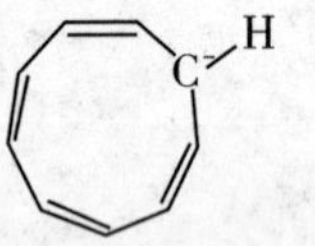
f. 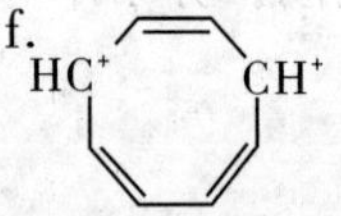

5. 分子式为C_8H_{14}的A，能被高锰酸钾氧化，并能使溴的四氯化碳溶液褪色，但在汞盐催化下不与稀硫酸作用。A经溴氧化，再还原水解只得到一种分子式为$C_8H_{14}O_2$的不带支链的开链化合物。推测A的结构，并用反应式加简要说明表示推断过程。

第 4 章　对映异构

在有机化合物分子中普遍存在着同分异构现象。有机化合物的同分异构现象可分为两大类：一类是分子式相同，分子中原子或基团相互连接的方式和顺序不同所引起的异构现象，称为构造异构；另一类是分子组成相同、构造式相同，分子中原子或基团在空间的相对排列位置不同所引起的异构现象，称为立体异构。

- 同分异构
  - 构造异构
    - 碳链异构
    - 位置异构
    - 官能团异构
    - 互变异构
  - 立体异构
    - 构象异构
    - 构型异构
      - 顺反异构
      - 光学异构
        - 对映异构
        - 非对映异构

对映异构是立体异构的一种，它在天然和合成有机化合物中普遍存在，是研究立体化学的一个重要方面。它对阐明天然有机化合物的结构，指导有机合成，深入研究有机反应机制以及有机物结构与生理作用的关系起着重要的作用。

4.1　对映异构的基本概念

4.1.1　对映异构体和手性分子

任何物体都有它的镜像。人的两只手看起来似乎没有什么区别，但是将左手的手套戴到右手上是不合适的，如果把左手放在镜子前面，在镜中呈现的影像（镜影）恰与右手相同，即人的左手和右手互为实物与镜像关系，但它们不能同向重合，如图 4－1、图 4－2 所示，这种性质称为手征性或手性（chirality）。

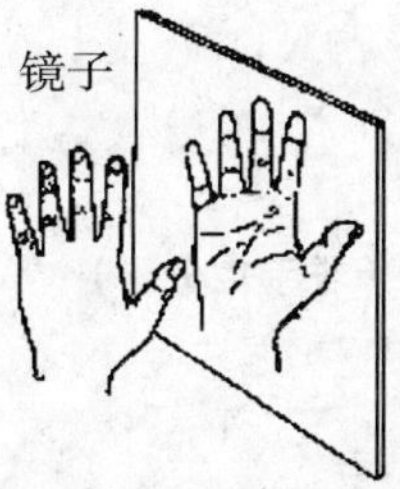

图 4－1　左右手互为镜像

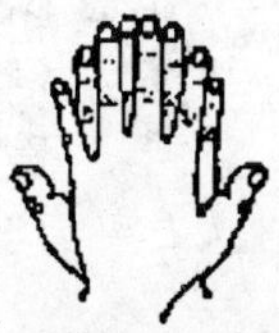

图 4－2　左右手不能重合

实物与镜像不能重叠的现象，同样存在于微观世界的分子中。例如2－羟基丙酸（乳酸，$CH_3CHOHCOOH$）分子在空间有两种构型，这两种构型看起来很相似，它们互为实物与镜像关系，很容易用模型来证明彼此是不重叠的（见图4－3），因此乳酸分子具有手性。分子式、构造式相同，互为实物与镜像关系，但又不能重叠的立体异构体，称为对映异构体，简称为对映体，这种异构现象，称为对映异构现象。

像乳酸这种与其镜像不能重叠的分子称为手性分子（chiral molecule），手性分子与其镜像互为对映体。与其镜像重叠的分子称为非手性分子（achiral molecule），如2－氯丙烷（Ⅰ）与它的镜像（Ⅱ）能重叠，见图4－4。因此非手性分子没有对映体，没有对映异构现象。

在乳酸（$CH_3CHOHCOOH$）分子中，其 C_2 与四个不相同的原子或基团相连（—OH，—COOH，—CH_3，—H），我们把这个碳原子叫做不对称碳原子（asymmetric carbon atom），又称手性碳原子（chiral carbon atom），或手性中心（chiral center），以 C^* 表示。乳酸的手性与手性碳原子有关。手性分子具有手性中心和手性轴等手性因素，最常见的手性中心是手性碳。

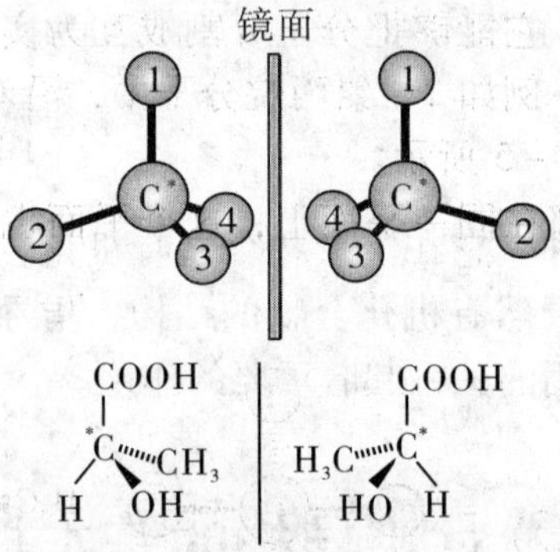

图4－3 乳酸对映体模型（手性分子）

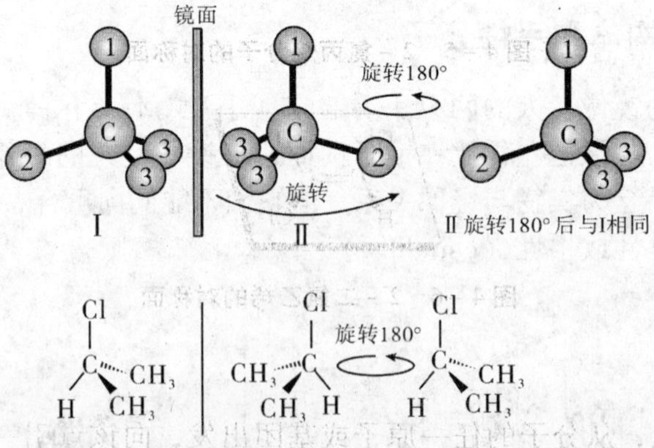

图4－4 2－氯丙烷分子模型（非手性分子）

［问题 4－1］　下列化合物有无手性碳原子？若有，请用“＊”标记。

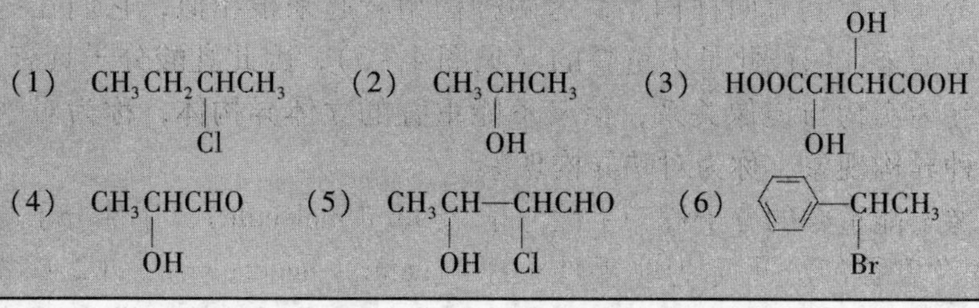

4.1.2　分子的对称性

分子（实物）与其镜像不能完全重叠是手性分子的特征。如何判断分子有无手性？最好的办法是看分子的结构模型和它的镜像能否重叠，如不能重叠则是手性的，能重叠，则它们所代表的分子是非手性分子。此外，分子与其镜像能否重叠，与分子的对称性有关，而分子的对称性又与对称因素有关，常见的对称因素主要有对称面和对称中心。

1. 对称面（σ）

假设在分子中有一个平面，它能够把分子分割成互为实物与镜像关系的两部分，这个平面就叫做这个分子的对称面。例如 2－氯丙烷分子中，沿 Cl、C、H 的正中间切开所形成的平面就是一个对称面，如图 4－5 所示。

假如一个分子的所有原子都在同一平面上，这个平面也是对称面。例如反－1，2－二氯乙烯的对称面（见图 4－6）。

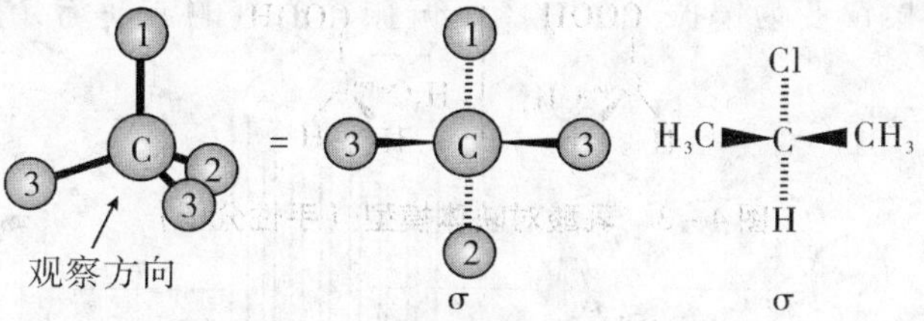

图 4－5　2－氯丙烷分子的对称面

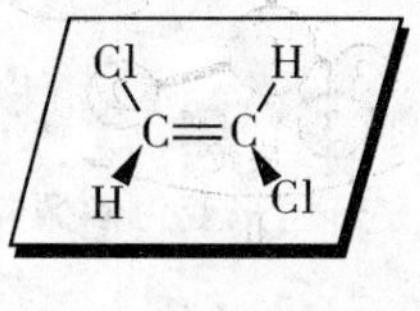

图 4－6　2－二氯乙烯的对称面

2. 对称中心（i）

设想分子中有一点，从分子的任一原子或基团出发，向该点引一直线并延长出去，在距该点等距离处，总会遇到相同的原子或基团，这个点就叫做分子的对称中心。例如 E－2，4－二甲基－1，3－环丁二甲酸分子中就有一个对称中心（见图 4－7）。

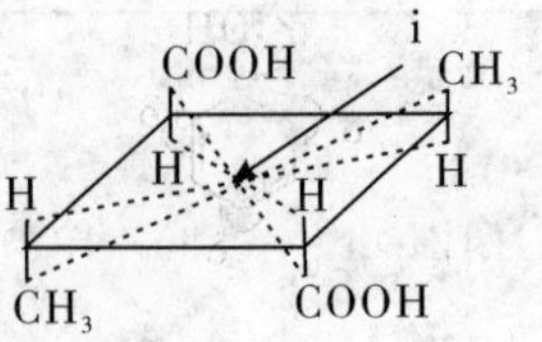

图4-7 E-2，4-二甲基-1，3-环丁二甲酸分子的对称中心

对称因素除了对称面和对称中心以外，还可能存在对称轴和交替对称轴，但常见的是对称面和对称中心。一般来说，一个分子若存在对称面或对称中心，这样的分子往往能与其镜像重叠，具有对称性，为非手性分子；反之，若不存在对称因素，则是手性分子。因此，可通过考察其是否存在对称因素判断分子是否具有手性。分子如果只含有一个手性碳原子，它就是手性分子。整个分子具有手性是存在对映异构体的必要和充分条件。

4.1.3 对映体的旋光性

手性分子和非手性分子在性质上最明显的区别是对平面偏振光的作用不同。研究发现对映异构体对平面偏振光的旋转方向不同。

1. 偏振光和旋光性

光是一种电磁波，它的振动方向与其前进的方向垂直。在普通光或单色光的光线里，光波在一切可能的平面上振动。当普通光通过一种由冰晶石制成的尼科尔（Nicol）棱镜时，只有同棱镜晶轴平行的光线才能通过棱镜，因此，通过尼科尔棱镜的光线只在一个平面上振动。这种只在一个平面上振动的光叫做平面偏振光，又称为偏振光或偏光，图4-8是普通光通过尼科尔棱镜变为偏振光示意图。偏振光前进的方向与光振动的方向所构成的平面称为偏振面。

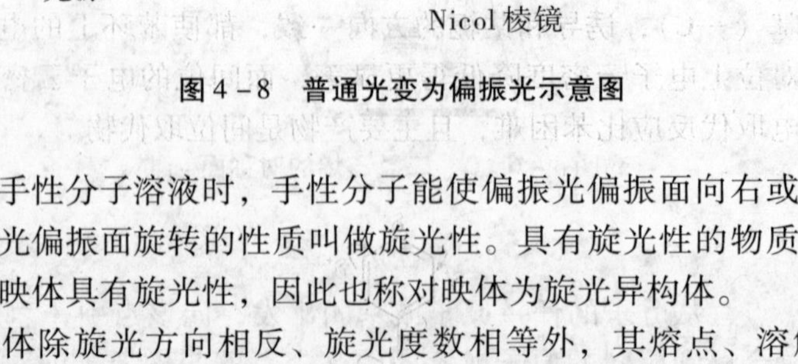

图4-8 普通光变为偏振光示意图

当偏振光通过手性分子溶液时，手性分子能使偏振光偏振面向右或向左旋转一定的角度，这种能使偏振光偏振面旋转的性质叫做旋光性。具有旋光性的物质称为旋光性物质或光学活性物质。对映体具有旋光性，因此也称对映体为旋光异构体。

一对对映异构体除旋光方向相反、旋光度数相等外，其熔点、溶解度（在普通溶剂中）、折光率和光谱等物理性质都相同。生物体内大部分有机分子具有光学活性，并具有重要的生理意义。某些生物体只能利用其中某一个光活性异构体。

2. 旋光度和比旋光度

物质旋光性的大小可用旋光仪测定，旋光仪示意图见图4-9。

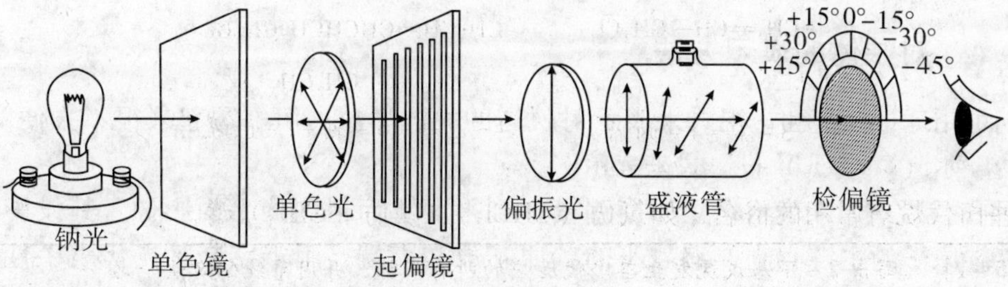

图4-9　旋光仪示意图

在旋光仪中，第一个尼科尔棱镜固定不动，称为起偏镜，其作用是把单色光变为偏振光；第二个尼科尔棱镜可以旋转，称为检偏镜，并连有180°的刻度盘。当两个棱镜晶轴彼此平行时，刻度为零。如果在晶轴平行的两个尼科尔棱镜之间放一个玻璃管（盛液管），管里装的是旋光性物质，则偏振光不能通过第二个棱镜，必须把第二个棱镜旋转一个角度后才能完全通过。第二个棱镜旋转的方向即为旋光性物质的旋转方向。旋光性物质使偏振光的振动面旋转的角度称为旋光度，用符号"α"表示。旋光度（α）的大小除了与物质本身的特性有关外，还与测定时的条件、溶液的浓度、盛液管的长度、温度及所用光的波长等因素有关。因此，当盛液管的长度和溶液的浓度固定后，旋光度的大小及方向就是旋光性化合物的特性了。通常用比旋光度（specific rotation）"$[\alpha]$"来表示，计算公式为：

$$[\alpha]_D^t = \frac{\alpha}{l \cdot \rho}$$

式中：

α——被测溶液的旋光度；

l——盛液管的长度（dm）；

ρ——溶液的浓度（$g \cdot mL^{-1}$），如果所测的物质为纯液体，则ρ为该物质的密度；

$[\alpha]_D^t$——比旋光度（$°/g \cdot mL^{-1} \cdot dm^{-1}$）（通常用°表示）；

t——测定时的温度（℃）；

D——钠光的波长（589 nm）。

从上式可知，当$\rho = 1\ g \cdot mL^{-1}$，$l = 1$ dm，则测得的旋光度在数值上即为比旋光度。因此比旋光度的定义为：在一定温度下，1 mL含1 g旋光物质的溶液，在1 dm的盛液管中，光源波长（λ）为589 nm（钠光）时，测得的旋光度。

测定旋光度时，能使偏振光的振动面向右旋转（顺时针方向）的物质，称为右旋体，用（+）或（d）表示；向左（逆时针方向）旋转的为左旋体，用（-）或（l）表示。例如：从肌肉中得到的乳酸的比旋光度为$[\alpha]_D^{20} = +3.8°$，表示在20 ℃时，以钠光灯作光源，$\rho = 1\ g \cdot mL^{-1}$的乳酸溶液的比旋光度为右旋3.8°。

在一定温度、一定波长下测得的比旋光度是旋光性物质的一个物理常数。测定物质的旋光度，可以鉴定旋光性物质、确定旋光性物质的纯度和含量。

［问题4-2］　*蔗糖水溶液的浓度为0.285 $g \cdot mL^{-1}$，20 ℃时，将此溶液装入1 dm长的盛液管中，用钠光作光源，测定其旋光度为+18.8°，试求出其比旋光度。若将溶液放在20 cm长的盛液管中，其旋光度是多少？*

4.1.4 对映体的表示方法

我们可用球棍模型和透视式来表示对映体的立体形象，但书写起来很不方便。对映体一般用费歇尔（Fischer）投影式来表示。

Fischer 投影式用来表示将立体模型投影到平面上而得到的平面影像。其投影规则为：把含手性碳原子的主链直立，编号小的碳原子放在上端，用十字交叉点代表手性碳原子，使竖键上所连接的原子或基团伸向纸平面的后方，横键上所连接的原子或基团伸向纸平面的前方（横前竖后）。按此投影规则，将（-）-乳酸的模型投影到纸平面，即可得到它的 Fischer 投影式（I），见图 4-10，同法可得到其对映体（+）-乳酸的 Fischer 投影式（II）。

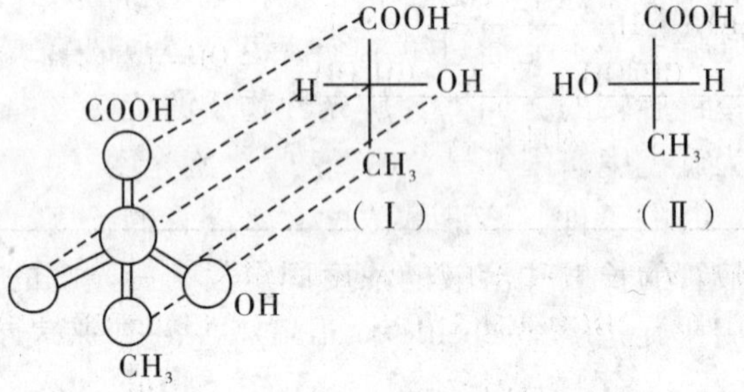

图 4-10 乳酸对映体的 Fischer 投影式

Fischer 投影式是用平面式表示三维空间的立体结构。在书写时，必须按照其规定表示分子构型的立体结构。注意模型、透视式和 Fischer 投影式之间可进行下列转换：

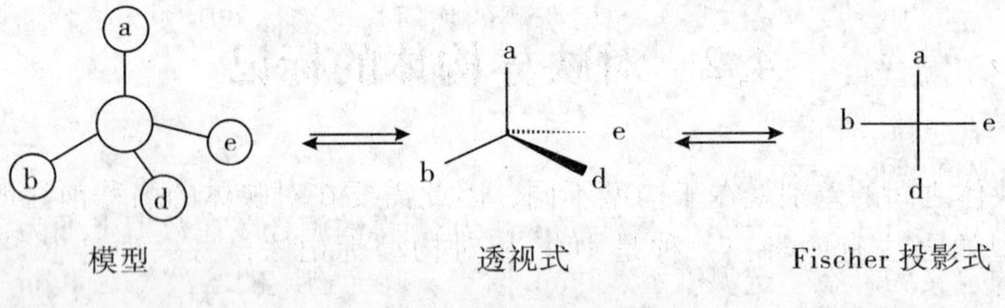

判断 Fischer 投影式是否为同一构型的方法（翻转投影式时，投影式不能离开纸面）：

（1）将投影式在纸平面上旋转 180°，仍为原构型。

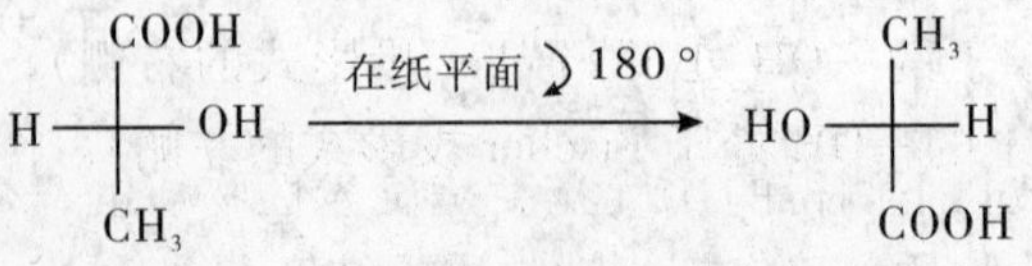

（2）任意固定一个基团不动，依次顺时针或逆时针调换另三个基团的位置，不会改变原构型。

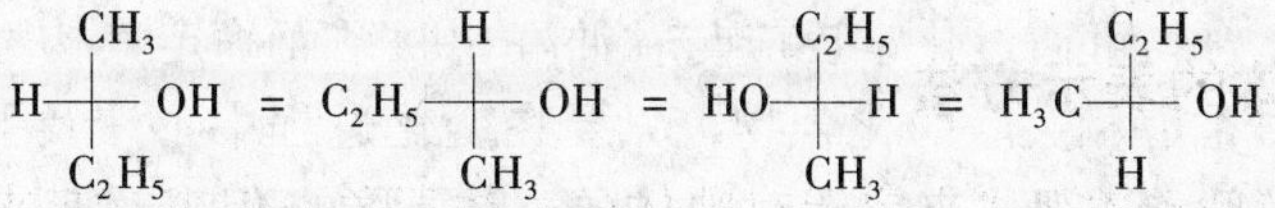

（3）对调任意两个基团的位置，对调偶数次构型不变，对调奇数次则为原构型的对映体。

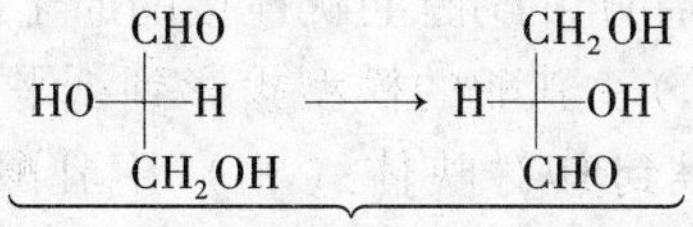

同一构型

OH 与 H 对调一次
CHO 与 CH_2OH 对调一次

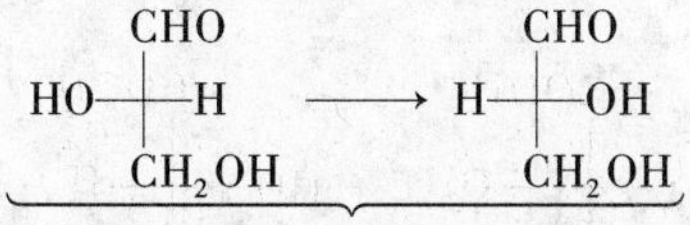

对映体

OH 与 H 对调一次

[问题 4-3]　写出下列手性分子一对对映体的 Fischer 投影式：

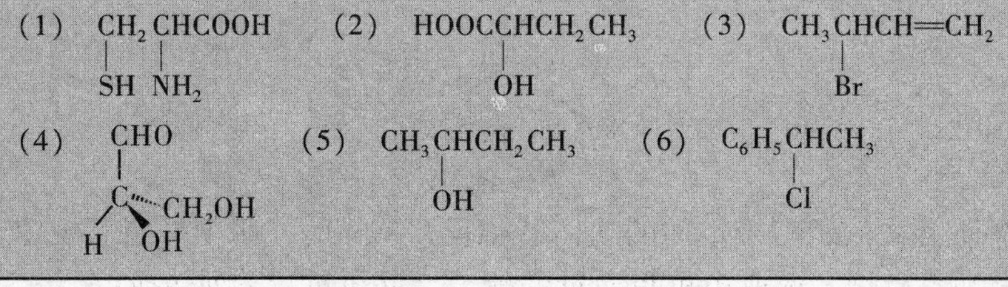

4.2　对映异构体的标记

一对对映体之间的差别就在于构型不同，因此需要在对映体的名称前注明其构型。标记对映体构型的方法有两种：一种是 D/L 相对构型标记法；另一种是 R/S 绝对构型标记法。

4.2.1　D/L 相对构型标记法

D/L 相对构型标记法是以甘油醛的两种构型为标准，人为规定(+)-甘油醛为 D 构型(Dextro，右，手性碳原子上的—OH 处于 Fischer 投影式的右侧)，(-)-甘油醛为 L 构型(Levo，左，手性碳原子上的—OH 处于 Fischer 投影式的左侧)。例如：

D-(+)-甘油醛　　L-(-)-甘油醛

其他的旋光性化合物可通过化学反应与甘油醛相联系而确定其构型。凡是能通过化学反应与D-(+)-甘油醛相关联的化合物，只要在变化过程中不涉及手性碳原子构型变化的，都属于D型；凡能与L-(-)-甘油醛相关联的化合物都属于L型。例如将D-(+)-甘油醛氧化成甘油酸，手性碳上的键并没有断裂，只不过是醛基被氧化成羧基，所以构型没发生变化，由此得到的甘油酸是D型，测其旋光性为左旋，因此表示为D-(-)-甘油酸；D-(-)-甘油酸通过适当的方法还原可得到乳酸，其构型仍是D构型，经测定为左旋，所以称之为D-(-)-乳酸。同样的方法可测得L型的化合物。

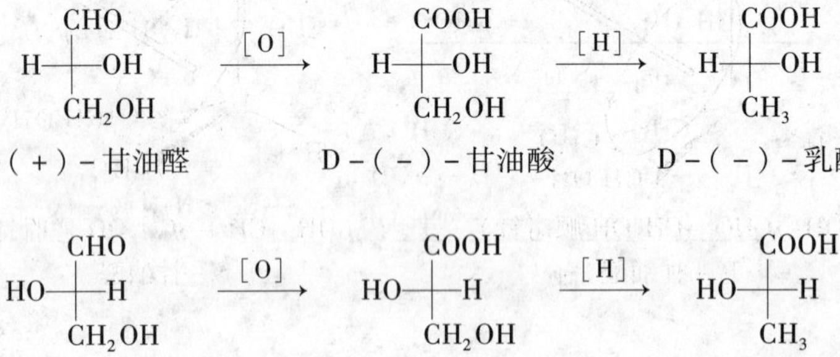

D-(+)-甘油醛　　D-(-)-甘油酸　　D-(-)-乳酸

L-(-)-甘油醛　　L-(-)-甘油酸　　L-(-)-乳酸

应注意这里D、L表示构型，(+)、(-)表示旋光方向，旋光性物质的构型与旋光方向之间无对应关系。D型的旋光性物质中有右旋体，也有左旋体，L型也是如此。在一对对映体中，若D型是右旋体，则其对映体必然是左旋体；反之亦然。

以甘油醛为标准，确定化合物的构型，具有相对意义，称为相对构型标记法。在一对对映体中，一个构型为D型，另一个必为L型。在1951年经X衍射法确定了(+)-甘油醛的真实构型与人为规定的相对构型恰好相同。D/L标记法有一定的局限性，多用于糖类和氨基酸构型的命名。而其他具有旋光性化合物的构型，多采用R/S绝对构型标记法。

4.2.2　R/S绝对构型标记法

R/S绝对构型标记法是1970年根据IUPAC的建议所采用的系统命名法，它是根据旋光性物质的实际构型或其投影式，以“次序规则”为基础的标记方法，所以称为绝对构型标记法，它是一种更具有普遍性的标记法。其规则如下：

(1) 将手性碳原子上相连的四个不同原子或基团（a，b，c，d）按次序规则从大到小排列成序（假定a>b>c>d）。

(2) 将最低次序的原子或基团（d）远离观察者，其余三个原子或基团面向观察者，观察三个原子或基团由大到小的顺序，若a→b→c为顺时针方向旋转的为R型（R为拉丁文rectus的缩写，表示右），若是逆时针方向旋转的为S型（S为拉丁文sinister的缩写，表示左）。例如：

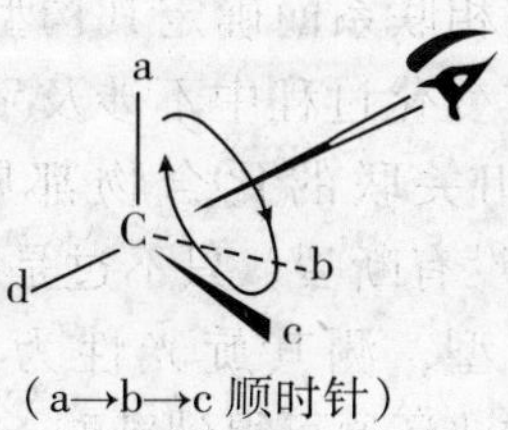

（a→b→c 顺时针）
R－构型

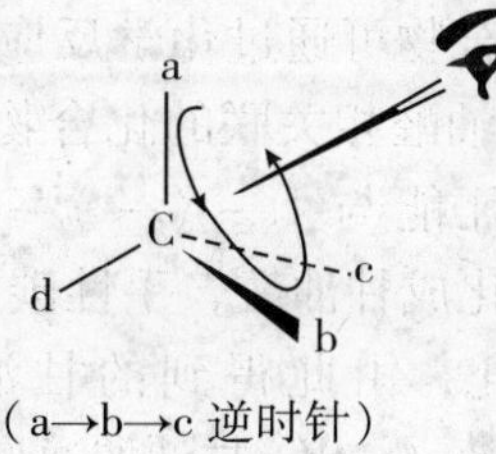

（a→b→c 逆时针）
S－构型

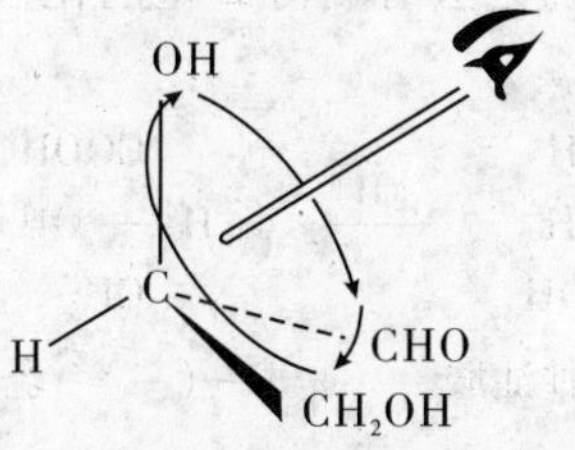

（OH→CHO→CH₂OH 顺时针）
R－甘油醛

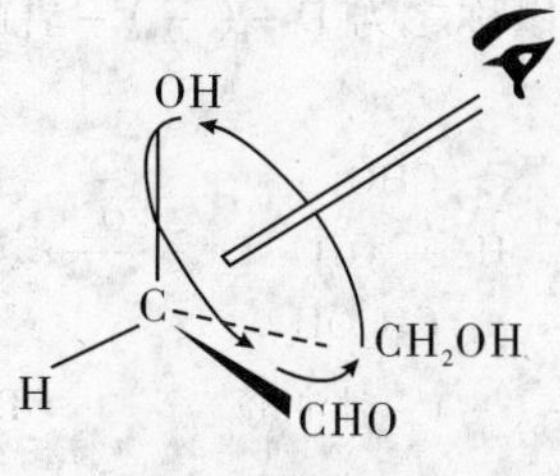

（OH→CHO→CH₂OH 逆时针）
S－甘油醛

以上是从透视式确定构型。我们也可直接确认 Fischer 投影式的 R、S 型，规则为：

（1）当最低次序的原子或基团（d）处于横键的左右端时，a→b→c 顺时针方向排列的为 S 型，逆时针方向排列的为 R 型。

（2）当最低次序的原子或基团（d）处于竖键的左右端时，a→b→c 顺时针方向排列的为 R 型，逆时针方向排列的为 S 型。

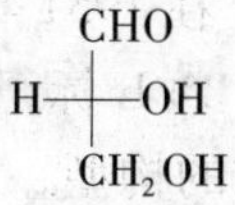

R－甘油醛

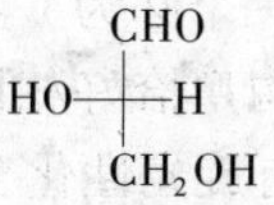

S－甘油醛

分子中含有一个以上手性碳原子化合物构型的 R、S 标记同样遵循上述原则，除了必须标明手性碳原子构型外，还需要注明碳原子的位次。例如：

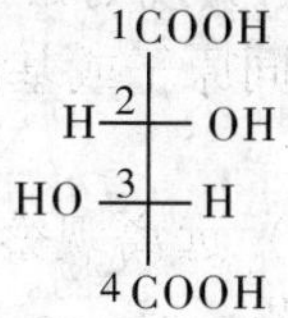

（2R，3R）－2，3－二羟基丁二酸

R/S 型命名法用来表示手性碳原子的构型比较明确，符合系统命名的要求，缺点是不能反映对映异构体之间的联系，同时在有些情况下，即使在保持手性碳构型不变的情况下进行反应所得的产物，其 R 和 S 名称也可能改变。例如：

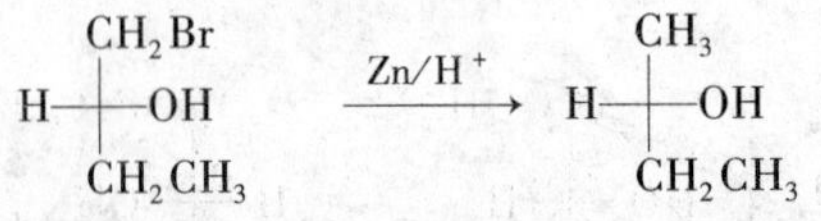

R－2－溴－2－丁醇　　　S－2－丁醇

值得注意的是，D/L、R/S 与分子的旋光方向 d（+）或 l（－）之间没有必然联系。

[问题 4－4]　用 D/L 标出下列手性化合物的构型：

（1） 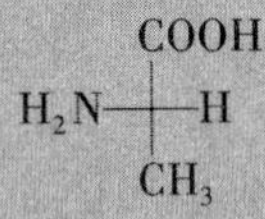　（2） 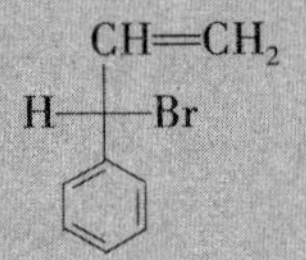

[问题 4－5]　用 R/S 标出下列化合物的构型：

（1） 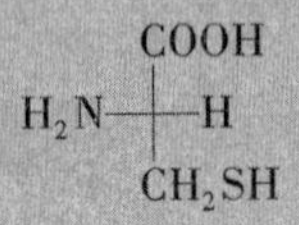　（2） 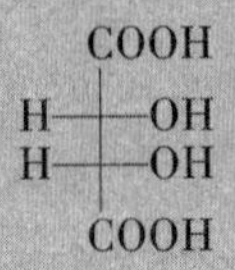

4.3　具有手性中心的分子

4.3.1　具有一个手性中心的分子的对映异构和外消旋体

前已提到，乳酸分子中有一个手性中心，是手性分子，具有旋光性，存在一对对映体。从肌肉中得到的乳酸为右旋乳酸（mp：26 ℃，$[\alpha]_D^{20}=+3.8°$，$pK_a=3.87$）；而乳糖在特种细菌作用下发酵得到的乳酸，为左旋乳酸（mp：26 ℃，$[\alpha]_D^{20}=-3.8°$，$pK_a=3.87$）。可见，一对对映体除旋光方向相反外，其他物理性质或化学性质（在非手性条件下）都相同。

若将一对对映体等量混合，由于它们的比旋光度大小相等，旋转方向相反，等量混合后旋光性可互相抵消，形成一种没有旋光性的混合物。一对对映体的等量混合物叫做外消旋体，用“±”或“dl”表示。外消旋体不仅无旋光性，其物理性质也与单纯的左旋体或右旋体不同。例如从酸牛奶中得到的乳酸就是外消旋乳酸，即(±)－乳酸（mp：18 ℃，$[\alpha]_D^{20}=0°$，$pK_a=3.87$）。外消旋体是一种混合物，不是一种光学异构体，可用物理、化学和生物手段将其分离为左旋体和右旋体，这一过程称为外消旋体的拆分。

4.3.2　具有两个或两个以上手性中心的分子的对映体化合物和内消旋体

随着旋光性化合物中手性碳原子数目的增多，立体异构现象也变得更加复杂，异构体的数目也会增加。

1. 含两个不相同手性碳原子的化合物

在 2－羟基－3－氯丁酸分子中含有两个不相同的手性碳原子，它有四种异构体：

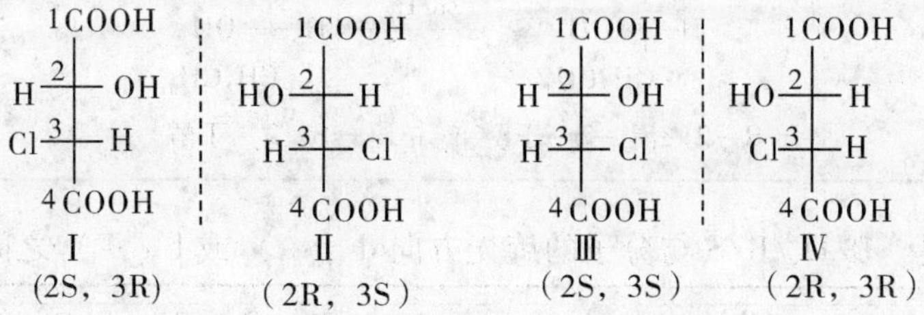

其中 I 和 II，III 和 IV 互为实物与镜像关系，不能重叠，分别组成对映体。I 和 III 或 IV，II 和 III 或 IV 之间不呈实物与镜像关系，被称为非对映体。

当分子中有两个或两个以上的手性中心时，就有非对映异构现象存在。非对映体的物理性质如熔点、沸点、折射率、溶解度等都不相同，比旋光度也不相同，比旋光方向可能一样，也可能不一样。由于它们具有相同的官能团，同属一类化合物，因而化学性质相似，但是由于分子中相应原子或原子团之间的距离并不完全相等，所以它们与同一试剂反应时的反应速率并不相同。

含有一个手性碳原子的化合物，存在两个旋光异构体，可组成一对对映体；含两个不相同手性碳原子的化合物，存在四个旋光异构体，可组成两对对映体。由此可推知：含有 n 个不相同手性碳原子的化合物，其旋光异构体的数目为 2^n 个，可组成 2^{n-1} 对对映体。由等量对映体组成的外消旋体的数目为 2^{n-1} 个。

2. 含两个相同手性碳原子的化合物

酒石酸（2，3－二羟基丁二酸）分子中含有两个相同的手性碳原子，那么酒石酸也有四个旋光异构体吗？按照每一手性碳原子有两种不同的构型，可以写出以下四个 Fischer 投影式：

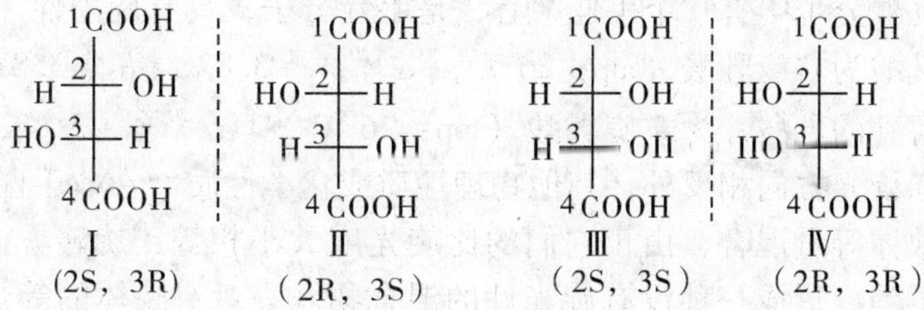

I 和 II 互为实物与镜像关系，不能重叠，是一对对映体，III 和 IV 互为实物与镜像关系，但将 IV 在纸上旋转 180°，可与Ⅲ重叠，所以，它们不是对映体，而是同一构型，即Ⅲ和Ⅳ代表同一个化合物。在Ⅲ、Ⅳ中有一个对称面 σ：上面一半恰好和下面一半互成镜像关系，这两部分使偏振光的偏振面旋转的度数相等，方向相反，它是一个对称分子，所以没有旋光性。因此把分子中含有多个手性碳原子，而分子内部有一对称面，将偏振光的影响相互抵消而无光学活性的化合物称为内消旋体。因此，酒石酸只有三个立体异构体，包括一对对映体和一个内消旋体。总的来说，当分子中存在相同的手性碳原子时，立体异构体数目小于 2^n。

内消旋体和外消旋体虽然都没有旋光性，却有着本质上的不同。内消旋体是一种异构体，为纯物质，而外消旋体不是异构体，为混合物。此外，外消旋体也不同于任意两种物质的混合物，它也有固定的熔点，且熔点范围很窄，酒石酸的三个异构体的物理性质见下表：

酒石酸的物理性质

酒石酸	熔点（℃）	$[\alpha]_D^{25}$ 20% H_2O	溶解度（g/100 H_2O）	pK_{a_1}	pK_{a_2}
右旋	170	+12°	139	2.96	4.23
左旋	170	-12°	139	2.95	4.23
外消旋	206	0°	20.6	2.96	4.24
内消旋	140	0°	125	3.11	4.80

由内消旋体的产生可知，除含一个手性碳原子的化合物是手性分子外，手性碳的存在不是分子具有手性的充分条件。

4.3.3 脂环化合物的对映异构体

常见的单环脂环化合物是否存在对映异构主要与环上连接的取代基的数目和位置有关。一般来说，当环上连有一个取代基时不会产生对映异构（无手性碳原子，有对称面）；当连有两个取代基时，则与取代基在环上的相对位置有关。下面仅以 1，2 - 二甲基环己烷为例进行简单的讨论。

1. 顺 -1，2 - 二甲基环己烷

Ⅰ与Ⅱ虽有对映关系，但在室温下可通过反环作用相互转变，因而为构象对映体。在构象混合物中Ⅰ与Ⅱ所占份额相同，对偏振光的影响相互抵消。由于二者难以分离，故顺 -1，2 - 二甲基环己烷对外不显旋光活性，为非手性分子。

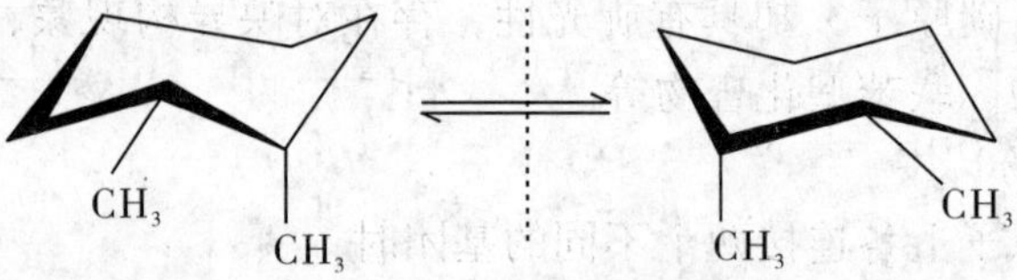

Ⅰ（e，a）　　　　Ⅱ（a，e）

2. 反 -1，2 - 二甲基环己烷

在Ⅰ中，两个甲基同在 e 键，为优势构象。该构象式中既没有对称面也没有对称中心，为有手性的构象，但不能通过翻环作用变成其对映体Ⅱ，因而Ⅰ与Ⅱ为构型对映体。Ⅲ在理论上有对映体Ⅳ存在，但因它们的含量极少，故在宏观上能反映出光学活性的主要是其对映体Ⅱ。

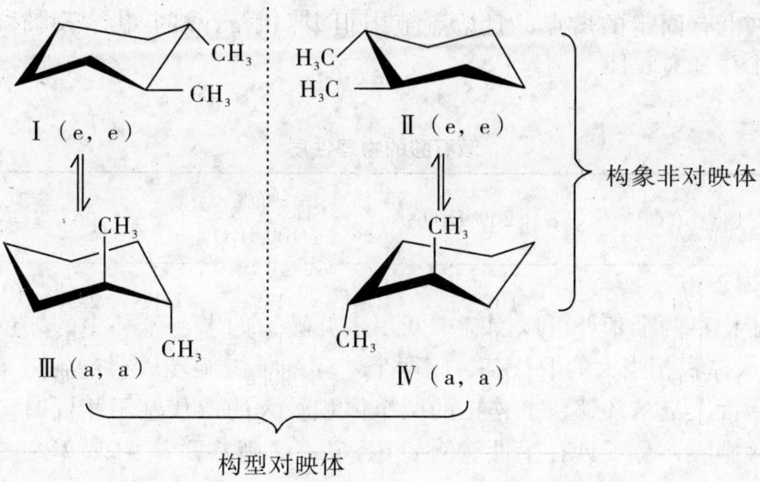

上面的讨论结果与采用平面结构式得出的结论是一致的，因此，考虑脂环化合物的对映异构时，用平面结构式更为方便。例如：

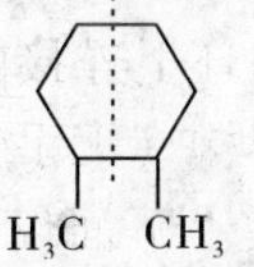

顺－1，2－二甲基环己烷
有对称面，无手性

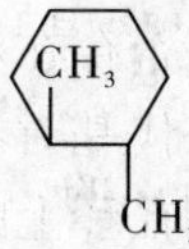

反－1，2－二甲基环己烷
无对称面及对称中心，有手性

4.3.4　无手性碳原子的对映异构体

在有机化合物中，大部分旋光性物质都含有一个或多个手性碳原子。但人们发现有些化合物分子中没有手性碳原子，却具有旋光性，存在对映异构现象，这类分子也是手性分子。如丙二烯型化合物、联苯型化合物等。

1. 丙二烯型化合物

当丙二烯两端碳原子上各连接两个不同的基团时：

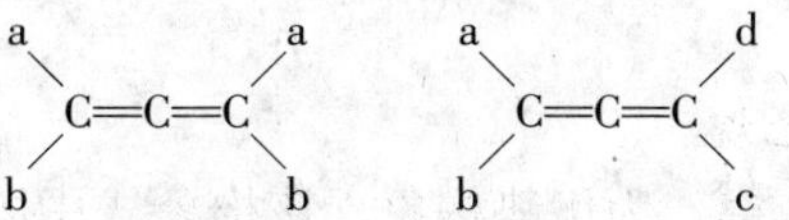

由于所连四个取代基两两处在相互垂直的平面上，整个分子就没有对称面和对称中心，而具有手性。例如 1，3－二溴丙二烯分子为手性分子，存在一对对映体：

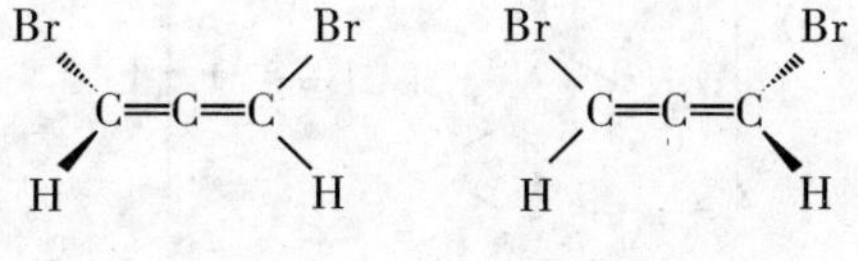

如果在任何一端或两端的碳原子上连有相同的取代基，这些化合物具有对称面，因此不具旋光性，不存在对映体。例如：

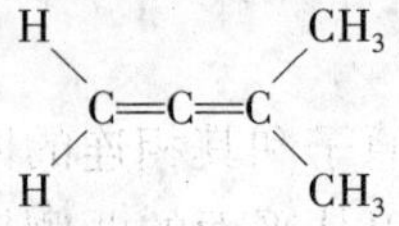

2. 联苯型化合物

在联苯分子中，两个苯环可以围绕中间单键旋转，如果在苯环中的邻位上，即2，2′，6，6′位置上引入体积相当大的取代基，则两个苯环绕单链旋转就要受到阻碍，以致它们不能处在同一个平面。当苯环邻位上连接的两个体积较大的取代基不相同时，整个分子就没有对称面与对称中心，分子具有手性。例如6，6′-二硝基联苯-2，2′-二甲酸存在的两个对映体：

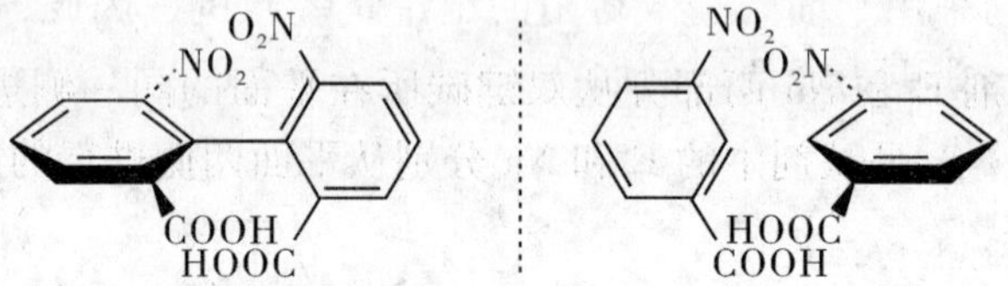

若在一个或两个苯环上所连的两个取代基是相同的，这个分子就有对称面，而没有旋光性，如2，6-二硝基联苯-2′，6′-二甲酸就没有旋光性：

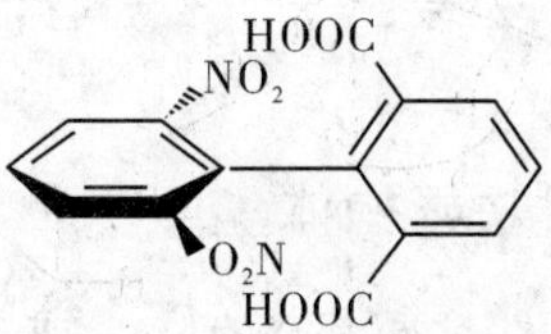

除了上述两种化合物具有旋光性之外，下列结构的螺环化合物，以及分子扭曲类型的化合物，虽不具有手性碳原子，但由于分子具有对称面和对称中心，也存在对映异构体。

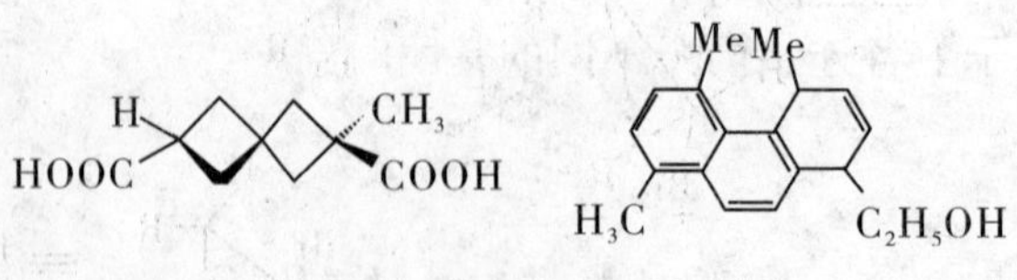

值得一提的是，除碳原子外，还有一些元素（如Si、N、S、P、As等）的共价键化合物也是四面体结构，当这些元素的原子所连基团互不相同时，这些元素的原子也是手性原子。含有这些手性原子的分子也可能是手性分子。例如：

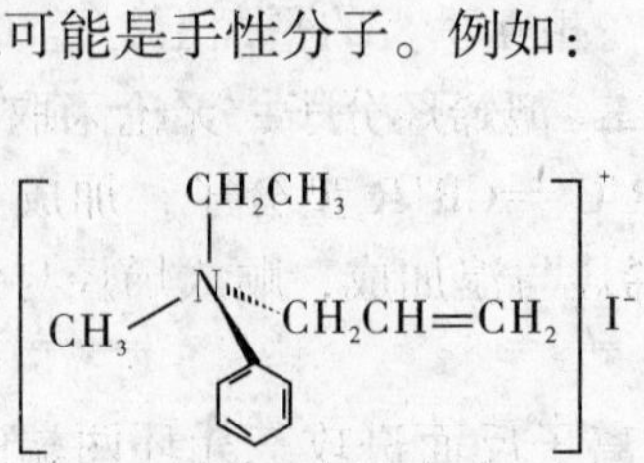

4.4　立体选择性和立体专一性反应

烯烃化合物中 C ═C 上的两个碳原子和其相连的四个原子或基团处于同一平面，C ═C 上发生亲电加成反应时，亲电试剂可以从平面的两侧接近 π 键。在确定加成取向的情况下，假如试剂 E—Nu 中 E 和 Nu 两部分分别加在双键左、右两端碳原子上，加成方式可能有四种不同情况：

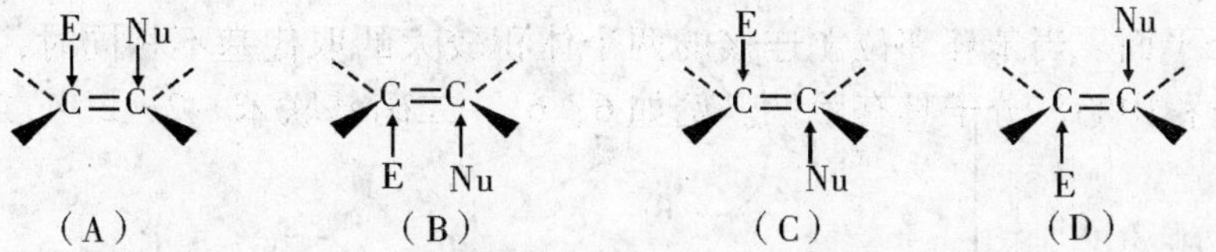

(A)、(B) 是试剂 E 和 Nu 两部分从双键碳所在平面的同一侧进行加成，我们称之为顺式加成。(C) 和 (D) 是试剂中的 E 和 Nu 分别从平面两侧进行的加成，称为反式加成。

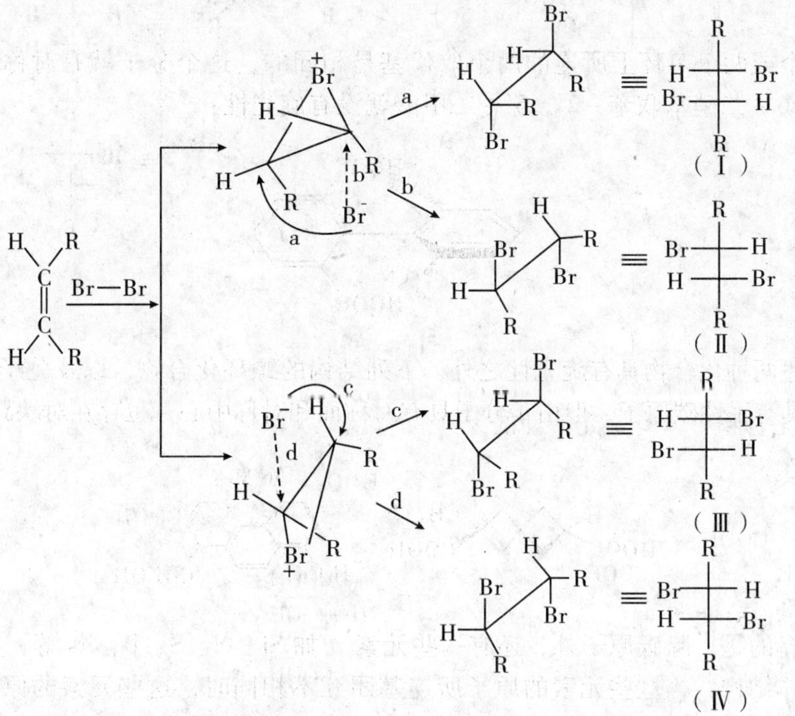

对于 R_2C ═CR'_2 或 R_2C ═CR_2 型烯烃分子，无论采取哪种方式加成，其产物都无构型差异，而对于 RHC ═CHR 或 RR′C ═CR′R 型分子，加成方式不同，就会得到不同的立体异构产物。如 RR′C ═CR″R″型烯烃与溴加成，顺式烯烃与溴加成生成一对对映体（外消旋体）。

由于溴负离子从三元环溴鎓离子反面进攻三元环两端的机会均等，因此得到外消旋产物，（Ⅰ）和（Ⅱ）及（Ⅲ）和（Ⅳ）分别为对映体，（Ⅰ）和（Ⅲ）及（Ⅱ）和（Ⅳ）构型相同。反式烯烃与溴反应得到内消旋体。

从上述反应来看，顺式或反式烯烃与溴的加成，在立体化学上几乎都是采取反式加成，主要得到反式加成产物。我们把这种某一立体化学占优势的反应称为立体选择性反应。顺式烯烃与溴加成得到外消旋体，而反式烯烃与溴反应得到内消旋体。这种从不同立体异构体的反应物得到构型不同的产物的反应，属于立体专一性反应。

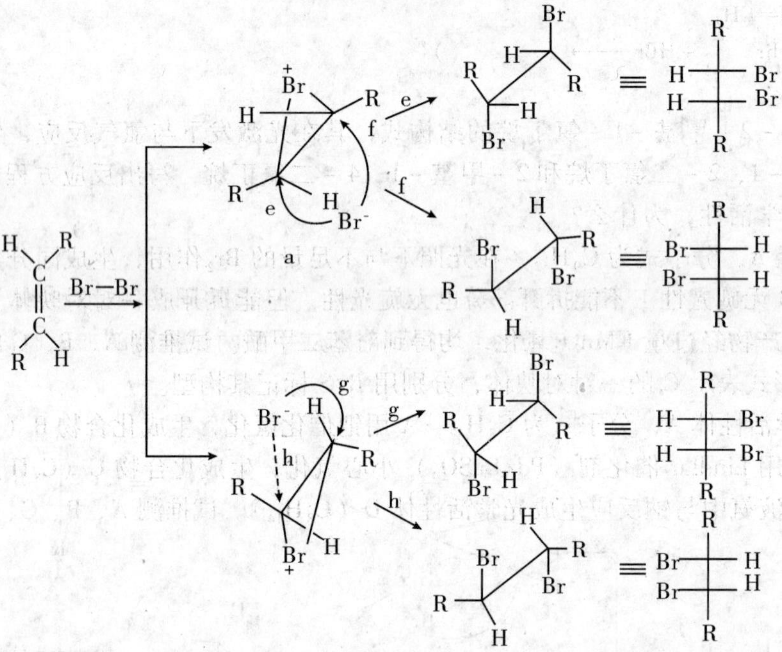

习　题

1. 下列化合物中，有旋光活性的为（　　）。

a. 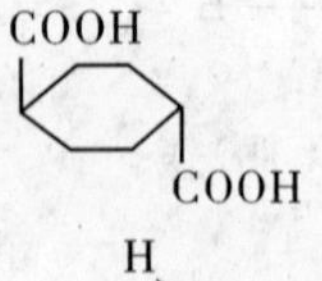　　b. 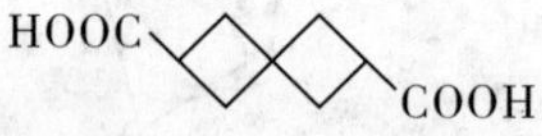

c. 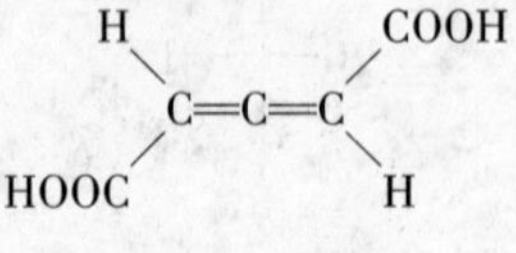　　d. 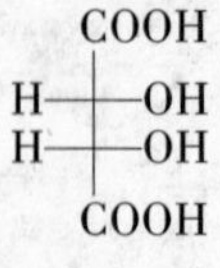

2. 命名：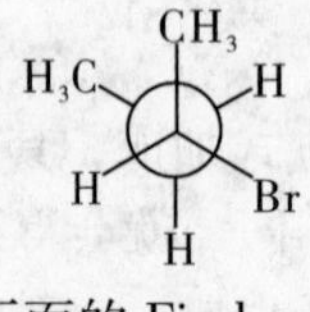

3. 考察下面的 Fischer 投影式，这两种化合物互为（　　）。

a. 同一种化合物　　b. 对映体　　c. 非对映体　　d. 立体有择

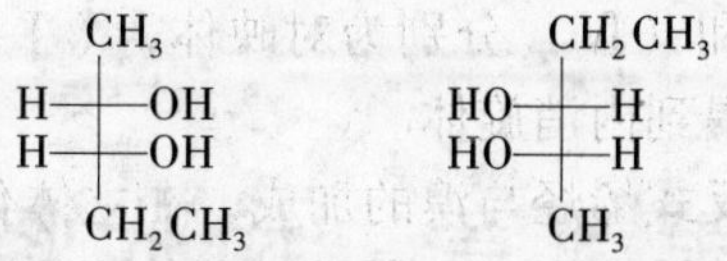

4. 写出化合物（2E，4S）－3－乙基－4－溴－2－戊烯的构型。

5. 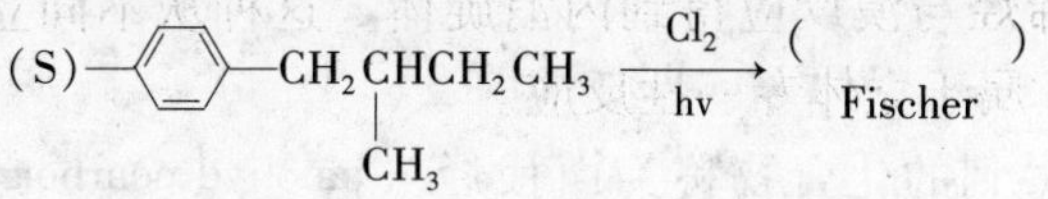

6. 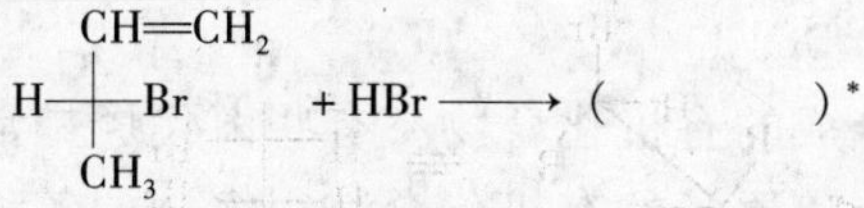

7. 画出S－2－甲基－1－氯丁烷的结构式，其在光激发下与氯气反应，生成的产物中含有2－甲基－1，2－二氯丁烷和2－甲基－1，4－二氯丁烷，写出反应方程式，说明这两个产物有无光学活性，为什么？

8. 某芳烃A，分子式为C_9H_{12}，在光照下与不足量的Br_2作用，生成同分异构体B和C（$C_9H_{11}Br$）。B无旋光性，不能拆开。C也无旋光性，但能拆开成一对对映体。B和C都能够水解，水解产物经过量$KMnO_4$氧化，均得到对苯二甲酸。试推测A、B、C的结构式，并用Fischer投影式表示C的一对对映体，分别用R/S标记其构型。

9. 一光学活性体A，分子式为C_8H_{12}，A用钯催化氢化，生成化合物B（C_8H_{18}），B无光学活性，A用Lindlar催化剂（$Pd/BaSO_4$）小心氢化，生成化合物C（C_8H_{14}）。C为光学活性体。A在液氨中与钠反应生成光学活性体D（C_8H_{14}）。试推测A、B、C、D的结构。

第5章 卤代烃

烃分子中的氢原子被卤原子取代所得到的化合物称为卤代烃（halohydrocarbon），通式可用 R—X 表示，其中，X 代表卤原子（F、Cl、Br、I）。

天然存在的卤代烃很少，多数卤代烃属于合成的有机化合物。有些卤代烃是常用的溶剂，还有的卤代烃是各种有机合成的原料。含有卤原子的有机化合物很多，如各种医疗药物、杀虫剂、塑料及制冷剂等。许多卤代物对环境具有较大的污染，还有的卤代物对人类有较大毒性。

卤代烃中的卤原子可被其他原子或基团所取代，通过取代反应可制备醇、腈、胺、醚等多种化合物，其取代反应的机制在有机化学中占有重要的地位。此外，卤代烃还可以发生脱卤化氢的消除反应，其消除反应的机制及其与取代反应的竞争也具有很重要的理论意义。

5.1 卤代烃的分类和命名

5.1.1 卤代烃的分类

（1）按烃基结构的不同，分为饱和卤代烃、不饱和卤代烃、卤代芳烃。

$CH_3CH_2CH_2I$ 饱和卤代烃（卤代烷）

$CH_3CH=CHCH_2I$ 不饱和卤代烃（卤代烯）

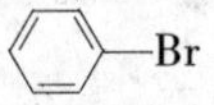

卤代芳烃

在卤代烯烃中有两种重要类型：烯丙型卤代烃和乙烯型卤代烃。

$CH_2=CHCH_2—X$

$R\ CH_2=CHCH_2—X$

烯丙型卤代烃（卤原子连在 α-碳上）

$CH_2=CH—X$

$R\ CH=CH—X$

乙烯型卤代烃（卤原子直接与双键碳相连）

这两种卤代烃各有自己的特殊结构，它们在化学性质上有极大的差异。

（2）根据与卤原子相连的碳原子的类型，将卤代烃分为伯（1°）卤代烃、仲（2°）卤代烃和叔（3°）卤代烃，例如：

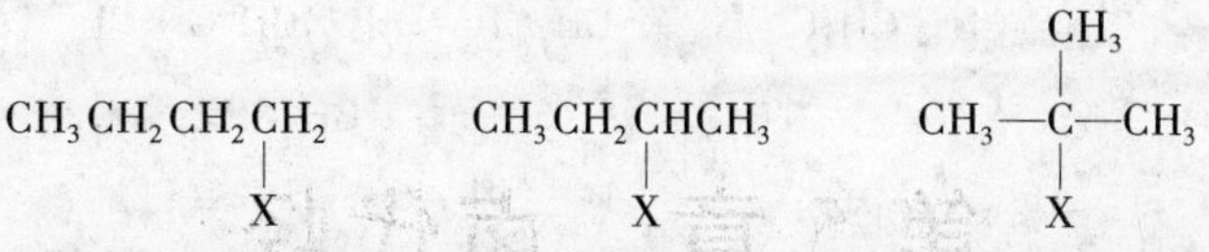

伯(1°)卤代烃　　仲(2°)卤代烃　　叔(3°)卤代烃

伯、仲、叔卤代烃又称为一级、二级、三级卤代烃。它们的化学活性不同，并呈现一定的规律。所以在学习卤代烃时，注意区分伯、仲、叔卤代烃也是很重要的。

（3）按分子中所含卤原子数目多少，分为一卤代烃、二卤代烃和多卤代烃。例如：

CH_3Cl	$Br—CH_2—CH_2—Br$	$CHCl_2—CHCl_2$
氯甲烷	1,2－二溴乙烷	1,1,2,2－四氯乙烷

5.1.2　卤代烃的命名

普通命名法是按与卤原子相连的烃基名称来命名的，称为“某基卤（化物）”。例如：

$CH_3CH_2CH_2Br$

正丙基溴

$CH_2═CHCH_2Cl$

烯丙基氯

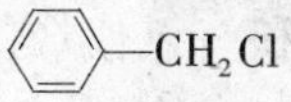

苄基氯

也可在母体烯名称前面加上“卤代”，称为“卤代某烃”，“代”字常省略。例如：

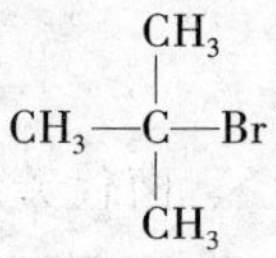

溴代叔丁烷

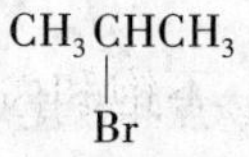

溴代异丙烷

$CH_2═CHCl$

氯乙烯

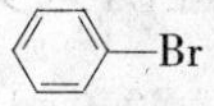

溴苯

系统命名法是以相应的烃作母体，把卤原子作为取代基。命名原则、方法与烃类相同，当烷基和卤素编号相同时，优先考虑烷基。例如：

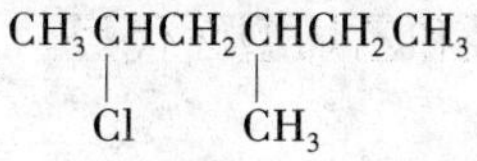

4－甲基－2－氯己烷

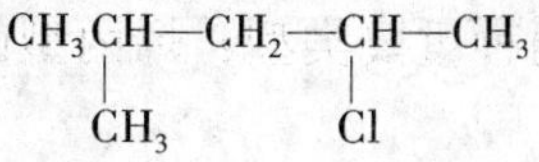

2－甲基－4－氯戊烷

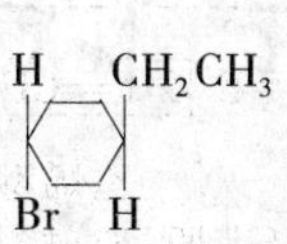

反－1－乙基－4－溴环己烷

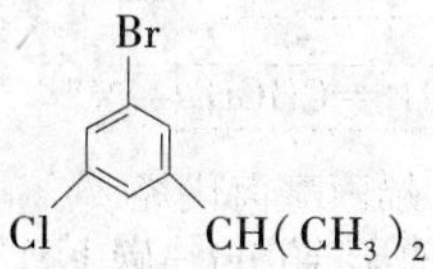

3－氯－5－溴异丙苯

在命名卤代烯烃时，使双键编号尽可能小。例如：

$CH_2{=}CH{-}CH_2Cl$　　　$CH_3CH{=}CHCH(CH_2CH_3)CH_2CH_2Cl$

3－氯－1－丙烯　　　4－乙基－6－氯－2－己烯

有些卤代烷有常用的俗名，如氯仿（$CHCl_3$）、碘仿（CHI_3）等。

［问题5－1］　写出2－甲基戊烷发生单溴代反应的所有产物，并用系统命名法命名。

5.2 卤代烃的物理性质

在常温下，少数简单的卤代烃（氯甲烷、溴甲烷、氯乙烷等）为气体，其他一卤代烃多数为无色液体，大于15个碳的卤代烃为固体；许多卤代烃具有强烈的气味，通常也具有一定毒性；有的卤代烃可作为药用，如氯仿对人体具有很强的麻醉作用，常用作全身麻醉剂，但过量使用会引起中毒，对肝脏具有损伤作用。

除了一氟代烃和一氯代烃的密度比水小外，其他一卤代烃及多卤代烃的密度都比水大，其密度按F、Cl、Br、I的顺序增加；卤代烃难溶于水，可溶于醇、乙酸乙酯、乙醚和烃类等有机溶剂中；卤代烃本身也可溶解许多有机化合物，如氯仿、二氯甲烷等都是较好的有机溶剂，常用来从水溶液中提取各种有机化合物，有的卤代烃还作为干洗剂等；随着分子中卤原子数目的增加，卤代烃的可燃性降低，有的卤代烃，如四氯化碳还可作为灭火剂使用。一些常见卤代烃的沸点和密度见下表：

常见卤代烃的沸点和密度

名称	沸点/℃	密度/$g \cdot cm^{-3}$	名称	沸点/℃	密度/$g \cdot cm^{-3}$
氯甲烷	−24.2		溴乙烷	33.4	1.440
碘甲烷	42.4	2.279	1－氯丙烷	46.8	0.890
1－溴丙烷	71.0	1.335	二氯甲烷	40	1.336

5.3 卤代烃的化学性质

卤代烃的化学性质与它们的结构密切相关。由于卤素的电负性较大，C—X键是典型的极性共价键，共价键上的电子都偏向卤原子，使卤素所连碳原子带有部分正电荷，故容易受到一些带有负电荷或未共用电子对的试剂进攻，使C—X键断裂，卤素带着一对电子离去，而发生亲核取代反应。此外，在碱性试剂的作用下，卤代烃还可发生脱卤化氢的消除反应。

像上述碳卤键那样，由于两键合原子的电负性不同，使成键电子对偏向某一原子而发生极化的现象称为诱导效应（inductive effect）。诱导效应是有机化学中电性效应的一种，用I表示。为了比较不同原子和基团诱导效应的大小及电子偏移方向，通常以碳氢键作比较标准：

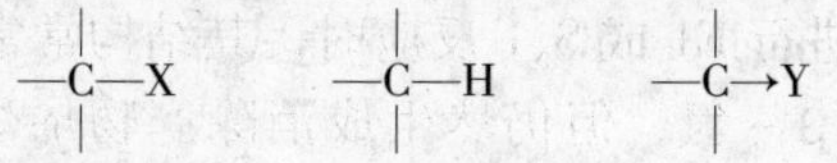

X吸电子　　H比较标准　　Y斥电子

X的电负性大于H，取代H后使C—X键的电子云偏向X，称X为吸电子基团；Y的电负性小于H，取代H后使C—X键的电子云偏向Y，称Y为斥电子基团。有机化合物中常见的一些原子及基团的电负性大小次序如下：

$$—F > —Cl > —Br > —I > —OCH_3 > —NHCOCH_3 > —C_6H_5 > —CH=CH_2 > —CH_3 > —C_2H_5 > —CH(CH_3)_2 > —C(CH_3)_3$$

无论是吸电子基团还是斥电子基团，取代了C—H键的H以后，都会使碳链上的电子云密度分布发生变化。这种效应可沿着σ键传递到相邻的碳原子上，从而使碳链上其他共价键的电子云密度分布发生改变。例如：$—C_4 \rightarrow C_3 \rightarrow C_2 \rightarrow C_1 \rightarrow Cl$。

因为氯原子的电负性大于碳，C—Cl键的电子云偏向氯原子，使氯原子带上部分负电荷（δ^-），C_1带上部分正电荷（δ^+），从而使C_1—C_2共价键的电子云偏向C_1，继而使C_2带上比C_1更少的正电荷，并依次传递下去，使C_3带上比C_2更少的正电荷。吸电子基团引起的诱导效应称为吸电子诱导效应（-I效应），它使碳链的电子云密度下降；斥电子基团引起的诱导效应称为斥电子诱导效应（+I效应），它使碳链的电子云密度升高。诱导效应沿分子链由近到远传递下去，渐远渐弱，通常传递到三个原子后就可忽略不计。

5.3.1 卤代烷烃的亲核取代反应及其反应机制

1. 亲核取代反应

卤代烷烃能与许多无机试剂及有机试剂反应，卤原子被其他原子或基团取代，生成各种取代产物。例如：

$$RX + \begin{cases} NaOH \longrightarrow ROH + NaX \\ NaOR' \longrightarrow R—O—R' + NaX \\ NaCN \longrightarrow R—CN + NaX \\ NH_3 \longrightarrow R—NH_2 + HX \\ NaSH \longrightarrow R—SH + NaX \\ NaONO_2 \longrightarrow R—O—NO_2 + NaX \\ NaC\equiv CR' \longrightarrow R—C\equiv CR' + NaX \\ AgONO_2 \longrightarrow R—O—NO_2 + AgX\downarrow \end{cases}$$

前四个反应可分别作为醇类、醚类、腈类和胺类的制备方法，而卤代烷与硝酸银作用生成卤化银沉淀，是鉴别卤代烃的简便方法。

上述反应的共同特点，即都是因试剂的负离子或具有未共用电子对的分子进攻卤代烃分子中电子云密度较低的与卤原子直接结合的碳原子而引起的。反应中进攻试剂均提供了一对电子，像这种在反应中能提供一对电子的试剂称为亲核试剂。由亲核试剂进攻而引起的取代反应，称为亲核取代反应（nucleophilic substitution），以 S_N 表示，其中 S 代表取代（substitution），N 代表亲核（nucleophilic），反应通式如下：

$$Nu^- + R—\overset{\delta+}{C}H_2—\overset{\delta-}{X} \longrightarrow R—CH_2—Nu + X^-$$

$$Nu: \ + R—CH_2—X \longrightarrow R—CH_2—\overset{+}{Nu} + X^-$$

亲核试剂　　卤代烷（底物）　产物　　离去基团

其中，:Nu 为亲核试剂；X^- 为反应中被取代而带着一对电子离去的基团，称为离去基团（leaving group）。受亲核试剂进攻的对象卤代烷称为反应底物（substrate）；卤代烷中与卤原子相连的碳原子为 α－碳原子，它是反应的中心，又称为中心碳原子。

卤代烷与卤素负离子可发生卤素交换反应：

$$RCl + NaI \longrightarrow RI + NaCl$$

这是一个可逆平衡反应，常用于碘代烷和氟代烷的制备。碘代烷常用碘化钠或碘化钾在丙酮溶液中与氯代烷或溴代烷反应来制备。由于氯化钠或氯化钾在丙酮中的溶解度比碘化钠或碘化钾小得多，易从无水丙酮中沉淀析出，平衡受到破坏，有利于碘代烷的生成。

卤代烷与具有未共用电子对的中性分子（如 NH_3、H_2O 和 ROH）反应得相应的胺、醇和醚。卤代烃与水或醇反应时，水和醇既是亲核试剂又是溶剂，这种亲核取代反应常称为溶剂解（solvolysis）。由于醇和水的亲核性很弱，与卤代烷反应最初的产物是质子化的醇和醚，然后进一步将质子转移给大量存在的水或醇。由于溶剂解反应速率较慢，合成上一般很少用。若用其相应的氢氧化物（如 NaOH）或烷氧化物（如 RONa）代替水或醇作试剂，可以加速反应。例如溴乙烷在乙醇钠中反应成醚比在乙醇中反应快一万倍。

$$R—X + {}^-\ddot{O}H \rightleftharpoons \underset{醇}{ROH} + X^-$$

$$R—X + {}^-\ddot{O}R^1 \rightleftharpoons \underset{醚}{ROR^1} + X^-$$

卤代烷和氨反应称为氨解反应，用于制备有机胺类化合物。卤代烷与氨或胺反应时，先生成相应的铵盐，然后可用氢氧化钠等强碱处理，使反应产物胺游离出来。

$$R—X + \ddot{N}H_3 \rightleftharpoons \underset{铵盐}{R—\overset{+}{N}H_3 \cdot X^-}$$

$$R—\overset{+}{N}H_2—H + {}^-\ddot{O}H \rightleftharpoons \underset{胺}{RNH_2} + H_2O$$

［问题 5－2］　完成下列反应式：

（1）$CH_3CH_2I + NaOCH_2CH_3 \longrightarrow$

（2）$CH_3CH_2Br + NaCN \xrightarrow{C_2H_5OH} \xrightarrow{H^+/H_2O}$

2. 亲核取代反应机制

在探讨卤代烷亲核取代反应机制方面，对于卤代烷在碱性水溶液中被 OH^- 取代的水解反应研究较多，反应机制也比较清楚。大量研究表明：有些卤代烷水解的反应速率仅与卤代烷的浓度有关，与亲核试剂的浓度无关；而另外一些卤代烃水解反应的速率不仅和卤代烷的浓度有关，还与亲核试剂的浓度有关。上述现象说明卤代烷的水解是按不同的反应机制进行的。经过卤代烷水解反应的动力学研究得知：卤代烷亲核反应分为两种机制，即双分子亲核取代反应（bimolecular nucleophilic substitution，S_N2）和单分子亲核取代反应（unimolecular nucleophilic substitution，S_N1）。

（1）S_N1 反应。比较典型的 S_N1 反应是叔丁基溴在碱性水溶液中的水解反应，其反应速率仅与叔丁基溴的浓度成正比，而与亲核试剂 OH^- 的浓度无关。

$$(CH_3)_3C—Br + OH^- \longrightarrow (CH_3)_3C—OH + Br^-$$
$$v = k\,[(CH_3)_3CBr]$$

式中 v 是叔丁基溴水解反应速率，k 为反应速率常数。此反应是动力学上的一级反应，反应是分两步进行的。

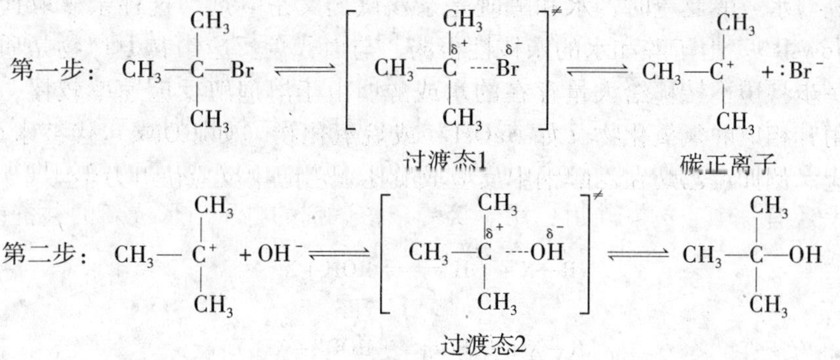

在一个由多步反应组成的反应中，反应最慢的一步是决定整个反应的关键步骤。在以上两步反应中，第一步反应进行较慢，是决定整个反应的关键步骤，因此整个反应的速率是由反应慢的第一步所决定的。因第一步反应只涉及叔丁基溴的解离，与亲核试剂无关，故反应速率只和反应物的浓度成正比。另外，决定整个反应速率的第一步反应只有反应物叔丁基溴参与，故把这种反应机制称为单分子亲核取代反应，用 S_N1 表示（“1”表示单分子）。叔丁基溴水解反应过程的能量变化如图 5－1 所示。

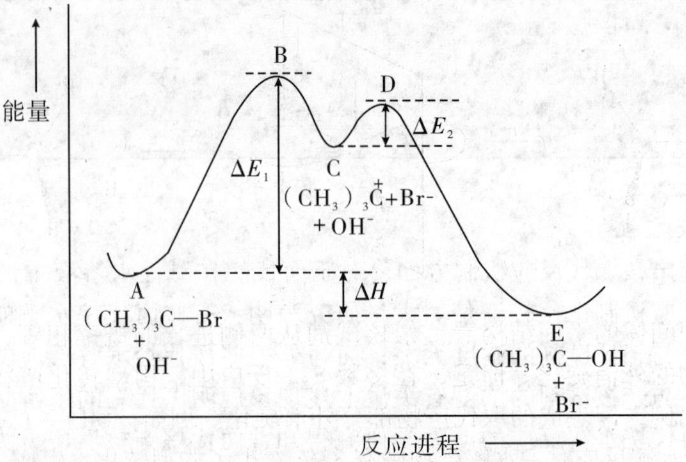

图 5-1 叔丁基溴水解反应的能量曲线

由图 5-1 中可以看到：反应物叔丁基溴的碳溴键断裂需要较大的能量，当其获得足够大的能量时，碳溴键逐渐减弱，首先到达一个过渡态 B；接着碳溴键继续变弱直至断裂，生成叔丁基碳正离子活性中间体，能量 C 比过渡态 B 低；然后叔丁基碳正离子活性中间体与亲核试剂作用，需要较小的活化能，达到一个过渡态 D 后形成新的共价键，生成取代产物叔丁醇。由图 5-1 中还可见：第一步反应的活化能 ΔE_1 比第二步反应的活化能 ΔE_2 大很多，故第一步反应的速率远远小于第二步反应的速率，是决定整个反应速率的关键一步。总反应速率由第一步反应的速率所决定，即总反应速率与叔丁基溴的浓度成正比。由图 5-1中的 ΔH 可以看出，整个反应是放热的反应。第一步反应活化能的大小和碳正离子中间体的稳定性有关，碳正离子活性中间体越稳定，第一步反应所需的活化能越小，反应速率越大。因此，中间体的稳定性大小决定卤代烃是否容易按 S_N1 机制进行反应。

当叔丁基溴在溶液中解离为叔丁基碳正离子时，正电荷所在的中心碳原子的构型由原来的 sp^3 杂化转变为 sp^2 杂化，三个甲基由原来的四面体结构排列转变成平面三角形排列，这样缓解了甲基之间的拥挤，使体系的能量降低，能增加碳正离子的稳定性。碳正离子的中心碳原子上还有一个空的 p 轨道，用于接受亲核试剂的电子对形成新的共价键。

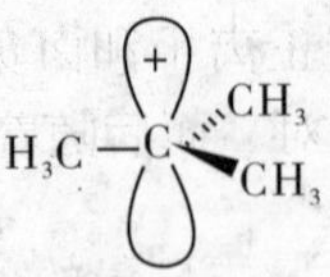

当叔丁基碳正离子与亲核试剂结合成键后，sp^2 杂化的中心碳原子又转变成 sp^3 杂化，即由平面三角形结构转变为四面体结构。

当碳正离子中间体与亲核试剂结合时，由于其为平面结构，亲核试剂可以从平面的两侧与其结合成键，而且两面进攻的概率应该是等同的，故生成物的中心碳原子应该是两种相反的构型。如果发生 S_N1 亲核取代反应的卤代烃其中心碳原子为手性碳原子，则产物应该是对映体的等量混合物，即生成外消旋产物（中心碳原子构型保持和构型转化各一半）。

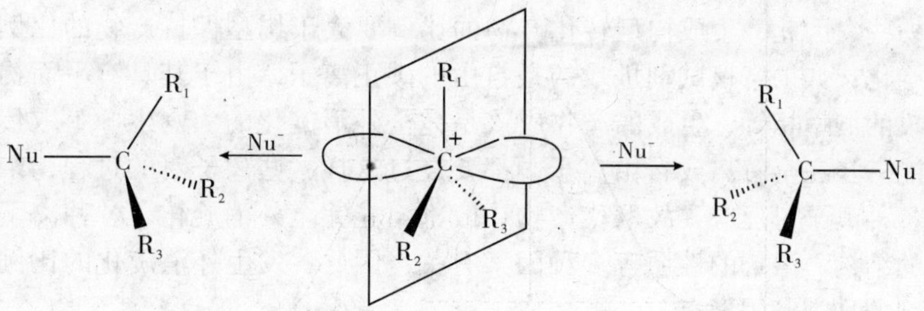

从碳正离子中间体的平面结构看，亲核试剂从两侧进攻的概率相等，作为 S_N1 反应的特征之一就是产物的外消旋化。但是，在多数 S_N1 反应中，构型转化产物的比例往往大于构型保持产物的比例，即生成的取代产物部分外消旋化。例如，（R）-（-）-2-溴辛烷在含水的乙醇中进行水解反应时，水解产物中有83%发生了构型转化，生成（S）-（+）-2-辛醇，有17%的产物保持了原来的构型，生成了（R）-（-）-2-辛醇，混合物仍然有旋光性。

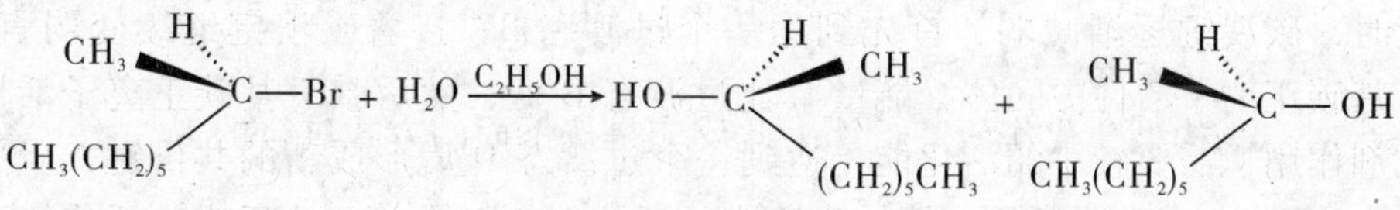

（R）-（-）-2-溴辛烷　　（S）-（+）-2-辛醇（83%）　　（R）-（-）-2-辛醇（17%）

这种现象说明：亲核试剂进攻活性中间体时，两面接近的概率不是等同的，亲核试剂从原反应物中碳卤键的背面接近的概率要大于碳卤键的一侧。这种现象可以解释为：碳正离子活性中间体的存在时间较短，刚一生成就马上和亲核试剂反应，而当亲核试剂进攻时，离去基团卤负离子还没有完全离开碳正离子附近，对亲核试剂的接近具有一定的屏蔽作用，使得碳卤键背面的亲核试剂浓度要大于碳卤键的一侧，这样使碳卤键背面进攻的概率大于碳卤键一侧，故取代产物中会出现更多的构型转化产物。

此外，S_N1 反应中常常造成构型转化的比例大于构型保持的现象还可以用离子对形成的概念来解释。卤代烷在溶液中解离成碳正离子和卤负离子后，卤负离子并不是马上离开碳正离子附近，而是与碳正离子形成离子对，而后随着溶剂的作用逐渐形成游离的碳正离子。

$$RX \rightleftharpoons \underset{(A)}{R^+X^-} \rightleftharpoons \underset{(B)}{R^+ \parallel X^-} \rightleftharpoons \underset{(C)}{R^+ + X^-}$$

上式中的（A）是刚刚解离成碳正离子和卤负离子，正负离子紧靠在一起，称为紧密离子对；上式中的（B）是有少数溶剂分子进入两个离子的中间，把正负离子分隔开来，称为分隔离子对；上式（C）是溶剂分子把正负离子分隔成两个完全独立的离子，每个离子都被溶剂分子包围，称为自由离子。在 S_N1 反应中，如果亲核试剂进攻紧密离子对，亲核试剂只能选择从卤负离子的相反方向进攻，生成的产物构型发生转化；若亲核试剂进攻分隔离子对，既可从卤负离子的背面进攻，也可从卤负离子与碳正离子的中间进攻，但从背面进攻容易些，因此，生成构型转化产物的比例要大于构型保持产物的比例，即产物发生部分内消旋化；如果亲核试剂进攻的是自由的碳正离子，由于其具有平面构型，亲核试剂从两侧进攻的概率相等，生成的产物应该是完全外消旋化的。发生 S_N1 取代时，碳卤键的断裂不可能一步完全解离成自由离子，都要经过这样一些离子对的过程，亲核试剂不可避免地要和各种离子对反应，故取代产物一般都不能完全外消旋化。各种离子对的比例大小与卤代烃的结构、溶剂的性质等多种因素有关，因此，发生外消旋化的比例也与卤代烃的结构和溶剂的种类等因素有关。

S_N1 机制的特点可总结为：①反应是分步进行的；②决定反应速率的步骤为单分子反应；③有碳正离子活性中间体生成；④取代产物部分外消旋化。

（2）S_N2 反应。实验证明，当溴甲烷在碱性水溶液中进行水解反应时，其水解反应速率不仅和溴甲烷的浓度有关，还与亲核试剂的浓度有关，即和溴甲烷与碱的浓度乘积成正比关系，是动力学上的二级反应。

$$CH_3Br + OH^- \longrightarrow CH_3OH + Br^-$$
$$v = k[CH_3Br][OH^-]$$

进一步对产物构型变化作研究，认为此反应是按下面的方式进行的：

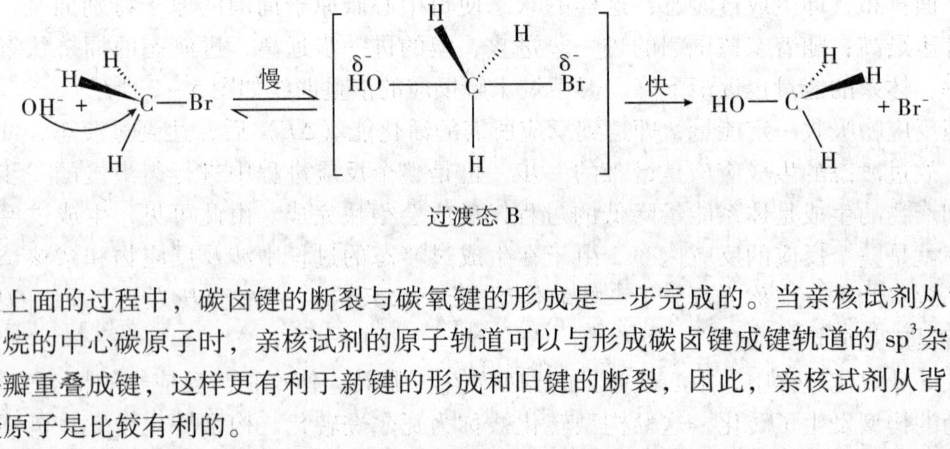

过渡态 B

在上面的过程中，碳卤键的断裂与碳氧键的形成是一步完成的。当亲核试剂从背面进攻溴甲烷的中心碳原子时，亲核试剂的原子轨道可以与形成碳卤键成键轨道的 sp^3 杂化轨道的另一瓣重叠成键，这样更有利于新键的形成和旧键的断裂，因此，亲核试剂从背面进攻中心碳原子是比较有利的。

当 OH^- 与中心碳原子接近时，其电子对与中心碳原子 sp^3 杂化轨道的成键轨道的另一瓣逐渐形成微弱的碳氧键，与此同时，位于对面位置的碳溴键也逐渐变弱。随着亲核试剂的不断接近和溴的不断远离，中心碳原子上的三个碳氢键逐渐向溴的一方偏转，从 sp^3 杂化的键角逐渐变成与中心碳原子处于同一平面位置上，即中心碳原子由 sp^3 杂化变成 sp^2 杂化，∠H—C—H 变成了 120°。中心碳原子两边的 OH^- 和 Br^- 与中心碳原子在同一条直线上，且与该平面垂直，这个状态称为过渡态。在过渡态中，碳溴键没有完全断裂，碳氧键也没有完全形成，OH^- 和 Br^- 与中心碳原子都是部分结合状态，此种状态很不稳定，能量较高。当 OH^- 与中心碳原子进一步接近时，碳溴键完全断裂，生成溴负离子离去，OH^- 与中心碳原子也完全结合，形成稳定的碳氧键。与此同时，中心碳原子上的三个碳氢键也从平面结构逐渐倒向溴的一方，中心碳原子又从过渡态的 sp^2 杂化状态转变为 sp^3 杂化状态。

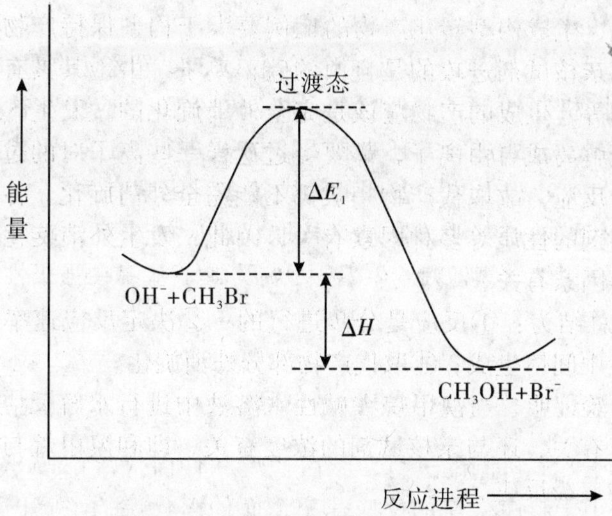

图 5－2　溴甲烷水解反应的能量曲线

在发生取代的过程中，体系的能量也在发生着变化，亲核试剂从背面逐渐接近中心碳原子，随着亲核试剂与中心碳原子逐渐结合成键，需要克服中心碳原子上的碳氢键对亲核试剂的阻力，此外还要使碳氢键由原来 sp^3 杂化的四面体排布转变为与中心碳原子在同一平面的平面排布，即生成过渡态，这样的状态使得中心碳原子周围的原子特别拥挤，体系的能量升至最高；随着亲核试剂的进一步进攻，溴的进一步远离，过渡态的拥挤状态得到逐渐缓解，体系的能量也逐渐下降。溴甲烷水解反应的能量曲线如图 5－2 所示。

当反应物吸收一定能量，即达到反应所需的活化能（ΔE）后，达到过渡态，此时能量最高，故过渡态的生成应该是最难的一步，也是整个反应进程中进行得最慢的一步；从过渡态到产物的生成是体系能量降低的过程，反应会很快完成。由此可见，生成过渡态的反应速率就是整个反应的反应速率。由于在生成过渡态的过程中涉及反应物和亲核试剂两种分子，故将此类反应称为双分子亲核取代反应（S_N2 反应）。图中 ΔH 为整个反应的反应热，即水解反应是放热反应。

在 S_N2 取代过程中，中心碳原子的构型发生了翻转，使产物与反应物的构型完全相反，即产物的构型发生了转化，这种构型转化被称为瓦尔登转化。构型转化是 S_N2 机制在立体化学方面的重要特征。如果用具有旋光的卤代烃进行上述反应，就可以证明这种构型上的改变。例如，用右旋的 2－溴辛烷与氢氧化钠在含水的乙醇中反应，可以得到左旋的 2－辛醇，通过动力学测定，该反应是二级反应，因此，属于 S_N2 反应机制。根据 S_N2 反应的特点可知，产物与反应物应具有相反的构型。

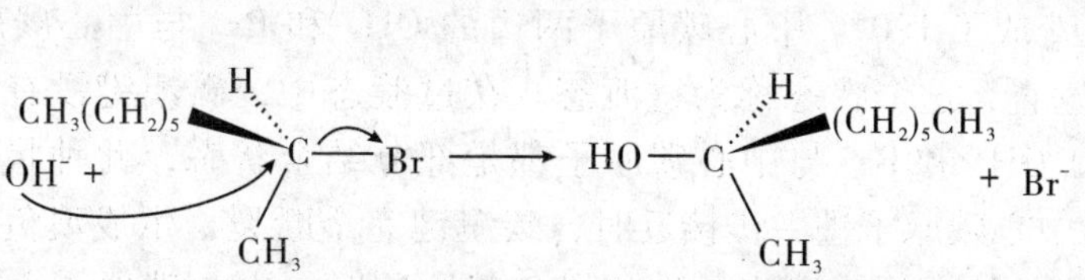

S_N2 反应的特点可总结如下：①反应不分阶段地一步连续完成，即旧键的断裂和新键的形成同时进行；②反应速率与卤代烷及亲核试剂的浓度都有关，即为双分子反应；③反应

过程中发生了构型完全转化。

(3) 影响亲核取代反应的因素。以上讨论了卤代烷水解反应的两种不同的反应机制，这是两个比较典型的不同机制的例子，但这两种机制在实际反应中往往是互相竞争的。某一具体的反应究竟是按 S_N1 方式进行，还是按 S_N2 方式进行，这与卤代烷的结构、亲核试剂的亲核性、溶剂的极性大小以及离去基团的种类等多种因素有关。

①烷基的影响。卤代烷的烷基明显影响亲核取代反应的速率，也是决定反应按哪种方式进行的主要因素。以溴甲烷、溴乙烷、2-溴丙烷及叔丁基溴在强极性的甲酸水溶液中的水解反应为例：

$$RBr + H_2O \xrightarrow{\text{甲酸}} ROH + HBr$$

因为反应条件不利于 S_N2 机制的进行，叔卤代烷和仲卤代烷都按 S_N1 反应进行，但仲卤代烷的反应速率远远小于叔卤代烷的反应速率，而伯卤代烷的水解仍可能按 S_N2 机制进行。不同卤代烷进行上述水解反应的相对反应速率的顺序如下：

	$(CH_3)_3CBr >$	$(CH_3)_2CHBr >$	$CH_3CH_2Br >$	CH_3Br
相对反应速率	1×10^8	42	2	1

即不同卤代烷在有利于 S_N1 反应的试剂和溶剂条件下的相对反应速率顺序为：

叔卤代烷 > 仲卤代烷 > 伯卤代烷 > 卤代甲烷

这是因为 S_N1 反应的中间体是碳正离子，各卤代烷所生成的碳正离子的稳定性顺序与相应的卤代烷的反应速率顺序是一致的：

$$(CH_3)_3\overset{+}{C} > (CH_3)_2\overset{+}{C}H > CH_3\overset{+}{C}H_2 > \overset{+}{C}H_3$$

碳正离子的稳定性大小与带正电荷的中心碳原子上所连的烷基数目的多少有关，中心碳原子上所连烷基越多，碳正离子越稳定。这是因为烷基具有斥电子的诱导效应，可以分散中心碳原子的正电荷，所连的烷基越多，对正电荷的分散越充分，碳正离子越稳定；另外，碳正离子上所连甲基中一个碳氢 σ 键上的一对电子可以和中心碳正离子上的空的 p 轨道进行部分重叠，形成 σ—p 超共轭而使碳正离子的正电荷得以分散：

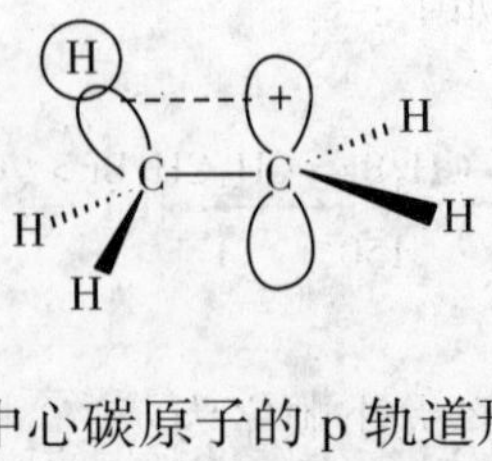

叔碳正离子有三个甲基可以和中心碳原子的 p 轨道形成 σ—p 超共轭效应，仲碳原子有两个甲基可以和中心碳原子的 p 轨道形成 σ—p 超共轭效应，伯碳正离子原子只有一个甲基可以和中心碳原子的 p 轨道形成 σ—p 超共轭效应，而甲基碳正离子则不存在这种 σ—p 超

共轭效应。

除了以上的电子效应的影响外，空间效应也是叔卤代烷容易解离为碳正离子的一个重要因素。叔丁基溴的中心碳原子上连有三个甲基，这些基团按 sp^3杂化的角度排列时，甲基之间比较拥挤，因互相排斥而倾向于平面结构排列，这样可促使碳卤键的断裂，生成平面结构的叔碳正离子，这种效应称为空间效应。空间效应越大，越有利于碳正离子的形成，S_N1 取代反应就越容易进行。例如，$(CH_3CH_2)_3CBr$ 在含水乙醇中，于室温条件下就能水解，这是因为其中心碳原子上连接的是三个乙基，空间效应比甲基更大。伯卤代烃和卤代甲烷中，这种空间效应较小。

从以上的电子效应和空间效应可以看出：叔碳正离子的稳定性最大，最容易生成，而甲基碳正离子最不稳定，很难生成。因此，叔卤代烷的亲核取代反应极易按 S_N1 机制进行，而伯卤代烷和卤代甲烷通常条件下不能按 S_N1 方式进行。由于几何结构的原因，有的化合物虽然属于叔卤代烷也很难发生 S_N1 取代反应，例如，1－溴－二环［2.2.1］庚烷，虽然结构上是叔卤代烷，但此化合物很难水解，需要在硝酸银的存在下，于 150 ℃下加热两昼夜才能使其水解。

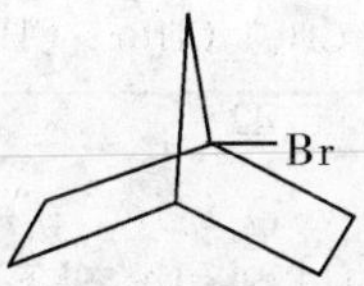

其原因是由于分子中的溴原子位于桥头，若要形成平面结构的碳正离子会受到环的制约，故较难生成，即此结构不但不会产生空间效应，而且空间效应不利于形成稳定的碳正离子。

对于 S_N2 机制，亲核试剂是从卤素的对面进攻中心碳原子，先与中心碳原子的成键轨道的另一边形成弱的结合，然后到达五个原子或基团同时排列在中心碳原子的周围的过渡态，这个过渡态形成的难易与卤代烷中心碳原子上原子和基团的大小密切相关。中心碳原子周围的烷基越多、越大，亲核试剂越难以接近中心碳原子，也就无法和中心碳原子成键，发生 S_N2 反应就越困难。以 CH_3Br、CH_3CH_2Br、$(CH_3)_2CHBr$、$(CH_3)_3CBr$ 在极性较小的无水丙酮中与碘化钾进行亲核取代反应为例：

$$RBr + I^- \xrightarrow{\text{丙酮}} RI + Br^-$$

因为 I^- 的亲核性较强，溶剂的极性较弱，有利于 S_N2 反应，而不利于 S_N1 反应，各卤代烷进行 S_N2 反应的反应速率顺序如下：

	CH_3Br >	CH_3CH_2Br >	$(CH_3)_2CHBr$ >	$(CH_3)_3CBr$
相对反应速率	150	1	0.01	极小

即不同卤代烷进行 S_N2 反应速率大小顺序为：

卤代甲烷 > 伯卤代烷 > 仲卤代烷 > 叔卤代烷

由此可见，中心碳原子上烷基越多，越难进行 S_N2 反应，实际上叔卤代烷很难按 S_N2 机制进行反应。即便是伯卤代烷，当 β 碳原子上连有较大或较多的取代基时，S_N2 取代反应也是难以进行的。例如：

$$R—Br + LiI \longrightarrow R—I + LiBr$$

	$CH_3CH_2Br >$	$CH_3CH_2CH_2Br >$	$(CH_3)_2CHCH_2Br >$	$(CH_3)_3CCH_2Br$
相对反应速率	1	0.8	0.036	2×10^{-5}

随着 β 碳上的取代基增多，S_N2 取代反应的速率减小，新戊基溴几乎不能发生取代反应。由此可见，影响 S_N2 反应的主要因素是中心碳原子周围的空间位阻的大小。

从以上的讨论中可以得到如下结论：卤代烷的烷基结构对取代反应的速率和机制具有很大影响。因叔卤代烷容易解离成稳定的叔碳正离子，最容易发生 S_N1 反应；而伯卤代烷因空间位阻较小，亲核试剂容易接近中心碳原子，最容易发生 S_N2 反应；仲卤代烷既可进行 S_N1 反应，也可进行 S_N2 反应，何种反应机制为主取决于其他反应条件，但按两种反应机制进行反应的速率都不是很大。

[问题 5-3]　将下列各组化合物发生 S_N2 反应的速率排序。

（1）溴乙烷、2-甲基-1-溴丙烷、2-甲基-3-溴丁烷、2，2-二甲基-3-溴丁烷

（2）环己基溴、2-溴甲基环己烷、1，3-二甲基-2-溴环己烷

②离去基团的影响。在卤代烷的亲核取代过程中，卤代烷中卤原子总是要带着一对电子离去，称为离去基团，离去基团越容易离去，亲核反应越容易进行。当烷基相同而卤原子不同时，不同卤代烷进行亲核取代反应的活性大小顺序为：

$$R—I > R—Br > R—Cl > R—F$$

无论是进行 S_N1 反应还是进行 S_N2 反应，都涉及碳卤键的减弱，最终断裂离去，因此，卤原子离去的难易对两种类型的取代反应都有共同的影响。卤原子离去的难易与碳卤键的键能大小顺序相反，键能大的不易断裂离去，键能小的容易断裂离去，卤代烃中碳卤键的键能大小顺序为：

$$C—F > C—Cl > C—Br > C—I$$

卤负离子离去倾向的大小顺序为：$I^- > Br^- > Cl^- > F^-$，这个顺序与卤负离子的碱性大小顺序相反，碱性越强越不易离去，碱性越弱越容易离去。

离去基团的离去倾向大小不仅影响到反应速率，也影响到反应按何种方式进行。在同样的反应条件下，离去基团容易离去的卤代烷倾向于按 S_N1 方式进行反应，离去基团难以离去的卤代烷倾向于按 S_N2 方式进行反应。如果在反应溶液中加入银离子或汞离子，可以促使离去基团的离去而加速反应，并且使反应倾向于按 S_N1 机制进行。例如，在叔卤代烷的溶液中加入硝酸银的醇溶液，立即产生卤化银沉淀，反应进行得非常迅速。这是因为银离子与卤代烷的卤原子结合，使其离去倾向加大，此时离去基团不是卤原子，而是卤化银。

$$(CH_3)_3C—Br + Ag^+ \longrightarrow (CH_3)_3C—\overset{+}{Br}\cdots Ag \longrightarrow (CH_3)_3\overset{+}{C} + AgBr$$

由于银离子或汞离子等能使离去基团的离去倾向变大，因而在这些离子存在下发生的取代反应多数是按 S_N1 机制进行的。伯卤代烷在银、汞等离子的存在下也发生 S_N1 取代反应。

从共轭酸碱的观点来看，好的离去基团应是强酸的共轭碱，即良好的离去基团是弱碱，通常为 pK_a 值 <5 的强酸共轭碱。

I^- 是容易离去的离去基团，但它又是很好的亲核试剂，因此 I^- 可作为 S_N2 反应的催化剂。例如，在很多溴代烷和氯代烷进行亲核取代反应时，常加入少量碘化钾来催化反应的进行。这是利用 I^- 先与底物中的 Br 和 Cl 发生交换，将底物转化为碘代烷再进一步发生亲核取代反应。生成的 I^- 可反复利用，所以碘化钾的用量并不多。

又如，弱碱性的 H_2O 比起强碱性的 OH^- 是个好的离去基团，为了使醇羟基被卤代，通常在强酸性条件下使羟基质子化，再卤代；或使其转化为酯，如转化成羧酸酯或磺酸酯等，从而变成容易离去的基团。因为容易离去的离去基团是强酸的共轭碱（即强酸的负离子），最常用的酯是磺酸酯，如对甲苯磺酸酯、对溴苯磺酸酯、对硝基苯磺酸酯和甲基磺酸酯等。

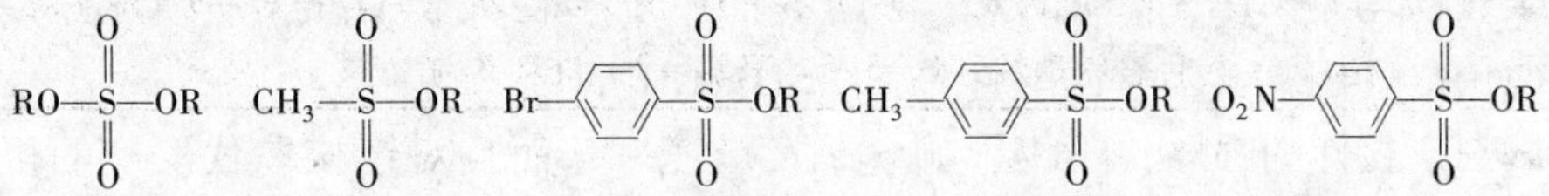

硫酸二酯　甲基磺酸酯　对溴苯磺酸酯　对甲苯磺酸酯　对硝基苯磺酸酯

③亲核试剂的影响。因为决定 S_N1 反应的关键步骤没有亲核试剂参与，故亲核试剂的亲核性对 S_N1 反应没有什么影响。在 S_N2 反应中，离去基团是在亲核试剂进攻的作用下离开中心碳原子的，其反应速率受亲核试剂的亲核性大小影响较大。H_2O、ROH 和 RCOOH 等中性分子的亲核性都比其共轭碱 OH^-、RO^- 和 $RCOO^-$ 等的亲核性弱很多。在卤负离子中，亲核性的大小顺序为：$I^- > Br^- > Cl^- > F^-$。例如，溴乙烷在乙醇钠溶液中加热回流几分钟就完全反应生成乙醚，而在无水乙醇中加热回流四昼夜也仅有 50% 左右的溴乙烷发生取代反应。因为前者的亲核试剂是 $CH_3CH_2O^-$，而后者则是 CH_3CH_2OH。

值得注意的是试剂的亲核性和碱性（basicity）是两个不同的概念，试剂的亲核性表示其给出电子与带正电荷中心碳原子的结合能力，其强度决定于试剂的碱性、可极化性、体积及溶剂化效应。碱性则代表试剂与质子的结合能力。在多数情况下，试剂的亲核性和碱性的顺序是一致的，但也有例外。

亲核性和碱性之间的关系有如下一些主要规律：

反应中心为同一种元素的亲核试剂，亲核性与其碱性的强弱是一致的。如某些以氧原子为亲核中心的亲核试剂的亲核性与其共轭酸的 pK_a 值的关系如下：

亲核性大小顺序	CH_3O^- >	HO^- >	PhO^- >	CH_3COO^- >	NO_3^- >	CH_3OH
共轭酸的 pK_a	15.9	15.7	9.89	4.8	−1.3	−1.7

甲醇的酸性最弱，CH_3O^- 的碱性最强，其亲核性也最强。

又如，下列含氮亲核试剂其亲核性与碱性是一致的。

$$\text{亲核性顺序}\quad H_2N^- > C_2H_5NH_2 > NH_3 > C_6H_5NH_2 > p-NO_2C_6H_4NH_2$$

处于同一周期并具有相同电荷的亲核试剂，它们的亲核性和碱性呈平行关系。例如同属第二周期中的元素所组成的一些试剂，它们的亲核性和碱性从左到右逐渐下降。

$$\text{亲核性和碱性顺序}\quad R_3C^- > R_2N^- > RO^- > F^-$$

因对同一周期的元素来说原子序数越大，其电负性越强，给出电子能力越弱，亲核性就越差。

处于周期表同一族的亲核试剂，它们的亲核性和碱性强弱顺序相反。如亲核性的大小顺序为：$I^- > Br^- > Cl^- > F^-$，而碱性刚好相反。这里亲核试剂的可极化性起了主导作用。电子云易变形者可极化性越大，它进攻中心碳原子时，其外层电子云就越容易变形而伸向中心碳原子，从而降低形成过渡态时所需的活化能，因此试剂的可极化性越大，其亲核性也越强。卤素中碘的原子半径最大，可极化性最强，故亲核性最强，CH_3S^- 和 CH_3O^- 的可极化性和亲核性均是 $CH_3S^- > CH_3O^-$（因 S 的原子半径大于 O 的原子半径），碱性则是 $CH_3O^- > CH_3S^-$（因其共轭酸的酸性是 $CH_3SH > CH_3OH$）。

亲核试剂亲核性的强弱，不仅影响 S_N2 反应速率，而且对亲核取代反应的机理也有影响。强的亲核试剂（如高度可极化的亲核试剂 RS^- 和 I^-）倾向于主动进攻中心碳原子，因而易按 S_N2 机理进行反应。弱的亲核试剂（如电中性分子 H_2O 或 CH_3OH 等）缺乏主动进攻中心碳原子的能力，只能等待底物在溶剂的作用下离解成碳正离子后，再与碳正离子结合，这就是 S_N1 的机理。

④溶剂极性的影响。饱和碳原子上的亲核取代反应不管是 S_N1 机理或是 S_N2 机理，一般均在溶剂中进行。其中溶剂的作用既重要又复杂。由于在反应进行过程中将发生电荷的生成、破坏或分散，因而溶剂与反应物、中间体，甚至过渡态的偶极相互作用都可以影响反应速率。

溶剂极性的改变对卤代烷的亲核取代反应速率的影响是不同的，有的使反应加速，有的使反应减慢；有的影响大，有的影响小。

按 S_N1 进行的反应，增加溶剂的极性或增强溶剂的离子—溶剂化能力，导致反应速率显著增大。因为在 S_N1 反应中，碳正离子的生成是反应速率的决定步骤，反应物离解而形成过渡态时所需的大部分能量，可由在溶剂和极性过渡态之间形成偶极—偶极键来供给。溶剂的极性越大就越有利于 R—L 离解成碳正离子，越有利于 S_N1 反应进行。

$$R{-}L \longrightarrow \underset{\text{过渡态电荷增加}}{[R^{\delta+}\cdots\cdots L^{\delta-}]} \longrightarrow R^+ + L^-$$

对于 S_N2 反应，因亲核试剂和反应物都参与了决定反应速率的一步，故亲核试剂和反应物不同时，溶剂的影响不同。总的原则是：若反应过渡态比起始态的电荷更明显或集中，则溶剂极性增加有利于反应；若反应过渡态比起始态电荷更分散，则增加溶剂极性对反应不利；若过渡态与起始态相比电荷状况没有改变或改变极小，则溶剂极性对反应几乎没有影响。

对于下列反应，由于亲核试剂是负离子，从反应物到过渡态电荷变得分散，故溶剂对亲核试剂的溶剂化程度大于过渡态，溶剂极性增大，将使 Nu^- 溶剂化效果更好，降低 Nu^- 的能量，而对反应过渡态的溶剂化作用却较小，这样就相对提高了反应活化能，不利于反应的进行。例如：

$$\underset{\text{起始态}}{Nu^- + R—L} \longrightarrow \underset{\text{过渡态,电荷分散}}{[\overset{\delta^-}{Nu}\cdots R\cdots L^{\delta^-}]} \longrightarrow \underset{\text{产物}}{Nu—R + L^-}$$

$$^*I^- + CH_3—I \overset{S_N2}{\rightleftharpoons} \left[\overset{\delta^-}{I^*}\cdots CH_3\cdots \overset{\delta^-}{I}\right] \longrightarrow \overset{*}{I}—CH_3 + I^-$$

溶剂	CH_3CH_2OH	CH_3OH	H_2O
$K_{相对}$	44	16	1.0

对于如下式所示的由中性的亲核试剂和反应物转变成离子型产物，在过渡态中有电荷产生，故极性溶剂有利于反应的进行，溶剂的极性越强对反应越有利。

$$:Nu + R—L \longrightarrow \underset{\text{过渡态,电荷分离}}{[\overset{\delta^+}{Nu}\cdots R\cdots \overset{\delta^-}{L}]} \longrightarrow \underset{\text{产物}}{\overset{+}{Nu}—R + L^-}$$

改变溶剂不仅常常对反应速率有明显的影响，甚至可以改变反应机理。例如，氯化苄在水中按 S_N1 机理水解，而在丙酮中水解则按 S_N2 机理进行。

一般来说，R—X 的 α－碳上的取代基具有＋I 效应和＋C 效应，离去基团容易离开，溶剂的极性大，则有利于 S_N1 反应。若 R—X 的 α－碳（或－碳）上没有体积大的取代基，试剂的亲核性强，离去基团离去倾向较小，溶剂的极性较小，则对 S_N2 反应有利。

值得注意的是，在极性溶剂中，质子溶剂和非质子溶剂对反应的影响是不同的。质子溶剂如醇能与正或负离子络合，其中羟基的作用像 Lewis 碱，能与正离子络合，而羟基中的氢通过氢键能与负离子络合。正或负离子与溶剂紧密结合而被溶剂化。

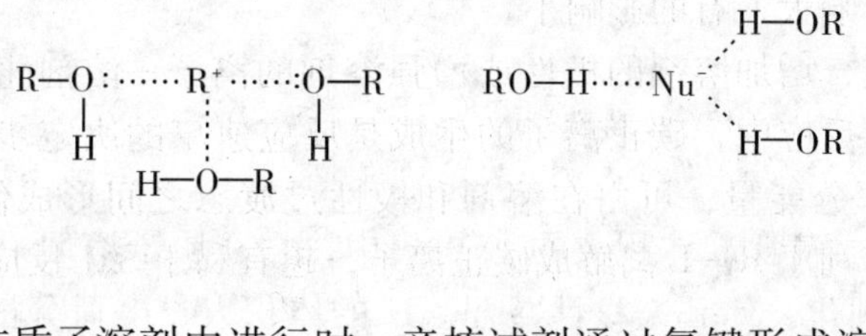

当亲核取代反应在质子溶剂中进行时，亲核试剂通过氢键形成溶剂化物。若使亲核试剂与反应物结合成键，则需除去亲核试剂外部的溶剂，其所需能量是获得反应过渡态所需总能量的一部分。

非质子溶剂可分为极性的和非极性的，如已烷、苯、乙醚等为非极性非质子溶剂。与质子溶剂不同的是，极性非质子溶剂，例如，氯仿、丙酮、二甲基亚砜（DMSO）、N，N－

二甲基甲酰胺（DMF）、四氢呋喃（THF）等，无论极性大小都不能使负离子溶剂化，因为它们不含有可形成氢键的氢原子。极性的非质子溶剂（如 DMSO、DMF、THF 等）虽有极性，但其偶极正端埋在分子内部，妨碍了对负离子的溶剂化。它们可以使正离子很好地溶剂化。

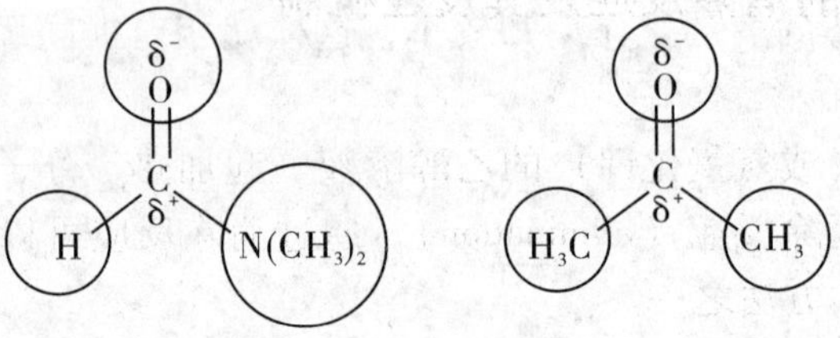

由于两类溶剂在溶剂化性质上的不同，在极性质子溶剂中 Nu^- 是被溶剂化的，而在极性非质子溶剂中 Nu^- 是“自由”的，因此，亲核性试剂（Nu^-）在这两种溶剂中反应时，其亲核能力是不同的。如用极性非质子溶剂（如 DMF、DMSO）代替极性质子溶剂，S_N2 反应速率会大大加速。例如，CH_3I 与 NaN_3 的反应，当溶剂由 CH_3OH（极性质子溶剂）改变为 DMF（极性非质子溶剂）时，虽然两者的极性很相似，但反应速率却极大增加。

$$CH_3I + NaN_3 \xrightarrow{k_2} CH_3N_3 + NaI$$

溶剂	$k_2/(L \cdot mol^{-1} \cdot s^{-1})$
DMF	3×10^3
CH_3OH	3×10^2

亲核试剂亲核性的强弱还受溶剂溶剂化的影响。例如，卤素离子（X^-）在极性非质子溶剂二甲基甲酰胺（DMF）中，亲核性顺序与它们的碱性是一致的，即：

碱　性：$F^- > Cl^- > Br^- > I^-$

亲核性：$F^- > Cl^- > Br^- > I^-$

但在质子溶剂中，卤素负离子的亲核性顺序与其碱性顺序是相反的，即：

碱　性：$F^- > Cl^- > Br^- > I^-$

亲核性：$I^- > Br^- > Cl^- > F^-$

体积较小的 F^- 其电荷比起体积大的 I^- 更集中，它在质子溶剂中比 I^- 更能与质子溶剂形成强的氢键而被溶剂化，使其亲核性减弱。I^- 的体积大、电荷分散，与质子溶剂形成氢键而被溶剂化的程度下降，体积越大、溶剂化程度越低，其所带的负电荷越暴露，亲核性越强，故卤素负离子在质子溶剂中，亲核性与碱性顺序刚好相反。

在极性非质子溶剂（如 DMF）中，亲核试剂没有被溶剂化而呈裸露状态，显出其本性。另外 F^- 和 Cl^- 的体积小，负电荷更集中，更能有效地对带正电荷的中心碳原子发动攻击，因而在极性非质子溶剂中，亲核性顺序与碱性顺序相同，均为：$F^- > Cl^- > Br^- > I^-$。

极性非质子溶剂（如 DMSO 等）对 S_N1 反应的影响不大。这是因为在 S_N1 反应中产生的碳正离子其稳定性常可通过本身的结构因素达到，而非质子溶剂又不能溶剂化负离子。同样，极性非质子溶剂对极性过渡态的溶剂化作用也不如质子溶剂。这些因素都使极性非质子溶剂对 S_N1 反应影响不大。

5.3.2　卤代烷烃的消除反应及其反应机制

1. 消除反应

卤代烷与氢氧化钠（或氢氧化钾）的乙醇溶液一起加热，分子内脱去一分子卤化氢生成烯烃，这种反应称为消除反应（elimination）。通过消除反应可以在分子内引入双键，所以，此反应是制备烯烃的方法之一。

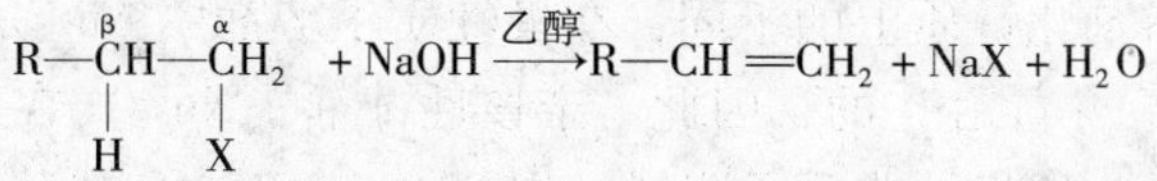

实验证明，不同卤代烃脱卤化氢反应的活泼顺序为：

叔卤代烃 > 仲卤代烃 > 伯卤代烃

消除反应和亲核取代反应往往同时发生，是互相竞争的反应，究竟哪种产物占主导，取决于卤代烷的结构和反应条件。如 2 - 甲基 - 2 - 溴丁烷在乙醇中反应得 2 - 甲基 - 2 - 乙氧基丁烷和 2 - 甲基 - 2 - 丁烯以及 2 - 甲基 - 1 - 丁烯。取代和消除产物的比例为 64:36。

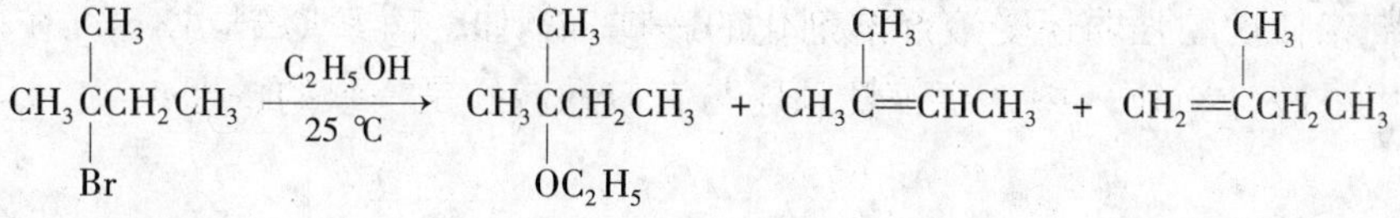

2. 消除反应的机制

实验证明，消除反应主要也是按照两种不同的机制进行的，即单分子消除（unimolecular elimination，E1）和双分子消除（bimolecular elimination，E2）。

（1）单分子消除反应（E1）。与单分子亲核取代的机制类似，单分子消除反应也是分两步完成，卤代烷的碳卤键首先解离，生成碳正离子中间体，接着脱去 β - 碳上的氢生成消除产物。例如，叔丁基溴在碱溶液中发生消除反应的过程如下：

第一步

第二步

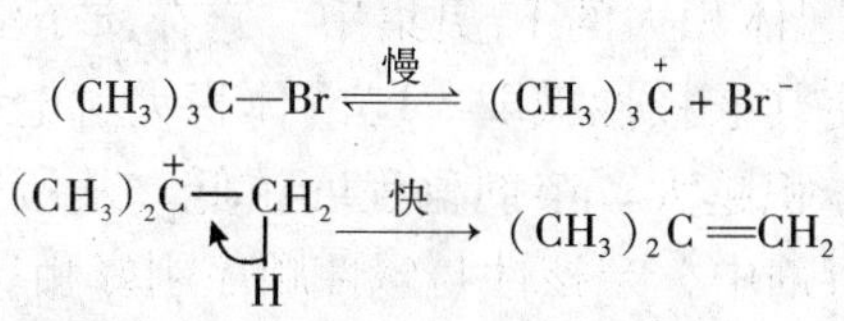

第一步生成碳正离子的反应速率较慢，是决定总反应的反应速率的关键步骤。由于决定总反应速率的步骤中只涉及卤代烷，故总反应速率也只和卤代烷的浓度成正比，因此，

将这种消除反应方式称为单分子消除（E1）。虽然E1反应和S_N1反应的中间体都是碳正离子，但E1反应的中间体不是和亲核试剂结合，而是又从β－碳上脱去一个氢生成烯烃。由此可见，在发生E1消除的过程中，如果反应溶液中存在着亲核性较强的试剂，则不可避免地要有取代产物生成，即E1和S_N1常常同时发生。

有些结构特殊的卤代烃进行E1或S_N1反应时，其结构常常发生改变。例如，新戊基溴与乙醇反应，虽然分子中无β－氢，但仍然生成消除产物烯烃，而其碳骨架与原来不同。除了消除产物外，同时还生成了取代产物，其结构也与原来的碳骨架不同。这是因为碳卤键异裂产生的活性中间体伯碳正离子发生了重排，生成了更加稳定的叔碳正离子：

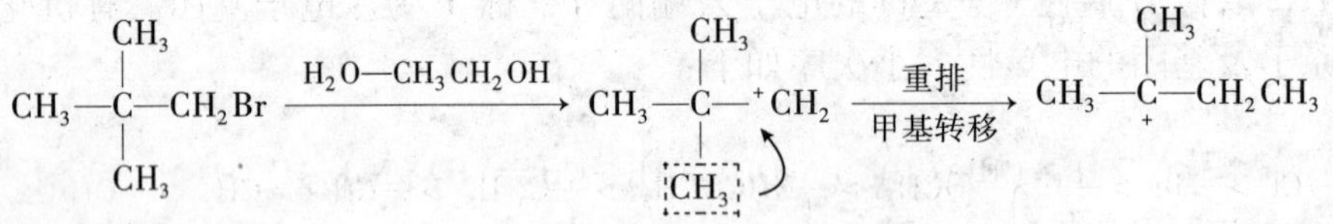

重排后的叔碳正离子再发生取代或消除反应，生成与原来碳骨架不同的产物。

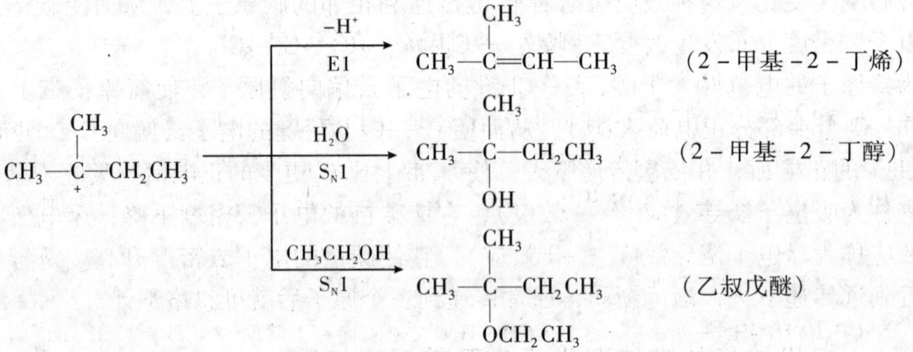

所以常把重排反应作为E1和S_N1机理的标志。

（2）双分子消除反应（E2）。双分子消除反应和双分子取代反应的机制相似，反应也是一步完成的，但消除反应是碱性试剂（B^-）进攻β碳原子上的氢并与氢结合，X带着一对电子离去，并在α碳原子（中心碳原子）与β碳原子之间形成一新的π键。例如，溴乙烷在氢氧化钠的乙醇溶液中加热，消除反应按下面的方式进行：

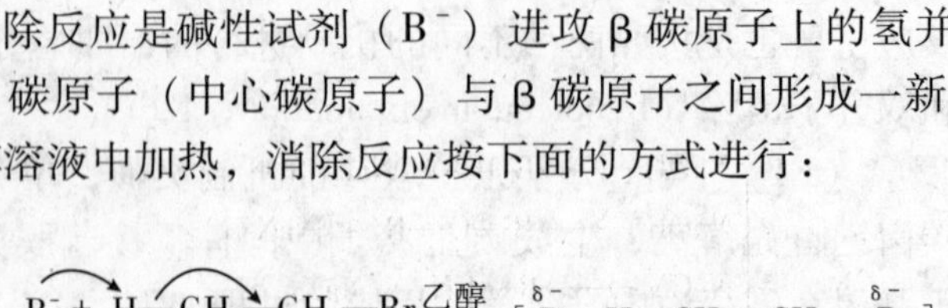

$$\longrightarrow BH + CH_2{=}CH_2 + Br^-$$

上面的过程是一步完成的，即C—H键、C—Br键的断裂与π键的生成是协同进行的。反应速率由生成过渡态的一步所决定。由于决定反应速率的步骤有碱性试剂和卤代烃参与，消除反应的总反应速率和碱性试剂及卤代烃的浓度成正比，故称为双分子消除反应（E2）。

E2 反应和 S_N2 反应的机制相似，二者也是竞争性反应，常常同时发生。通常情况下，有利于 S_N2 的反应条件也有利于 E2 反应，同样，有利于 E2 的反应条件也有利于 S_N2 反应。

3. 消除反应的取向

当仲卤代烃和叔卤代烃进行消除反应时，由于结构中通常有两个或两个以上 β 碳上的氢可供消除，因此，可能存在两种或两种以上的消除方式，例如：

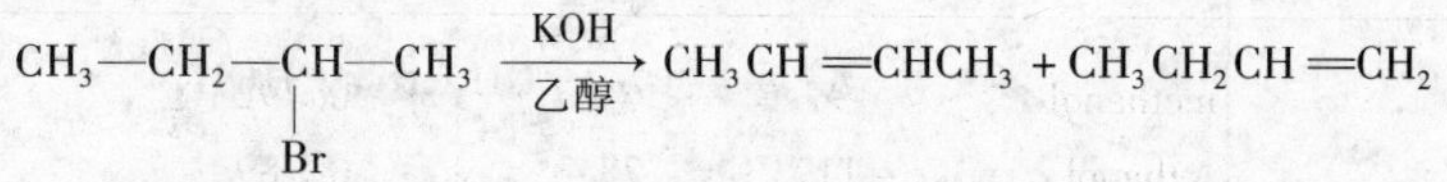

2－溴丁烷　　　　2－丁烯 (81%)　　　　1－丁烯 (19%)

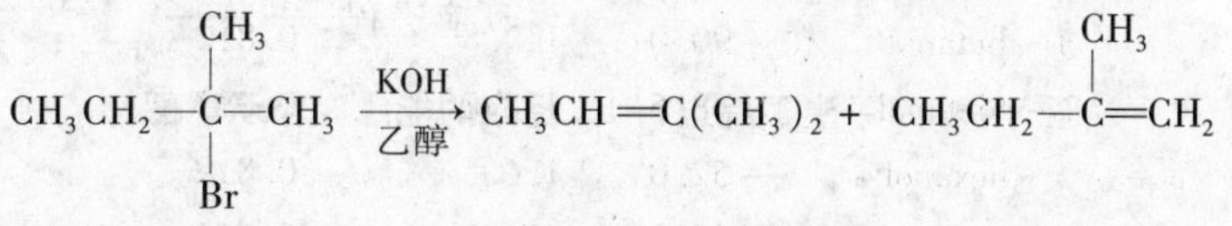

2－甲基－2－溴丁烷　　　　2－甲基－2－丁烯 (71%)　　　　2－甲基－1－丁烯 (29%)

实验证明，仲卤代烷和叔卤代烷脱卤化氢时，含氢少的 β 碳上的氢容易被消除，主要生成双键碳上取代基较多、结构较对称的烯烃。这个经验规律称为 Saytzeff（扎衣采夫）规律。

不管是 E1 机制，还是 E2 机制，其结果都按照 Saytzeff 规律进行消除。但受其他因素的影响，也有例外的情况。

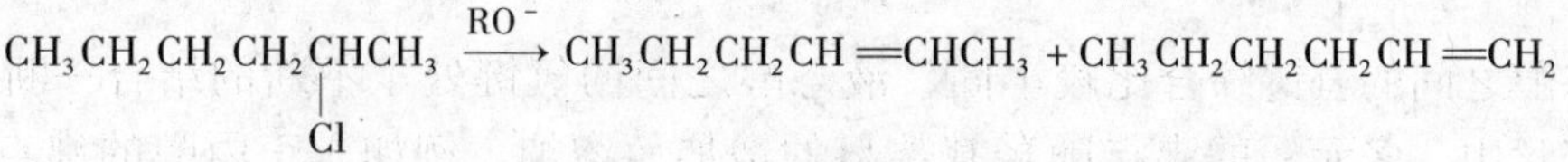

$RO^- = CH_3O^-$	67%	33%
$(CII_3)_3CO^-$	9%	91%

因 $(CH_3)_3CO^-$ 体积大，它与仲氢接近比较困难，而夺取末端伯氢相对容易一些，所以主要得到双键碳上烷基较少的烯烃。

[问题 5－4]　写出下列卤代烷发生消除反应的主要产物。

(1) 2，3－二甲基－2－溴丁烷　(2) 3－乙基－2－溴戊烷

(3) 2－氯－甲基环己烷　(4) 4－溴环己烯　(5) 2－溴－1－苯基丁烷

对于 E2 机制的消除反应，其择向性主要取决于过渡态的稳定性大小。由于 E2 反应的过渡态已经具备双键的性质，烯烃的稳定性大小影响到过渡态的稳定性。上面 2－溴丁烷的消除反应主要按 E2 机制进行，其消除产物中，2－丁烯比 1－丁烯更稳定，这是因为双键上连接烷基越多，与双键形成的超共轭效应越大，超共轭效应越大，则烯烃越稳定。因此，生成 2－丁烯的过渡态比生成 1－丁烯的过渡态能量低，生成过渡态所需的活化能小，容易生成，故 2－丁烯是主要产物。

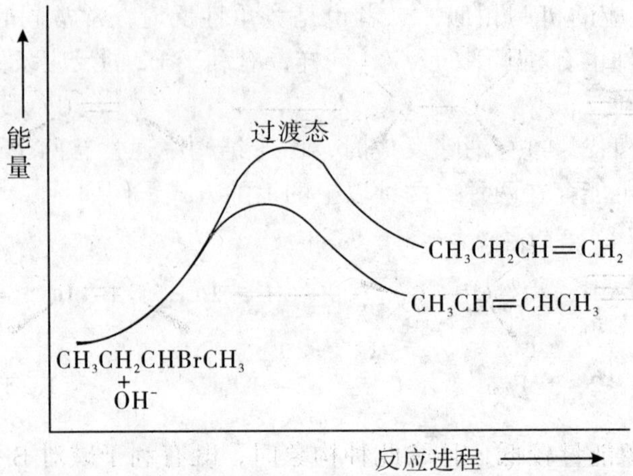

图 5-3 2-溴丁烷进行 E2 反应的能量变化示意图

对于 E1 消除反应，第一步反应决定总反应的速率，第二步反应决定反应的取向，即生成不同消除产物的比例。第二步反应的过渡态能量高低与烯烃的稳定性有关，烯烃稳定性越大，过渡态的能量越低，所需活化能越小，产物越容易生成。例如，上面的 2-甲基-2-溴丁烷的消除主要是按 E1 机制进行的，其消除产物中的 2-甲基-2-丁烯比 2-甲基-1-丁烯稳定，生成 2-甲基-2-丁烯的过渡态能量比生成 2-甲基-1-丁烯的过渡态能量低，故主产物是 2-甲基-2-丁烯。

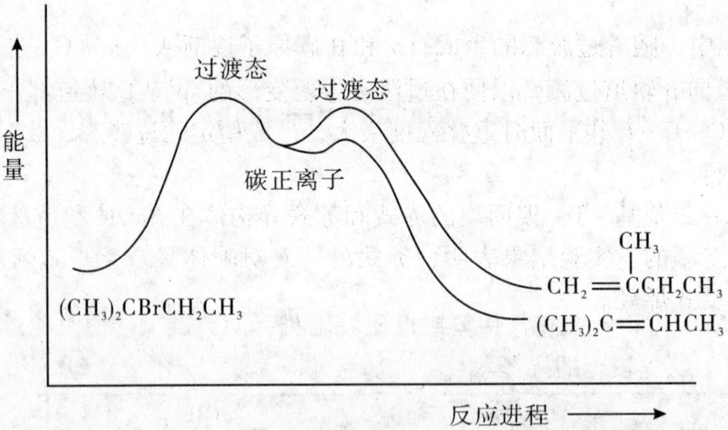

图 5-4 2-甲基-2-溴丁烷进行 E1 反应的能量变化示意图

E2 消除反应在立体化学上要求两个被消除的原子或基团（L，H）和与它们相连的两个碳原子（即 L—C—C—H）反式共平面，以便在形成过渡态时，两个变形的 sp^3 杂化轨道尽可能多地重叠，以降低体系的能量，有利于消除反应的进行。能满足这种共平面要求的有顺式共平面和反式共平面两种构象：

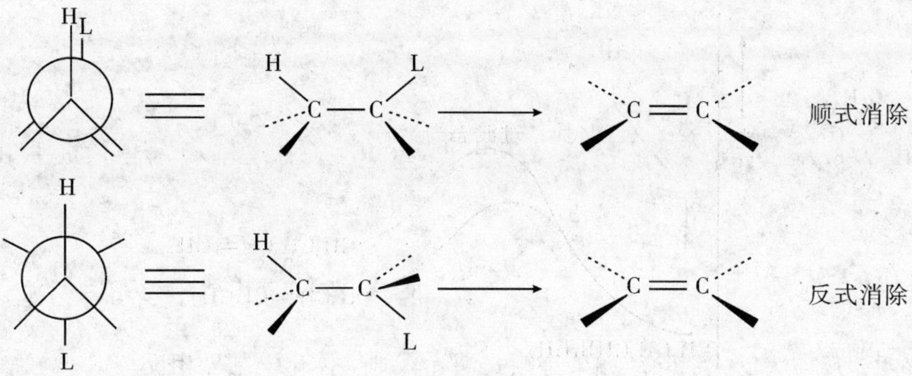

反式共平面的构象能量较低，且取此种构象时，既有利于碱对 β－H 的进攻，也有利于 L 基团的离去，故大多数 E2 消除反应为反式消除，其过程如下所示。

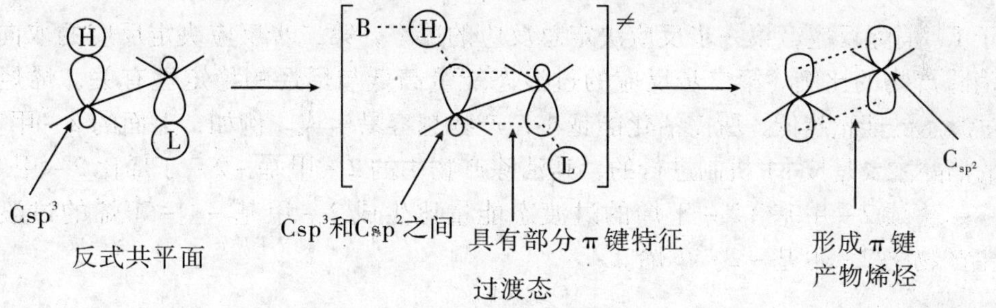

E2 反应过程中，随着过渡态的生成，α 和 β 碳原子逐渐从 C_{sp^3} 向 C_{sp^2} 过渡，两碳中各有一个 sp^3 杂化轨道向 p 轨道过渡，以便在过渡态中两变形的 sp^3 杂化轨道部分重叠形成部分 π 键，也只有 H—C—C—L 共平面时重叠程度最大，形成稳定的过渡态，故 E2 消除反应为反式消除才容易进行。

例如，1，2－二苯基－1－溴丙烷的赤式和苏式异构体在 NaOH 醇溶液中消除脱溴化氢反应完全是立体专一的。实验结果表明，赤式的一对对映体只产生顺式烯烃，而苏式的一对对映体只产生反式烯烃。

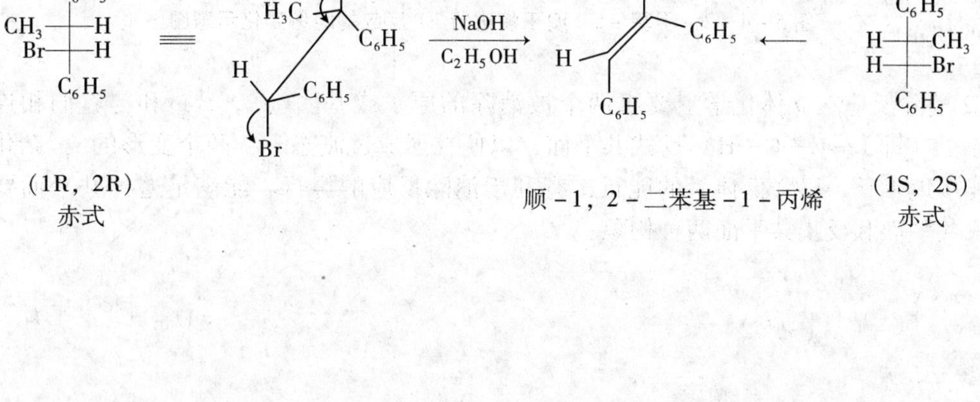

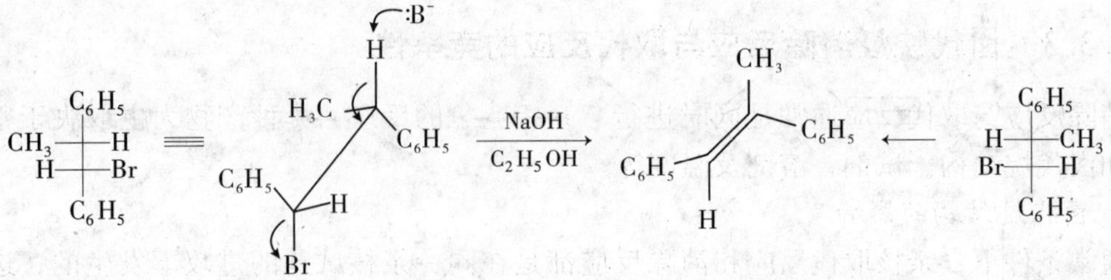

(1R，2S) 苏式　　反-1，2-二苯基-1-丙烯　　(1S，2R) 苏式

这表明，反应为反式消除。如果是顺式消除，则立体化学结果相反。

用环己烷的卤代物来研究 E2 反应的立体化学，反式消除的特征表现得更加明显。

卤代环己烷进行 E2 消除，卤原子总是优先消除反式 β-H。在有两种 β-H 的情况下，主要产物应服从扎衣采夫规律。为了满足反式共平面的要求，被消除的基团必须处在 a 键上，否则不能共平面。例如下面的消除反应，化合物 B 反应速度比 A 快。

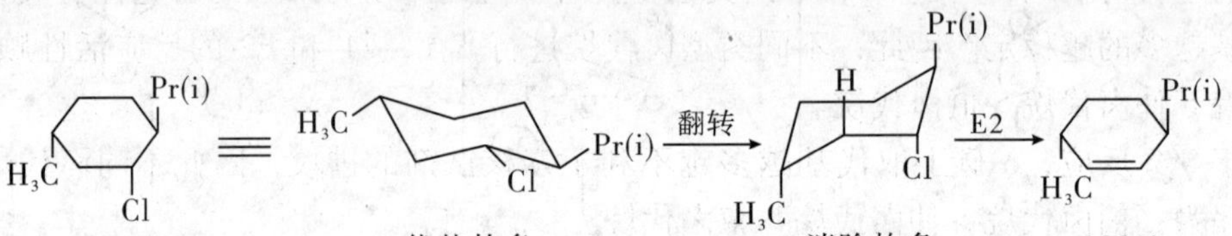

A　　优势构象　　消除构象　　100%

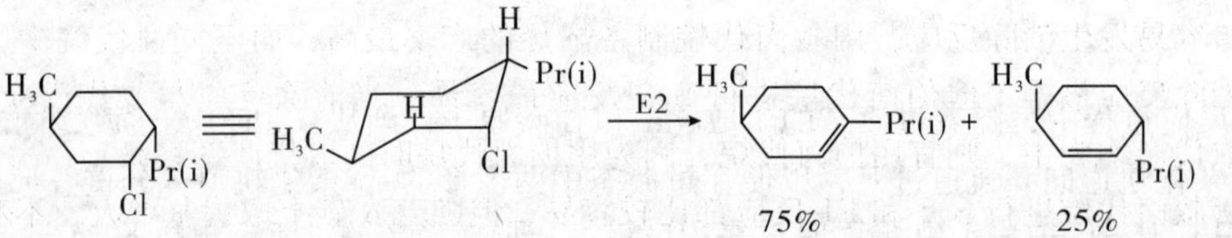

B　　75% C　　25% D

在化合物 A 的优势构象中，Cl 处于 e 键，必须经翻转使 Cl 处在 a 键时，再进行消除。而在 B 的优势构象中，Cl 已经处在 a 键，无须翻转，可直接进行消除。构象的翻转需提供能量，故 B 的消除反应比 A 快。B 的消除产物中，C 的产量比 D 高是扎衣采夫规律在起作用。

在某些环状化合物中，由于环的刚性，难以使两个被消除的基团处于反式共平面。此时，顺式消除反而更有利。例如，化合物 E 和 F 在 $C_5H_{11}ONa/C_5H_{11}OH$ 中消除，E 的速度比 F 的快 100 倍。

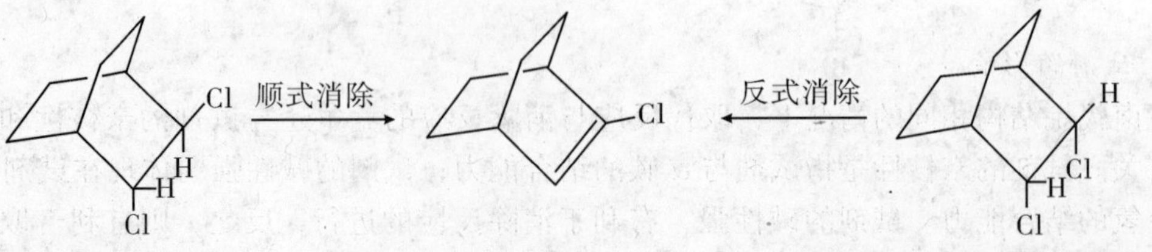

E(满足共平面)　　F(不满足共平面)

5.3.3　卤代烷烃消除反应与取代反应的竞争性

消除反应与取代反应通常是同时进行、互相竞争的反应，哪种产物为主取决于很多因素，如卤代烷结构、试剂、溶剂及温度等。

1. 卤代烷结构的影响

通常条件下，亲核取代反应和消除反应都是在同一亲核试剂的进攻下发生的，进攻中心碳原子时发生的是亲核取代反应，进攻 β 碳上的氢发生的是消除反应。

对于 S_N1 和 E1，不同类型卤代烷反应的难易与碳正离子中间体的稳定性有关，中间体越稳定的越容易反应；对于 E2，不同类型卤代烷反应的难易与烯烃的稳定性有关，即双键上取代基越多的越稳定。因此，不同类型卤代烷进行 S_N1、E1 和 E2 的反应活性顺序均为：叔卤代烷 > 仲卤代烷 > 伯卤代烷。

对于 S_N2 反应，α 碳上取代基越多越不利于亲核试剂的进攻，因此不同卤代烷的反应活性顺序为：伯卤代烷 > 仲卤代烷 > 叔卤代烷。

综上所述，当消除反应与取代反应竞争时，无论试剂的碱性如何，不同卤代烷中，叔卤代烷最容易发生消除反应，用叔卤代烷制备烯烃的产率最高；而不同卤代烷中，伯卤代烷发生消除反应最难，但伯卤代烷进行 S_N2 反应最容易。当消除反应与取代反应竞争时，若想让取代产物为主，则宜用伯卤代烷，因为用伯卤代烷时的取代产率最高。

尽管叔卤代烷进行 S_N1 和 E1 反应都比较容易，但随着 α 碳上取代基增大，不利于从平面结构的碳正离子向四面体结构的取代产物转化，S_N1 反应将受到空间效应的影响而变得困难；而 E1 反应则不会受到 α 碳上取代基增大的影响，因为消除产物烯烃是平面结构，故随着卤代烷 α 碳上取代基的增大，S_N1 反应的比例会下降，E1 反应的比例会上升。

例如，在 25 ℃时，不同结构叔卤代烷与 80% 乙醇反应所生成消除产物的比例如下：

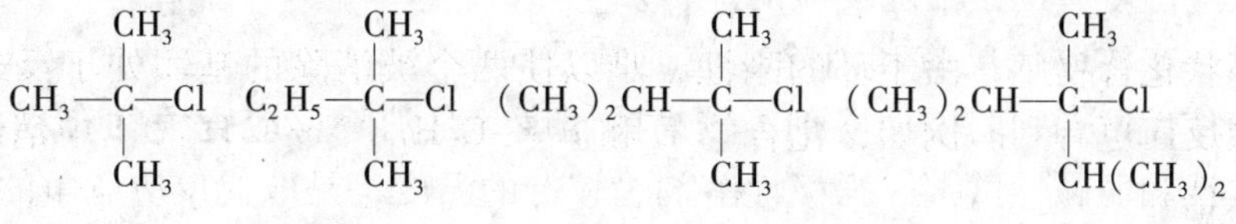

烯烃（%）　16　34　62　78

2. 试剂的影响

在卤代烷结构相同的情况下，取代反应与消除反应的竞争还与试剂的亲核性和碱性等因素有关。试剂的亲核性是指试剂与 α 碳的结合能力；试剂的碱性强弱体现在试剂与 β 碳原子上氢的结合能力。试剂的碱性强，有利于消除反应的进行，反之，则有利于取代反应的进行。例如，叔丁基溴在乙醇中和在乙醇钠中进行反应可以得到不同的结果。

$$(CH_3)_3CBr + C_2H_5OH \xrightarrow{25\ ℃} \underset{(81\%)}{(CH_3)_3COC_2H_5} + \underset{(19\%)}{(CH_3)_3C{=}CH_2}$$

$$(CH_3)_3CBr + C_2H_5ONa \xrightarrow[C_2H_5OH]{25\ ℃} \underset{(7\%)}{(CH_3)_3COC_2H_5} + \underset{(93\%)}{(CH_3)_3C{=}CH_2}$$

亲核性：CH_3O^- > $(CH_3)_2CHO^-$ > $(CH_3)_3CO^-$；碱性：CH_3O^- < $(CH_3)_2CHO^-$ < $(CH_3)_3CO^-$，因此，选择亲核性较强的 CH_3O^-，对取代反应有利，而选择碱性较强的试剂 $(CH_3)_3CO^-$，对消除反应有利。伯卤代烷、仲卤代烷在 NaOH 的水溶液中水解时，取代反应和消除反应往往同时发生，因为 OH^- 既是较强的碱，也是较强的亲核试剂；当伯卤代烷、仲卤代烷和 I^- 或 CH_3COO^- 反应时，几乎不发生消除反应，因为这些试剂的亲核性较强，而碱性则较弱。

3. 溶剂的影响

溶剂极性增大有利于取代反应，而不利于消除反应。S_N1 和 E1 都生成碳正离子中间体，极性溶剂可以增强碳正离子的稳定性；极性溶剂对 S_N2 和 E2 都是不利的，因为二者的过渡态比反应物的电荷分散。但极性溶剂对于 S_N2 反应过渡态的稳定性作用比 E2 反应过渡态强，因为 S_N2 反应过渡态的电荷比 E2 反应过渡态的电荷相对集中，溶剂化作用强，故增强溶剂的极性对 E2 反应更加不利。

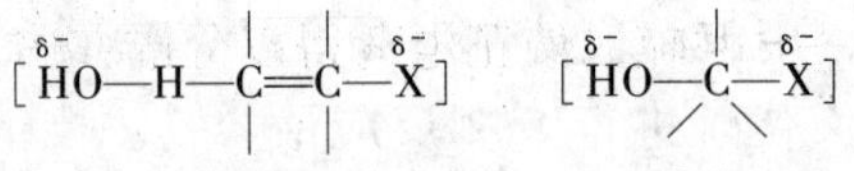

E2　　　S_N2

因此，卤代烷的消除产物反应通常在 NaOH 的醇溶液中进行，而取代反应通常在 NaOH 的水溶液中进行，除了醇的极性比水弱的原因外，在醇溶液中，RO^- 是进攻试剂，其碱性比 HO^- 强，更有利于 E2 反应。

4. 温度的影响

由于生成消除反应过渡态需要削弱碳氢键，生成过渡态所需的活化能比取代反应的大，因此，提高反应温度有助于消除反应的进行。

综上所述，亲核取代反应和消除反应通常是同时发生、互相竞争的反应。叔卤代烷、强碱性和弱亲核性试剂、弱极性溶剂、较高的温度等是消除反应竞争的有利条件；而伯卤代烷、强亲核性和弱碱性试剂、强极性溶剂、较低的温度等是取代反应竞争的有利条件。

5.3.4 卤代烯烃的取代反应

烃基中含有双键的卤代烃的亲核取代反应活泼性取决于卤素与双键的相对位置。根据卤素与双键的位置可将卤代烯烃分为卤代乙烯型、卤代烯丙型和孤立型卤代烯烃三类。

1. 卤代乙烯型

这类化合物的卤素和双键碳原子直接相连，其通式为：

$$(H)\ R{-}CH{=}CH{-}X \qquad 如：CH_2{=}CH{-}Cl$$

这类化合物的卤原子最不活泼，不易发生取代反应。例如，这类卤代烃与硝酸银的醇溶液在加热的情况下也不能发生取代反应，即不产生卤化银沉淀。

卤代乙烯型化合物的卤原子之所以不容易被取代，主要原因之一是该卤原子所连接的是 sp^2 杂化碳原子，由于 sp^2 杂化碳原子对碳卤键电子对的束缚能力大于 sp^3 杂化碳原子，因此，此类结构中的卤原子不易获得电子变成卤负离子离去；另外，直接连接在碳碳双键上的卤原子上的一对未共用电子对可与碳碳双键上的 π 键形成 p—π 共轭体系，使得 C—X 具有一定双键的特征，即碳卤键变得更加牢固，如氯乙烯：

$$RCH{=\!=}CH{-}\overset{+}{C}H_2$$

2. 卤代烯丙型

卤代烯丙型化合物是卤原子与碳碳双键相隔一个饱和碳原子的卤代烯烃，其通式为：

$$(H)\ R{-}CH{=}CH{-}CH_2{-}X \qquad 如：CH_2{=}CH{-}CH_2{-}Cl$$

这类化合物的卤原子非常活泼，卤原子很容易被取代，其反应活泼性比叔卤代烷还大。例如，烯丙基氯与硝酸银的醇溶液作用时，在室温条件下可立即产生氯化银沉淀。

在烯丙型卤代烃中，卤原子与双键间不存在共轭效应，由于卤原子的电负性较大，容易获得一对电子离去，并且生成烯丙基碳正离子，因为此碳正离子中带正电荷的碳原子的空 p 轨道与相邻 π 键形成 p—π 共轭，使正电荷得以分散：

$$RCH{=}CH{-}\overset{+}{C}H_2$$

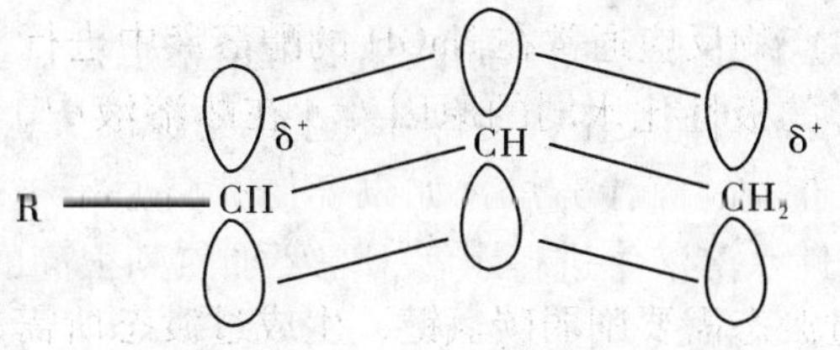

此碳正离子也可用共振结构式表示如下：

$$RCH{=}CH{-}\overset{+}{C}H_2 \longleftrightarrow R\overset{+}{C}H{-}CH{=}CH_2$$

此碳正离子比较稳定，因而容易生成，故此类卤代烯烃最容易发生取代反应。

3. 孤立型

这类卤代烯烃的结构特点是卤原子与双键相隔两个或两个以上饱和碳原子，其通式为：

$$(H)\ RCH{=}CH\ (CH_2)_n{-}X \quad (n \geq 2) \qquad 如：CH_2{=}CHCH_2CH_2Cl$$

此类卤代烯烃的卤原子和双键之间距离相对较远，相互影响很小，卤代烯烃本身不能形成共轭体系，解离生成碳正离子也不能形成共轭体系。因此，这类卤代烯烃中卤素的活泼性与卤代烷相似，当与硝酸银的醇溶液反应时，通常需要在加热条件下才能生成卤化银沉淀。

综上所述，不同结构的卤代烯烃进行亲核取代反应的活性次序为：

卤代烯丙型 > 孤立型 > 卤代乙烯型

5.3.5 卤代芳香的亲核取代反应

与卤代烯烃类似，芳烃分子中不同氢原子被卤素取代所生成的卤代烃的活泼性与其结构也有很大关系。当卤原子与苯环侧链的 α 饱和碳原子连接时，其卤原子的活泼性与卤代烯丙型化合物相似，是最活泼的卤代芳烃，室温条件下即可与硝酸银的醇溶液反应生成卤化银沉淀；当卤原子与苯环侧链上 α 饱和碳原子以外的饱和碳原子连接时，其卤原子的活泼性与孤立型卤代烯烃的活泼性相似，与硝酸银的醇溶液反应时，通常加热才能生成卤化银沉淀；当卤原子直接连接在苯环上时，其卤原子的活泼性与卤代乙烯型化合物相似，与硝酸银的醇溶液在加热的条件下也不能生成卤化银沉淀。例如，苄基氯能在室温下与硝酸银的醇溶液反应生成氯化银沉淀：

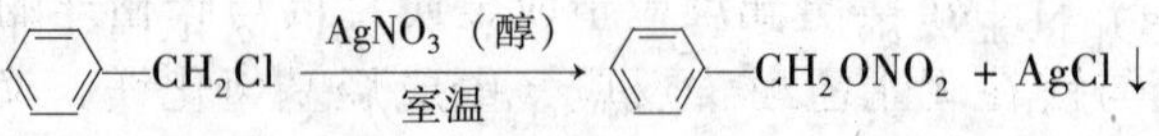

这是因为苄基氯解离所生成苄基碳正离子中存在着 p—π 共轭效应关系，使正电荷得到分散而更加稳定。

而氯苯即使在加热的条件下仍不能和硝酸银的醇溶液反应，这是因为氯苯分子中卤原子和苯环之间也存在着 p—π 共轭关系，使得苯环上的氯原子失去活泼性。

对于卤素直接连在苯环上的卤代芳烃，如果要使其卤原子被取代，通常需要更高的反应条件。例如，氯苯在碱性水溶液中进行水解，需要加热到很高的温度：

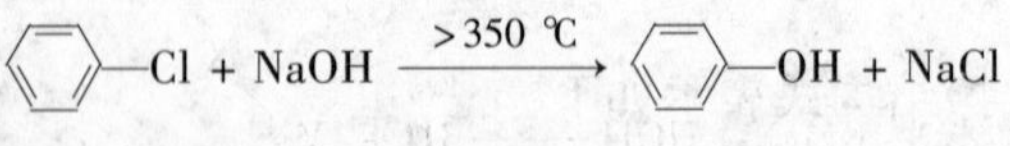

但是，当苯环上连有较强的吸电子基团时，尤其是吸电子基团在卤素的邻、对位时，使得卤素的活泼性增加，取代反应相对容易。例如：

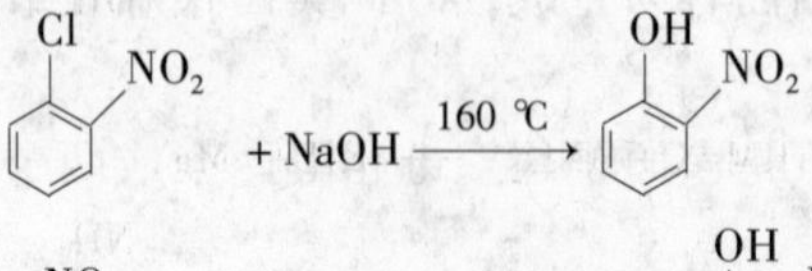

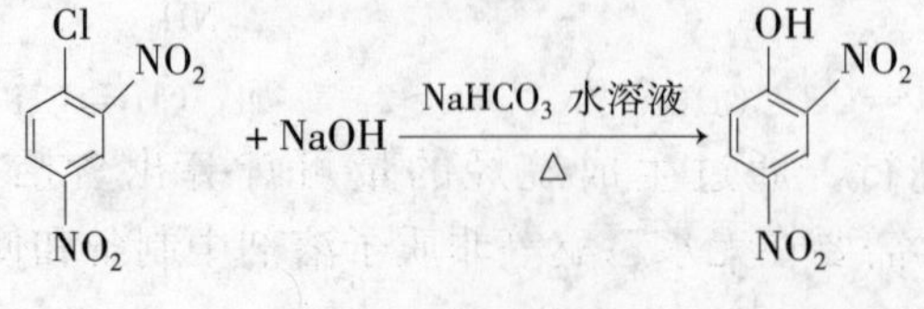

实验证明：芳环上发生的亲核取代反应为二级反应，但其反应机制与卤代烷烃的 S_N2 反应有所不同，亲核试剂与卤代苯首先发生加成反应，生成带负电荷的反应中间体，然后离去基团再离去，恢复苯环的大 π 键结构，与苯环亲电加成反应的机制有相似之处。

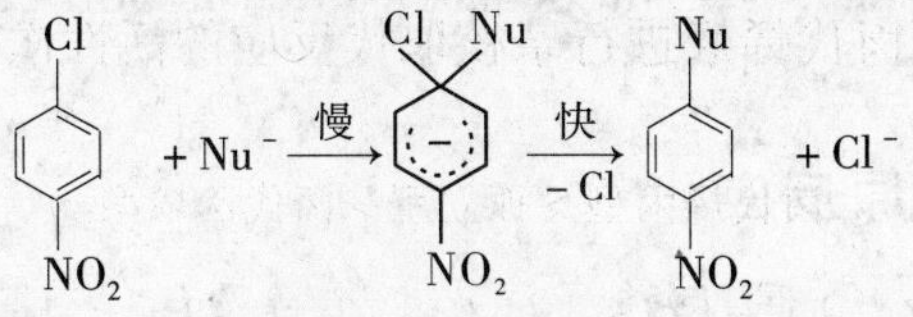

碳负离子中间体

大多数情况下，形成碳负离子中间体的一步是决定反应速率的步骤，因此，离去基团的种类对反应速率的影响通常较小。

[问题 5－5]　将下列各组化合物按和硝酸银的醇溶液反应的活性次序排列顺序。

（1）2－甲基－1－溴丁烷、2－溴－1－戊烯、3－氯环己烯

（2）2－溴戊烷、3－氯戊烷、1－氯戊烷、2－甲基－2－溴丁烷

5.3.6　Grignard 试剂的生成

卤代烃能与 Li、Na、K、Mg 等金属反应生成金属直接与碳相连的有机金属化合物。其中，最常见的是卤代烃与镁在无水乙醚中反应，生成烃基卤化镁，又称 Grignard 试剂，是有机合成中很常用的试剂。

$$R—X + Mg \xrightarrow{\text{无水乙醚}} RMgX$$

Grignard 试剂的 C—Mg 键具有较强的极性，碳原子带有较强的负电性。因此，Grignard 试剂是有机合成中常用的一种强亲核试剂，其化学性质非常活泼。Grignard 试剂遇到活泼氢类的化合物（如水、醇、氨等），能立即分解生成烷烃。例如：

$$RMgX + HOH \longrightarrow RH + Mg\begin{matrix} X \\ OH \end{matrix}$$

$$RMgX + R'OH \longrightarrow RH + Mg\begin{matrix} X \\ OR' \end{matrix}$$

$$RMgX + HNH_2 \longrightarrow RH + Mg\begin{matrix} X \\ NH_2 \end{matrix}$$

以上反应可以定量进行，通过生成烷烃的量可计算出含活泼氢化合物的量。由于 Grignard 试剂遇水分解，故需要在无水乙醚等非质子溶剂中制备和使用。

作为强亲核试剂，Grignard 试剂可以和醛、酮及二氧化碳等多种化合物发生加成反应。例如，Grignard 试剂与二氧化碳加成可以得到比原来卤代烃多一个碳原子的羧酸：

$$RMgX + CO_2 \xrightarrow{\text{低温}} RCOOMgX \xrightarrow{H_2O/H^+} RCOOH + Mg(OH)X$$

5.3.7 卤代烃的还原反应

卤代烷可经过多种途径还原为烷烃。催化氢化是还原方法之一。由于反应是断裂碳卤键，并在碳原子和卤素原子上各加一个氢原子，因此也称为氢解（hydrogenolysis）。

$$RX + H_2 \xrightarrow{Pd} R—H + H—X$$

某些金属（如锌）在醋酸等酸性条件下，也能还原卤代烷，反应中金属提供电子，酸提供质子。

$$CH_3CH_2\underset{\underset{Br}{|}}{C}HCH_3 \xrightarrow[CH_3COOH]{Zn} CH_3CH_2CH_2CH_3$$

氢化锂铝 $LiAlH_4$（lithium aluminium hydride）是提供氢负离子的还原剂。氢负离子对卤代烷进行 S_N2 反应，置换卤素得到烷烃。氢化锂铝是一种灰白色固体，对水特别敏感，遇水即分解，放出氢气，反应剧烈，因此反应须在无水条件下进行。

$$n-C_8H_{17}Br + LiAlH_4 \xrightarrow[\text{回流 1h}]{\text{四氢呋喃}} n-C_8H_{18}$$

$$LiAlH_4 + H_2O \longrightarrow H_2 + Al(OH)_3 + LiOH$$

氢化三正丁基锡 $(n-C_4H_9)_3SnH$（tributylstannic hydride）是另一种还原剂，其还原过程为自由基反应。此还原剂的优点是不与碳氧双键反应。

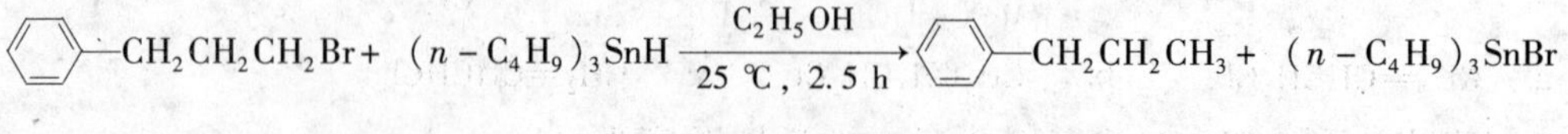

习　题

1. 完成下列反应式：

a. 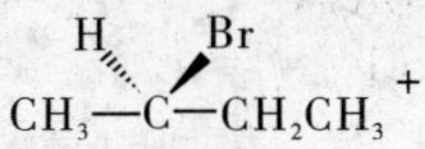 $+ {}^{-}SR \longrightarrow$ (　　　)

b. 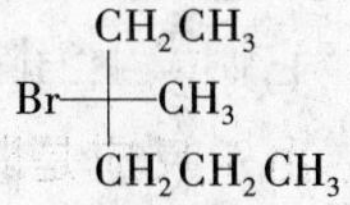 $+ CH_3OH \longrightarrow$ (　　　)

c. 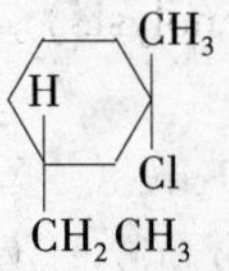 $+ H_2O \longrightarrow$ (　　　)

d. 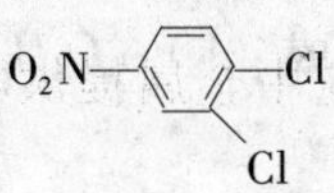 $\xrightarrow{Na_2CO_3,\ H_2O}$ (　　)

e. 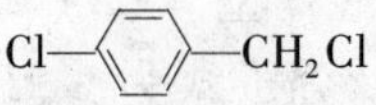 $\xrightarrow[H_2O]{NaOH}$ (　　　)

2. 下列化合物中，可用于制备相应的 Grignard 试剂的有（　　）。

a. $HOCH_2CH_2CH_2Cl$　b. $(CH_3O)_2CHCH_2Br$　c. $HC{\equiv}CCH_2Br$　d. $CH_3\overset{\overset{O}{\|}}{C}CH_2Br$

3. 下列化合物中，既能进行亲电取代反应，又能进行亲核取代反应的是（　　）。

a. 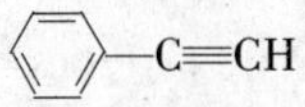　b. $CH{\equiv}CCH_2C{\equiv}N$　c. 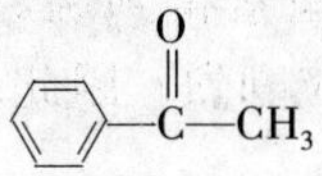　d. 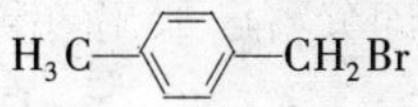

4. 用以下方法合成甲基叔丁基醚为什么不能成功？

$CH_3ONa + (CH_3)_3CBr \longrightarrow$

5. 比较下列卤代烃在 2% $AgNO_3$—乙醇溶液中反应活性大小，简述原因。

a. 　b. 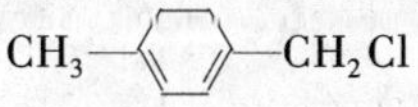

c. 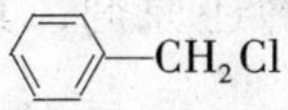　d. 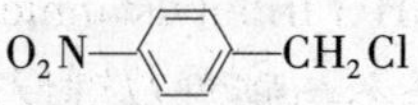

6. 下列化合物中哪一个最容易发生 S_N1 反应？

a. $CH_2{=}CHCH_2Cl$　b. $CH_3CH_2CH_2Cl$　c. $CH_2{=}CH\underset{}{\overset{\overset{CH_3}{|}}{C}}HCl$

7. 下列离子与 CH_3Br 进行 S_N2 反应的活性顺序为（　　）。

a. $C_2H_5O^- > OH^- > C_6H_5O^- > CH_3COO^-$

b. $OH^- > C_2H_5O^- > CH_3COO^- > C_6H_5O^-$

c. $CH_3COO^- > C_6H_5O^- > OH^- > C_2H_5O^-$

8. 排列下列化合物发生 S_N2 反应的活性顺序（　　）。

a. 溴甲烷　b. 溴乙烷　c. 2 - 溴丙烷　d. 2 - 溴 - 2 - 甲基丙烷

9. 化合物 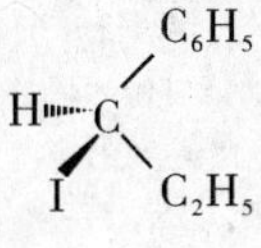 在丙酮—水溶液中放置时会转变为相应的醇，试从下面选项中选

出此醇的正确构型，并说明理由。

a. 构型保持不变　　b. 构型翻转　　c. 外消旋化　　d. 内消旋化

10. 下列卤代烃发生消除反应生成烯烃速率最快的是：

a. 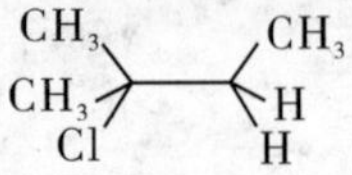　b. 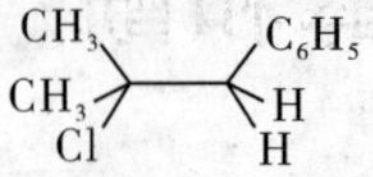　c. 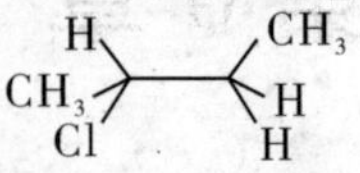　d. 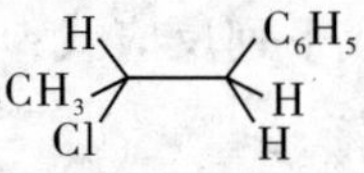

11. 试解释在3－溴戊烷的消除反应中制得的反－2－戊烯比顺式的产量高的原因。

12. 画出 cis－和 trans－4－叔丁基环己基溴的稳定的构象结构式，它们发生消除时何者较快，为什么？

13. 用简单的化学实验方法区别下列各组化合物：

氯乙烯，氯乙烷，烯丙基氯，苄基氯

14. 某烃（A）分子式为 C_4H_8，在常温下与 Cl_2 反应生成分子式为 $C_4H_8Cl_2$ 的（B），在光照下与 Cl 反应生成分子式为 C_4H_7Cl 的（C），（C）与 NaOH/H_2O 作用生成（D）（C_4H_8O），（C）与 NaOH/C_2H_5OH 反应生成（E）（C_4H_6），（E）与顺丁烯二酸酐反应生成（F）（$C_8H_8O_3$），写出 A～F 的结构式及相应的反应式。

15. 某烃为链式卤代烯烃（A），分子式为 $C_6H_{11}Cl$，有旋光性，S 构型。（A）水解后得（B），分子式为 $C_6H_{11}OH$，构型不变。但（A）催化加氢后得（C），分子式为 $C_6H_{13}Cl$，旋光性消失，试推测 A、B、C 的结构。

第 6 章　醇和酚

醇和酚是一类含氧的有机化合物，均为含烃的羟基（—OH）衍生物。羟基是有机化合物中最重要的官能团之一。烃分子中饱和碳原子上的氢被羟基取代所得的衍生物称为醇（alcohol）；芳烃中芳环上的氢被羟基取代所得的衍生物称为酚（phenol）。醇是制备其他有机化合物的重要原料，由醇可以制得醛、酮、羧酸、酯、烃和卤代烃等多种化合物。醇羟基的氢可以被活泼金属所取代而显示一定的酸性，羟基氧上的未共用电子对又可作为亲核基团发生亲核取代反应。通过对本章内容的学习，将为其他含氧化合物的学习奠定一定的基础。

6.1　醇

6.1.1　醇的结构、分类和命名

1. 醇的结构

醇的结构特点是羟基直接和饱和碳原子结合，醇羟基中的氧和水分子中氧的杂化状态相同，都是 sp^3 不等性杂化，C—O—H 的键角接近 sp^3 杂化的角度。例如，甲醇中C—O—H的键角为 108.9°，两对未共用电子对分别位于两个 sp^3 杂化轨道中：

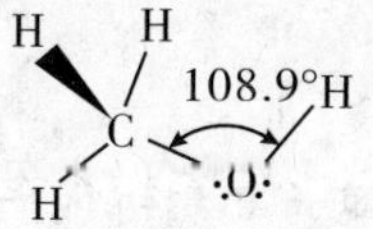

2. 醇的分类

根据羟基所连接的饱和碳原子类型，可将醇分为三类，即伯醇（一级醇，1°醇）、仲醇（二级醇，2°醇）和叔醇（三级醇，3°醇）。

根据分子中所含羟基数目的多少，醇又分为一元醇、二元醇和三元醇。含两个以上羟基的醇统称为多元醇。

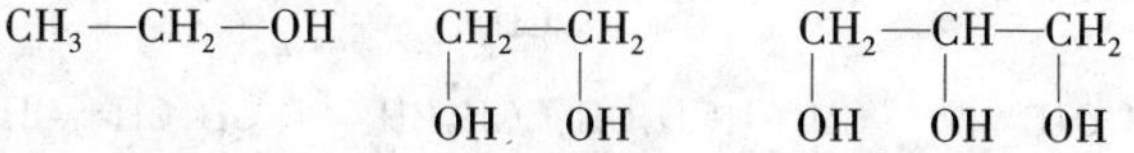

一元醇　　二元醇　　三元醇

还可以根据羟基所连的烃基结构不同分为饱和醇、不饱和醇和芳香醇。

CH_3CH_2OH　　$CH_2{=}CHCH_2OH$　　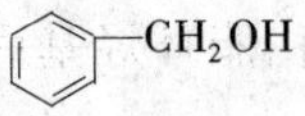

饱和醇　　不饱和醇　　芳香醇

两个羟基在同一个碳原子上的二元醇称为偕二醇。偕二醇结构很不稳定，容易脱水变成羰基化合物：

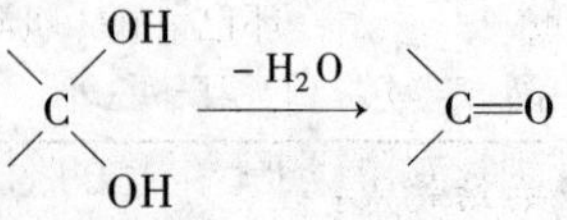

羟基连在双键上的醇称为烯醇，烯醇通常也不稳定，容易重排为羰基化合物，例如：

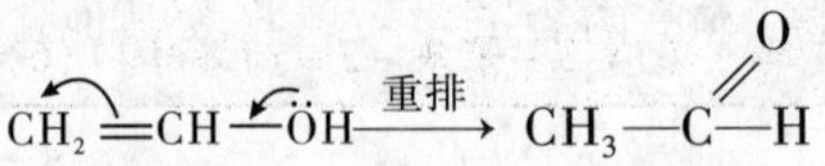

乙烯醇　　乙醛

虽然乙烯醇等简单的烯醇结构不稳定，但有些特殊的烯醇式结构也是比较稳定的。

3. *醇的命名*

对于结构简单的醇通常用普通命名法命名，命名方法是在“醇”字前面加上烃基名称，通常省去“基”字。例如：

CH_3OH 甲醇　　$(CH_3)_2CHOH$ 异丙醇　　$CH_3CH_2CH_2CH_2OH$ 正丁醇

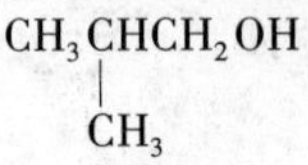

异丁醇

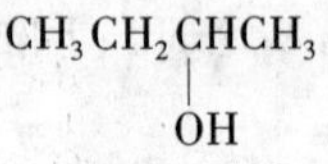

仲丁醇

结构比较复杂的醇用系统命名法命名。系统命名法的命名原则为：①选择包含羟基所在碳原子的最长碳链为主链（不饱和一元醇的命名应选择包含羟基所在的碳原子及不饱和键在内的最长的碳链为主链），主链的命名与普通命名法相同；②主链从距羟基最近端开始编号；③羟基的位置用阿拉伯数字表示，置于母体醇名称之前，不饱和键和其他取代基的位置、数目、名称则依次写在羟基位号之前。英文命名是用词尾 ol 代替烷烃词尾 ane 中的 e。二元醇词尾用 diol，三元醇词尾用 triol，命名时为了便于发音，保留烷烃名称词尾中的 e。

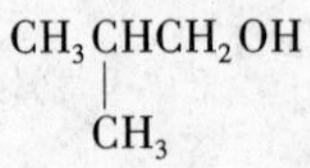

2－甲基－1－丙醇

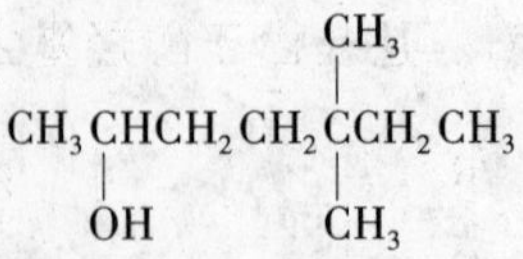

5,5－二甲基－2－庚醇

$CH_3CH{=}CHCH_2CH_2OH$

3－戊烯－1－醇

脂环醇的命名是由脂环烃基后加“醇”字构成：

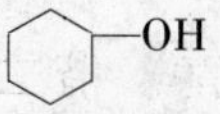

环己醇

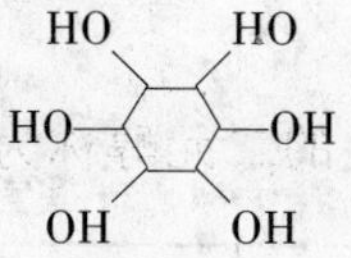

环己六醇(肌醇)

[问题 6-1]　命名或写出下列化合物的结构式：

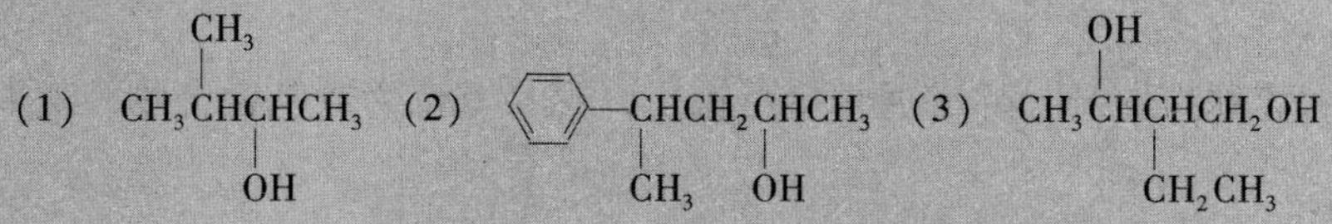

(4) 2-乙基-4-氯-1-丁醇　(5) 3-苯基-2-丙烯醇　(6) 4-甲基-1，2-戊二醇

6.1.2　醇的物理性质

低级一元醇为无色中性液体，具有特殊的气味和辛辣的味道；甲醇、乙醇和丙醇可与水以任意比例混溶；4～11 个碳原子的醇为油状黏稠液体，仅部分溶解于水，高级醇为无色、无味的蜡状固体，几乎不溶于水。其中甲醇毒性很大，主要损害视神经系统，严重甲醇中毒可导致失明甚至死亡，工业乙醇及变性乙醇中都混有甲醇，所以不能作为饮料用。

醇在水中溶解度的大小取决于亲水性羟基和疏水性烃基所占的比例大小。对于 3 个碳原子以下的低级醇或多元醇，因烃基所占比例较小，羟基与水分子之间可以形成很强的氢键：

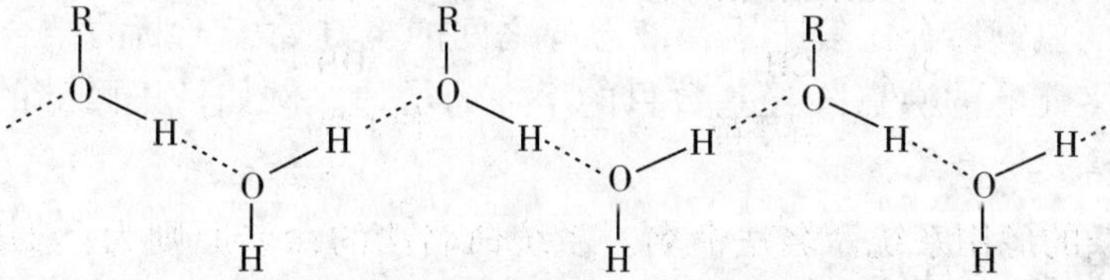

醇与水之间的氢键结合力大于烃基与水之间的排斥力，醇可与水混溶。随着醇分子中烃基的增大，烃基与水之间的排斥力也逐渐加大，疏水的烃基与水之间的排斥力逐渐占主导作用，醇在水中的溶解度明显下降。

醇的沸点随着相对分子质量的增大而升高，在直链的同系列中，10 个碳以下的相邻醇之间的沸点差为 18 ℃～20 ℃；多于 10 个碳的相邻醇之间沸点差变小。醇的沸点比相对分子质量相近的烃类高得多。例如，甲醇（相对分子质量 32）的沸点为 64.7 ℃，而乙烷（相对分子质量 30）的沸点为 -88.5 ℃。这是由于醇羟基之间可通过氢键缔合的缘故：

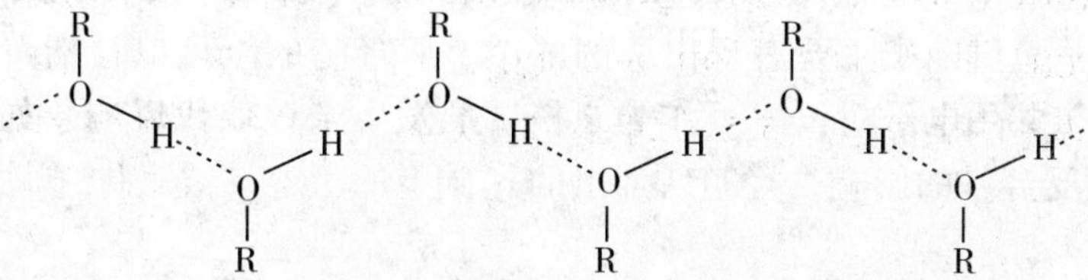

随着醇相对分子质量的增大，烷基对整个醇分子的影响越来越大，醇的物理性质越来越接近烷烃。一元醇的密度虽然比相应的烷烃大，但仍小于水的密度。一些常见醇的物理常数见表 6－1。

表 6－1　一些常见醇的物理常数

名称		熔点/℃	沸点/℃	密度/$g \cdot cm^{-3}$	水溶解度/ $g \cdot 100\ mL^{-1}$
甲醇	methanol	－97.8	64.7	0.792	∞
乙醇	ethanol	－117.3	78.3	0.789	∞
正丙醇	1－propanol	－126.0	97.8	0.804	∞
2－丙醇	2－propanol	－88.0	82.3	0.786	∞
正丁醇	1－butanol	－90.0	117.8	0.810	7.9
正戊醇	1－pentanol	－78.5	138.0	0.817	2.3
正己醇	1－hexanol	－52.0	156.5	0.819	0.6
正庚醇	1－heptanol	－34.0	176.0	0.822	0.2
正辛醇	1－octanol	－15.0	195.0	0.825	0.05
正癸醇	1－decanol	6.0	232.9	0.829	–
正十二醇	1－dodecanol	24.0	262.0	0.831	–
环戊醇	cyclopentanol	－17.0	141.0	0.948	微溶
苯甲醇	benzyl alcohol	－15.0	205.0	1.040	4.0
乙二醇	ethanediol	－12.6	197.5	1.113	∞
1，2－丙二醇	1，2－propanediol	－59.0	189.0	1.038	∞
甘油	glycerol	18.0	290.0	1.260	∞

固态醇之间的氢键缔合比较牢固，液态醇之间的氢键处于不断的结合—断开—再结合的动态变化中。多元醇的沸点随羟基数目的增加而增加。例如，正丙醇的沸点为97.8 ℃，而丙三醇的沸点高达 290 ℃。

6.1.3　醇的化学性质

醇的化学性质主要由羟基所决定，由于氧的电负性较大，与氧相连的共价键都具有很强的极性。

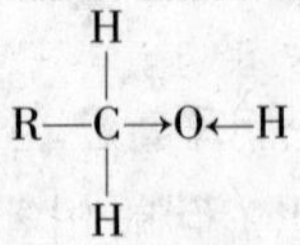

在化学反应中，碳—氧（C—O）键和氧—氢（O—H）键都可以发生断裂。碳—氧键的断裂主要是发生羟基被其他原子或基团所代替的亲核取代反应，以及脱去羟基及 β－H 的消除反应；氧—氢键断裂主要表现出醇的酸性，醇羟基的氢可以被活泼金属所置换；此外，羟基氧上有未共用电子对，醇可作为亲核试剂发生亲核取代反应，如酯化反应、生成缩醛（酮）等；受羟基的影响，羟基所连接的 α 碳上的氢容易被氧化（脱氢）。

1. 羟基的酸性

醇在结构上还可看成是水的烃基衍生物，实际上醇与水有很多相似的性质。醇和水都含有和氧原子结合的氢原子，这个氢原子都具有一定的酸性。由于烷基是斥电子基团，所以醇的酸性比水要弱，醇的 pK_a（16~18）比水的 pK_a（15.7）大。与水的性质相似，醇与活泼碱金属或碱土金属反应也能放出氢气。例如：

$$HOH + Na \longrightarrow NaOH + 1/2\ H_2$$

$$ROH + Na \longrightarrow \underset{\text{醇钠}}{RONa} + 1/2\ H_2$$

因为醇羟基的氢原子的活泼性比水的氢原子的活泼性低得多，所以，醇与活泼金属的反应速率比水与活泼金属的反应速率小。虽然乙醇与金属钠的反应也比较剧烈，反应放出大量的热，但不燃烧，也不爆炸。当乙醇中含水时，金属钠首先与酸性较强的水反应，生成氢氧化钠和氢气，反应剧烈，反应释放出的热能使氢气燃烧。随着醇分子中烃基的加大和碳链的增长，醇与金属钠的反应速率减慢，高级醇与金属钠的反应很慢，甚至不易进行。不同结构的醇的反应活性也不相同，各类醇与金属钠的反应活性顺序为：

甲醇 > 伯醇 > 仲醇 > 叔醇

醇钠的碱性比氢氧化钠的碱性更强，只能在醇溶液中保存，醇钠遇到水会立即与水反应，游离出醇。例如：

$$CH_3CH_2ONa + H\text{—}OH \rightleftharpoons NaOH + CH_3CH_2OH$$

上述反应是一种较强的酸（H—OH）把较弱的酸（RO—H）从它的盐中置换出来的反应。换言之，是较强的碱（$CH_3CH_2O^-$）夺取了 H_2O 分子中的质子。这也证明了醇的酸性比水弱（甲醇除外），而 RO^- 的碱性比 OH^- 强。下面是一些分子及其所产生的离子的酸碱性比较：

酸性：$H_2O > ROH > RH$

碱性：$R^- > RO^- > OH^-$

烷氧基负离子 RO^- 的碱性很强，它们的碱性强度与其共轭酸的酸性强度相反。叔丁醇是个弱酸，而叔丁氧基负离子则是强碱。不同结构醇钠的碱性强弱次序是：

叔醇钠 > 仲醇钠 > 伯醇钠

[问题 6-2]　请比较正丁醇、仲丁醇、异丁醇和叔丁醇的酸性大小及其相应的醇钠的碱性大小并排序。

2. 醇羟基的取代反应

醇与氢卤酸反应，使C—O键断裂，羟基被卤素所取代，生成卤代烃。这是有机合成中制备卤代烃的反应方法之一。

$$R{-}OH + HX \rightleftharpoons R{-}X + H_2O$$

醇与氢卤酸的反应活性与醇的结构及氢卤酸的种类有关。不同氢卤酸及不同醇的反应活性顺序为：

$$HI > HBr > HCl$$

叔醇 > 仲醇 > 伯醇

在上述反应中，活性最低的HCl在没有催化剂的条件下只能与叔醇反应，而与伯醇和仲醇很难发生反应。伯醇和仲醇只有在无水氯化锌的催化下，才能与浓盐酸发生反应。在此条件下，伯醇与仲醇的反应速率也有所不同。无水氯化锌和浓盐酸的混合物称为Lucas试剂。六个碳以下的醇可以溶解于Lucas试剂中，而生成的取代产物氯代烷则难溶于Lucas试剂中，产生细小的油状液滴使Lucas试剂变浑浊，可根据溶液变浑浊的速率确定醇的类别。叔醇与Lucas试剂在室温下立即发生取代反应，使溶液变浑浊；仲醇一般需数分钟后才有明显的反应现象；而伯醇在室温下放置一小时也观察不到反应现象。因此，Lucas试剂通常用来鉴别六个碳以下的伯醇、仲醇和叔醇。

醇与氢卤酸的反应是在酸催化下的亲核取代反应，其反应机制与卤代烃的亲核取代反应相似。首先是氢卤酸使醇羟基质子化，使碳—氧键的极性增加，从而发生断裂，卤素负离子作为亲核试剂，取代了质子化的醇羟基，生成取代产物。根据醇的结构，反应可按S_N1也可按S_N2机制进行。叔醇或烯丙醇的反应主要按S_N1机制进行，有碳正离子中间体产生。

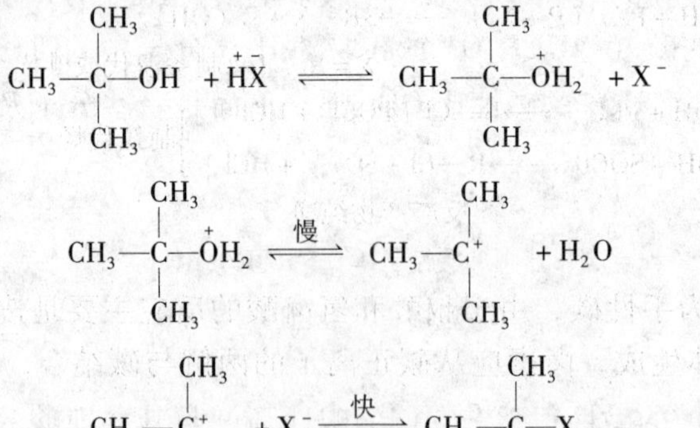

伯醇的取代主要按S_N2机制进行反应，卤素负离子的进攻与质子化羟基的断裂一步完成。

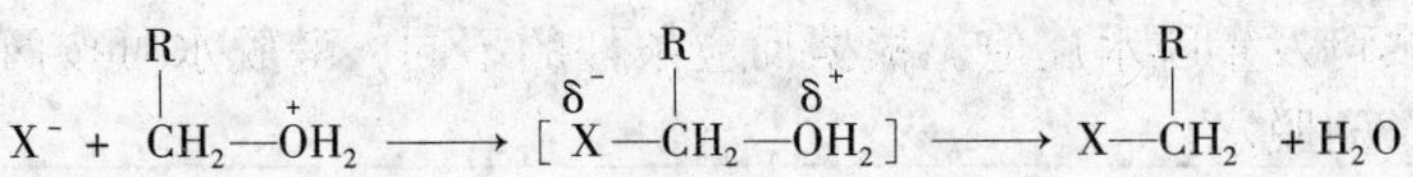

根据反应条件不同，仲醇与氢卤酸反应既可按 S_N2 机制进行，也可按 S_N1 机制进行。

有些醇和氢卤酸发生取代反应时，容易出现分子重排现象，生成与原来碳架不同的取代产物。例如：

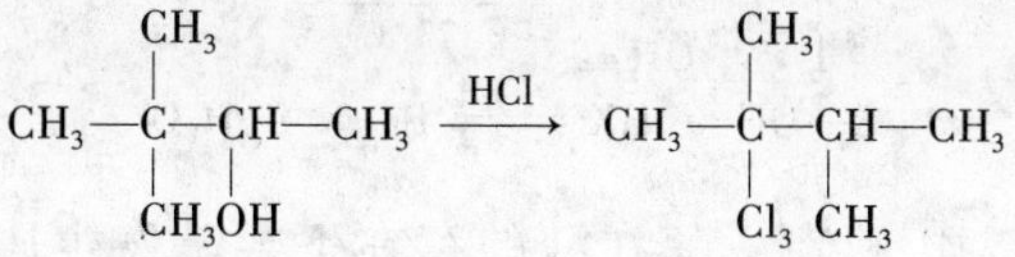

这是因为在发生 S_N1 取代反应过程中，质子化的醇首先脱去水分子生成仲碳正离子，然后邻位碳原子上的甲基带着一对电子迁移到仲碳正离子上，重排为更稳定的叔碳正离子，叔碳正离子再与氯负离子结合，生成重排的取代产物。

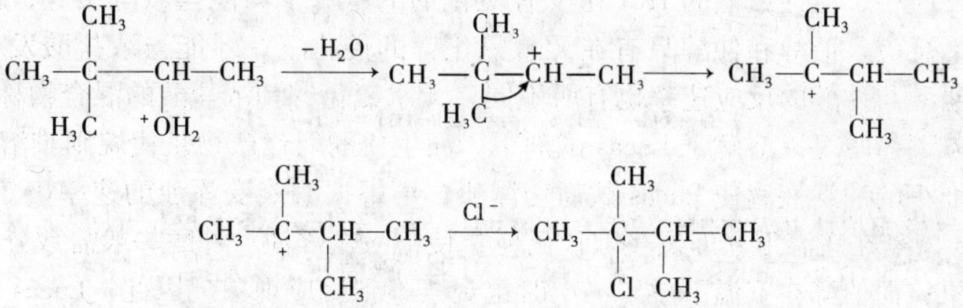

用氢卤酸和醇的反应制备卤代烃时，有时会发生重排反应，生成与原来碳架不同的卤代烃。为了避免这种现象发生，制备卤代烃时通常用卤化磷（PX_3、PX_5）或氯化亚砜（$SOCl_2$）作为醇的卤代试剂，尤其是用 $SOCl_2$ 时，产生的副产物是 SO_2 和 HCl 两种气体离开反应体系，使反应容易向生成物的方向进行，而且产物容易分离纯化。例如：

$$3ROH + PX_3\ (P + X_2) \longrightarrow 3R{-}X + P(OH)_3$$

X = Br、I（制备溴代或碘代烃）

$$\left.\begin{array}{l} ROH + PCl_5 \longrightarrow R{-}Cl + POCl_3 + HCl\uparrow \\ POH + SOCl_2 \longrightarrow R{-}Cl + SO_2\uparrow + HCl\uparrow \end{array}\right\}\text{制氯代烃}$$

此反应产物纯净

如果叔醇的 α 碳为手性碳，由于叔醇和氢卤酸的反应主要是按 S_N1 机制进行，反应过程中有碳正离子中间体生成，卤素应从碳正离子的两侧与碳结合，故所生成的卤代产物应为外消旋产物。

[问题 6-3]　用化学方法鉴别下列化合物：

3-甲基-2-丁醇、2，3-二甲基-2-丁醇、3，3-二甲基-1-丁醇

3. 脱水反应

醇与浓酸共热可发生脱水反应。根据反应条件的不同，醇脱水可按两种方式进行，即分子内脱水和分子间脱水。

（1）分子内脱水。醇在浓 H_2SO_4 等浓酸的催化下加热，分子内脱去一分子水生成烯烃，

此反应属于消除反应。例如：

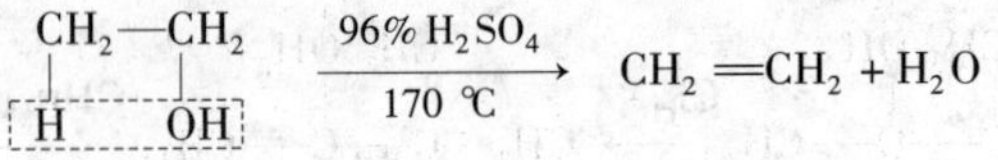

醇分子内脱水主要按 E1 机制：醇在酸的存在下羟基发生质子化，质子化后增加了 C—O 键的极化，使 C—O 更容易断裂，使其脱去一分子水形成碳正离子中间体，然后再消除 β—H 生成产物——烯烃：

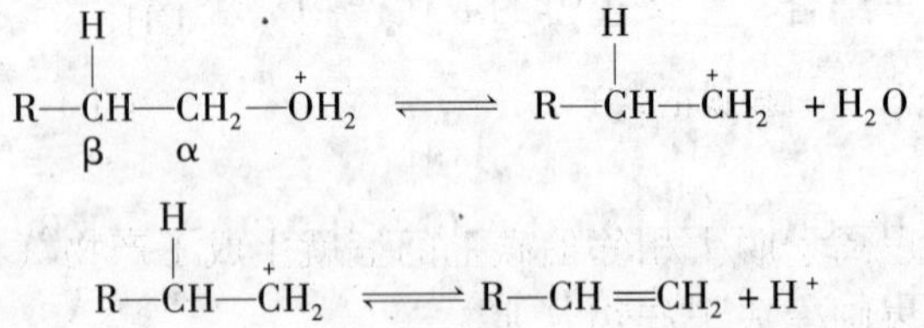

其中第一步生成碳正离子的反应是较慢的反应，它决定整个反应的速率，所以碳正离子的稳定性决定整个反应的速率。碳正离子中间体越稳定，就越容易脱水，整个反应就越容易进行。因为碳正离子的稳定性次序为：叔碳正离子 > 仲碳正离子 > 伯碳正离子。

所以不同醇的脱水活性的顺序为：叔醇 > 仲醇 > 伯醇。

例如：

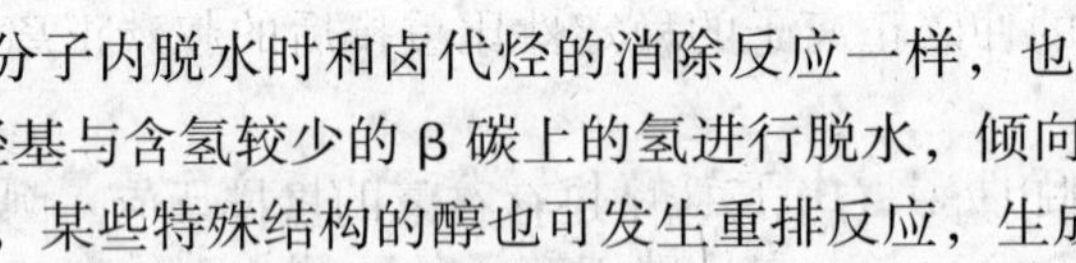

叔醇与氢卤酸按 S_N1 机制的反应中也产生碳正离子中间体，故反应产物中除了取代物外，不可避免地也有烯烃的产生。

仲醇和叔醇在进行分子内脱水时和卤代烃的消除反应一样，也有消除方向的选择，也遵守 Saytzeff 规律，即羟基与含氢较少的 β 碳上的氢进行脱水，倾向于生成 Saytzeff 烯烃。

在醇的脱水反应中，某些特殊结构的醇也可发生重排反应，生成烯烃混合物。

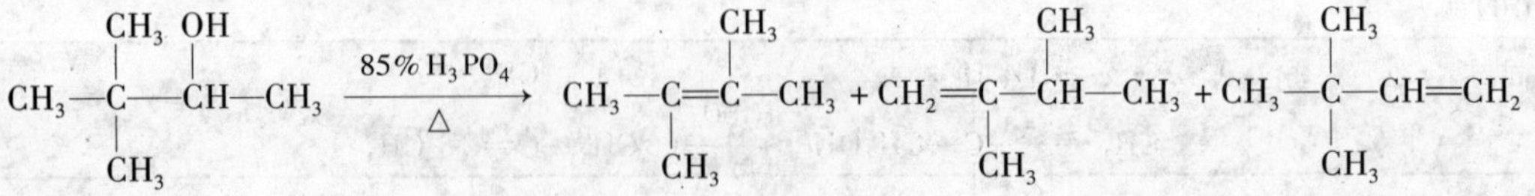

（Ⅰ）约 80%　　（Ⅱ）约 20%　　（Ⅲ）约 0.4%

这也是中间体仲碳正离子重排成更稳定的叔碳正离子的结果。其过程经历了下面四个步骤：醇羟基先质子化，形成质子化醇；质子化醇接着脱去 1 分子水形成仲碳正离子；由于仲碳正离子不如叔碳正离子稳定，接着甲基发生 1，2－迁移，形成更稳定的叔碳正离子；

最后脱去相邻碳原子的叔氢生成反应主产物。

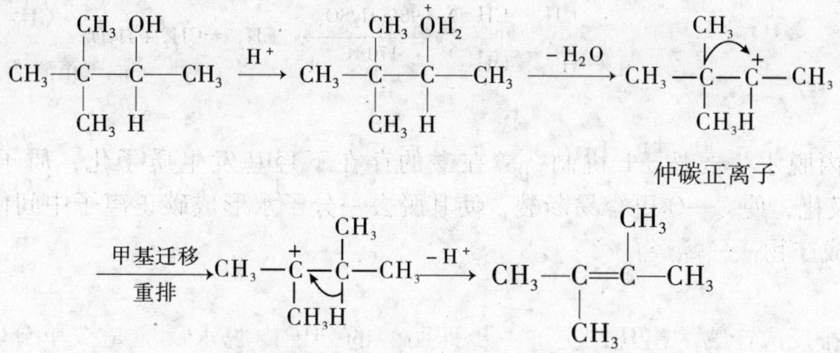

叔碳正离子　　　　　　　　（Ⅰ）

如果重排后的叔碳正离子脱去相邻伯碳上的氢就生成了产物（Ⅱ）；而未重排的仲碳正离子脱去相邻伯碳上的氢则生成了产物（Ⅲ）。

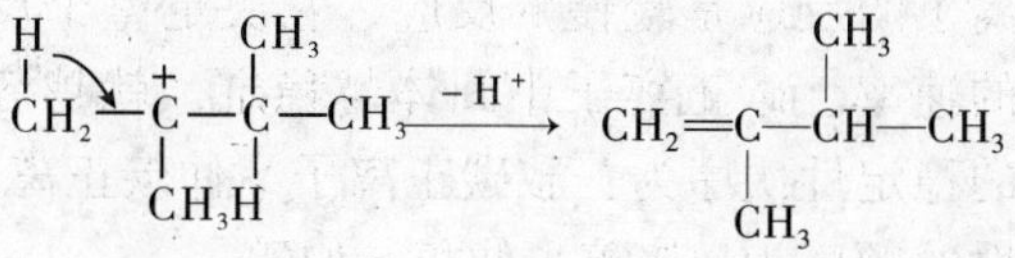

（Ⅱ）

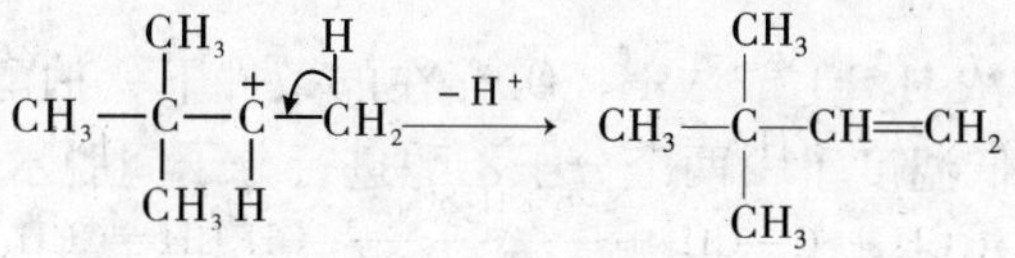

（Ⅲ）

因为重排后的叔碳正离子脱去相邻叔碳上的氢生成的产物（Ⅰ）属于 Saytzeff 烯烃，而脱去相邻伯碳上的氢生成的产物（Ⅱ）则不是 Saytzeff 烯烃，所以产物（Ⅱ）的产率比产物（Ⅰ）低。而重排前的仲碳正离子的稳定性比重排后的叔碳正离子低，故产物（Ⅲ）的产率更低。

除了上述的甲基重排以外，有机反应中还存在氢的重排反应。例如，2，3－二甲基－1－丁醇在硫酸催化下于 140 ℃加热，主要产物是 2，3－二甲基－2－丁烯。

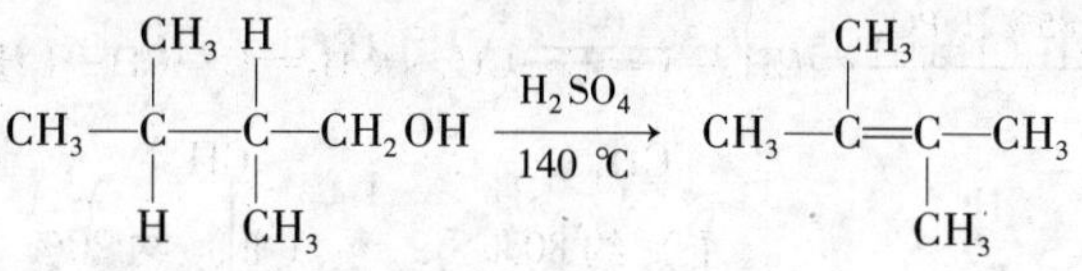

其重排机制与上例相似。所不同的是，重排发生的是负氢 1，2－迁移而不是甲基 1，2－迁移（一般氢迁移比甲基迁移更容易）。

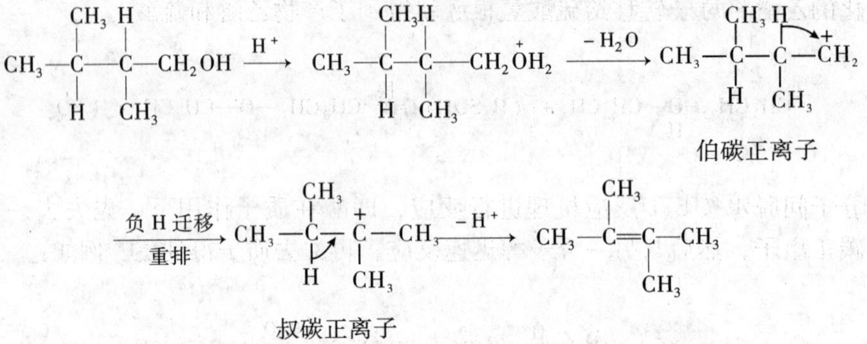

以上重排反应产物的出现，更进一步证明醇的分子内脱水反应是按单分子机制（E1）进行的。通过以上反应机制的探讨可知：当反应过程中有碳正离子产生时，除了可发生取代反应外，还可以发生消除反应，同时还可能发生分子重排。换句话说，同时有取代产物、消除产物及重排反应产物生成的反应一定有碳正离子中间体生成。

因为五元环和六元环比较稳定，所以 1，4 - 二醇或 1，5 - 二醇受热可进行分子内脱水，生成环醚。此反应可用于环醚的制备。

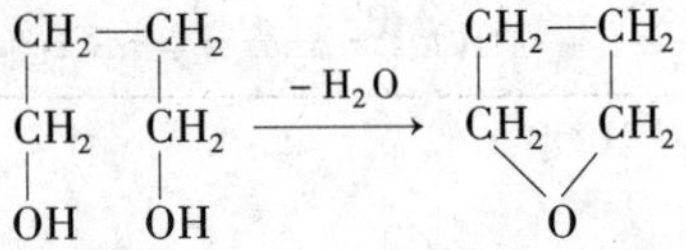

（2）分子间脱水。在浓 H_2SO_4 或浓 H_3PO_4 存在的条件下，伯醇还可以进行分子间脱水生成醚。例如，在相对较低温度下，两个分子乙醇进行分子间脱水可生成乙醚：

$$CH_3CH_2OH + HOCH_2CH_3 \xrightarrow[140\ ℃]{浓\ H_2SO_4} CH_3CH_2OCH_2CH_3 + H_2O$$

如果两种不同的伯醇之间脱水，则得到三种醚的混合物。因此，伯醇之间脱水的方法只适合制备单醚，而不适合制备混醚。混醚的制备可利用伯卤代烃与醇钠反应。

伯醇分子间脱水也是亲核取代反应，反应主要按 S_N2 反应机制进行。以生成乙醚的反应为例，首先是乙醇在酸中质子化，然后另一分子乙醇作为亲核试剂从羟基的背面进攻羟基所在的碳原子，经过一个过渡态，最后生成取代产物。

$$CH_3CH_2\ddot{O}H + H_2SO_4 \overset{快}{\rightleftharpoons} CH_3CH_2\overset{+}{O}H_2 + H_2SO_4^-$$

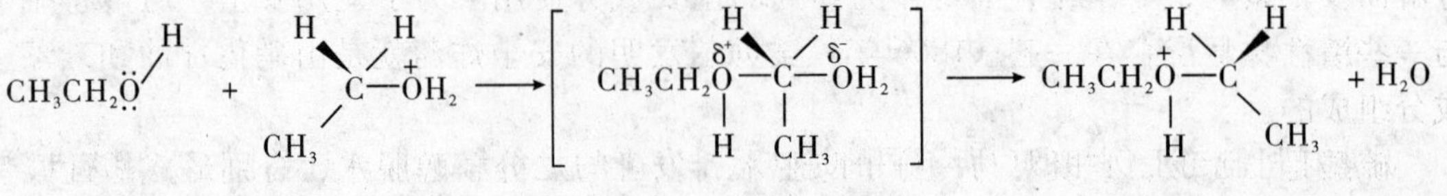

质子化的乙醚将质子转移给硫酸氢根后就得到了产物乙醚和硫酸。

$$CH_3CH_2-\overset{+}{\underset{H}{O}}-CH_2CH_3 + (H_2SO_4^-) \xrightleftharpoons{\text{快}} CH_3CH_2-O-CH_2CH_3 + H_2SO_4$$

仲醇分子间脱水按 S_N1 反应机理进行反应，即醇在质子作用下，先失去一分子水，形成稳定的碳正离子，然后与另一分子醇迅速反应，再失去质子得到醚。例如：

$$(CH_3)_2CHOH \xrightleftharpoons{H^+} (CH_3)_2CH\overset{+}{O}H_2 \xrightleftharpoons{-H_2O} (CH_3)_2\overset{+}{C}H$$

$$(CH_3)_2\overset{+}{C}H + HOCH(CH_3)_2 \rightleftharpoons (CH_3)_2CH\underset{+}{\overset{H}{O}}CH(CH_3)_2 \xrightleftharpoons{-H^+} (CH_3)_2CHOCH\ (CH_3)_2$$

叔醇在酸催化下加热主要发生分子内脱水，产物为烯烃，所以不能用此方法制备叔醇的醚。叔醇的醚也应通过醇钠与伯卤代烃的反应制备得到。

[问题 6-4]　下列各醇分别在酸催化下进行分子内脱水反应，写出各醇所得两种烯烃的结构，并指出何者为主要产物。

(1) 1-甲基环己醇　　(2) 2，3-二甲基-2-丁醇

(3) 2-甲基-3-戊醇　　(4) 1-苯基-2-丁醇

4. 无机含氧酸酯的生成

醇与酸（无机酸或有机酸）之间脱水所生成的产物称为酯。醇与有机酸之间脱水生成有机酸酯；醇与无机含氧酸（如硝酸、亚硝酸、硫酸和磷酸等）之间脱水，也可生成相应的无机酸酯。例如：

$$ROH + HONO_2 \rightleftharpoons RONO_2 + H_2O$$

甘油与硝酸反应可生成甘油三硝酸酯，又称硝化甘油（glyceryl trinitrate）：

$$\begin{array}{l} CH_2-OH \\ | \\ CH-OH \\ | \\ CH_2-OH \end{array} + 3HONO_2 \xrightarrow{H_2SO_4} \begin{array}{l} CH_2-ONO_2 \\ | \\ CH-ONO_2 \\ | \\ CH_2-ONO_2 \end{array} + 3H_2O$$

甘油三硝酸酯

甘油三硝酸酯是一种用于缓解心绞痛的药物（即硝酸甘油）；多数硝酸酯受热后能猛烈分解而发生爆炸，如硝化甘油可作为炸药的主要成分使用。为了使用安全，通常将硝酸酯与一些惰性材料混合在一起。1866 年，诺贝尔发明的安全炸药就是由硝化甘油和硅藻土等成分组成的。

硫酸是二元酸，它既可与一分子醇脱水，也可与二分子醇脱水，分别形成酸性酯和中性酯。

$$CH_3CH_2OH + HOSO_2OH \rightleftharpoons CH_3CH_2OSO_2OH + H_2O$$

硫酸氢乙酯（酸性硫酸酯）

$$CH_3CH_2OH + CH_3CH_2OSO_2OH \rightleftharpoons CH_3CH_2OSO_2OCH_2CH_3 + H_2O$$

硫酸二乙酯（中性硫酸酯）

硫酸二甲酯和硫酸二乙酯都是很好的烷基化试剂，可以用作向有机分子中导入甲基或乙基的试剂。其中硫酸二甲酯为无色剧毒的液体，使用时应注意安全；高级醇（$C_8 \sim C_{18}$）的硫酸酯可作为洗涤剂的原料。另外，人体内软骨中也含有硫酸酯结构的硫酸软骨质。

磷酸是三元酸，可与醇形成各种不同的磷酸酯。例如：

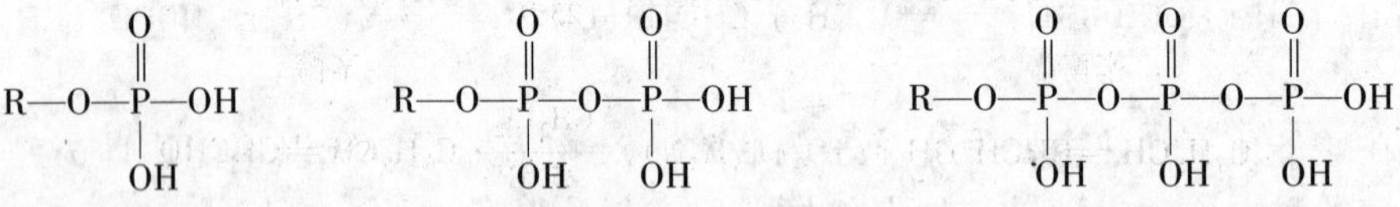

单磷酸酯　　焦磷酸酯　　三磷酸酯

磷酸氢二烷基酯　　磷酸氢三烷基酯

5. 醇的氧化和脱氢反应

在有机反应中，通常将去氢或加氧的反应称为氧化反应（oxidation），将加氢或脱氧的反应称为还原反应（reduction）。

伯醇和仲醇的羟基所连的碳原子上都有氢原子，该氢原子受羟基的影响，变得比较活泼，可以发生加氧或去氢反应。常用的氧化试剂有高锰酸钾（$KMnO_4$）或重铬酸钾（$K_2Cr_2O_7$）酸性溶液。伯醇首先氧化成醛，醛更容易被氧化，进一步氧化成羧酸。因此，用伯醇制备醛时，必须及时分离出氧化所生成的醛，以免继续被氧化生成羧酸，通常可用蒸馏的方法分离出已生成的醛，此方法仅适合制备沸点在 100 ℃以内的醛；仲醇氧化生成酮，酮比较稳定，不易继续被氧化。

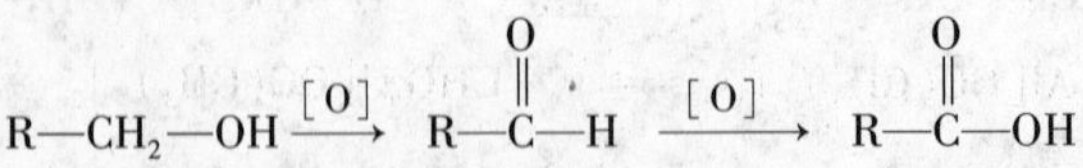

伯醇　　醛　　羧酸

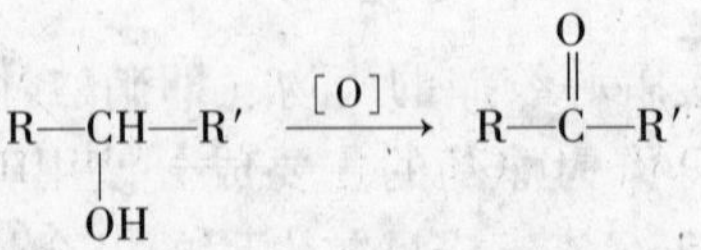

仲醇　　酮

叔醇与羟基相连的碳上没有氢原子，一般不被上述氧化剂所氧化。如果用更强的氧化条件，如与酸性高锰酸钾一起加热，可使叔醇氧化断链，生成小分子氧化产物。例如：

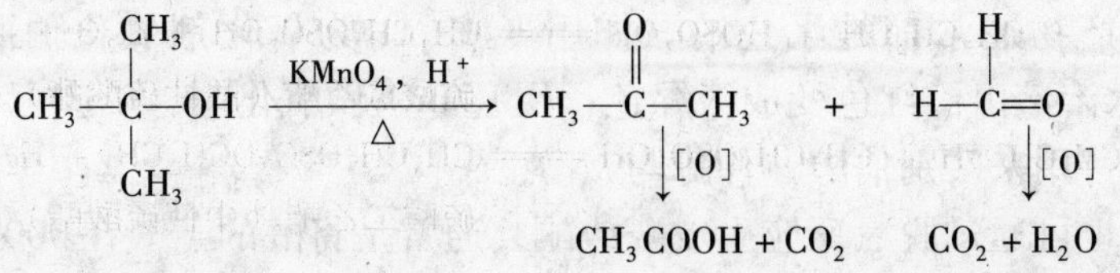

如果在无水的条件下使用 CrO_3 - 吡啶（C_5H_5N）配合物的 CH_2Cl_2 溶液氧化伯醇，可以使氧化反应停留在生成醛的阶段。CrO_3 - 吡啶配合物的 CH_2Cl_2 溶液被称为 Sarrett 试剂（也称 Collins 试剂）。

$$CH_3(CH_2)_6CH_2OH + CrO_3(C_5H_5N)_2 \xrightarrow[25\ ^\circ C]{CH_2Cl_2} CH_3(CH_2)_6CHO$$

辛醇　　　　　　　　　　　　辛醛

$$C_6H_5CH{=}CHCH_2OH + CrO_3(C_5H_5N)_2 \xrightarrow[25\ ^\circ C]{CH_2Cl_2} C_6H_5CH{=}CHCHO$$

苯丙烯醇　　　　　　　　　　　　苯丙烯醛

CrO_3/H_2SO_4/丙酮（Jones 试剂，酸性体系，不影响双键）把伯醇氧化成酸，仲醇氧化成酮。

活性 MnO_2 选择性氧化烯丙位羟基变为 a，b - 不饱和醛或酮。

$$HO{-}CH_2CH_2CH{=}CHCH_2OH \xrightarrow{MnO_2} HO{-}CH_2CH_2CH{=}CHCH{=}O$$

Oppenauer 氧化（异丙醇铝和丙酮的作用下）：将醇氧化成酮，不影响双键。

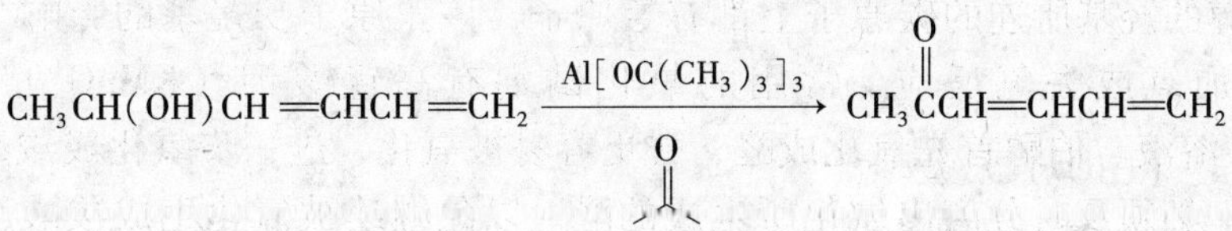

反应机理：

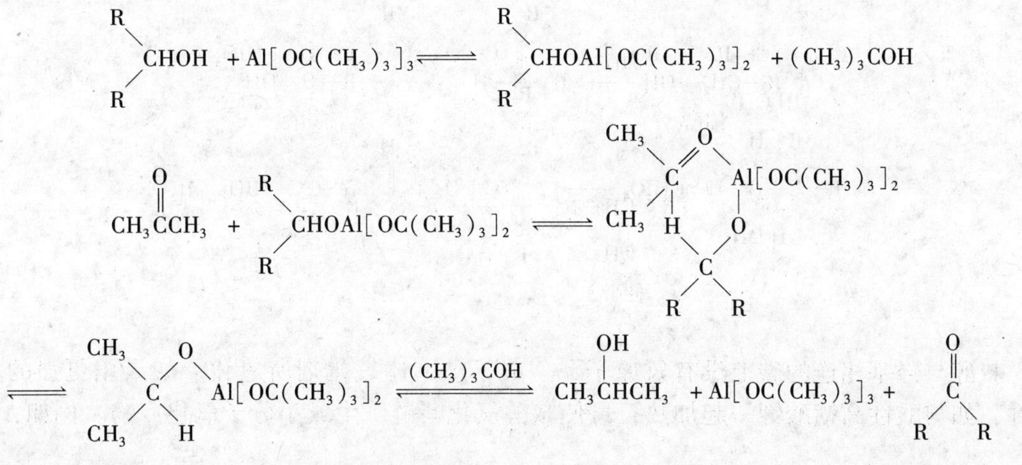

醇和其氧化产物通常都是无色的。如用 $K_2Cr_2O_7$ 为氧化剂氧化伯醇和仲醇，醇可使 $K_2Cr_2O_7$ 的酸性水溶液由橙红色变成淡绿色；用 $KMnO_4$ 做氧化剂，反应可使 $KMnO_4$ 溶液的紫色褪去。此反应可用来区别伯醇、仲醇与叔醇。

伯醇和仲醇也可通过脱氢反应生成醛或酮，通常是将醇的蒸气在 300 ℃ ~325 ℃ 的条件下通过铜催化剂进行脱氢反应。叔醇没有 α－氢，不能发生脱氢反应。

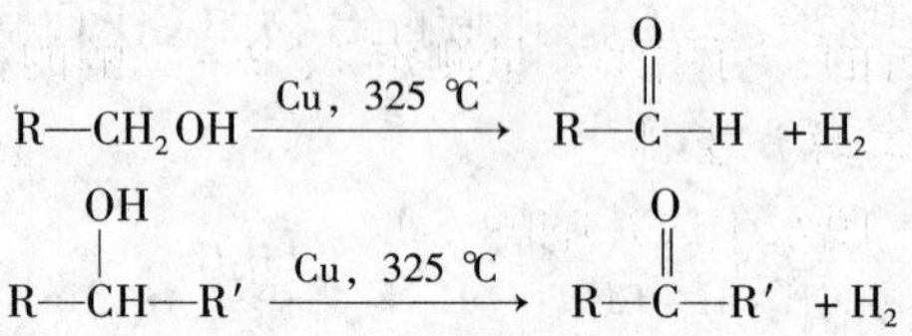

［问题 6－5］ 完成下列反应式：

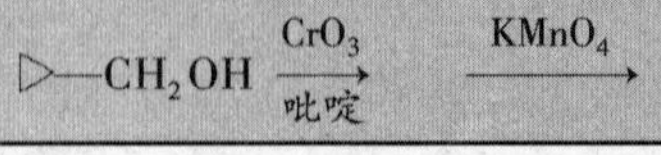

6.1.4 多元醇的反应

1. 螯合物的生成

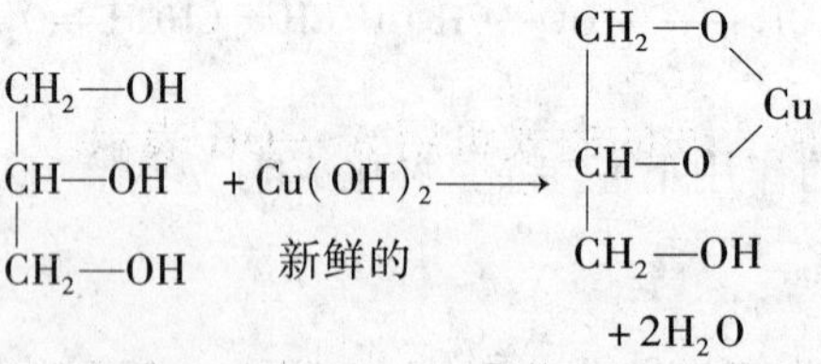

甘油铜（蓝色，可溶）
此反应用来区别一元醇
和邻位多元醇

2. 与过碘酸（HIO_4）反应

邻位二醇与过碘酸在缓和条件下进行氧化反应，具有羟基的两个碳原子的 C—C 键断裂而生成醛、酮、羧酸等产物。

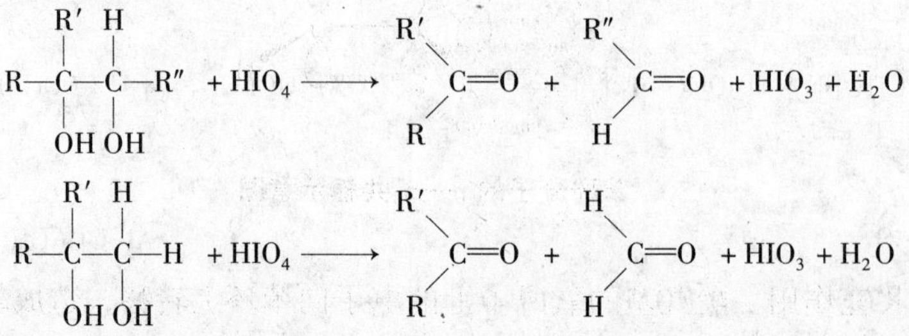

例如：

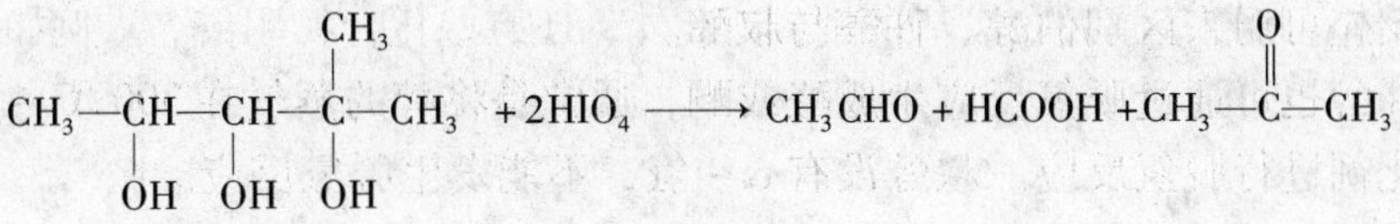

这个反应是定量地进行的，可用来定量测定 1，2－二醇的含量（非邻二醇无此反应）。

3. 片呐醇（四羟基乙二醇）重排

片呐醇与硫酸作用时，脱水生成片呐酮。

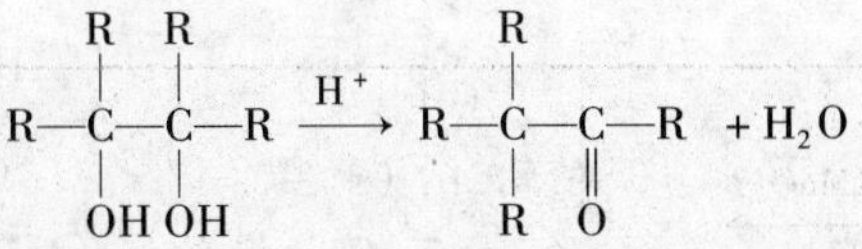

片呐醇重排的历程与瓦—麦重排相似。

6.2　酚

羟基直接连在芳环上的化合物称为酚，酚的通式可用 Ar—OH 表示。

6.2.1　酚的结构、分类和命名

苯酚（phenol）是最常见的酚，俗称石炭酸，与醇羟基不同，酚羟基中氧原子呈 sp^2 杂化状态，氧原子上的两对未共用电子对中，一对处于 sp^2 杂化轨道，另一对处于未杂化的 p 轨道中，p 轨道中的未共用电子对与苯环的大 π 键形成 p—π 共轭体系，如下图所示。

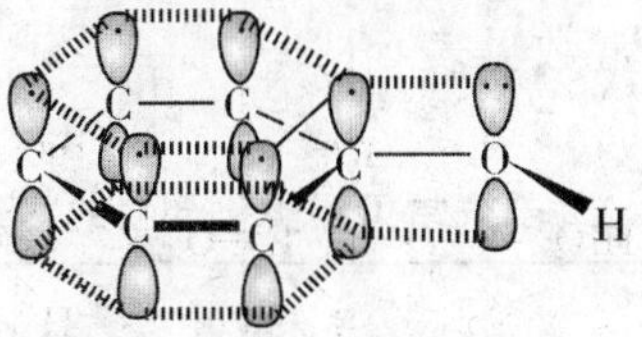

苯酚分子的 p—π 共轭示意图

由于 p—π 共轭作用，酚羟基的氧原子上的电子向苯环上转移，造成氧上的电子云密度相对降低，使 O—H 键的极性增大，容易断裂给出质子而显酸性；羟基与苯环之间的 p—π 共轭作用使 C—O 键变得比较牢固，通常情况下较难断裂；p—π 共轭作用使苯酚分子的苯环上电子云密度比苯相对升高，因此，更有利于苯环上的亲电取代反应的进行。

根据芳烃基的不同，酚可分为苯酚和萘酚等；根据芳环上含羟基的数目不同，可分为一元酚、二元酚和三元酚等，含两个以上羟基的酚称为多元酚。

简单酚的命名，通常以酚为母体。多元酚及取代酚通常用邻、间、对（o－、m－、p－）标明取代基的位置，也可用阿拉伯数字表示，并采取最小编号原则；对于结构比较复杂的酚，通常以烃为母体，将羟基作为取代基来命名；此外，还有些化合物用俗名。例如：

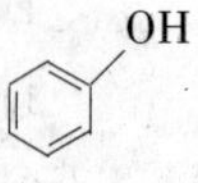
苯酚

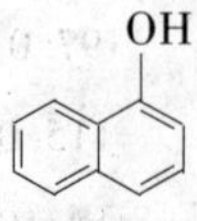
α－萘酚

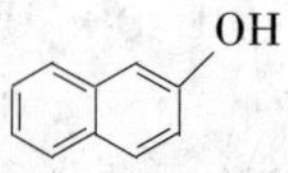
β－萘酚

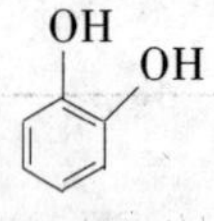
邻苯二酚（儿茶酚）
（1，2－苯二酚）

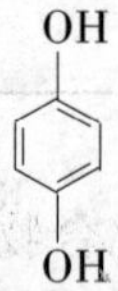
对苯二酚（氢醌）
（1，4－苯二酚）

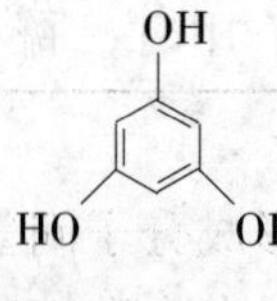
均苯三酚
（1，3，5－苯三酚）

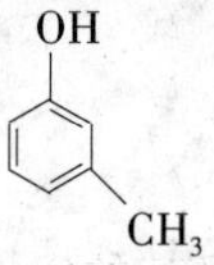
间甲苯酚
（3－甲苯酚）

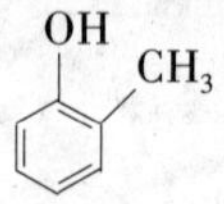
邻甲苯酚
（2－甲苯酚）

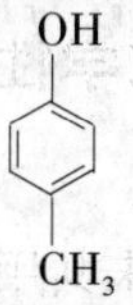
对甲苯酚
（4－甲苯酚）

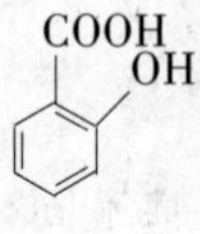
邻羟基苯甲酸（水杨酸）

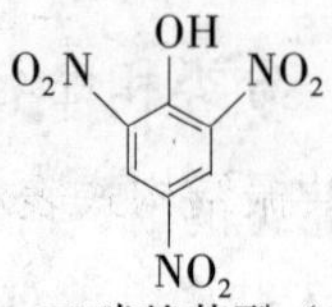
2，4，6－三硝基苯酚（苦味酸）

6.2.2 酚的物理性质

一些常见酚类化合物的物理常数见表6－2。

表6－2 部分常见酚类化合物的物理常数

名称		熔点/℃	沸点/℃	水溶解度/g·(100 mL)$^{-1}$	pK_a
苯酚	phenol	43.0	181.8	8.2	10.00
邻甲苯酚	o－methylphenol	30.9	191.0	2.5	10.29
间甲苯酚	m－methylphenol	11.3	203.0	0.5	10.09
对甲苯酚	p－methylphenol	34.8	202.0	1.8	10.26
邻氯苯酚	o－chlorophenol	7.0	174.9	2.8	8.48
间氯苯酚	m－chlorophenol	32.0	219.8	2.6	9.02
对氯苯酚	p－chlorophenol	42.0	214.0	2.7	9.38

（续上表）

名称		熔点/℃	沸点/℃	水溶解度/g·(100 mL)$^{-1}$	pK_a
邻硝基苯酚	o－nitrophenol	46.0	216.0	0.2	7.22
间硝基苯酚	m－nitrophenol	97.0	分解	1.3	8.39
对硝基苯酚	p－nitrophenol	115.0	分解	1.6	7.15
2，4－二硝基苯酚	2，4－dinitrophenol	113.0	分解	0.6	4.00
2，4，6－三硝基苯酚（苦味酸）	2，4，6－trinitrophenol（picric acid）	122.0	分解	1.4	0.71

由于酚类也能形成分子间氢键，故酚类化合物的熔点和沸点比芳烃高，室温下大多数酚为结晶性固体，只有少数烷基酚（如甲酚）为高沸点的液体；酚羟基与水分子也能形成氢键，所以酚类化合物在水中有一定溶解度，并且随着分子中羟基数目的增多，溶解度增大。酚通常可溶于乙醇、乙醚、苯等有机溶剂。

6.2.3　酚的化学性质

1. 酚羟基的酸性

酚羟基中氧上的未共用电子对与苯环形成 p—π 共轭，使羟基的O—H键极性增大，酚羟基上的氢更容易电离，因此，酚的酸性比醇强很多，但仍属于弱酸（苯酚的 pK_a =9.96）。

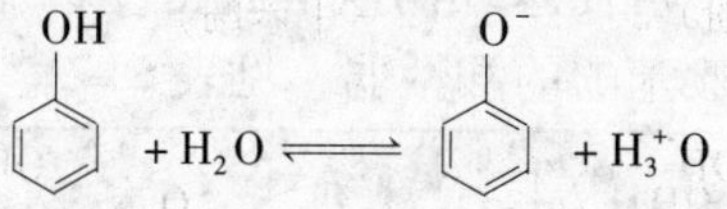

苯氧负离子的结构用共振结构式表示如下：

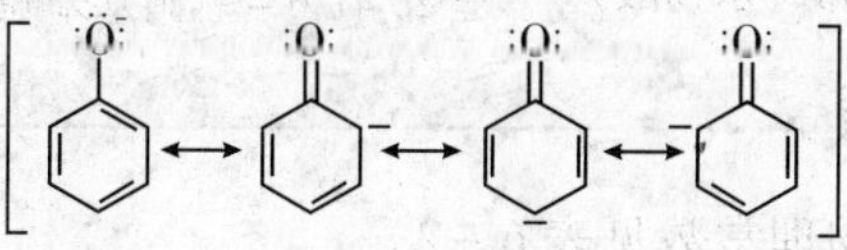

从共振结构式中可以看出：氧上的负电荷可以很好地分散到苯环上，使苯氧负离子的稳定性增加。

酚本身水溶性不大，但酚能与氢氧化钠反应生成酚钠而溶于水，而醇不溶于氢氧化钠。例如：

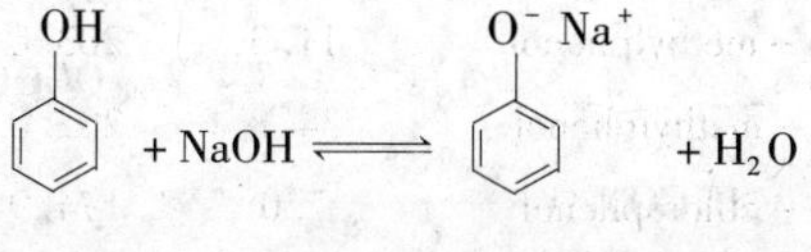

生成的酚钠遇酸可游离出苯酚，从水中析出使溶液产生浑浊现象。

苯酚的酸性比碳酸（pK_a =6.35）弱，因此，向苯酚钠溶液中通入二氧化碳时，能使苯酚游离出来。

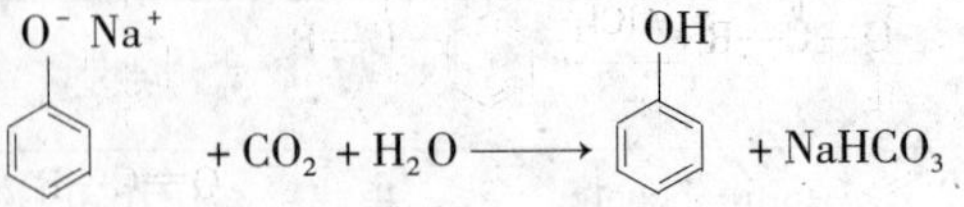

由此可见，酚不能溶解于碳酸氢钠溶液中。利用酚能溶解于氢氧化钠溶液而不溶解于碳酸氢钠溶液中的特性可区别和分离醇、酚与羧酸。

苯环上连有取代基的酚，其酸性是增强还是减弱，主要取决于取代基的性质、数目和位置。若苯环上连有吸电子基团，酚的酸性增强，尤其是吸电子基团连在羟基的邻位和对位时作用更明显。例如，硝基取代酚的酸性都比苯酚酸性强，邻位和对位取代的硝基酚的酸性增加更显著。这是因为硝基是强吸电子基团，使苯环的电子云密度降低，从而使酚羟基上的氢更容易电离。另外，吸电子基团可使电离生成的苯氧负离子的负电荷得到分散，尤其是硝基在邻位或对位时，负电荷可分散到硝基上：

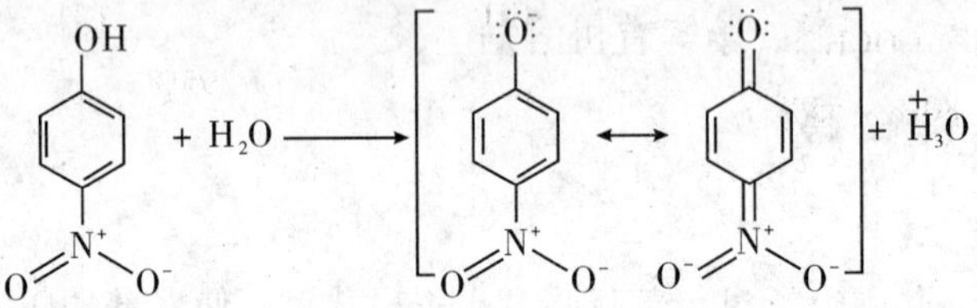

若苯环上连有斥电子基团，可使苯环的电子云密度增加，羟基上的氢不易解离，使酚的酸性减弱，如甲酚的酸性都比苯酚的酸性弱，见表6－2。

[问题6－6]　试将下列化合物按酸性由强到弱排列：

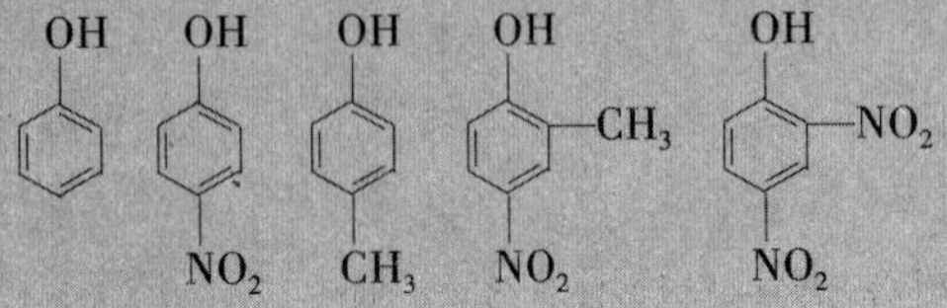

2. 酚酯的形成及付瑞斯重排

醇与酸作用生成酯的反应称作酯化反应，酚类化合物虽然也能起酯化反应，但比醇难得多。这是因为p—π共轭效应降低了氧周围的电子云密度，使其亲核性比醇弱。所以酚类不能直接与酸成酯，而要与酸酐或酰氯作用才成酯，酚酯在Lewis酸存在下加热，可发生酰基重排反应，生成邻羟基和对羟基芳酮的混合物。重排可以在硝基苯、硝基甲烷等溶剂中进行，也可以不用溶剂直接加热进行。例如：

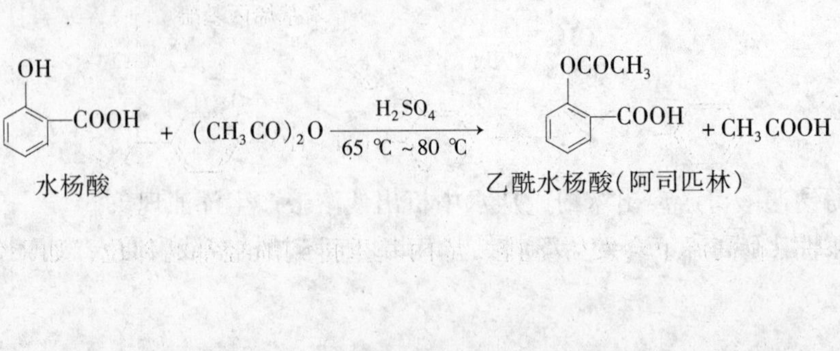

水杨酸　　乙酰水杨酸(阿司匹林)

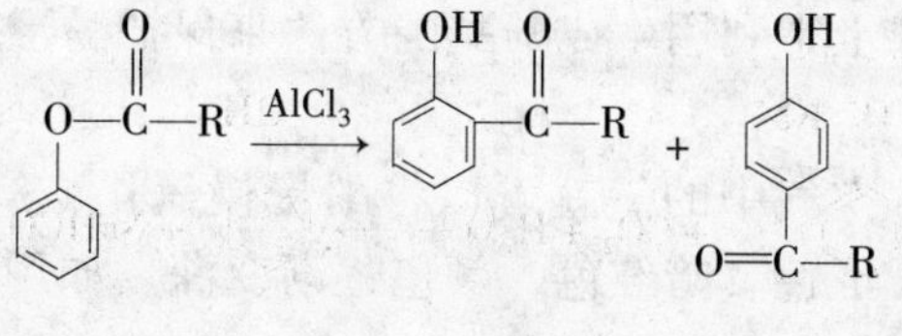

邻、对位产物的比例取决于酚酯的结构、反应条件和催化剂等。例如，用多聚磷酸催化时主要生成对位重排产物，而用四氯化钛催化时则主要生成邻位重排产物。反应温度对邻、对位产物比例的影响比较大，一般来讲，较低温度（如室温）下重排有利于形成对位异构产物（动力学控制），较高温度下重排有利于形成邻位异构产物（热力学控制）。

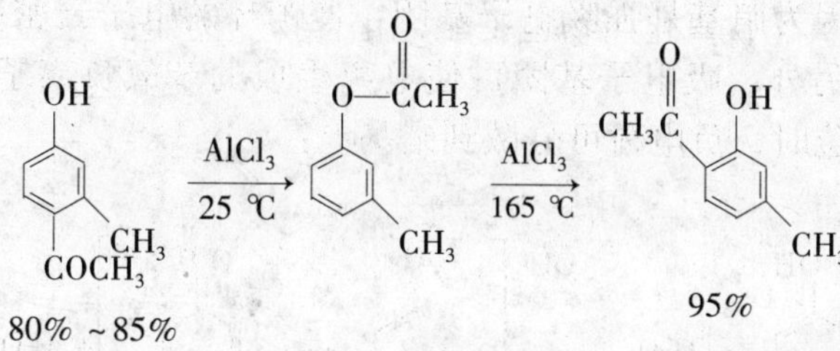

反应机理：

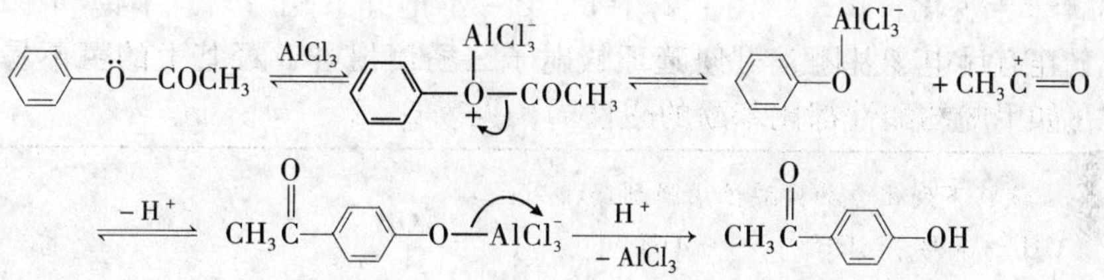

3. 酚醚的生成

酚不能分子间脱水成醚，一般是由酚在碱性溶液中与烃基化剂作用生成。

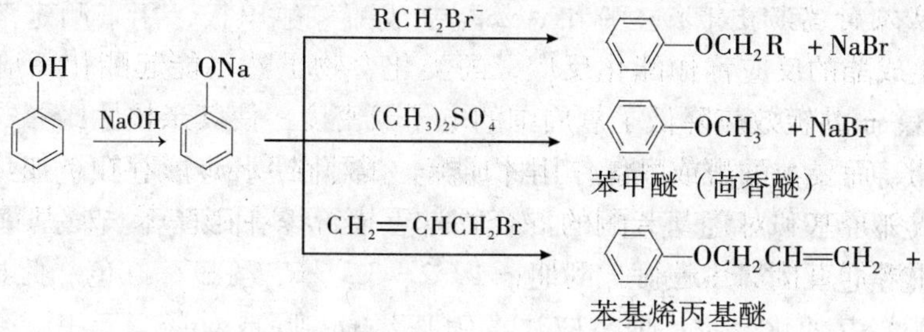

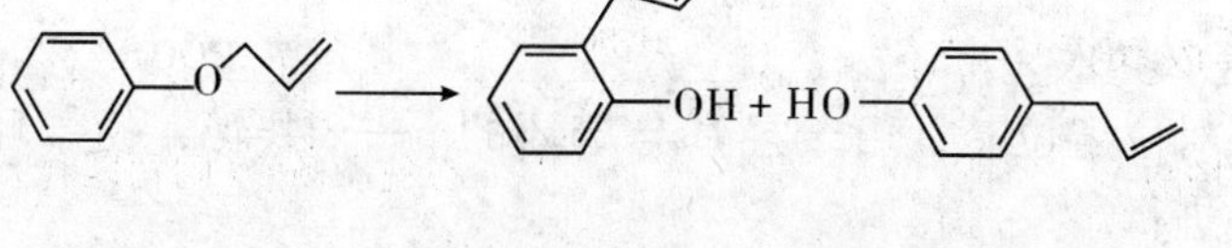

苯基烯丙基醚在高温下会发生重排，烯丙基重排到酚羟基的邻位，如果邻位被占据就

会重排到对位。在有机合成上常利用生成酚醚的方法来保护酚羟基。

4. 酚的氧化反应

酚比醇更容易被氧化，空气中的氧就可以将酚慢慢氧化，氧化产物很复杂。苯酚氧化后由无色晶体变为粉红色、红色、暗红色，颜色逐渐变深。如用重铬酸钾和硫酸试剂氧化，苯酚可被氧化成对苯醌。

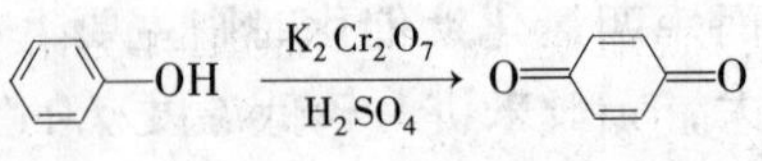

1，4－苯醌（对苯醌）

多元酚就更容易被氧化，氧化产物也是醌类化合物。例如：

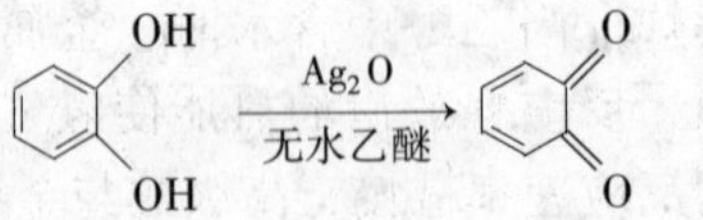

1，2－苯醌（邻苯醌）

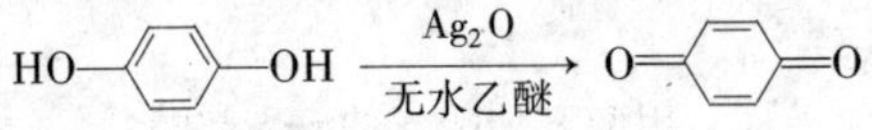

苯醌不属于芳香化合物，结构上属于 α，β－不饱和二酮，具有不饱和酮的化学性质。对苯醌在亚硫酸的水溶液中很容易被还原成对苯二酚，相当于两个氧上各加上一个氢原子，所以对苯二酚又称氢醌。

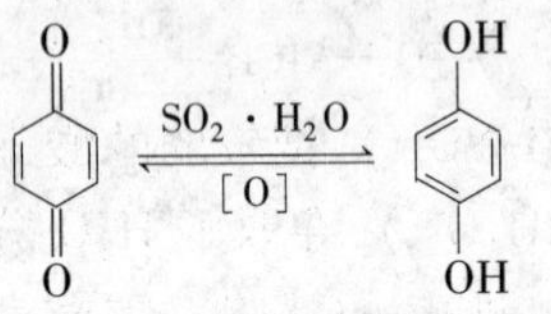

这一反应是对苯二酚氧化（脱氢）反应的逆反应。在分析化学中，因为醌的还原电极电位与溶液的 pH 有关，可用对苯二酚和对苯醌制成醌氢醌电极，用来测定溶液的氢离子浓度。

5. 与三氯化铁的显色反应

羟基与双键碳原子直接连接的烯醇式结构能与三氯化铁水溶液起颜色反应，大多数酚能与三氯化铁发生显色反应，通常生成红、绿、蓝、紫等各种颜色。苯酚、间苯二酚、1，3，5－苯三酚显蓝紫色；对苯二酚显暗绿色；1，2，3－苯三酚显棕红色。此显色反应可以用来鉴别含游离酚羟基的化合物。但也应注意硝基苯酚，间或对羟基苯甲酸分子中虽含有酚羟基却无此反应。

6. 苯环上的亲电取代反应

羟基是强的邻对位定位基，由于羟基与苯环的 p—π 共轭，使苯环上的电子云密度增加，亲电反应容易进行。

（1）卤代反应。苯酚与溴水在常温下可立即反应生成 2，4，6 －三溴苯酚白色沉淀。

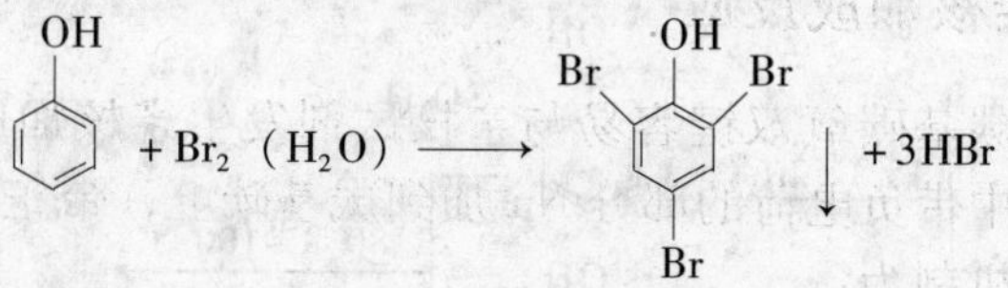

卤代反应很灵敏，很稀的苯酚溶液（10 ppm）就能与溴水生成沉淀。故此反应可用作苯酚的鉴别和定量测定。

如需要制取一溴代苯酚，则要在非极性溶剂（CS_2，CCl_4）和低温下进行。

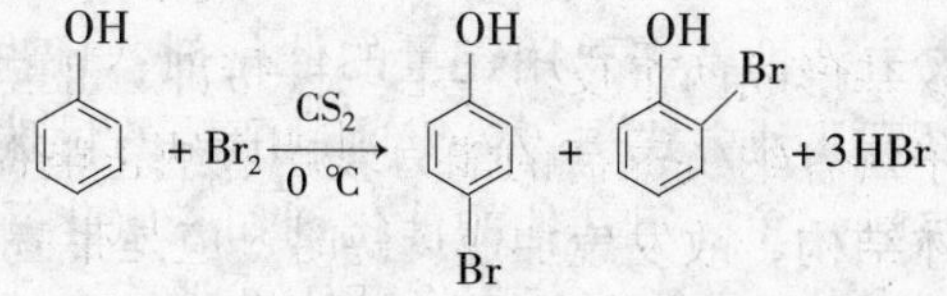

（2）硝化。苯酚比苯易硝化，在室温下即可与稀硝酸反应。

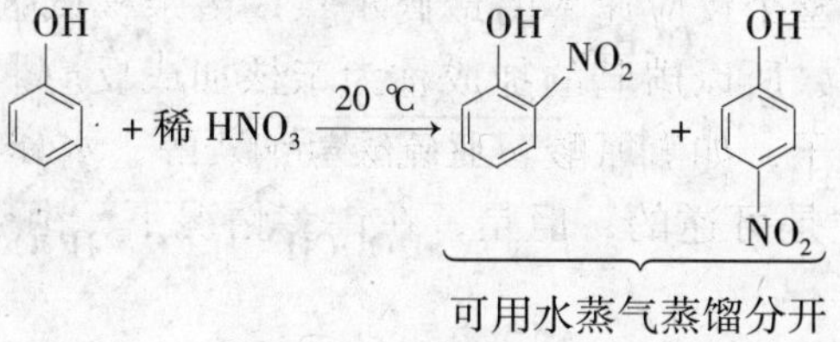

邻硝基苯酚易形成分子内氢键而成螯环，这样就削弱了分子内的引力，而对硝基苯酚不能形成分子内氢键，但能形成分子间氢键而缔合。因此邻硝基苯酚的沸点和在水中的溶解度比其异构体低得多，故可随水蒸气蒸馏出来。

（3）亚硝化。苯酚和亚硝酸作用生成对亚硝基苯酚。

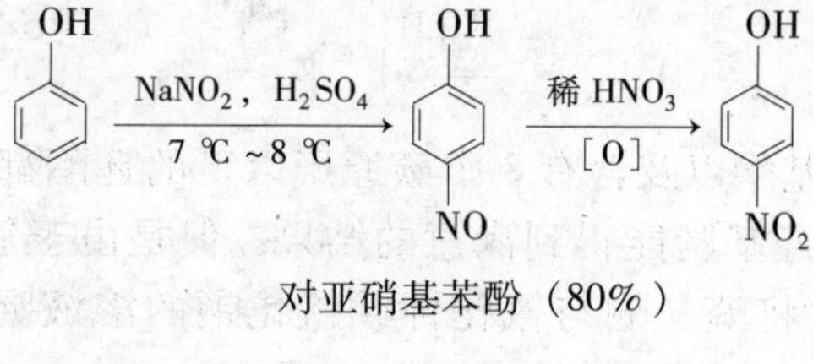

上述反应是制得不含邻位异构体的对硝基苯酚的方法。

（4）缩合反应。酚羟基邻、对位上的氢可以和羰基化合物发生缩合反应，例如，在稀碱存在下，苯酚与甲醛作用，生成邻或对羟基苯甲醇，进一步生成酚醛树脂。

（5）磺化反应。苯酚磺化反应的产物，与反应温度密切相关。一般较低温度（15 ℃～25 ℃）下主要得邻位产物；较高温度（80 ℃～100 ℃）下主要得对位产物。

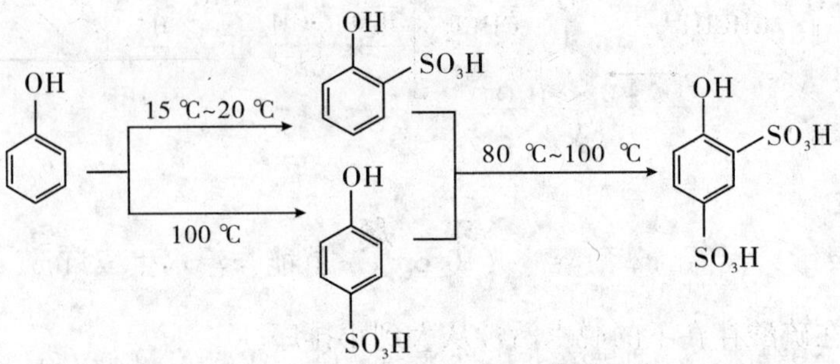

（6）付—克反应。苯酚若以三氯化铝作催化剂进行付克反应，则因酚羟基能与三氯化铝生成配合物，使催化剂失去活性，需要用过量的催化剂，且收率不高。因此，酚类化合物的付—克反应，可采用以下几种方式进行：①通过酚酯的付瑞斯重排和酚醚的克莱森重排，在分子中引入酰基或烷基；②选用其他的催化剂如三氟化硼或质子酸；③用三氯化铝作催化剂时，可先将酚转变成醚，待反应后再将醚分解成酚。

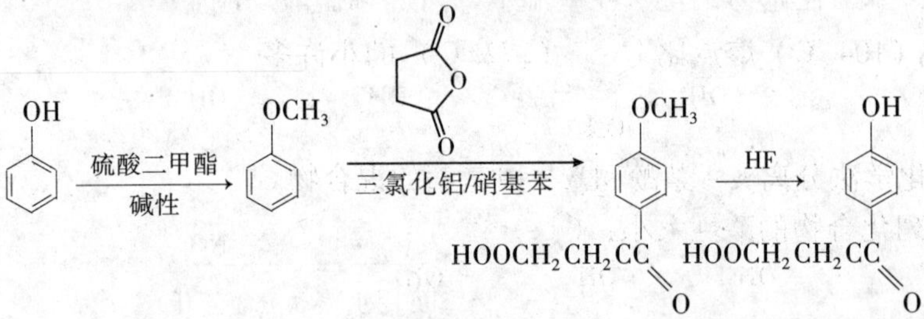

（7）Reimer - Tiemann 反应（瑞穆—梯曼反应）。酚与氯仿在碱性水溶液中加热，生成邻位或对位羟基苯甲醛。含有羟基的喹啉、吡咯等杂环化合物也能进行此反应。苯环上的氢被醛基取代的反应称为瑞穆—梯曼反应。例如：

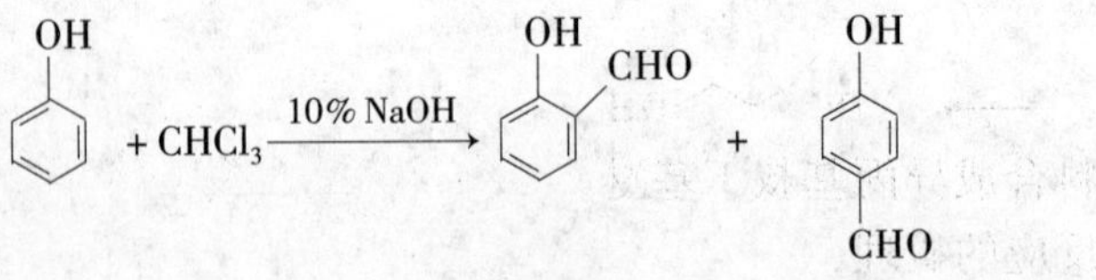

水杨醛 20% ~35%　　对羟基苯甲醛 8% ~12%

反应机理：

$$CHCl_3 + OH^- \xrightarrow{-H_2O} {}^-CCl_3 \xrightarrow{-Cl^-} :CCl_2$$

二氯卡宾

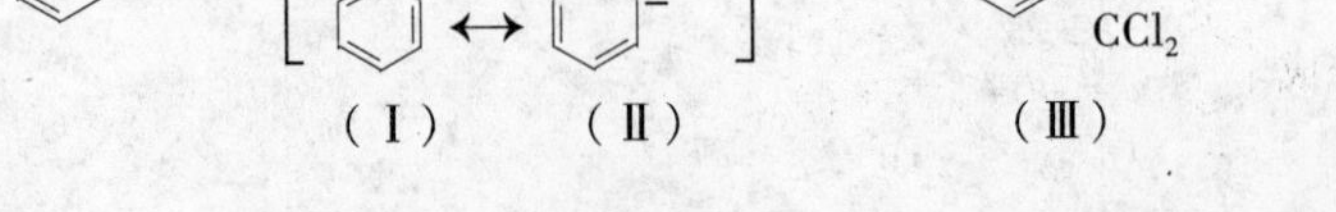

（Ⅰ）　（Ⅱ）　（Ⅲ）

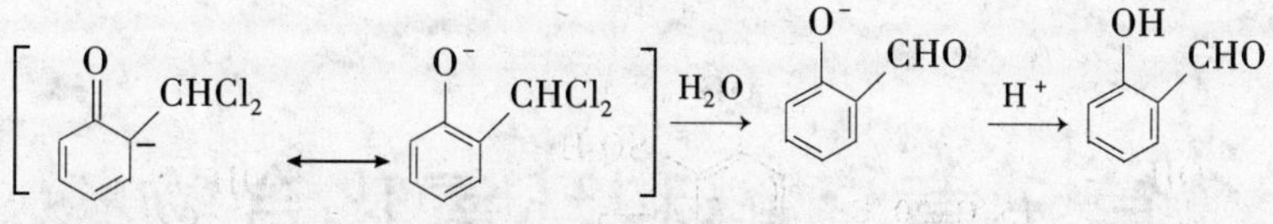

（Ⅳ）　　（Ⅴ）

习　题

1. 将下列醇在硫酸存在下的脱水活性从大到小排序。

a. 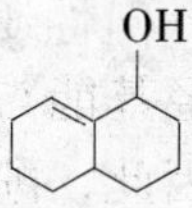 b. 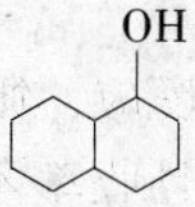 c.  d. 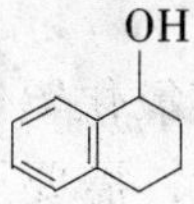 e. 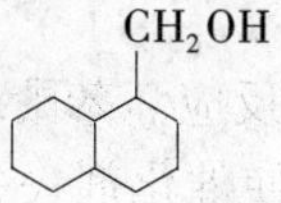

2. 如何除去 1 - 溴丁烷中少量的正丁醇？
3. 解释下列现象：
a. 酚中的 C—O 键长比醇中的 C—O 键长短
b. 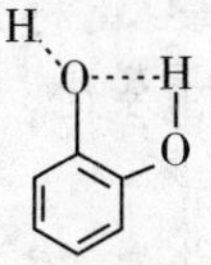（104 ℃）熔点比 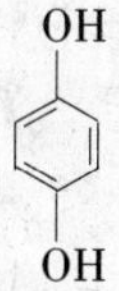（172 ℃）的小许多
4. 用简便化学法分离 α - 萘酚和 α - 甲基萘的混合物。
5. 比较下列化合物的酸性大小：（　　）。

a. 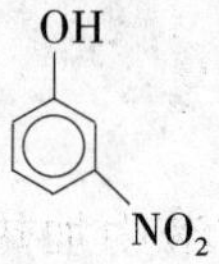 b. 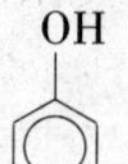 c. 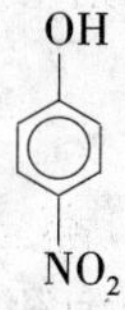 d. 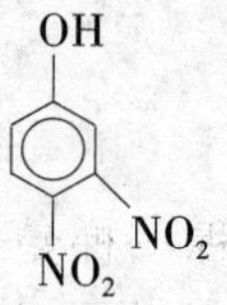

6. 合成：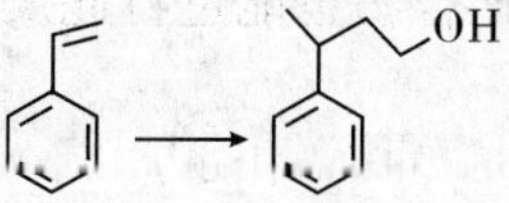

7. 合成：

8. 用醇为原料合成异丙基叔丁基醚。
9. 写出下列反应的机理：

10. 一个学生试图用邻甲基苯酚按下面路线合成邻甲氧基苯甲醇，但几乎没有收获，这条路线错在哪里？

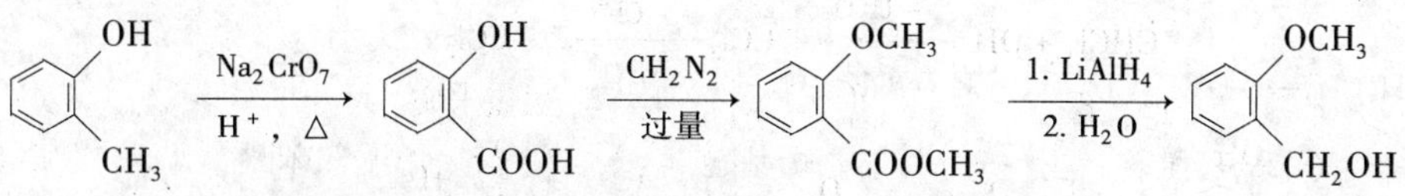

11. 由  合成 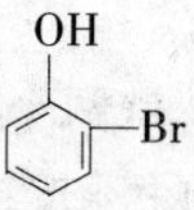。

第 7 章　醚和环氧化合物

醚（ether）是含氧的有机物，可以看成是醇或酚分子中羟基的氢原子被烃基取代而成的化合物，醚的化学性质不活泼，是常用的有机溶剂。

环氧化合物（epoxide）是指含有三元环的醚及其衍生物。它属于环醚，但性质与一般的醚不同，高度活泼，是合成反应重要的中间体。

7.1　醚的结构、分类和命名

醚的结构通式为 R—O—R、Ar—O—R 或 Ar—O—Ar，分子中的 C—O—C 键称为醚键，是醚的官能团。甲醚分子中 C—O—C 的键角为 111.7°，氧原子为 sp^3 不等性杂化，两对孤对电子位于 sp^3 杂化轨道。

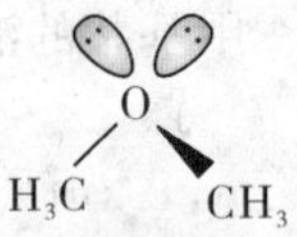

甲醚的结构

按醚键所连接的烃基不同，醚可以是饱和醚、不饱和醚和芳香醚等：

饱和醚：CH_3OCH_3　　$CH_3CH_2OCH_2CH_3$　　$CH_3OCH_2CH_3$

不饱和醚：$CH_3CH_2OCH{=}CH_2$

芳香醚：

两个烃基相同的为单醚，两个烃基不同的为混醚。如果氧原子与烃基连成环则为环醚。分子中含有多个氧原子的大环醚，因为结构像皇冠而被称为冠醚。

单醚命名时，如果是两个饱和烃基，在烃基名称后面加上醚字，通常“二”字可省略；如果是不饱和烃基或芳烃基，“二”字不可省略。例如：

$CH_3CH_2—O—CH_2CH_3$　　$CH_2{=}CH—O—CH{=}CH_2$　　

（二）乙醚　　二乙烯基醚　　二苯醚

混醚命名时，分别写出两个烃基的名称，加上醚字，如果是两个脂肪烃基，较优基团放在后面；如果有芳烃基，则芳烃基放在前面，英文命名醚中烃基按第一个字母顺序排列。

例如：

$CH_3OCH_2CH_3$
甲乙醚

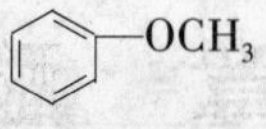
苯甲醚

结构复杂的醚，采用系统命名法，以较长碳链的烃基作母体，简单的烃基看作含氧取代基。例如：

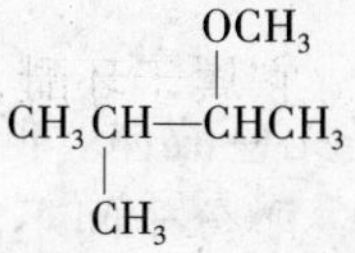
2－甲基－3－甲氧基丁烷

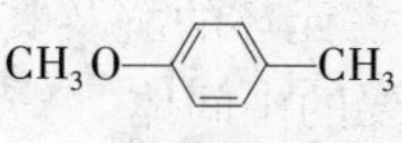
对－甲氧基甲苯

$C_2H_5OCH_2CH_2OH$
2－乙氧基乙醇

环醚可以称为环氧某烷，也可按杂环化合物的名称命名。例如：

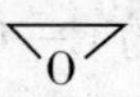
环氧乙烷

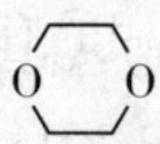
1，4–二氧六环

四氢呋喃

其中，含有三元环的醚即环氧化合物的普通命名法还可称为氧化某烯。例如：

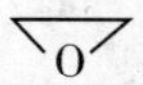
氧化乙烯

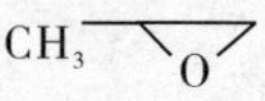
氧化丙烯

环氧化合物的衍生物有两种命名法：①将环氧化合物的母体命名为环氧乙烷，三元环中的氧原子编号为 1，两个碳原子依次编号；②环氧化合物命名为环氧某烷，并标明与氧原子成环的碳原子的位置。例如：

方法 1：　2－甲基环氧乙烷　　2－乙基环氧乙烷　　2，3－二甲基环氧乙烷

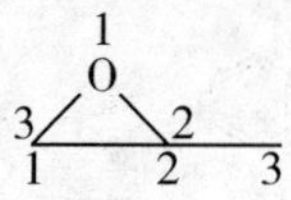
环氧丙烷

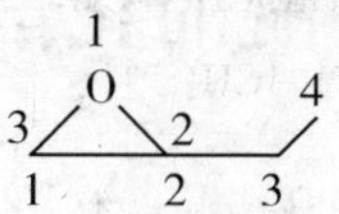
1，2－环氧丁烷

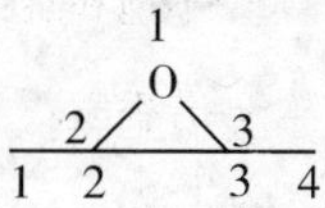
2，3－环氧丁烷

方法 2：冠醚（crown ether）命名时要分别标明分子中原子总数（X）和氧原子数（Y），称为 X－冠－Y。例如：

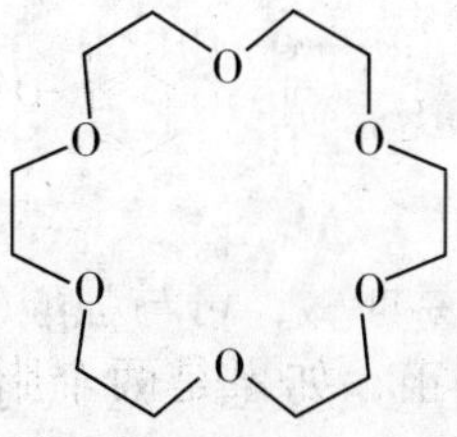
18－冠－6

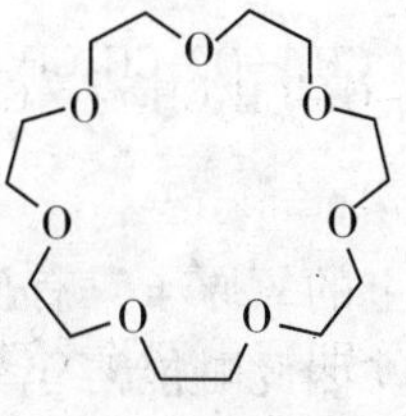
21－冠－7

［问题 7－1］ 命名下列化合物：

(1) $(CH_3)_2CH-O-CH(CH_3)_2$ (2) $(CH_3)_2CH-\underset{OCH_3}{\underset{|}{CH}}-CH(CH_3)_2$ (3) 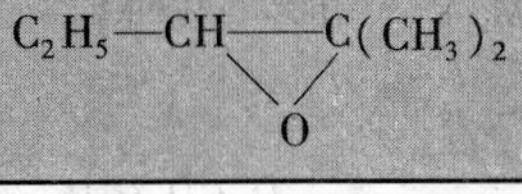

7.2 醚的物理性质

常温下除了甲醚、乙醚和甲乙醚为气体外，大多数醚是无色液体。低级醚挥发性高、易燃，使用时要注意通风及避免使用明火和电器。与醇不同，醚分子间不能形成氢键，沸点低于同分异构的醇，而接近于相对分子质量相近的烷烃，如甲醚沸点为－23 ℃而丙烷和乙醇的沸点分别是－42 ℃和78 ℃。醚分子中的氧可与水形成氢键，所以低级醚在水中的溶解度与相对分子质量接近的醇接近，如乙醚在水中溶解度为 8 g·（100 mL）$^{-1}$。醚能溶于有机溶剂，又能溶解其他有机物，因此是常用的有机溶剂。下表列出了一些醚的物理常数。

一些醚的物理常数

化合物	沸点/℃	熔点/℃	化合物	沸点/℃	熔点/℃
甲醚（meth oxymethane）	－140	－24	茴香醚（methyl phenyl ether）	－37	154
乙醚（ethoxy ethane）	－116	74.6	苯乙醚（ethyl phenyl ether）	－33	172
丙醚（propoxy propane）	－122	91	二苯醚（diphenyl ether）	27	259
异丙醚（isopropoxy isopropane）	－60	69	1，4－二氧六环（1，4－dioxane）	11	101
正丁醚（butoxybutane）	－95	142	四氢呋喃（tetrahydrofuran）	－108	66

7.3 醚的化学性质

醚是十分稳定的化合物，稳定性仅次于烷烃。醚不能与碱、还原剂、氧化剂以及活泼金属反应，只能在强酸条件下发生反应。

1. 锌盐的生成

醚能溶于冷的浓酸（硫酸或盐酸）形成锌盐（oxoniumsalt）。例如：

$$CH_3CH_2-O-CH_2CH_3+H^+Cl^-\longrightarrow\left[CH_3CH_2-\underset{H}{\underset{|}{\overset{+}{O}}}-CH_2CH_3\right]Cl^-$$

这是因为醚键上的氧原子具有孤对电子，作为路易斯碱，可与强酸的 H^+ 结合形成类似盐类结构的化合物。因此醚能溶于强酸中。由于氧的电负性强，对孤对电子吸引力强，所以碱性很弱，只能与强酸生成锌盐，当用水稀释时，锌立即分解成原来的醚。利用这一特性，可将醚与不溶于浓酸的烷烃或卤代烃相区别。醚还可以和路易斯酸（如 BF_3、$AlCl_3$、RMgX）等生成𨦡盐。

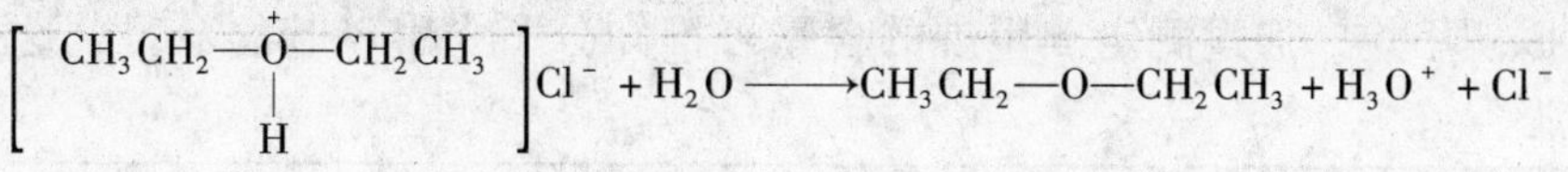

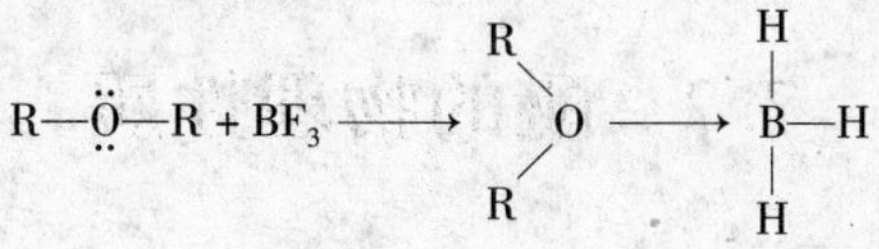

2. 亲核取代反应

醚与浓强酸（如氢卤酸）共热，醚键断裂，生成卤代烃和醇。例如：

$$CH_3CH_2OCH_2CH_3 + HI \longrightarrow CH_3CH_2I + CH_3CH_2OH$$

如果氢卤酸过量，加热后生成的醇可进一步反应生成卤代烃。

$$CH_3CH_2OH + HI \longrightarrow CH_3CH_2I + H_2O$$

氢卤酸的反应活性：HI > HBr > HCl。

含有两个不同烃基的混合醚与氢卤酸反应时，通常是较小的烃基生成卤代烃，较大的烃基生成醇；含有苯基的混合醚与氢卤酸反应时，总是生成酚和卤代烃，二苯基的混合醚则不被氢卤酸分解。

$$R_1—O—R_2 \xrightarrow{HX} R_1X + R_2OH \quad (R_2 > R_1)$$

$$R—O—Ar \xrightarrow{HX} RX + ArOH$$

醚键的断裂属于亲核取代反应，首先醚在强酸作用下形成质子化醚（𨦡盐）；在加热条件下，质子化醚发生断裂，断裂的机理是 S_N1 还是 S_N2 取决于醚的结构。

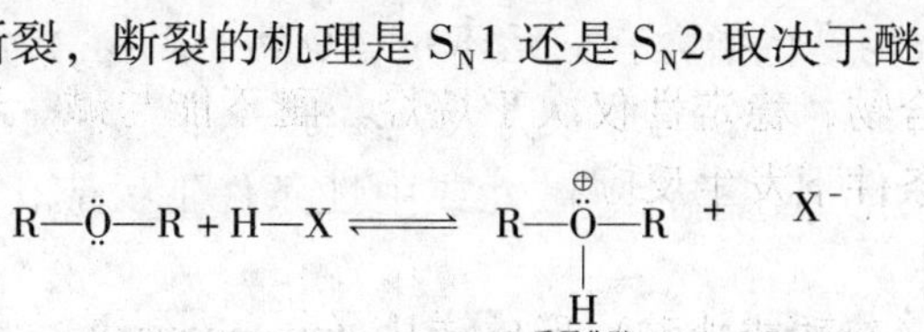

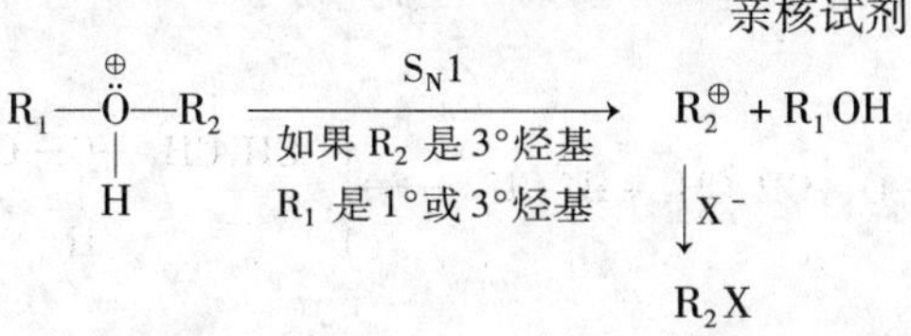

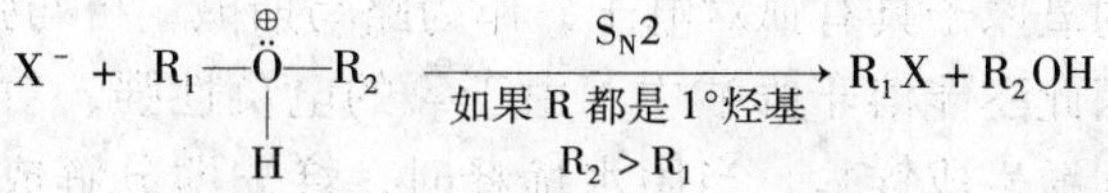

含有苯基的混合醚与氢卤酸反应时，由于苯基与醚键氧可形成 p—π 共轭，而使苯基碳氧键结合较牢固，因此醚键总是在烷基与氧之间断裂，生成卤代烷和酚。

醚键断裂反应可用于测定有机分子中甲氧基的含量。在受热条件下氢碘酸总是与甲氧基定量地生成碘甲烷，通过测定碘甲烷的含量可推知分子中甲氧基的数目，这一测定方法称为 Zeisel 法。

［问题 7－2］ 完成下列方程式：

(1) $(CH_3)_2CH_2CH_3OCH_2CH_3 + HI \xrightarrow{\triangle}$　　(2) $(CH_3)_3COC(CH_3)_3 + HI \xrightarrow{\triangle}$

(3) 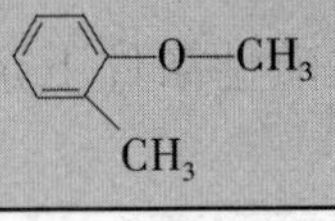 $+ HI \xrightarrow{\triangle}$

3. 氧化反应

醚对氧化剂很稳定，但如长期接触空气，可被氧化成过氧化物。例如：

$$CH_3CH_2OCH_2CH_3 \xrightarrow{O_2} CH_3CH_2\text{—}O\text{—}\underset{\underset{O\text{—}O\text{—}H}{|}}{CHCH_3}$$

过氧化物的沸点比醚高，受热易分解爆炸，所以蒸馏乙醚时要避免蒸干，以防爆炸。为了检查乙醚中是否有过氧化物，可在蒸馏前取少量乙醚与酸性碘化钾混合、振摇，如有过氧化物存在，碘离子被氧化成碘，遇淀粉显蓝色。也可以取少量乙醚与硫酸亚铁和硫氰化钾水溶液一起振摇，如有过氧化物存在，可将 Fe^{2+} 氧化成 Fe^{3+} 与硫氰化钾生成 $[Fe(CNS)_6]^{3-}$ 配位离子而显红色。如要除去乙醚中的过氧化物，可用硫酸亚铁水溶液将乙醚充分洗涤。

7.4 环氧化合物的开环反应

前面说过，环氧化合物是特指含有三元环的醚及其衍生物。环氧化合物与一般醚不同，具有高度的活泼性，因为分子中三元环张力大，易于开环。环氧乙烷是最简单，也是最重要的环醚，它极易与亲核试剂在酸性、碱性或中性条件下反应，生成多种不同的化合物，是有机合成的重要中间体。

环氧乙烷与 Grignard 试剂反应，可以制备比试剂本身多两个碳的伯醇，这也是延长碳链的方法之一。

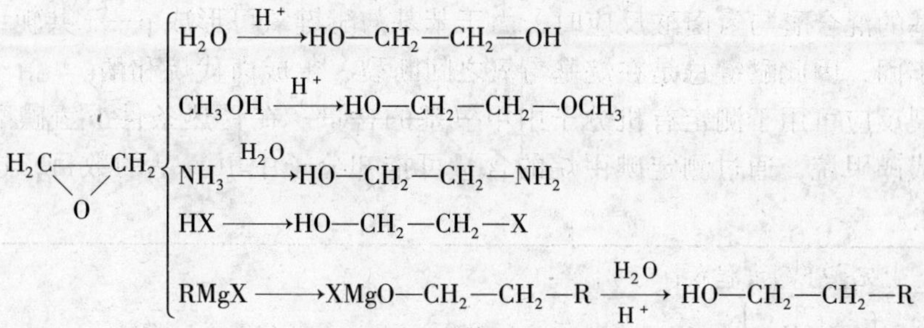

环氧乙烷在酸性或碱性条件下的开环反应，都是亲核反应，在酸性条件下亲核性较强的试剂直接进攻质子化的环氧乙烷。例如：

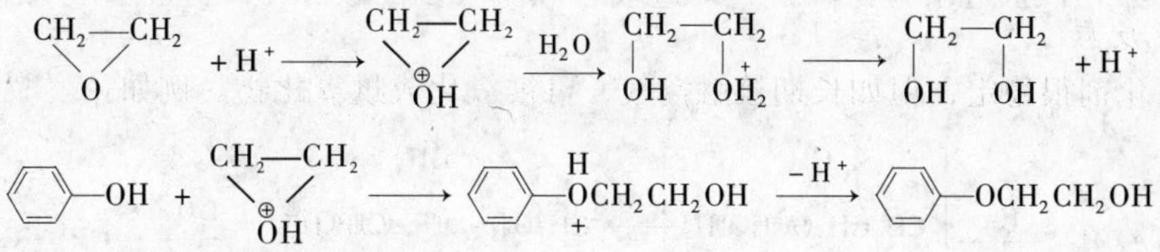

弱亲核试剂　　质子化环氧乙烷

在碱性条件下，碱可增强试剂的亲核性而催化反应的进行。例如：

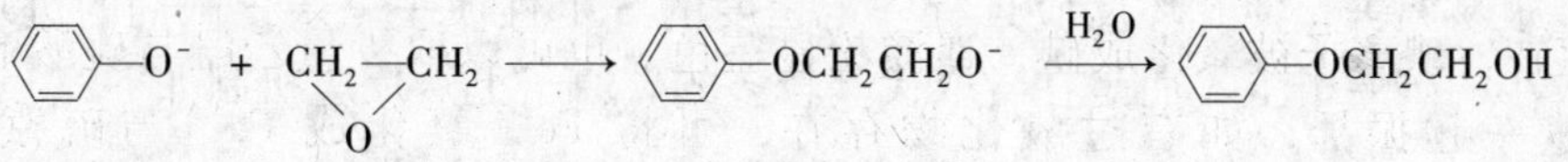

强亲核试剂　非质子化环氧乙烷

取代环氧化合物中，两个碳原子是不等同的，发生开环反应时，将生成两个不同的产物，哪一种产物为主，取决于亲核试剂先向哪一个碳原子进攻，这就是环氧化合物开环反应的取向。例如，2 - 甲基环氧丙烷的开环反应。

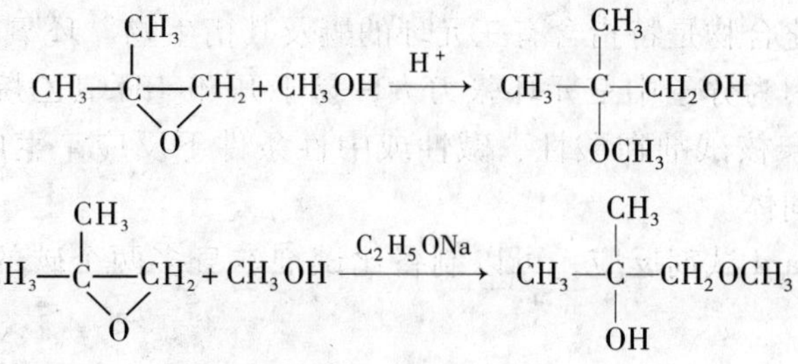

非质子化环氧乙烷

从上面两个反应可以看出，在酸催化下，亲核试剂向取代较多的碳原子进攻；而在碱催化下，则向取代较少的碳原子进攻。

在碱性条件下，反应按 S_N2 机制进行，亲核试剂烷氧基负离子进攻含取代基较少的（空间位阻小）碳原子。反应机制如下：

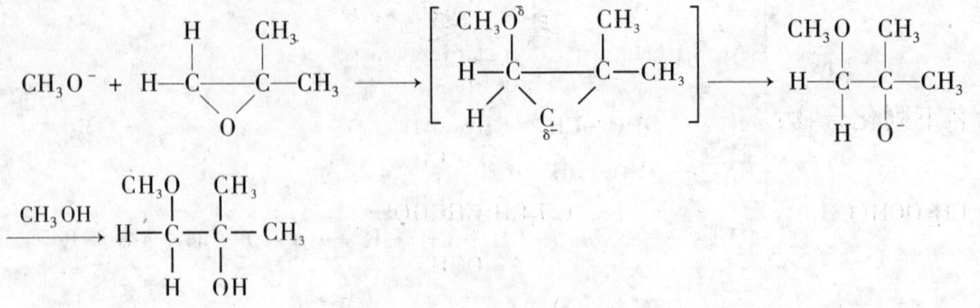

在酸性条件下，环氧化合物先质子化，然后可按 S_N1 机制，质子化环氧化合物先开环生成碳正离子，根据碳正离子的稳定性，所生成的碳正离子是正电荷在环中含烃基较多的碳原子上，亲核试剂进攻碳正离子，即进攻含烃基较多的碳原子，这正好与碱催化的开环情况相反。

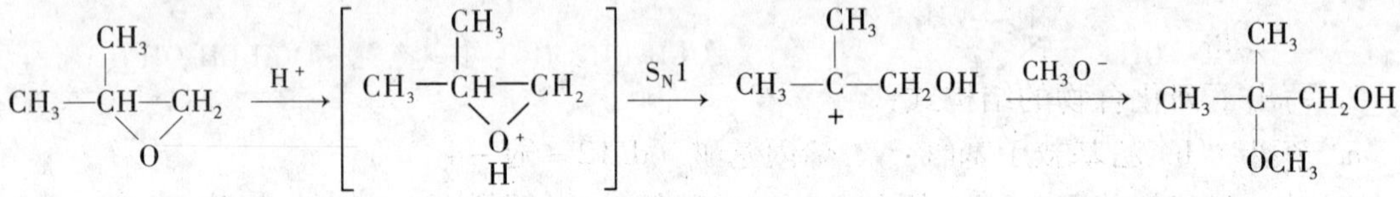

环氧化合物中，三元环的角张力使碳氧键减弱，质子化进一步削弱了碳氧键，使离去基团醇羟基很易离去，使开环反应具有一定程度的 S_N1 性质——亲核试剂的进攻，不是发生于位阻较小的碳原子上，而是在含取代基较多的碳原子上。反应机制如下：

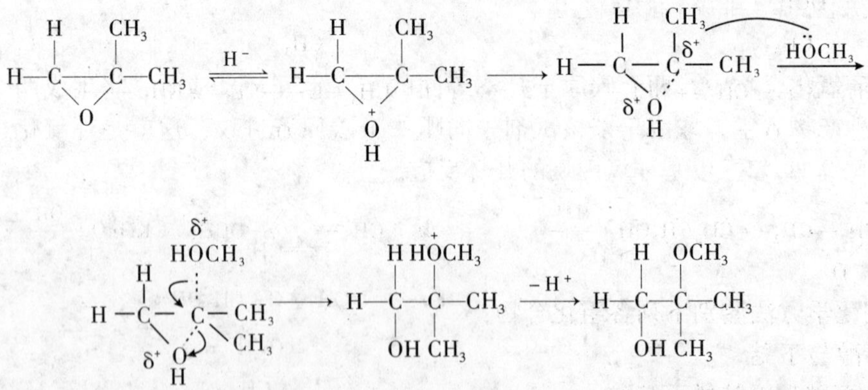

[问题 7-3]　完成下列反应式：

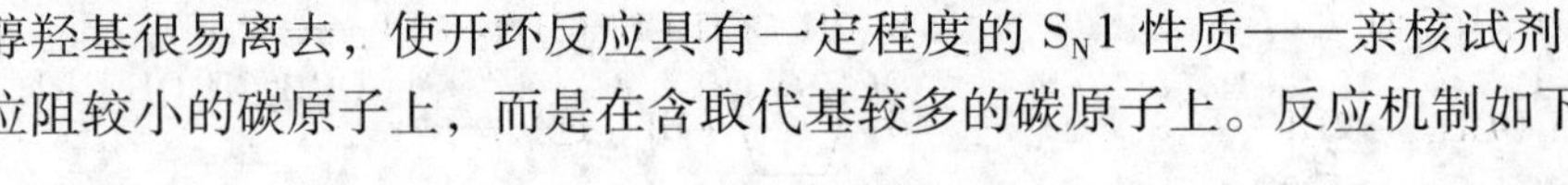

习　题

1. 命名下列化合物：

a. $CH_3CH_2OCH(CH_3)_2$

b. 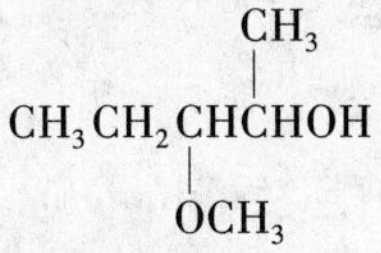

c. 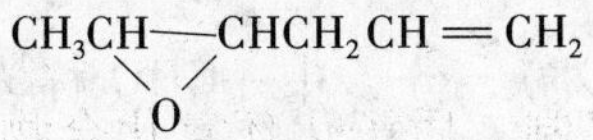

d. 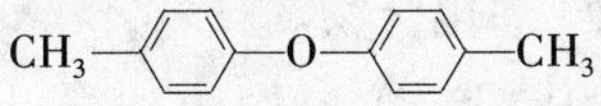

e. 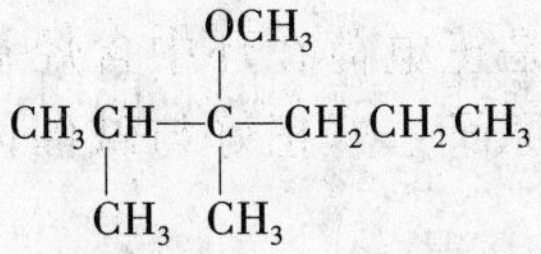

f. 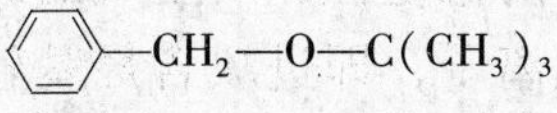

g. 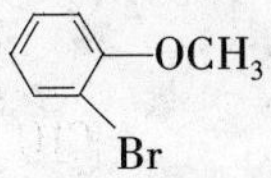

2. 写出下列化合物的结构式：

a. 苄醚　b. 乙基叔丁基醚　c. 烯丙基醚　d. 12－冠－4

e. 对－硝基苄苯醚　f. 3－甲基－3，4－环氧－1－丁烯

3. 完成下列反应式：

a. $CH_3OCH_2CH_3 + H_2SO_4 \longrightarrow$

b. $CH_3OCH_2CH(CH_3)_2 + HI \xrightarrow{\triangle}$

c. 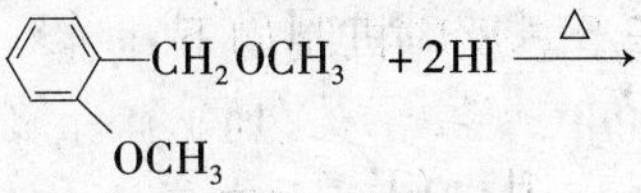

d. 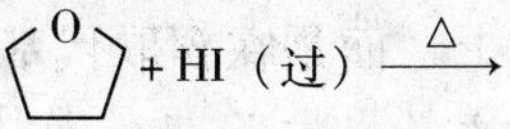

e. 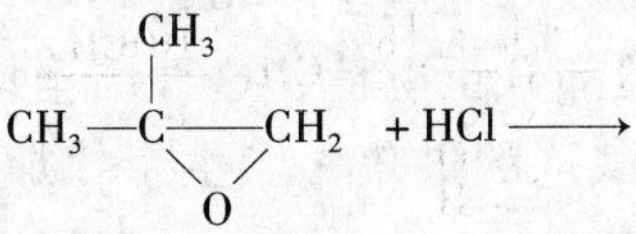

f. 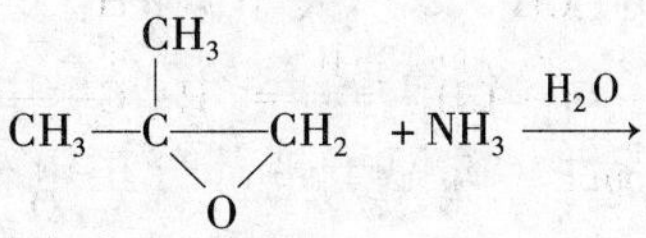

g. 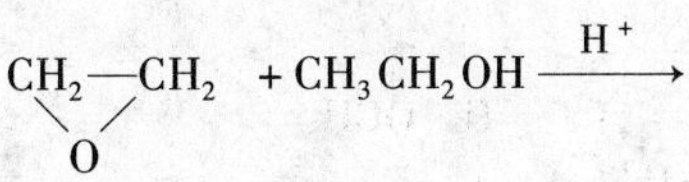

h. 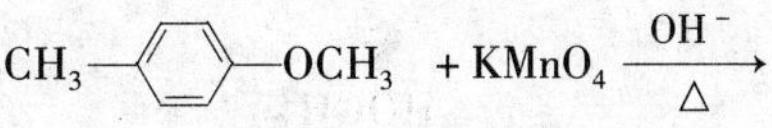

4. 用化学方法鉴别下列各组化合物：

a. 丁醇与丁醚

b. 异丙醚和甲基烯丙基醚

c. 苯甲醇、苯甲醚和对－甲基苯酚

d. 环戊醇和四氢呋喃

5. 化合物 A（$C_9H_{12}O$）与氢氧化钠、高锰酸钾均不反应，遇碘化氢生成 B（C_6H_5O）和 C（C_3H_7I），B 遇溴水立即生成白色沉淀，C 与硝酸银溶液共热产生黄色沉淀。试写出 A、B、C 的结构式和相应的反应方程式。

第 8 章　醛、酮、醌

醛（aldehyde）、酮（ketone）和醌（quinone）具有共同的结构特征，它们都含有羰基，所以这类化合物总称为羰基化合物。

醛分子中羰基与一个烃基和一个氢原子相连（甲醛例外），分子中—CHO 称为醛基，醛基是醛的官能团，位于碳链一端。

酮分子中羰基与两个烃基相连，酮分子中的羰基又称为酮基，是酮的官能团，位于碳链的中间。醛和酮分子中的烃基可以是烷基、烯基、环烷基或芳烃基。

醌是一类不饱和的环二酮，在分子中含有两个双键和两个羰基。

8.1　醛和酮的结构、分类与命名

8.1.1　醛和酮的结构

醛和酮的羰基碳原子和氧原子均为 sp^2 杂化，碳原子的三个 sp^2 杂化轨道分别与氧和其他两个原子形成三个 σ 键，羰基碳和氧中未杂化的 p 轨道彼此平行重叠形成 π 键，垂直于三个 σ 键所在的平面。羰基氧上的两对未共用电子对分布在氧原子另外两个 sp^2 杂化轨道上。由于氧的电负性（3.5）大于碳的电负性（2.6），所以成键电子分布是不均匀的，电子云偏向氧原子一方，使氧原子带部分负电荷，碳原子带部分正电荷，这种结构特征使其具有较高的反应活性。碳原子带部分正电荷，易受亲核试剂的进攻，发生亲核加成反应。如图8 -1所示。

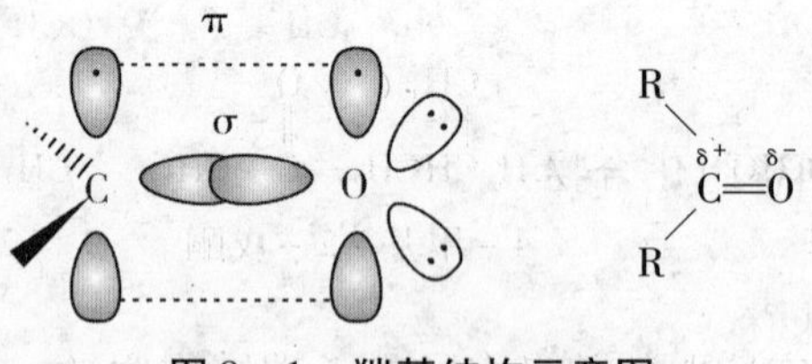

图 8 -1　羰基结构示意图

8.1.2　醛和酮的分类与命名

醛和酮是由烃基和羰基两部分组成，根据分子中烃基的不同，可以把醛和酮分为脂族醛、酮和芳香醛、酮；根据烃基结构的饱和性分为饱和醛、酮和不饱和醛、酮；按照羰基的数目来分类，醛、酮可以分为一元醛、酮和多元醛、酮。例如：

脂肪醛和酮　CH_3CHO　$CH_3-\overset{\overset{\displaystyle O}{\|}}{C}-CH_3$

芳香醛和酮

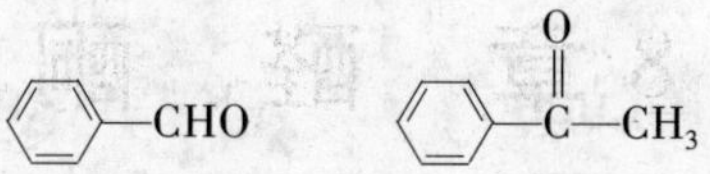

多元醛和酮　$H\overset{\overset{\displaystyle O}{\|}}{C}-CH_2CH_2CH_2-\overset{\overset{\displaystyle O}{\|}}{C}H$　$CH_3\overset{\overset{\displaystyle O}{\|}}{C}-CH_2-\overset{\overset{\displaystyle O}{\|}}{C}CH_3$

醛和酮的命名类似于醇的命名，可用普通命名法也可用系统命名法。

1. 普通命名法

简单的醛和酮用普通命名法命名，脂肪醛按分子中所含碳数称为某醛，碳链可从羰基相邻的碳原子开始，用 α、β、γ……编号。脂肪酮则按羰基所连的两个烃基名称而称为某（基）某（基）（甲）酮，“甲”字有时可以省略。芳香醛可将芳烃基作为取代基，以脂肪醛作为母体。酮的羰基与苯环连接时，则称为“酰某苯”。例如：

$HCHO$	CH_3CHO	$CH_3CH_2CH_2CHO$	$CH_3\overset{\overset{\displaystyle O}{\|}}{C}CH_2CH_3$	$CH_3\overset{\overset{\displaystyle O}{\|}}{C}CH_3$
甲醛	乙醛	丁醛	甲乙酮	二甲酮

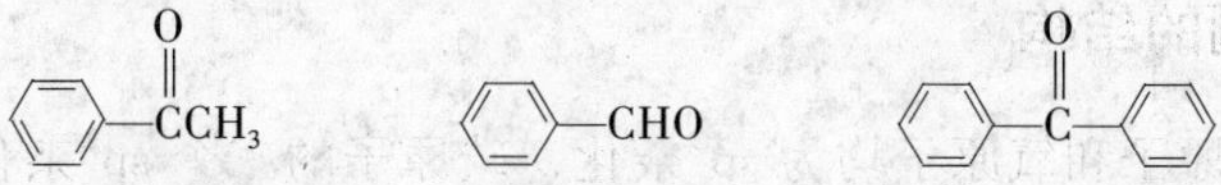

乙酰苯（苯乙酮）　苯甲醛　二苯酮

2. 系统命名法

结构复杂的醛和酮采用系统命名法，选择含羰基的最长碳链作主链，称为某醛或某酮。主链中碳原子的编号要从醛基一端或从靠近酮基的一端开始，而且需标明酮基的位置。其余取代基的位置、个数及名称应放在醛、酮名称之前。当分子中同时含有醛和酮羰基时，以醛为母体，酮羰基称为氧代，例如：

$CH_3CH_2-\overset{\overset{\displaystyle CH_3}{\vert}}{C}H-CHO$	$CH_3\overset{\overset{\displaystyle CH_3}{\vert}}{C}HCH_2-\overset{\overset{\displaystyle O}{\|}}{C}-CH_3$	$CH_3CH_2-\overset{\overset{\displaystyle O}{\|}}{C}-CHO$
2－甲基丁醛	4－甲基－2－戊酮	2－氧代丁醛

多元醛、酮的命名，除应选取羰基最多的最长碳链作主链，并标明酮基的位置和个数。例如：

$H\overset{\overset{\displaystyle O}{\|}}{C}CH_2CH_2CH_2\overset{\overset{\displaystyle O}{\|}}{C}H$	$CH_3\overset{\overset{\displaystyle O}{\|}}{C}CH_2\overset{\overset{\displaystyle O}{\|}}{C}CH_3$
戊二醛	2,4－戊二酮

不饱和醛、酮命名时，除了选取含羰基的编号应尽可能小外，还要表示出不饱和键所

在的位置：

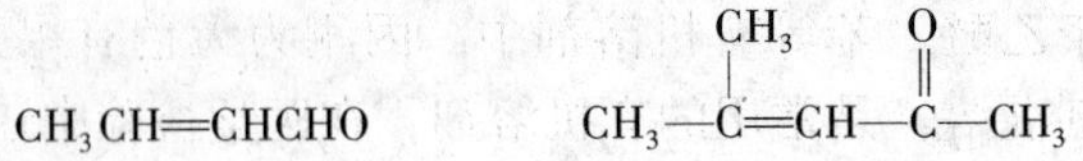

2－丁烯醛（巴豆醛）　4－甲基－3－戊烯－2－酮

羰基在环上的称为环某酮，在环外的，环作为取代基脂环酮的命名与脂肪酮相似，只需加1个“环”字即可。例如：

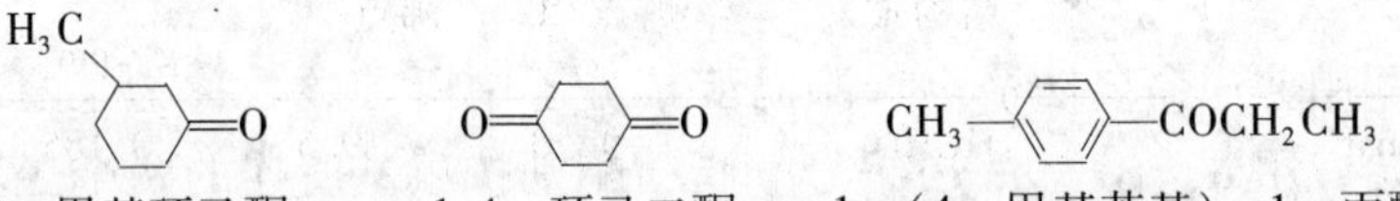

3－甲基环己酮　1,4－环己二酮　1－（4－甲基苯基）－1－丙酮

[问题8－1]　命名下列化合物：

(1) 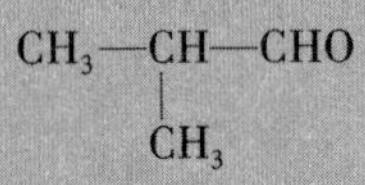

(2) 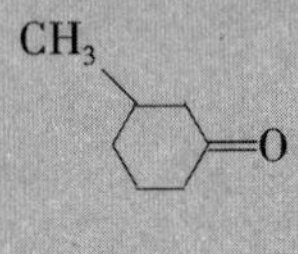

(3) 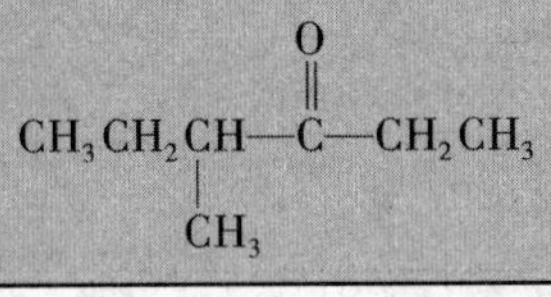

(4) 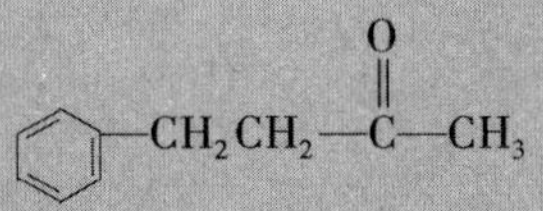

从自然界获得的许多醛、酮都有俗名。例如，从桂皮油中分离出来的肉桂醛（3－苯丙烯醛），芳香油中常见的茴香醛等。

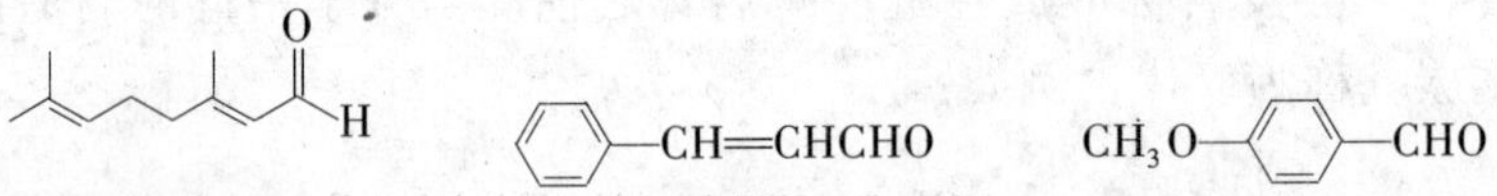

柠檬醛　肉桂醛　茴香醛

8.2　醛和酮的物理性质

常温下，除甲醛是气体外，其余低级饱和醛都为液体，高级醛是固体。低级醛具有强烈的刺激味，中级醛具有果香味，含9、10个碳的醛常用于香料工业中。低级酮是液体，具有令人愉快的气味，高级酮是固体。一些醛和酮的物理常数见表8－1所示。

由于醛、酮分子间不能形成氢键，故沸点比相对分子质量相近的醇和羧酸要低。但是羰基的极性使得其分子间偶极—偶极吸引作用增大，因此沸点仍然比相应的烷烃和醚类要高。

醛、酮的羰基氧原子与水分子中的氢原子可以形成分子间氢键，使水溶性增强。甲醛、乙醛易溶于水；随着分子中烃基比例增大，醛、酮的水溶性迅速降低。含 6 个碳以上的醛、酮几乎不溶于水，而溶于乙醚、苯等有机溶剂中。丙酮为无色有果香气的液体，极易溶于水，并能与各种有机溶剂混溶，是常用的有机溶剂，在医学检验中还可用作组织脱水剂。

正常人的血液中丙酮含量极低，糖尿病患者由于体内代谢紊乱，常有过量的丙酮从尿液中或随呼吸排出。

表 8－1　一些醛和酮的物理常数

化合物	结构式	熔点/℃	沸点/℃	密度/g·cm^{-3}	水溶解度/g·(100mL)$^{-1}$
甲醛 methanal	HCHO	－92.0	－19.5	0.185	55.0
乙醛 ethanal	CH_3CHO	－123.0	20.8	0.781	溶
丙醛 propanal	CH_3CH_2CHO	－81.0	48.8	0.807	20.0
丙烯醛 propenal	$CH_2=CHCHO$	－87.7	53.0	0.841	溶
苯甲醛 benzaldehyde	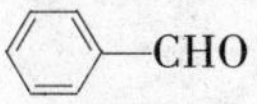	－26.0	179.0	1.046	0.33
丙酮 propanone	CH_3COCH_3	－95.0	56.0	0.792	溶
环己酮 cyclohexanone	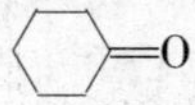	－16.4	156.0	0.942	微溶
二苯酮 diphenyl methanone	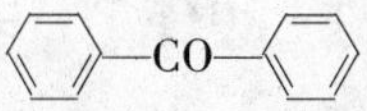	48.0	306.0	1.098	不溶

［问题 8－2］　不用查表，比较下列各组化合物的沸点，指出哪一个较高，并解释理由。

（1）戊醛和 1－戊醇　（2）2－戊酮和 2－戊醇　（3）正戊烷和戊醛

8.3　醛和酮的化学性质

羰基 C═O 和烯烃 C═C 在结构上有两个重要的差别，其一是氧原子带有孤对电子；其二是氧原子的电负性比碳强。羰基的碳氧键是一个极性键，碳原子带部分正电荷，氧原子带部分负电荷，醛酮的化学反应总的来说可以分为三大类，第一类是羰基的亲核加成反应，第二类是 α－碳上氢的活泼性，第三类是醛的特殊反应。下面将这些反应分别进行讨论。

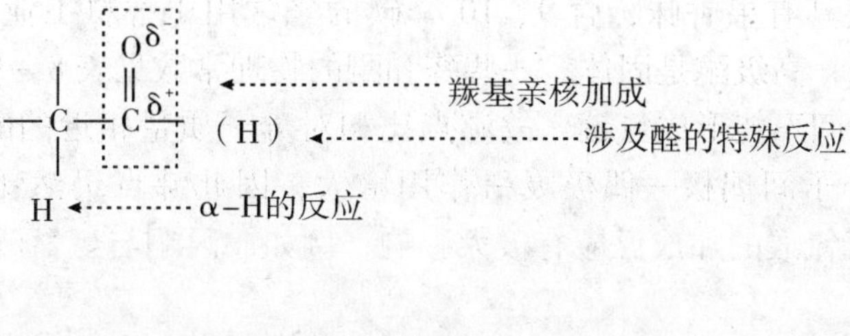

8.3.1 羰基的亲核加成反应

与碳碳双键不同，羰基碳氧双键容易与亲核试剂发生亲核加成（nucleophilic addition）反应。在反应中，试剂中带负电荷的部分 Nu^-加到羰基碳上，带正电荷的部分 A^+加到羰基氧上。亲核加成反应的机制为：

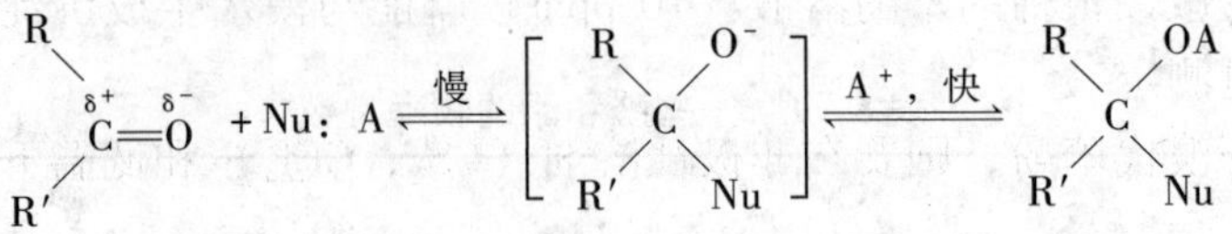

由于羰基的极性，使羰基形成两个反应中心——带部分正电荷的羰基碳原子和带部分负电荷的羰基氧原子。由于氧容纳负电荷的能力较碳容纳正电荷的能力要强，生成的负氧离子具有比较稳定的八隅体结构，故发生加成反应时，应是带有 1 对孤对电子的亲核试剂。

Nu^-提供一对电子，首先进攻带部分正电荷的羰基碳原子，在 π 键断裂的同时形成新的 σ 键，一对电子转移至氧原子上，生成负氧离子。接着，该负氧离子与试剂中带正电荷的部分结合，得到加成产物。

在上述加成中，决定整个反应速率的最慢步骤是由亲核试剂进攻带正电荷的羰基碳引起的，最终得到加成产物，所以羰基的加成称为亲核加成反应。常见的亲核试剂是负离子或带有孤对电子的中性分子，如氢氰酸、亚硫酸氢钠、醇、水和氨的衍生物等。

羰基的亲核加成往往是可逆的，但是，在许多情况下，由于加成产物的进一步转化，反应可以进行到底。

1. 与含碳亲核试剂的加成

（1）与氢氰酸的加成。醛、酮与氢氰酸反应生成 α－羟基腈（α－hydroxynitrile），又称 α－氰醇（α－cyanohydrin）：

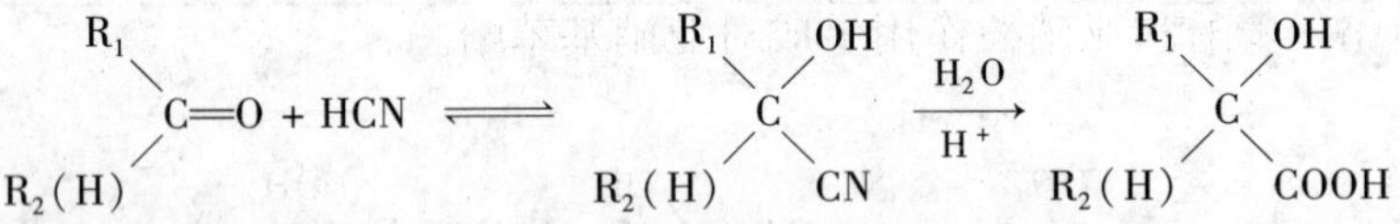

大多数醛、脂肪族甲基酮以及含有 8 个碳原子以下的环酮都可与 HCN 发生加成反应。用无水的氢氰酸制备 α－羟基腈能得到满意的结果，但是由于氢氰酸挥发性大，有剧毒，使用不方便，实验室中常将醛、酮与氰化钾或氰化钠的溶液混合，然后再加入无机酸。例如：

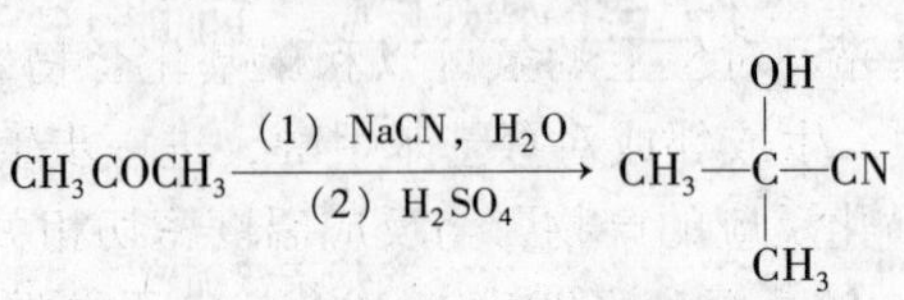

71% ~78%

碱对醛、酮与氢氰酸的加成反应有极大影响，例如，丙酮与氢氰酸作用，在 3 ~4 小时内只有大约 50% 的原料反应，若加入一滴氢氧化钾溶液，则反应在数分钟内完成，加入酸则使反应速度减慢。在大量酸存在的条件下，几星期也不反应，这是因为氢氰酸是一个弱酸，不易离解生成氰基负离子（CN^-）；加入酸，将使 CN^- 浓度更加低，加入碱，则可以增加亲核试剂 CN^- 的浓度。所以这个反应不是按酸催化的机理进行的，而是 CN^- 首先加到羰基上。为了增加 CN^- 的浓度，常加入少量碱，这样可以大大加快加成反应。因此，进攻的试剂实际上是氰基负离子。其机理可表示如下：

$$HCN + OH^- \xrightleftharpoons{快} CN^- + H_2O$$

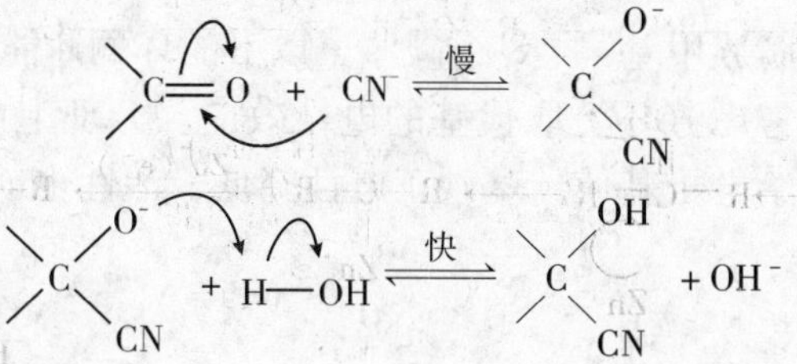

第一步和第三步是质子转移反应，速度很快，第二步氰基负离子与羰基加成是决定反应速度的步骤。所以，反应中加入微量的碱，提高了氰基负离子的浓度，有利于亲核加成反应。

α－羟基腈在有机合成上是一个重要的中间体，例如，氰基水解可以转变成 α－羟基酸，氰基还原可转变成胺，羟基脱水可以转变为 α，β－不饱和腈，进一步可以得到 α，β－不饱和酸。

醛、酮与其他含碳亲核试剂以及亚硫酸氢钠的加成反应也按两步机理进行，可用通式表示如下：

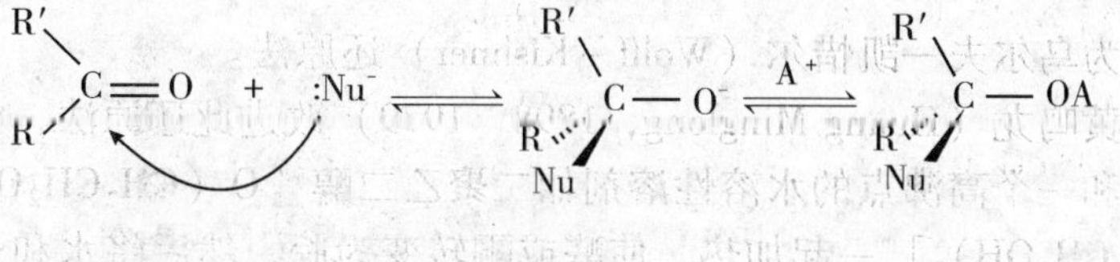

第一步，亲核试剂加到羰基上，将碳氧双键打开，形成四面体结构的氧负离子；第二步，氧负离子与亲电试剂结合得到加成产物。

在这两步反应中，第一步是决定反应速度的。第一步反应的过渡状态是处在由平面三角形的羰基结构转变成正四面体结构的中间状态，由于增加了一个亲核试剂，空间位阻变大，所以羰基化合物的 R′与 R 越大，过渡态的空间位阻越大，位能越高，反应越慢。另外过渡态与中间体氧负离子的结构相近，所以氧负离子越稳定，活化能越低，羰基的活性越大。羰基化合物上 R 与 R′吸电子能力强，将有利于氧负离子稳定，这种羰基的活性也就较大。因此不同的醛、酮与同一种亲核试剂反应时的活性有差异。

醛比酮的加成速度快，是因为酮中的羰基碳原子与 2 个烷基相连，空间位阻较大，而且烷基具有给电子性能，使氧负离子中间体不稳定。

对于芳香醛和酮而言，由于芳环与羰基形成共轭体系而稳定；但是因反应中形成过渡态时将破坏共轭体系，使位能增高，因此活化能较高，反应比较慢。环酮的加成速度比脂肪酮快。不同结构的醛、酮对氢氰酸的加成反应活性次序大致如下：

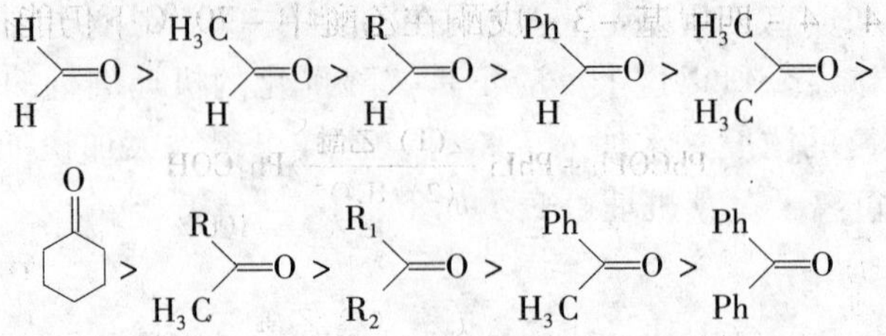

实际上，只有醛、脂肪族甲基酮、8 个碳原子以下的环酮才能与氢氰酸反应。所以，在芳香醛、酮系列中，主要考虑芳环上取代基的电性效应。芳环上的吸电子基，使羰基碳的正电性增加，活性增加；给电子基使羰基碳正电性降低，活性也就降低。例如：

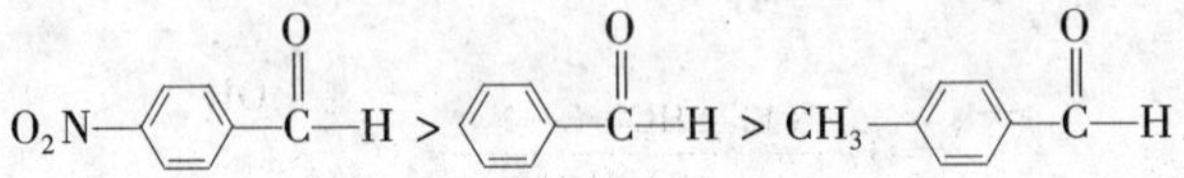

（2）与金属有机化合物的加成。一些活泼金属形成的金属有机化合物中碳—金属键（C—M）极性很强，与金属相连的碳原子带负电荷或部分负电荷，极容易与醛、酮发生亲核加成反应。

格氏试剂与甲醛反应可得伯醇，与醛（除甲醛外）反应得仲醇，与酮反应得叔醇，是制备醇类的重要试剂。

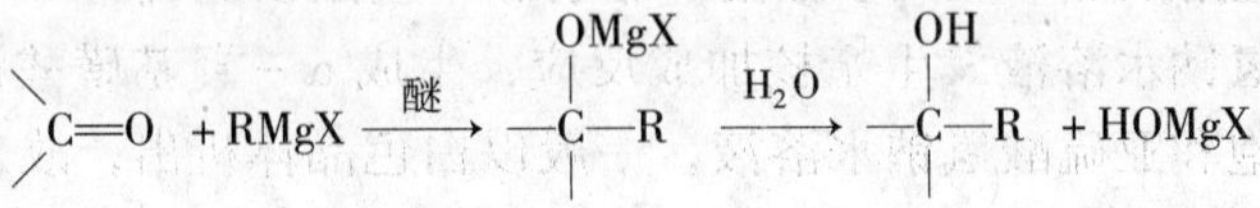

例如：

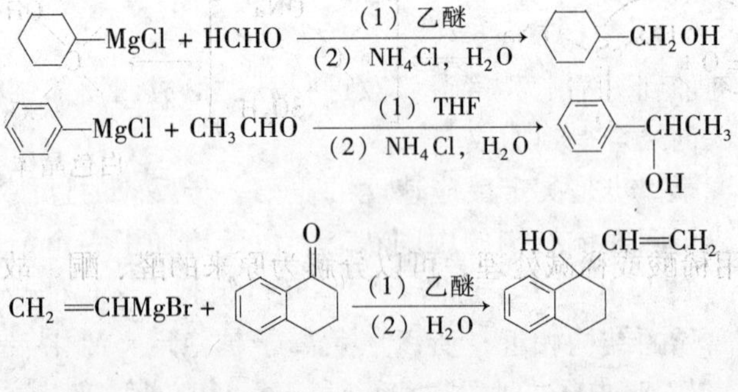

如果酮羰基与两个体积太大的基团连接，空间位阻增加使得与格氏试剂发生不正常反应，此时，酮被还原为仲醇，格氏试剂中的烷基发生消除生成烯烃，例如：

$$(CH_3)_2CHCOCH(CH_3)_2 + (CH_3)_3CMgBr \xrightarrow[(2)\ H_2O]{(1)\ 乙醚} (CH_3)_2CHCH(OH)CH(CH_3)_2 + (CH_3)_2C{=}CH_2$$

与格氏试剂不同，烃基锂的活性比格氏试剂大，与空间位阻大的酮反应仍以加成产物为主，例如用苯基锂代替苯基溴化镁与二苯甲酮，所得三苯甲醇的产率几乎是定量的，又如叔丁基锂与2，2，4，4－四甲基－3－戊酮在乙醚中－70 ℃下仍能得到正常加成产物。

$$PhCOPh + PhLi \xrightarrow[(2)\ H_3O^+]{(1)\ 乙醚} Ph_3COH \quad \sim 100\%$$

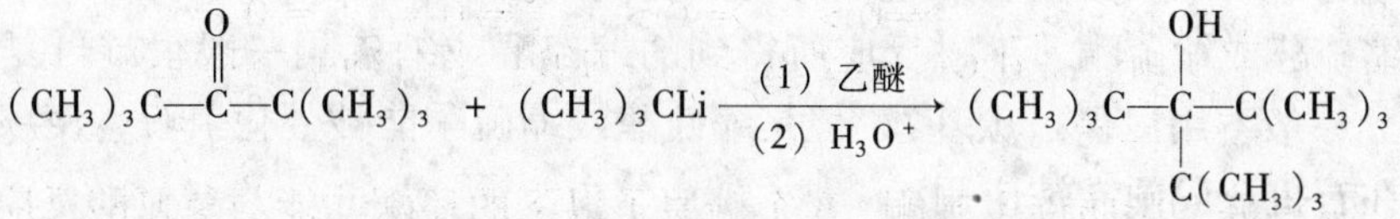

金属炔化物（例如炔化钠、炔化锂、炔化钾等）也属于很强的亲核试剂，与醛、酮的羰基发生亲核加成反应，可在羰基碳原子上引入炔基。

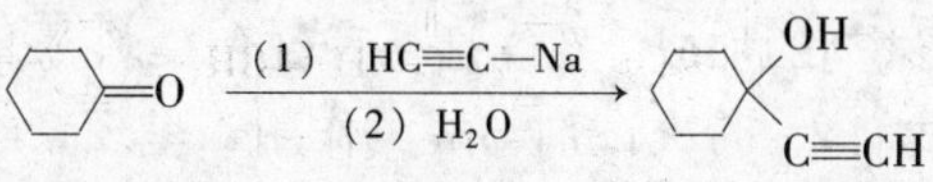

[问题 8－3]　用适当的格氏试剂制备下列醇：

（1）2－甲基－2－丁醇　（2）5－甲基－3－己醇　（3）1－苯基－2－丙醇

2. 与含硫亲核试剂的加成

（1）与亚硫酸氢钠的加成。大多数醛、脂肪族甲基酮以及含有 8 个碳原子以下的环酮都可与饱和亚硫酸氢钠水溶液发生亲核加成反应，生成 α－羟基磺酸钠，α-羟基磺酸钠能溶于水，但不溶于饱和亚硫酸氢钠水溶液，一般以白色晶体析出，故常用于一些醛、酮的鉴别。

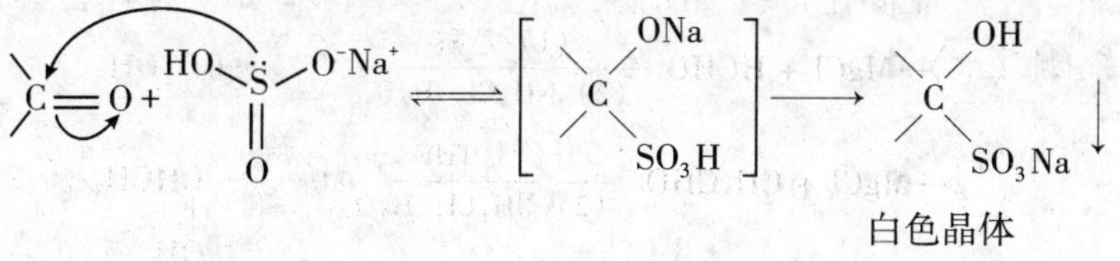

α－羟基磺酸钠用稀酸或稀碱处理，可以分解为原来的醛、酮，故可以用于醛、酮的分离和提纯。

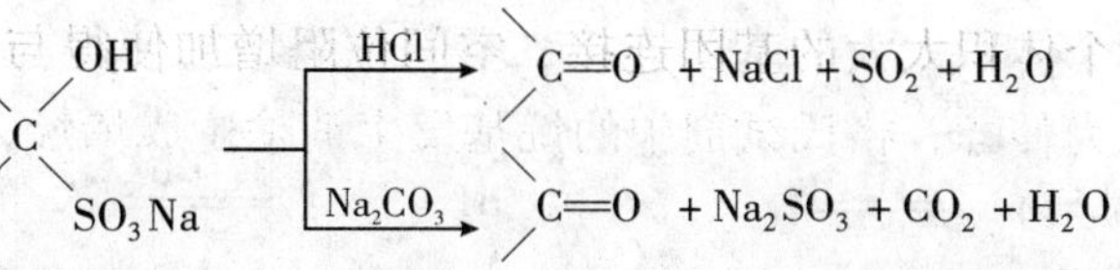

此外，可以利用在 α－羟基磺酸钠中加氰化物来得到 α－羟基腈，这种方法可避免在氰

化钠溶液中加酸逸出氰化氢的危险。例如：

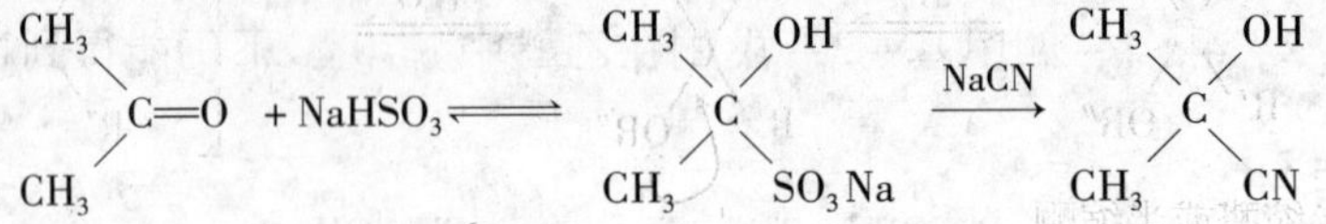

（2）与硫醇的加成。硫醇比相应的醇具有更强的亲核能力，因此在室温下即可以与醛、酮反应生成缩硫醛或缩硫酮，不过反应所得到的缩硫醛或缩硫酮一般很难再复原为原来的醛、酮（因此一般不用以保护羰基），但是缩硫醛或缩硫酮能被催化氢解，使羰基间接还原为亚甲基，在有机合成中常被应用。

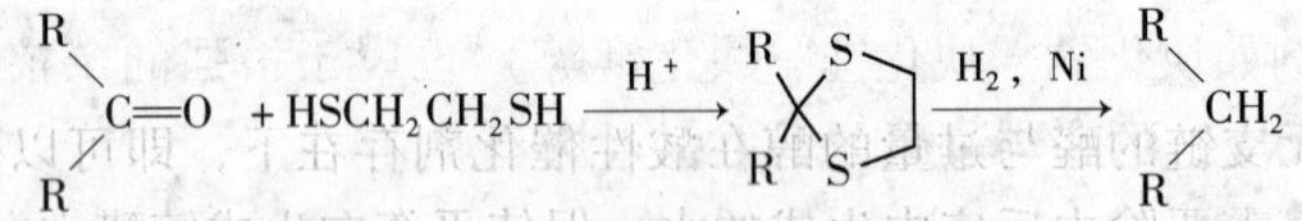

（3）与希夫（Schiff）试剂的加成。品红是一种红色染料，其溶液通入二氧化硫则得到无色的品红醛试剂（希夫试剂），希夫试剂与醛类作用，呈现紫红色，且很灵敏；酮类与希夫试剂不反应，因而不显颜色变化。因此希夫试剂是检验醛和鉴别醛、酮的简单方法之一。

甲醛与希夫试剂所呈现的颜色加入硫酸后不消失，而其他醛所显示的颜色则褪色，因此希夫试剂还可以用于鉴别甲醛与其他醛。

3. 与含氧亲核试剂的加成

（1）醛酮与醇加成反应。醇与水相似，也能与醛、酮发生亲核加成反应，生成半缩醛或半缩酮（hemiacetal）。酸或碱对半缩醛或半缩酮的形成具有催化作用。

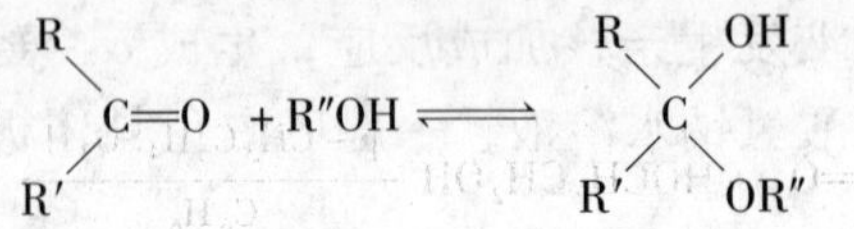

半缩醛或半缩酮在酸性催化剂（如干燥氯化氢、对甲苯磺酸）存在条件下，继续与醇反应生成缩醛或缩酮（acetal）：

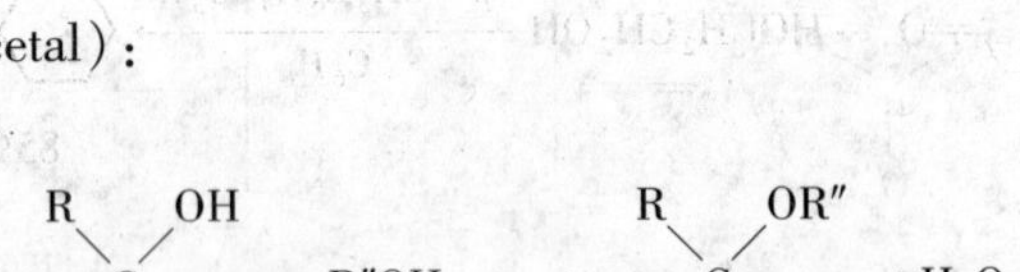

其反应机理如下：

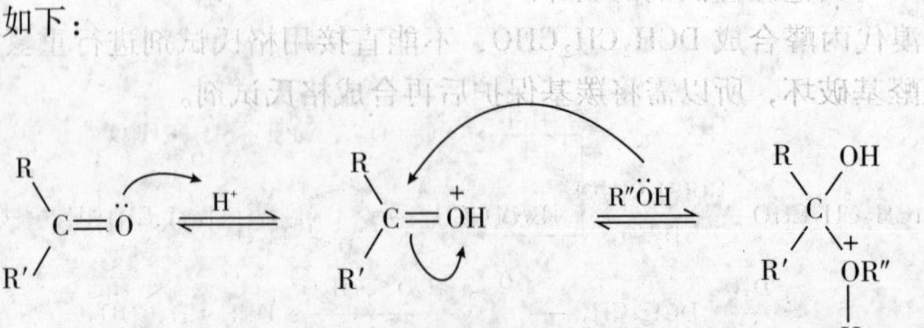

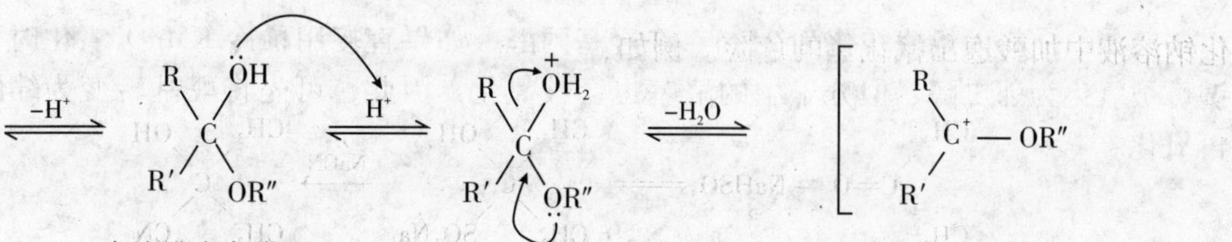

半缩醛或半缩酮

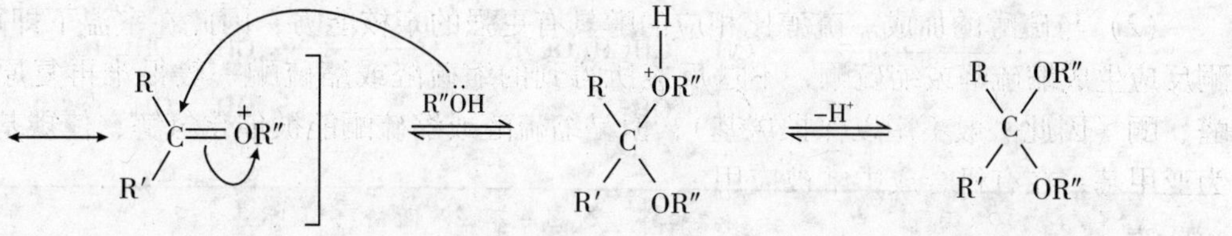

缩醛或缩酮

对于小分子、无支链的醛与过量的醇在酸性催化剂存在下，即可以变成缩醛；对于较大分子、有支链的醛需要除去反应中生成的水，促使平衡向生成缩醛方向移动。

$$CH_3CHO + 2C_2H_5OH \xrightleftharpoons{H_2SO_4} CH_3CH(OC_2H_5)_2 + 2H_2O$$

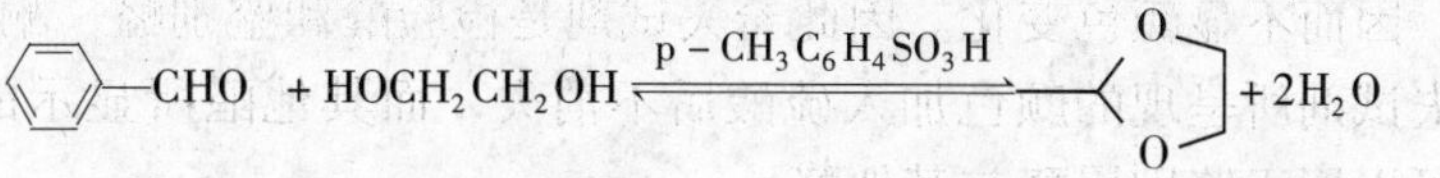

缩酮比较难以形成，但是环状的缩酮却比较容易形成。例如，丙酮与乙醇反应达到平衡时，只有 2% 缩酮生成，为了提高缩酮的产率，将平衡向右移动，需要除去生成的水。当酮与过量的乙二醇在少量酸存在下可形成环状的缩酮。

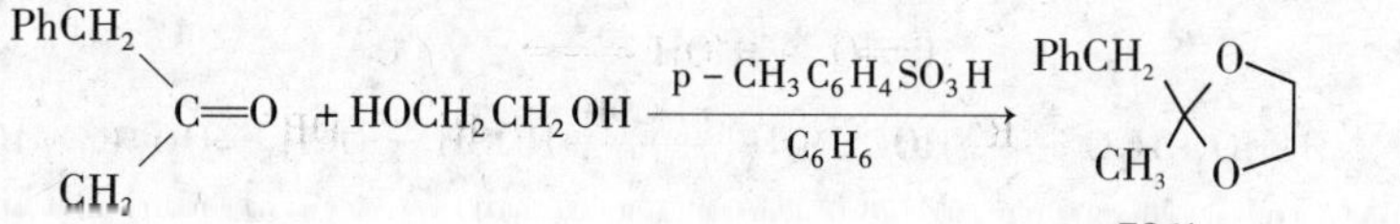

78%

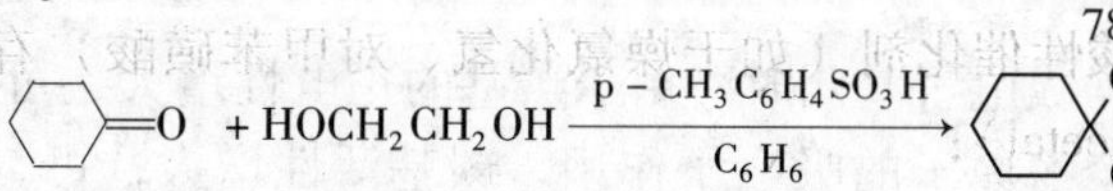

85%

缩醛与缩酮在中性或碱性的条件下是稳定的，它的性质和醚很相似，在酸性溶液中容易水解成醛、酮。因此在有机合成中常用来保护羰基，使其在合成中不致受到氧化剂、还原剂、格氏试剂与其他碱性试剂的破坏。

如由 β－溴代丙醛合成 DCH_2CH_2CHO，不能直接用格氏试剂进行重氢化，因为生成的格氏试剂将被醛基破坏，所以需将羰基保护后再合成格氏试剂。

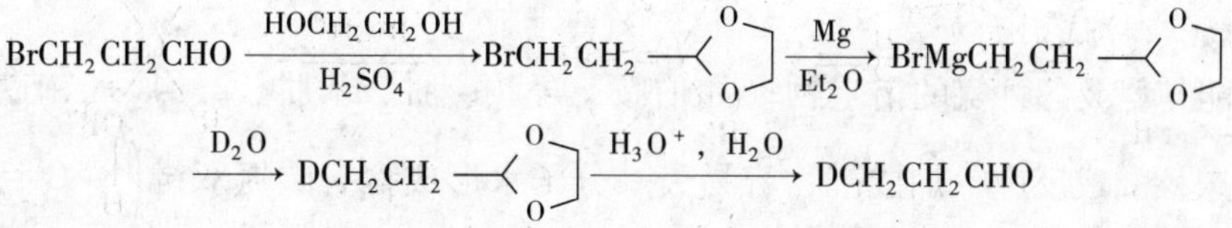

又如，m 将丙烯醛转化为2，3－二羟基丙醛，如果直接用稀冷 $KMnO_4$ 氧化时，虽然双键可被氧化为邻二醇，但分子中的醛基也会被氧化。因此，可先将醛基转变为缩醛，之后再氧化。

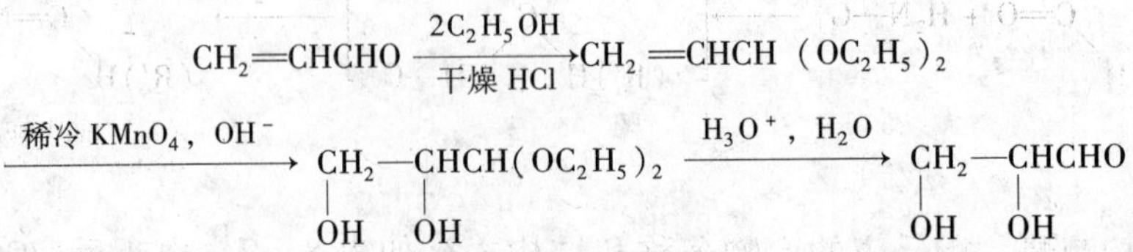

［问题 8－4］ 以丙烯醛为原料合成甘油醛（2，3－二羟基丙醛），写出各步反应式。

（2）醛酮与水加成反应。水可以与醛、酮的羰基加成形成水合物。但水是一种较弱的亲核试剂，生成的偕二醇不稳定，容易失水，反应平衡主要偏向反应物一方。

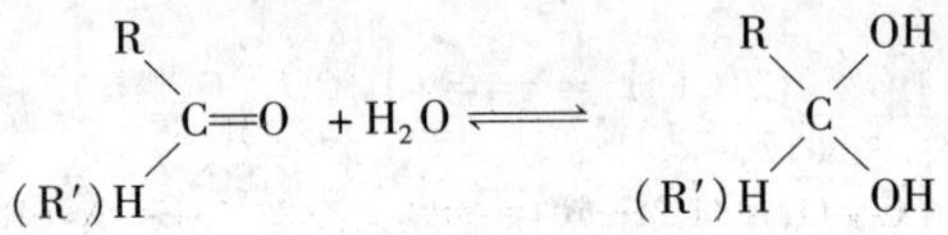

甲醛和乙醛容易生成水合物，甲醛在水溶液中几乎以水合物形式存在（99.96%），但分离不出来。丙酮水合作用较小，水合物含量只有 0.14%。

甲醛浓溶液长期放置会产生浑浊或生成白色沉淀，这便是甲醛水合后又聚合成多聚甲醛。多聚甲醛经加热后（160 ℃/200 ℃），可解聚产生甲醛。因此，聚甲醛可作为气态甲醛的来源，用于消毒灭菌。甲醛在水溶液中的聚合可用下式表示：

$$HCHO + H_2O \longrightarrow HOCH_2OH \xrightarrow{nHCOH} HOCH_2 \text{+}OCH_2\text{+}_n OH \ (n \approx 100)$$

当羰基碳上连接有强吸电子基团时，由于羰基的正电性增大，可以生成稳定的水合物。例如，三氯乙醛由于 3 个氯原子的吸电子作用，羰基活性增大，可与水形成稳定的水合氯醛，其熔点为 57 ℃，呈无色透明柱状晶体。100 g · L^{-1} 三氯乙醛水溶液在临床上曾用作镇静催眠药。水合茚三酮是氨基酸和蛋白质分析中重要的显色剂。

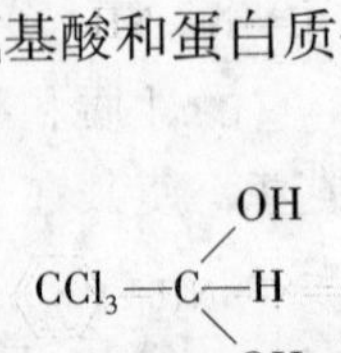

水合氯醛

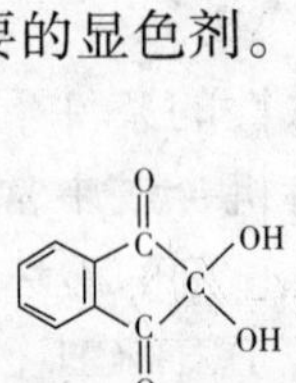

水合茚三酮

4. 与含氮亲核试剂的加成

醛、酮能与氨及各种氨的衍生物（如伯胺、羟胺、肼、苯肼、2，4－二硝基苯肼、氨基脲等）发生亲核加成反应，加成产物容易失一分子水形成含有碳氮双键（>C=N—）的化合物。因此，该反应也称为加成缩合反应。如果用 H_2N—G 代表氨的衍生物，G 代表不同的取代基，上述加成缩合反应的通式如下：

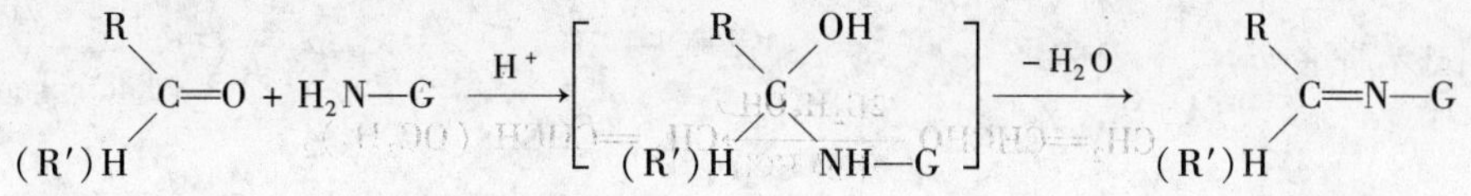

N－取代亚胺

氨的衍生物与醛、酮反应的产物名称和结构式，如表 8－2。由于反应产物肟、苯腙、2，4－二硝基苯腙等都有一定的晶形和熔点，容易鉴别，故在有机分析中称这些氨的衍生物为“羰基试剂”。尤其是 2，4－二硝基苯肼，它几乎能与所有的醛、酮迅速反应，并析出橘黄色或橘红色的 2，4－二硝基苯腙晶体，易于观察，常用于醛、酮的鉴别。

此外，上述产物容易结晶、提纯，经酸水解又可以回收得到原来的醛、酮，故这些试剂还用于醛、酮的分离与精制。

醛、酮与伯胺加成缩合产物为 N－取代亚胺，称希夫碱（Schiff base）。

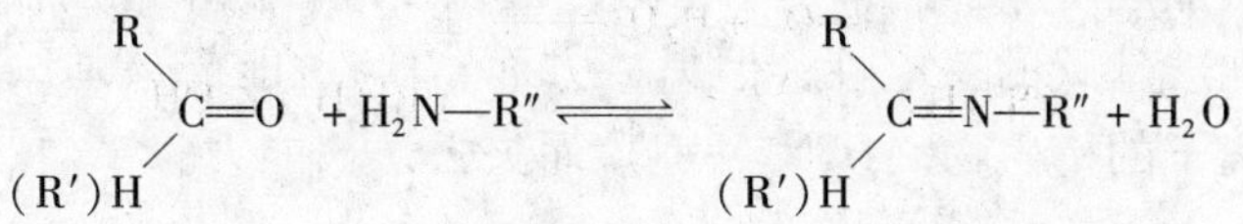

表 8－2　氨的衍生物与醛、酮反应的产物

氨的衍生物	结构式	加成缩合产物结构式	名称
伯胺	H_2N—R″	R(R′H)C═N—R″	希夫碱（Schiff base）
羟胺	H_2N—OH	R(R′H)C═N—OH	肟（oxime）
肼	H_2N—NH_2	R(R′H)C═N—NH_2	腙（hydrazone）
苯肼	H_2N—NH—C_6H_5	R(R′H)C═N—NH—C_6H_5	苯腙（phenylhydrazone）

（续上表）

氨的衍生物	结构式	加成缩合产物结构式	名称
2，4－二硝基苯肼	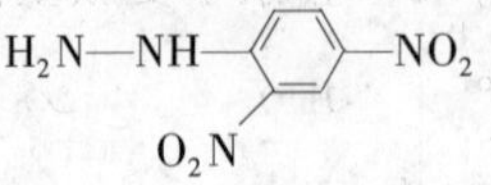	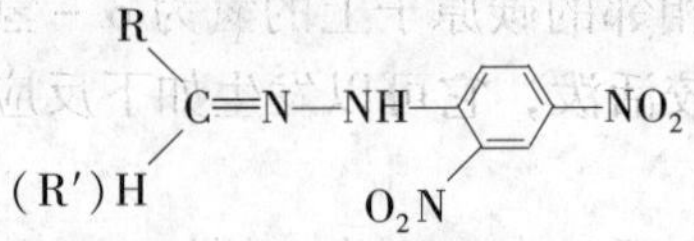	2，4－二硝基苯腙（2，4－dinitrophenylhydrazone）
氨基脲	$H_2N—NH—\overset{O}{\overset{\Vert}{C}}—NH_2$	$\underset{(R')H}{\overset{R}{>}}C{=}N—NH—\overset{O}{\overset{\Vert}{C}}—NH_2$	缩氨脲（semicarbazone）

肼基试剂均为碱性物质，较易被空气氧化。一般都是把它们制成盐酸盐的形式保存和使用。在反应时加入弱键醋酸钠使盐分解，肼基试剂游离出来再与醛、酮反应。如：

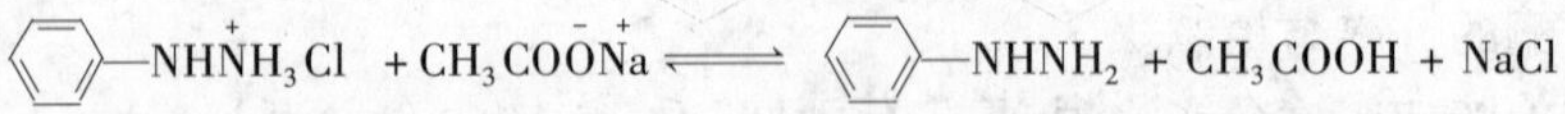

这一类型的亲核加成反应，通常是一个酸性催化反应。但不能用强酸，因为 H^+ 虽可与羰基结合成盐而增加羰基碳的正电性；但另一方面，H^+ 也能与羰基试剂（$H_2N—G$）中的氨基结合，形成铵离子的衍生物（$H_3N^+—G$）而失去亲核能力：

$$>C{=}O + H^+ \rightleftharpoons >C{=}OH^+$$

$$H_2N—G + H^+ \longrightarrow H_3\overset{+}{N}—G$$

由此可知，反应介质的酸度十分重要，既要使相当一部分羰基化合物质子化，又要保持有足够的游离含氮试剂，所采用的具体条件，取决于试剂的碱性与羰基化合物的活泼性。

加成反应也可在非水溶剂内进行，例如经常用醋酸作介质。它的弱酸性不能把所有含氮亲核试剂都变成不活泼的铵离子。在这类催化反应中，反应不仅取决于酸中的氢离子，而且与整个酸分子的浓度都有关系。这可能是由于羰基先与酸分子以氢键的方式结合，从而增加了羰基碳的正电性，促进了它与含氮亲核试剂的亲核加成：

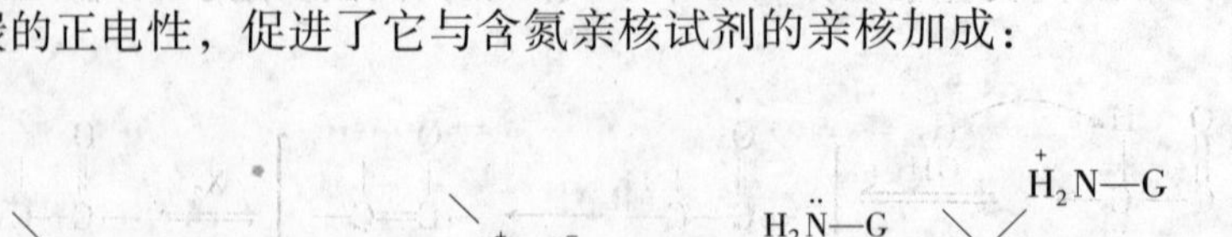

［问题 8－5］　写出苯甲醛与下列试剂反应的方程式。

（1）$H_2N—OH$

（2）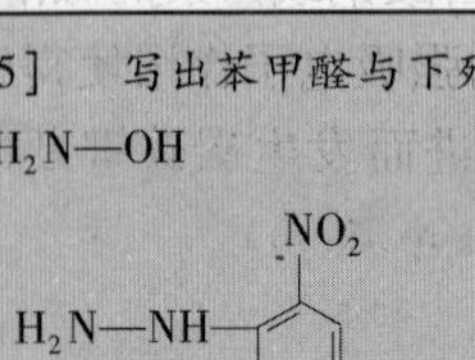

8.3.2　α－氢的反应

醛、酮分子中与羰基相邻的碳原子上的氢为 α－氢。α－氢原子受羰基极性的影响酸性增强。由于 α－氢原子比较活泼，它可以发生如下反应。

1. 卤代反应

醛或酮的 α－氢原子容易被卤素取代，例如：

$$CH_3COCH_3 + Br_2 \xrightarrow{CH_3CO_2H} CH_3COCH_2Br + HBr$$

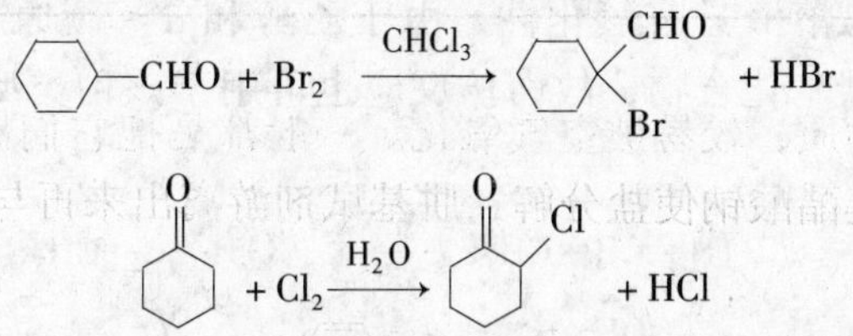

醛或酮的 α－卤代反应（halogenation）常用的溶剂有：水、氯仿、醋酸、乙醚、甲醇等。醛或酮的 α－卤代反应可被酸或碱催化。其酸催化反应机理：

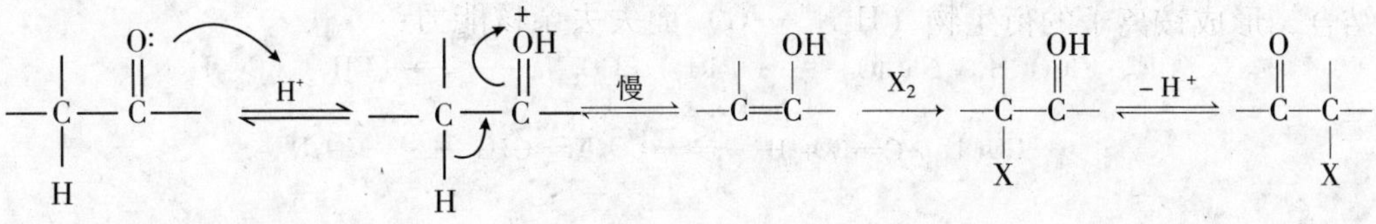

在酸性条件下，烯醇的生成是反应速度决定步骤，当引入一个卤原子后，由于卤原子的吸电子作用，使得羰基氧原子上电子云密度降低，再进行烯醇化比未卤代之前困难一些，因此控制反应条件，卤代反应可停留在单取代阶段。

醛或酮的 α－卤代反应在碱性条件下的反应机理是通过醛或酮的烯醇负离子进行的，由于卤原子的吸电子作用，使得 α－卤代醛或酮的 α－氢酸性增强，更容易发生卤代反应，因此，在碱性条件下卤代反应难以停留在单取代阶段，往往发生多取代反应。

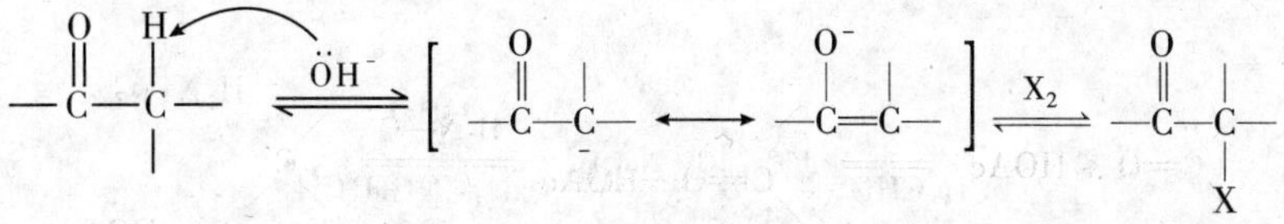

因此，乙醛和甲基酮在碱性条件下与卤素反应（常用次卤酸钠或卤素的碱溶液），三个 α－氢原子可完全被卤素取代，在生成三卤取代物中，卤素的强吸电子作用使得羰基碳原子电子云密度降低，在碱性条件下极易与亲核试剂进行加成，进而发生碳碳键断裂，生成三卤甲烷（又称卤仿）和羧酸盐，因此称为卤仿反应（haloform reaction）。

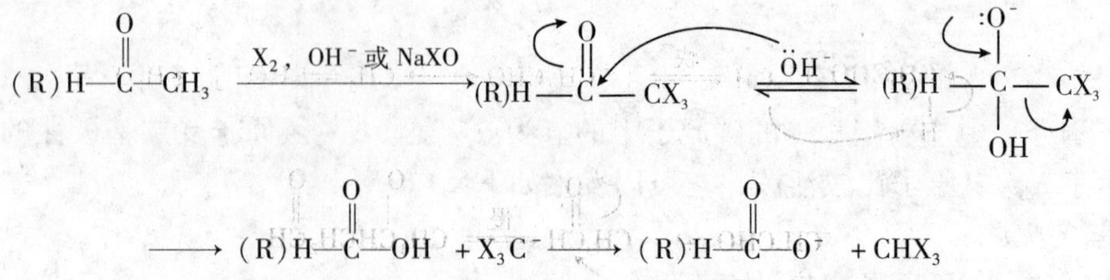

碘仿是具有特殊臭味的黄色固体，水溶性极小，在反应中易析出，且反应速度很快，因此常用碘仿反应来鉴别乙醛和甲基酮。

次卤酸钠或卤素的碱溶液具有氧化性，由于乙醇和 α-碳原子上连有甲基的仲醇可被次卤酸盐氧化成相应的羰基化合物，故卤仿反应也可用于该种类型醇的定性鉴别。

$$(R)H-\underset{\displaystyle OH}{\underset{|}{CH}}-CH_3 \xrightarrow{NaOX} (R)H-\underset{\displaystyle O}{\underset{\|}{C}}-CH_3$$

乙醇，α-碳上连有甲基的仲醇　　乙醛，甲基酮

此外，卤仿反应也可用于将甲基酮转变为少一个碳原子的羧酸。例如：

$$(CH_3)_3CCOCH_3 + NaClO \longrightarrow (CH_3)_3CCO_2Na \xrightarrow{H_3O^+} (CH_3)_3CCO_2H$$

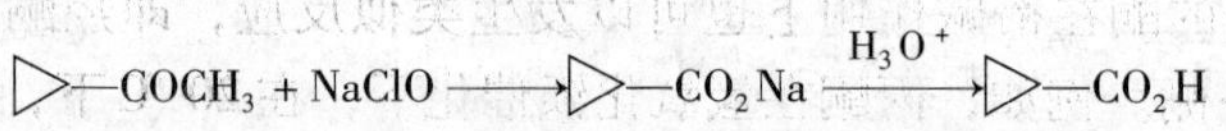

[问题 8-6]　下列化合物中，哪些能发生碘仿反应？

(1) 乙醇　(2) 2-戊醇　(3) 3-戊醇　(4) 1-丙醇

(5) 2-丁醇　(6) 异丙醇　(7) 丙醛　(8) 苯乙酮

2. 羟醛缩合反应

两分子含有 α-氢原子的醛在酸或碱的催化下（通常使用稀碱），相互结合形成 β-羟基醛的反应称为羟醛缩合反应（aldol condensation），也称为醇醛缩合反应。例如，乙醛在稀碱作用下缩合生成 3-羟基丁醛。

$$2CH_3CHO \xrightarrow[4\ ℃\sim5\ ℃]{5\%\sim10\%\ NaOH} CH_3\overset{OH\ O}{CHCH_2\overset{\|}{C}H}$$

50%

β-羟基醛

(1) 羟醛缩合的机理。在稀碱催化下羟醛缩合反应机理如下（以乙醛在稀碱催化下的缩和反应为例）：一分子醛在碱作用下转变成碳负离子和烯醇负离子，碳负离子与另一分子醛的羰基进行亲核加成生成氧负离子，后者接受一个质子生成 β-羟基醛（β-hydroxy aldehyde）。

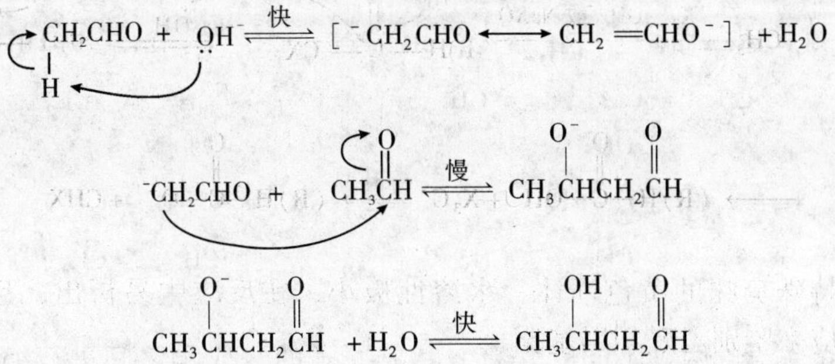

β－羟基醛在加热时即失去一分子水，生成α，β－不饱和醛。

$$CH_3\overset{OH}{\overset{|}{C}}HCH_2\overset{O}{\overset{\|}{C}}H \xrightarrow{\triangle} CH_3CH{=\!=}CHCHO$$

α，β－不饱和醛

常用的碱性催化剂除了氢氧化钠、氢氧化钾外，还有叔丁醇铝、醇钠等。

由此可见，通过羟醛缩合反应可以制备α，β－不饱和醛，进一步还可以转变为其他化合物。所以羟醛缩合反应是有机合成中用于增长碳链的重要方法之一。

含有α－氢原子的酮在稀碱作用下也可以发生类似反应，即羟酮缩合反应，但是反应的平衡偏向反应物一侧。例如，丙酮在氢氧化钡催化下，在 20 ℃下，平衡混合物中只有约 5% 的缩合产物，如果反应在索氏（Soxhlet）提取器中进行，使缩合产物不断离开反应平衡体系，产率可提高到 70% 。

$$2CH_3COCH_3 \xrightarrow{Ba(OH)_2} (CH_3)_2\overset{OH}{\overset{|}{C}}CH_2\overset{O}{\overset{\|}{C}}CH_3$$

在酸性催化剂存在下，丙酮可先缩合生成 4－羟基－4－甲基－2－戊酮（双丙酮醇），然后迅速脱水生成α，β－不饱和酮。

$$2CH_3COCH_3 \xrightarrow{H^+} (CH_3)_2C{=\!=}CHCOCH_3$$

酸催化机理如下（以丙酮在酸催化下的缩和反应为例）：

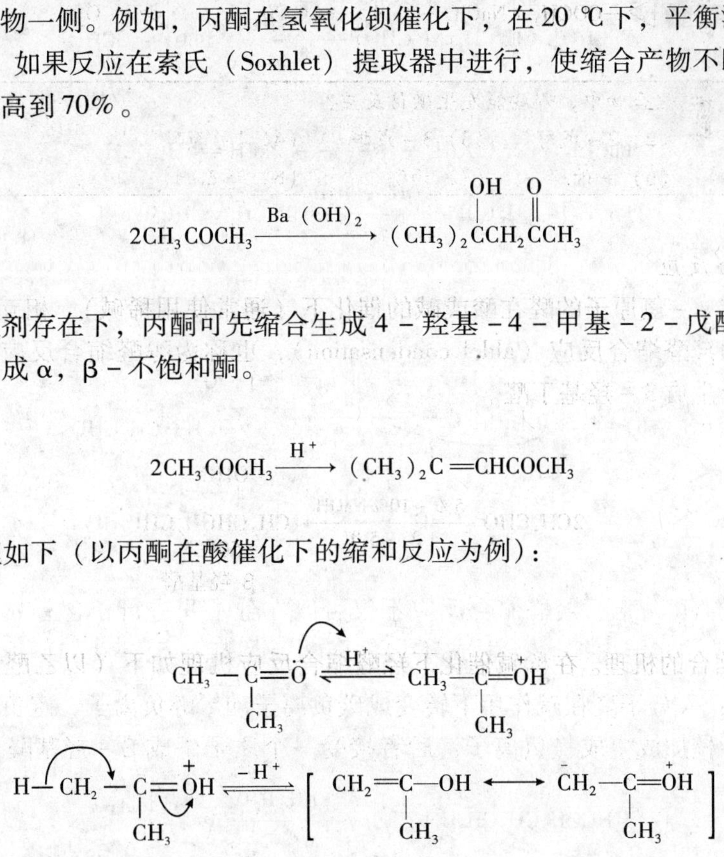

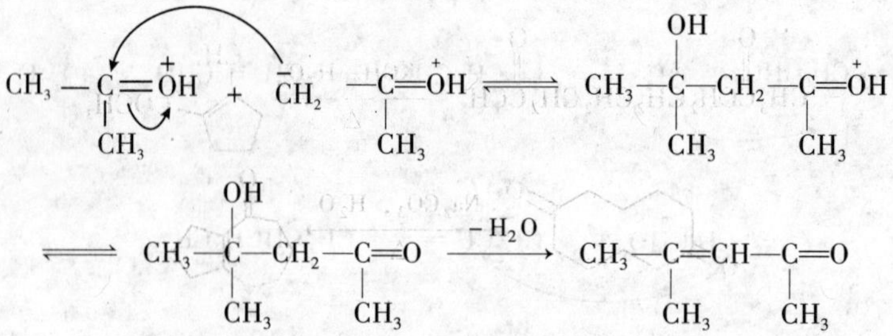

（2）交叉羟醛缩合。两种不同的含有 α－氢原子的醛或酮之间进行缩合反应，可生成四种不同的缩合产物，由于分离困难，所以实用意义不大。但若使用一个含有 α－氢原子的醛或酮和一个不含有 α－氢原子的醛或酮，进行交叉羟醛缩合（crossed aldol condensation）反应，则具有合成价值。例如：

$$\mathrm{HCHO + (CH_3)_2CHCH_2CHO \xrightarrow{K_2CO_3} (CH_3)_2C(CH_2OH)CHO}$$

（$(CH_3)_2CHCHCHO$，其中 CHCHO 的 α-碳上连 CH_2OH）52%

由芳香醛和含有 α－氢原子的醛或酮之间进行交叉羟醛缩合反应，称为克莱森—施密特（Claisen－Schmidt）反应。例如：

$$\mathrm{PhCHO + CH_3CH_2CH_2CHO \xrightarrow{OH^-,\ H_2O} PhCH{=}C(CH_2CH_3)CHO}$$

$$\mathrm{PhCHO + CH_3COCH_3 \xrightarrow{OH^-,\ H_2O} PhCH{=}CHCOCH_3}$$

$$\mathrm{PhCHO + CH_3COPh \xrightarrow{OH^-,\ H_2O} PhCH{=}CHCOPh}$$

反应机理：

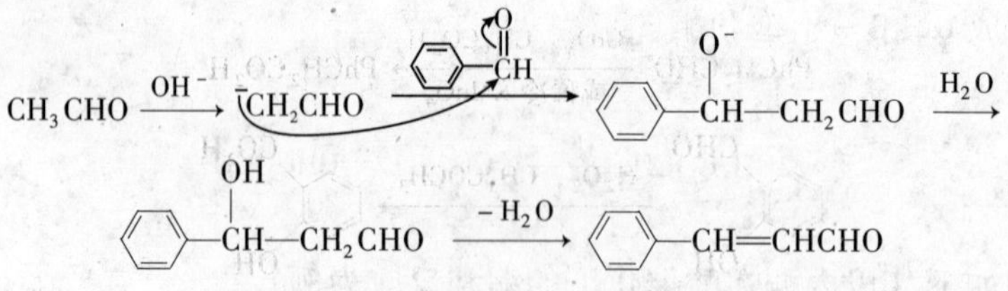

（3）分子内羟醛缩合。羟醛缩合反应不仅可以在分子间进行，含有 α－氢原子的二元醛或酮也可以进行分子内缩合，生成环状化合物，是制备 5～7 元环化合物的常用方法之一。

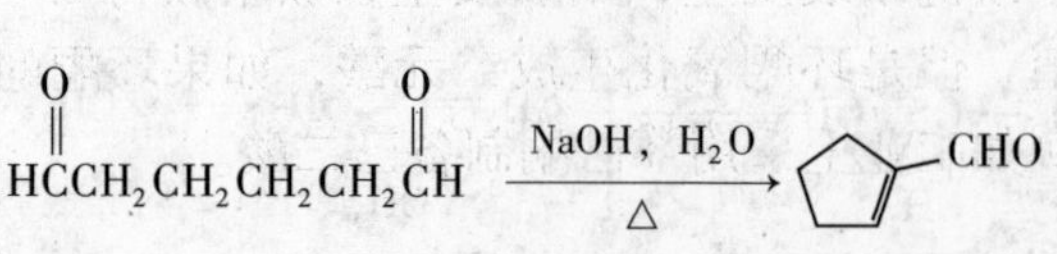

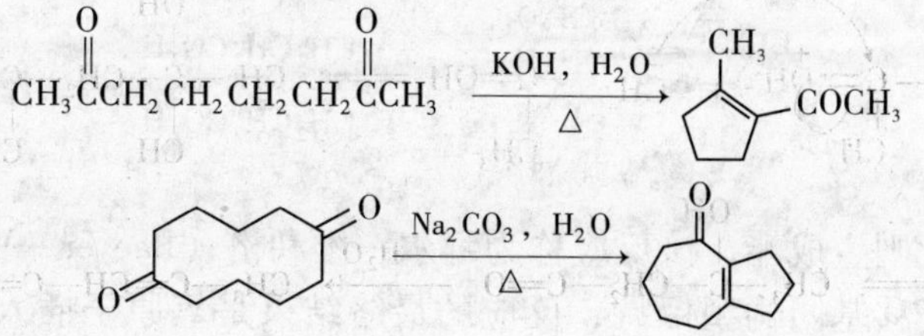

8.3.3　氧化还原反应

1. 氧化反应

（1）醛的氧化。醛基易被氧化成羧基，比较弱的氧化剂如杜伦（Tollens）试剂、斐林（Fehling）试剂等就能将醛氧化成羧酸，而酮在此条件下不能被氧化。

杜伦试剂是二氨合银离子 $[Ag(NH_3)_2]^+$ 溶液，能氧化醛为羧酸的铵盐，杜伦试剂本身被还原为金属银，当反应器壁光滑洁净时形成银镜，故又称为银镜反应。

$$RCHO + Ag^+(NH_3)_2OH^- \longrightarrow RCO_2^-NH_4^+ + Ag\downarrow + H_2O$$

斐林试剂是由硫酸铜和酒石酸钾钠碱溶液混合而成，Cu^{2+} 作为氧化剂，与醛作用后被还原为砖红色的氧化亚铜沉淀析出。

$$RCHO + Cu^{2+} + OH^- \longrightarrow RCO_2Na + Cu_2O\downarrow$$

醛也很容易被 Ag_2O、H_2O_2、$KMnO_4$、$K_2Cr_2O_7 + H_2SO_4$、CrO_3、CH_3CO_3H 等氧化剂氧化成相应的羧酸。例如：

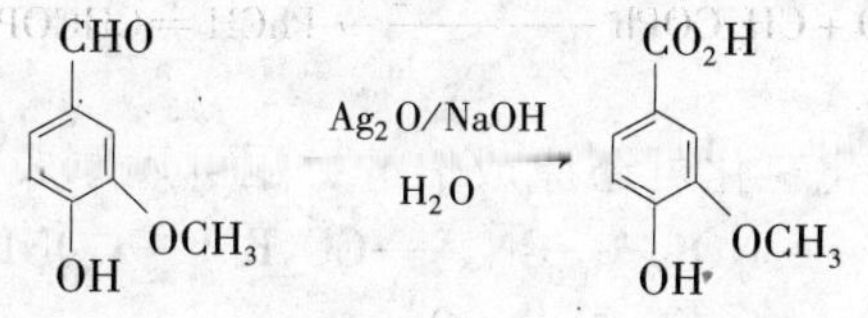

$$PhCH_2CHO \xrightarrow[\text{或稀冷 } KMnO_4]{CrO_3,\ CH_3CO_2H} PhCH_2CO_2H$$

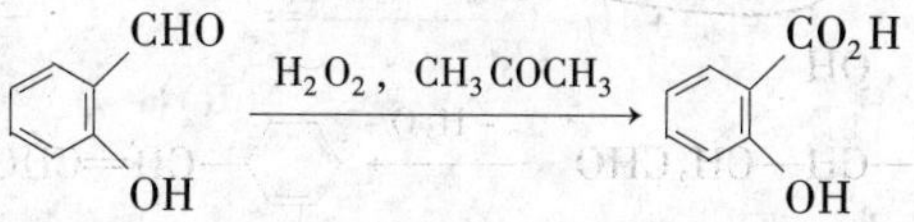

$$CH_3(CH_2)_4CHO \xrightarrow{CH_3CO_3H} CH_3(CH_2)_4CO_2H$$

（2）酮的氧化。在通常情况下，酮很难被氧化，若采用硝酸、高锰酸钾等强氧化剂在剧烈条件下氧化时则发生碳链断裂反应，断裂发生在羰基碳与 α - 碳处，生成多种羧酸混合物，因此没有制备价值。但是环酮氧化生成二元酸，如果环酮的结构对称，则只得到一种产物，可用于制备。例如工业上采用环已酮制备已二酸。

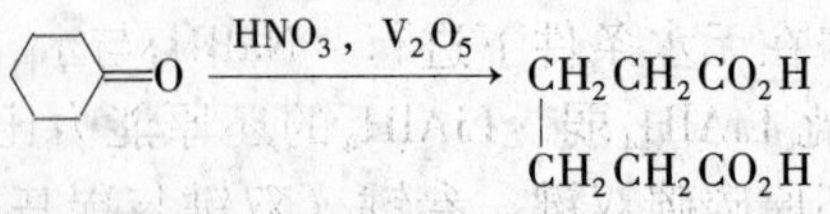

酮被过氧酸氧化则生成酯，该反应称为拜尔—维利格（Baeyer - Villiger）反应。例如：

分子内重排，迁移基团构型保持，反应的最终结果是氧原子插入迁移基团（最亲核的基团）和羰基碳之间。当不对称的酮发生氧化时，主要产物是氧原子插入羰基和含烃基较多的 α - 碳原子之间，此反应提供了将酮直接转变为酯的方法。

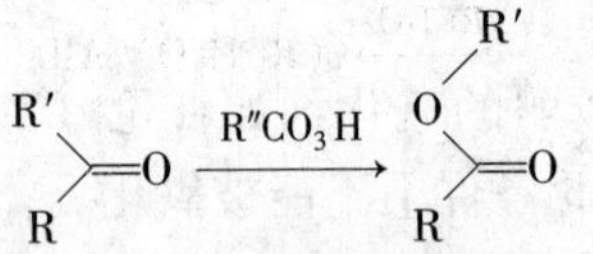

迁移次序：芳基 > 叔烃基 > 仲烃基 > 伯烃基 > 甲基

反应机理：

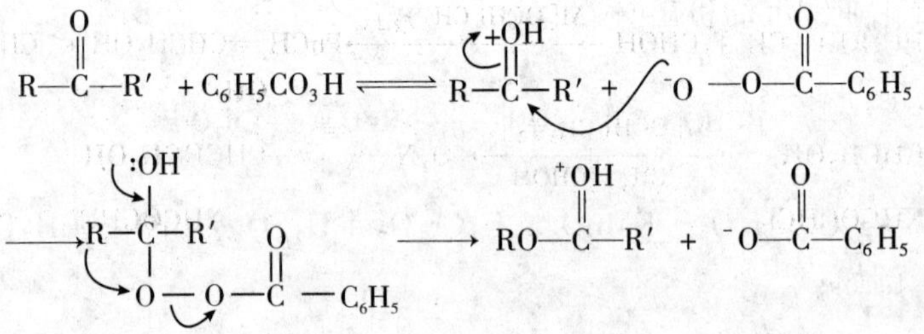

2. 还原反应

（1）催化氢化。醛经催化氢化可还原成伯醇，酮可还原成仲醇。但是催化氢化也可将分子中的双键、叁键、卤素、—NO_2、—CN、—CO_2R、—$CONH_2$、—COCl 等官能团还原。

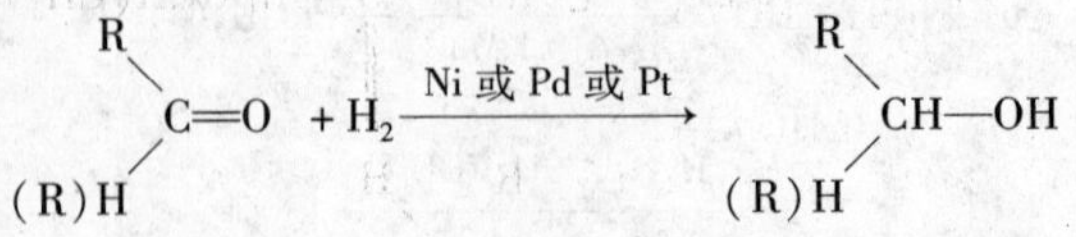

（2）金属氢化物还原。醛、酮用金属氢化物，例如氢化铝锂（$LiAlH_4$）、硼氢化钠（$NaBH_4$）还原时，羰基被还原为醇羟基。

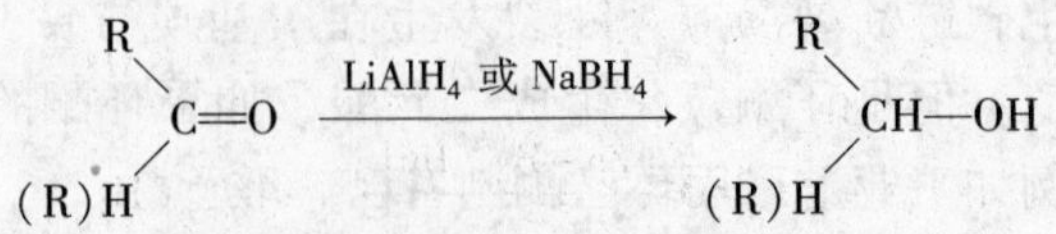

$LiAlH_4$极易水解，反应需在无水条件下进行，$NaBH_4$与水、质子性溶剂作用缓慢，使用比较方便，但是其还原能力比 $LiAlH_4$弱。$LiAlH_4$的还原能力比较强，与催化氢化相近。与催化氢化相比，$LiAlH_4$不能还原碳碳双键、叁键（双键与羰基共轭时仍可被 LiAlH4 还原），但可以还原羧基，而催化氢化不能还原羧基。$NaBH_4$只能还原醛、酮与酰氯。

四氢锂铝的作用机理：

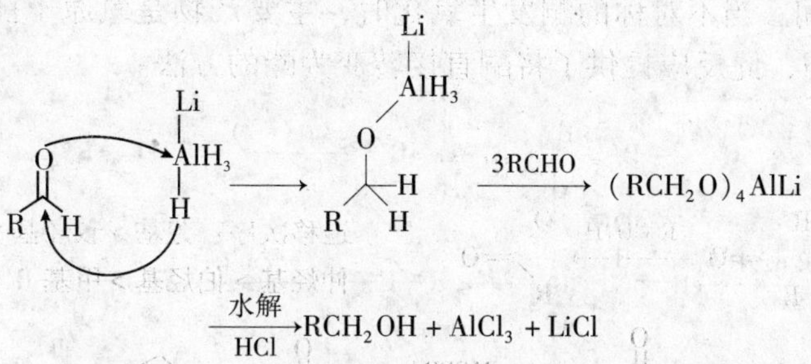

（3）麦尔外英—彭杜尔夫还原。在异丙醇和异丙醇铝存在下，醛、酮可以被还原为醇，分子中其他不饱和基团不受影响，此反应称为麦尔外英—彭杜尔夫（Meerwein - Ponndorf）还原，是欧芬脑尔氧化的逆反应。例如：

$$PhCH{=}CHCHO + (CH_3)_2CHOH \xrightarrow{Al[OCH(CH_3)_2]_3} PhCH{=}CHCH_2OH + (CH_3)_2C{=}O$$

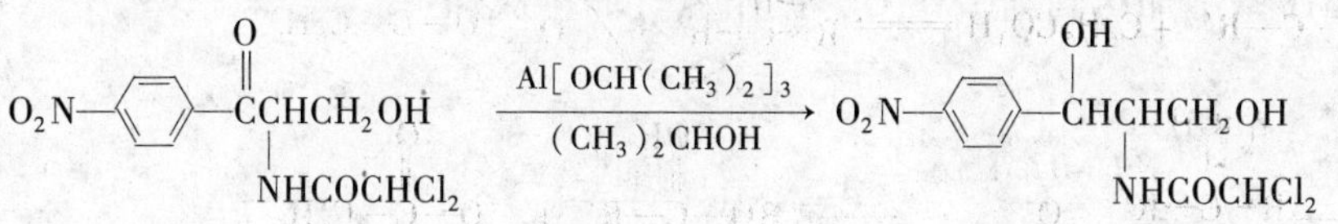

反应机理：

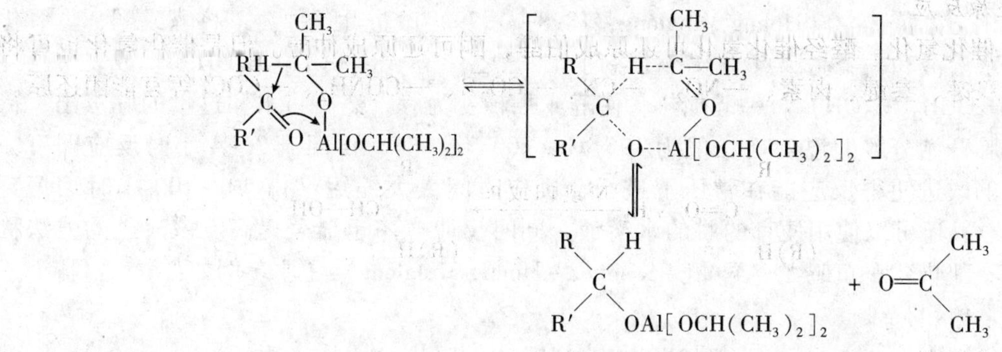

（4）克莱孟森还原。醛、酮与锌汞齐和浓盐酸一起回流反应，羰基即被还原为亚甲基，称为克莱孟森（Clemmensen）还原。

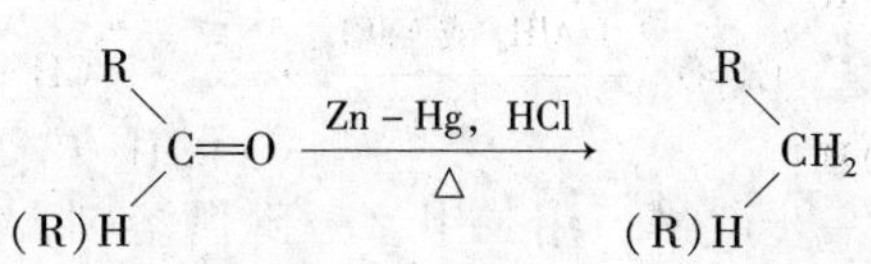

克莱孟森还原只适用于对酸稳定的化合物的还原。芳香酮利用此法产率较好。例如：

$$PhCOCH_2CH_2CH_3 \xrightarrow[\triangle]{Zn-Hg,\ HCl} PhCH_2CH_2CH_2CH_3$$

80%

反应机理：

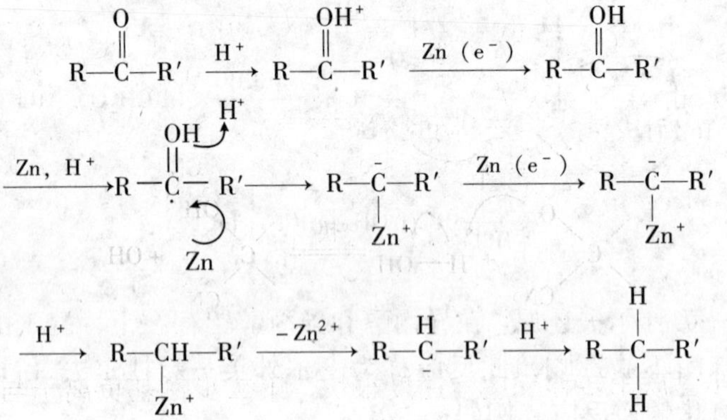

（5）乌尔夫—凯惜尔—黄鸣龙还原。将醛或酮与肼反应则转变为腙，然后将腙与乙醇钠及乙醇在封管或高压釜中加热到约 180 ℃，放出氮气而生成烃：

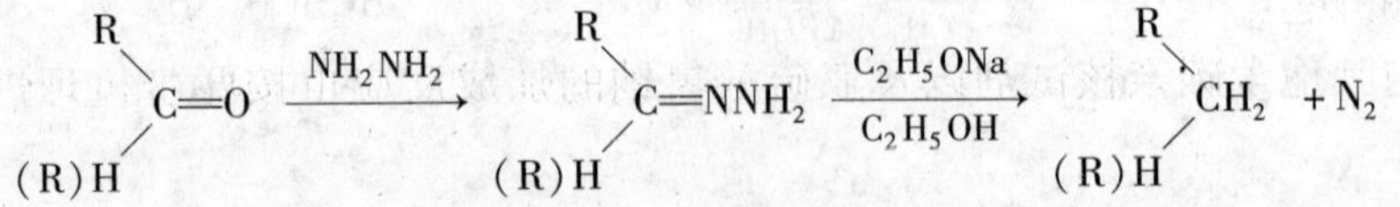

这种方法称为乌尔夫—凯惜尔（Wolff－Kishner）还原法。

我国化学家黄鸣龙（Huang Minglong，1898—1979）改进此还原法，将醛或酮、氢氧化钠、肼的水溶液和一个高沸点的水溶性溶剂如二聚乙二醇［$O(CH_2CH_2OH)_2$］或三聚乙二醇［$(CH_2OCH_2CH_2OH)_2$］一起加热，使醛或酮转变为腙，然后将水和过量的腙蒸出，待温度达到腙开始分解的温度（一般为 195 ℃～200 ℃）时，再回流 3～4 小时反应即可完成。这样的改进使得反应能在常压下进行，反应时间大大缩短（由 50～100 小时缩短到 3～5 小时），还可以使用便宜的肼的水溶液，同时反应产率也显著提高。该改进的方法称为乌尔夫—凯惜尔—黄鸣龙（Wolff－Kishner－Huang Minglong）还原。例如：

$$PhCOCH_2CH_3 \xrightarrow[\triangle]{NH_2NH_2,\ NaOH,\ O(CH_2CH_2OH)_2} PhCH_2CH_2CH_3$$

82%

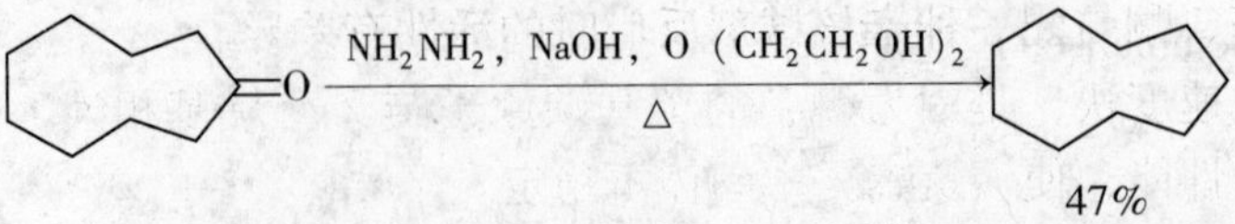

47%

目前此反应又得到了进一步改进，用二甲基亚砜做溶剂，反应温度降低至 100 ℃，更有利于工业化生产。乌尔夫—凯惜尔—黄鸣龙还原适用于对碱稳定的化合物的还原，若要还原对碱敏感的化合物，可用克莱孟森还原，这两种方法互为补充。

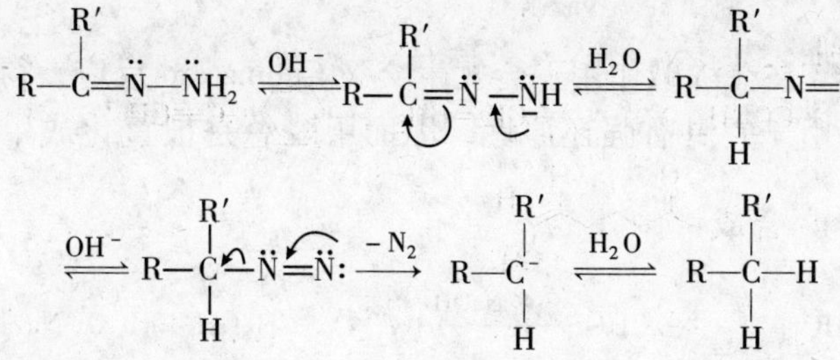

（6）酮的双分子还原。许多金属在一定条件下如 Na/C_2H_5OH、Fe/CH_3CO_2H 等都能将醛、酮还原成醇，例如：

$$CH_3(CH_2)_3COCH_3 \xrightarrow{Na,\ C_2H_5OH} CH_3(CH_2)_3CH(OH)CH_3$$

$$CH_3(CH_2)_4CHO \xrightarrow{Fe,\ CH_3CO_2H} CH_3(CH_2)_4CH_2OH$$

当酮用镁、镁汞齐或铝汞齐在非质子溶剂中处理后再水解，主要得到双分子还原产物（邻二醇），称为酮的双分子还原。

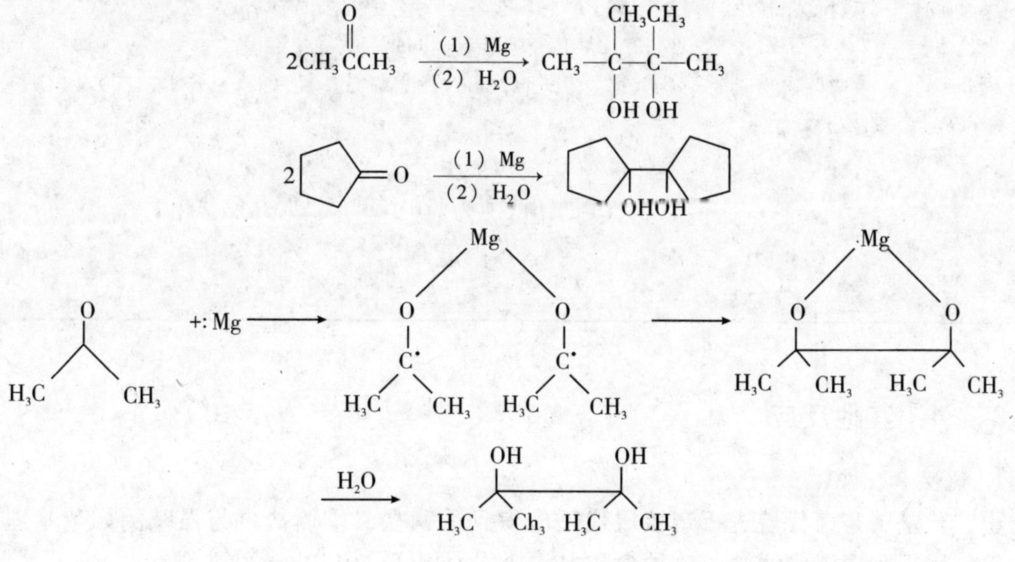

3. Cannizzaro 反应

不含 α－H 的醛，在浓碱作用下，醛分子间发生氧化还原反应，即一分子醛被氧化为羧酸，另一分子醛被还原为醇，生成物是羧酸盐和醇的混合物。这种反应称为歧化反应，也称 Cannizzaro（康尼查罗）反应。例如：

$$2HCHO \xrightarrow{浓\ NaOH} CH_3OH + HCOONa$$

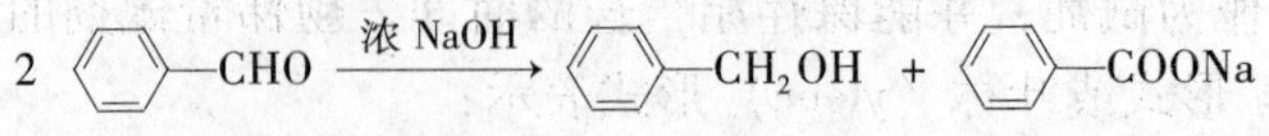

两种不含 α－H 的醛，在浓碱作用下会发生交叉 Cannizzaro 反应，得到几种产物的混合物。但若其中有甲醛，由于它具有强还原性，因而甲醛总是被氧化成甲酸，另一种醛被还原成醇。例如：

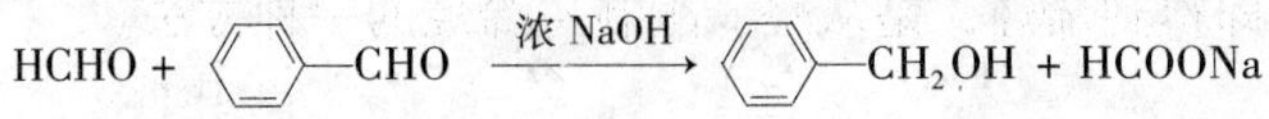

反应机理：

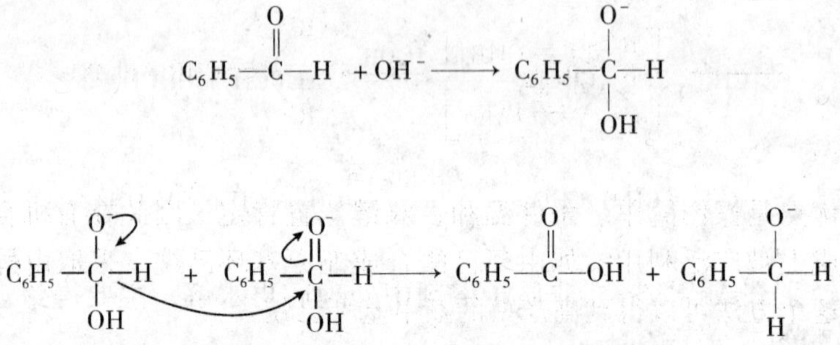

［问题 8－7］　下列化合物中，哪些能发生醇醛缩合？哪些能发生 Cannizzaro 反应？

（1）丙酮　（2）苯乙醛　（3）2，2－二甲基丙醛　（4）呋喃甲醛

［问题 8－8］　季四醇四硝酸酯是心血管扩张药物，用过量甲醛与乙醛（4:1）作用，在 $Ca(OH)_2$ 存在下可以合成季戊四醇：

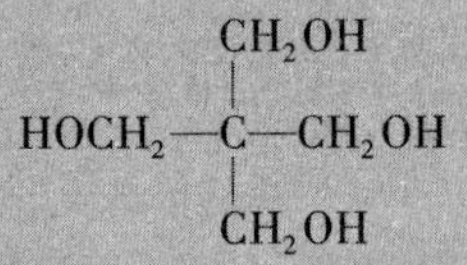

写出上述反应式。

8.3.4　其他反应

1. 魏悌希反应

由三苯基膦与卤代烷进行亲核取代反应得到季鏻盐，季鏻盐再与强碱例如苯基锂、乙醇钠等作用得到含磷内鎓盐，这种含磷内鎓盐称为魏悌希（Wittig）试剂。

$$Ph_3P \xrightarrow{RCH_2Br} Ph_3P^+—CH_2RBr^- \xrightarrow[\text{或 } C_2H_5ONa,\ DMF]{PhLi,\ THF} Ph_3P^+—C^-HR$$

魏悌希试剂中磷为 sp^3 杂化，有四个 σ 键已满足八电子，但磷为第三周期元素，外层除

3s、3p 轨道外，还有 3d 空轨道可以和负碳离子的 p 轨道发生重叠，形成 p—dπ 键，使负碳离子稳定，因此可以作为试剂，并能保存相当长的时间。魏悌希试剂的结构可以用内鎓盐（又称叶利德，ylide）形式或叶林（ylene）形式表示：

$$[Ph_3P^+—C^-HR \longleftrightarrow Ph_3P{=}CHR]$$

叶利德(ylide)　　　叶林(ylene)

因此，魏悌希试剂仍具有一定负碳离子的性质，可以和醛、酮发生亲核加成，然后再脱去三苯基膦氧化物即得到烯烃，是从醛、酮制备烯烃的一种方法。

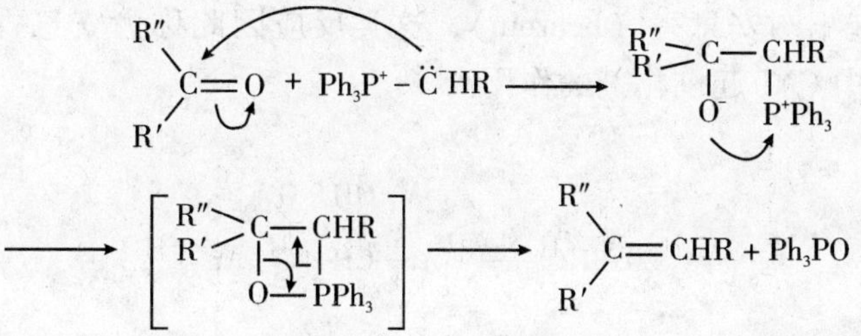

这个方法的优点是操作简单、条件温和、双键位置肯定，因此在有机合成上，特别是在天然产物的合成上被广泛利用。如由环己酮合成亚甲基环己烷，采取由醇脱水的方法就很难得到，但是这个方法可以得到高产率的亚甲基环己烷。

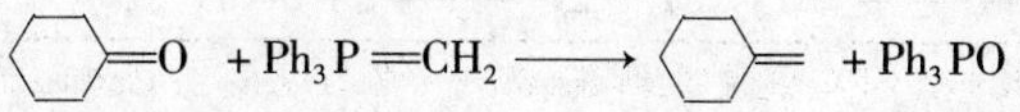

2. 曼尼希反应

含有 α－活泼氢原子的酮与甲醛及胺（伯胺、仲胺或氨）在乙醇溶液中回流，使酮的一个 α－活泼氢原子被胺甲基取代，称为胺甲基化反应，所得产物称为曼尼希（Mannich）碱，因此又称曼尼希反应。反应一般在酸性条件下进行，反应产物通常是曼尼希碱盐酸盐，例如：

$$PhCOCH_2CH_3 + HCHO + (CH_3)_2NH \cdot HCl \xrightarrow{\triangle} PhCOCH(CH_3)CH_2N(CH_3)_2 \cdot HCl$$

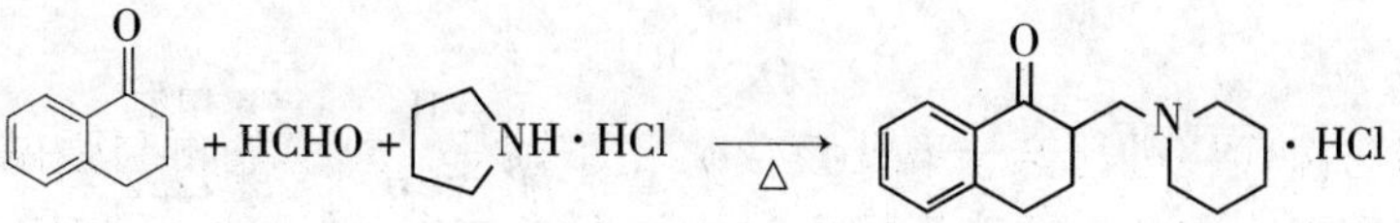

反应机理：

$$H_2C{=}O + HN(CH_3)_2 \rightleftharpoons H_2C(OH)—N(CH_3)_2 \overset{H^+}{\rightleftharpoons} H_2C{=}\overset{+}{N}(CH_3)_2$$

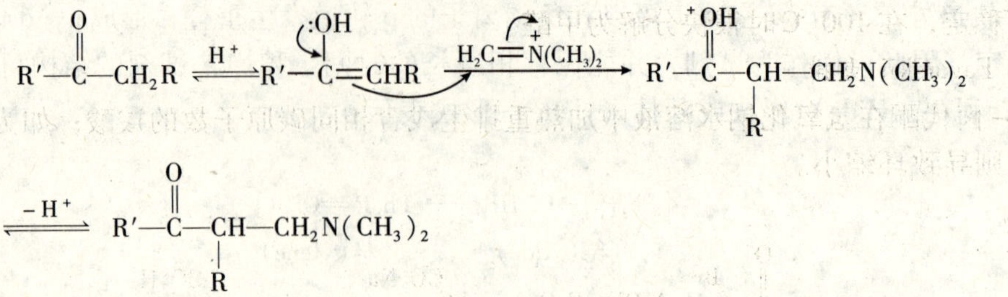

3. 安息香缩合

芳香醛与氰化钾在乙醇水溶液中反应可得 α－羟基酮，由于最简单的芳香醛苯甲醛反应所得到的 α－羟基酮叫安息香（benzoin），这类反应因此称为安息香缩合（benzoin condensation），在反应中 CN^- 起催化剂的作用。

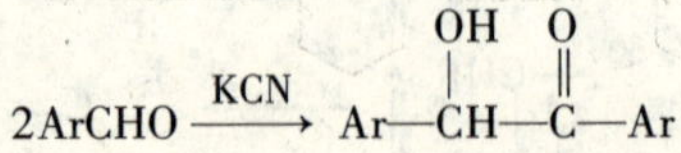

其反应机理是 CN^- 首先进攻羰基，形成 α－羟基腈，由于氰基强吸电子作用使 α－氢具有酸性，在碱作用下形成碳负离子，与另一分子醛发生加成，形成二羟基腈，最后消去氰基得到 α－羟基酮。

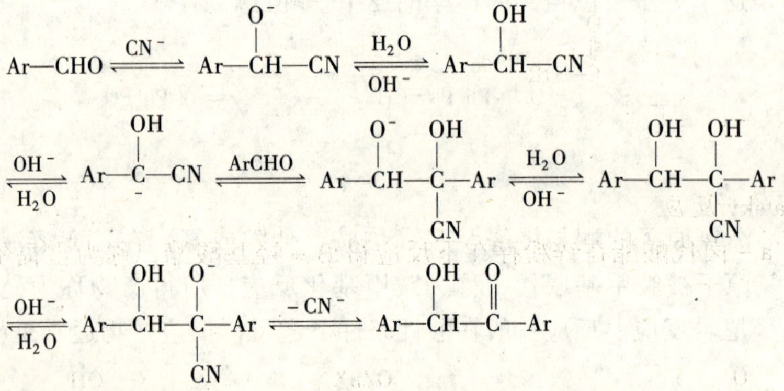

4. 醛的聚合

甲醛、乙醛等低级醛的羰基可自身加成，聚合成环状或链状化合物。

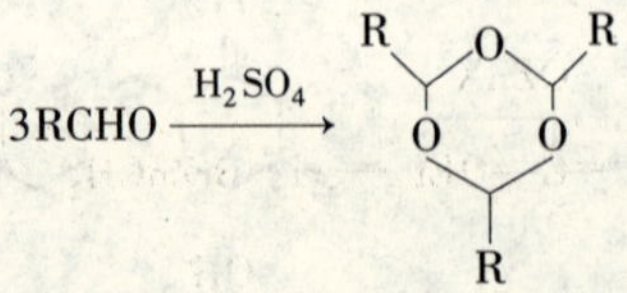

R＝H　三聚甲醛

R＝CH_3　三聚乙醛

低级醛所形成的三聚合体在酸中不稳定，遇热即分解为单体。因此，甲醛、乙醛一般采用固体三聚体形式保持和运输，使用时稍加硫酸并加热，即可完成解聚而成为单体。

甲醛水溶液在贮存过程中，容易形成多聚甲醛白色固体 $HO[CH_2O]_nCH_2OH$，多聚甲醛对热不稳定，在 100 ℃时很快分解为甲醛。

5. Favorskii 重排

α - 卤代酮在氢氧化钠水溶液中加热重排生成含相同碳原子数的羧酸；如为环状 α - 卤代酮，则导致环缩小。

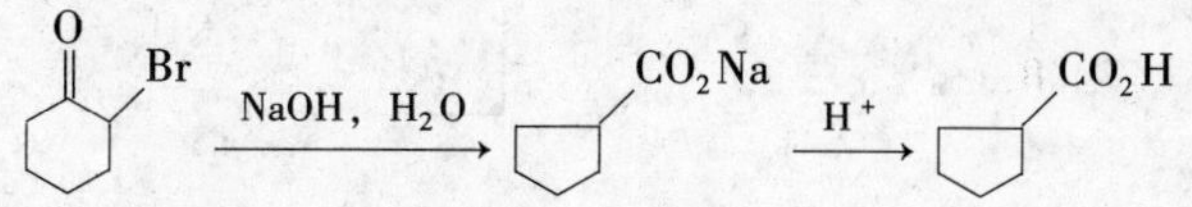

反应机理：

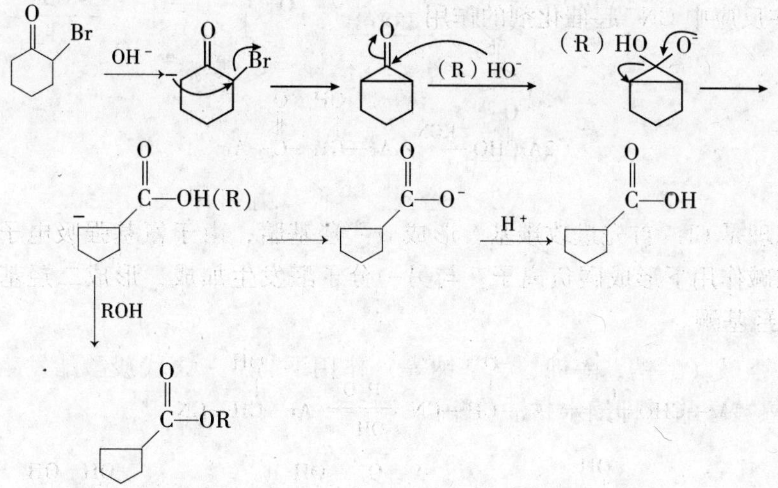

6. Reformatsky 反应

醛或酮与 a - 卤代酸酯在锌粉存在下反应得 β - 羟基酸酯，称为雷福尔马茨基（Reformatsky）反应。

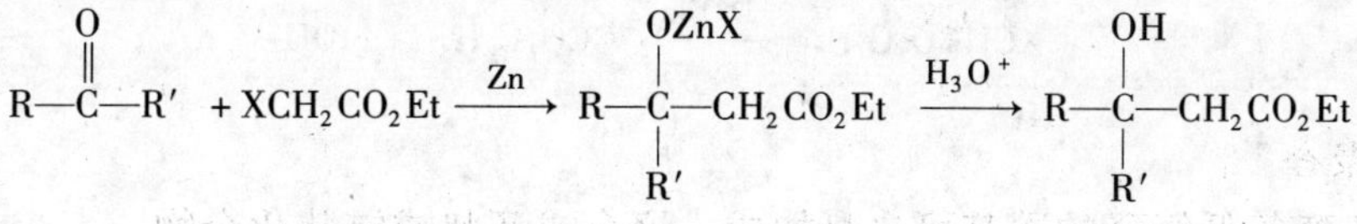

反应机理：

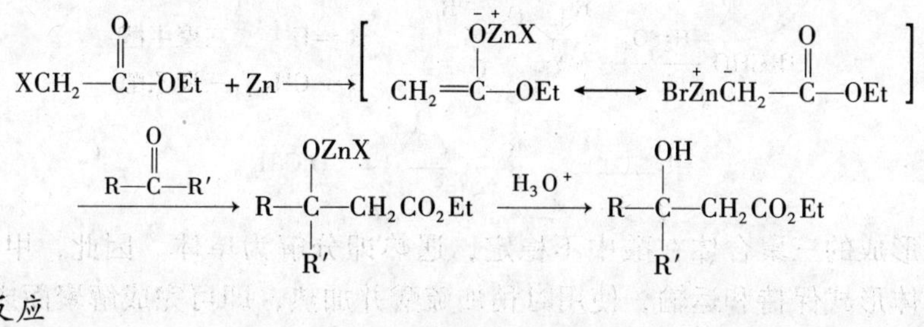

7. Dakin 反应

邻位或对位有羟基（或氨基）的芳醛或芳酮在碱溶液中用过氧化氢或其他过氧化物氧

化，得到相应的多元酚。

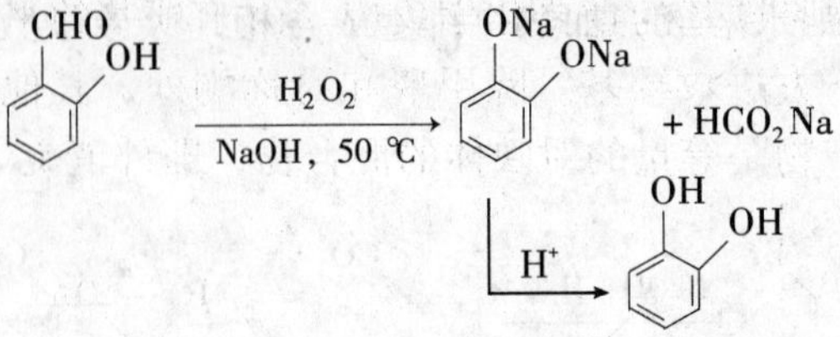

反应机理：

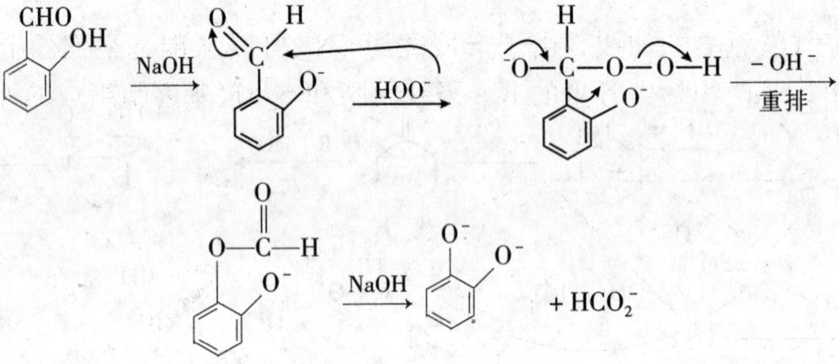

8. Darzens 反应

醛或酮在强碱（醇钠、醇钾、氨基钠等）作用下与α-卤代羧酸酯发生缩合反应，生成α，β-环氧羧酸酯（即缩水甘油酸酯）。

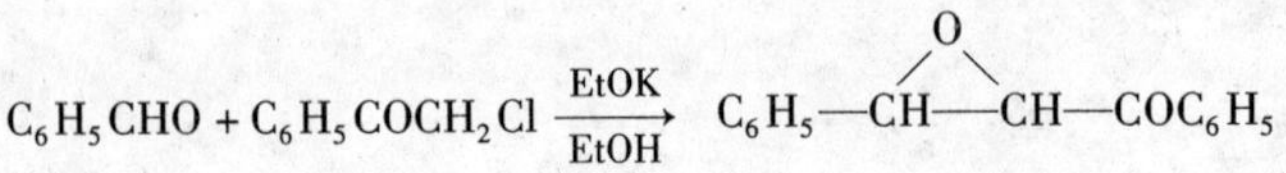

反应机理：

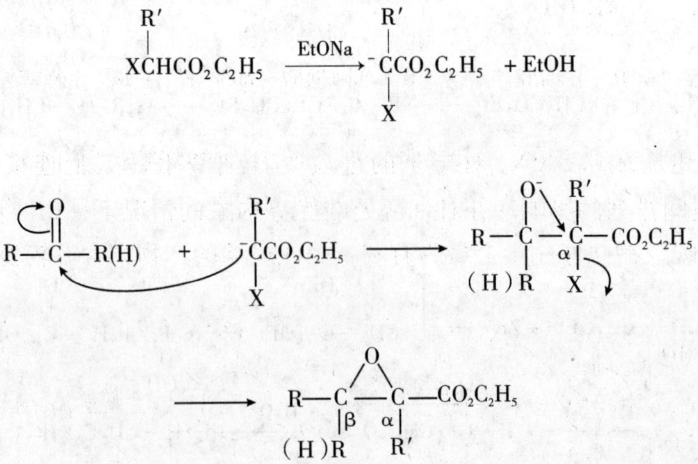

8.3.5　羰基加成的立体化学

亲核加成和加氢还原是羰基的重要化学反应。由于羰基的平面构型，亲核试剂或氢可以从羰基平面的上方或下方进攻羰基。除甲醛和对称酮外，其他醛、酮的加成或还原都会产生新的手性碳原子，产物是等量的对映体的混合物，即外消旋体。

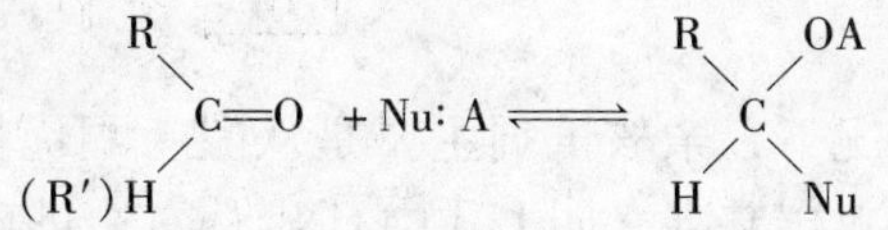

例如，乙醛与氢氰酸的加成，由于亲核试剂 CN^- 可以从羰基平面的上方或下方进攻羰基碳，且机会相等，产物是由等量的 R－羟基丙腈和 S－羟基丙腈组成的外消旋体。

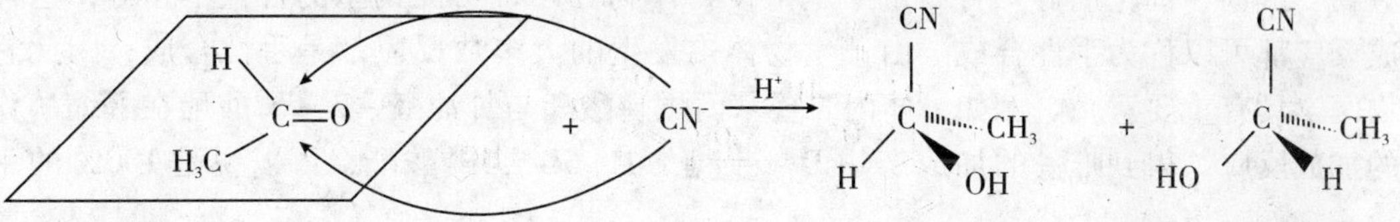

R－羟基丙腈　　S－羟基丙腈

当醛、酮的 α－碳原子具有手性时，加成反应的立体化学更复杂。此时，羰基平面不是分子的对称面，故亲核试剂从该平面上方或下方进攻的机会不会相等，得到的是不等量的非对映体。例如，D－甘油醛与氢氰酸加成，经水解后最终的产物是含量不等的两种羟基酸，其中一种是主要产物。

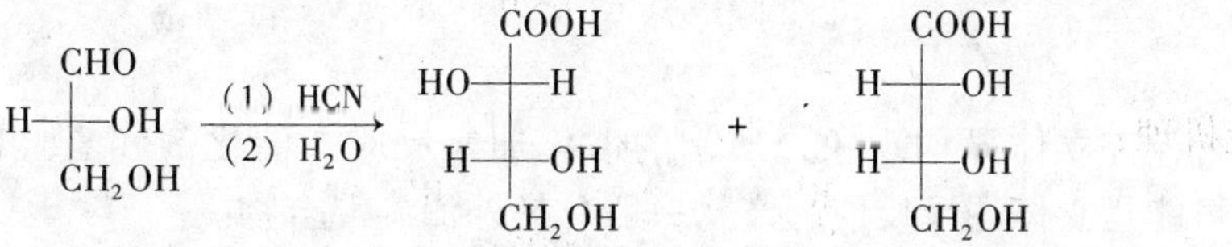

D－甘油醛　　D－苏阿糖酸（60%）　　D－赤藓糖酸（40%）

显然，在上述加成中，CN^- 对羰基的进攻受甘油醛手性碳上连接的基团—CH_2OH、—OH、—H 的空间排列的影响。在甘油醛处在优势构象的情况下，CN^- 从其空间位阻较小的一边进攻羰基碳，在立体化学上最为有利，因此最终的产物中含有较多的 D－苏阿糖酸。

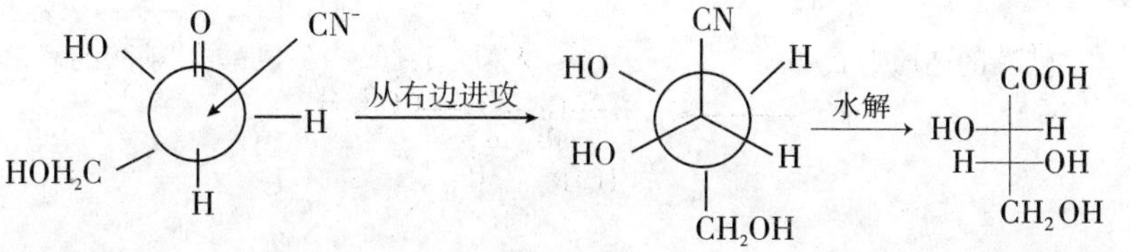

D－苏阿糖酸
（主要产物）

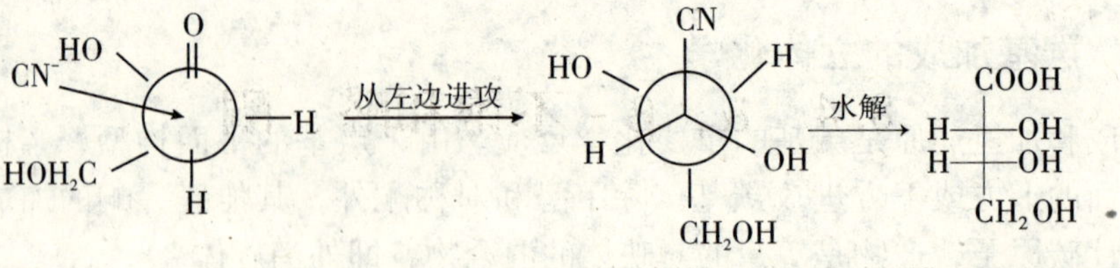

D－赤藓糖酸
（次要产物）

实验证明，在大多数情况下，亲核试剂主要是从醛、酮优势构象中空间位阻较小的一边，即从较小基团的一边进攻羰基碳，如上式中 CN^- 从右边进攻，称为 Cram 规则。利用该规则，可以预测含 α－手性碳的醛、酮加成的主要产物的构型。

含手性碳原子的醛、酮的加成具有立体选择性，通常把这种合成反应称为手性合成或不对称合成。一般来说，凡是通过反应生成新的手性中心时，由于某些非对称因素（包括反应物、试剂、催化剂等）存在的影响，使得产物的两种可能构型的含量不相等，这样的合成反应都可以称为手性合成。由于生物体内发生的大多数反应都是手性合成，因此它对生物医学具有重要意义。例如，体内二羟基丙酮磷酸酯与甘油醛－3－磷酸酯在醛缩酶作用下的加成反应，得到唯一的加成产物 D－果糖－1，6－二磷酸酯，可以说是 100% 的手性合成。

丙酮酸的羰基经催化加氢得到两种乳酸，即 R－（－）－乳酸和 S－（＋）－乳酸的混合物，产物是外消旋体。

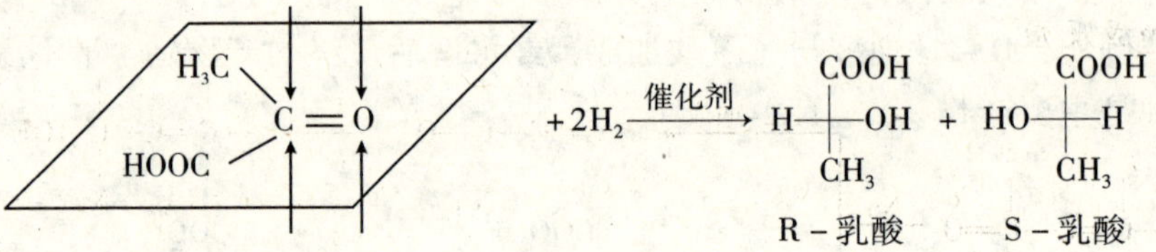

R－乳酸　　S－乳酸

丙酮酸没有立体异构现象，通常的催化加氢反应，催化剂和氢气都没有构型。因此，该反应不可能是立体选择反应，产物一般总是外消旋混合物。

但在生物体内，如肌肉中丙酮酸的还原过程，是在酶和辅酶的联合作用下进行的。酶是手性分子，受羰基平面构型及酶和辅酶空间构型的限制，使得由辅酶提供的氢只能从羰基平面的某一个方向进入，最终生成唯一的立体异构体产物 S－（＋）－乳酸。

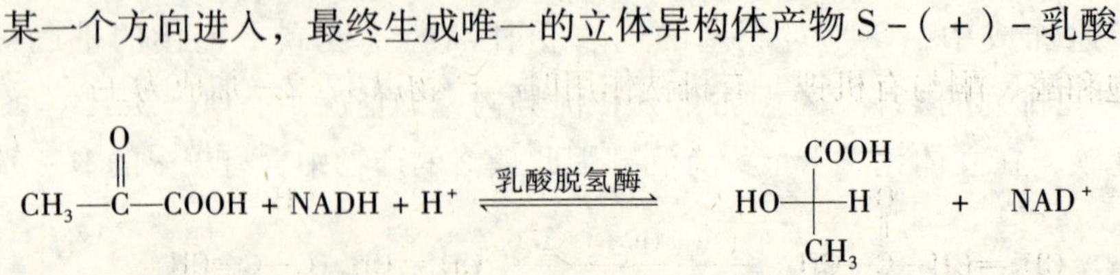

辅酶的还原形式　　S－（＋）－乳酸　　辅酶的氧化形式

8.4　α，β－不饱和醛、酮

8.4.1　α，β－不饱和醛、酮结构

在α，β－不饱和醛、酮中，碳碳双键和羰基共轭，形成了一个共轭体系，与前面学习过的1，3－丁二烯相似，其共轭体系如图8－2所示。

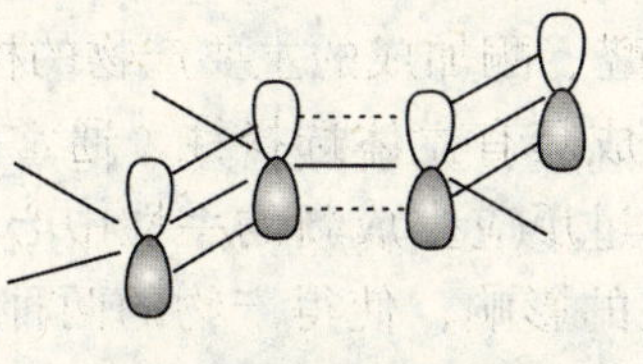

图 8－2　α，β－不饱和醛、酮的结构

8.4.2　α，β－不饱和醛、酮的化学性质

α，β－不饱和醛、酮中含有碳碳双键和羰基，因此具有烯烃和醛或酮的特征性质，如碳—碳双键可以进行亲电加成，而羰基则可进行亲核加成。由于α，β－不饱和醛、酮中的碳碳双键和羰基是处于共轭状态，因此具有1，2－加成和1，4－加成两种方式。

1. 亲核加成反应

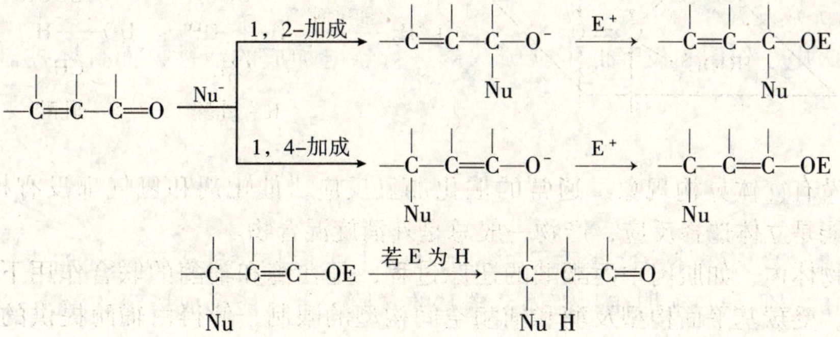

α，β－不饱和醛、酮与有机锂、有机钠作用时，产物以1，2－加成为主。

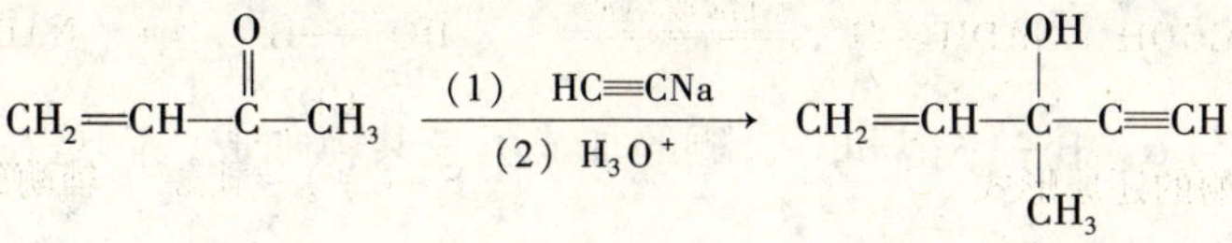

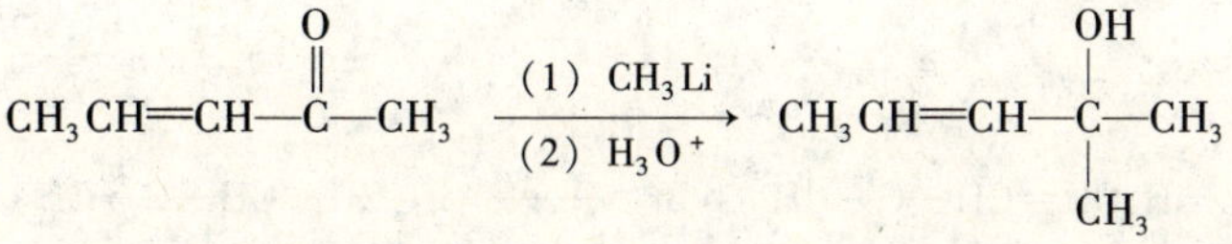

α，β－不饱和醛、酮与格氏试剂加成时，有的以1，2－加成产物为主，有的以1，4－加成产物为主，以何种加成为主取决于羰基旁的烃基体积大小以及格氏试剂的空间位阻，例如：

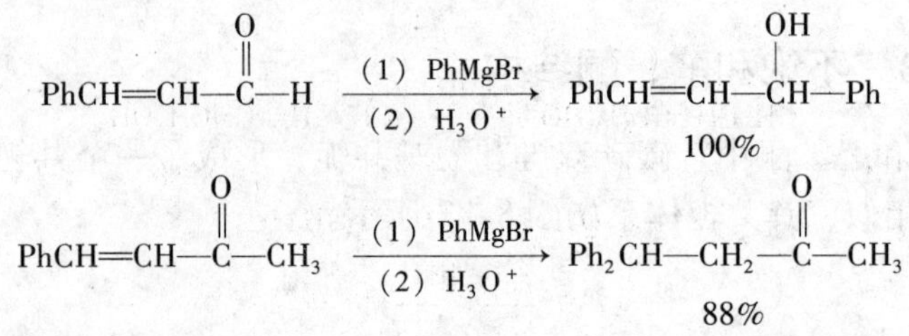

α，β－不饱和醛、酮与氢氰酸、亚硫酸氢钠、醇、氨或氨的衍生物（胺、羟胺、苯肼）等亲核试剂进行加成时，一般以1，4－加成产物为主。例如：

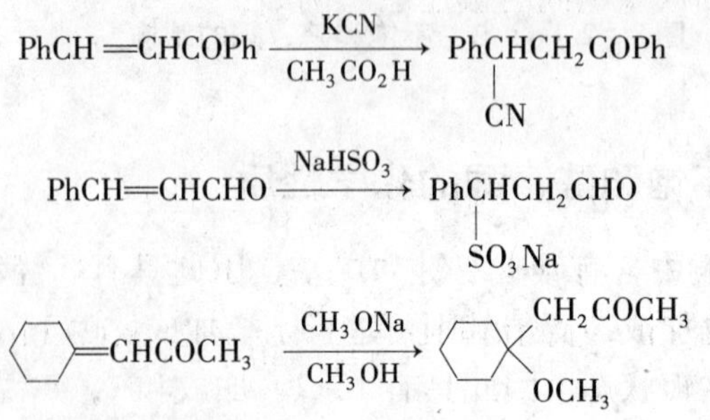

2. 亲电加成反应

羰基的吸电子作用不仅降低了碳碳双键进行亲电加成的活性，而且还控制了亲电加成的取向。例如：

$$CH_2{=}CHCHO + HCl\,(g) \longrightarrow ClCH_2CH_2CHO$$

除加卤素、次卤酸外，这些质子酸的加成看上去像是对碳碳双键的加成，实际是进行了1，4－加成。质子必须加在共轭体系羰基的氧原子上才能形成稳定的碳正离子。

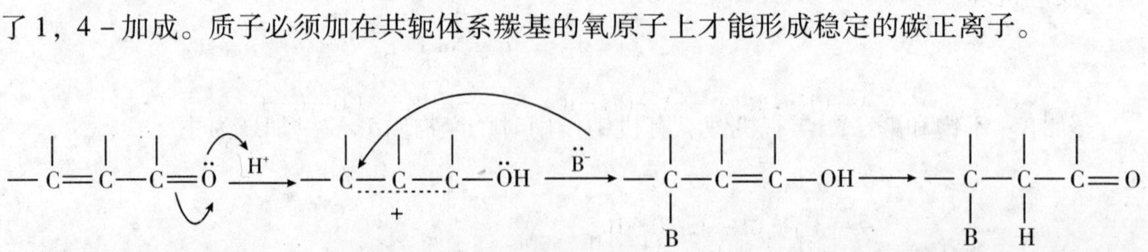

卤素、次卤酸与α，β－不饱和醛、酮的加成不是共轭加成，而是在碳碳双键上发生亲电加成，例如：

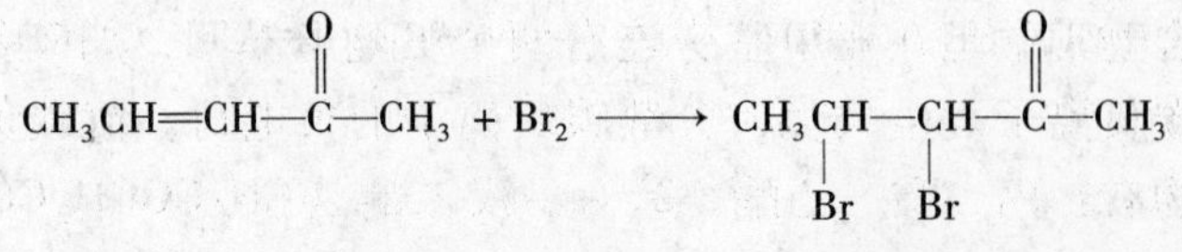

3. 还原反应

α，β－不饱和醛、酮用氢化铝锂（$LiAlH_4$）、硼氢化钠（$NaBH_4$）还原时，可以选择性地还原羰基生成α，β－不饱和醇，例如：

$$CH_3CH{=}CHCHO \xrightarrow{LiAlH_4} CH_3CH{=}CHCH_2OH$$

82%

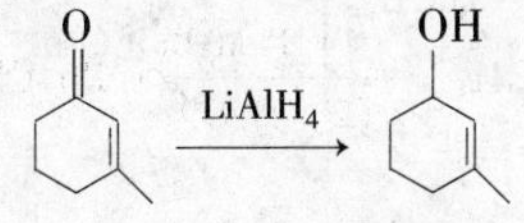

98%

若采用催化氢化，控制氢气用量和反应条件，可以选择性地还原碳碳双键；若使用过量氢气和加压等条件，则羰基也同时被还原。例如：

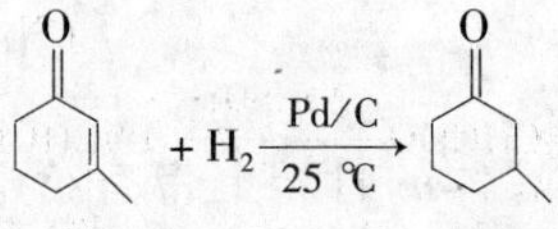

100%

$$CH_3CH{=}CHCHO + H_2 \xrightarrow[\text{加热，加压}]{Ni} CH_3CH_2CH_2CH_2OH$$

4. 麦克尔加成

具有α活泼氢的化合物，在碱作用下形成负碳离子，这个负碳离子可以和α，β－不饱和羰基化合物进行1，4－亲核加成，这种反应称为麦克尔（Michael）加成。例如：

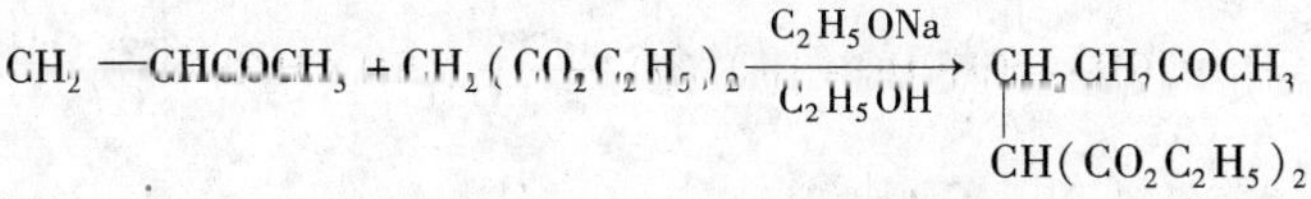

反应机理：

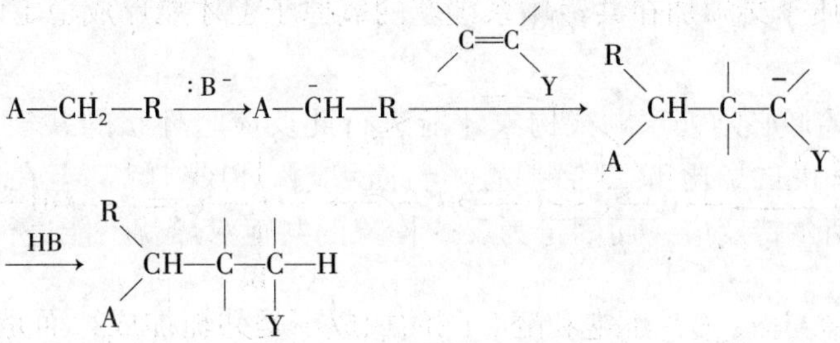

产生碳负离子化合物上的α－氢原子必须具有相当的酸性，这样才能得到足够浓度的负碳离子。这种化合物常常是在亚甲基旁连有两个吸电子基团，如硝基、羰基、酯基、氰基等，它们可以与碳负离子发生共轭，分散碳负离子的负电荷，使碳负离子稳定，易于产生。常见这类化合物有：丙二酸二乙酯、2，4－戊二酮（$CH_3COCH_2COCH_3$）、1，3－环己二酮、乙酰乙酸乙酯（$CH_3COCH_2CO_2C_2H_5$）、氰基乙酸乙酯（$NCCH_2CO_2C_2H_5$）、硝基甲烷（CH_3NO_2）等。

通过麦克尔加成，再进行分子内羟醛缩合反应生成环己酮衍生物的合成称为鲁滨逊环合（Robinson annulation）。例如：

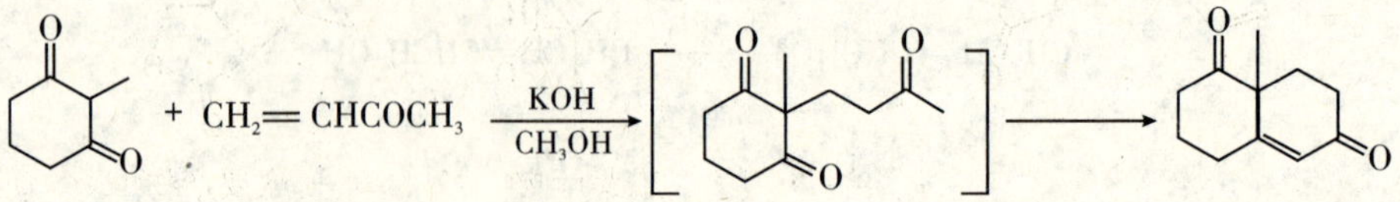

5. 狄尔斯—阿尔特反应

α，β－不饱和醛、酮是很好的亲双烯体，可以和共轭二烯烃发生狄尔斯—阿尔特反应，例如：

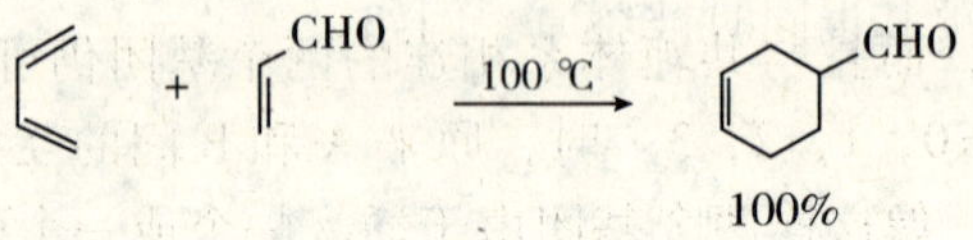

进行狄尔斯—阿尔特反应的双烯体的骨架上带有给电子基团有利于此反应，即可以加速反应，提高产率，并可在较低温度下进行反应，如 2，3－二甲基丁二烯与丙烯醛的加成就比丁二烯快五倍。亲二烯体的碳碳双键或叁键上带有吸电子基团有利于此反应。如丁二烯与乙烯的反应就比与顺丁烯二酸酐、丙烯醛的反应困难得多。

狄尔斯—阿尔特反应具有高度的立体专一性，表现在：

（1）反应是顺式加成，在产物中仍保留亲二烯体的构型。

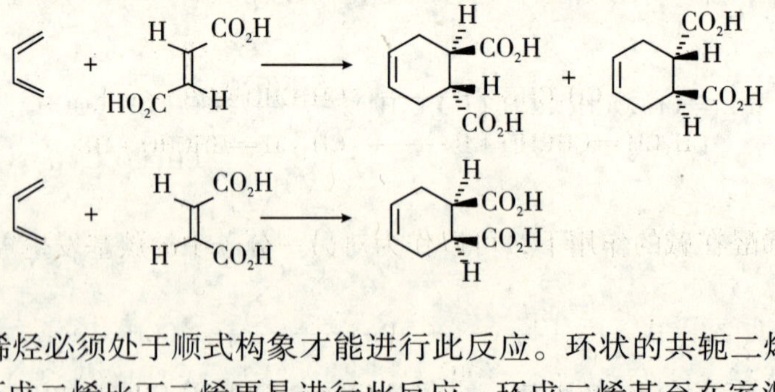

（2）共轭二烯烃必须处于顺式构象才能进行此反应。环状的共轭二烯烃由于已固定为顺式构象，所以环戊二烯比丁二烯更易进行此反应，环戊二烯甚至在室温放置的自身聚合也属于狄尔斯—阿尔特反应，而固定为反式构象的共轭双烯就不能进行此反应。

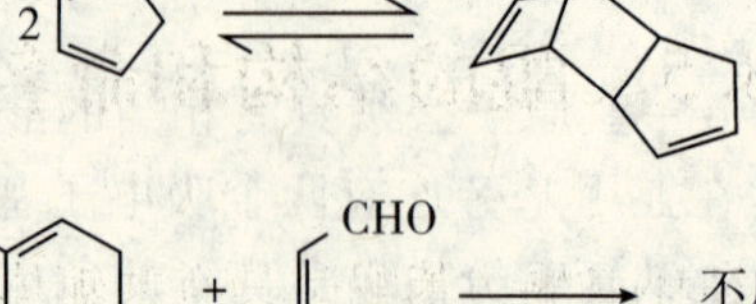

(3) 反应所得产物主要为内型的，如环戊二烯与顺丁烯二酸酐的环1，4－加成的主要产物就是内型的，即新生成环上的取代基（酸酐基）是靠近新形成的双键，而不是远离它。

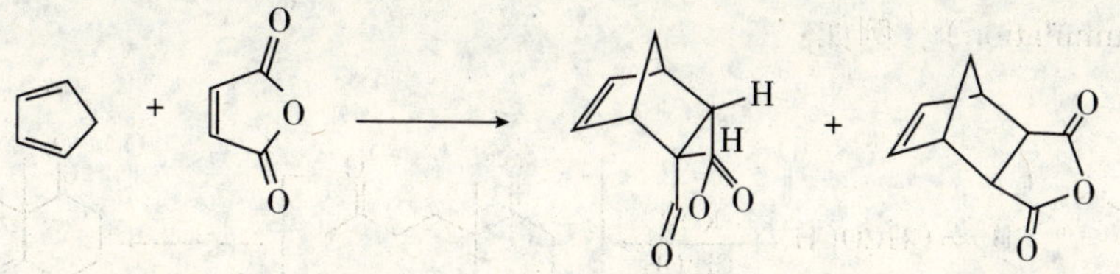

主要产物　　　　次要产物

狄尔斯—阿尔特反应属于周环反应中的一类反应。利用分子轨道理论可以成功解释和预测周环反应，具体内容将在周环反应一章讨论。

6. 插烯规律

在羰基旁增加一个或一个以上的乙烯基以后，随着共轭体系的延长，不但加成反应可以在共轭体系的两端发生，而且与共轭体系相连的两个基团仍可保持着原来的相互影响。例如在下列通式中，当 $n=0$，1，2，3…时，原来A和B间的互相影响仍然存在，这种现象在有机化学中非常普遍。像这样两个基团由于插入一个或一个以上乙烯基后相互影响不变的性质称为插烯作用，又称插烯规律。

$$A{\left(CH=CH\right)}_nB$$

例如，2－丁烯醛中甲基的化学性质也很活泼，与乙醛中的甲基很相似，都可以在碱性条件下形成碳负离子，这就是视为乙醛分子中甲基和醛基之间插入乙烯基变成2－丁烯醛后，醛基吸电子的作用可以通过共轭体系传递到另一端的甲基上，对甲基的氢原子的致活作用并不削弱。

$$CH_3CHO + B^- \longrightarrow {}^-CH_2CHO + HB$$
$$CH_3CH=CHCHO + B^- \longrightarrow {}^-CH_2CH=CHCHO + HB$$

因此，2－丁烯醛在碱的作用下，可以作为对另一分子中的羰基发生羟醛缩合反应：

$$2\ CH_3CH=CHCHO \xrightarrow{OH^-} CH_3CH=CH\overset{OH}{\overset{|}{C}}HCH_2CH=CHCHO$$
$$\xrightarrow[\triangle]{-H_2O} CH_3CH=CHCH=CHCH=CHCHO$$

8.5 醌的结构和命名

醌是一类脂环化合物不饱和环二酮，苯醌是具有共轭体系的环己二烯二酮类化合物，有对位和邻位两种构型。醌广泛分布在自然界中，有些是药物和染料的中间体，例如维生素 K、辅酶 Q 等是具有重要生理作用的醌类化合物。具有醌型结构的化合物一般都有颜色，常见的有苯醌、萘醌、蒽醌及其衍生物。醌类通常是以相应的芳烃衍生物来命名的，如苯醌、萘醌、蒽醌等，两个羰基的位置可用阿拉伯数字注明，或用对、邻及 α、β 等标明。例如：

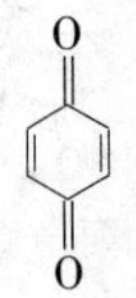

1，4 - 苯醌（对苯醌）

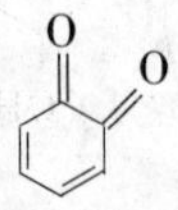

1，2 - 苯醌（邻苯醌）

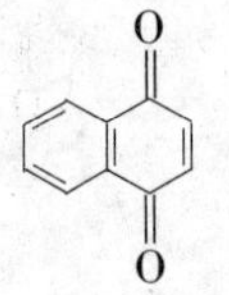

1，4 - 萘醌（α - 萘醌）

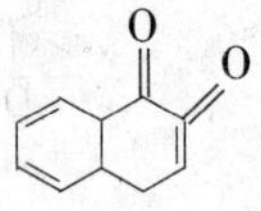

1，2 - 萘醌（β - 萘醌）

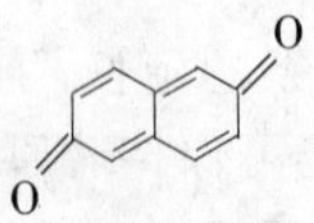

2，6 - 萘醌

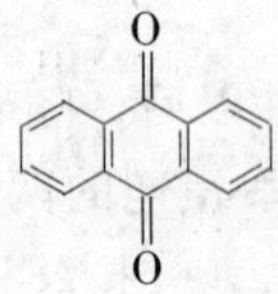

9，10 - 萘醌

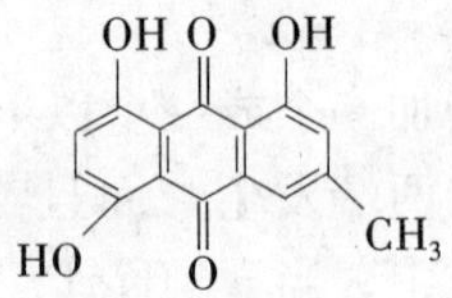

大黄素

8.6　苯醌的化学性质

醌是环已二烯二酮，分子中含有碳碳双键和羰基，具有烯烃和酮的双重性质。其性质与 α，β - 不饱和酮相似。

1. 醌的亲电加成

醌的分子中含有碳碳双键，能与亲电试剂发生亲电加称反应，例如，对苯醌与溴作用可分别生成二溴化物及四溴化物：

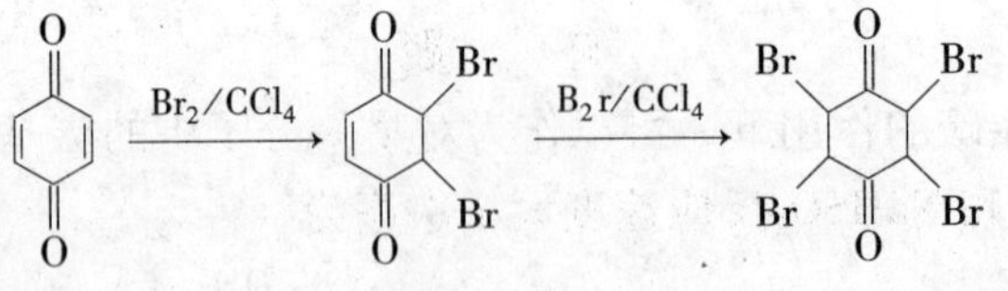

2. 醌的亲核加成

醌的羰基能与亲核试剂发生亲核加成反应。例如，与羟胺作用生成对 - 苯醌肟或对 - 苯醌二肟：

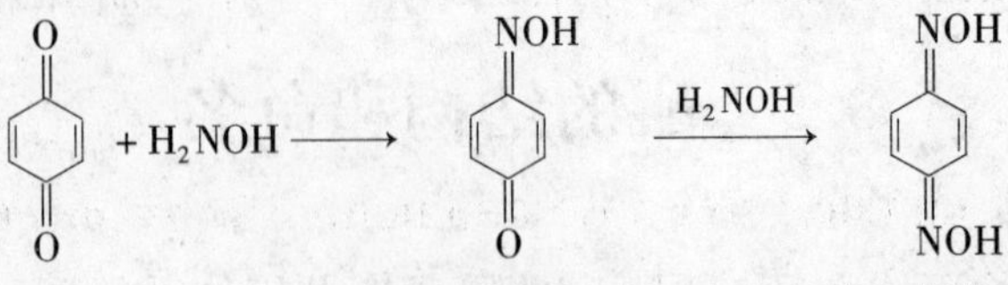

对 - 苯醌一肟　　对 - 苯醌二肟

3. 醌的共轭加成反应

醌与α，β－不饱和酮性质相似，能发生 1，4－亲核加成反应，例如：

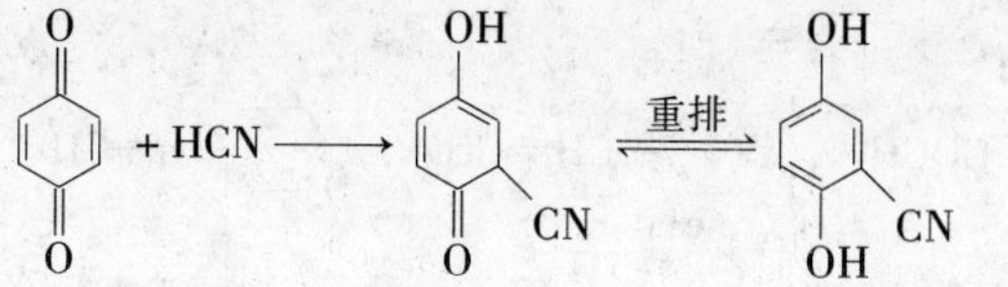

4. 还原反应

对苯醌在亚硫酸水溶液中容易还原成对苯二酚，也称氢醌（hydroquinone）。许多含有对苯醌结构的生物分子在体内也容易发生这种还原反应：

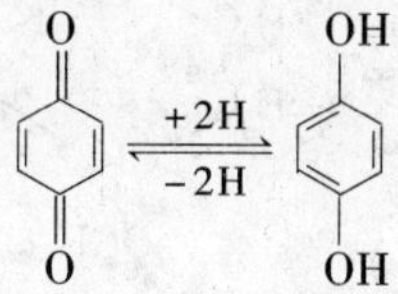

混合等量的对－苯醌和对－苯二酚的乙醇溶液，有深绿色晶体析出，它是由 1 分子对－苯醌与 1 分子氢醌结合而成的分子化合物，称为醌氢醌。

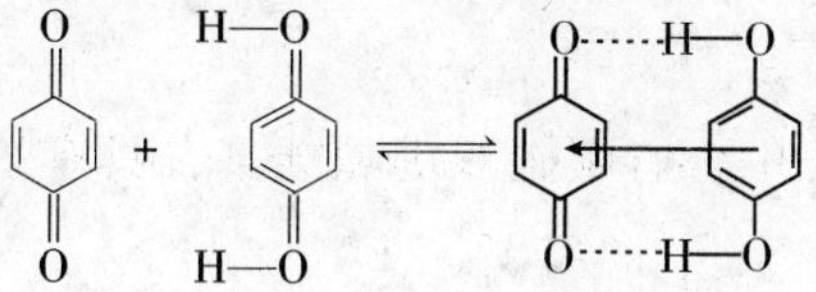

醌氢醌可溶于热水，在溶液中完全解离为醌和氢醌，若在溶液中插入一铂电极，即组成醌氢醌电极，常用于溶液 pH 值的测定。

习　　题

1. 下述化合物与饱和 $NaHSO_3$ 反应速度大小次序为（　　）。

a. 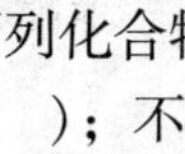　b. 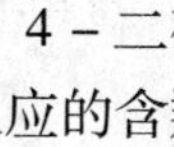　c. 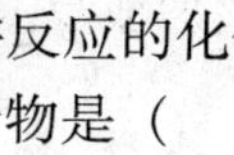

2. 下列化合物中不能与 2，4－二硝基苯肼反应的化合物是（　　）；不能发生碘仿反应的是（　　）；不能发生银镜反应的含羰基化合物是（　　）；不能发生自身羟醛缩合反应的含羰基化合物是（　　）。

a. HCHO　b. CH_3CHO　c. $CH_3\underset{OH}{\underset{|}{C}H}CH_3$　d. $CH_3\overset{O}{\overset{\|}{C}}CH_3$

3. 下列化合物中，哪个可发生 Cannizzaro 反应（　　）。

a. $CH_3CH_2CH_2CHO$　b. $CH_3\overset{O}{\overset{\|}{C}}CH_2CH_3$　c. 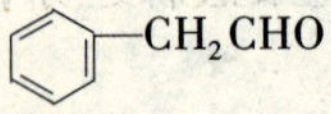　d. $(CH_3)_3CCHO$

4. 用化学方法鉴别：

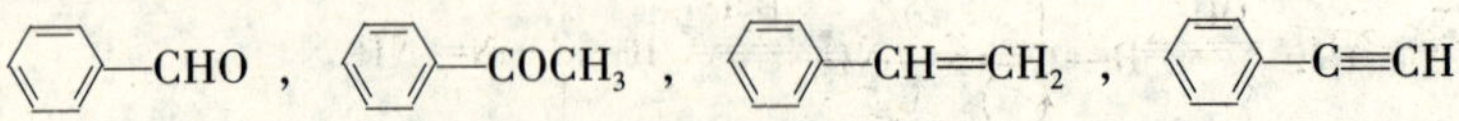

5. 由 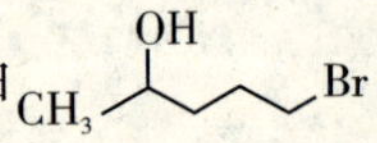 合成 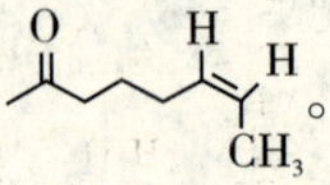。

6. 由 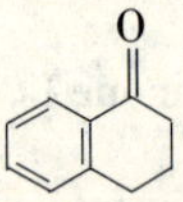 合成 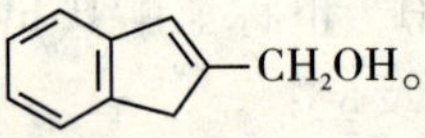。

7. 写出下面反应的机理：

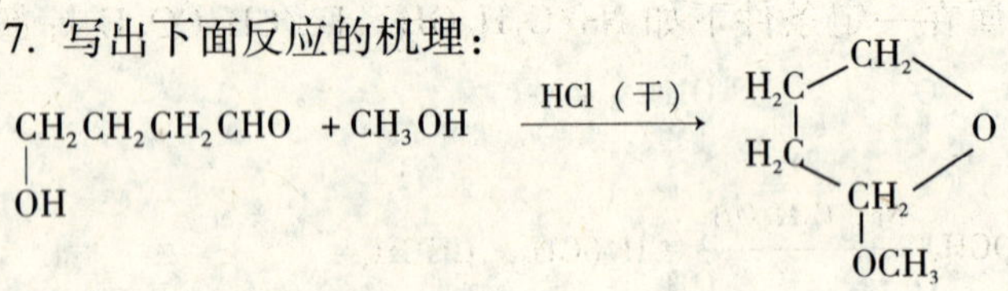

8. 写出下面反应的机理：

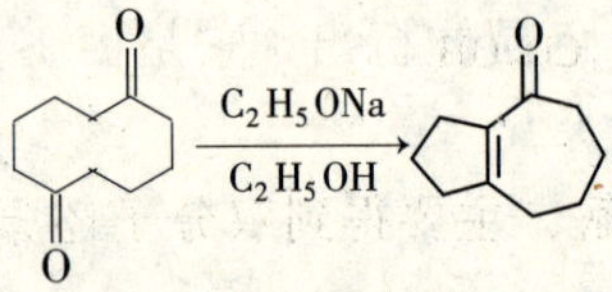

第 9 章　羧酸及其衍生物

分子中含有羧基的化合物称为羧酸（carboxylic acid），其通式为 RCOOH（甲酸R = H）。羧基（carboxyl）是羧酸的官能团，它是有机化合物中同一个碳原子上的最高氧化形式，因此羧酸对一般氧化剂是稳定的。

羧酸羧基中的羟基被其他原子或基团取代后生成的化合物称为羧酸衍生物（carboxylic acid derivative）。重要的羧酸衍生物有酰卤、酸酐、酯和酰胺。

9.1　羧酸的结构、分类和命名

9.1.1　羧酸的结构

羧基中的碳原子与醛、酮中的羰基一样，也是 sp^2 杂化，它的三个 sp^2 杂化轨道分别与两个氧原子和另一个碳原子或氢原子形成三个 σ 键，这三个 σ 键在同一平面上，键角约 120°。羧基碳原子未参与杂化的 p 轨道与一个氧原子的 p 轨道形成一个 π 键，同时羟基氧原子上的 p 电子对与 π 键形成 p—π 共轭体系。其结构如下图所示：

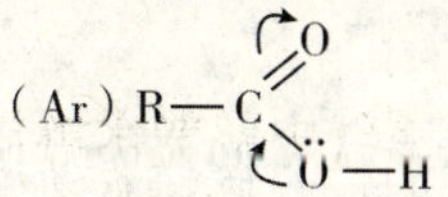

(a)

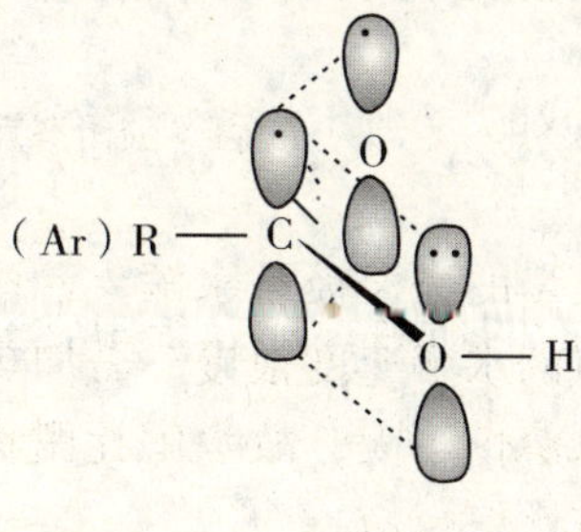

(b)

羧酸的结构图

由于 p—π 共轭的影响，使羧基中的键长部分平均化。例如，X－光衍射和电子衍射证明，在甲酸分子中 C ═O 键长为 123 pm，与醛、酮羰基键长 120 pm 相比略有所增长，C—O 单键键长为 136 pm，较醇中的 C—O 键长 143 pm 短些。

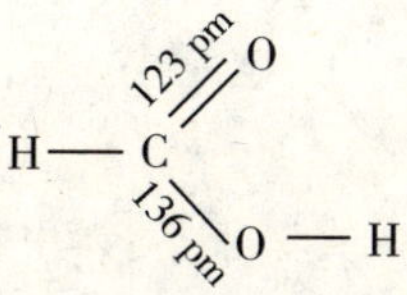

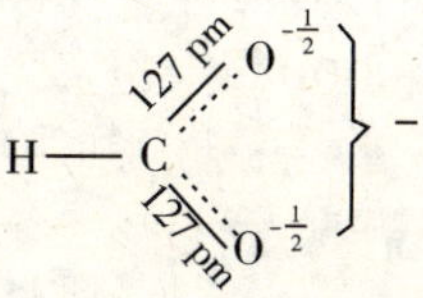

当羧基离解为负离子后，带负电荷的氧更容易提供电子，从而增强了 p—π 共轭作用，使负电荷完全均等地分布在两个氧上，两根 C—O 键的键长完全相等，均为 127 pm，没有双键与单键的差别。

9.1.2 羧酸的分类和命名

羧酸根据羧基所连接的烃基不同，分为脂肪酸、脂环酸和芳香酸；根据分子中所含羧基的数目，可分为一元羧酸、二元羧酸和多元羧酸；依据烃基饱和与否，可分为饱和羧酸和不饱和羧酸；不饱和羧酸又可分为烯酸和炔酸。

1. *俗名命名*

许多羧酸存在于天然物质中，一些俗名常根据其来源而得，如甲酸又称蚁酸，最初由蒸馏蚂蚁得到；乙酸称为醋酸，最初从酿制的食用醋中得到；丁酸俗称酪酸，奶酪的特殊气味就有丁酸味；柠檬酸、苹果酸和酒石酸各来自柠檬、苹果和酿制葡萄酒时所形成的酒石中；乙二酸又称为草酸，因在大部分植物和草中都含有草酸盐。油脂水解所得到的软脂酸、硬脂酸和油酸等则是根据它们的物态而命名的。

2. *系统命名*

羧酸的系统命名与醛相同，选择含有羧基的最长碳链作为主链，从羧基碳原子开始用阿拉伯数字编号。简单的羧酸，习惯上从羧基相邻的碳原子开始，以 α、β、γ、δ 等希腊字母标示位次，ω 则常用于表示碳链末端的位置。一元羧酸的英文名称用 - oic acid 代替相应烃基中的字尾 e，二元羧酸用 - dioic acid 表示。

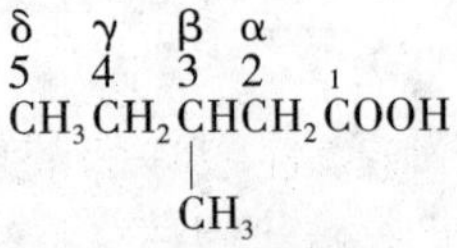

3 - 甲基戊酸
β - 甲基戊酸

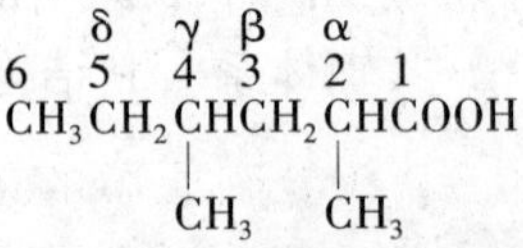

2，4 - 二甲基己酸
α，γ - 二甲基己酸

$CH_3CH{=}CHCOOH$
2 - 丁烯酸（巴豆酸）
α - 丁烯酸

脂肪族二元羧酸的命名，选分子中含有两个羧基的最长碳链作为主链。称为某二酸，英文词末加“dioic”。例如：

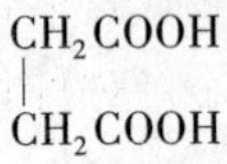

丁二酸
（琥珀酸）

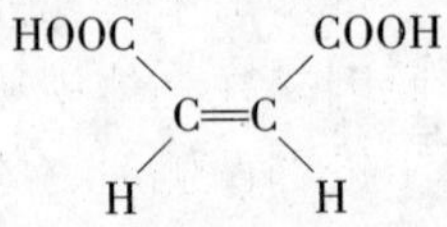

顺 - 丁烯二酸
（马来酸）

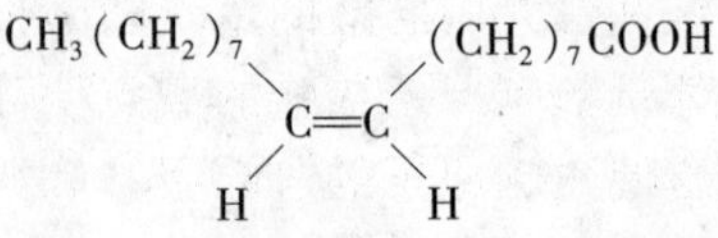

顺 - 十八碳 - 9 - 烯酸
（油酸）

脂环族和芳香族羧酸，以脂肪酸为母体，把脂环和芳环作为取代基来命名。例如：

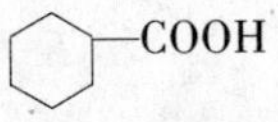

环己基甲酸

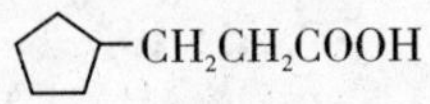

3 - 环戊基丙酸

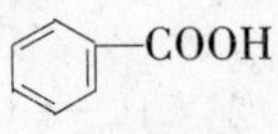

苯甲酸

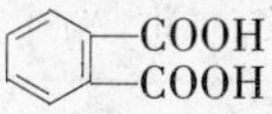

邻苯二甲酸

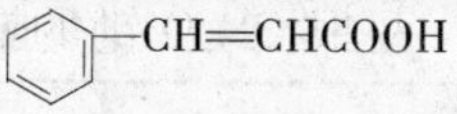

3 - 苯基丙烯酸（肉桂酸）
β - 苯基丙烯酸

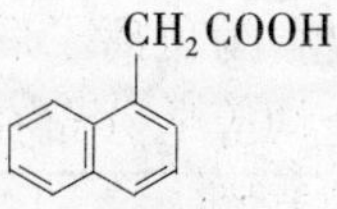

1 - 萘乙酸
α - 萘乙酸

脂类中的脂肪酸在系统命名时，与一元羧酸的系统命名法基本相同，不同之处是主链的编号有三种编码体系，并且系统名称可用简写符号表示。

［问题 9 - 1］　命名下列化合物：

(1) 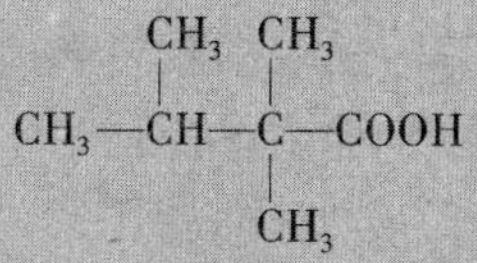

(2) 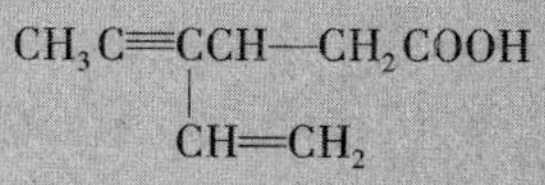

(3) 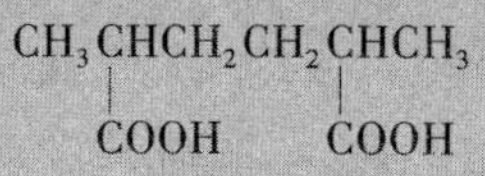

(4) 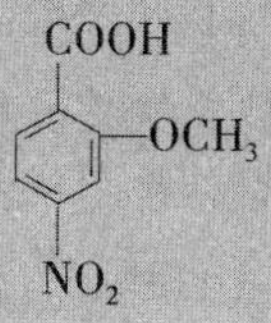

9.2　羧酸的物理性质

在直链饱和一元羧酸中，含有 1 ~ 3 个碳原子的羧酸为具有刺激性酸味的液体；含有 4 ~ 9 个碳原子的羧酸是有腐败气味的油状液体；高级脂肪酸为无味蜡状固体。脂肪族二元羧酸和芳香族羧酸都是结晶固体。

含有 1 ~ 4 个碳原子的一元脂肪羧酸在室温下与水互溶，这是由于羧基可与水形成氢键，但随着羧酸碳链的增长，水溶性很快减小。高级脂肪酸不溶于水，但一元脂肪酸都可溶于乙醇、乙醚等有机溶剂。低级的二元脂肪酸可溶于水而不溶于乙醚，水溶性随着碳链的增长而降低。

直链饱和一元脂肪酸的熔点随碳链的增长呈锯齿形上升，即含偶数碳原子羧酸的熔点比前后相邻奇数碳原子羧酸的熔点要高一点，原因是在晶体中羧酸分子的碳链呈锯齿状排列，只有含偶数碳原子的链端甲基和羧基分处于链的两侧时，才具有较高的对称性，分子在晶格中排列较紧密，分子间的吸引力较大，因而具有较高熔点。

羧酸的沸点比相对分子质量相近的醇、醛、酮要高。例如，甲酸相对分子质量为 46，沸点 100.7 ℃，而相对分子质量同为 46 的乙醇沸点为 78 ℃，相对分子质量为 44 的乙醛沸点仅为 21 ℃。羧酸沸点较高的原因在于一元羧酸分子间能通过两个氢键互相结合，形成缔合的二聚体分子。一些常见羧酸的物理性质见表 9 - 1。

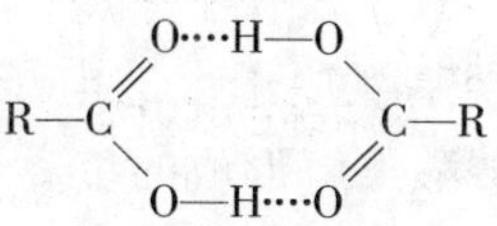

表 9-1 一些常见羧酸的物理性质

化合物		熔点/℃	沸点/℃	溶解度/ g·(100 mL)$^{-1}$ H_2O	pK_{a_1}
甲酸（蚁酸）	formic acid	8.4	100.5	∞	3.77
乙酸（醋酸）	acetic acid	7.0	118	∞	4.74
丙酸（初油酸）	propionic acid	-22	141	∞	4.88
丁酸（酪酸）	butyric acid	-5	162.5	∞	4.82
丙烯酸（败脂酸）	acrylic acid	13	141	∞	4.26
苯甲酸（安息酸）	benzoic acid	122	249	0.34	4.19
乙二酸（草酸）	oxalic acid	189	100	8.6	1.27
丁二酸（琥珀酸）	succinic acid	185	235	5.8	4.16

9.3 羧酸的化学性质

羧酸的化学性质由羧基官能团所引起。从结构式的形式上看，羧基是由羰基与羟基组成的，但实际上羟基氧原子的未用 p 电子对与羰基形成了 p—π 共轭体系，所以羧基的化学性质就不是羰基和羟基化学性质的简单加和，而是显示其本身特性。比如羰基不易与亲核试剂发生反应；羟基氢易离解呈现酸性；烃基受羧基的影响，使得 α-氢易发生取代反应。根据羧酸分子结构中键断裂方式不同，羧酸可发生不同的化学反应：

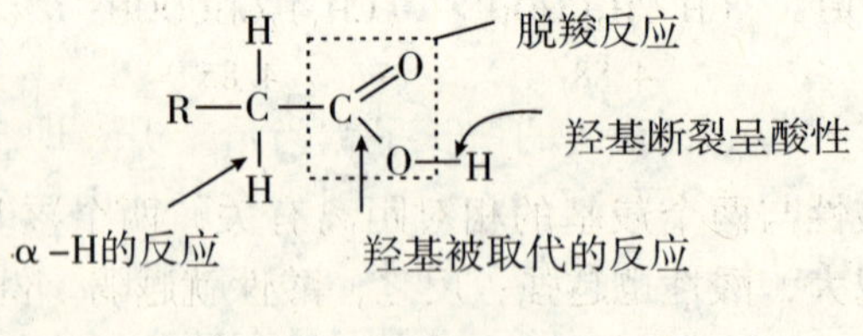

9.3.1 羧酸的酸性

羧酸在水溶液中离解出质子而呈酸性，可与碱作用生成盐。

$$RCOOH + NaOH \longrightarrow RCOONa + H_2O$$

羧基中 p—π 共轭作用降低了羟基氧原子上的电子云密度，引起了 O—H 键的极性增大，从而有利于羟基质子的离解；羧酸离解形成的负离子，也通过 p—π 共轭体系分散负电荷，从而使羧基负离子得以稳定，因此羧酸就较易离解出质子生成更稳定的羧酸根负离子而显酸性。

$$RCOOH \rightleftharpoons RCOO^- + H^+$$

常见饱和一元羧酸的酸性比无机强酸的酸性弱，但比碳酸和苯酚的酸性强。

	无机强酸	一元羧酸	碳酸	苯酚
pK_a	1 ~ 3	3.5 ~ 5	6.38	10

羧酸可使碳酸氢钠分解放出 CO_2，而酚不与碳酸氢钠作用，在实验室中常利用这个性质来鉴别羧酸和酚。羧酸盐遇强酸则游离出羧酸，利用此性质可分离、精制羧酸。

$$RCOOH + NaHCO_3 \longrightarrow RCOONa + H_2O + CO_2\uparrow$$
$$RCOONa + HCl \longrightarrow RCOOH + NaCl$$

羧酸的钾盐或钠盐易溶于水，医药上常将水溶性差的含羧基药物制成可溶性羧酸盐，以便制成水剂使用，如含有羧基的青霉素 G 就是制成钠盐或钾盐供临床使用的抗生素。

羧酸的酸性强弱与羧基相连基团有关，能使羧基电子云密度下降的基团将增加其酸性；使羧基电子云密度上升的基团将减弱其酸性。例如：

	CH_3COOH	$ClCH_2COOH$	$Cl_2CHCOOH$	Cl_3CCOOH
pK_a	4.74	2.86	1.26	0.64

饱和脂肪族一元羧酸中，甲酸的酸性最强，从乙酸开始，因烷基的斥电子诱导效应，羧酸的酸性减弱。例如：

	$HCOOH$	CH_3COOH	CH_3CH_2COOH	$(CH_3)_2CHCOOH$	$(CH_3)_3CCOOH$
pK_a	3.77	4.74	4.88	4.85	5.02

脂肪族二元羧酸的酸性与两个羧基的相对距离有关，两个羧基的相对距离越近，羧基吸电子的诱导效应影响越大，酸性也越强；反之，酸性就越弱。例如：

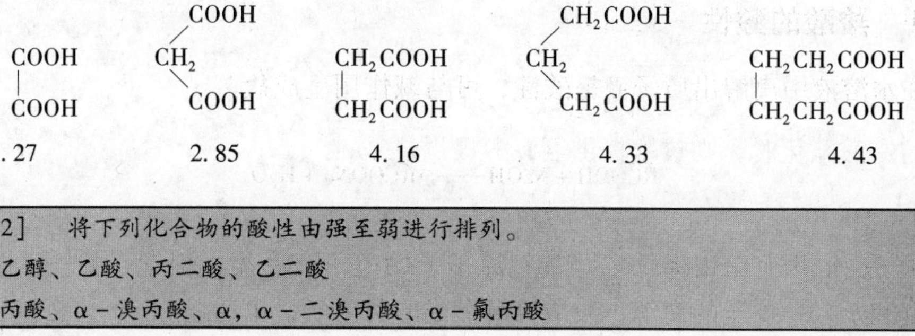

pK_a	1.27	2.85	4.16	4.33	4.43

[问题 9－2]　将下列化合物的酸性由强至弱进行排列。

(1) 乙醇、乙酸、丙二酸、乙二酸

(2) 丙酸、α－溴丙酸、α，α－二溴丙酸、α－氟丙酸

9.3.2 羧基中的羟基被取代的反应

羧基中的羟基可被卤素、酰氧基、烷氧基或氨基取代，分别生成酰卤、酸酐、酯或酰胺等羧酸衍生物。

酯　酰胺　酰卤　酸酐

1. 酯化反应

羧酸与醇在酸催化下生成酯的反应称为酯化反应（esterification）。常用的酸催化剂是硫酸、磷酸和苯磺酸。例如：

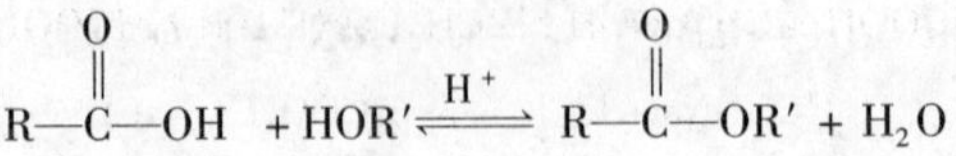

酯化反应是可逆反应。等摩尔的乙酸和乙醇的酯化反应达到平衡时只有 2/3 mol 的酯生成。为了提高酯的产率，可增加某种反应物的浓度，或从反应体系中蒸出低沸点的酯或水，使平衡向生成酯的方向移动。

羧酸与醇酯化时，羧基是提供羟基还是提供氢，取决于反应条件和醇的类型。实验证明，通常伯醇或仲醇与羧酸进行酯化时，羧基提供羟基，醇提供氢。

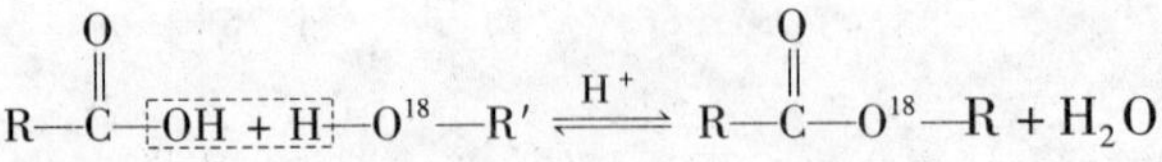

酸催化的酯化反应机制如下：

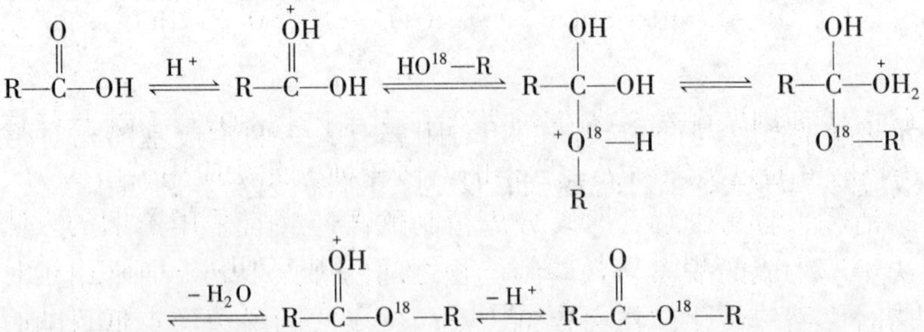

叔醇与羧酸酯化时，则羧基提供氢，醇提供羟基：

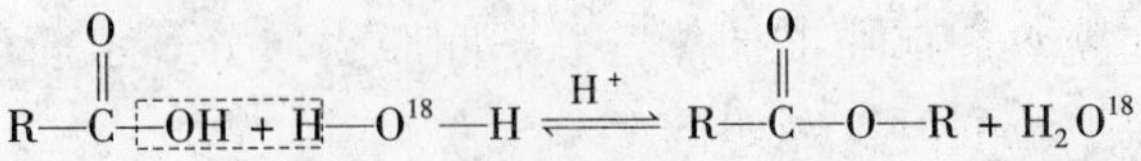

酸催化反应的反应机制如下：

$$R_3C—O^{18}H \xrightleftharpoons{H^+} R_3C—\overset{+18}{O}H_2 \rightleftharpoons R_3C^+ + H_2O^{18}$$

$$R—\overset{\overset{O}{\|}}{C}—OH + R_3C^+ \rightleftharpoons R—\overset{\overset{O}{\|}}{C}—\underset{+}{\overset{\overset{H}{|}}{O}}—CR_3 \xrightleftharpoons{-H^+} R—\overset{\overset{O}{\|}}{C}—O—CR_3$$

在反应中，酸催化下叔醇容易形成碳正离子，然后与羧基中的羟基氧结合，最后脱去质子而生成酯。

酯化的速度与羧酸及醇的结构有关。一般来讲，羧酸和醇的 α - 碳原子上侧链越多，基团越大，酯化反应也越难进行。羧酸与醇反应的活性次序为下：

醇：甲醇 > 伯醇 > 仲醇 > 叔醇

酸：$HCOOH > CH_3COOH > RCH_2COOH > R_2CHCOOH > R_3CCOOH$

2. 形成酰卤的反应

酰氯是最常用的酰卤，它可由羧酸与五氯化磷、三氯化磷或氯化亚砜等卤化剂作用制得。

$$R—\overset{\overset{O}{\|}}{C}—OH + PCl_5 \longrightarrow R—\overset{\overset{O}{\|}}{C}—Cl + \underset{\substack{\text{三氯氧磷}\\\text{（沸点107 ℃）}}}{POCl_3} + HCl$$

$$3R—\overset{\overset{O}{\|}}{C}—OH + PCl_3 \longrightarrow 3R—\overset{\overset{O}{\|}}{C}—Cl + \underset{\substack{\text{亚磷酸}\\\text{200 ℃分解}}}{H_3PO_3} + HCl$$

$$R—\overset{\overset{O}{\|}}{C}—OH + SOCl_2 \longrightarrow R—\overset{\overset{O}{\|}}{C}—Cl + SO_2\uparrow + HCl\uparrow$$

用氯化亚砜卤代剂制取酰氯较易提纯处理，因副产物 SO_2 和 HCl 是气体易于挥发，而过量的低沸点 $SOCl_2$ 可通过蒸馏除去，所得的酰卤较纯，此法应用较广。

由于酰卤很活泼，容易水解，所以分离精制酰卤产品宜采用蒸馏的方法。选用哪种含磷卤代剂，取决于所生成的酰卤与含磷副产物之间的沸点差异。通常用相对分子质量小的羧酸来制备酰卤时，用三卤化磷作卤代剂，反应中生成的酰卤沸点低可随时蒸出；相对分子质量大的酰卤沸点高，制备它时可用五卤化磷作卤代剂，反应后容易把三卤氧磷蒸馏出来。

3. 形成酸酐的反应

饱和一元羧酸在脱水剂存在下加热，分子间脱去一分子水而生成酸酐。常用脱水剂为五氧化二磷、乙酰氯、乙酸酐。例如：

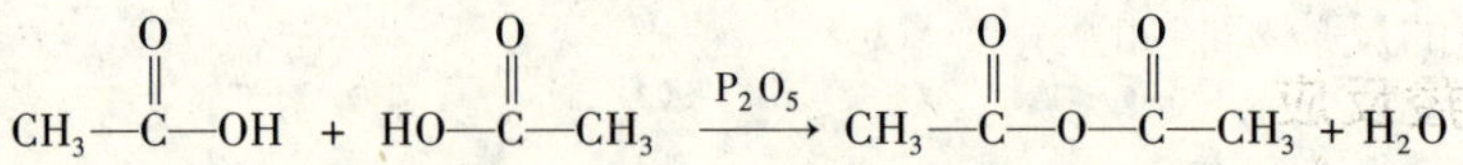

混合酸酐可用酰卤和无水羧酸盐共热的方法制备。用此法即可以制备混酐，也可以用于制取单酐。例如：

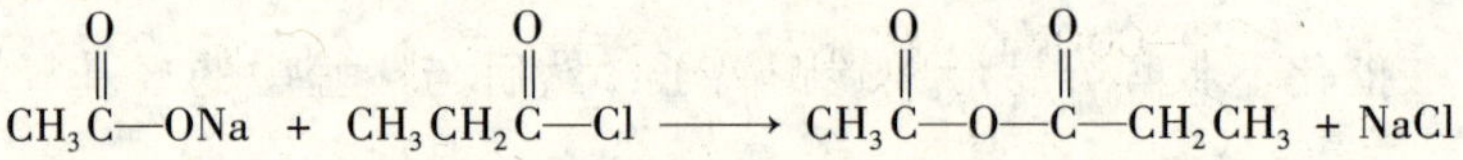

丁二酸、戊二酸、邻苯二甲酸等二元羧酸，只需要加热，不需要脱水剂便可以分子内脱水生成五元环或六元环的环状酸酐。

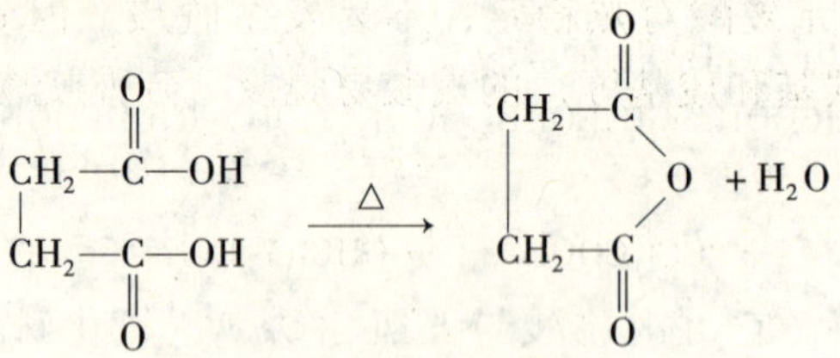

丁二酸　　丁二酸酐

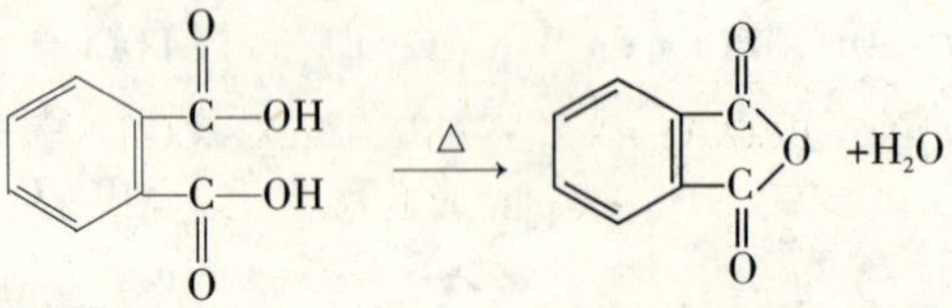

邻苯二甲酸　　邻苯二甲酸酐

4. 形成酰胺的反应

羧酸与氨或胺反应生成的铵盐，加热失水后形成酰胺。最终结果是羧基中的羟基被氨基取代。

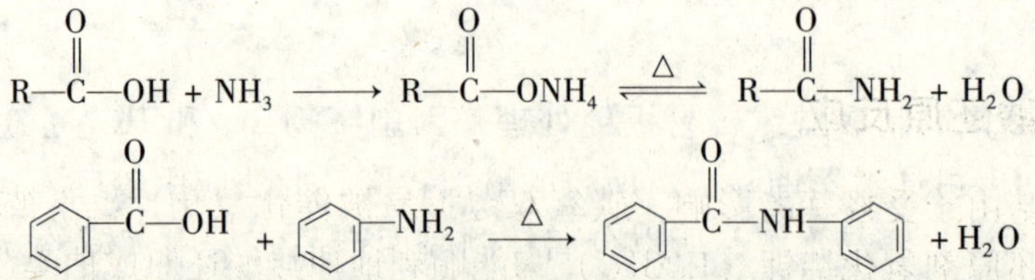

［问题 9－3］　完成下列反应式：

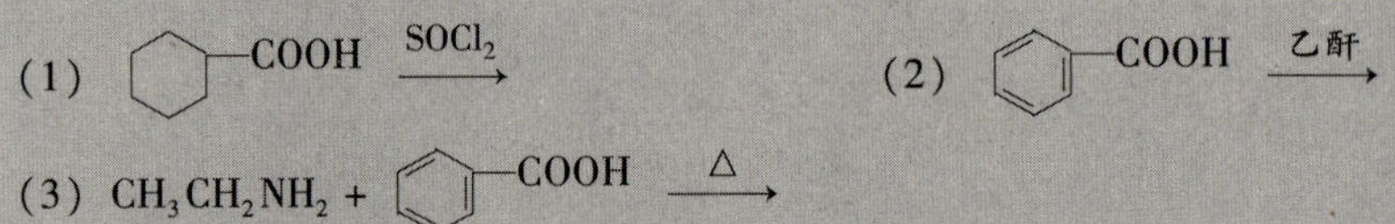

［问题 9－4］　将下列化合物按进行酯化反应的难易程度由易至难排列。

（1）甲醇、异丙醇、乙醇、叔丁醇

（2）甲酸、2，2－二甲基丙酸、戊酸、2－甲基丁酸

9.3.3　脱羧反应

羧酸分子脱去羧基放出二氧化碳的反应称为脱羧反应（decarboxylation）。例如，低级一元脂肪羧酸的钠盐及芳香酸的钠盐与碱石灰（NaOH + CaO）共热，可失去二氧化碳发生脱羧，反应生成烷烃。

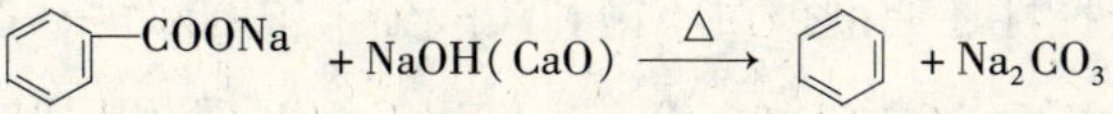

$$CH_3COONa + NaOH(CaO) \xrightarrow{\triangle} CH_4 + Na_2CO_3$$

一般情况下，饱和一元羧酸对热稳定，不易发生脱羧，但 α－碳上有吸电子取代基（如硝基、卤素、氰基、羰基和羧基等）的羧酸易脱羧。芳香羧酸较脂肪羧酸容易脱羧。

$$CCl_3COOH \xrightarrow{\triangle} CHCl_3 + CO_2\uparrow$$

Hunsdiecker 反应：干燥的羧酸银盐在四氯化碳中与卤素一起加热放出二氧化碳，生成比原羧酸少一个碳原子的卤代烃：

$$RCO_2Ag + X_2 \xrightarrow{\triangle} RX + AgX + CO_2$$

$$X = Br,\ Cl,\ I$$

反应机理：

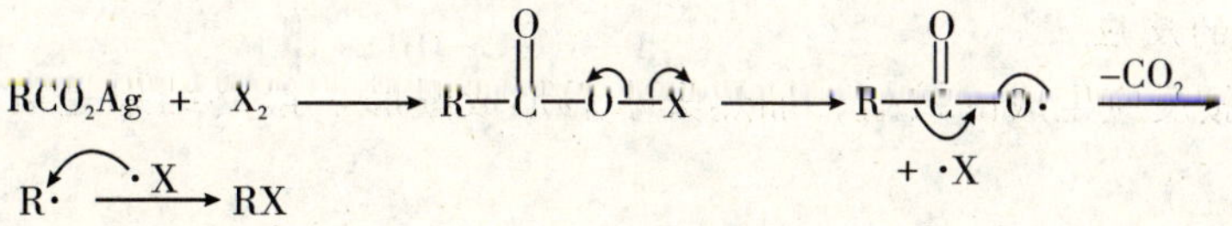

9.3.4　羧酸还原反应

羧基中的羰基由于受羟基的影响，碳氧双键不易被催化氢化，也不被一般的化学还原剂还原。但强的还原剂氢化铝锂（$LiAlH_4$）却能顺利地使羧酸还原成伯醇。例如：

$$R-\overset{\displaystyle O}{\overset{\|}{C}}-OH + LiAlH_4 \xrightarrow[\text{②}H^+,\ H_2O]{\text{①无水乙醚}} RCH_2OH$$

反应机理：

$$RCOOH + LiAlH_4 \longrightarrow RCOOLi + H_2 + AlH_3$$

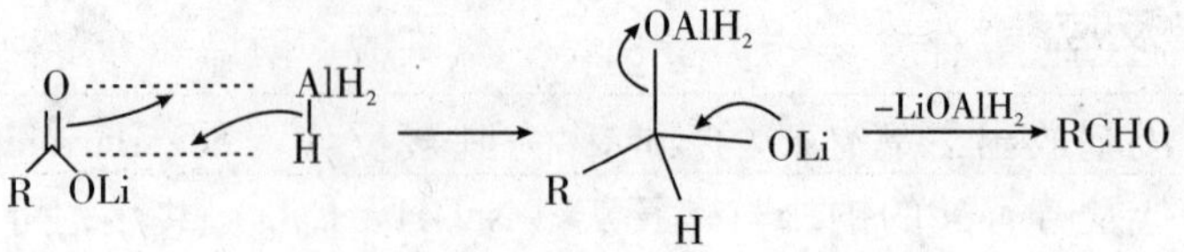

反应成醛后，一分子的氢化铝锂再把醛基还原成醇，还原机理见醛基还原反应。

氢化铝锂是一种选择性还原剂，对不饱和羧酸分子中的双键、叁键不产生影响。例如：

$$CH_2{=}CH{-}\overset{O}{\overset{\|}{C}}{-}OH + LiAlH_4 \xrightarrow[\text{②}H^+,\ H_2O]{\text{①无水乙醚}} CH_2{=}CH{-}CH_2OH$$

硼氢化钠不能使羧酸还原成伯醇，但乙硼烷在四氢呋喃溶液中能使羧酸还原成伯醇。

9.3.5 脂肪酸 α－H 的卤代反应

羧基与醛、酮中的羰基一样，能使 α－H 活化，但是由于羧基存在着 p—π 共轭体系，羧基碳上的正电性较醛、酮羰基碳上的低，羧基对 α－H 的致活作用小，所以羧酸的 α－H 卤代反应需要加入少量红磷（P）做催化剂才能顺利进行，并且 α－H 的卤代可分步取代。

$$RCH_2\overset{O}{\overset{\|}{C}}{-}OH + Cl_2 \xrightarrow{\text{红磷}} RC\underset{Cl}{\underset{|}{H}}\overset{O}{\overset{\|}{C}}{-}OH + HCl$$

$$\downarrow Cl_2,\ \text{红磷}$$

$$R{-}\underset{Cl}{\underset{|}{\overset{Cl}{\overset{|}{C}}}}{-}\overset{O}{\overset{\|}{C}}{-}OH + HCl$$

反应机理：

$$2P + 3Br_2 \longrightarrow 2PBr_3$$

$$RCH_2CO_2H + PBr_3 \longrightarrow RCH_2COBr + H_3PO_3$$

$$RCH_2{-}\overset{O}{\overset{\|}{C}}{-}Br \overset{H^+}{\rightleftharpoons} RCH{=}\overset{OH}{\overset{|}{C}}{-}Br \xrightarrow{Br—Br} \underset{Br}{\underset{|}{RCH}}{-}\overset{^+OH}{\overset{\|}{C}}{-}Br$$

$$\overset{-H^+}{\rightleftharpoons} \underset{Br}{\underset{|}{RCH}}{-}\overset{O}{\overset{\|}{C}}{-}Br$$

$$\underset{Br}{\underset{|}{RCH}}{-}\overset{O}{\overset{\|}{C}}{-}Br + RCH_2CO_2H \longrightarrow \underset{Br}{\underset{|}{RCH}}{-}\overset{O}{\overset{\|}{C}}{-}OH + RCH_2COBr$$

控制反应条件和卤素用量，可以得到产率较高的一卤代酸产物。α－卤代酸是药物合成的重要中间产物，通过它可合成α－羟基酸、α－氨基酸、丙烯酸等多种α－取代酸。

［问题 9－5］　用适当方法把丙酸转变为 2－甲基丙二酸。

9.3.6　二元羧酸受热时的特殊反应

二元羧酸除具有一元羧酸的化学通性外，还具有受热分解的特殊反应。不同的二元羧酸受热可发生脱水或脱羧反应，得到不同的产物。

（1）乙二酸和丙二酸受热时，脱羧生成少一个碳的羧酸。

$$\text{HOOC—COOH} \xrightarrow{\triangle} HCOOH + CO_2\uparrow \qquad CH_2(COOH)_2 \xrightarrow{\triangle} CH_3COOH + CO_2\uparrow$$

（2）丁二酸和戊二酸受热时，分子内脱水生成稳定的五元环或六元环的环酐。

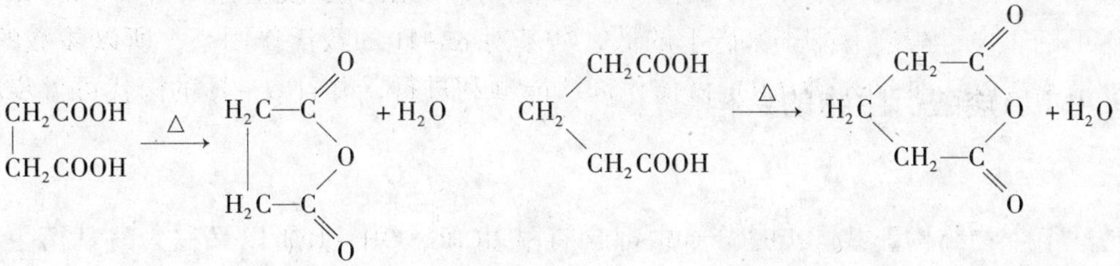

（3）己二酸和庚二酸受热时，分子内脱羧又脱水，生成少一个碳的环酮。

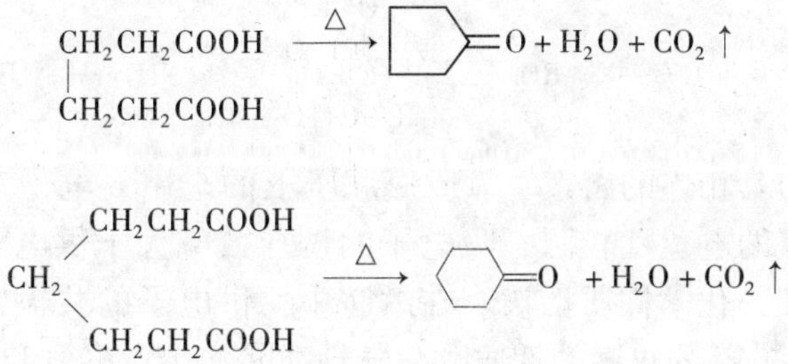

含 7 个碳原子以上的直链二元羧酸，受热发生分子间脱水反应，生成链状高分子聚酸酐。

$$m\,HOOC(CH_2)_nCOOH \xrightarrow{\triangle} \left[\overset{O}{\overset{\|}{C}}(CH_2)_n—\overset{O}{\overset{\|}{C}}—O—\overset{O}{\overset{\|}{C}}—(CH_2)_n—\overset{O}{\overset{\|}{C}}—O \right]_m$$

$n>5$

［问题 9－6］ 完成下列反应式：

(1) 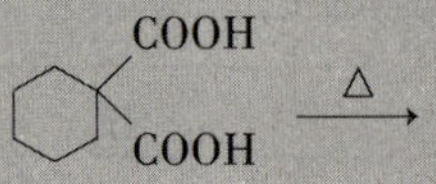

(2) 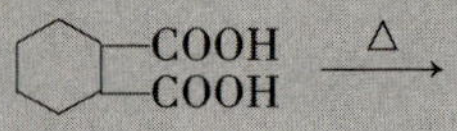

(3) 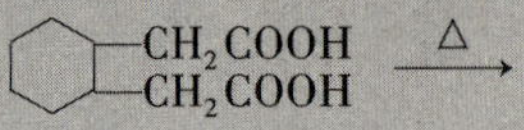

9.4 羧酸衍生物的结构和命名

羧基中的羟基被其他原子或基团取代后得到的化合物称为羧酸衍生物，它们主要包括酰卤、酸酐、酯及酰胺。

酰卤	酸酐	酯	酰胺
R—C(=O)—X	R—C(=O)—O—C(=O)—R	R—C(=O)—O—R	R—C(=O)—NH_2

9.4.1 羧酸衍生物的结构

羧酸衍生物结构上共同点是分子中都含有酰基 R—C(=O)— ，所以又称为酰基衍生物。可用通式为：

R—C(=O)—L　　L＝—X，RO—，R—C(=O)—O— ，—NH_2（—NHR　—NR_2）

酰基中的羰基可与其相连的卤素、氧或氮原子上的未用 p 电子对形成 p—π 共轭体系。在酰氯分子中，由于氯的电负性较强，吸电子的诱导效应大于供电子的共轭效应，因此酰卤中的 C—Cl 键易断裂，化学性质活泼。在酰胺中，供电子的共轭效应大于吸电子的诱导效应，所以 C—N 键具有部分双键的性质，化学性质较稳定。酸酐和酯的化学活泼性介于酰氯和酰胺之间，但酸酐的活性比酯要强些。

9.4.2 羧酸衍生物的命名

羧酸分子中去掉羧基中的羟基后剩余的部分称为酰基（acyl group）。酰基的命名将相应羧酸的“酸”字改为“酰基”即可。酰基的英文命名是用词尾 yl 代替羧酸名称的词尾 ic acid。例如：

乙酸	乙酰基	丙烯酸	丙烯酰基
CH_3—C(=O)—OH	CH_3—C(=O)—	CH_2═CH—C(=O)—OH	CH_2═CH—C(=O)—

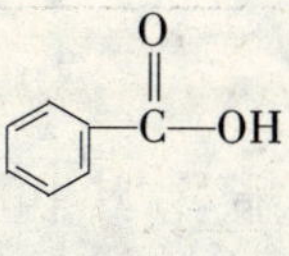
苯甲酸

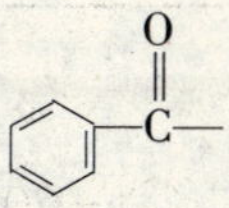
苯甲酰基

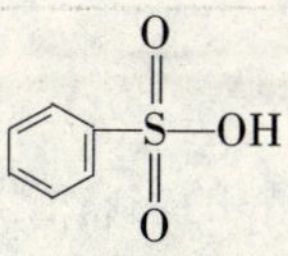
苯磺酸

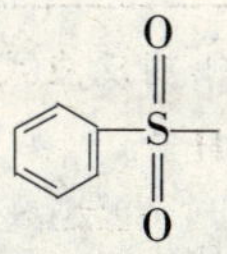
苯磺酰基

9.4.3　酰卤的命名

酰卤的命名是把酰基的名称放在前，卤素的名称放在后，合起来称为“某酰卤”。酰卤的英文命名是在英文酰基名称之后，隔开加上 bromide、chloride 等。

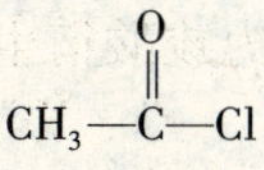
乙酰氯

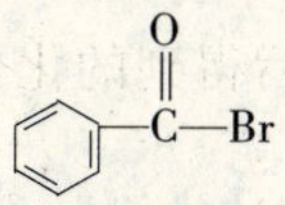
苯甲酰溴

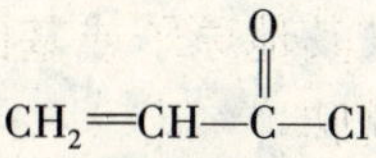
丙烯酰氯

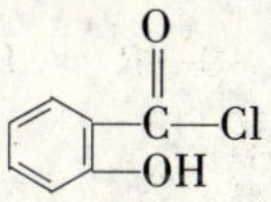
水杨酰氯

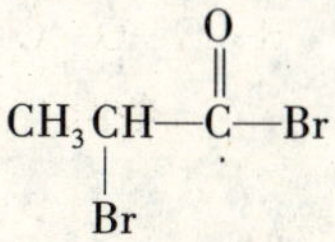
α-溴丙酰溴

9.4.4　酸酐命名

由二分子相同的一元羧酸脱水所生成的酸酐称为单酐，单酐的命名是在相应羧酸的名称之后加“酐”字，酸字可以省略。由两分子不同的羧酸脱水所生成的酸酐称为混酐，它的命名是将两种羧酸依次写出，简单的羧酸名称在前，复杂的羧酸名称在后，再加“酐”字。二元酸脱水后生成的环状酐称为环酐，命名时在二元酸后加“酐”字。酸酐英文命名是去掉羧酸名称之后的 acid，隔开加上 anhydride，混酐中羧酸名称按英文字母顺序先后列出。

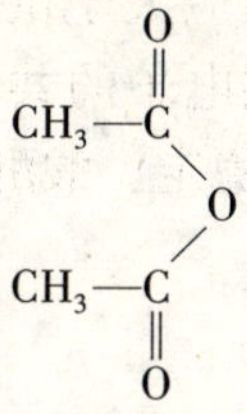
乙酸酐

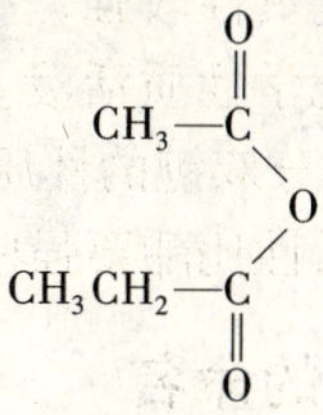
乙丙酐

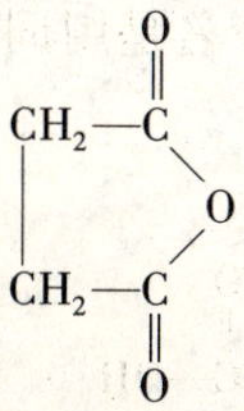
丁二酸酐

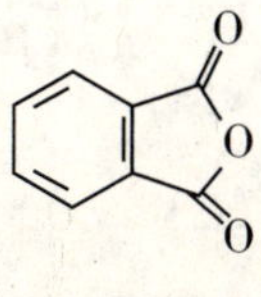
邻苯二甲酸酐

9.4.5 酯的命名

酯的命名是根据相应羧酸和醇的名称而称为“某酸某醇酯”，其中醇字可省略。多元醇的酯称为“某醇某酸酯”。二元羧酸与一元醇可形成酸性酯和中性酯。酯的英文命名是将羧酸的词尾 ic acid 改成 ate，然后把与氧相连的烃基名称放在它的前面。

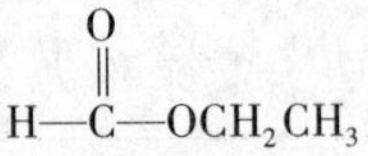
甲酸乙酯

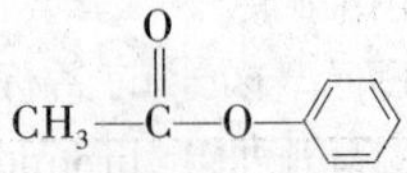
乙酸苯酯

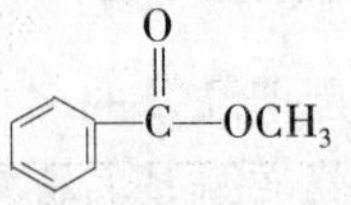
苯甲酸甲酯

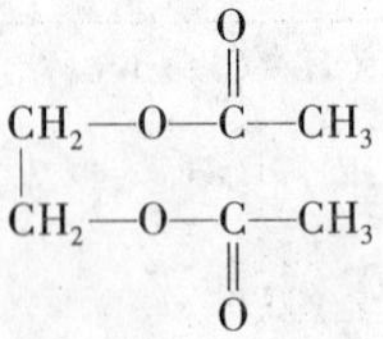
乙二醇二乙酸酯

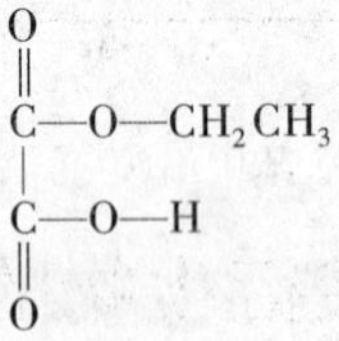
乙二酸氢乙酯（酸性酯）

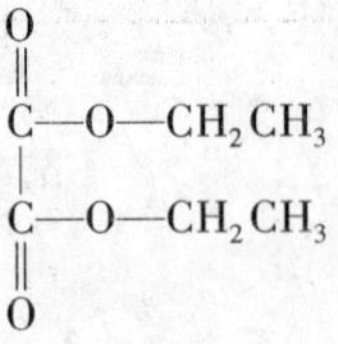
乙二酸二乙酯（中性酯）

9.4.6 酰胺的命名

氮原子与酰基直接连接而成的化合物称为酰胺。连接一个酰基的叫做伯酰胺；连接两个酰基的叫做仲酰胺；连接三个酰基的叫做叔酰胺。酰胺的命名是把相应的羧酸名称改为“某酰胺”。当酰胺氮上有取代基时，在取代基名称前加 N 标出，表示取代基连在氮原子上。酰胺的英文名称是将羧酸俗名的字尾 ic acid 或系统名称字尾的 oic acid 改成 amide。

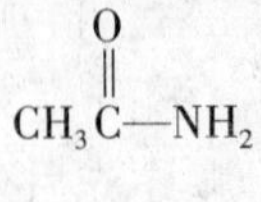
乙酰胺
（伯酰胺）

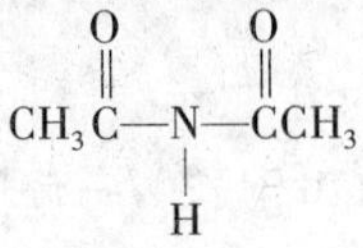
二乙酰胺
（仲酰胺）

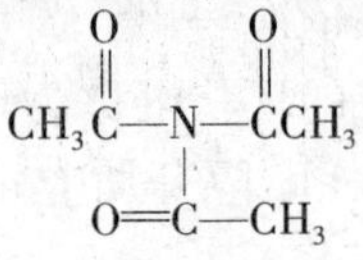
三乙酰胺
（叔酰胺）

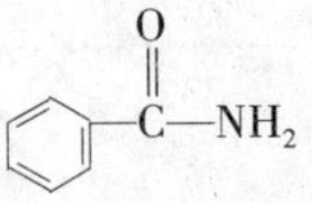
苯甲酰胺

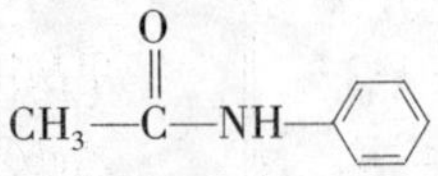
乙酰苯胺

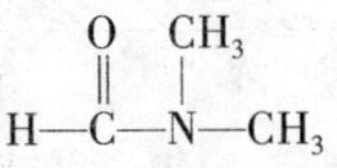
N，N－二甲基甲酰胺

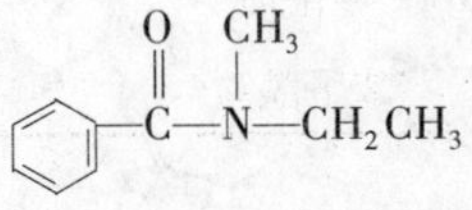
N－甲基－N－乙基苯甲酰胺

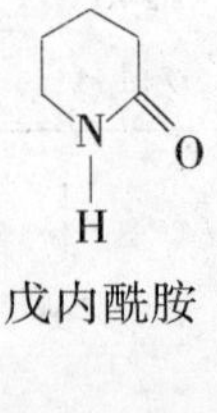
δ－戊内酰胺

二元羧酸的两个酰基与 NH 基或取代的 NH 基相连接的环状化合物叫做酰亚胺，命名时称为"某酰亚胺"。

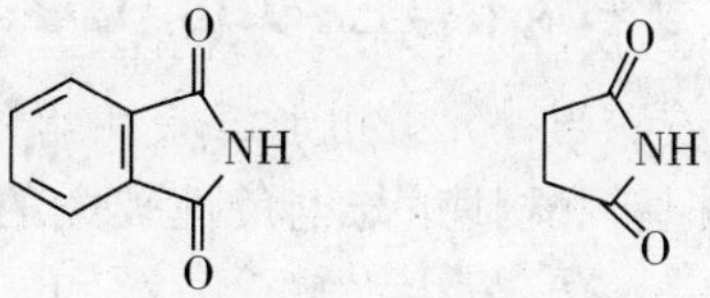

邻苲二甲酰亚胺　　　丁二酰亚胺

［问题 9-7］　写出下列化合物的结构式：

(1) 苯甲酸苯酯　　(2) N-乙基丁二酰亚胺

(3) γ-戊内酰胺　　(4) N-甲基对甲基苯磺酰胺

9.5　羧酸衍生物的物理性质

低级的酰卤和酸酐是有刺激性气味的液体，高级的酰卤和酸酐则为固体。低级的酯是易挥发并有香味的无色液体，如乙酸异戊酯有香蕉味、苯甲酸甲酯有茉莉花的香味、丁酸甲酯有菠萝的香味。所以酯常常用作食品及化妆品的香料。十四碳酸以下的甲酯、乙酯均为液体，高级脂肪酸酯是蜡状固体。除甲酰胺为液体外，其余的酰胺均为固体。N，N-二取代脂肪族酰胺在室温下为液体。

酰卤、酸酐和酯分子间不能通过氢键而产生缔合作用，所以它们的沸点比相对分子质量相近的羧酸要低。酰胺分子间可通过氢键缔合，因此熔点和沸点都比相应的羧酸高。

酰卤和酸酐难溶于水，但可被水分解。酯微溶于或难溶于水，易溶于有机溶剂。低级酰胺可溶于水，但随着相对分子质量增大，溶解度逐渐减小。N，N-二甲基甲酰胺是非质子极性溶剂，既溶于水，又溶于有机溶剂，是一种常用的有机溶剂。部分羧酸衍生物的物理常数见表 9-2。

表 9-2　羧酸衍生物的物理常数

名称	沸点/℃	熔点/℃	名称	沸点/℃	熔点/℃
乙酰氯	52	-112	甲酸甲酯	32	-100
丙酰氯	80	-94	乙酸乙酯	77.1	-83
苯甲酰氯	197.2	-1	苯甲酸乙酯	213	-34
乙酸酐	140	-73	甲酰胺	192	2.5
邻苯二甲酸酐	284.5	132	苯甲酰胺	290	130

9.6 羧酸衍生物的化学性质

羧酸衍生物分子中都含有酰基，酰基又与电负性较大的原子或基团相连，所以分子中的羰基容易与亲核试剂（水、醇、氨）发生水解、醇解和氨解反应，这些反应都是亲核取代反应，由于酰基所连的离去基团不同，因此反应活性各有差异。

9.6.1 水解（hydrolysis）

酰卤、酸酐、酯和酰胺均能水解生成相应的羧酸。

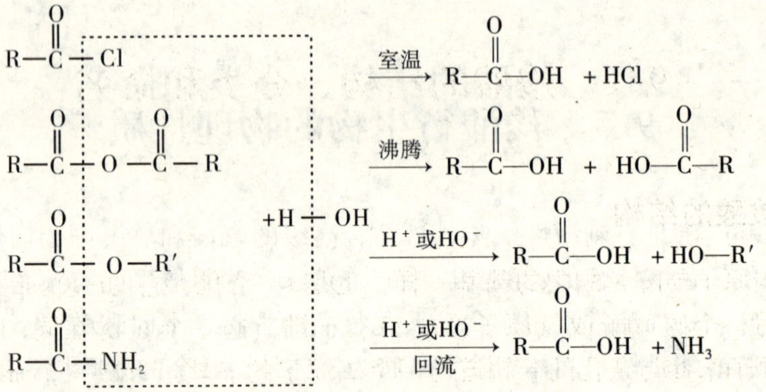

水解反应的活性次序是：

酰卤 > 酸酐 > 酯 > 酰胺

低相对分子质量的酰卤极易水解，乙酰氯在潮湿空气中就能水解放出氯化氢气体而呈现白烟。芳香酰氯的水解速度很慢，需加热或加碱促进水解进行。

酸酐室温下水溶性不大，故水解比酰卤慢。加热可增加酸酐在水中的溶解度，使其成为均相，可加速其水解反应。

酯和酰胺要在碱或酸催化下加热回流才能顺利水解，其中酰胺的水解比酯慢，它们用碱催化时效果较好。酯的酸性水解是酯化反应的逆反应，水解不能反应完全。酯碱性水解产物可与碱作用生成羧酸钠盐而使水解完全。由于肥皂一直用油脂碱水解来制取，故酯的碱性水解反应也称为皂化反应（saponification）。

9.6.2 醇解（alcoholysis）

酰卤、酸酐、酯、酰胺和醇反应生成相应的酯。

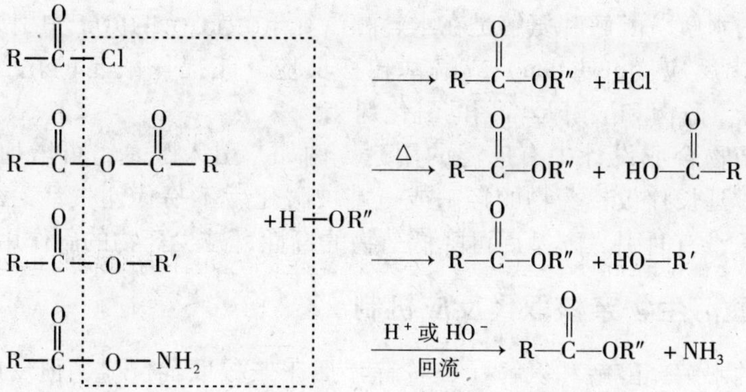

酰卤和酸酐能直接与醇反应，酰卤的反应活性大，在有机合成上常用此类反应制备用普通酯化方法难以合成的酯。例如：

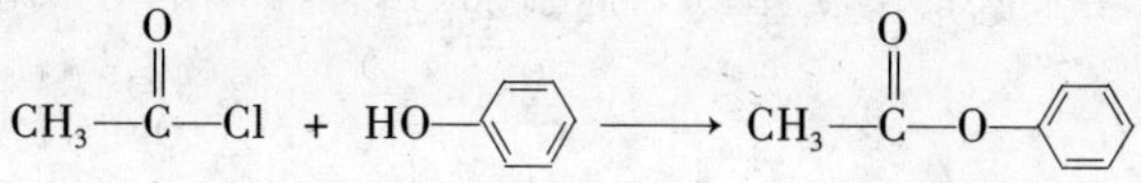

乙酸苯酯

酯的醇解生成了新酯和新醇，故此反应又称酯交换反应。酯交换反应需要在酸或碱催化下进行，并且需加入过量的醇，才能使此可逆反应向正向进行。在有机合成中，常用低级醇的酯通过酯交换反应来制备高级醇的酯；油脂分析中用 CH_3OH 进行交换高级脂肪酸，然后进行气相色谱分析。

酰胺难于醇解，酸或碱对反应有催化作用。

9.6.3 氨解（aminolysis）

酰卤、酸酐、酯和酰胺与氨（或胺）作用，生成酰胺。一般酰胺的氨解（胺解）比较困难。

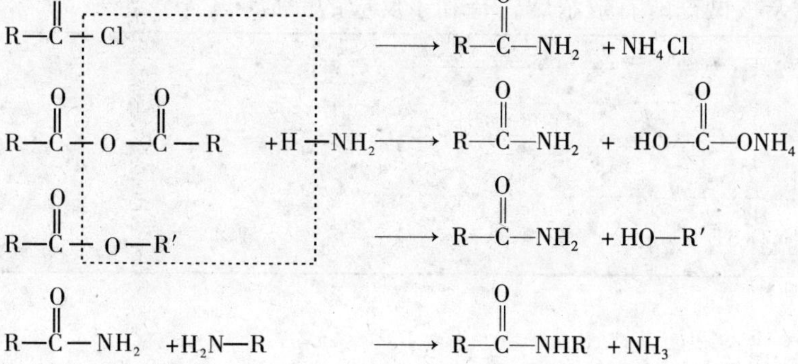

酰卤或酸酐与氨反应剧烈，需要在冷却条件下慢慢滴加反应物进行反应。由于氨具有碱性，其亲核性比水强，因此酯的氨解不需要酸或碱催化就可以顺利生成酰胺。酰胺的氨解反应是一个可逆的反应，为了使反应完全，胺反应物的碱性应比离去氨基的碱性强，并需胺过量。

羧酸衍生物的水解、醇解和氨解是在水、醇、氨（或胺）的分子中引入酰基，所以这些反应又称为酰化反应（acylation）或酰基转移反应。能提供酰基的化合物称为酰化剂（acidylating agent）。酰卤和酸酐是常用的酰化剂。

酰化反应在药物合成设计中有广泛的用途。例如，引入酰基，可增加药物的脂溶性，以改善体内吸收，延长疗效；药物的羟基或氨基被酰化后不易代谢失活，药物的稳定性增加，作用时间延长；有时引入酰基后可降低药物的毒性，减少药物的副作用。

9.6.4 羧酸衍生物亲核取代反应机制

羧酸衍生物的水解、醇解和氨解（或胺解）属于亲核取代反应，但反应的机制与卤代烷的亲核取代反应机制不同，它是通过加成—消去机制完成取代反应的。反应分两步进行，首先亲核试剂进攻羰基碳原子，碳氧双键发生亲核加成，形成四面体中间体，羰基碳原子由 sp^2 变成 sp^3 杂化，然后发生消去反应，即所形成的四面体中间体不稳定，离去基团离去，生成具有共轭体系的较稳定的羧酸衍生物。通式为：

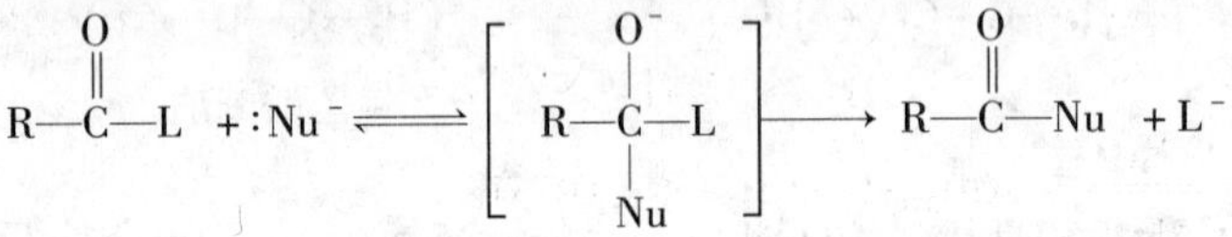

羧酸衍生物　亲核试剂　　　　　　　　产物　离去基团

由于羧酸衍生物的亲核取代反应要经历加成—消去反应历程，所以加成和消去这两步都会对反应速度产生影响。对于加成这步而言，羰基正电性较强，且形成的四面体中间体的空间位阻小，有利于亲核加成反应这步的进行；对消去这步而言，离去基团的碱性越小，基团越易离去，则有利于消去的进行。羧酸衍生物中离去基团的碱性由强至弱的次序是：$NH_2^- > RO^- > RCOO^- > Cl^-$，它们离去能力由强至弱的次序是：$Cl^- > RCOO^- > RO^- > NH_2^-$。所以羧酸衍生物发生亲核取代反应的活性次序是：酰卤 > 酸酐 > 酯 > 酰胺。

酸或碱对羧酸衍生物的亲核取代都有催化作用，酸催化原理为：氢质子首先与羰基结合形成鎓盐，加大了羰基碳原子上的正电性，有利于亲核试剂进攻。碱催化的原理是由于碱的存在增加了亲核试剂的有效浓度，有利于反应的完成。

[问题 9 - 8]　完成下列反应式：

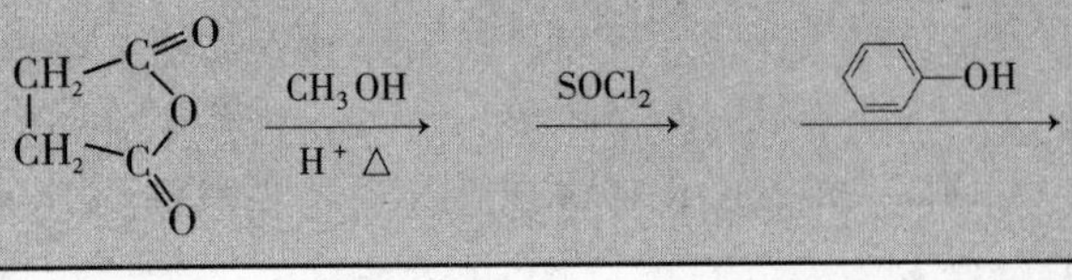

9.7 Claisen 酯缩合反应

在醇钠的作用下，含有 α - H 的酯可与另一分子酯失去一分子醇，生成 β - 酮酸酯的反应，称为 Claisen 酯缩合反应。例如：

$$CH_3\overset{O}{\overset{\|}{C}}-OC_2H_5 + H-CH_2\overset{O}{\overset{\|}{C}}-OC_2H_5 \xrightarrow{C_2H_5ONa} CH_3\overset{O}{\overset{\|}{C}}CH_2\overset{O}{\overset{\|}{C}}-OC_2H_5 + C_2H_5OH$$

乙酰乙酸乙酯

反应机理为：乙酸乙酯在乙醇钠作用下，失去一个 α－H，形成负碳离子，负碳离子很快与另一分子乙酸乙酯的羰基发生亲核加成，然后失去 $C_2H_5O^-$，生成乙酰乙酸乙酯。

$$C_2H_5O^- + H-CH_2-\overset{O}{\overset{\|}{C}}-OC_2H_5 \rightleftharpoons {}^-CH_2-\overset{O}{\overset{\|}{C}}-OC_2H_5 + C_2H_5OH$$

$$CH_3-\overset{O}{\overset{\|}{C}}-OC_2H_5 + {}^-CH_2-\overset{O}{\overset{\|}{C}}-OC_2H_5 \rightleftharpoons CH_3-\underset{CH_2COOC_2H_5}{\underset{|}{\overset{O^-}{\overset{|}{C}}}}-OC_2H_5$$

$$\xrightleftharpoons{-C_2H_5O^-} CH_3-\overset{O}{\overset{\|}{C}}-CH_2-\overset{O}{\overset{\|}{C}}-OC_2H_5$$

酯缩合反应相当于一个酯的 α－H 被另一个酯的酰基所取代，所以凡含有 α－H 的酯都可发生 Claisen 酯缩合反应。

含 α－H 的酯与无 α－H 且羰基比较活泼的酯（甲酸酯、草酸酯、碳酸酯、苯甲酸酯）进行的酯缩合反应，称为交叉 Claisen 酯缩合反应。例如：

$$H-\overset{O}{\overset{\|}{C}}-OC_2H_5 + CH_3CH_2CH_2\overset{O}{\overset{\|}{C}}-OC_2H_5 \xrightarrow{NaOC_2H_5} H-\overset{O}{\overset{\|}{C}}-\underset{CH_2CH_3}{\underset{|}{CH}}\overset{O}{\overset{\|}{C}}-OC_2H_5 + C_2H_5OH$$

二元羧酸酯类在金属钠或醇钠、氢化钠等碱性缩合剂作用下发生分子内酯缩合反应，生成环状的 β－酮酸酯。反应通常在苯、甲苯、乙醚、无水乙醇等溶剂中进行，缩合产物经水解、脱羧可生成脂环酮。本反应实质上是分子内的 Claisen 酯缩合反应。

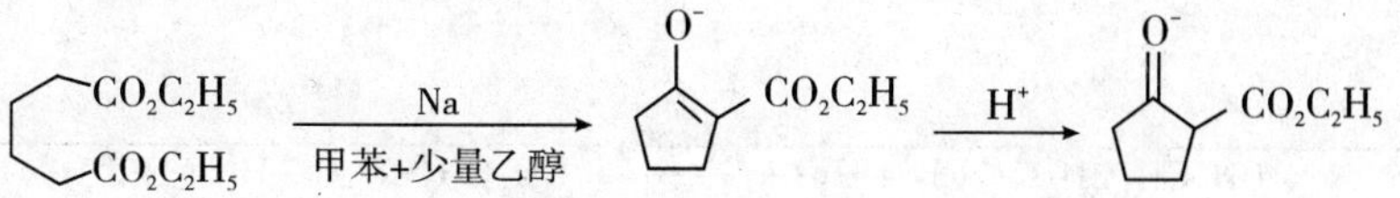

反应机理：

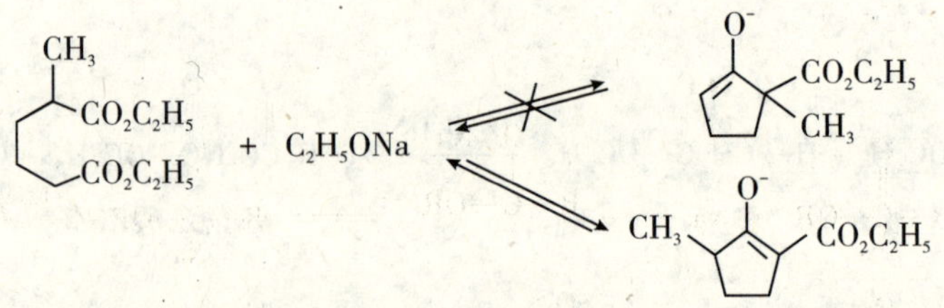

［问题9－9］　完成下列反应式：

（1）$CH_3\overset{\displaystyle CH_3}{\overset{|}{C}H}—COOC_2H_5 \xrightarrow[②H^+]{①C_2H_5ONa}$

（2）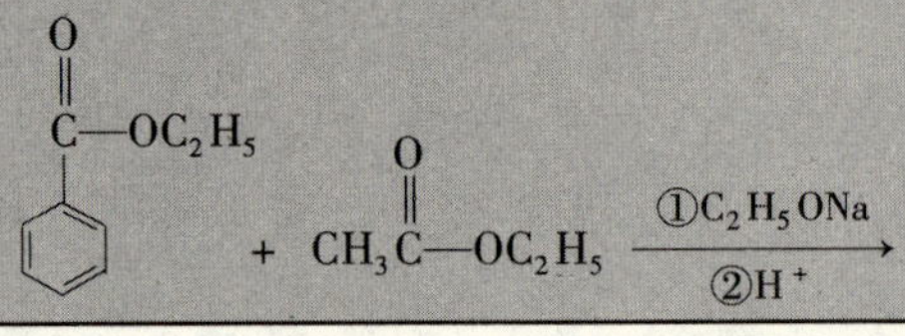

9.8　羧酸衍生物的还原反应

羧酸衍生物比羧酸容易被还原。酰卤、酸酐和酯被还原成伯醇，酰胺还原为胺。若用氢化铝锂做还原剂，碳碳双键可不受影响。

$$R—\overset{\displaystyle O}{\overset{\|}{C}}—Cl \xrightarrow{LiAlH_4} RCH_2OH + HCl$$

$$R—\overset{\displaystyle O}{\overset{\|}{C}}—O—\overset{\displaystyle O}{\overset{\|}{C}}—R' \xrightarrow{LiAlH_4} 2RCH_2OH$$

$$R—\overset{\displaystyle O}{\overset{\|}{C}}—O—R' \xrightarrow{LiAlH_4} RCH_2OH + HO—R'$$

$$R—\overset{\displaystyle O}{\overset{\|}{C}}—NH_2 \xrightarrow{LiAlH_4} RCH_2NH_2$$

酰卤用低活性的钯催化剂（$Pd/BaSO_4$）催化可将酰卤氢化还原成醛，产率较高，是醛的制备方法之一。

$$CH_3CH_2CH_2\overset{\displaystyle O}{\overset{\|}{C}}—Cl + H_2 \xrightarrow{Pd—BaSO_4} CH_3CH_2CH_2\overset{\displaystyle O}{\overset{\|}{C}}—H + HCl$$

酯能被钠—醇还原成伯醇，而且碳碳双键或叁键不受影响，可用此法制备伯醇。

$$CH_3CH_2CH═CHCH_2CH_2\overset{\displaystyle O}{\overset{\|}{C}}—OC_2H_5 \xrightarrow{Na + C_2H_5OH} CH_3CH_2CH═CHCH_2CH_2CH_2OH + C_2H_5OH$$

反应机理：

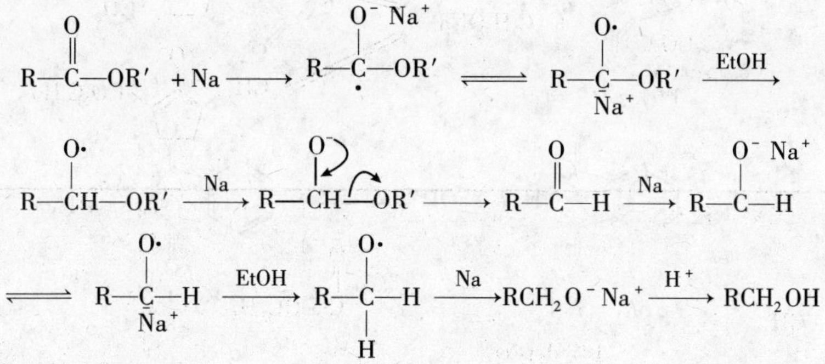

酯用铜铬氧化物（$CuO \cdot CuCrO_4$）做催化剂，可催化加氢将酯还原成醇，该反应又称氢解，反应过程中双键可同时被还原，但苯环不受影响，这个反应大量应用于催化氢解植物油和脂肪以制取长链脂肪醇。

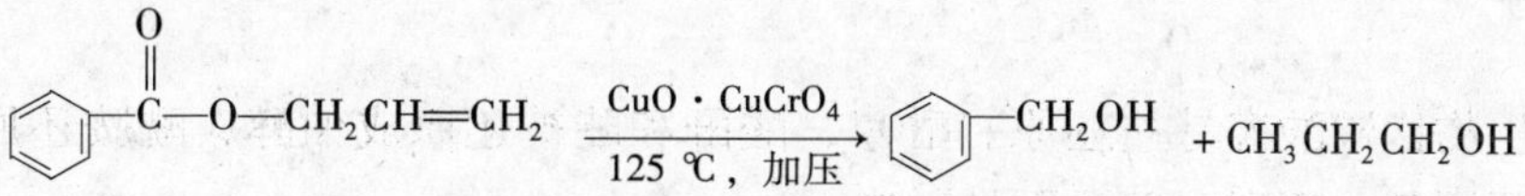

9.9　酰胺的特性

9.9.1　酸碱性

酰胺分子中氨基氮上的未共用电子对与羰基 π 键形成 p—π 共轭体系，电子云向氧原子偏移，结果使氮原子上的电子云密度下降，接受质子的能力减弱，碱性减弱，因此酰胺一般是中性化合物，仅是在强酸或强碱条件下显示出弱碱或弱酸性。

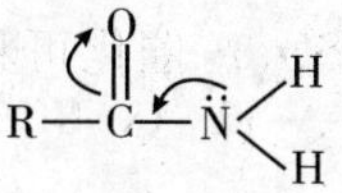

在酰亚胺分子中，氮原子连接两个酰基，氮上电子云密度极大地降低，使 N—H 键极性加大，从而呈现明显的酸性。酰亚胺能与氢氧化钠（氢氧化钾）水溶液生成盐，成盐后氮上的负电荷可被两个酰基分散而得以稳定。

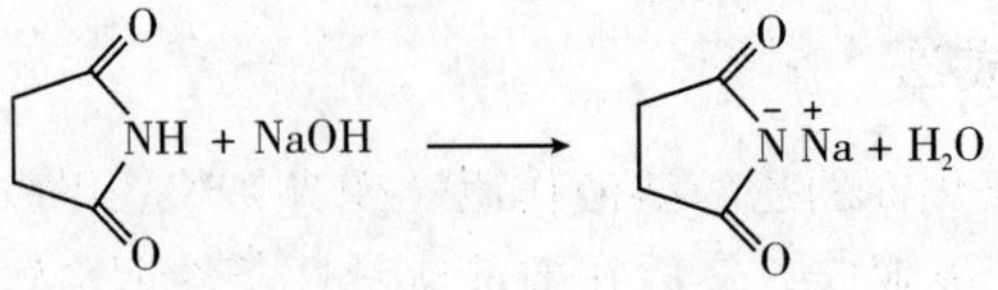

pK_a = 9.6

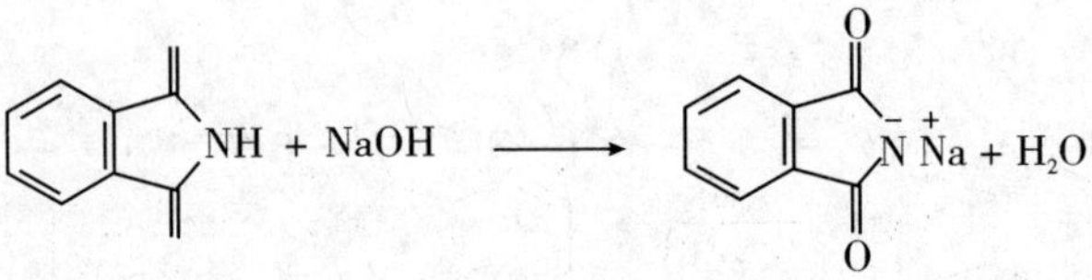

pK_a = 7.4

9.9.2 与亚硝酸反应

氮上未取代的酰胺与亚硝酸反应时，氨基被羟基取代生成相应的羧酸，并放出氮气，此反应类似于伯胺与亚硝酸的反应。

$$R-\overset{\overset{\Large O}{\|}}{C}-NH_2 + HNO_2 \longrightarrow R-\overset{\overset{\Large O}{\|}}{C}-OH + N_2\uparrow + H_2O$$

9.9.3 Hofmann 降解反应

氮上未取代的酰胺在碱性溶液中与卤素（溴或氯）作用，失去羰基而生成少一个碳原子的伯胺的反应称 Hofmann 降解反应。

$$R-\overset{\overset{\Large O}{\|}}{C}-NH_2 + Br_2 + NaOH \longrightarrow RNH_2 + NaBr + Na_2CO_3 + H_2O$$

反应机理：

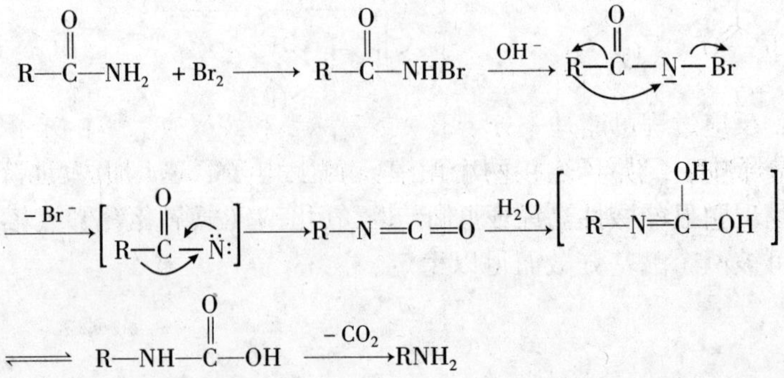

Hofmann 降解反应常用来制备伯胺，此法产率高，所得产品也较纯。

9.9.4　Gabriel 合成法

邻苯二甲酰亚胺与氢氧化钾的乙醇溶液作用转变为邻苯二甲酰亚胺盐，此盐和卤代烷反应生成 N－烷基邻苯二甲酰亚胺，然后在酸性或碱性条件下水解得到一级胺和邻苯二甲酸，这是制备纯净的一级胺的一种方法。

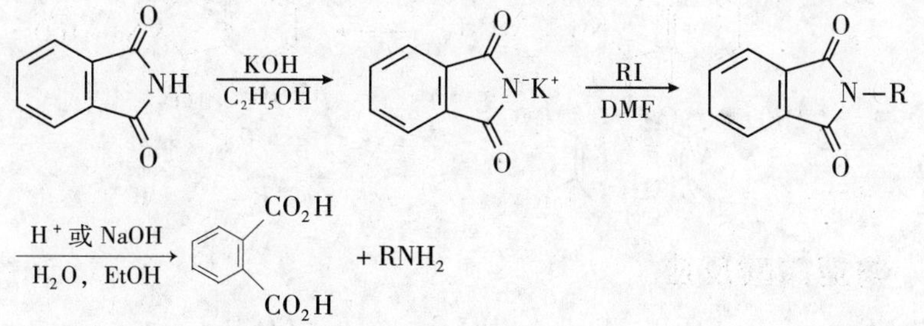

有些情况下二酰亚胺水解很困难，可以用肼解来代替。

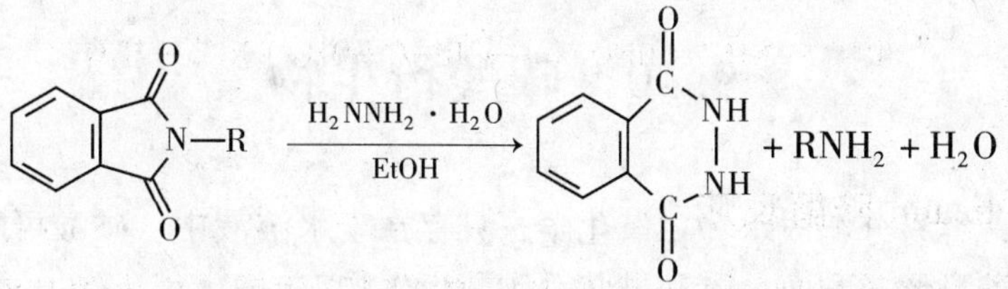

9.9.5　Hantzsch 合成法

两分子 β－羰基酸酯和一分子醛及一分子氨发生缩合反应，得到二氢吡啶衍生物，再用氧化剂氧化得到吡啶衍生物。这是一个很普遍的反应，用于合成吡啶同系物。

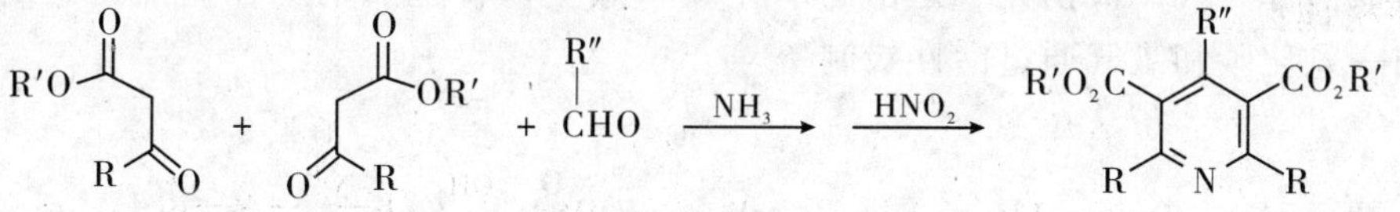

反应机理：反应过程可能是一分子 β－羰基酸酯和醛反应，另一分子 β－羰基酸酯和氨反应生成 β－氨基烯酸酯，所生成的这两个化合物再发生 Micheal 加成反应，然后失水关环生成二氢吡啶衍生物，它很容易脱氢而芳构化，例如用亚硝酸或铁氰化钾氧化得到吡啶衍生物。

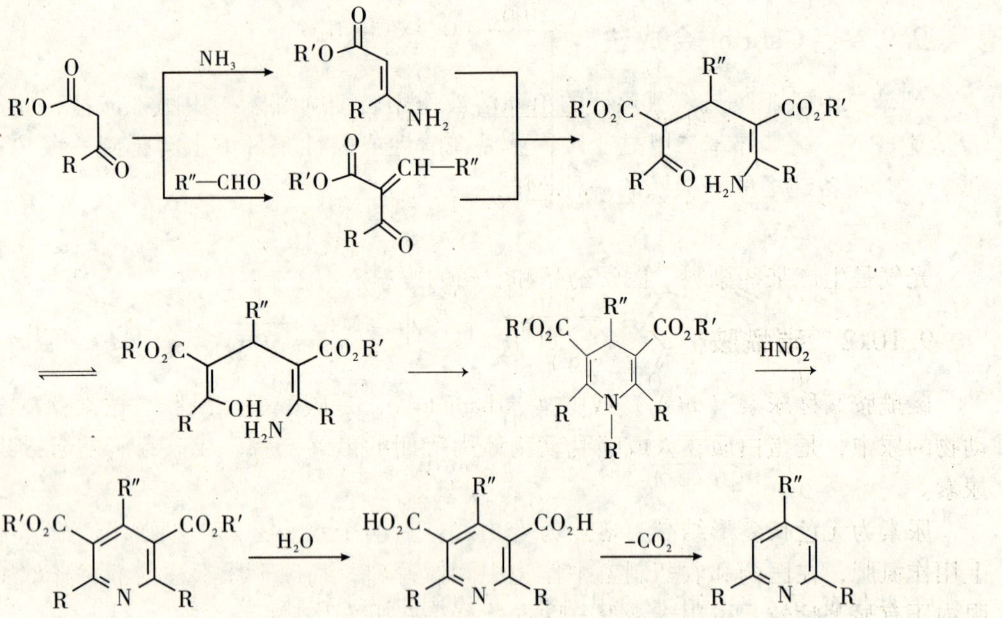

9.10 碳酸衍生物

碳酸不稳定，容易分解成水和二氧化碳，只存在于水溶液中。碳酸可看成是羟基甲酸，与羧酸相似，碳酸可形成酰卤、酯和酰胺等碳酸衍生物。

碳酸是二元酸，可生成酸性及中性两种衍生物。酸性衍生物不稳定，很难单独存在，易分解成二氧化碳；中性衍生物则比较稳定，具有实用价值。下面仅对几种有代表性的碳酸衍生物作简单介绍。

9.10.1 碳酰氯

碳酰氯俗称光气，最初光气是由一氧化碳和氯气在日光照射下作用而得到的。目前工业上是由一氧化碳和氯气通过活性炭制备。

$$CO + Cl_2 \xrightarrow[200\ ^\circ C]{\text{活性炭}} Cl—\overset{\overset{\displaystyle O}{\|}}{C}—Cl$$

光气是无色气体，味甜，它是一个毒性十倍于氯气的肺损害剂，能引起窒息，使用时应注意安全。光气具有酰氯的典型化学性质，容易发生水解、醇解和氨解。

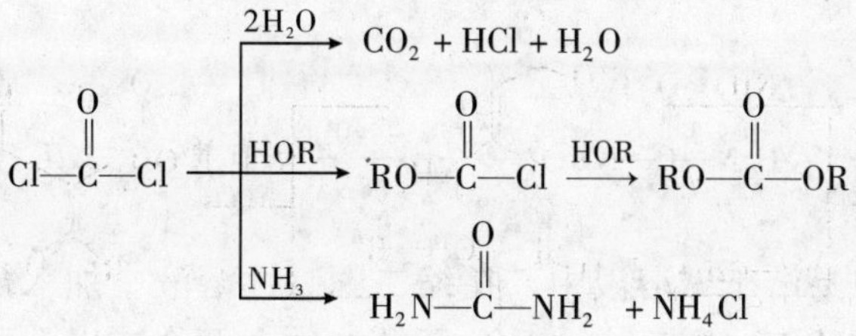

光气是生产某些染料、医学药品和农药的原料。

9.10.2　碳酰胺

碳酰胺又称尿素（urea）或脲（carbamide），是碳酸的二酰胺。尿素存在于人和哺乳动物的尿中，是蛋白质在人或哺乳动物体内代谢的最终产物，成人每天随尿排出 25～30 g 尿素。

尿素为无色长菱形结晶，熔点为 133 ℃，易溶于水及乙醇，难溶于乙醚。尿素在农业上用作氮肥，在医药和农药制备中作为中间体原料；临床上尿素注射液对降低脑颅内压和眼内压有显著疗效，可用于治疗急性青光眼和脑外伤引起的脑水肿。

尿素具有酰胺结构，故具有酰胺的一般化学性质，但因两个氨基与同一个羰基相连，它们相互影响的结果，也具有一些特殊性质。

（1）弱碱性。尿素具有弱碱性，只能与强酸作用生成盐。例如，尿素的水溶液中加入浓硝酸，可析出硝酸脲白色沉淀。

$$H_2N-\overset{\overset{\displaystyle O}{\|}}{C}-NH_2 + HNO_3 \longrightarrow H_2N-\overset{\overset{\displaystyle O}{\|}}{C}-NH_2 \cdot HNO_3\downarrow$$

（2）水解。尿素在酸、碱或尿素酶的催化下水解，生成二氧化碳、氨或胺。

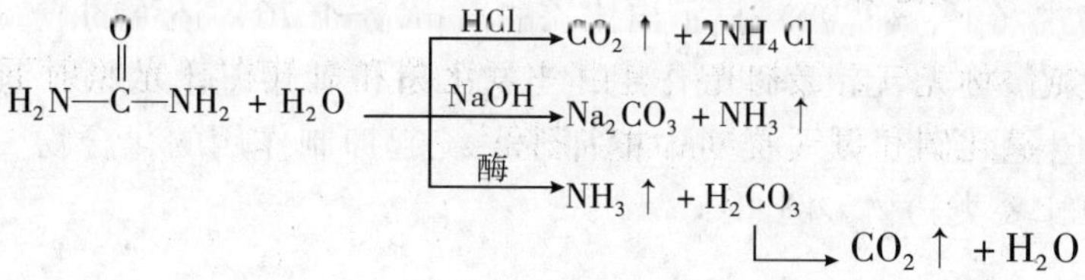

（3）与亚硝酸反应。尿素与亚硝酸反应，氨基被羟基取代，定量放出氮气，同时生成二氧化碳和水。一般具有—NH_2的化合物都可与亚硝酸反应，放出氮气。

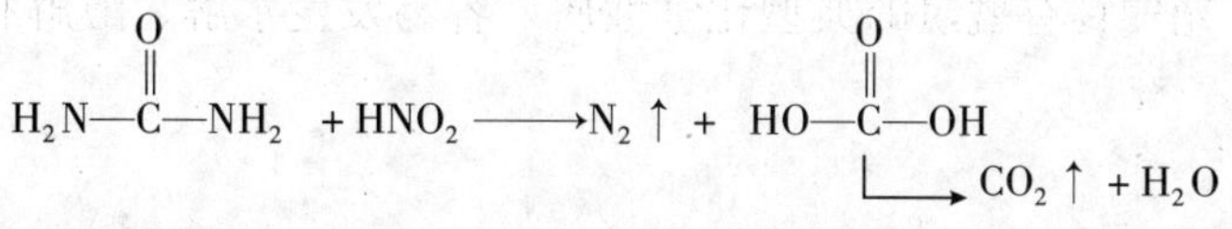

（4）缩二脲的生成及缩二脲反应。将固体尿素加热至熔点以上时，两分子的尿素之间失去一分子氨，生成缩二脲（biruet）。

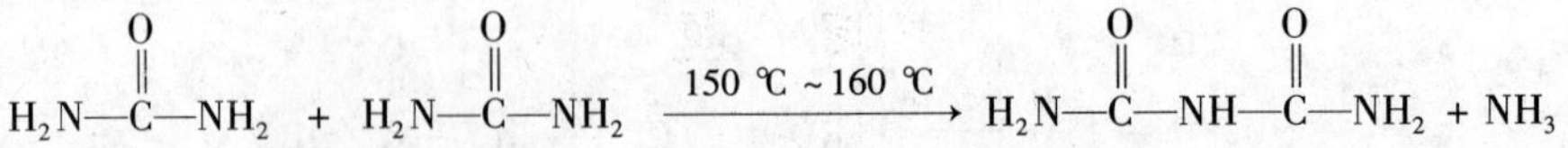

缩二脲难溶于水，易溶于碱溶液中。在缩二脲碱性溶液中加入微量硫酸铜即显紫红色或紫色，这种颜色反应称缩二脲反应。凡分子结构中含两个或以上酰胺键即肽键的化合物均可发生这种显色反应，因此可用缩二脲反应鉴别多肽和蛋白质。

9.10.3 巴比妥类药物

巴比妥酸又称丙二酰脲，可由尿素与丙二酰氯或丙二酸二乙酯在乙醇钠的催化下进行缩合反应制备。

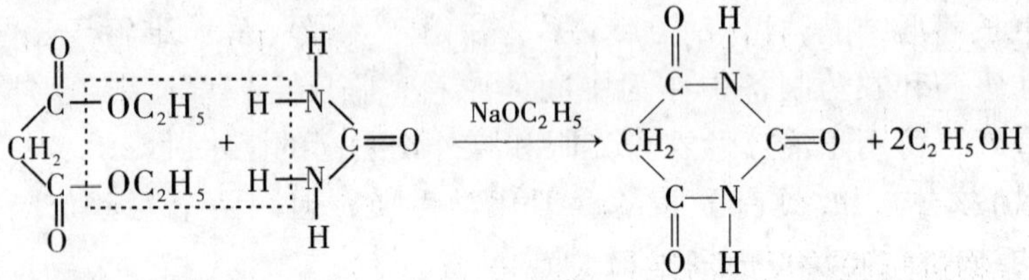

丙二酰脲为无色结晶，微溶于水，在水溶液中存在酮式—烯醇式互变异构平衡。

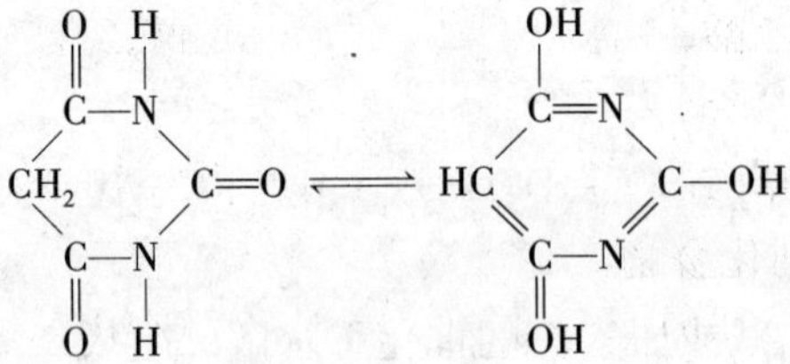

烯醇式（pK_a =3.98）显示出比乙酸（pK_a =4.76）还强的酸性，故称为巴比妥酸。

巴比妥酸本身无镇静催眠作用，当它的五位亚甲基上的两个氢被烃基取代后才呈现镇静催眠的生理活性，是一类对中枢神经系统起抑制作用的化合物。这些巴比妥酸的衍生物总称为巴比妥类药物。例如：

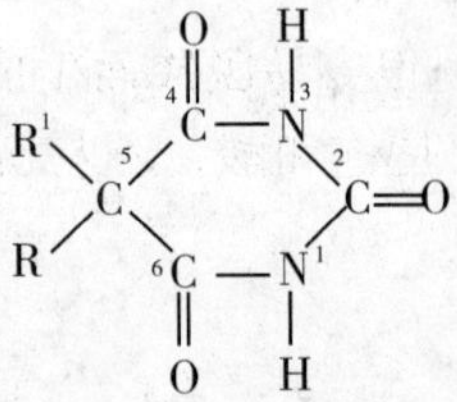

巴比妥：	$R' = R'' = —C_2H_5$	长效
苯巴比妥：	$R' = —C_2H_5$，$R'' = C_6H_5—$	长效
异戊巴比妥：	$R' = —C_2H_5$，$R'' = —CH_2CH_2CH(CH_3)_2$	中效

习　题

1. 比较下列两组化合物的酸性大小：

(1) a. 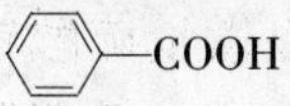 b.  c. 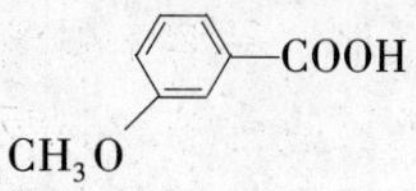

(2) a. CH_3CH_2COOH　b. $CH_2=CHCOOH$　c. $HC\equiv CCOOH$

2. 比较下列两组化合物酯化反应速率的大小：

(1) a. CH_3COOH　b. CH_3CH_2COOH　c. $(CH_3)_3CCOOH$　d. $(C_2H_5)_3CCOOH$

(2) a. CH_3OH　b. CH_3CH_2OH　c. $(CH_3)_2CHOH$　d. $(CH_3)_3COH$

3. 比较下列两组化合物发生水解反应的速率大小：

(1) a. $CH_3CO_2CH_3$　b. $CH_3COOC_2H_5$　c. $CH_3COOCH(CH_3)_2$　d. $CH_3COOC(CH_3)_3$

(2) a. 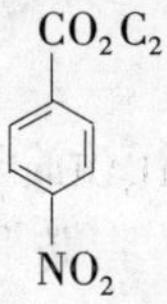 b. 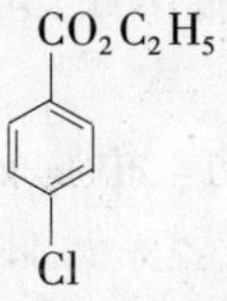 c. 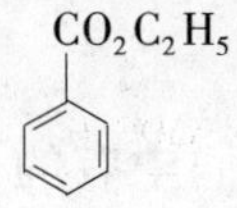 d. 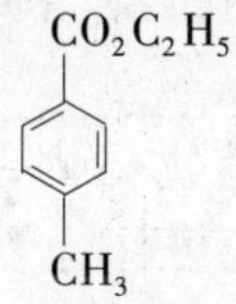 e. 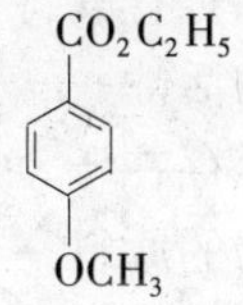

4. 下列化合物进行脱羧反应活性最大的是（　　）。

a. 丁酸　b. β－丁酮酸　c. α－丁酮酸　d. 丁二酸

5. 下列化合物沸点最高者为（　　）。

a. 乙醇　b. 乙酸　c. 乙酸乙酯　d. 乙酰胺

6. 鉴别下列化合物：

a. 甲酸　b. 草酸　c. 丙二酸　d. 丁二酸

7. 用化学方法分离下列化合物：

a. 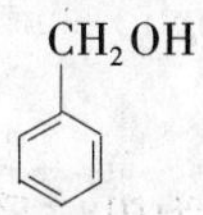 b. 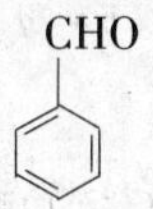 c. 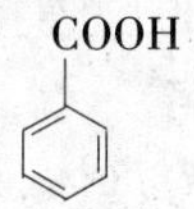

8. 写出下列反应的机理：

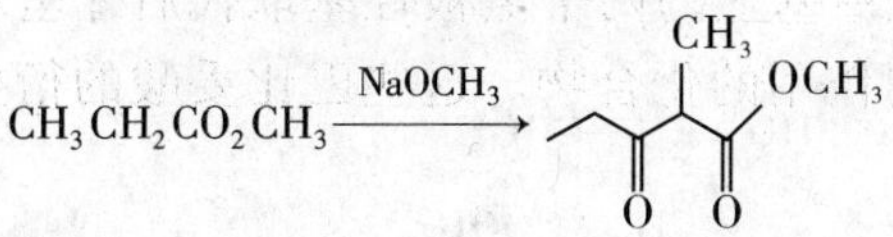

9. 由 $CH_3COCH_2CH_2CBr(CH_3)_2$ 合成 $CH_3COCH_2CH_2C(CH_3)_2COOH$。

10. 有两个二元酸 A 和 B，分子式都是 $C_5H_6O_4$。A 是不饱和酸，很容易脱羧而生成 C，C 的分子式为 $C_4H_6O_2$。A 和 C 都没有顺反异构体和旋光异构体。B 是饱和酸，不易脱羧，有顺反异构体和旋光异构体。写出 A、B、C 的所有结构式。

第 10 章　羟基酸和酮酸

羧酸分子中烃基上的氢原子被其他原子或原子团取代所形成的化合物称为取代羧酸（substituted carboxylic acid）。根据取代基的种类不同，取代羧酸可分为卤代羧酸（halogen acid）、羟基酸（hydroxy acid）、羰基酸（carbonyl acid）以及氨基酸（amino acid）等几类；羟基酸又可分为醇酸（alcoholic acid）和酚酸（phenolic acid），羰基酸又可分为醛酸（aldehyde acid）和酮酸（keto acid）。

取代羧酸分子中除含羧基外，还含其他官能团，因此它是一类具有复合官能团的化合物。各官能团除具有其特有的典型性质外，由于不同官能团之间的相互影响，还具有某些特殊反应和生物活性。

羟基酸广泛存在于动、植物体内，它们中有的是动、植物体内进行生命活动的物质，有的是合成药物的原料，有的可作为食品的调味剂。酮酸是人体内糖、脂肪和蛋白质等代谢过程中的中间产物。因此在有机合成及生物代谢中，羟基酸和酮酸都是极其重要的化合物。

10.1　羟基酸的结构和命名

羟基酸是分子中既含有羟基又含羧基两种官能团的化合物。羟基连接在脂肪烃基上的羟基酸称为醇酸（alcoholic acid），连接在芳环上的羟基酸称为酚酸（phenolic acid）。一些来自自然界的羟基酸多采用俗名。

醇酸的系统命名：以羧酸为母体，羟基为取代基，并用阿拉伯数字或希腊字母 α、β、γ 等标明羟基的位置。例如：

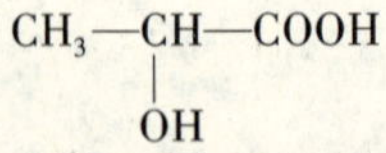

α-羟基丙酸(2-羟基丙酸)

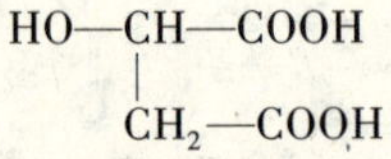

羟基丁二酸

酚酸的命名：以芳香酸为母体，标明羟基在芳环上的位置。例如：

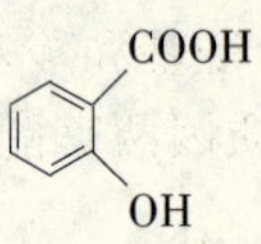

邻-羟基苯甲酸

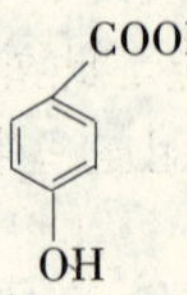

间-羟基苯甲酸

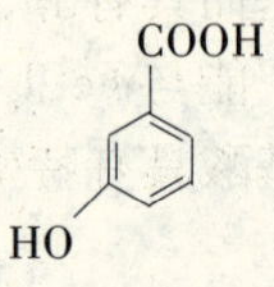

对-羟基苯甲酸

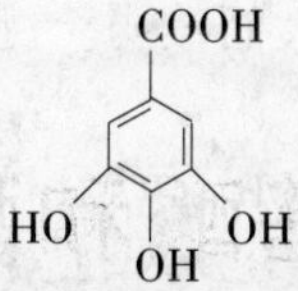

3，4，5 - 三羟基苯甲酸

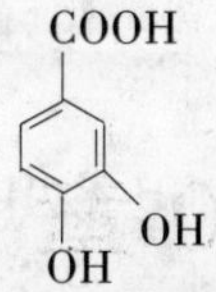

3，4 - 二羟基苯甲酸

[问题 10 - 1]　写出下列化合物的结构式：

(1) β - 羟基丁酸　(2) (2R，3R) - 酒石酸　(3) 水杨酸甲酯

(4) 苹果酸　(5) 乙酰水杨酸　(6) 对 - 氨基水杨酸

10.2　羟基酸的物理性质

醇酸在常温下多为晶体或黏稠的液体，熔点比相同碳原子数的羧酸高。由于分子中羟基和羧基都易溶于水，因此醇酸在水中的溶解度较相应碳原子数的醇和羧酸大，多数醇酸具有旋光性。酚酸都是晶体，有的微溶于水，有的易溶于水，多以盐、酯或糖苷的形式存在于植物中。重要羟基酸的物理性质见表 10 - 1 所示。

表 10 - 1　重要羟基酸的物理性质

名　称	熔点/℃	比旋光度 $[\alpha]_D^t$	溶解度/g	pK_a（℃）
(±) - 乳酸	18	0	∞	3.87（25）
(±) - 苹果酸	128.5	0	144	3.40*（25）
meso - 酒石酸	146 ~ 148	0	140	3.11*（25）
(±) - 酒石酸	206	0	206	2.96*（25）
柠檬酸	153		133	3.15*（25）
水杨酸	159		微溶于冷水，易溶于热水	2.98

注：* 为 pK_1 值。

10.3　羟基酸的化学性质

羟基酸因分子中含有羧基而具有羧酸的典型反应，如酸性，可与碱成盐、与醇成酯反应等；分子中含有羟基而具有醇、酚的典型反应，如醇羟基可以被氧化、酯化和酰化反应等；酚羟基有弱酸性，能与 $FeCl_3$ 呈颜色反应。此外，由于羟基和羧基共存于同一分子中，两者相互影响而使羟基酸具有特殊性质，而且这些特殊性质因两官能团的相对位置不同又表现出明显的差异。

10.3.1　酸　性

由于羟基的吸电子效应，使醇酸的酸性强于相应的羧酸。因为诱导效应随碳链增长而

迅速减弱，故醇酸的酸性随羟基与羧基的距离增大而减弱。例如：

$$HOCH_2COOH > CH_3CH(OH)COOH > HOCH_2CH_2COOH > CH_3COOH$$

$$pK_a \quad 3.83 \quad 3.87 \quad 4.51 \quad 4.76$$

酚酸与相应母体芳香酸比较，其酸性随羟基与羧基的相对位置不同而表现出明显的差异。酚酸的酸性受诱导效应、共轭效应和邻位效应等因素的影响。例如：

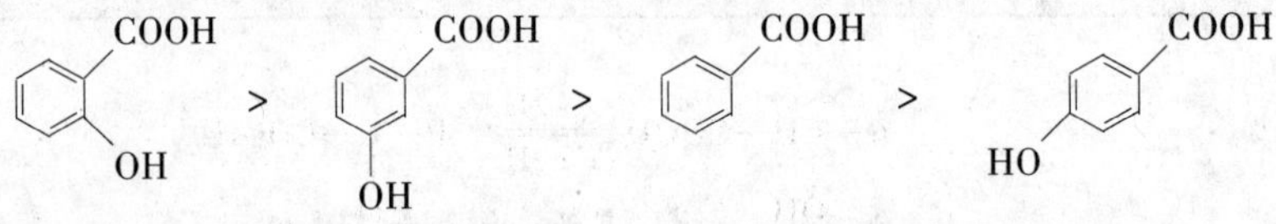

$$pK_a \quad 3.00 \quad 4.12 \quad 4.17 \quad 4.54$$

在上述各化合物中，水杨酸的酸性最强。这是因为羟基处于羧基邻位，由于空间拥挤，使羧基不能与苯环共平面，削弱了羧基与苯环之间的 p—π 共轭效应，减小了苯环上 π 电子云向羧基的偏移，使羧基氢原子较易离解，形成稳定的羧酸根负离子，这种现象称为邻位效应。此外，羟基与羧基能形成分子内氢键，增加了羧基中氧氢键的极性，有利于氢离解，离解后的羧基负离子与酚羟基也能形成氢键，使这个负离子更加稳定，不易再与解离出的 H^+ 结合，因此其酸性比苯甲酸强。

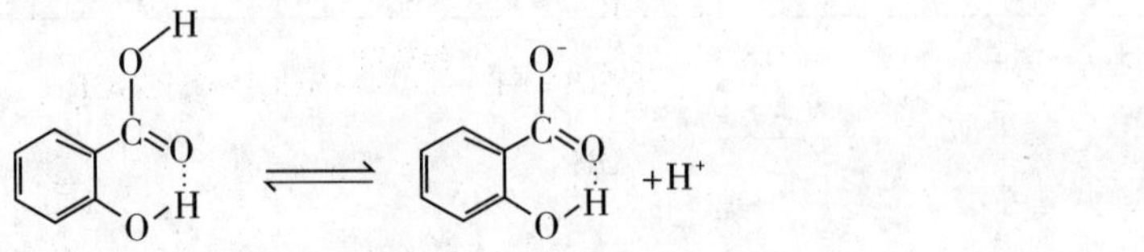

水杨酸　　　　水杨酸负离子

间-羟基苯甲酸不能形成分子内氢键，羟基在间位主要以吸电子诱导效应为主，由于羟基与羧基之间间隔了三个碳原子，作用较小，其酸性较苯甲酸略微增强。

在对-羟基苯甲酸分子中，由于羟基氧原子与苯环的 p—π 共轭效应大于其吸电子诱导效应，使羧基负离子稳定性降低，因此其酸性比苯甲酸弱。

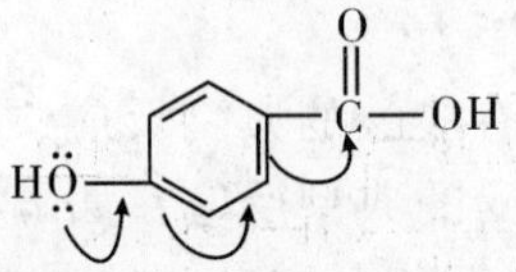

10.3.2 醇酸的氧化反应

α-醇酸分子中的羟基因受羧基吸电子效应的影响，比醇分子中的羟基易被氧化。如稀硝酸一般不能氧化醇，却能氧化醇酸生成醛酸、酮酸或二元酸。托伦试剂不与醇反应，却能将 α-羟基酸氧化成 α-酮酸。例如：

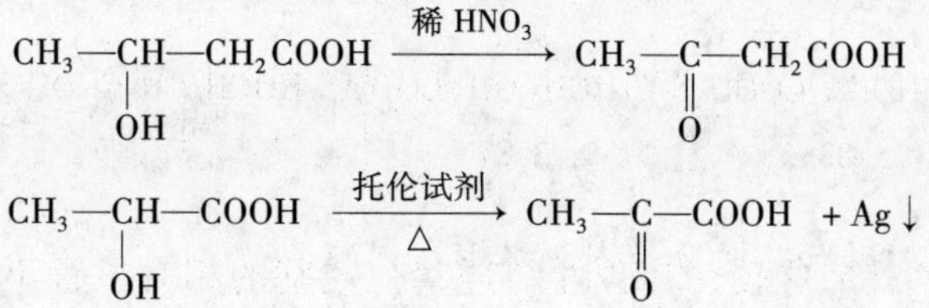

醇酸在体内的氧化通常是在酶催化下进行的。

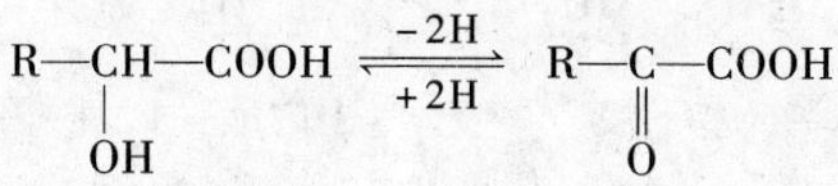

10.3.3　α－醇酸的分解反应

α－醇酸与稀硫酸共热时，由于羟基和羧基都有－I 效应，使羧基和羟基之间的电子云密度降低，有利于键的断裂，生成一分子醛或酮和一分子甲酸。例如：

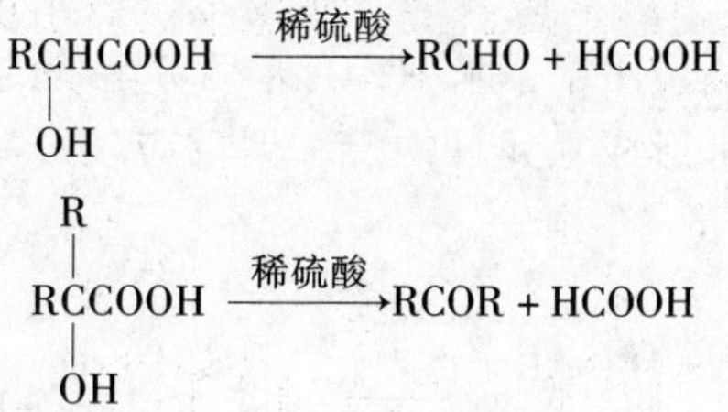

10.3.4　醇酸的脱水反应

醇酸分子中，由于羧基和羟基之间的相互影响，使其对热较敏感，加热时很容易脱水。脱水的方式随着羟基与羧基位置的不同而有所差异，生成不同的产物。

1. α－醇酸加热时分子间脱水生成交酯

α－醇酸加热时，两分子相互酯化，发生分子间的交叉脱水反应，生成六元环的交酯(lactide)。

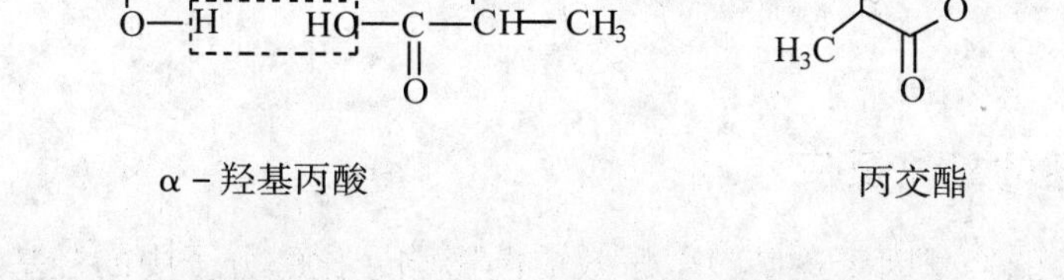

α－羟基丙酸　　丙交酯

交酯多为结晶物质，与其他酯类一样，与酸或碱的水溶液共热时，易水解成原来的醇酸。醇酸加热时分子内脱水生成不饱和羧酸。

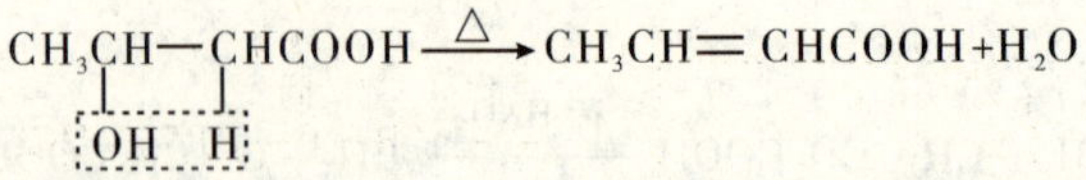

羟基丁酸　　　　　　　　丁烯酸

2. γ－醇酸和δ－醇酸加热时分子内脱水形成内酯

γ－醇酸易发生分子内脱水，室温下失水形成稳定的五元环内酯（lactone）。例如：

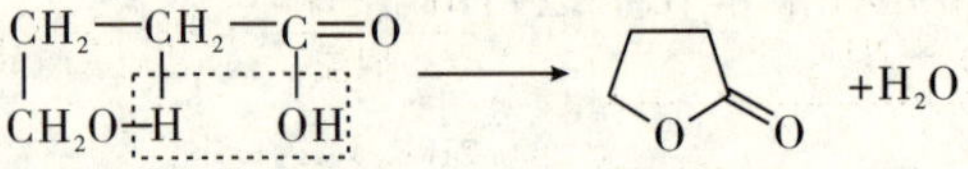

γ－羟基丁酸　　　　γ－丁内酯（1，4－丁内酯）

因此游离的γ－醇酸很难存在，通常以盐的形式保存γ－醇酸。例如：

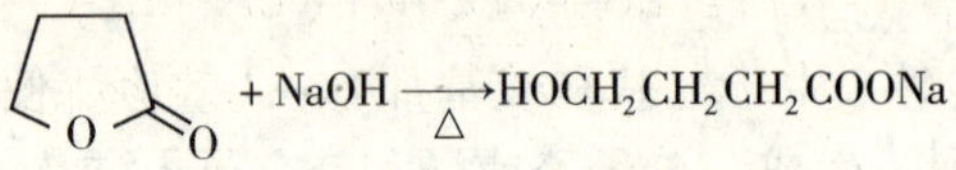

γ－羟基丁酸钠

γ－羟基丁酸钠有麻醉作用，用于手术中，有术后苏醒快的优点。

δ－醇酸加热时分子内脱水形成六元环内酯，但反应较γ－醇酸难。形成的δ－戊内酯在室温下即可水解开环。

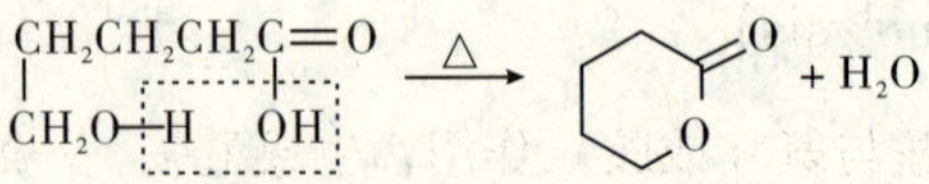

δ－羟基戊酸　　　　δ－戊内酯

[问题 10－2]　完成下列反应式：

(1) 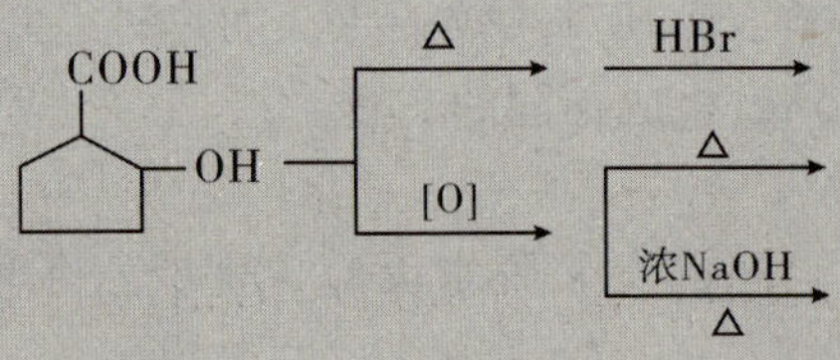

(2) 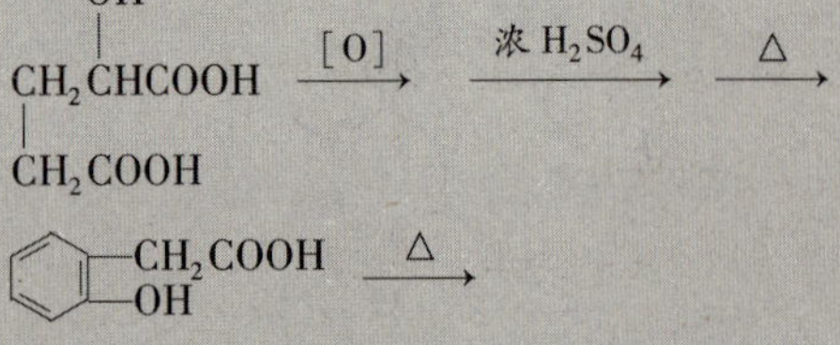

(3) 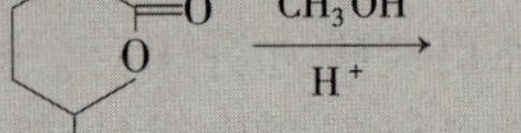

(4) 

10.4　乙酰乙酸乙酯和丙二酸二乙酯

10.4.1　乙酰乙酸乙酯

乙酰乙酸乙酯又称为 β－丁酮酸乙酯（ethyl acetoacetate）。由于 β－丁酮酸不稳定，因此不能直接与醇成酯，常由乙酸乙酯在乙醇钠的作用下脱醇缩合而成：

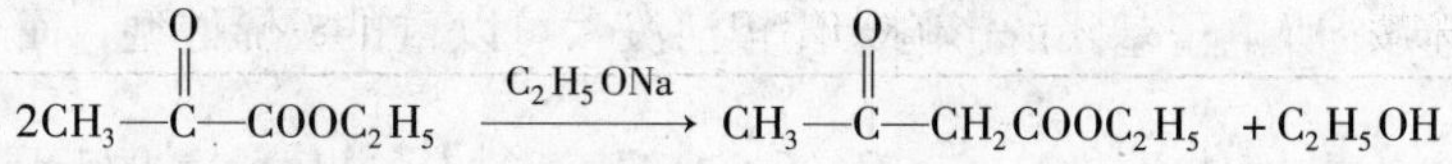

1. 酮式和烯醇式结构互变

实验证明，在常温下，乙酰乙酸乙酯的化学性质比较特殊。若将乙酰乙酸乙酯溶于石油醚中，冷至－78 ℃，得到熔点为－39 ℃的无色晶体，此晶体与羟氨反应生成肟，与 2，4－二硝基苯肼反应生成黄色的 2，4－二硝基苯腙，能与 HCN、$NaHSO_3$ 加成，与 I_2/NaOH 发生碘仿反应，这说明其分子中具有甲基酮的结构，经测定其结构为：

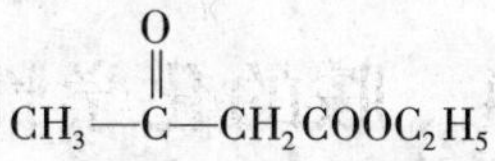

若将乙酰乙酸乙酯与金属钠反应后，冷至－78 ℃，通入过量干 HCl 气体，得到一油状液体，此液体与金属钠反应放出氢气，与 $FeCl_3$ 呈紫红色反应，能使溴水褪色，这说明其分子中具有烯醇型结构，经测定其结构为：

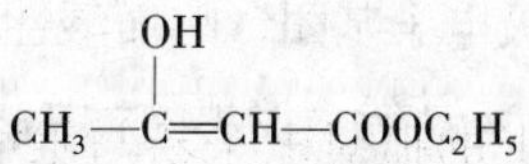

若将烯醇型结构在室温下放置一段时间，它可表现出酮型和烯醇型的双重性质；若将酮型结构在室温下放置一段时间，它也表现出酮型和烯醇型的双重性质。在乙酰乙酸乙酯中加入溴水，烯醇型结构立即与溴水作用而使溴水的红棕色消失。

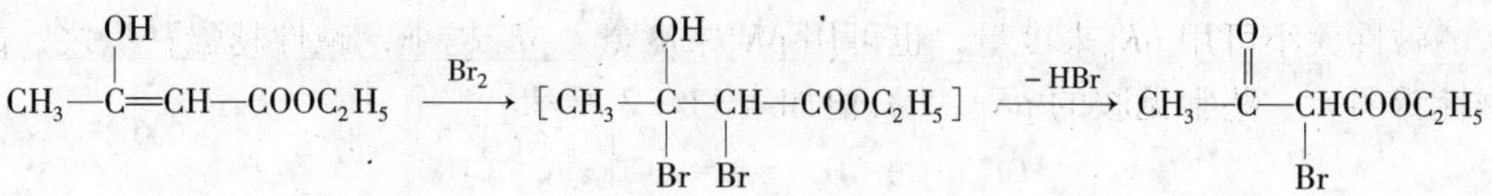

此时，加入三氯化铁溶液不显色，但不久后出现紫色；若再加入溴水，可观察到紫色消失，可不久又出现紫色，这表明乙酰乙酸乙酯在通常情况下不是单一的物质，而是酮型和烯醇型异构体的混合物，在室温下两种异构体之间可以相互自动转变而处于动态平衡状态。

$$\underset{\text{酮式(93\%)}}{CH_3-\overset{\overset{\displaystyle O}{\|}}{C}-CH_2COOC_2H_5} \rightleftharpoons \underset{\text{烯醇式(7\%)}}{CH_3-\overset{\overset{\displaystyle OH}{|}}{C}=CH-COOC_2H_5}$$

两种或两种以上的异构体能相互自动转变，而处于动态平衡体系的现象称为互变异构现象（tautomerism)，具有互变异构关系的各异构体也称为互变异构体。酮型和烯醇式两种异构体之间的互变异构现象称为酮型—烯醇式互变异构现象。

常温下，乙酰乙酸乙酯两种互变异构体互变速度很快，不可能将它们分离开。乙酰乙酸乙酯之所以存在酮型—烯醇型互变异构，主要是因为乙酰乙酸乙酯分子中亚甲基上的氢原子（双重 α－H）受两个吸电子基团的影响，比较活泼，可以重排成烯醇型，而且形成烯醇式后，因分子中存在 π—π 共轭体系“ $\overset{|}{-C}=\overset{|}{C}-\overset{|}{C}=O$ ”，增加了共轭体系的范围和强度，其分子的内能明显降低，加之该烯醇式通过氢键形成六元螯环，也使烯醇型稳定性增加。

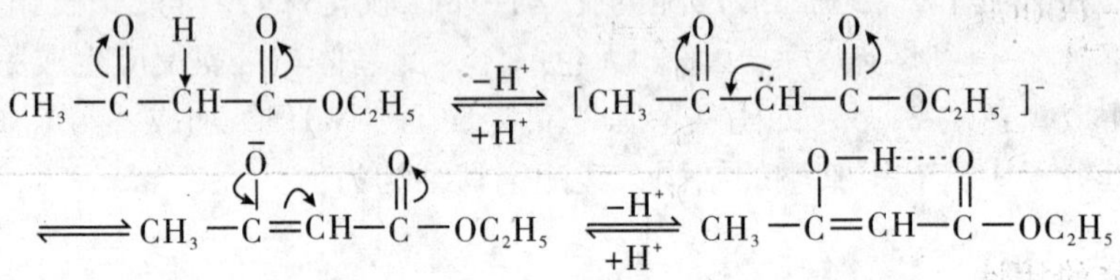

互变异构现象是有机化合物中比较普遍存在的现象。从理论上讲，凡具有 $-\overset{\overset{\displaystyle H}{|}}{\underset{|}{C}}-\overset{\overset{\displaystyle O}{\|}}{C}$ 基本结构的化合物都可能有酮式和烯醇式两种互变异构体存在。但是由于化合物结构的差异，烯醇式—酮式所占比例亦不同。互变异构的趋势会随着 α－H 的质子化程度及烯醇式异构体的稳定性不同而相同。各种化合物酮式和烯醇式存在的比例大小主要取决于分子结构，要有明显的烯醇式存在，分子必须具备如下条件：

（1）分子中的亚甲基氢受两个吸电子基团影响而酸性增强。

（2）形成烯醇式后产生的双键应与羰基形成 π—π 共轭，使共轭体系有所扩大和加强，内能有所降低。

（3）烯醇式可形成分子内氢键，构成稳定性更大的环状螯合物。几种酮式—烯醇式互变异构体中烯醇式含量见表 10－2 所示：

表 10－2　几种酮式—烯醇式互变异构体中烯醇式的含量

化合物	互变异构平衡体	烯醇式含量（%）
丙酮	$CH_3-\overset{\overset{\displaystyle O}{\|}}{C}-CH_3 \rightleftharpoons CH_2=\overset{\overset{\displaystyle OH}{|}}{C}-CH_3$	0.000 25
乙酰乙酸乙酯	$CH_3COCH_2COOC_2H_5 \rightleftharpoons CH_3\overset{\overset{\displaystyle OH}{|}}{C}=CHCOOC_3H_5$	7.5

（续上表）

化合物	互变异构平衡体	烯醇式含量（%）
苯甲酰乙酰苯	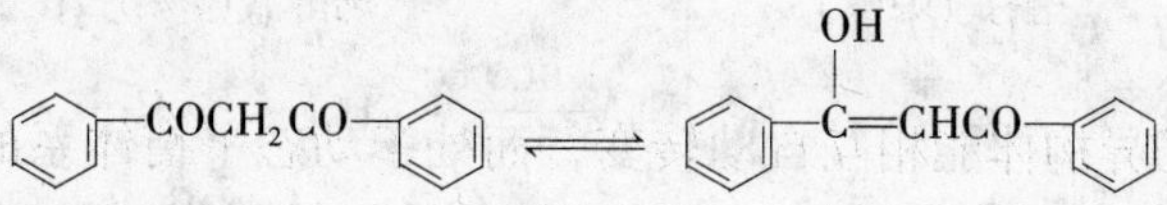	96.0

酮式和烯醇式互变异构体所占比例除分子结构影响外，也与溶剂、温度和浓度有关。一般讲非极性溶剂和高温有利于烯醇式的存在。

除乙酰乙酸乙酯外，某些糖和含氮化合物中，特别是酰亚胺类化合物中也存在互变异构现象。

［问题 10-3］　写出下列化合物稳定烯醇式结构。

（1）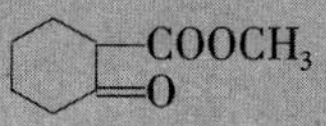　（2）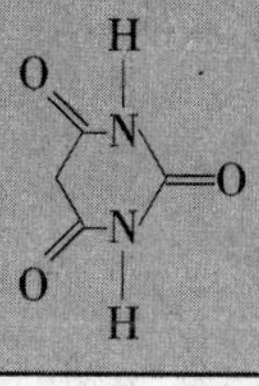

2. 亚甲基氢的活性

（1）酸性。由于乙酰乙酸乙酯的 α-C 原子上受到两个吸电子基（羰基和酯基）的作用，α-H 很活泼，具有一定的酸性，易与金属钠、乙醇钠作用形成钠盐。

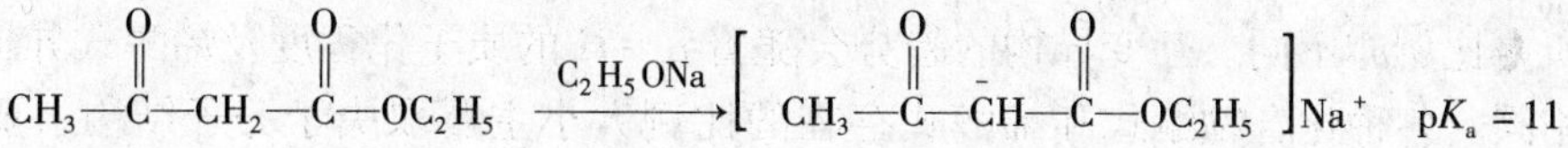

（2）钠盐的烷基化和酰基化。乙酰乙酸乙酯的钠盐与卤代烃、酰卤反应，生成烃基和酰基取代的乙酰乙酸乙酯。

烷基化：

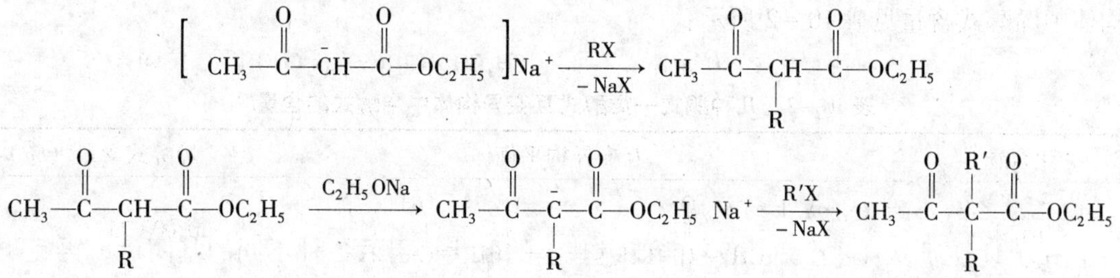

①R 最好用 1°、2°产量低，不能用 3°和乙烯式卤代烃；②二次引入时，第二次引入的 R′要比 R 活泼；③RX 也可是卤代酸酯和卤代酮。

酰基化：

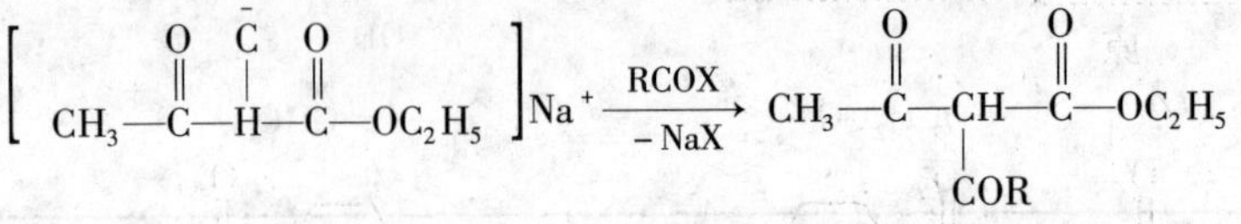

3. 酮式和酸式分解

（1）酮式分解。乙酰乙酸乙酯及其取代衍生物与稀碱作用，水解生成β－羰基酸，受热后脱羧生成甲基酮，故称为酮式分解。例如：

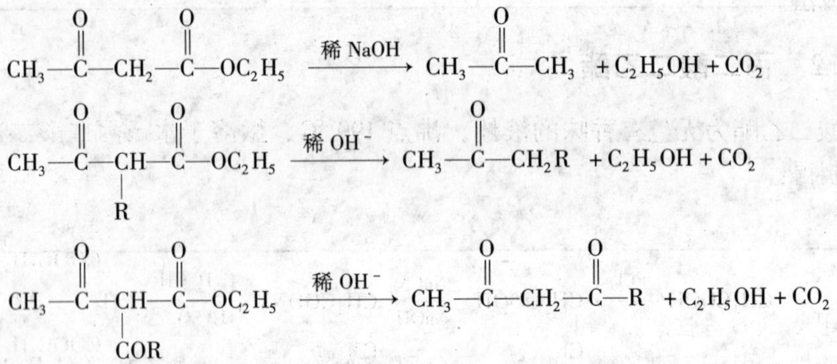

（2）酸式分解。乙酰乙酸乙酯及其取代衍生物在浓碱作用下，主要发生乙酰基的断裂，生成乙酸或取代乙酸，故称为酸式分解。例如：

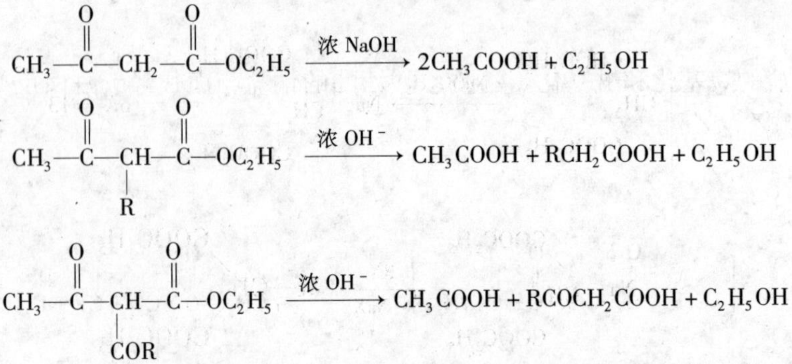

4. 乙酰乙酸乙酯在合成上的应用

由于上述性质，通过乙酰乙酸乙酯亚甲基上的取代，引入各种不同的基团后，再经酮式分解或酸式分解，就可以得到不同结构的酮或酸。

例1：合成 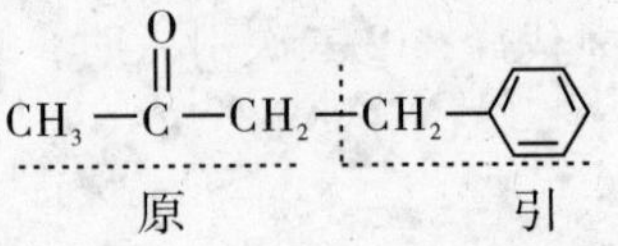 经结构分析，需引入 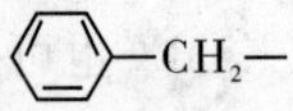

例 2：合成

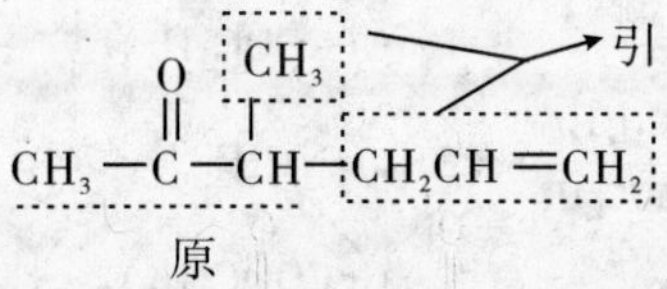

要分两次引入，先引入CH_3—
再引入—$CH_2CH=CH_2$

例 3：合成

乙酰乙酸乙酯合成法主要用其酮式分解制取酮，酸式分解制酸很少，制酸一般用丙二酸二乙酯合成法。

10.4.2　丙二酸二乙酯

丙二酸二乙酯为无色有香味的液体，沸点 199 ℃，微溶于水。丙二酸二乙酯可由乙酸经下列反应制得：

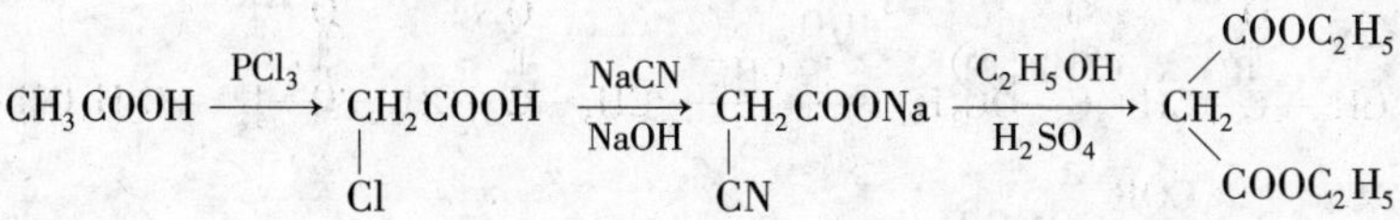

1. 酸性和烃基化

丙二酸二乙酯分子中亚甲基上的氢也呈酸性（pK_a 13），在碱作用下形成的负离子可与卤代烷发生亲核取代反应，即烷基化反应，生成一烷基或二烷基取代的丙二酸二乙酯。

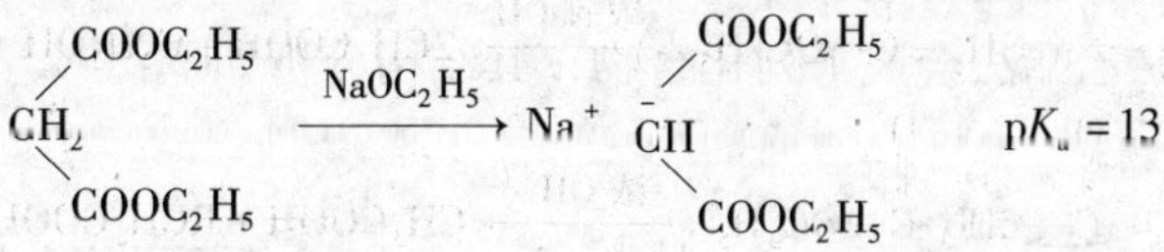

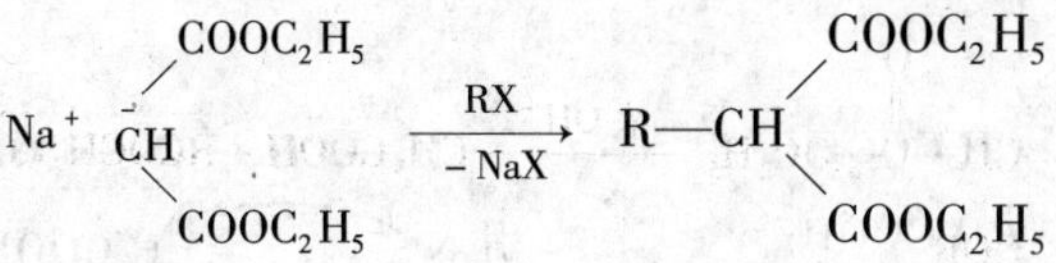

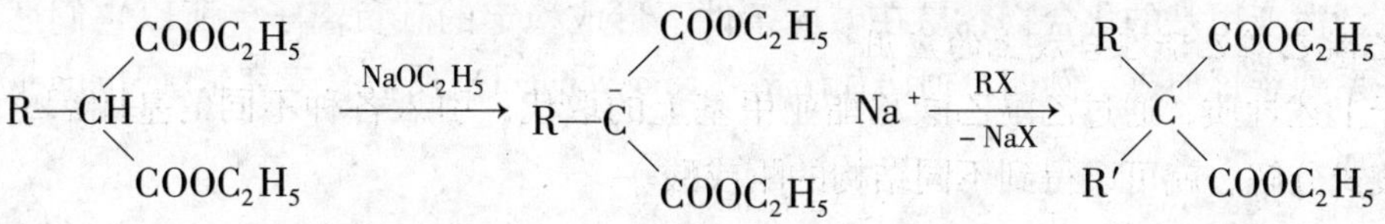

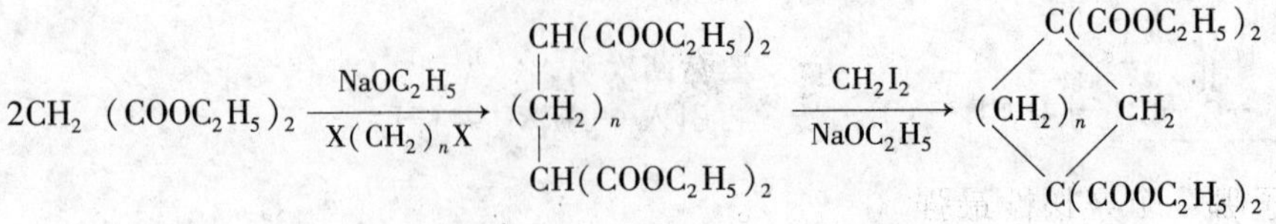

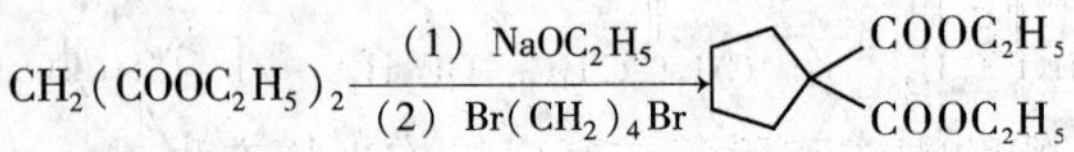

2. 水解脱羧

丙二酸二乙酯及其取代衍生物水解生成丙二酸，丙二酸不稳定，易脱羧成为羧酸。

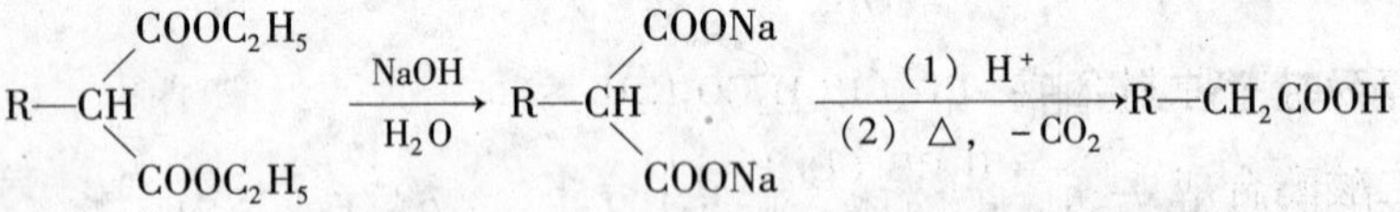

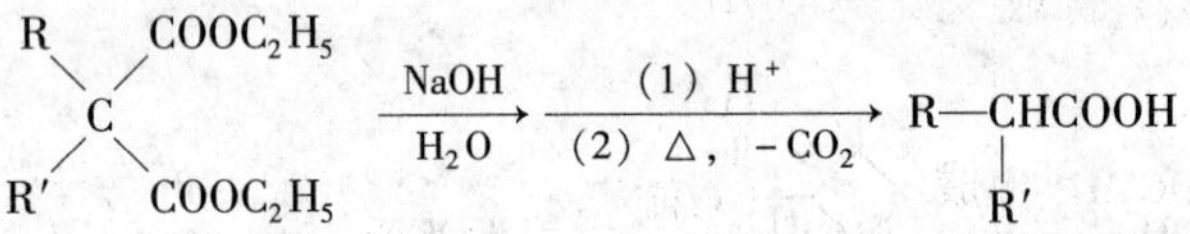

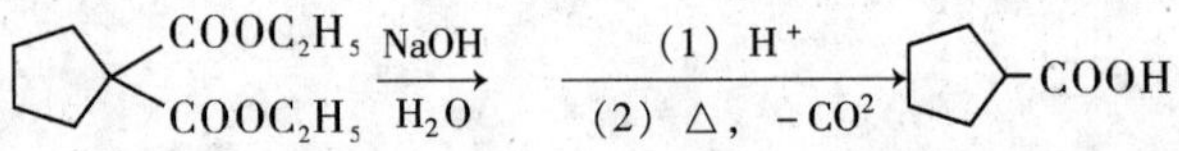

3. 有机合成中的用途

丙二酸二乙酯的上述性质在有机合成上广泛用于合成各种类型的羧酸（一取代乙酸，二取代乙酸、环烷基甲酸、二元羧酸等）。

例如，用丙二酸二乙酯法合成下列化合物，其结构分析如下：

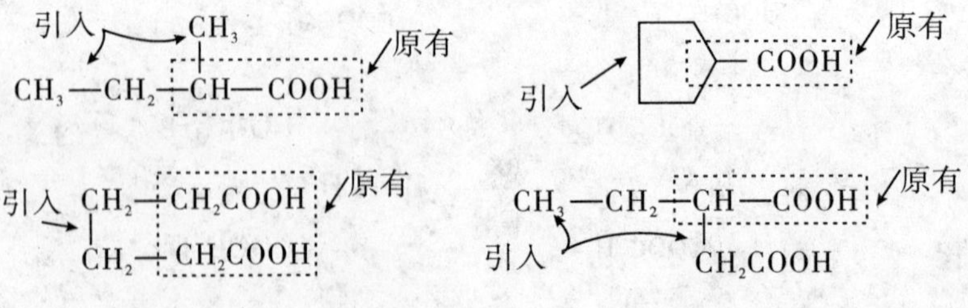

具有活泼亚甲基的化合物容易在碱性条件下形成稳定的碳负离子，所以它们还可以和羰基发生一系列亲核加成，例如，柯诺瓦诺格（Knoevenagel）反应、麦克尔（Michael）反应。

习　题

1. 下列负离子哪一个亲核性最强（　　）。

a. $NC\overset{\ominus}{C}HCHO$　b. $CH_3\overset{O}{\overset{\|}{C}}\overset{\ominus}{C}H_2$　c. $CH_3\overset{O}{\overset{\|}{C}}\overset{\ominus}{C}HC(=O)—OC_2H_5$　d. $\overset{\ominus}{C}H(CO_2C_2H_5)_2$

2. 写出乙酰乙酸乙酯的酮式和稀醇式互变异构平衡方程式。

3. 写出下列反应的机理：

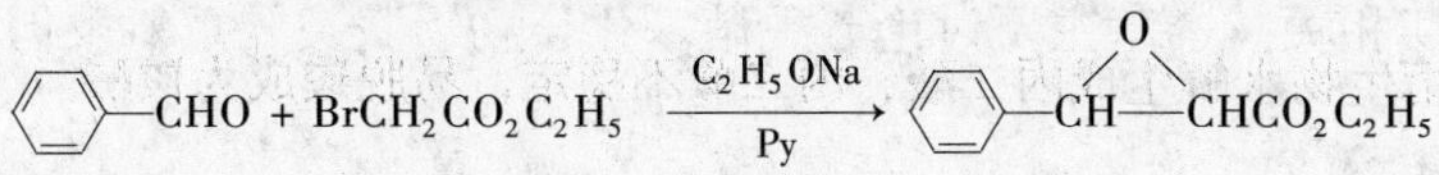

4. 以乙醇为唯一原料合成 $CH_3\overset{OH}{\overset{|}{C}}HCH_2CO_2C_2H_5$ 。

5. 由丙二酸酯合成 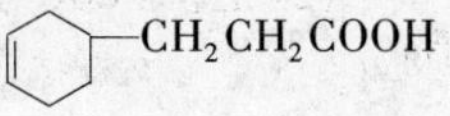 。

6. 由$CH_2(CO_2C_2H_5)_2$合成 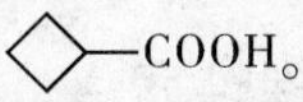。

7. 由 $CH_3\overset{O}{\overset{\|}{C}}CH_2\overset{O}{\overset{\|}{C}}OC_2H_5$ 合成 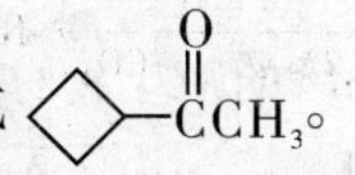。

第 11 章　有机含氮化合物

有机含氮化合物是指分子中氮原子和碳原子直接相连的有机化合物，也可看成是烃分子中的一个或几个氢原子被氮的官能团所取代的衍生物。这类化合物范围广，种类多，与生命活动和人类日常生活密切相关。本章主要讨论芳香硝基化合物、胺类、重氮及偶氮化合物。

11.1　硝基化合物的结构、命名及性质

11.1.1　硝基化合物的结构、命名及物理性质

烃分子中的一个或几个氢原子被硝基取代后的衍生物称为硝基化合物，硝基化合物一般写为 R—NO_2，Ar—NO_2，不能写成 R—ONO（R—ONO 表示硝酸酯）。

根据硝基连接的烃的不同，可分为脂肪族硝基化合物 R—NO_2 和芳香族硝基化合物 $ArNO_2$；根据硝基的数目可分为一硝基化合物和多硝基化合物。硝基化合物 Ar（R）—NO_2 与硝酸酯 Ar（R）—ONO 是同分异构体。

硝基一般表示为 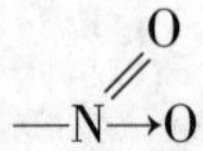（由一个 N ═O 和一个 N→O 配位键组成），根据杂化轨道理论，硝基中的氮原子是 sp^2 杂化的，它以三个 sp^2 杂化轨道与两个氧原子和一个碳原子形成三个共平面的 σ 键，未参与杂化的一对 p 电子所在的 p 轨道与每个氧原子的一个 p 轨道形成一个共轭 π 键体系。物理测试表明，两个 N—O 键键长相等，这说明硝基为一个 p—π 共轭体系。

N 原子是以 sp^2 杂化成键的，其结构表示如下：

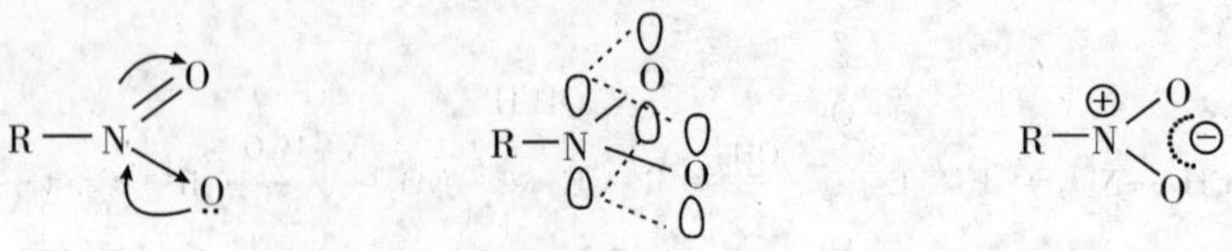

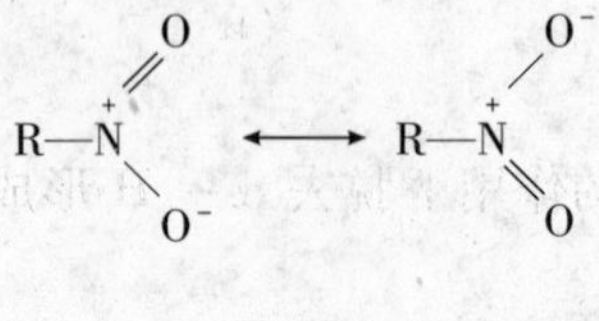

硝基化合物的命名与卤代烃相似，通常硝基作为取代基。例如：

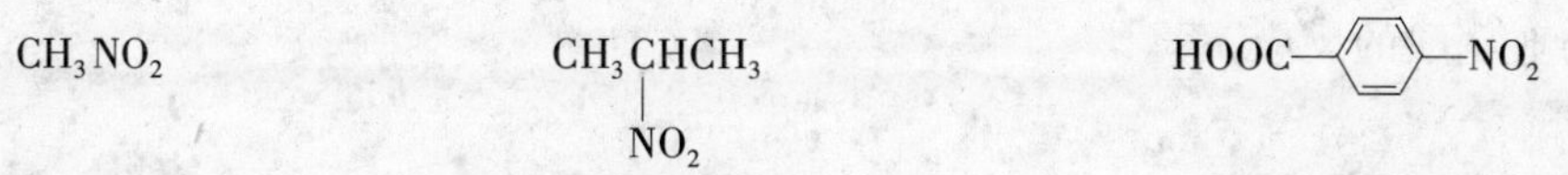

硝基甲烷　　　　2-硝基丙烷　　　　对硝基苯甲酸

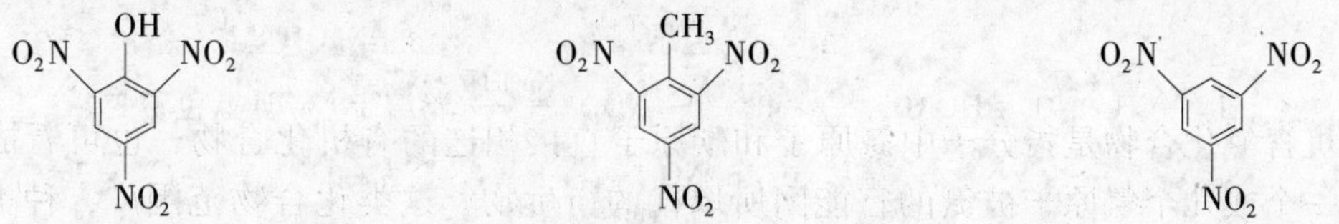

2，4，6-三硝基苯酚（苦味酸）　2，4，6-三硝基甲苯（TNT）　1，3，5-三硝基苯（TNB）

大部分芳香硝基化合物为淡黄色固体，有的还具有苦杏仁气味，一般难溶于水，易溶于有机溶剂。硝基化合物的偶极矩较大，沸点比相应的卤代烃高，多硝基化合物具有爆炸性，液体硝基化合物是良好的有机溶剂，有毒性，能透过皮肤被吸收，能和血液中的血红蛋白作用，严重时可以致死。

11.1.2　硝基化合物的化学性质

1. 脂肪族硝基化合物的化学性质

（1）还原。在强烈的条件下，硝基化合物可被还原成相应的胺。

（2）酸性。硝基为强吸电子基，能活泼 α-H，所以有 α-H 的硝基化合物能产生假酸式—酸式互变异构，从而具有一定的酸性。

例如，硝基甲烷、硝基乙烷、硝基丙烷的 pK_a 值分别为：10.2、8.5、7.8 。

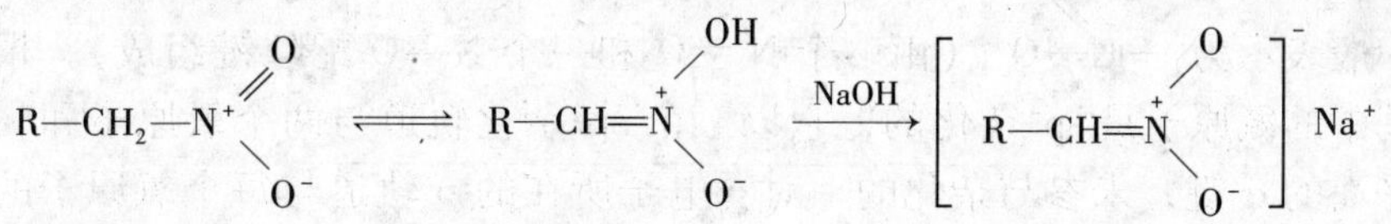

假酸式（主）　　　酸式（较少）

（3）与羰基化合物缩合。有 α-H 的硝基化合物在碱性条件下能与某些羰基化合物起缩合反应。

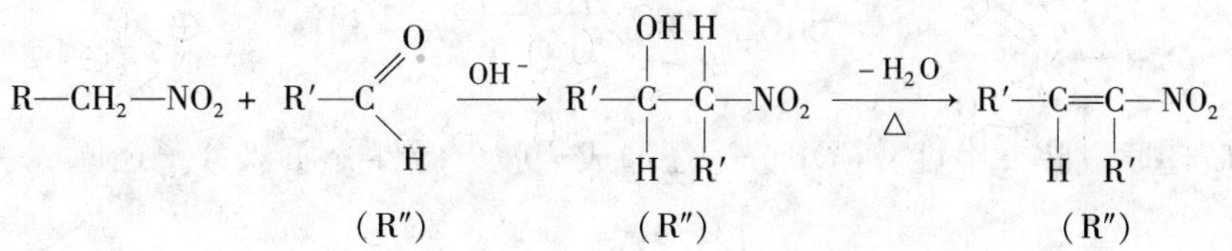

其缩合过程是：硝基烷在碱的作用下脱去 α- H 形成碳负离子，碳负离子再与羰基化合物发生缩合反应。

（4）与亚硝酸的反应。

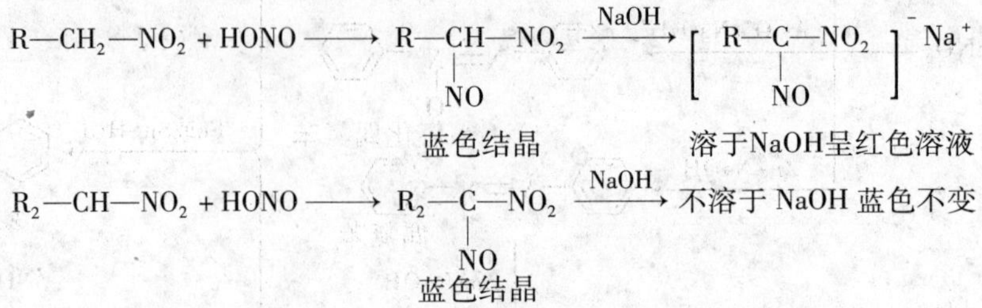

第三硝基烷与亚硝酸不起反应。此性质可用于区别三类硝基化合物。

2. 芳香族硝基化合物的化学性质

（1）还原反应。硝基苯在酸性（常用盐酸、硫酸或醋酸）条件下用 Zn 或 Fe 为还原剂还原，其最终产物是伯胺。

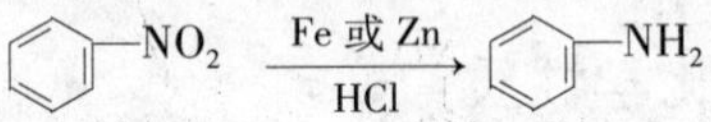

上述反应的中间产物是亚硝基苯及苯基羟胺，但它们比硝基苯更容易还原，所以不易分离出来，会最终还原为氨基。以硝基苯为例，其还原过程如下：

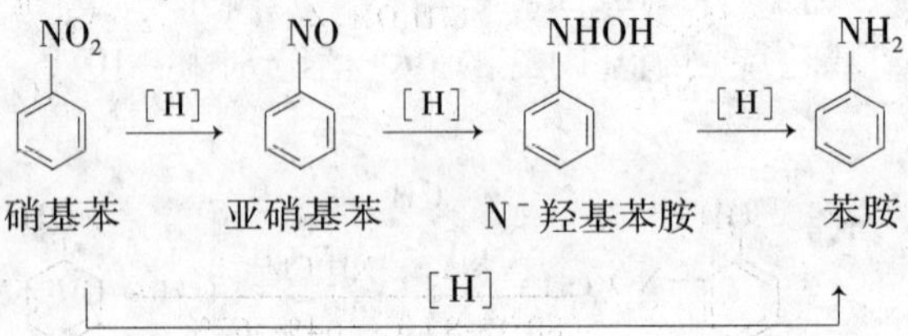

若选用适当的还原剂，可使硝基苯还原成各种不同的中间还原产物，若以二氯化锡为还原剂，还可以选择性地还原硝基，避免醛基的还原，例如：

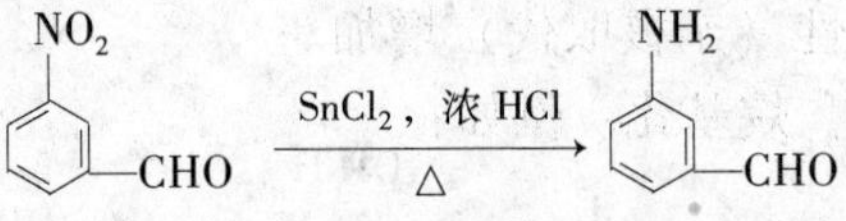

酸性介质还原成胺，中性介质单分子还原成羟胺，碱性介质双分子还原成一系列物质，例如：

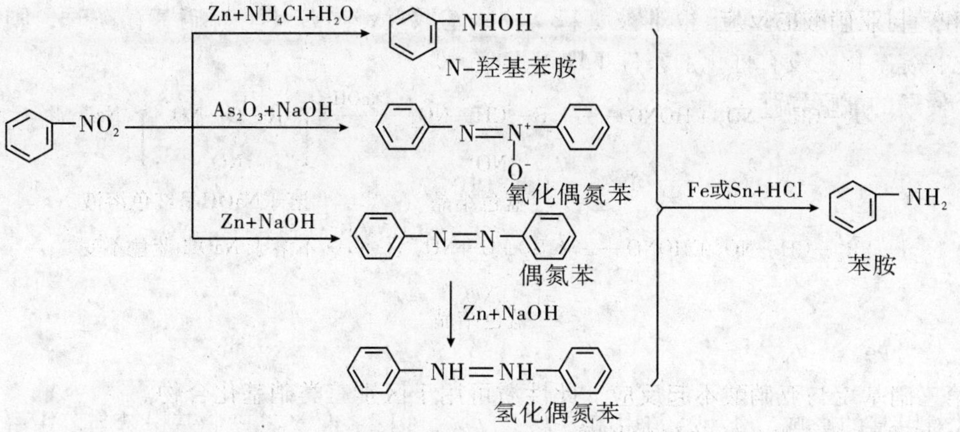

选择硫化物可选择性地还原硝基，例如：

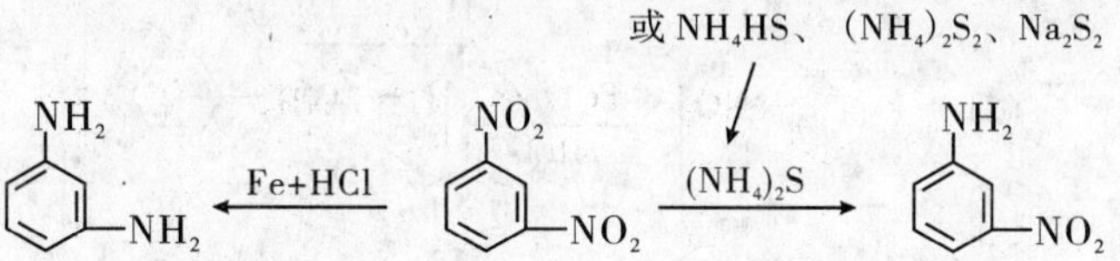

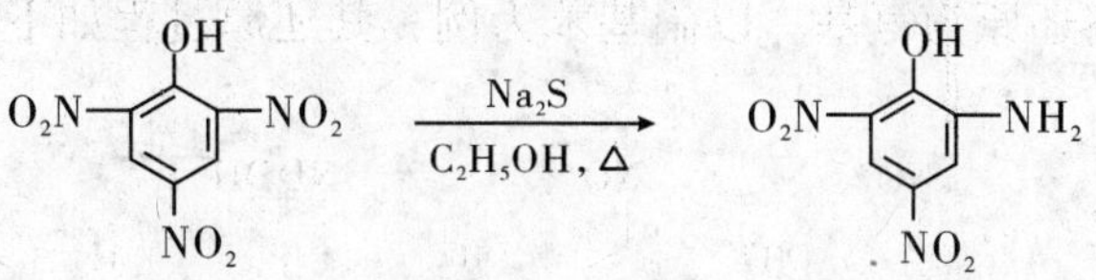

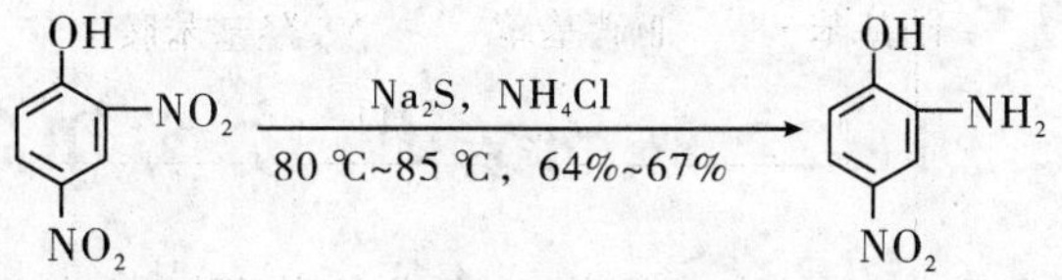

（2）硝基对苯环上其他基团的影响。硝基同苯环相连后，对苯环呈现出强的吸电子诱导效应和吸电子共轭效应，使苯环上的电子云密度大为降低，亲电取代反应变得困难，但硝基可使邻位基团的反应活性（亲核取代）增加。

①使卤苯易水解、氨解、烷基化。例如：

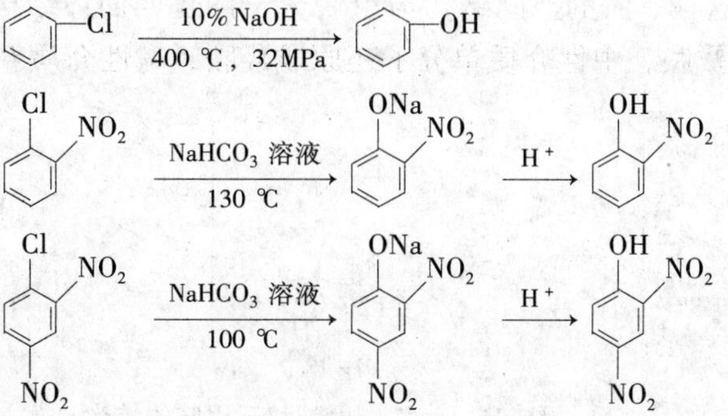

卤素直接连接在苯环上很难被氨基、烷氧基取代，当苯环上有硝基存在时，则卤代苯的氨化、烷基化在没有催化剂条件下即可发生。

②使酚的酸性增强。

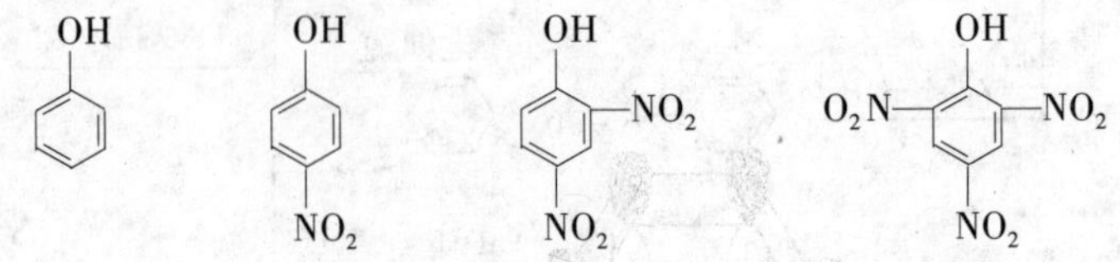

pK_a	9.89	7.15	4.09	0.38

③对甲基的影响。苯甲醛与甲苯不发生反应，但2，4，6-三硝基甲苯与苯甲醛能发生缩合反应，因为三个硝基的强吸电子导致苯环上甲基具有较强的酸性所致。

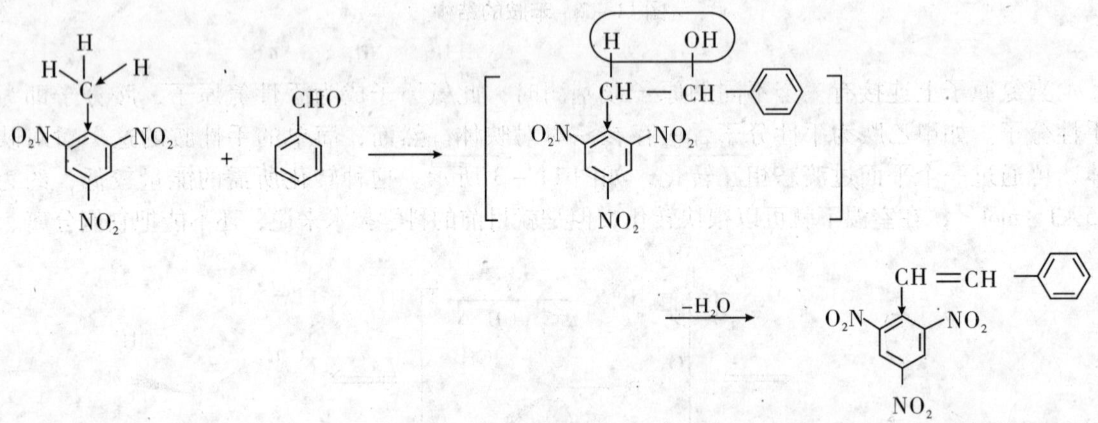

11.2 胺的结构、分类和命名

11.2.1 胺的结构

氮原子的电子构型是 $1s^22s^22p^3$，最外层有三个未成对电子，占据着3个2p轨道，氨和胺分子中的氮原子为不等性的 sp^3 杂化，其中三个 sp^3 杂化轨道分别与三个氢原子或碳原子形成三个σ键，氮原子上的另一个 sp^3 杂化轨道被一对孤对电子占据，位于棱锥形的顶端，类似第四个基团。这样，胺的空间结构与甲烷分子的正四面体结构相类似，氮在四面体的中心。如图11-1所示。

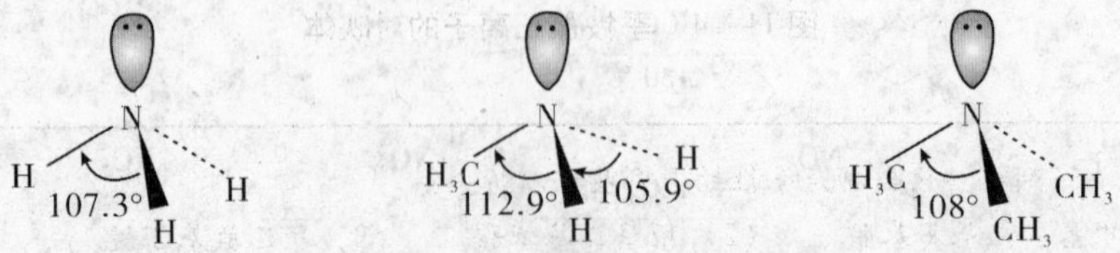

图11-1 胺、甲胺和三甲胺的结构

苯胺分子中，氨基的结构虽然与胺的结构相似，但未共用电子对所占杂化轨道的 p 成分要比胺多。因此，苯胺氮原子上的未共用电子对所在的轨道与苯环上的 p 轨道虽不完全平行，但仍可与苯环的 π 轨道形成一定的共轭。苯胺分子中氮原子仍稍现棱锥形结构，H—N—H 键角 113.9°，较胺中 H—N—H 键角（107.3°）大，H—N—H 平面与苯环平面的夹角为 39.4°，如：

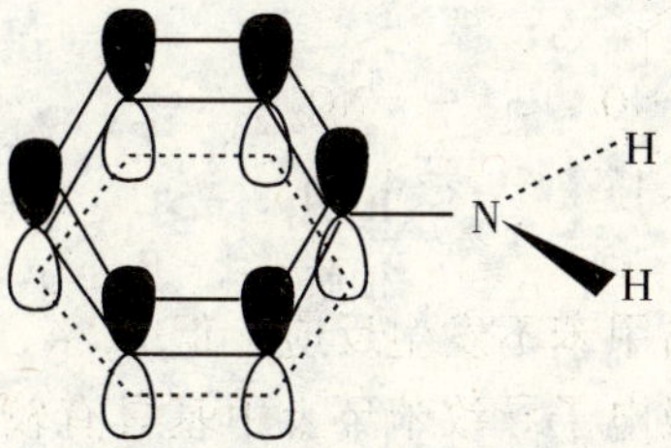

图 11－2　苯胺的结构

当氮原子上连接有三个不同的原子或基团时，此氮原子成为手性氮原子，胺分子即为手性分子。如甲乙胺为手性分子，应存在一对对映体。然而，简单的手性胺的这一对对映体，可通过一个平面过渡态相互转化，如图 11－3 所示。这种转化所需的能量较低，约为 25 kJ · mol^{-1}，在室温下就可以很快转化，但是就目前的科学技术来说，还不能把它们分离。

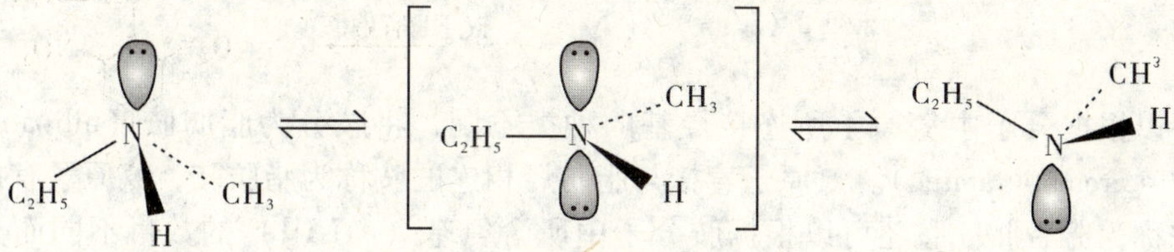

图 11－3　甲乙胺对映体的转化

季铵盐或季铵碱中的氮原子四个 sp^3 杂化轨道都用于成键，氮的转化不易发生，如果氮上的四个基团不同，则该分子具有手性，并能分离出比较稳定的、具有光学活性的对映体。例如下列化合物就可以进行拆分：

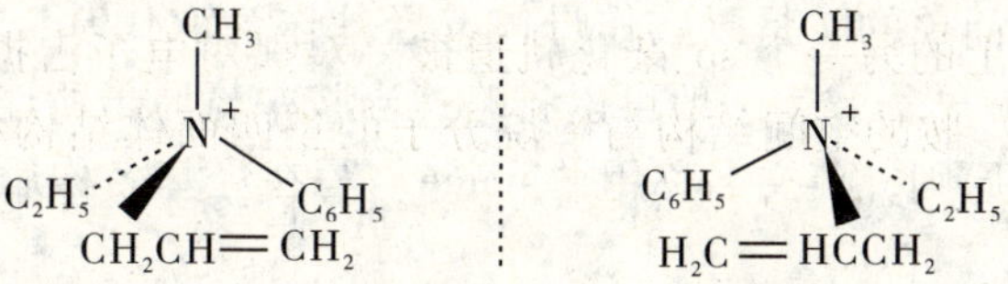

图 11－4　季铵盐正离子的对映体

［问题 11－1］　下列哪些化合物是手性的，哪些可以拆分？
（1）溴化甲基二乙基苯基胺　（2）甲基乙基苯胺　（3）甲乙氨基丁烷

11.2.2 分类和命名

胺可以看作是氨（NH_3）分子中的氢原子被烃基取代的衍生物，正如醇、醚是水的衍生物一样。根据氨分子中一个、两个或三个氢原子被烃基取代的情况，将胺分为伯胺（1°胺）、仲胺（2°胺）、叔胺（3°胺）。铵离子（NH_4^+）中氮原子所连接的四个氢原子被烃基取代所形成的化合物称为季铵盐。季铵盐分子中的酸根离子被“OH^-”取代而成的化合物，叫季铵碱。

NH_3 氨	RNH_2 伯胺	R_2NH 仲胺
R_3N 叔胺	$[R_4N]^+X^-$ 季铵盐	$[R_4N]^+OH^-$ 季铵碱

应该注意：伯、仲、叔胺中的伯、仲、叔的含义与卤代烃和醇中的不同。例如：

叔丁醇（叔醇）　　叔丁胺（伯胺）

也可以根据分子中氮原子所连接烃基的种类不同，将胺分为脂肪胺（allipatic amine）和芳香胺（aromatic amine）。氮原子直接与脂肪烃相连的胺称为脂肪胺，氮原子直接与芳环相连的胺称为芳香胺。胺还可以根据胺分子中所含氨基（$—NH_2$）的数目不同而分为一元胺、二元胺、多元胺。例如：

$CH_3CH_2NH_2$　一元胺

$H_2NCH_2CH_2NH_2$　二元胺

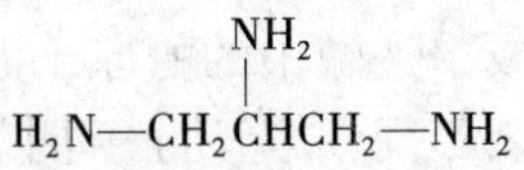

多元胺

胺的命名有两种：简单的胺是以胺作母体，烃基作为取代基，命名时将烃基的名称和数目写在母体胺的前面，“基”字一般可以省略；当胺中氮原子所连烃基不同时，按顺序规则中的较优基团后列出原则，英文名称用“amine”写在烃基名称后面，烃基按第一个字母顺序列出。例如：

$CH_3CH_2NH_2$　乙胺

CH_3NHCH_3　二甲胺

$CH_3CH_2NHCH_3$　甲乙胺

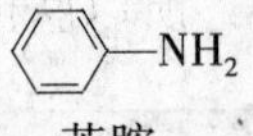

苯胺

当氮原子上同时连有芳香基和脂肪烃基时则以芳香胺作为母体，命名时在脂肪烃基前加上字母“N”，表示该脂肪烃基是直接连在氮原子上。例如：

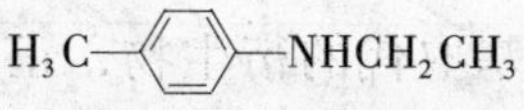

对甲基 - N - 乙基苯胺

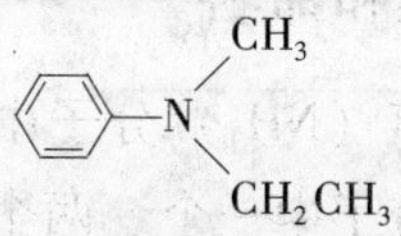

N - 甲基 - N - 乙基苯胺

比较复杂的胺，是以烃作为母体，氨基作为取代基来命名的。例如：

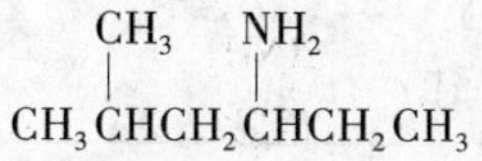

2 - 甲基 - 4 - 氨基己烷

铵盐及季铵化合物可看作是铵的衍生物，铵盐亦可直接称为某胺的某盐。例如：

$CH_3NH_3^+Cl^-$　　$[(CH_3)_4N]^+I^-$　　$[(CH_3)_3NCH_2CH_3]^+OH^-$

氯化甲胺　　碘化四甲胺　　氢氧化三甲乙胺

命名时注意氨、胺和铵的含义，在表示基时用“氨”；表示 NH_3 的烃基衍生物时用“胺”；表示铵盐或季铵碱时用“铵”。

[问题 11 - 2]　命名下列化合物，并指出是哪一种胺：

(1) $CH_3CH_2NH_2$　(2) $C_2H_5NHC_2H_5$　(3) $(C_2H_5)_3N$　(4) $NH_2CH_2CH_2NH_2$

(5) $C_6H_5NH_3^+Br$　(6) $(CH_3)_4N^+OH^-$　(7)

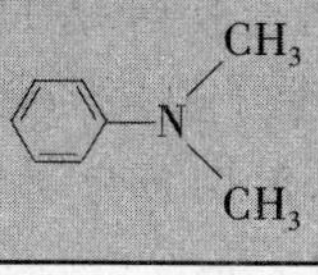

11.3　胺的物理性质

相对分子质量较低的胺如甲胺、二甲胺、三甲胺和乙胺等在常温下均是无色气体，丙胺以上为液体，高级胺为固体。

伯胺和仲胺可以形成分子间氢键，而叔胺的氮原子上不连氢原子，分子间不能形成氢键，故伯胺和仲胺的沸点要比碳原子数目相同的叔胺高。同样的道理，伯胺和仲胺的沸点较相对分子质量相近的烷烃高。但是，由于氮的电负性不如氧的强，胺分子间的氢键比醇分子间的氢键弱，所以胺的沸点低于相对分子质量相近的醇的沸点。常见的胺的物理常数见表 11 - 1。

表 11－1　常见的胺的物理常数

名称	结构简式	熔点/℃	沸点/℃
甲胺	CH_3NH_2	－92	－7.5
乙胺	$C_2H_5NH_2$	－81	17
苯胺	$C_6H_5NH_2$	－6	184
N－甲基苯胺	$C_6H_5NHCH_3$	－57	196
邻硝基苯胺	$o-NO_2C_6H_4NH_2$	71	284
间硝基苯胺	$m-NO_2C_6H_4NH_2$	114	307（分解）
对硝基苯胺	$p-NO_2C_6H_4NH_2$	148	332

六个碳原子以下的低级胺可溶于水，这是因为氨基可与水形成氢键。但随着胺中烃基碳原子数的增多，水溶性减小，高级胺难溶于水。胺有难闻的气味，许多脂肪胺有鱼腥臭，丁二胺与戊二胺有腐烂肉的臭味，它们又分别被叫做腐胺与尸胺。

许多胺有一定的生理作用。气态胺对中枢神经系统有轻微抑制作用，苯胺有毒，可引起皮肤起疹、恶心、视力不清、精神不安，使用时谨防中毒。β－萘胺和联苯胺是引起恶性肿瘤的物质。

11.4　胺的化学性质

胺中的氮原子是不等性 sp^3 杂化的，其中的一个 sp^3 杂化轨道具有一对未共用电子对，在一定条件下给出电子，使胺中的氮原子成为碱性中心和亲核中心，胺的主要化学性质体现在这两个方面。

11.4.1　胺的碱性

胺具有碱性，这是由于氮原子上的孤对电子易与水中的质子相结合。胺在水中存在下列平衡：

$$RNH_2 + H_2O \rightleftharpoons \underset{\text{铵正离子}}{RNH_3^+} + OH^-$$

胺的碱性大小可用 pK_b 来度量，也可用 pK_a 来度量。pK_b 越小，碱性越强；反之，pK_a 越小，碱性越弱。一些常见胺的 pK_a、pK_b 值如表 11－2 所示。

表 11－2　胺的碱性

胺	pK_a/25 ℃	pK_b/25 ℃
NH_3	4.76	9.24
CH_3NH_2	3.35	10.65

（续上表）

胺	pK_a/25 ℃	pK_b/25 ℃
$(CH_3)_2NH$	3.27	10.73
$(CH_3)_3N$	4.21	9.79
$C_2H_5NH_2$	3.29	10.71
$(C_2H_5)_2NH$	3.06	10.94
$(C_2H_5)_3N$	3.25	10.75
$C_6H_5NH_2$	9.40	4.60
$(C_6H_5)_2NH$	12.80	1.20
$C_6H_5NHCH_3$	9.60	4.40
$C_6H_5N(CH_3)_2$	9.62	4.38

从表 11－2 可以看出，脂肪胺、氨、芳香胺的碱性大小为：脂肪胺＞氨＞芳香胺；在水溶液中二甲胺、甲胺、三甲胺的碱性大小为：二甲胺＞甲胺＞三甲胺。

胺在水溶液中的碱性取决于电子效应、水的溶剂化效应和空间效应。

1. 电子效应的影响

由于脂肪胺中烃基的斥电子诱导效应，使氮原子上的电子云密度增高，结合质子的能力增强，碱性增强。氮原子上连接的烃基越多，碱性越强。故脂肪胺的碱性比氨强。芳香胺中由于氮原子上的孤对电子与苯环 π 键共轭，使氮原子上的电子云密度降低，结合质子的能力降低，其碱性比氨弱。

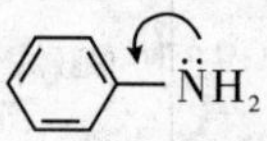

芳香胺氮原子上所连的苯环越多，共轭程度越大，碱性也就越弱。因此，其碱性大小为：苯胺＞二苯胺＞三苯胺。取代芳香胺的碱性，取决于取代基性质和相对位置，其中邻、对位影响较大。如取代基是斥电子基，则芳香胺碱性增强，反之亦然。

2. 水的溶剂化效应的影响

胺的水溶液中的碱性还取决于铵正离子的稳定性大小。在铵正离子中，氮上的氢原子越多，与水形成氢键的数目越多，从而导致的稳定化作用就越强。伯胺氮上的氢最多，其铵正离子最稳定，其次为仲胺、叔胺。单一的溶剂化作用使胺的碱性强弱顺序为：伯胺＞仲胺＞叔胺。

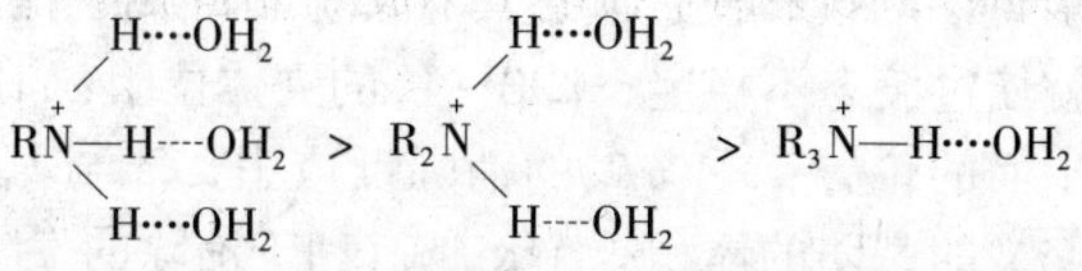

3. 空间效应的影响

胺的碱性还受空间效应的影响，氮原子上连接的基团越多、越大，则使质子越不易与氮原子接近，碱性就越弱，因而叔胺的碱性降低。

综上所述，胺的碱性强弱是多种因素综合影响的结果，各类胺的碱性强弱顺序大致如下：

$$季铵碱 > 脂肪胺 > NH_3 > 芳香胺$$

对于脂肪胺，仲胺的碱性最强，而伯胺和叔胺次之。至于伯胺和叔胺孰强孰弱，主要决定于上述三种溶液的共同影响，例如三甲胺的碱性比甲胺弱，而三乙胺的碱性比乙胺强。

季铵碱是离子化合物，R_4N^+ 与 OH^- 之间是典型的离子键，在水中完全电离出氢氧根负离子，是强碱性物质，其碱性与氢氧化钠相近。

$$R_4N^+OH^- \longrightarrow R_4N^+ + OH^-$$

伯、仲、叔胺可以与酸反应生成相应的伯、仲、叔铵盐。铵盐是离子化合物，无机酸盐在水中溶解度大，有机酸盐在水中溶解度较小，二者均不溶于非极性的有机溶剂。由于铵盐是弱碱形成的盐，一遇强碱即游离出胺来。利用这一特性，可将胺与其他化合物分离。如欲将胺从一个中性化合物中分离出来，可用稀盐酸处理，胺与盐酸成盐并溶于稀盐酸中，而中性化合物不溶，将二者分开后，铵盐溶液用碱处理回收胺。

季铵盐可由叔胺与卤代烷加热制得：

$$R_3N + RX \xrightarrow{\triangle} R_4N^+X^-$$

季铵盐与铵盐相似，是离子化合物。一般为白色晶体，易溶于水，不溶于乙醚等非极性溶剂，熔点较高，在受强热时会分解为叔胺和卤代烷。

季铵盐与伯、仲、叔铵盐的不同之处在于对碱的行为，伯、仲、叔铵盐氮原子上的氢可与碱结合而游离出胺来，而季铵盐氮原子上没有氢，不放出游离胺，而是建立下列平衡体系：

$$R_4N^+Cl^- + NaOH \rightleftharpoons R_4N^+OH^- + NaCl$$

季铵碱加热易分解：烃基上无 β－H 的季铵碱在加热下分解生成叔胺和醇；β－碳上有氢原子时，加热分解生成叔胺、烯烃和水；消除反应的取向——霍夫曼（Hoffmann）规则。

霍夫曼消除规则的原因：①β－H 的酸性：该反应按 E2 机理进行，但由于三甲氨基是一个较差的离去基团，而它的 β－H 因受到氨基的强吸电子作用，酸性较强，在强碱作用下 β 位碳—氢键比碳—氮键易断裂，使过渡态具有部分负碳离子的特征，因此当 β 碳原子连有给电子的烷基时，就使过渡态不稳定；②β－H 的立体位阻：消除反应要求被消除的氢和离去基团处于反式共平面的位置，季铵碱的消除反应中，能与氨基形成对位交叉式的氢越多，与氨基处于邻位交叉的基团的体积越小，越有利于消除的发生。例如：

$$(CH_3)_4\overset{+}{N}OH^- \xrightarrow{\triangle} (CH_3)_3N + CH_3OH$$

$$[(CH_3)_3-\overset{+}{N}-CH_2CH_2CH_3]\ OH^- \xrightarrow{\triangle} (CH_3)_3N + CH_3CH=CH_2 + H_2O$$

$$CH_3-CH_2-\underset{^+N(CH_3)_3OH^-}{\underset{|}{CH}}-CH_3 \xrightarrow{\triangle} \underset{95\%}{CH_3CH_2CH=CH_2} + \underset{5\%}{CH_3CH=CHCH_3} + (CH_3)_3N$$

当 β 碳上连有吸电子基如羰基或苯基、乙烯基等可产生共轭作用的基团，则 β 碳上氢的酸性较强，较易消除，从而得到与霍夫曼规则预期不同的产物。

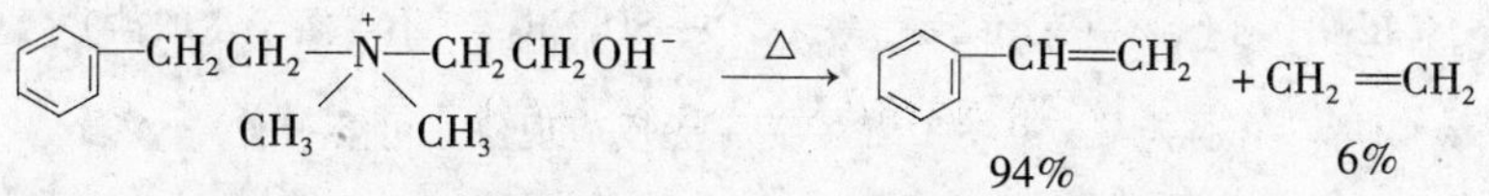

［问题 11－3］　比较氨、甲胺、三甲胺、苯胺、N－乙基苯胺、三苯胺的碱性强弱。

11.4.2　胺的酰化反应

胺、伯胺和仲胺能与酰卤、酸酐、苯磺酰氯等酰化试剂反应生成酰胺或苯磺酰胺。例如：

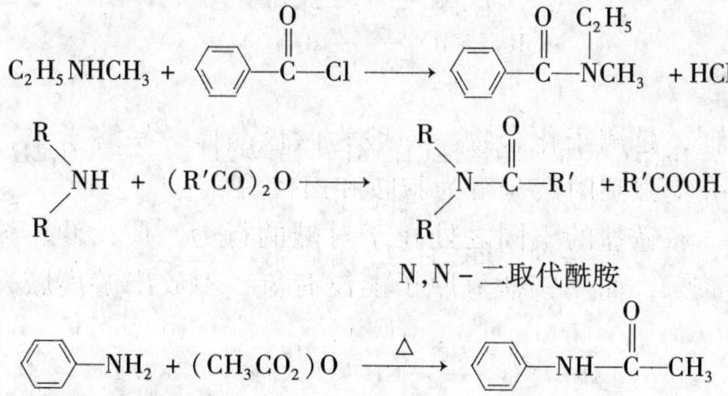

叔胺分子中的氮原子上没有连接氢原子，所以不能进行酰化反应。

能够进行酰化反应的伯胺、仲胺经酰化反应后得到具有一定熔点的结晶固体，因此酰化反应可以鉴别伯胺和仲胺。

在有机合成上，利用酰化反应来保护氨基。如苯胺进行硝化时，硝酸能使苯胺氧化成苯醌，如果用乙酸酐将苯胺中的氨基进行酰化保护后，再进行硝化反应，最后将产物水解，便可得硝基苯胺。

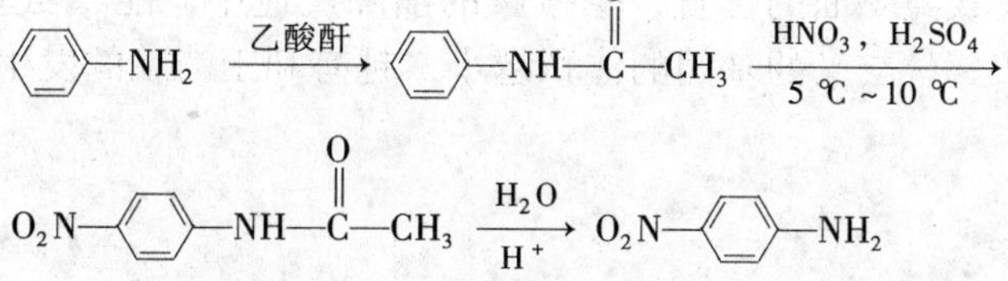

酰化反应在药物合成上也有重要应用。

伯胺、仲胺在碱存在下与苯磺酰氯作用，生成苯磺酰胺。伯胺生成的苯磺酰胺，氨基上的氢原子受磺酰基的影响呈弱酸性，能溶于碱而生成水溶性的盐。仲胺所生成的苯磺酰胺，氨基上没有氢原子，不显酸性，不能溶于碱溶液中。叔胺与苯磺酰氯不起反应，所以常利用苯磺酰氯（或对甲基苯磺酰氯）来分离鉴别三种胺类化合物。这个反应称为 Hinsberg reaction。

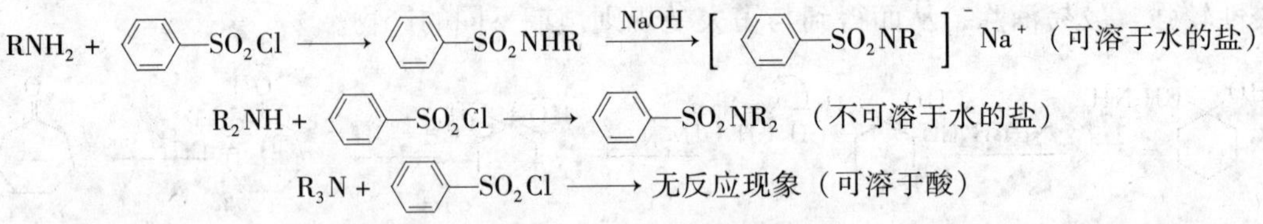

11.4.3　胺与亚硝酸反应

各级胺都可与亚硝酸反应，但有各种不同的反应现象和产物，因此可以用来鉴别伯、仲、叔胺。由于亚硝酸不稳定，反应中一般用亚硝酸钠与盐酸或硫酸作用产生。

1. 伯胺与亚硝酸的反应

伯胺与亚硝酸反应形成重氮盐。脂肪族重氮盐极不稳定，即使在低温下也会自动分解，并发生取代、消除等一系列反应，生成醇与烯烃类的混合物，并定量放出氮气。例如乙胺与亚硝酸的反应：

$$CH_3CH_2NH_2 + NaNO_2 + HCl \longrightarrow [CH_2CH_2—\overset{+}{N}\equiv NCl^-] \longrightarrow CH_3\overset{+}{C}H_2 + Cl^- + N_2$$

生成的碳正离子可以发生各种不同的反应：

$$CH_3CH_2Cl \xleftarrow{Cl^-} CH_3\overset{+}{C}H_2 \xrightarrow{OH^-} CH_3CH_2OH$$

$$CH_3\overset{+}{C}H_2 \xrightarrow{-H^+} CH_2{=}CH_2$$

由于脂肪族伯胺与亚硝酸反应产物比较复杂，在合成上用途不大，但这个反应释放出的氮是定量的，因此可以测定某一物质或混合物中氨基的含量。

Tiffeneau - Demjanov 重排：1 - 氨甲基环烷醇与亚硝酸反应，得到扩大一个碳原子的环酮。

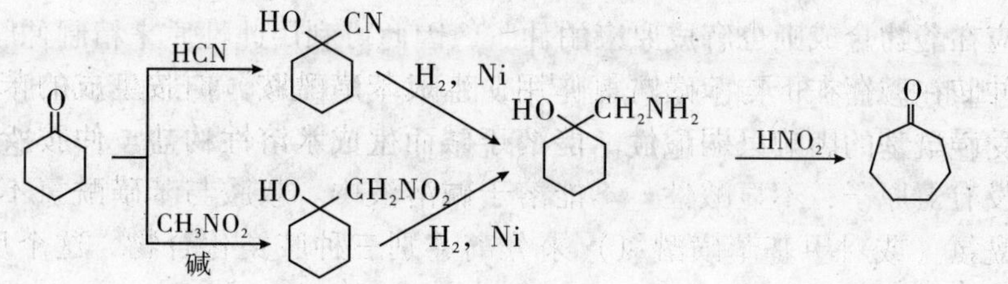

反应机理：

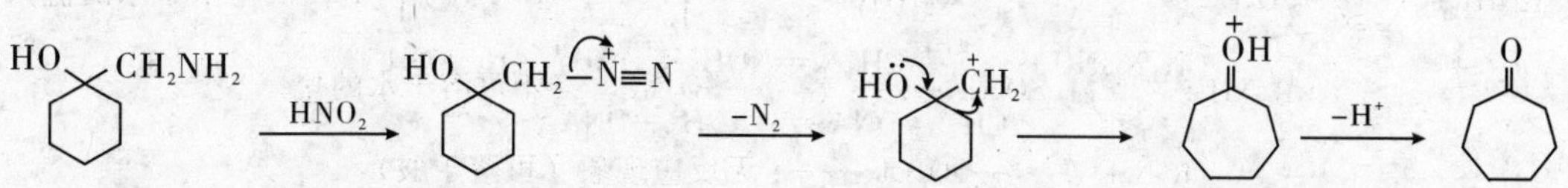

芳香伯胺与亚硝酸在低温条件下反应生成芳香族重氮盐（diazonium salt），这一反应称为重氮化反应（diazotization）。

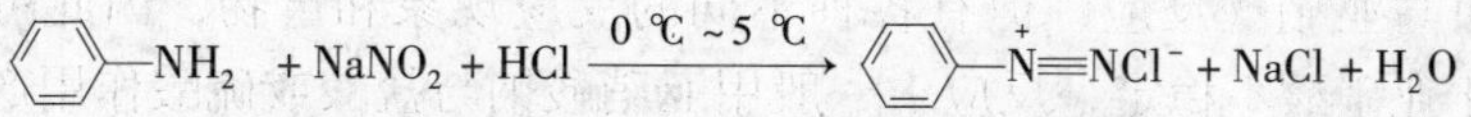

氯化重氮苯

$$NaNO_2 + HCl \longrightarrow HONO + NaCl$$

$$HO\ddot{N}O + H_3O^+ \rightleftharpoons H_2O + H_2O^+{-}\ddot{N}O \rightleftharpoons 2H_2O + \overset{+}{\ddot{N}}O$$

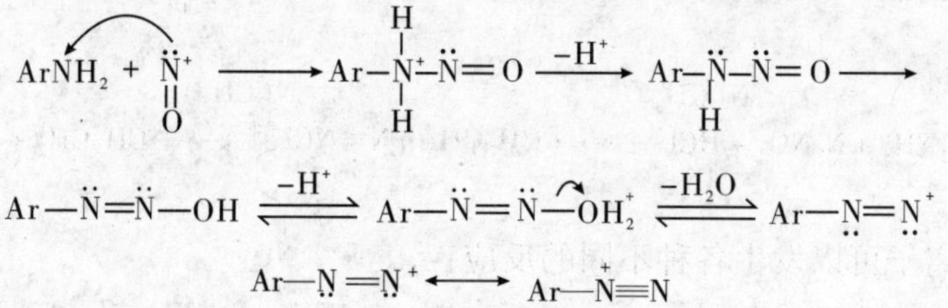

芳香族重氮盐只有在水溶液和低温时才稳定。遇热分解，干燥时易爆炸，故制备后直接在水溶液中应用。芳香重氮盐的用途很广，将在下一节介绍。

2. 仲胺与亚硝酸的反应

脂肪仲胺和芳香仲胺与亚硝酸反应的结果基本相同，都得到亚硝基化合物。

$$(C_2H_5)_2NH \xrightarrow{NaNO_2 + HCl} (C_2H_5)_2N{-}NO$$

N－亚硝基二乙胺

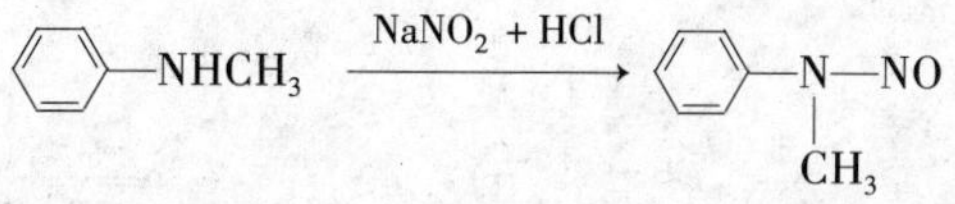

N－甲基－N－亚硝基苯胺

这种反应生成的产物因氮上没有可供转移的氢，因此产物是稳定的。但生成的 N－亚硝基化合物与稀酸共热，则分解成原来的仲胺，因此可利用此性质来精制仲胺。

N－亚硝基胺是难溶于水的黄色油状物或固体。大量的实验证明亚硝胺是一种强致癌物，现认为它在生物体内可以转化成活泼的烷基化试剂并可与核酸反应，这是它会诱发癌变的原因。

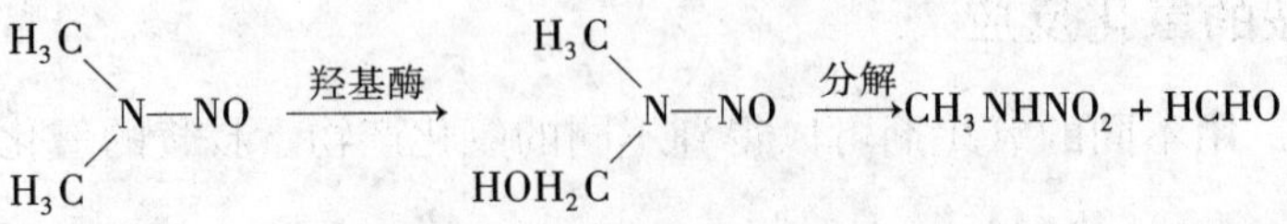

$$CH_3NHNO_2 \xrightarrow{\text{异构化}} CH_3N{=}NOH \xrightarrow{\text{分解}} CH_3^+ + N_2 + OH^-$$

$$CH_3^+ + DNA \longrightarrow CH_3{-}DNA$$

3. 叔胺与亚硝酸的反应

叔胺的氮原子上没有氢，与亚硝酸的作用和伯胺、仲胺不同，脂肪叔胺与亚硝酸作用生成不稳定的盐，该盐若以强碱处理则重新游离析出叔胺。

$$R_3N + HNO_2 \longrightarrow R_3\overset{+}{N}HNO_2 \xrightarrow{NaOH} R_3N + NaNO_2 + H_2O$$

芳香叔胺因为氨基的强致活作用，芳环上电子云密度较高，易与亲电试剂反应。因此，在芳环上发生亲电取代反应生成对－亚硝基胺，如对位已被占据，则反应发生在邻位。

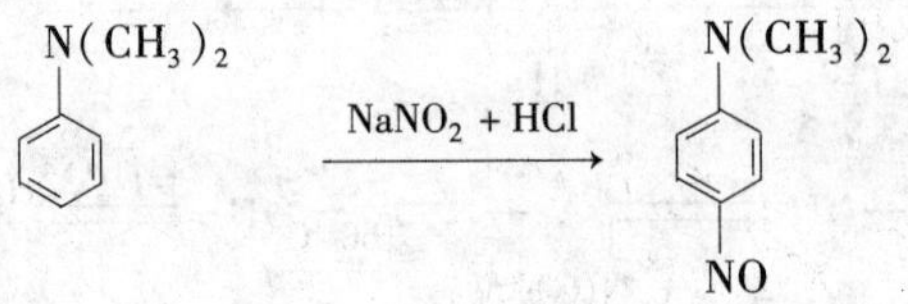

对－亚硝基－N，N－二甲基苯胺

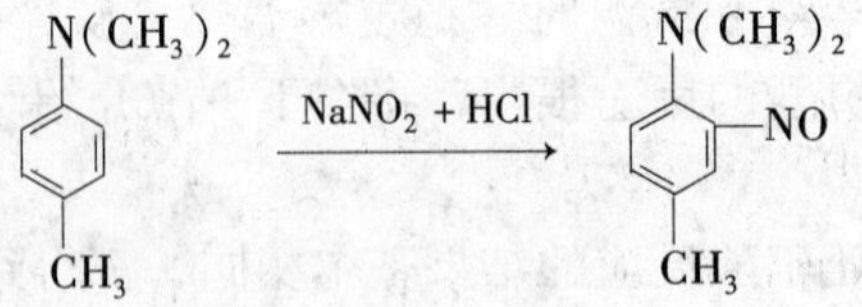

p－甲基－o－亚硝基－N，N －二甲基苯胺

p－甲基－o－亚硝基－N，N－二甲基苯胺在酸性条件下是橘黄色的盐，在碱性条件下显翠绿色。

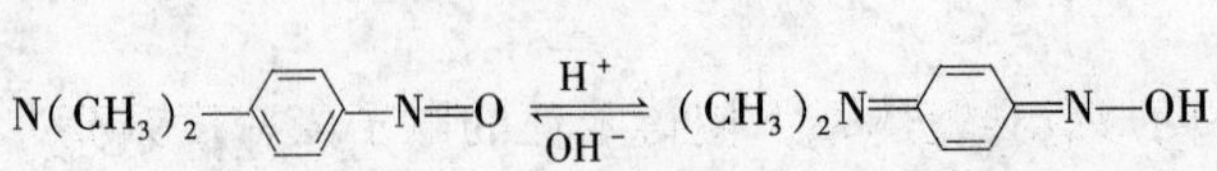

翠绿色　　　　橘黄色

由于伯、仲、叔胺与亚硝酸作用的产物不同，现象有明显差异，故常利用这些反应来鉴别三类不同的胺。

［问题 11－4］　请用两种方法区别丁胺、甲丁胺和二甲丁胺。

11.4.4　胺的氧化反应

胺容易氧化，用不同的氧化剂可以得到不同的氧化产物。叔胺的氧化最有意义。

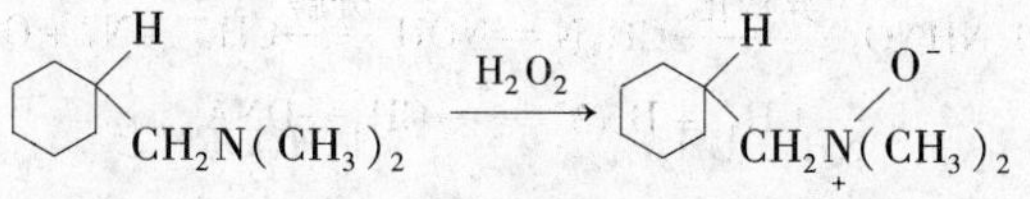

N，H－二甲基环己基甲胺－N－氧化物

具有 β－氢的氧化叔胺加热时发生消除反应，产生烯烃。

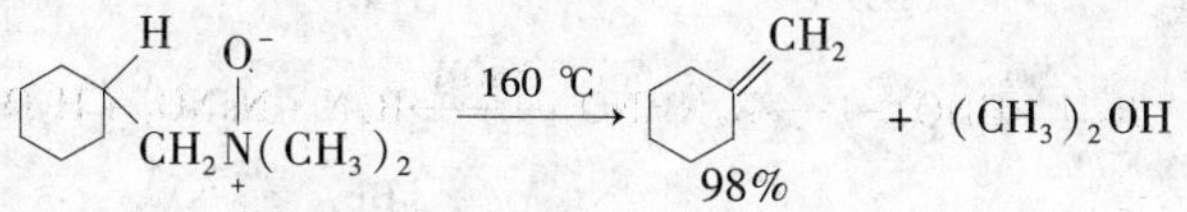

此反应称为科普（cope）消除反应。

科普（cope）消除反应是一种立体选择性很高的顺式（同侧）消除反应。反应是通过形成平面五元环的过程完成的。

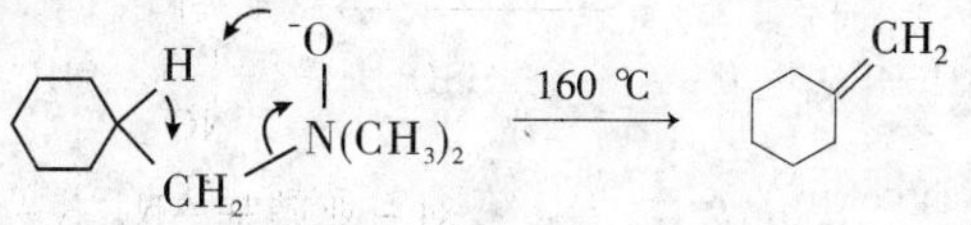

例如：

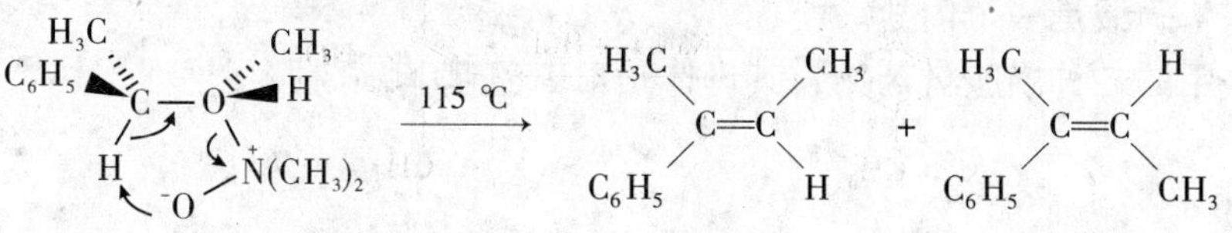

11.4.5　芳胺特殊反应

芳胺的氨基与羟基一样，对芳环上的亲电取代反应有较强的致活作用，因此芳胺表现出一些特殊的性质。

1.卤代反应

由于氨基与苯环间形成共轭体系，使得苯环的电子云密度升高，因此苯胺极容易发生亲电取代反应，如苯胺与溴水反应，立即会生成 2，4，6－三溴苯胺：

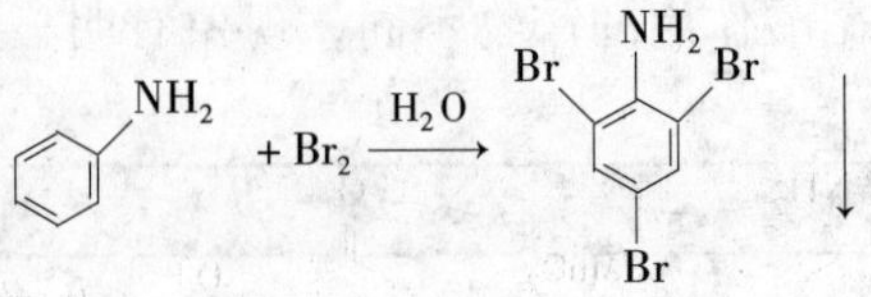

这个反应能非常快地定量完成，得到不溶于水的白色沉淀，常用于芳胺的鉴别和定量分析。

若想得到一元溴代产物可以先乙酰化后再溴化（对位），先在硫酸作用下使芳胺转为铵盐后再溴化（间位），如：

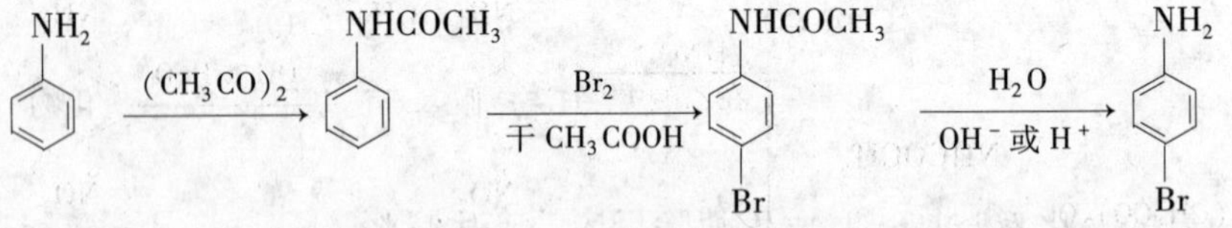

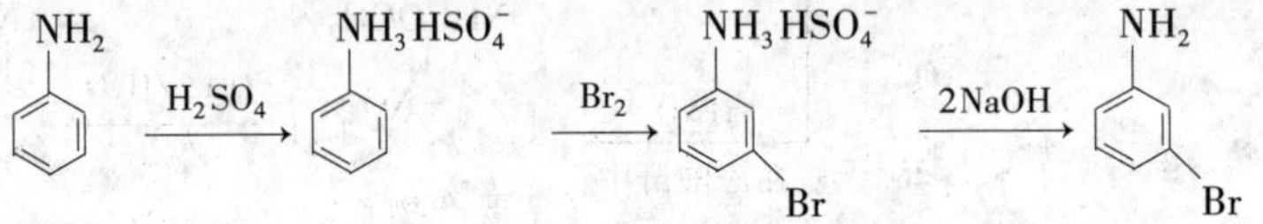

2. 磺化反应

苯胺在 180 ℃时与浓硫酸共热脱水，先生成不稳定的苯胺磺酸，然后重排生成对－氨基苯磺酸：

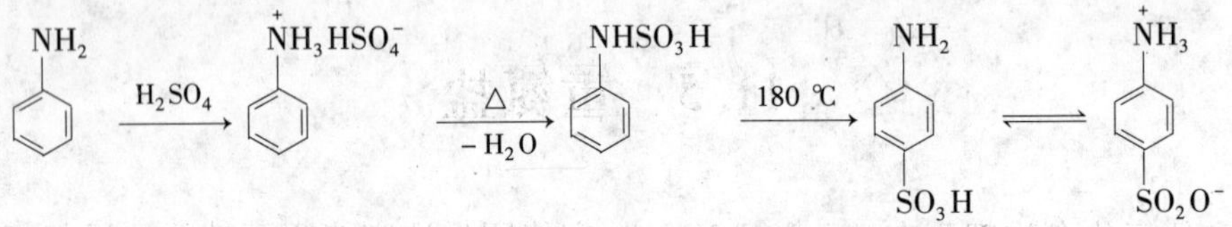

对－氨基苯磺酸是一个内盐。

临床上常用的各种磺胺类药物，其母体是对－氨基苯磺酰胺：

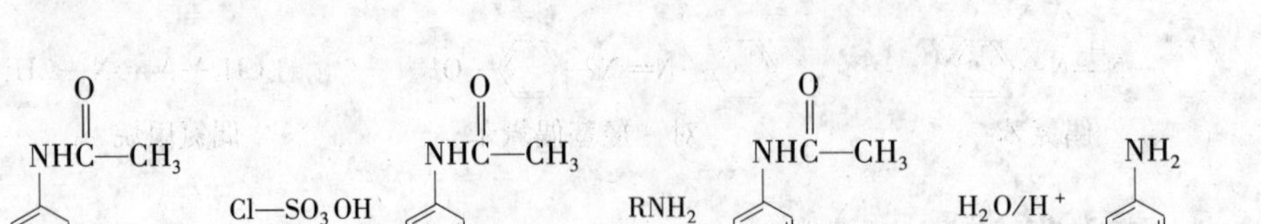

当 R 不同时，就得到了各种不同的磺胺药物。

3. 氧化反应

芳胺很容易氧化，例如，新的纯苯胺是无色的，但暴露在空气中很快就变成黄色，然后变成红棕色。用氧化剂处理苯胺时，生成复杂的混合物。在一定的条件下，苯胺的氧化产物主要是对苯醌。

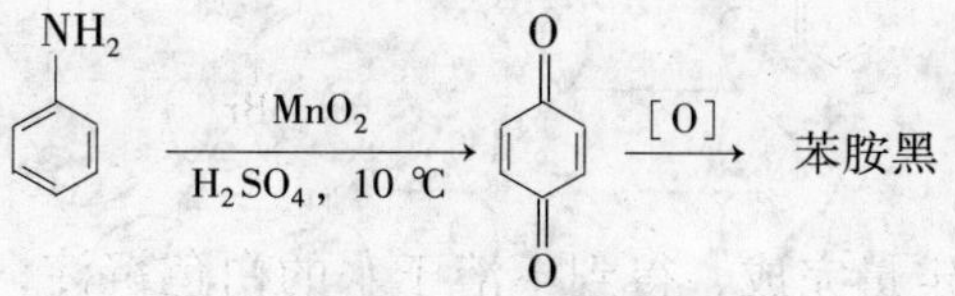

4. 硝化反应

芳伯胺直接硝化易被硝酸氧化，必须先把氨基保护起来（乙酰化或成盐），然后再进行硝化。

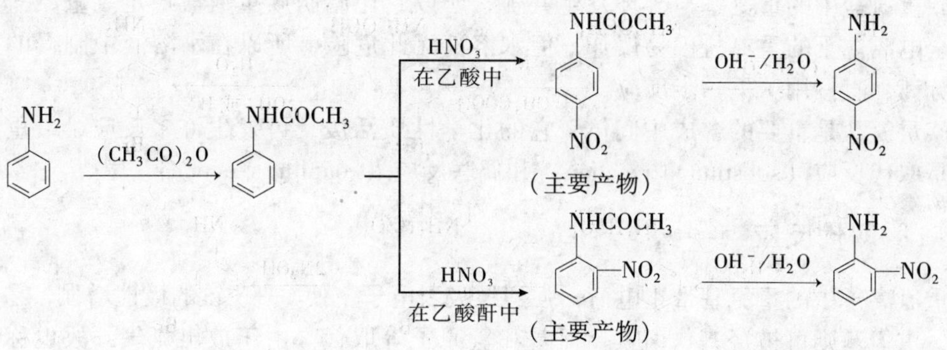

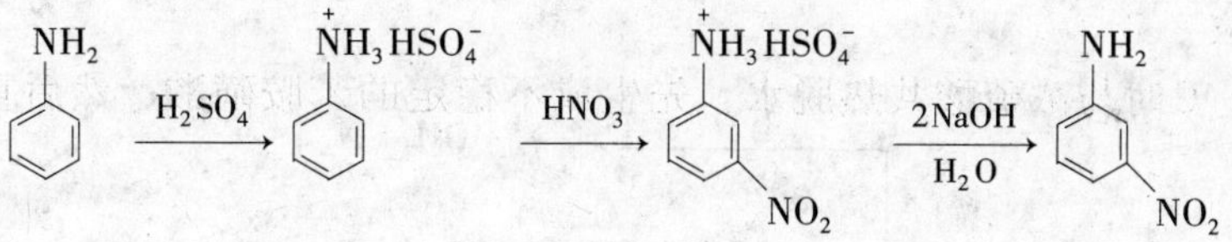

11.5　重氮盐

重氮和偶氮化合物都含有“—N ═N— ”官能团，该官能团两端均与烃基相连的化合物称为偶氮化合物。例如：

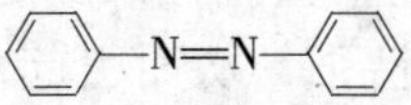

偶氮苯

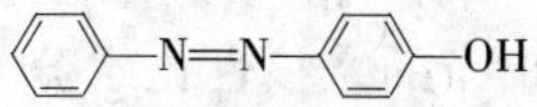

对 - 羟基偶氮苯

$CH_3—N═N—CH_3$

偶氮甲烷

“ —N═N— ”官能团的一端与烃基相连，另一端与其他原子（非碳原子）或原子团相连的化合物，称为重氮化合物。例如：

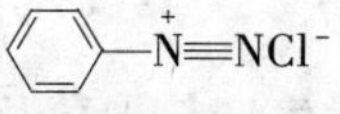

氯化重氮苯

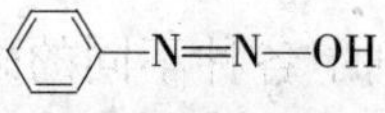

苯基重氮酸

在重氮盐分子中 C—N—N 呈直线型，氮原子是以 sp 杂化轨道成键，苯环的 π 轨道和

重氮离子的 π 轨道形成共轭体系。重氮苯离子的结构如图 11－5 所示：

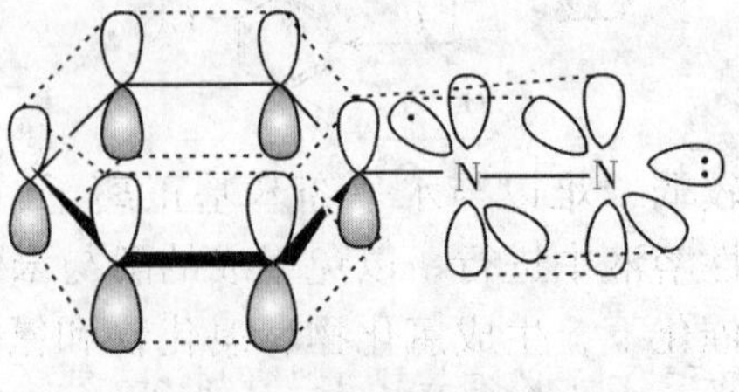

图 11－5　重氮苯离子的结构

芳香族重氮盐中的重氮基与芳环发生共轭，所以它比脂肪族重氮盐稳定。重氮盐溶于水，并完全电离。干的重氮盐极易爆炸，但水溶液无此危险，所以在水溶液中制得的重氮盐就不再分离，直接用于下一步反应。

芳香族重氮盐是重要的合成中间体，它的化学性质活泼，可发生许多反应，最重要的两类反应是取代反应（substituted reaction）和偶联反应（coupling reaction）。

11.5.1　取代反应

芳香重氮离子中的重氮基带正电荷，强烈地吸引电子，使 C—N 键的极性增强，易断裂放出氮气，重氮基则可被羟基、卤素、氰基和氢原子等取代。由于放出氮气，故也称为放氮反应。例如：

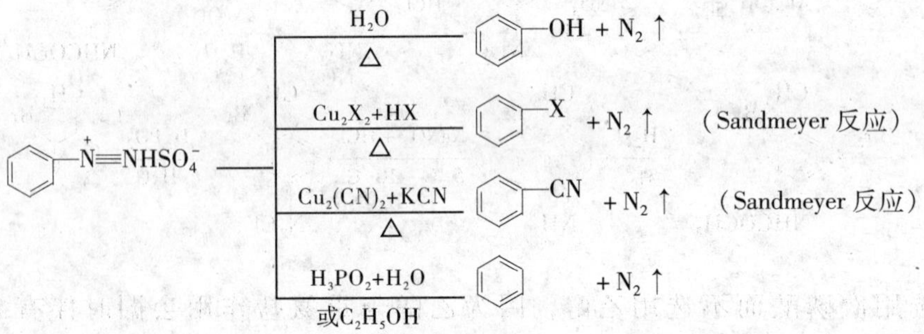

在芳香重氮盐的水解反应中，宜用硫酸重氮盐，而不用氯化重氮盐，原因是硫酸重氮盐会带来卤素取代的副产物。氯离子的亲核性比水分子的亲核性强，从而引起竞争反应，生成氯代物。与此相反，HSO_4^- 离子的亲核性弱，不会产生竞争性反应。有人认为，这一反应是按 S_N1 机制进行的，首先是重氮正离子失去 N_2，生成苯基正离子。

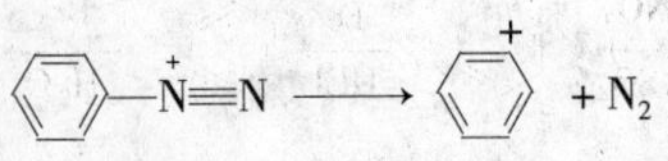

苯基正离子非常活泼，能与溶液中的亲核试剂发生亲核取代反应，Cl^- 较水亲核取代更强，容易与苯基正离子结合而生成氯苯。

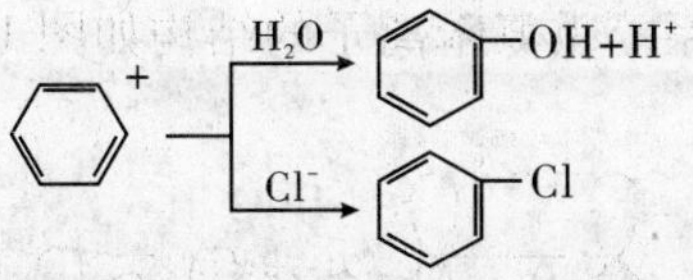

硫酸根氢离子的亲核性较弱，难以与水争夺苯基正离子，故反应的主要产物是酚。重氮盐的水解反应必须在强酸性溶液中进行，以免生成的酚与未作用的重氮盐发生偶联反应。

芳香重氮盐在亚铜盐的催化下，生成氯化物、溴化物和氰化物的反应，称为 Sandmeyer 反应，该反应的机理一般认为是自由基反应。如：

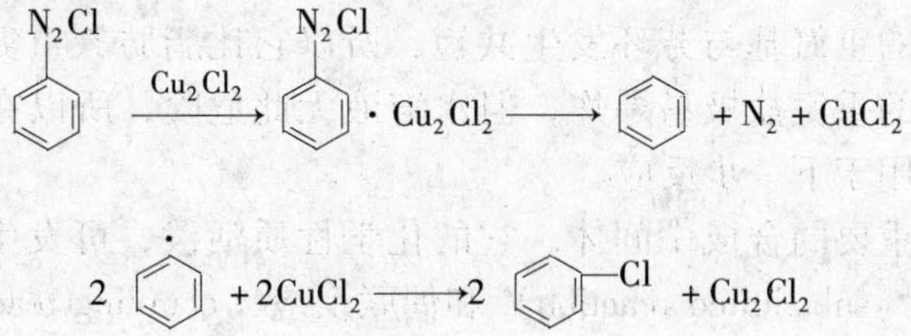

重氮盐与次磷酸或乙醇反应时，重氮基被氢原子取代，放出氮气，这个反应可以除去苯环上的氨基，例如，由苯制取间溴甲苯。

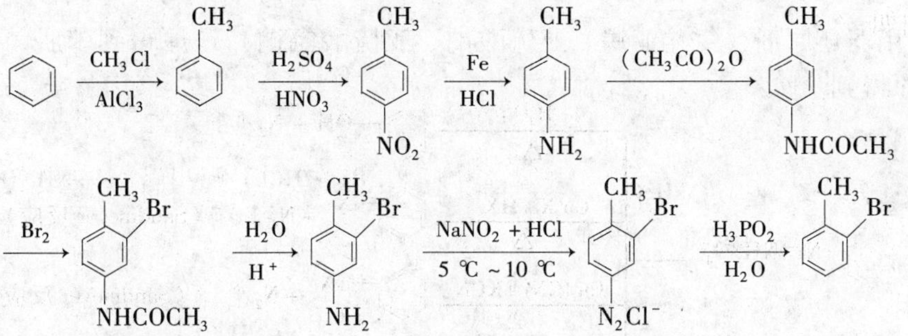

一般选用次磷酸而不选用乙醇，因为乙醇与重氮盐作用会同时伴有醚类副产物 $C_6H_5OC_2H_5$ 产生。

[问题 11 - 5]　如何用苯胺合成对 - 苯二甲酸？

重氮盐的取代反应在合成上的应用：

例 1：苯为原料制备 1，3，4 - 三溴苯

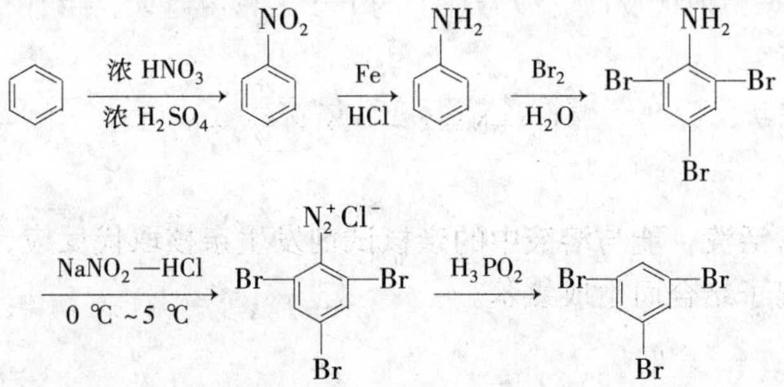

例2：由硝基苯制备2，6－二溴苯甲酸

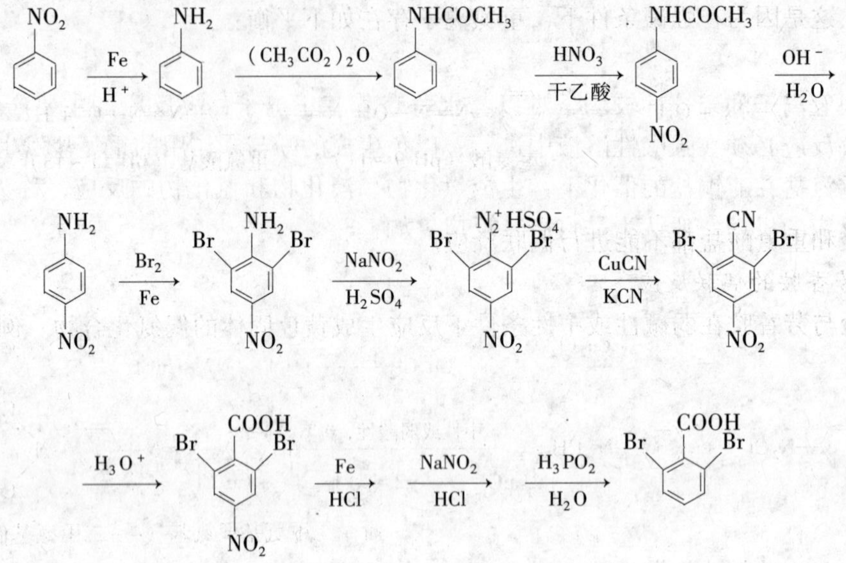

11.5.2 还原反应

重氮盐用弱还原剂（氯化亚锡、亚硫酸钠、亚硫酸氢钠）还原得到苯肼，用强还原剂锌/盐酸还原得到苯胺：

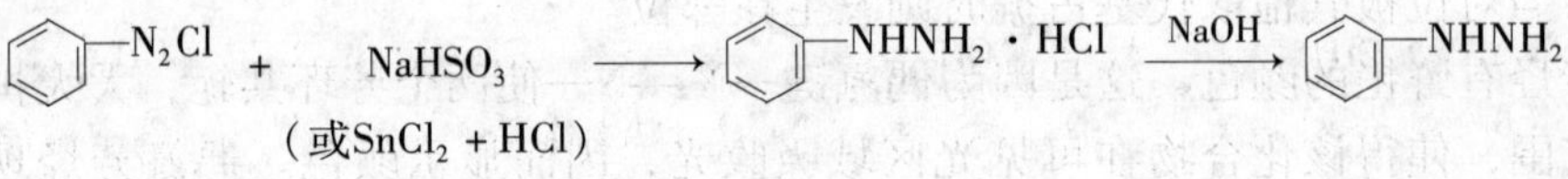

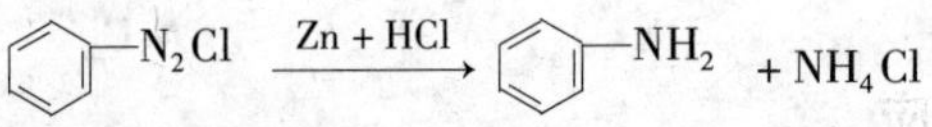

苯肼和苯胺都有重要用途，但都有毒。

11.5.3 偶联反应

重氮盐在一定条件下可与酚或芳香胺发生反应，生成有颜色的偶氮化合物（azocompound），此类反应称为偶联反应（coupling reaction）。在此类反应中，重氮正离子作为亲电试剂与活泼的芳环发生亲电取代反应，故芳环上的电子云密度越大，越有利于偶联反应的发生。

1. 与酚的偶联反应

重氮盐与酚的偶联反应在弱碱性条件下进行最快。

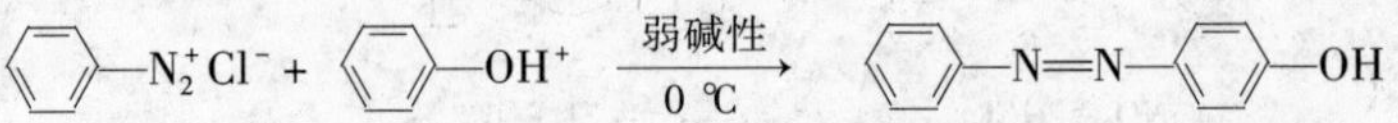

对－羟基偶氮苯　（橘黄色）

因为酚在弱碱性溶液中转变成酚盐，苯氧基负离子（$C_6H_5—O^-$）的“$—O^-$”比“—OH”更强烈地供电子给苯环，使苯环的电子云密度增大，反应加快。但是，溶液的碱性不能太强，这是因为在强碱条件下，重氮离子存在如下平衡：

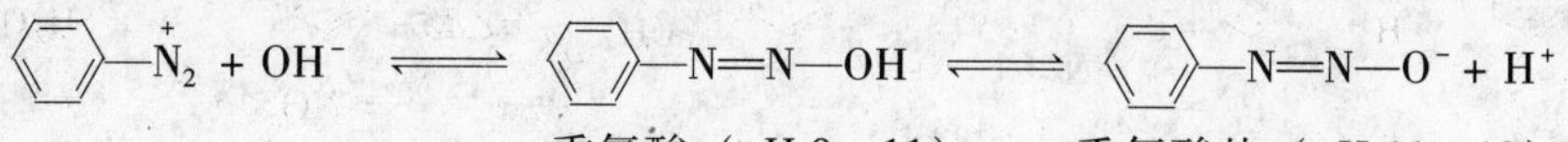

重氮酸（pH 9 ~ 11）　　重氮酸盐（pH 11 ~ 13）

重氮酸和重氮酸盐都不能进行偶联反应。

2. 与芳香胺的偶联反应

重氮盐与芳香胺在弱碱性或中性条件下反应生成黄色固体的偶氮化合物。例如：

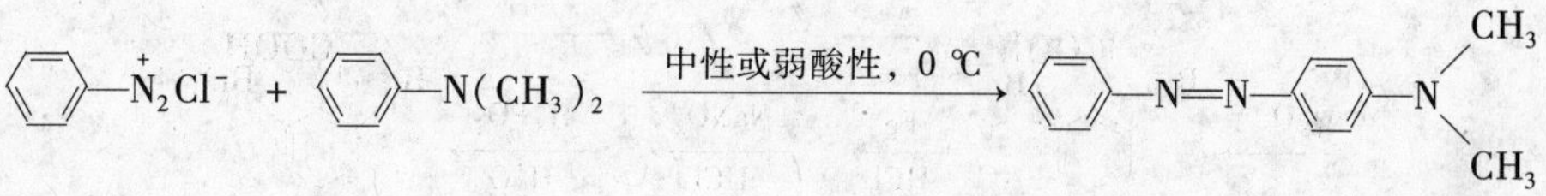

对 - 二甲氨基偶氮苯（4 - 二甲氨基偶氮苯）

反应的最佳 pH 为 5 ~ 7，这是因为胺类在中性或弱酸性溶液中主要以游离胺的形式存在，这时胺的苯环上的电子云密度较大，反应较快。溶液的酸性太强，芳香胺与酸作用生成铵盐，使苯环上的电子云密度降低，不利于偶联反应。偶联反应总是优先发生在对位，若对位被占，则在邻位上反应，间位不能发生偶联反应。

重氮盐与芳香胺或酚的偶联反应受电子效应和空间效应的影响，通常发生在羟基或氨基的对位，当对位被其他取代基占据时则发生在邻位。

偶氮芳烃有鲜艳的颜色，这是因为偶氮键—N ═N—使两个芳环共轭，大大扩展了 π 电子的离域范围，使得该化合物在可见光区域吸收光，因而显示颜色。偶氮芳烃现已广泛用来作为染料。

11.5.4　Curtius 反应

酰基叠氮化物在惰性溶剂中加热分解生成异氰酸酯，异氰酸酯水解则得到胺。

$$R—\overset{\overset{O}{\|}}{C}—Cl + NaN_3 \longrightarrow R—\overset{\overset{O}{\|}}{C}—N_3 \xrightarrow{\triangle} R—N═C═O$$

反应机理：

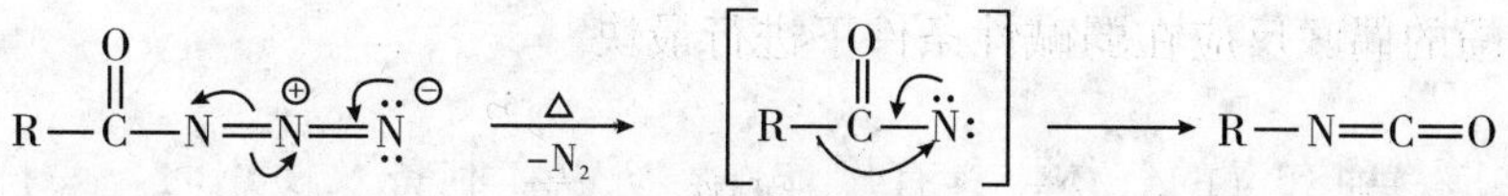

$$R—N═C═O \xrightarrow{H_2O} RNH_2$$

11.5.5　Gomberg-Bachmann 反应

芳香重氮盐在碱性条件下与其他芳香族化合物偶联生成联苯或联苯衍生物。

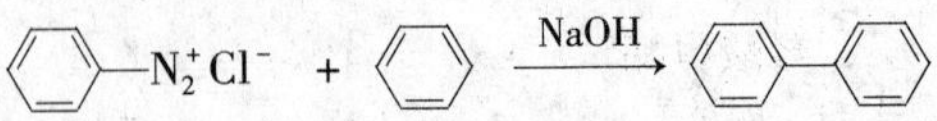

反应机理：

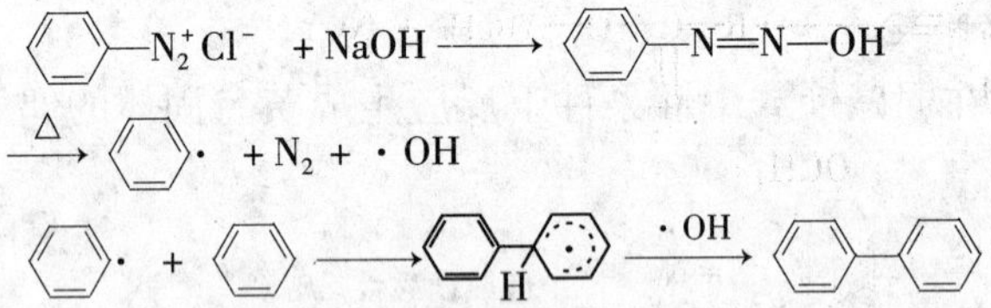

11.6　重氮甲烷

它的分子式是 CH_2N_2，重氮甲烷的结构比较特别，根据物理方法测量，它是一个线型分子，但是没有一个结构能比较完美地表示它的结构。共振论则用下列极限式来表示：

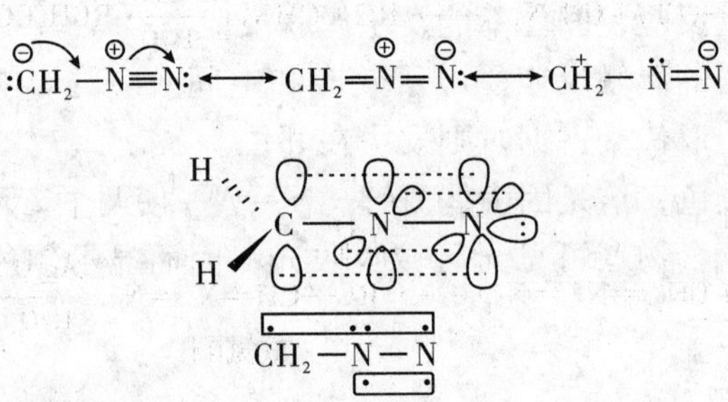

实验测量结果表明，这类化合物的偶极矩不太高，这可能是因为重氮甲烷的分子内一个碳原子和两个氮原子上的 p 电子互相重叠而形成三个原子的 π 键，因此引起了键的平均化。

重氮甲烷的制备：重氮甲烷很难用甲胺和亚硝酸直接作用制得，最常用而又非常方便的制备重氮甲烷的方法是，使 N－亚硝基－N－甲基－对－甲苯磺酰胺在碱作用下分解：

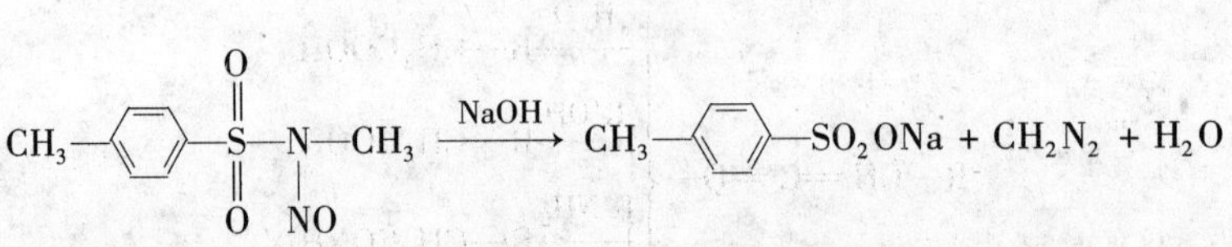

重氮甲烷是一种有毒的气体，具有爆炸性，所以在制备及使用时，要特别注意安全。它能溶于乙醚，并且比较稳定，一般均使用它的乙醚溶液。重氮甲烷非常活泼，能够发生多种类型的反应，在有机合成上是一个重要的试剂，其反应如下：

1. 亲核反应

（1）与酸性化合物的反应：

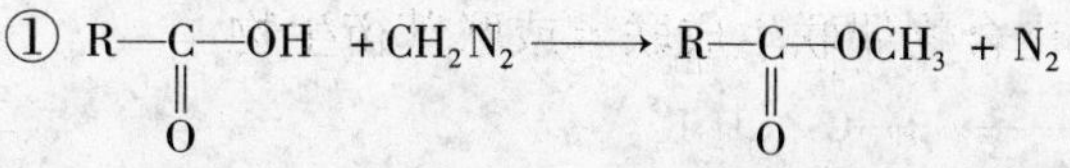

羟酸甲酯

历程：

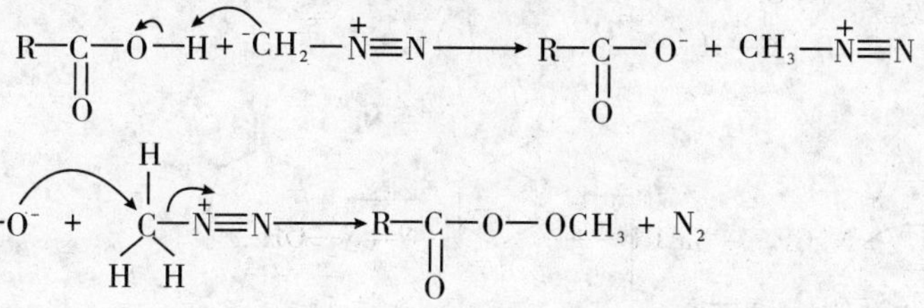

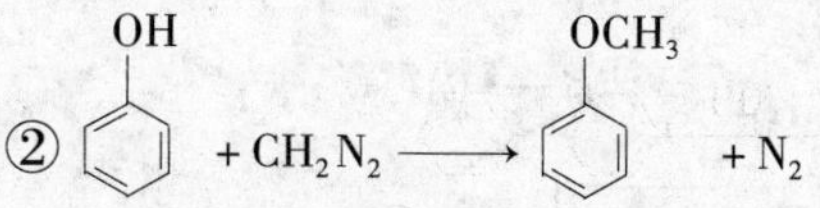

重氮甲烷为最理想的甲基化剂（能溶于有机溶剂，反应速度快，不需要催化剂，分解成 N_2，无分离问题，产率很高）。

（2）与酰氯作用。酰氯与重氮甲烷反应，然后在氧化银催化下与水共热得到酸：

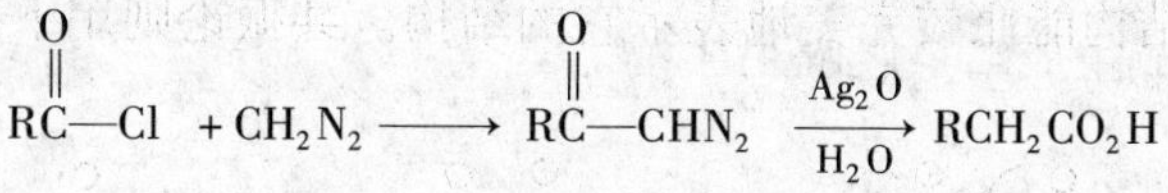

反应机理：

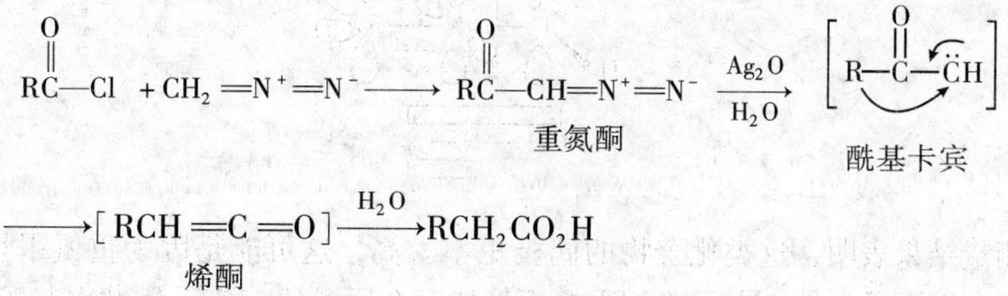

阿恩特—艾斯特（Arndt - Eistert）反应：

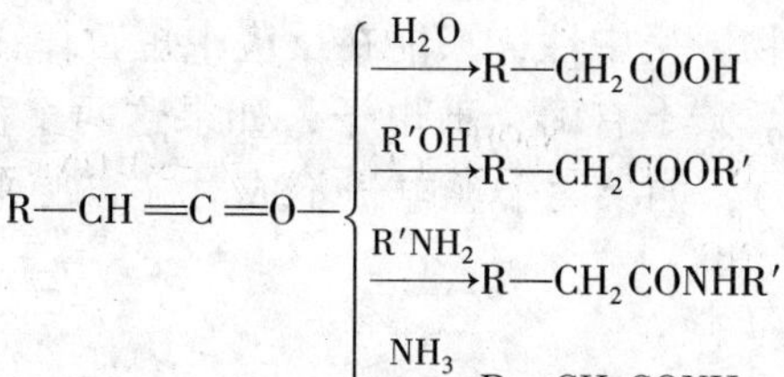

这个反应称 Arndt - Eistert 反应，其中包括重氮酮的 Wolff 重排，该反应是将羧酸变成它的高一级同系物的重要方法之一。

（3）与醛酮反应。重氮甲烷与醛酮反应能得到比原醛酮多一个碳原子的酮：

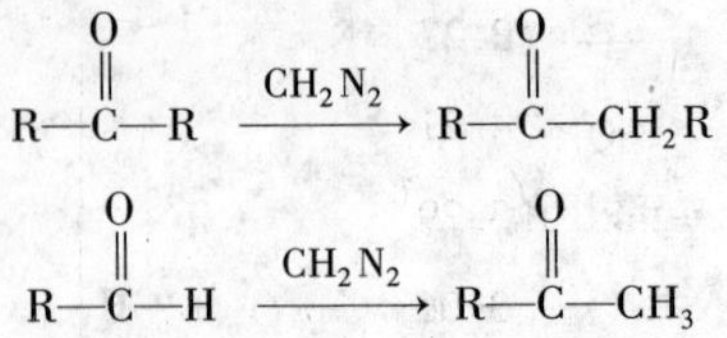

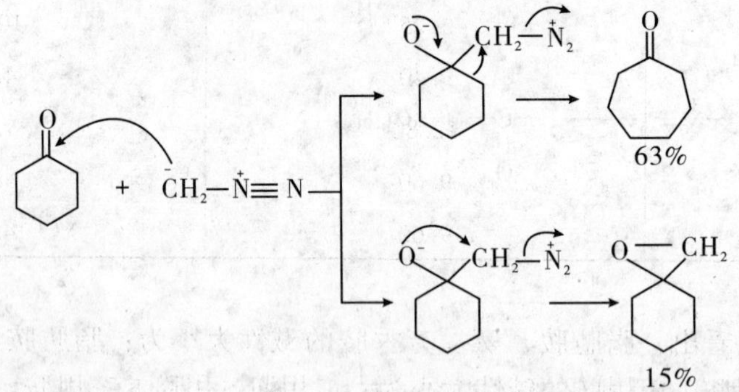

2. 1，3－偶极环加成反应

重氮化合物的1，3－偶极体和单个的C═C键很难发生反应，只有共轭体系中的C═C键（如苯乙烯）或α－碳原子上有拉电子基团的双键（如α，β—不饱和的羰基化合物），他们和重氮化合物加成生成二氢吡唑衍生物。

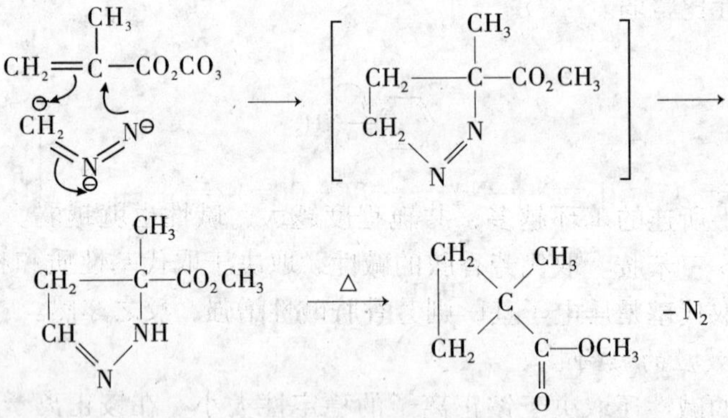

3. 形成卡宾（Carbene：CH_2）

卡宾是一个反应中间产物，呈中性，只能在反应中短暂存在（约能存在一秒钟），它是由一个碳与两个氢连接组成。碳上有两个孤电子，如果这两个孤电子成对（自旋相反）称单线态卡宾（singlet Carbene），如果两个孤电子不成对（自旋平行）称三线态卡宾（triplet Carbene）

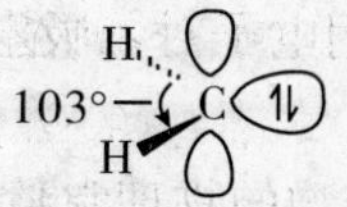

单线态卡宾（sp^2杂化）

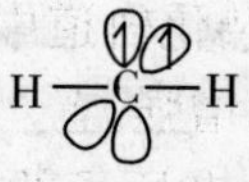

三线态卡宾

实际上，这样考虑单线态卡宾和三线态卡宾的结构是过于简单化了，最近理论计算和实验测定的结果表明：单线态卡宾的键角约103°，三线态卡宾的键角为136°。

习　题

1. 三甲胺的相对分子质量虽比二甲胺的大，但其沸点却比二甲胺的低，请说明原因。

2. 丁胺的相对分子质量与丁醇相近，但丁胺的沸点（77.8 ℃）比丁醇的沸点（117 ℃）低得多，丁胺的碱性却比丁醇强许多，请说明原因。

3. 苯胺 N，N－二甲基化后，其碱性增至3倍，而2，4，6－三硝基苯胺 N，N－二甲基化后，其碱性增至40 000倍，请说明原因。

4. 用简单的化学方法鉴别：

a. 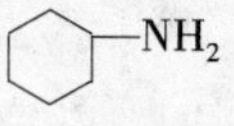　b. 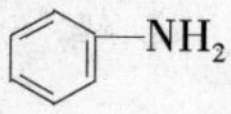　c. 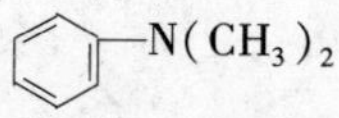　d. 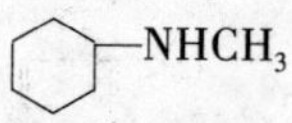

5. 如何用化学方法分离环己基甲酸、三丁胺和辛烷的混合物，并将每一组分以相当的纯度回收？

6. 由 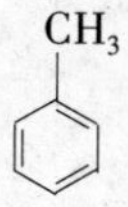 合成 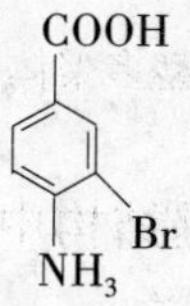。

7. 由 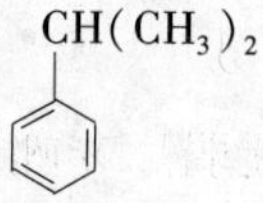 合成 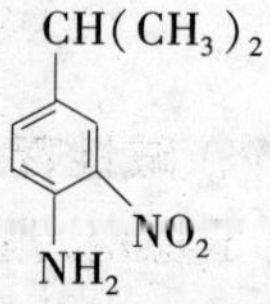。

8. 以不超过4个碳的有机物为原料制备环己基甲胺。

9. 写出下列季铵碱热消除产物：

（1） 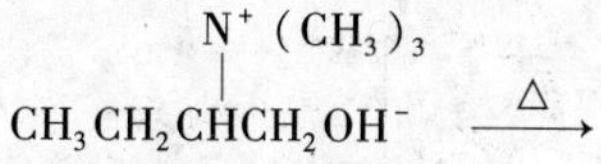

（2） 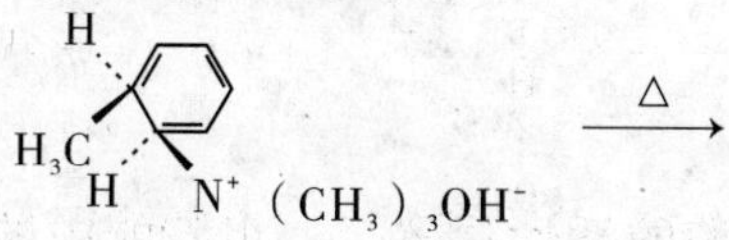

（3） a. 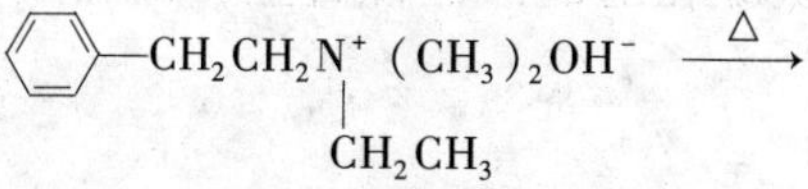

b. 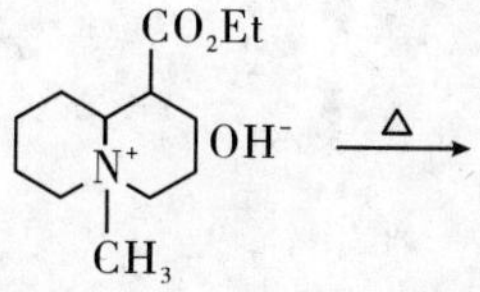

（4）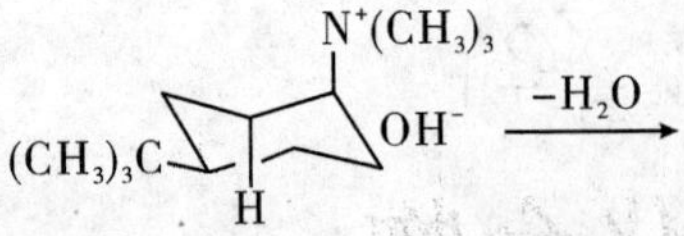

10. 请解释为什么 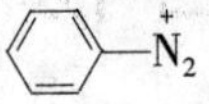 和 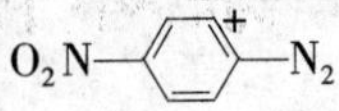 与苯酚发生偶合反应时，前者的反应活性小于后者。

11. 通常芳香重氮盐与酚的偶联在弱碱性介质中进行，与芳胺偶联在弱酸性或中性介质中进行，这是为什么？

12. 由 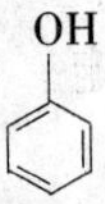 和必要的有机试剂合成 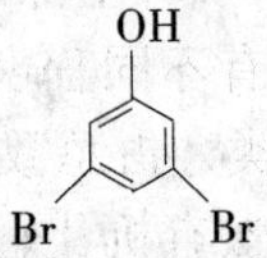 。

13. 由  合成 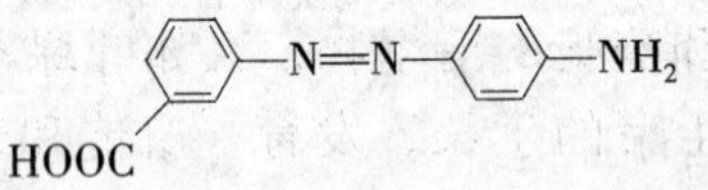 。

第 12 章　杂环化合物

在环状有机化合物中，构成环系的原子除碳原子外，还含有一个或多个非碳原子时，叫做杂环化合物（heterocyclic compound）。环上除碳以外的原子称为杂原子，常见的杂原子有氧、硫、氮等。大多数杂环化合物具有不同程度的芳香性，环也比较稳定。因此，杂环化合物是有机化合物中数量最庞大的一类，占总数的三分之二以上。

自然界中最具有强烈生物活性的天然有机化合物，绝大多数正是杂环化合物，例如对核酸的活性起决定作用的碱基就是嘌呤和嘧啶的衍生物；又如叶绿素、氨基酸、维生素、血红素、核酸、生物碱等，大多数都在生命的生长、发育、遗传和衰亡过程中起着关键作用。

在现有的药物中，杂环类化合物占了相当大的比重。它们应用于各种疾病和医疗领域，其数量之大和种类之多是难以想象的，比如我们非常熟悉的青霉素、头孢菌素、喹喏酮类以及治疗肿瘤的 5 – Fu（5 – Fluorouracil）、喜树碱、紫杉醇等，都是含有杂环的化合物。

12.1　杂环化合物的分类

杂环化合物的分类是以杂环的骨架为基础，按环的形状分为单杂环和稠杂环，最有意义的是五元杂环和六元杂环，详见表 12 – 1。

表 12 – 1　杂环母体化合物的种类

杂环的种类	重要的杂环					
五元杂环	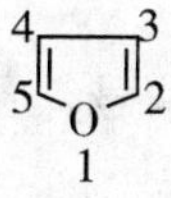	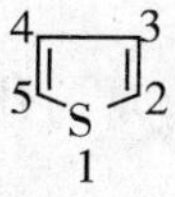	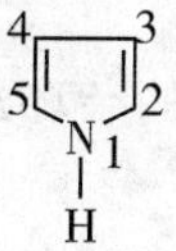	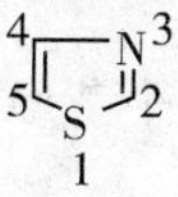	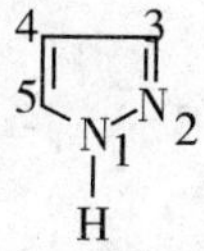	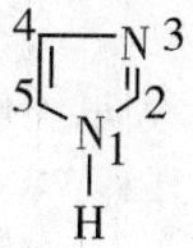
	呋喃 furan	噻吩 thiophene	吡咯 pyrrole	噻唑 thiazole	吡唑 pyrazole	咪唑 imidazole
六元杂环	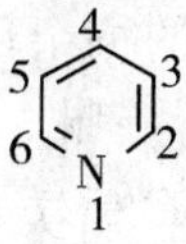	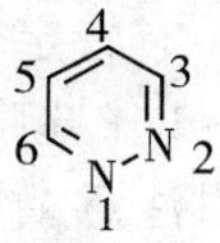	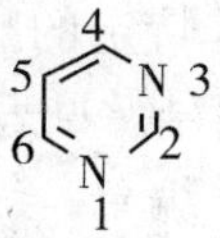	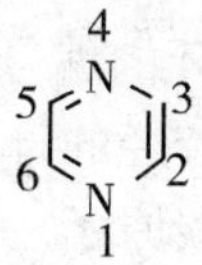	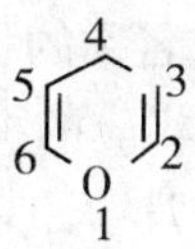	
	吡啶 pyridine	哒嗪 pyridazine	嘧啶 pyrimidine	吡嗪 pyrazine	吡喃 pyran	

（续上表）

杂环的种类	重要的杂环			
稠杂环	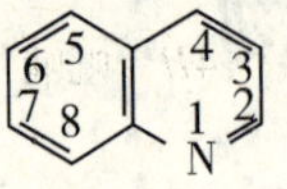 喹啉 Quinoline	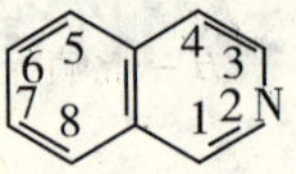 异喹啉 Isoquinoline	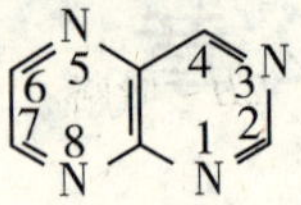 喋啶 Pteridine	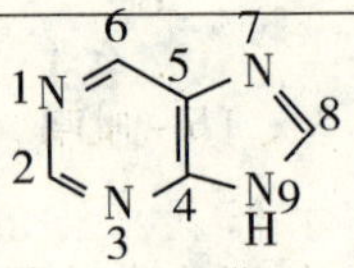 嘌呤 Purine
	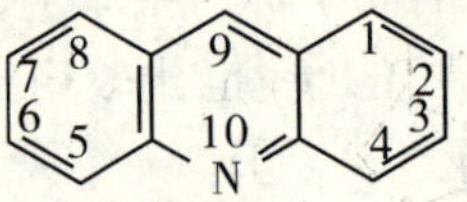 吖啶 Acridine	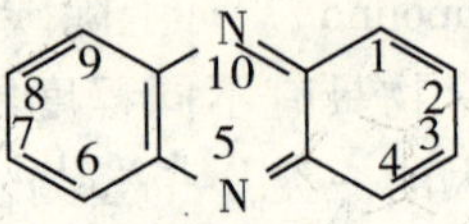 吩嗪 Phenazine	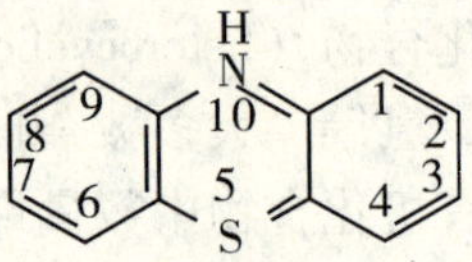 吩噻嗪 Phenothiazine	

12.2 杂环化合物的命名

12.2.1 有特定名称的稠杂环

杂环化合物的命名比较复杂。现广泛应用的是按 IUPAC（1979）命名原则规定，保留特定的 45 个杂环化合物的俗名和半俗名，并以此为命名的基础。我国采用“音译法”，按照英文名称的读音，选用同音汉字加“口”旁组成音译名，其中“口”代表环的结构。见表 12－1。

12.2.2 杂环母环的编号规则

当杂环上连有取代基时，为了标明取代基的位置，必须将杂环母体编号。杂环母体的编号原则是：

（1）含一个杂原子的杂环。含一个杂原子的杂环从杂原子开始编号，见表 12－1 中吡咯、吡啶等编号。

（2）含两个或多个杂原子的杂环。含两个或多个杂原子的杂环编号时应使杂原子位次尽可能小，并按 O、S、NH、N 的优先顺序决定优先的杂原子，见表 12－1 中咪唑、噻唑的编号。

（3）有特定名称的稠杂环的编号有其特定的顺序。有特定名称的稠杂环的编号有几种情况。有的按其相应的稠环芳烃的母环编号，见表 12－1 中喹啉、异喹啉、吖啶等的编号。有的从一端开始编号，共用碳原子一般不编号，编号时注意杂原子的号数字尽可能小，并遵守杂原子的优先顺序，见表 12－1 中吩噻嗪的编号。还有些具有特殊规定的编号，如表 12－1 中嘌呤的编号。

（4）标氢。杂环中拥有最多数目的非聚集双键后，环中仍然有饱和的碳原子或氮原子，则这个饱和的原子上所连接的氢原子称为“标氢”、“指示氢”或“额外氢”。用其编号加 *H*（大写斜体）表示。例如：

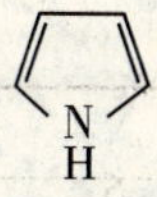
1*H* – 吡咯

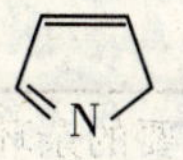
2*H* – 吡咯

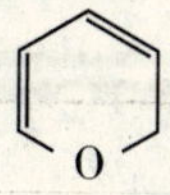
2*H* – 吡喃

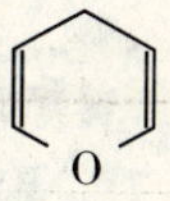
4*H* – 吡喃

含活泼氢的杂环化合物及其衍生物，可能存在着互变异构体，命名时需按上述标氢的方式标明之。例如：

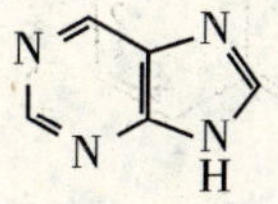
9*H* – 嘌呤

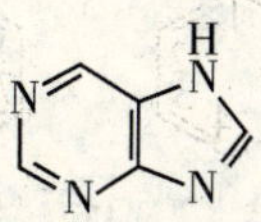
7*H* – 嘌呤

若杂环上尚未含有最多数目的非聚集双键，则多出的氢原子称为添加氢（也叫外加氢）。命名时要指出氢的位置及数目，全饱和时可不标明位置。例如：

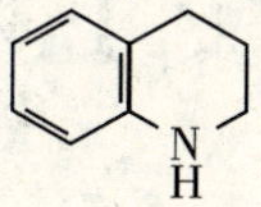
1，2，3，4 – 四氢喹啉

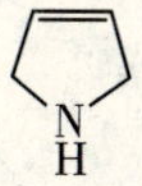
2，5 – 二氢吡咯

四氢呋喃

有时多出的双键上的氢有一个位置接上了结构特征，如异戊巴比妥，接上了结构特征官能团酮基，表示方法是在结构特征位置的邻位用带括弧氢 H 表示。本例中的结构特征为酮基，因有三个，即表示为 2，4，6 –（1H，3H，5H）嘧啶三酮。2，4，6 是酮基的位置，1，3，5 是酮基的邻位。

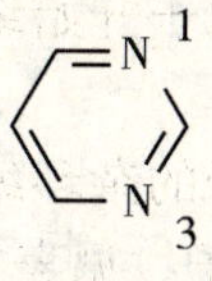
嘧啶

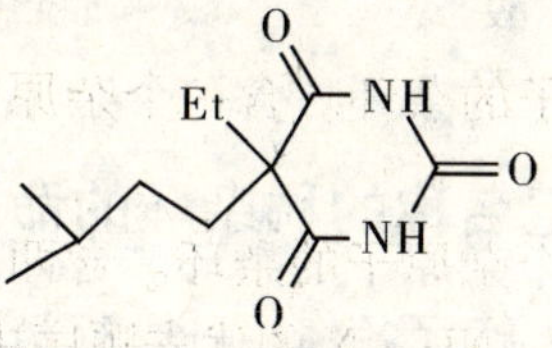
异戊巴比妥

又如地西泮，七元环上只有两个双键，除用指示氢表示的一个外，还有两个饱和位置采用外加氢来表示。根据命名原则，优先用指示氢表示结构特征的位置，在本例中为 2 位酮基的位置，其余两个饱和位置 1 和 3 为添加氢。

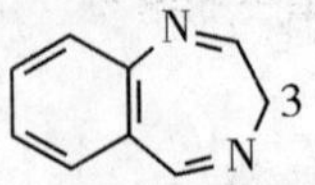

3*H*－1，4－苯并二氮卓

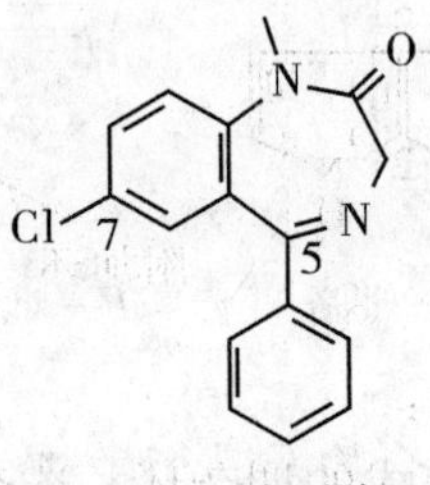

地西泮

地西泮母体化学名：1－甲基－5－苯基－7－氯－1，3－二氢－2H－1，4－苯并二氮卓－2－酮。

12.2.3 取代杂环化合物的命名

当杂环上连有取代基时，先确定杂环母体的名称和编号，然后将取代基的名称连同位置编号以词头或词尾形式写在母体名称前或后，构成取代杂环化合物的名称。例如：

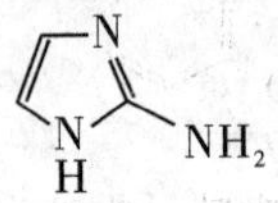

2－氨基咪唑

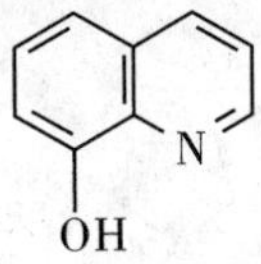

8－羟基喹啉

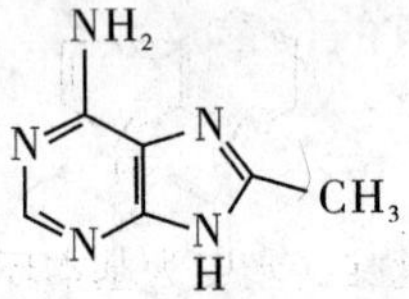

8－甲基－6－氨基－9*H*－嘌呤

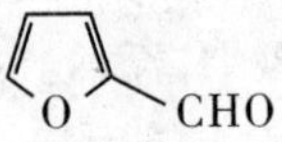

2－呋喃甲酸

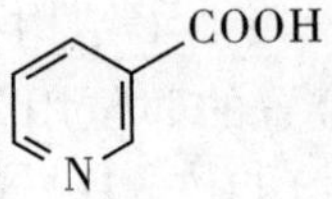

3－吡啶甲酸

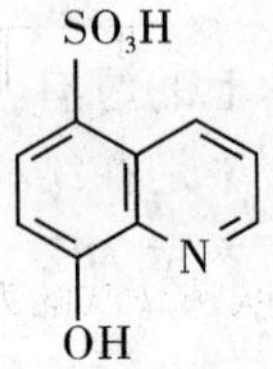

8－羟基喹啉－5－磺酸

12.2.4 无特定名称的稠杂环的命名

绝大多数稠杂环无特定名称，可看成是两个单杂环并合在一起（也可以是一个碳环与一个杂环并合），并以此为基础进行命名。

1. 基本环与附加环的确定

稠杂环命名时，先将稠合环分为两个环系，一个环系定为基本环或母环；另一个为附加环或取代部分。命名时附加环名称在前，基本环名称在后，中间用“并”字相连。例如：

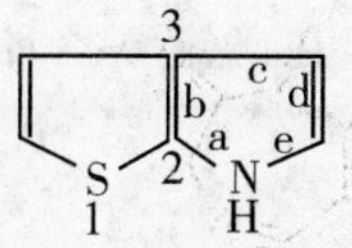

噻吩并[2，3-b]吡咯

附加环　附加环编号　基本环编号　基本环

基本环的选择原则：

（1）碳环与杂环组成的稠杂环，选杂环为基本环。例如：

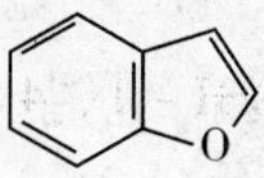

苯并呋喃（呋喃为基本环）

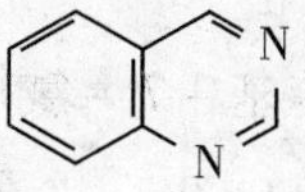

苯并嘧啶（嘧啶为基本环）

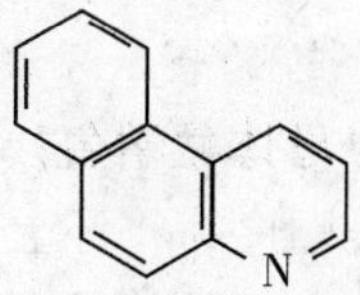

苯并喹啉（喹啉为基本环）

（2）由大小不同的两个杂环组成的稠杂环，以大环为基本环。例如：

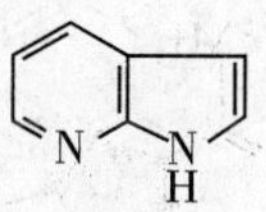

吡咯并吡啶（吡啶为基本环）

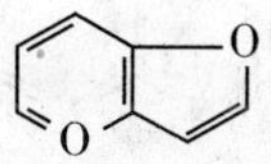

呋喃并吡喃（吡喃为基本环）

（3）大小相同的两个杂环组成的稠杂环，基本环按所含杂原子 N、O、S 顺序有限确定。例如：

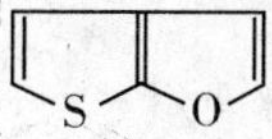

噻吩并呋喃（呋喃为基本环）

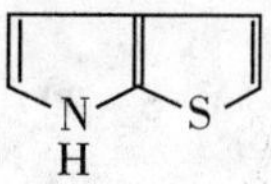

噻吩并吡咯（吡咯为基本环）

（4）两环大小相同、杂原子个数不同时，选杂原子多的为基本环；杂原子数目也相同时，选杂原子种类多的为基本环。例如：

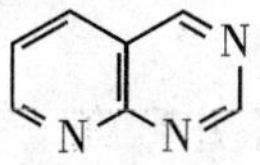

吡啶并嘧啶（嘧啶为基本环）

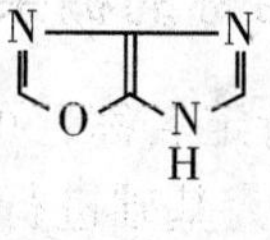

吡唑并噁唑（噁唑为基本环）

（5）环大小、杂原子个数都相同时，以稠合前杂原子编号较低者为基本环。例如：

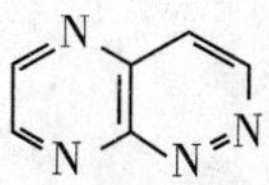

吡嗪并哒嗪（哒嗪为基本环）

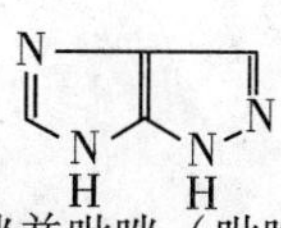

咪唑并吡唑（吡唑为基本环）

（6）当稠合边有杂原子时，共用杂原子同属于两个环。在确定基本环和附加环时，均包含该杂原子，再按上述规则选择基本环。例如：

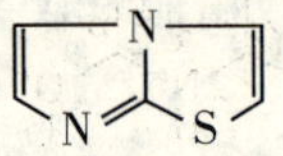

咪唑并噻唑（噻唑为基本环）

2. 稠合边的表示方法

稠合边（即共用边）的位置是用附加环和基本环的位号来共同表示的。基本环按照原杂环的编号顺序，将环上各边用英文字母 a、b、c…表示（1，2 之间为 a；2，3 之间 b…）。附加环按原杂环的编号顺序，以阿拉伯数字标注各原子。当有选择时，应使稠合边的编号尽可能小。表示稠合边位置时，在方括号内，阿拉伯数字在前，英文字母在后，中间用短线相连。阿拉伯数字排列顺序以英文字母顺序为准，相同时数字从小到大，相反时从大到小。例如：

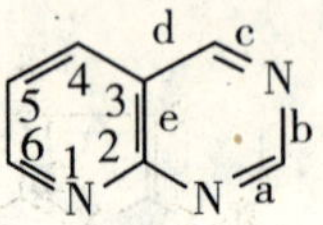

吡啶并［3，2-e］嘧啶

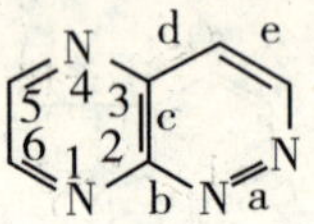

吡嗪并［2，3-c］哒嗪

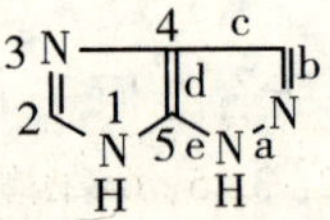

咪唑并［4，5-d］吡唑

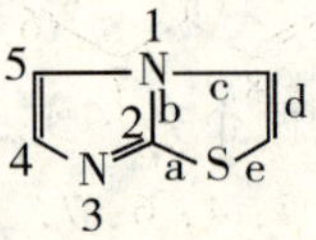

咪唑并［2，1-b］噻唑

3. 周边编号

为了标示稠杂环上的取代基、官能团或氢原子的位置，需要对整个稠杂环的环系进行编号，称为周边编号或大环编号。其编号原则是：

（1）尽可能使所含的杂原子编号最低，在保证编号最低的前提下，再考虑按 O、S、NH、N 的顺序编号。例如：

是 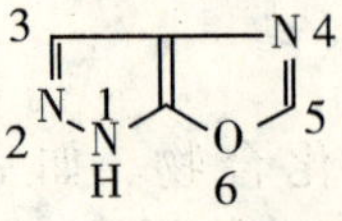 不是 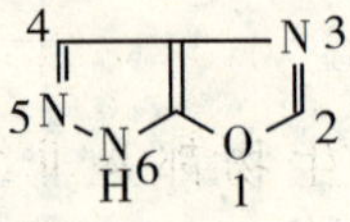 也不是 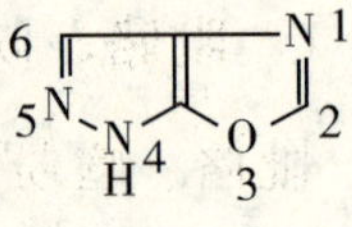

（2）共用杂原子都要编号，共用碳原子一般不编号，如需要编号时，用前面相邻的位号加 a、b……表示。例如：

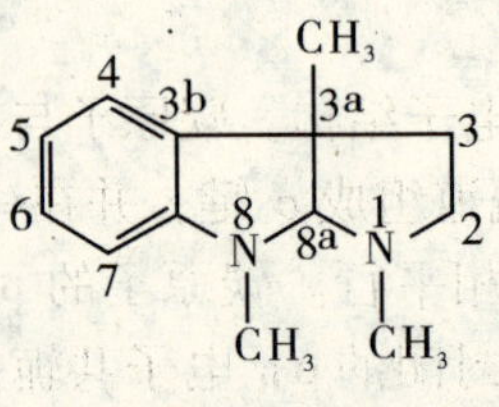

(3) 在不违背前两条规则的前提下，编号时应使共用杂原子位号尽可能低，使所有氢原子的总位号尽可能小。例如：

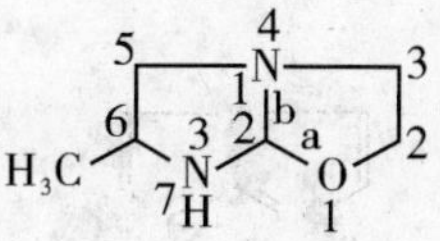

4. 命名实例

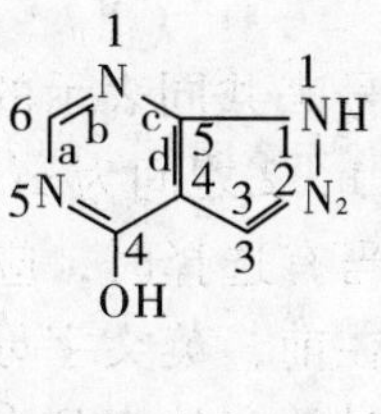

4-羟基-1H-吡唑并［3，4-d］嘧啶（别嘌醇）

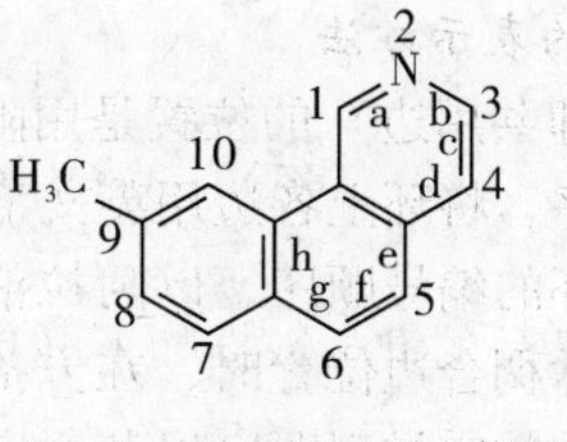

9-甲基苯并［h］异喹啉

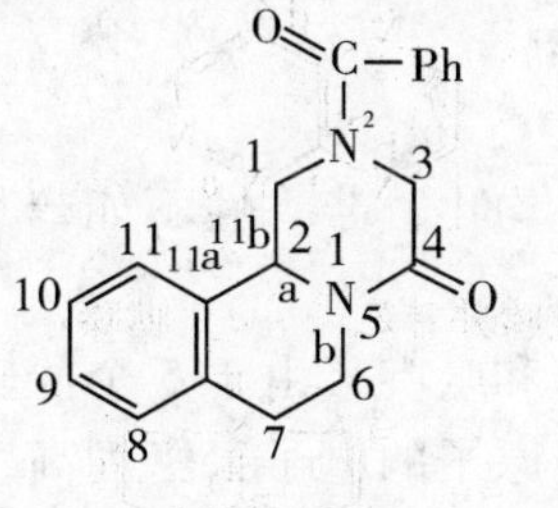

2-环已甲酰基-1，3，4，6，7，11b-六氢-2H-吡嗪并［2，1-a］异喹啉-4-酮（吡喹酮）

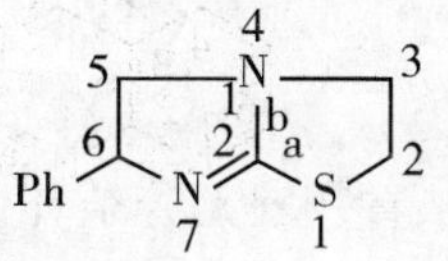

6-苯基-2，3，5，6-四氢咪唑并［2，1-b］噻唑（驱虫净）

［问题12-1］　写出α-呋喃甲醇、糠醛、2-氨基-5-甲基噻唑的结构式。

12.3　五元杂环化合物

12.3.1　吡咯、呋喃和噻吩

呋喃、吡咯、噻吩及它们的衍生物都是非常重要的化合物。如α-呋喃甲醛 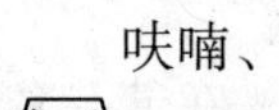，俗名糠醛，是一种重要的有机合成原料，吡咯的衍生物广泛分布于自然界，叶绿素、血红素、维生素 B_{12} 以及许多生物碱中都含有吡咯环。

1. 结构与性质

吡咯、呋喃与噻吩具有相似的电子结构，碳原子与杂原子均以 sp^2 杂化，碳原子之间以及碳原子与杂原子之间经 sp^2 杂化轨道组成 σ 键，并在一个平面上。每个碳原子和杂原子都剩下一个未参与杂化的 p 轨道，互相平行。碳原子的 p 轨道有一个 p 电子，而杂原子的 p 轨道有 2 个电子，形成了一个环型封闭的 6π 电子共轭体系，π 电子数符合 $4n+2$ 的规则，因此具有一定的芳香性。杂原子的第三个 sp^2 杂化轨道中，吡咯有一个电子，与氢原子形成 N—Hσ 键，呋喃和噻吩有一对未共用电子对（又称孤对电子），详见图 12－1。

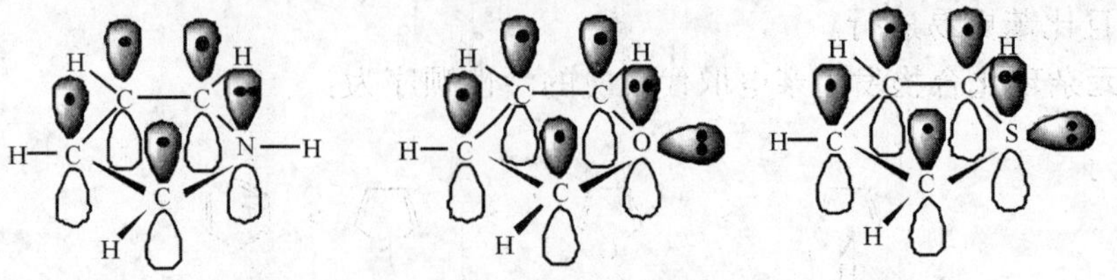

图 12－1　吡咯、呋喃和噻吩的轨道结构示意图

三个五元杂环的键长数据如下（单位 pm）：

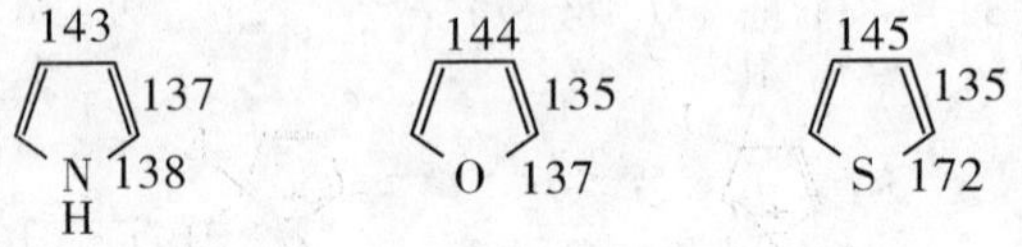

从键长数据来看，五元芳杂环键长没有完全平均化，芳香性不如苯和吡啶强，其稳定性比苯和吡啶差。

在这三个五元杂环中，组成的大 π 键不同于苯和吡啶，由于 5 个 p 轨道中分布着 6 个电子，因此杂环上碳原子的电子云密度比苯环上碳原子的电子云密度高，所以又称这类杂环为“多 π”（富电子）芳杂环。多 π 杂环的芳香稳定性不如苯环，它们与“缺 π”的六元杂环在性质上有显著差别。可以预测，它们进行亲电取代反应将比苯容易得多，芳香性的强弱次序与苯相比为：苯 > 噻吩 > 吡咯 > 呋喃。

三个五元杂环及其饱和环的偶极矩数值和方向如下：

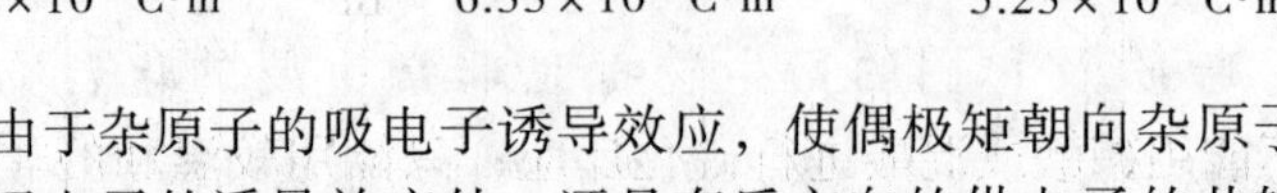

$2.33 \times 10^{-30} C \cdot m$　　$1.70 \times 10^{-30} C \cdot m$　　$6.03 \times 10^{-30} C \cdot m$

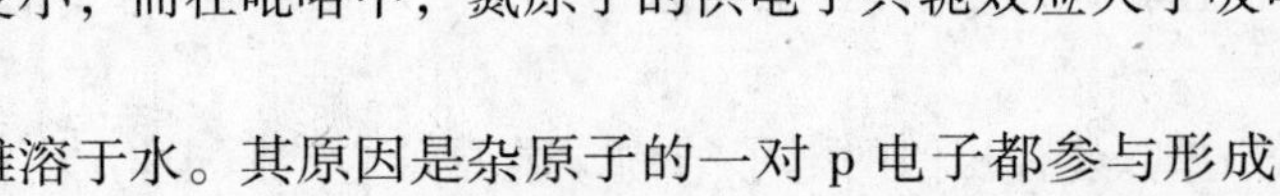

$5.76 \times 10^{-30} C \cdot m$　　$6.33 \times 10^{-30} C \cdot m$　　$5.23 \times 10^{-30} C \cdot m$

在饱和杂环中，由于杂原子的吸电子诱导效应，使偶极矩朝向杂原子一端；在芳杂环中，杂原子除了具有吸电子的诱导效应外，还具有反方向的供电子的共轭效应，致使呋喃和噻吩的偶极矩数值变小，而在吡咯中，氮原子的供电子共轭效应大于吸电子的诱导效应，使偶极矩方向逆转。

三个五元杂环都难溶于水。其原因是杂原子的一对 p 电子都参与形成大 π 键，杂原子上的电子云密度降低，与水结合能力减弱。但是它们的水溶性仍有差别，吡咯氮上的氢可与水形成氢键，呋喃环上的氧与水也能形成氢键，但相对较弱，而噻吩环上的硫不能与水形成氢键，因此三个杂环的水溶解度顺序为：吡咯 > 呋喃 > 噻吩。

2. 亲电取代反应

吡咯、呋喃和噻吩分子中的杂原子有斥电子的共轭效应，能使杂环活化，容易发生亲电取代，难以加成和氧化。α 位的电子云密度比 β 位大，当发生亲电取代反应时，优先进入 α 位，而且比苯更易进行。

不同五元杂环化合物发生亲电取代反应的活性顺序为：

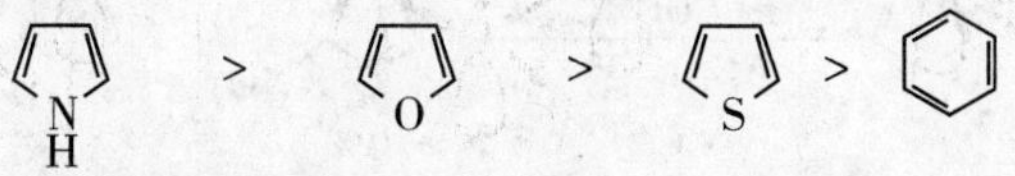

亲电取代反应需在较弱的亲电试剂和温和的条件下进行。相反，在强酸性条件下，吡咯和呋喃会因发生质子化而破坏芳香性，会发生水解、聚合等副反应。另外。亲电取代反应主要发生在 α 位上，β 位产物较少。这可用其反应中间体的相对稳定性来解释。

β 位取代的中间体　　α 位取代的中间体

α 位取代时，中间体的正电荷离域程度高，能量低，比较稳定，而 β 位取代的反应中间体的正电荷离域程度低，能量高，不稳定，所以，亲电取代反应产物以 α 位取代产物为主。

卤代反应：

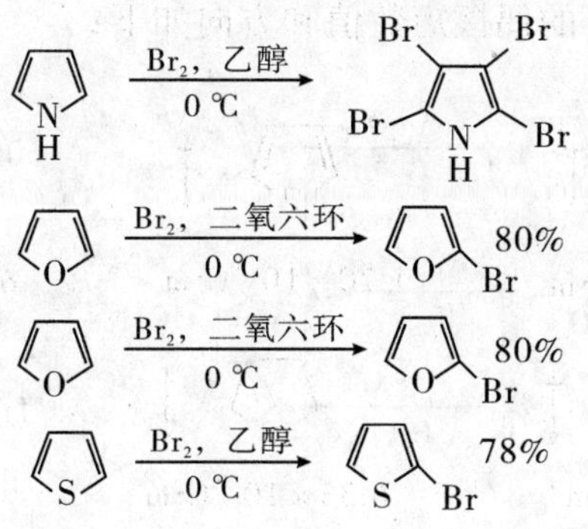

硝化反应：不能用硝酸或混酸进行硝化反应，只能用较温和的非质子性的硝乙酐作为硝化试剂，并且在低温条件下进行反应。

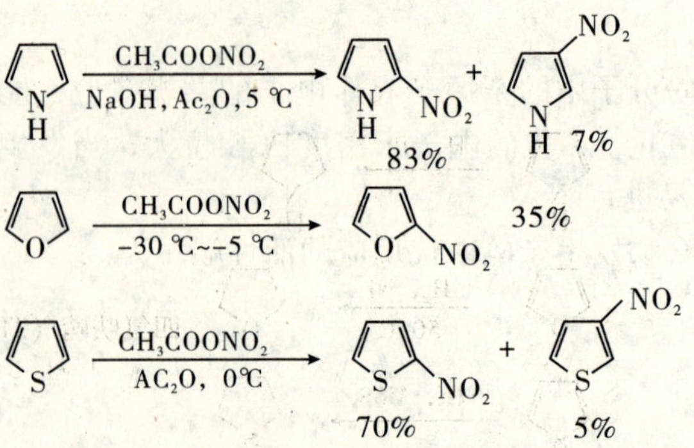

磺化反应：吡咯和呋喃的磺化反应也需要使用比较温和的非质子性的磺化试剂，常用吡啶三氧化硫作为磺化试剂。例如：

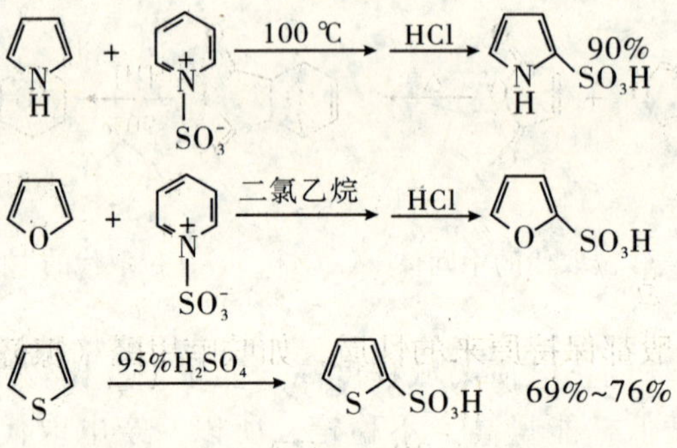

由于噻吩比较稳定，可直接用硫酸进行磺化反应。利用此反应可以把煤焦油中共存的苯和噻吩分离开来。

付—克酰基化：

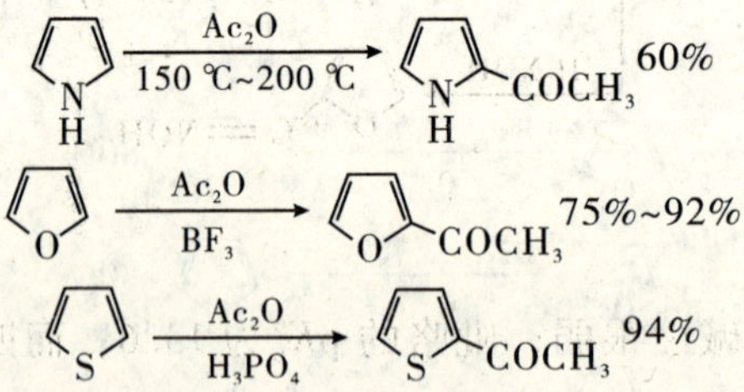

除上述反应外，吡咯还可以发生与苯酚类似的反应，如可以发生瑞默尔—梯门反应和与重氮盐偶合反应。

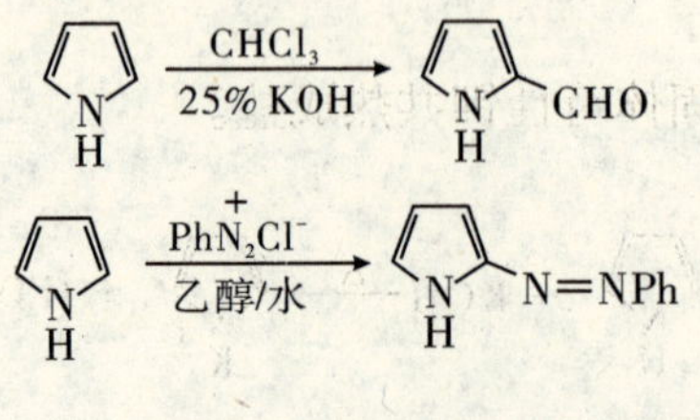

3. 加成反应

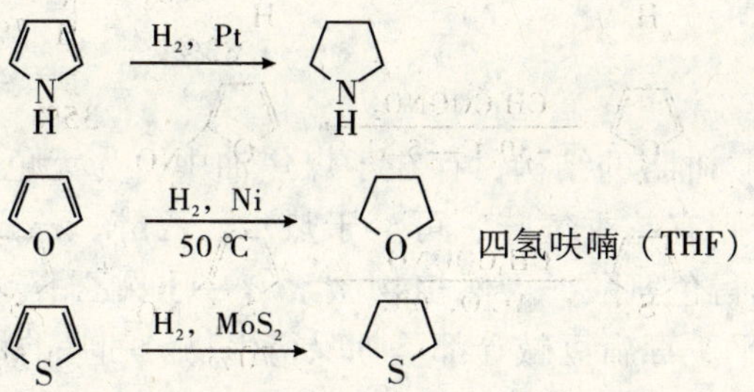

呋喃的离域能较小，环稳定性差，具有明显的共轭二烯烃的性质，可以发生双烯加成类的反应（Diels－Alder 反应）。

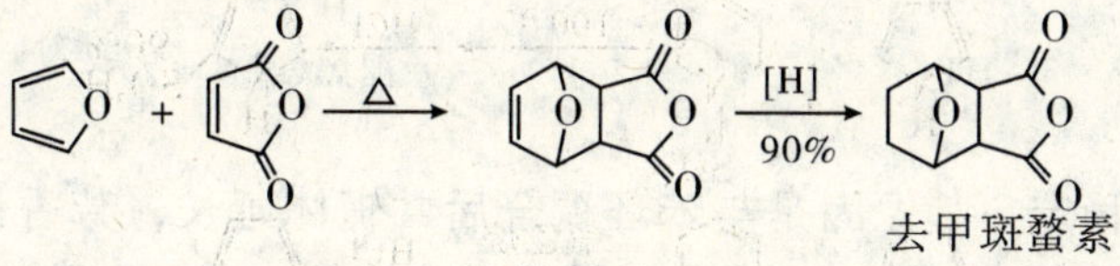

4. 环上取代基的反应

杂环上的取代基一般都保持原来的性质，如呋喃甲醛（糠醛）就具有芳香醛的性质。

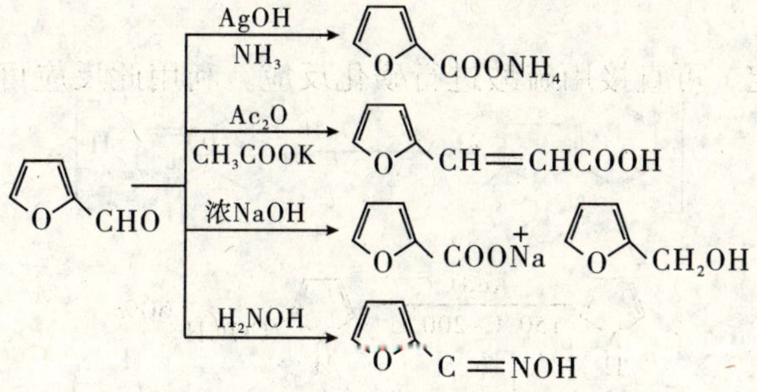

5. 酸碱性

吡咯与相应的胺比较，碱性很弱，吡咯的 pK_b^θ 为 13.6；而四氢吡咯的 pK_b^θ 为 2.89。这是由于吡咯分子中的亚氨基氮原子上未共用电子对参与环的共轭，使 N 上的电子云密度降低，若吡咯的氮与 H^+ 结合，将破坏共轭体系。正因为如此，吡咯与水较难形成氢键，致使它难溶于水，而易溶于有机溶剂。

由于共轭，导致氮原子电子云密度降低，结果使 N—H 键极性增加，使其表现出弱酸性（$pK_a^\theta = 17.5$）。

吡咯在无水条件下可以与固体苛性钾共热成盐。

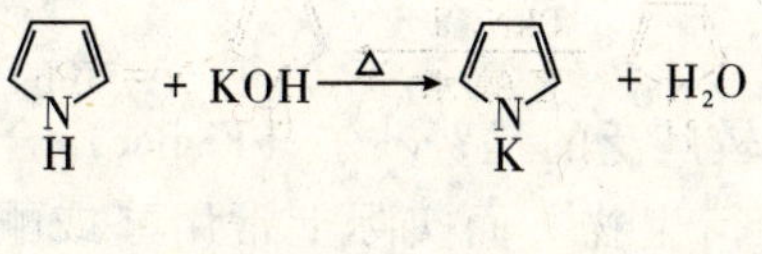

呋喃中的氧原子也因参与形成大 π 键而失去了醚的弱碱性，不易生成锌盐。噻吩中的硫原子不能与质子结合，因此也不显碱性。

12.3.2 吲 哚

吲哚具有苯并［b］吡咯的结构，存在于煤焦油中，为无色片状结晶，熔点 52 ℃，具有粪臭味，但极稀溶液则有花香气味，可溶于热水、乙醇、乙醚中。吲哚环系在自然界分布很广，如蛋白质水解得色氨酸，天然植物激素 β－吲哚乙酸（也是一类消炎镇痛药物的结构）、蟾蜍素、利血平、毒扁豆碱等都是吲哚衍生物。吲哚的许多衍生物具有生理与药理活性，如 5－羟色胺（5－HT）、褪黑素（melatonin）等。

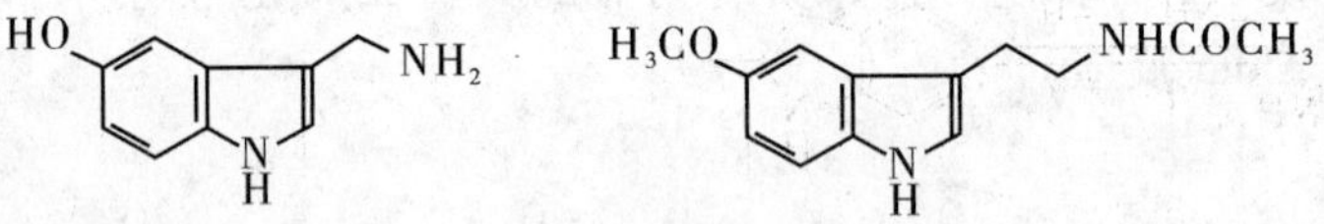

5－HT 褪黑素

吲哚环比吡咯环稳定，其原因是与苯环稠合后共轭体延长，芳香性随之增加。吲哚对酸、碱及氧化剂都表现较不活泼，吲哚的碱性比吡咯还弱，其 pK_a 为 －3.5；酸性比吡咯稍强，其 pK_a 为 17.0。这是由于氮原子上未共用电子对在更大范围内离域的结果。

吲哚的亲电取代反应活性比苯高，反应主要发生在 3（β）位，而不是在 2（α）位。其原因可用反应中间体正离子的稳定性来解释。

在 2 位取代：

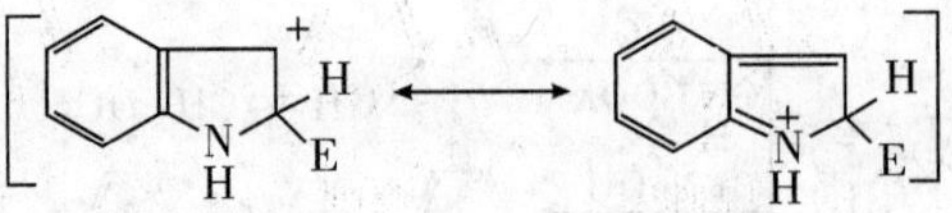

在 3 位取代：

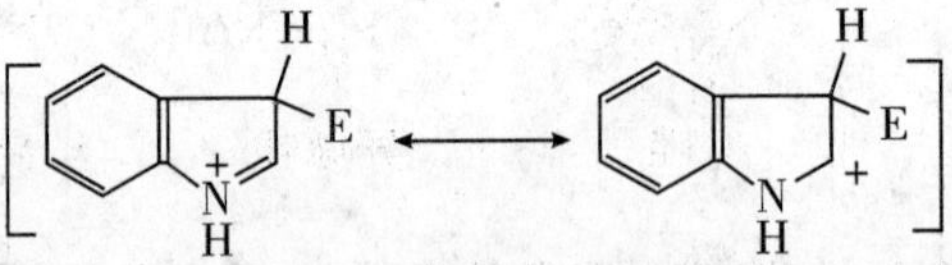

当亲电试剂 E 进攻 3（β）位时，中间体有两个极限式保留苯环的结构，而进攻 2（α）位时，中间体只有一个极限式保留苯环的结构。稳定的极限式越多，中间体就越稳定，就越容易生成。例如：

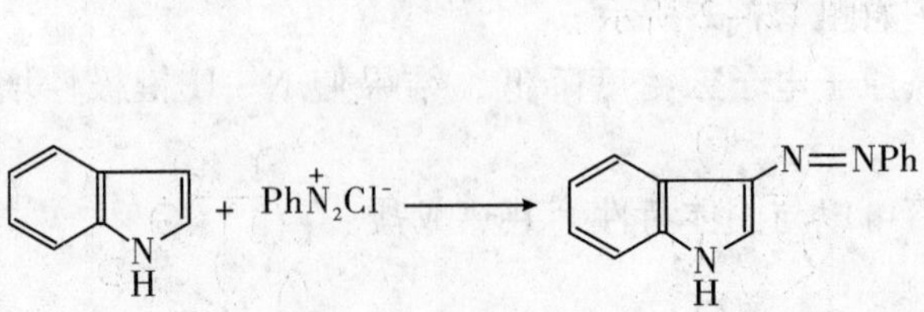

吲哚环系的合成方法应用较广泛的是费歇尔（Fisher）合成法。用苯腙在酸催化下加热重排，消除一分子氨得到吲哚衍生物。而实际上常用醛或酮与等摩尔苯肼反应生成苯腙，然后进行重排和消除反应。反应可能的机理是：

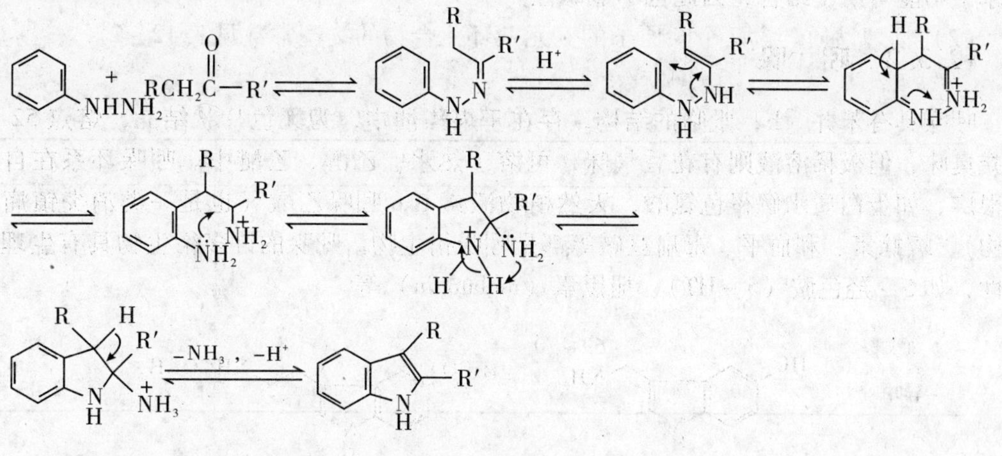

12.3.3　含两个杂原子的五元杂环化合物

含有两个或两个以上杂原子的五元杂环化合物至少都含有一个氮原子，其余的杂原子可以是氧或硫原子。这类化合物通称为唑（azole）类。

1. 吡唑、咪唑、噻唑、噁唑、异噁唑

含两个杂原子的五元杂环可以看成是吡咯、呋喃和噻吩的氮取代物，根据两个杂原子的位置可分为 1，2 二唑和 1，3 二唑两类。

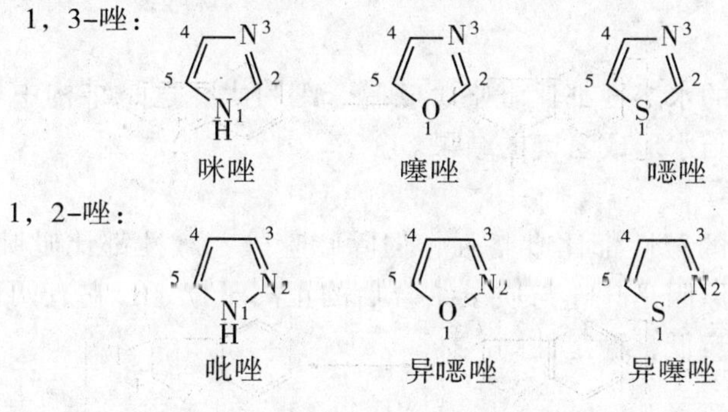

（1）电子结构和芳香性。唑类可以看成是吡咯、呋喃和噻吩环上的 2 位或 3 位的碳被氮原子所替代，这个氮原子的电子构型与吡啶环中的氮原子是相同的，为 sp^2 杂化，未参与杂化的 p 轨道中有一个电子，与碳原子及杂原子的 p 轨道侧面重叠形成六电子的共轭大 π 键，因此具有芳香性，如图 12－2 所示。

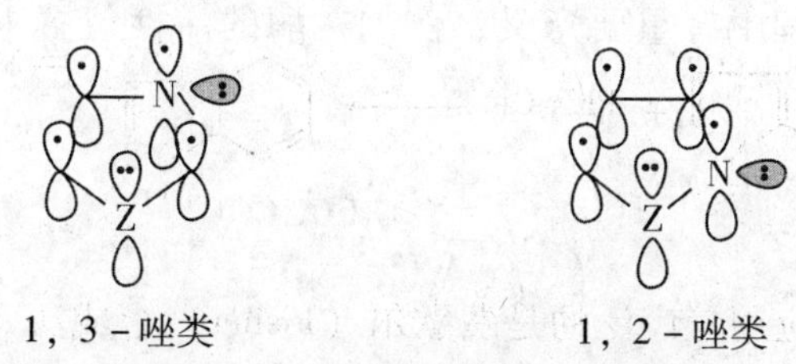

图 12－2　唑类分子轨道示意图

在增加的氮原子的 sp^2 杂化轨道中有一对未共用电子对，吸电性的氮原子使唑类环上的电子云密度降低，环稳定性增强。

（2）物理性质。含两个杂原子的五元杂环化合物的物理常数见表 12－2。

表 12－2　几种唑类杂环的物理常数

名称	相对分子质量	沸点（℃）	熔点（℃）	水溶度	pK_a
吡唑	68	186～188	69～70	1:1	2.5
咪唑	68	257	90～91	易溶	7.0
噻唑	85	117		微溶	2.4
噁唑	69	69～70			0.8
异噁唑	69	95～96		溶解	－2.03

从表 12－2 中看出，五种唑类化合物虽然相对分子质量相近，沸点却有较大差别，其中咪唑和吡唑具有较高的沸点。这是因为咪唑可形成分子间的氢键，吡唑可通过氢键形成二聚体而使沸点升高。

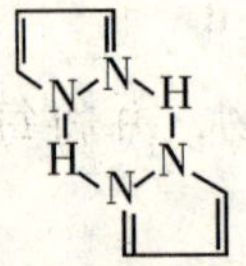

吡唑二聚体

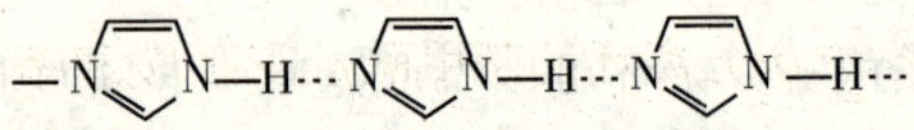

咪唑线型多聚体

五个唑类化合物的水溶度都比吡咯、呋喃、噻吩大，这是结构中增加了一个带有未共用电子对的氮原子可与水形成氢键的结果。

（3）化学性质。

①酸碱性。唑类的碱性都比吡咯强，但除咪唑外，碱性都比吡啶弱。咪唑碱性最强，比吡啶和苯胺都强，原因是咪唑与质子结合后的正离子稳定，它有两种能量相等的共振极限式，使其共轭酸能量低，稳定性高。

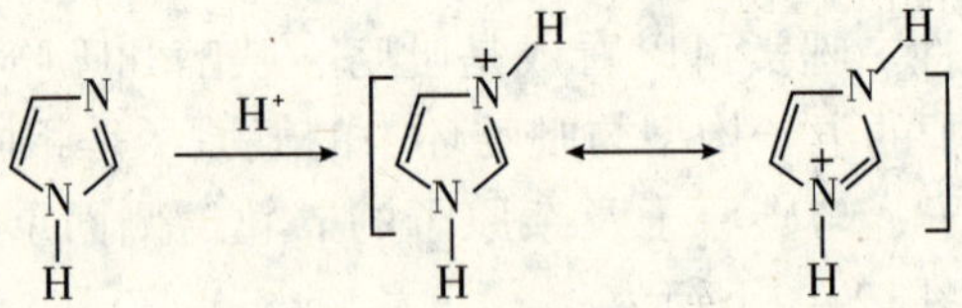

咪唑的碱性在生命过程中有重要意义，例如在酶的活性位置上，组胺酸中的咪唑环常作为质子的接受体。

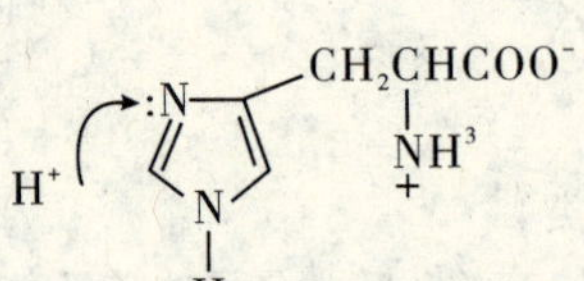

吡唑分子中有两个氮原子直接相连，吸电子的诱导效应更显著，碱性被削弱了，还有异噁唑也属于这种情况。

吡唑和咪唑氮上氢的酸性也比吡咯强。这是因为它们共轭碱的负电荷可以被电负性的氮原子分散，使其共轭碱更稳定。

②吡唑和咪唑环的互变异构。吡唑和咪唑环都有互变异构体，当环上无取代基时，这一现象不易辨别，当环上有取代基时则很明显。

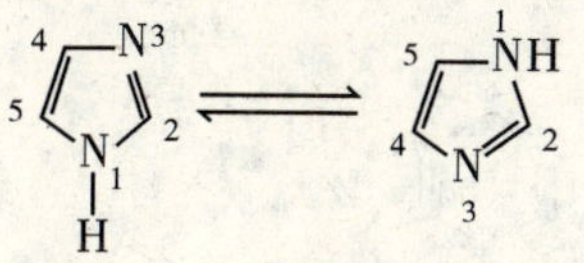

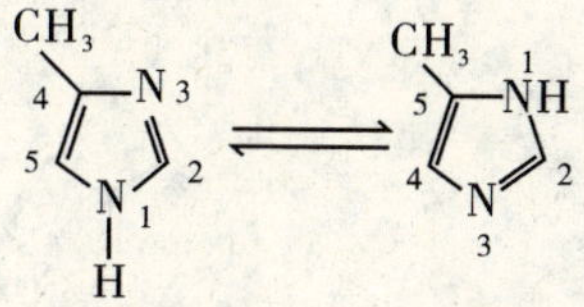

4 – 甲基咪唑　　5 – 甲基咪唑

由于两个互变异构体很难分离，因此咪唑的 4 位与 5 位是相同的，上例中的化合物可命名为 4（5）– 甲基咪唑。

与咪唑相似，吡唑环的 3 位与 5 位是相同的。例如：

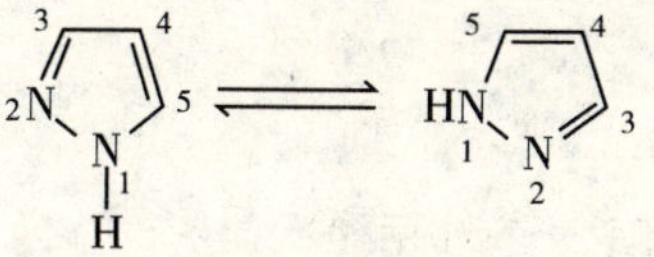

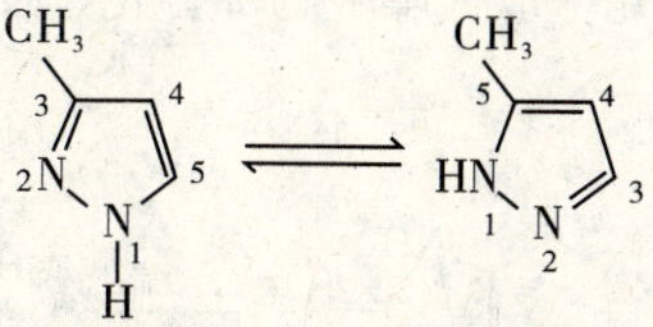

3 – 甲基吡唑　　5 – 甲基吡唑

可称为：3（5）– 甲基吡唑

③亲电取代反应。唑类化合物因分子中增加了一个吸电性的氮原子（类似于苯环上的硝基），其亲电取代反应活性明显降低，对氧化剂、强酸都不敏感。例如：

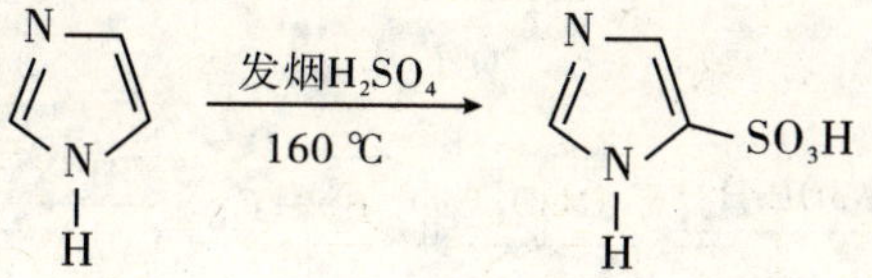

4（5）咪唑磺酸

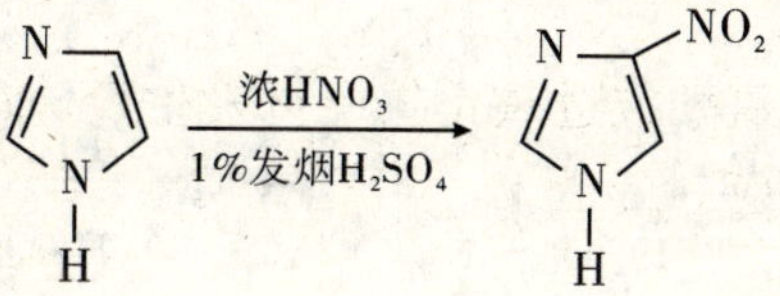

4（5）– 硝基咪唑

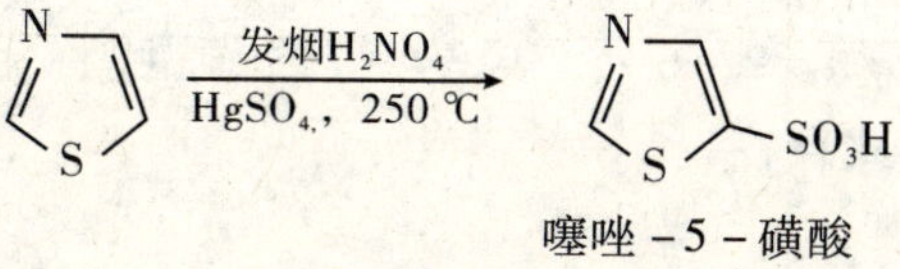

噻唑 – 5 – 磺酸

2. 嘌呤

嘌呤是由一个嘧啶环和一个咪唑环稠合成的稠杂环化合物，它存在于能起着合成蛋白质和遗传信息作用的核酸和核苷酸中。如核苷酸中的另外两个碱基就是嘌呤衍生物。

嘌呤还广泛存在于动、植物体内，比如具有兴奋作用的植物性生物碱咖啡因、茶碱、可可碱都含有嘌呤环系。嘌呤环类化合物还有抗肿瘤、抗病毒、抗过敏、降胆固醇、利尿、强心、扩张支气管等作用。因此，嘌呤衍生物在生命过程中起着非常重要的作用。

（1）嘌呤环的结构。嘌呤环也存在着互变异构现象（由于有咪唑环系），它有 9*H* 和 7*H* 两种异构体。

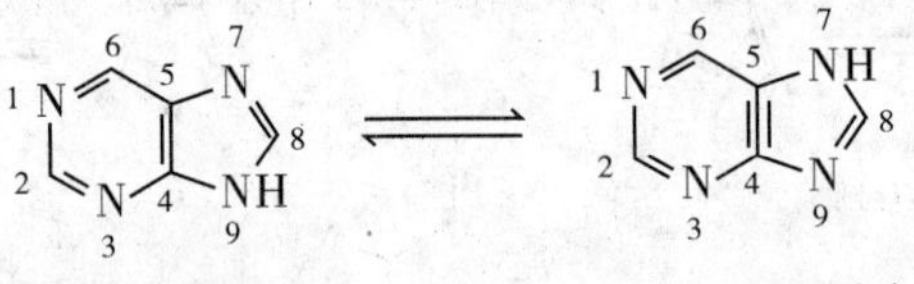

（2）嘌呤的性质。嘌呤是无色针状晶体，熔点为 216 ℃～217 ℃，易溶于水，也可溶于醇，但不溶于非极性的有机溶剂。嘌呤具有弱酸性和弱碱性。其酸性（$pK_a=8.9$）比咪唑（$pK_a=14.2$）强，其碱性（$pKa=2.4$）比嘧啶（$pK_a=1.3$）强，但比咪唑（$pK_a=7.0$）弱。下面列出几个取代嘌呤的部分化学反应，说明嘌呤环上官能团的相互转换。

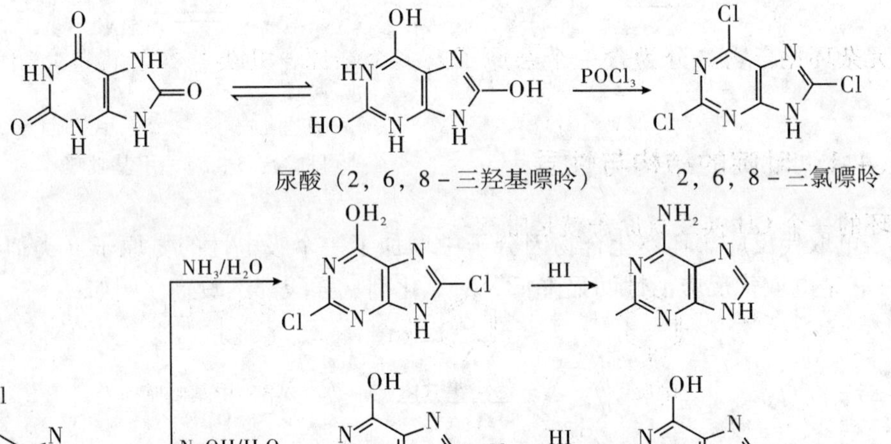

（3）重要的嘌呤衍生物。2，6－二羟基－7*H*－嘌呤称为黄嘌呤，有两种互变异构形式，其衍生物常以酮的形式存在。

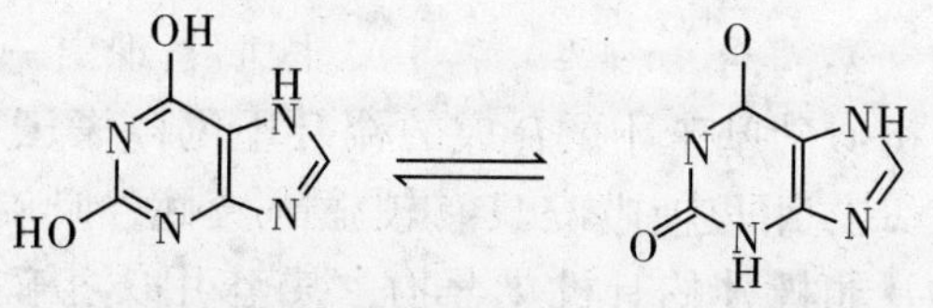

2，6 - 二羟基嘌呤（烯醇式）　　酮式
（黄嘌呤）

黄嘌呤的甲基衍生物在自然界中广泛存在，如咖啡因、茶碱和可可碱存在于茶叶或可可豆中，具有利尿和兴奋神经的作用，其中咖啡因和茶碱还可供药用。

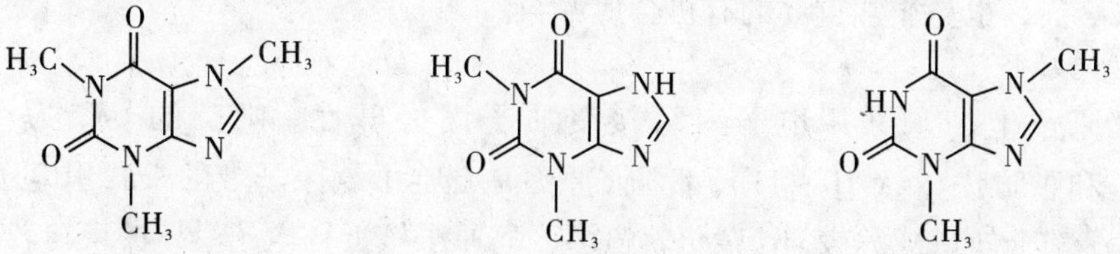

咖啡因　　茶碱　　可可碱

12.4　六元杂环化合物

六元杂环化合物又分为含一个杂原子及多个杂原子几类，本节着重介绍吡啶及其衍生物。

12.4.1　吡啶的结构与性质

苯环的一个 CH 换成氮原子就是吡啶。

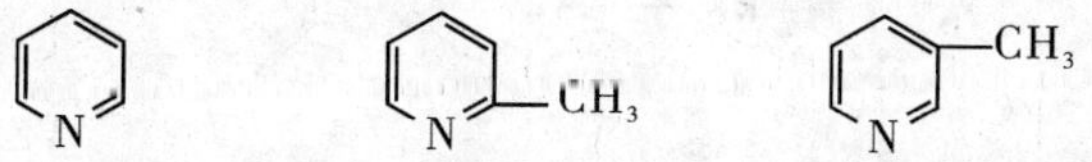

吡啶　　α - 甲基吡啶　　β - 甲基吡啶

在吡啶环上，五个碳原子和一个氮原子都以 sp^2 杂化轨道成键，处于同一平面上。每个原子剩下的 p 轨道相互平行重叠，形成闭合的共轭体系，氮原子上的一对未共用电子对占据在 sp^2 杂化轨道上，它不与环共平面，未参与成键（见图 12 - 3），可以与质子结合，具有碱性。

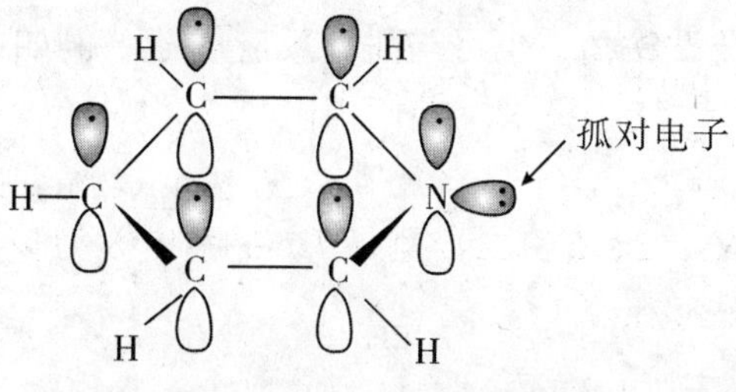

图 12 - 3　吡啶的轨道结构示意图

吡啶环系的吡啶 π 电子数符合 $4n+2$（$n=1$），因而表现出一定的芳香性。但是在吡啶的分子中，氮原子的作用类似硝基苯中的硝基，令环上的电子云密度降低了，因此它又被称作“缺 π”芳杂环。这一作用也使吡啶具有较强的极性，吡啶与水能以任何比例互溶，同时又能溶解大多数极性及非极性的有机化合物，甚至可以溶解某些无机盐类。所以吡啶是一个有广泛应用价值的溶剂。吡啶分子具有高水溶性的原因除了分子具有较大的极性外，还因为吡啶氮原子上的未共用电子对可以与水形成氢键。吡啶结构中的烃基使它与有机分子有相当的亲和力，所以可以溶解极性或非极性的有机化合物。而氮原子上的未共用电子对能与一些金属离子如 Ag^+、Ni^{2+}、Cu^{2+} 等形成配合物，而致使它可以溶解无机盐类。

吡啶是一种具有特殊气味的无色液体，它既能溶于水，又能溶于多种有机溶剂，是常用的高沸点溶剂，也是非常重要的有机合成原料。

1. 吡啶的碱性

吡啶氮原子上的未共用电子对可接受质子而显碱性。吡啶的 pK_a 为 5.19，比氨（pK_a9.24）和脂肪胺（pK_a10～11）都弱。原因是吡啶中氮原子上的未共用电子对处于 sp^2 杂化轨道中，其 s 轨道成分较 sp^3 杂化轨道多，离原子核近，电子受核的束缚较强，给出电子的倾向较小，因而与质子结合较难，碱性较弱。但吡啶与芳胺（如苯胺，pK_a4.6）相比，碱性稍强一些。

吡啶与强酸可以形成稳定的盐，某些结晶型盐可以用于分离、鉴定及精制工作中。吡啶的碱性在许多化学反应中用作催化剂脱酸剂，由于吡啶在水中和有机溶剂中的良好溶解性，所以它的催化作用常常是一些无机碱无法达到的。

吡啶不但可与强酸成盐，还可以与路易斯酸成盐。例如：

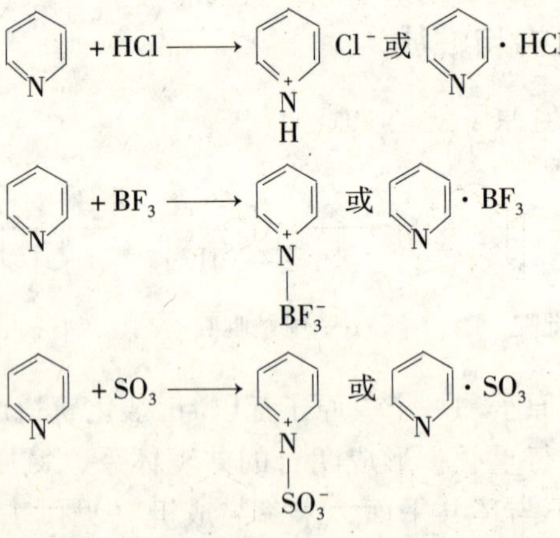

其中吡啶三氧化硫是一个重要的非质子型的磺化试剂。此外，吡啶还具有叔胺的某些性质，可与卤代烃反应生成季铵盐，也可与酰卤反应成盐。例如：

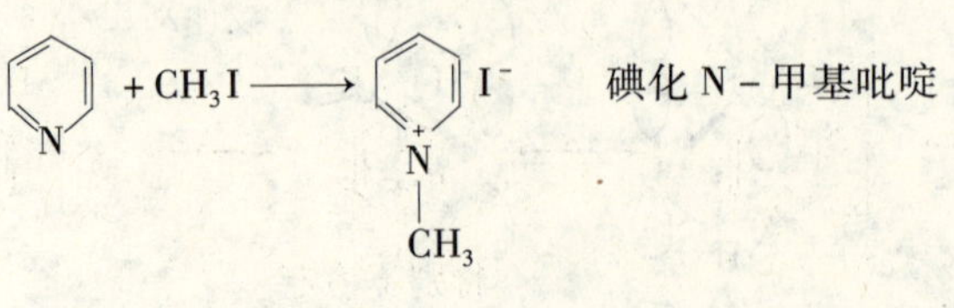

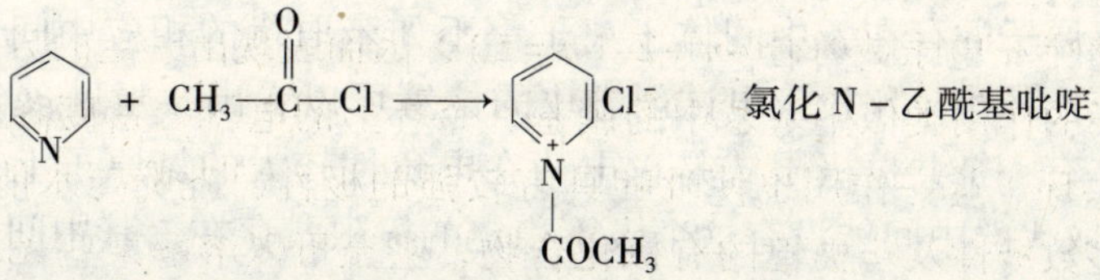

吡啶与酰卤生成的 N－酰基吡啶盐是良好的酰化试剂。

2. 吡啶的亲电取代反应

吡啶是“缺 π”杂环，环上电子云密度比苯低，因此其亲电取代反应的活性也比苯低，与硝基苯相当。由于环上氮原子的钝化作用，使亲电取代反应的条件比较苛刻，且产率较低，取代基主要进入 3（β）位。例如：

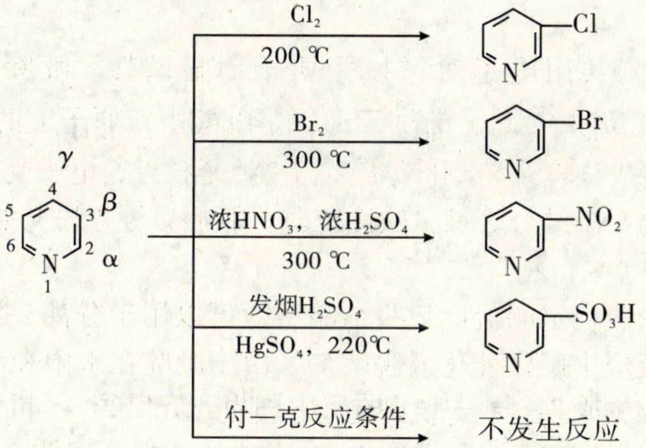

与苯相比，吡啶环亲电取代反应变难，而且取代基主要进入 3（β）位，可以通过中间体的相对稳定性来说明这一作用。

2（α）位取代：

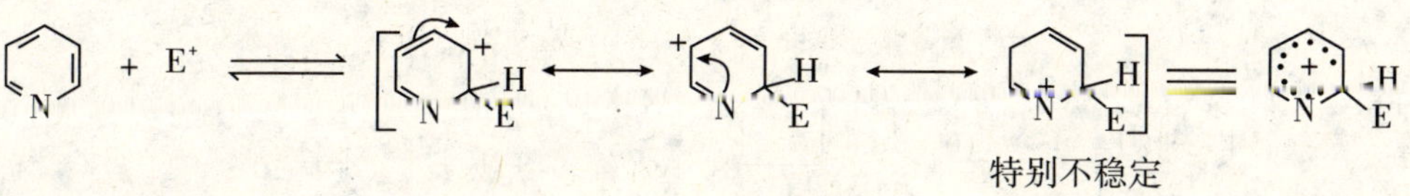

3（β）位取代：

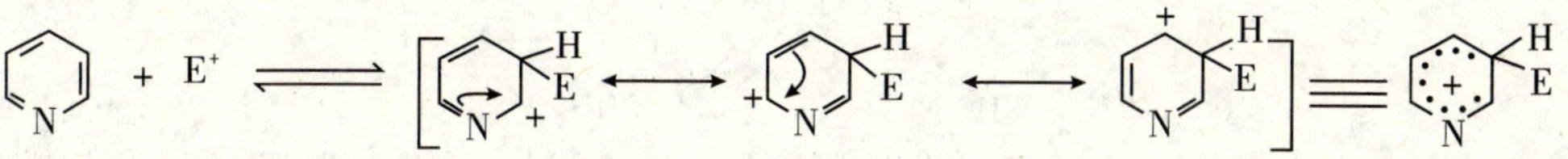

4（γ）位取代：

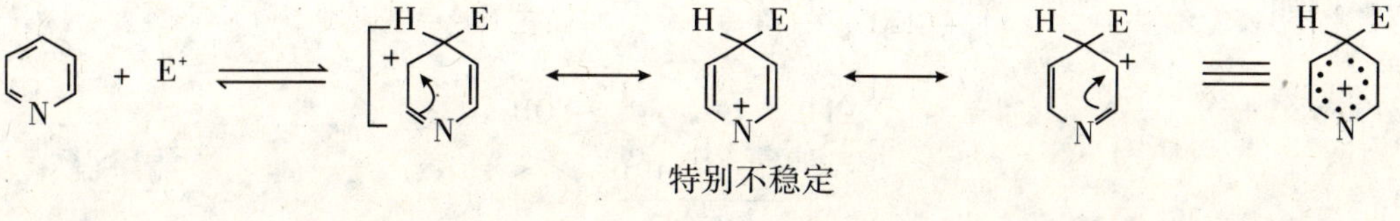

由于吸电性氮原子的存在，中间体正离子都不如苯取代的相应中间体稳定，所以，吡啶的亲电取代反应比苯难。比较亲电试剂进攻的位置可以看出，当进攻2(α)位和4(γ)位时，形成的中间体有一个共振极限式是正电荷在电负性较大的氮原子上，这种极限式极不稳定，而3(β)位取代的中间体没有这个极不稳定的极限式存在，其中间体要比进攻2位和4位的中间体稳定。所以，3位的取代产物容易生成。

［问题12－2］ 吡啶能否进行付—克反应？为什么？

3. 吡啶的亲核取代反应

由于吡啶环上氮原子的吸电子作用，环上碳原子的电子云密度降低，尤其在2位和4位上的电子云密度更低，因而环上的亲核取代反应容易发生，取代反应主要发生在2位和4位上。例如：

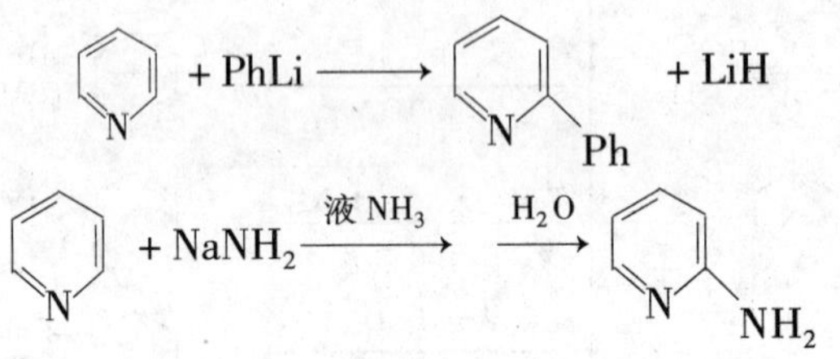

吡啶与氨基钠反应生成2－氨基吡啶的反应称为齐齐巴宾（Chichibabin）反应，如果2位已经被占据，则反应发生在4位，得到4－氨基吡啶，但产率低。

反应机理：

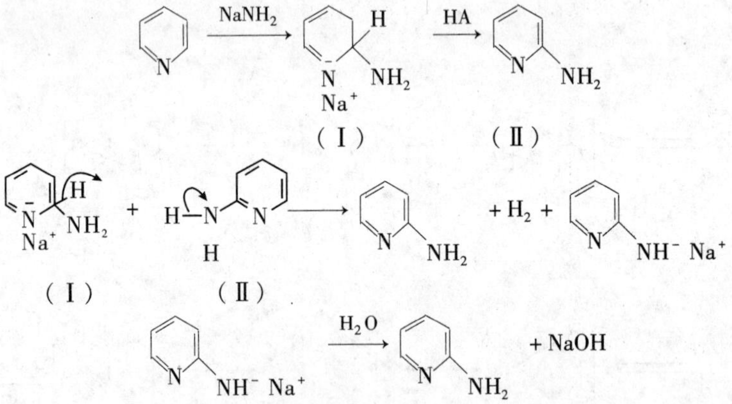

如果在吡啶环的α位或γ位存在着较好的离去基团（如卤素、硝基）时，则很容易发生亲核取代反应。如吡啶可以与氨（或胺）、烷氧化物、水等较弱的亲核试剂发生亲核取代反应。例如：

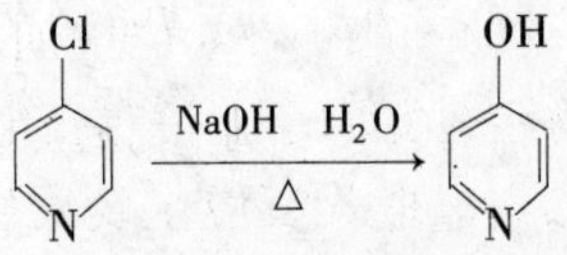

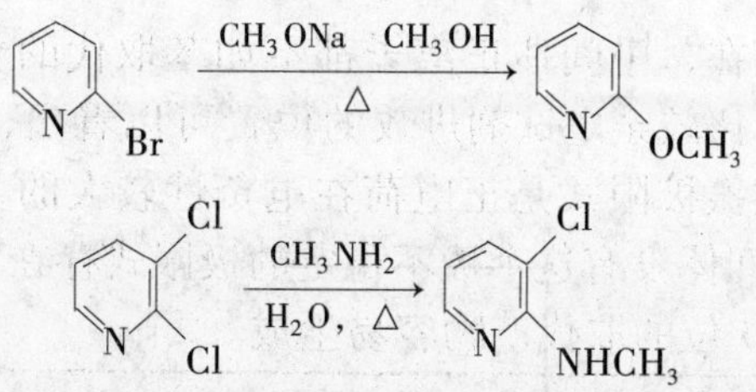

［问题 12－3］　在吡啶中引入羟基后，它在水中的溶解度增大，这句话对吗？

4. 吡啶的氧化和还原反应

由于吡啶环上的电子云密度低，一般不易被氧化，尤其是在酸性条件下，吡啶成盐后氮原子上带有正电荷，吸电子的诱导效应加强，使环上电子云密度更低，更增加了对氧化剂的稳定性。当吡啶环带有侧链时，则发生侧链的氧化反应。例如：

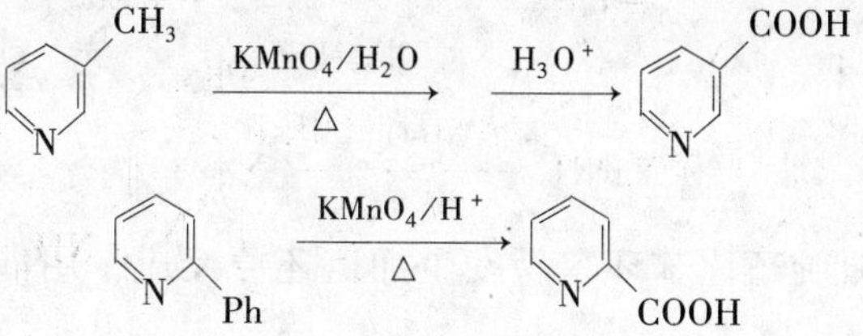

吡啶在特殊氧化条件下可发生类似叔胺的氧化反应，生成 N－氧化物。例如吡啶与过氧酸或过氧化氢作用时，可得到吡啶 N－氧化物。

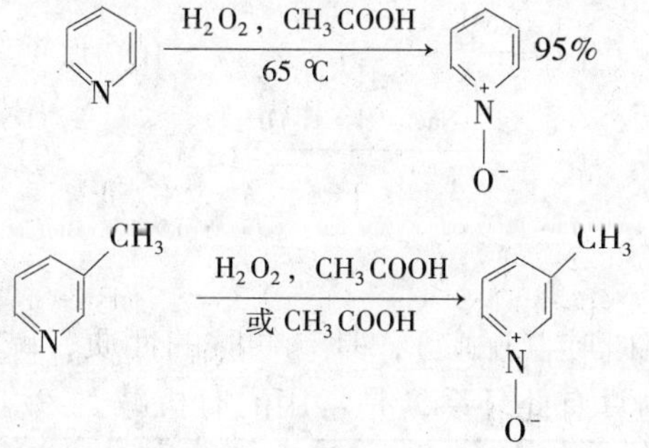

吡啶 N－氧化物可以还原脱去氧。

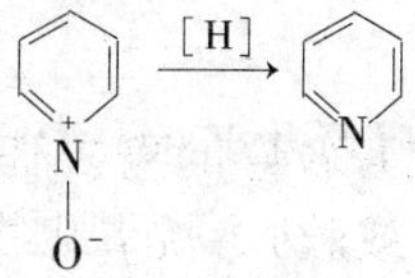

在吡啶 N－氧化物中，氧原子上的未共用电子对可与芳香大 π 键发生供电子的 p—π 共轭作用，使环上电子云密度升高，其中 α 位和 γ 位增加显著，使吡啶环亲电取代反应容易发生。又由于生成吡啶 N－氧化物后，氮原子上带有正电荷，吸电子的诱导效应增加，使 α 位的电子云密度有所降低，因此，亲电取代反应主要发生在 4(γ)上。同时，吡啶 N－氧化物也容易发生亲核取代反应。例如：

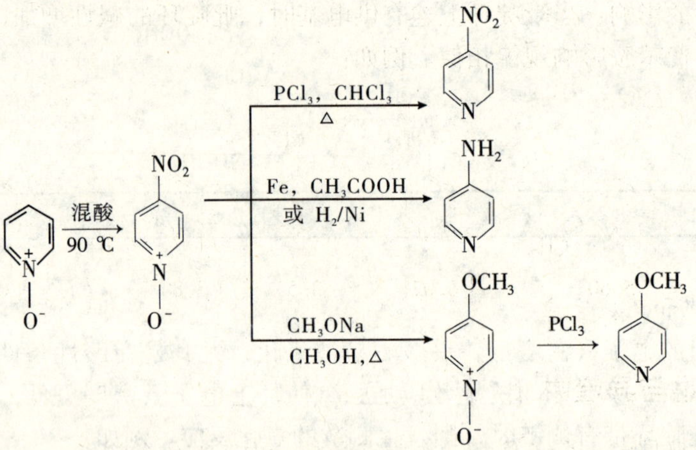

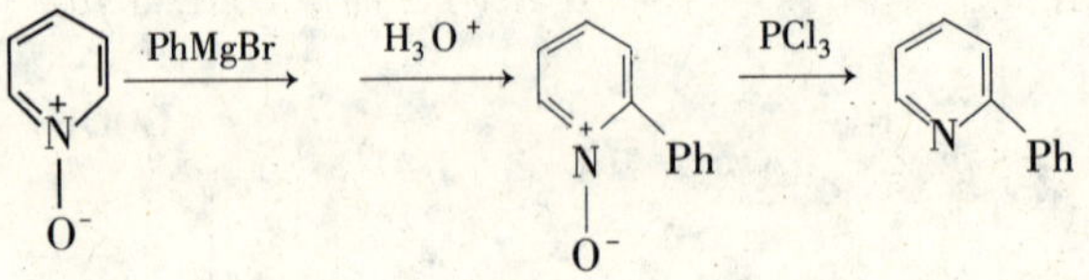

与氧化反应相反，吡啶环比苯环容易发生加氢还原反应，用催化加氢和化学试剂都可以还原。例如：

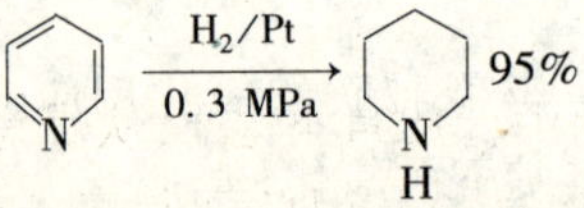

哌啶

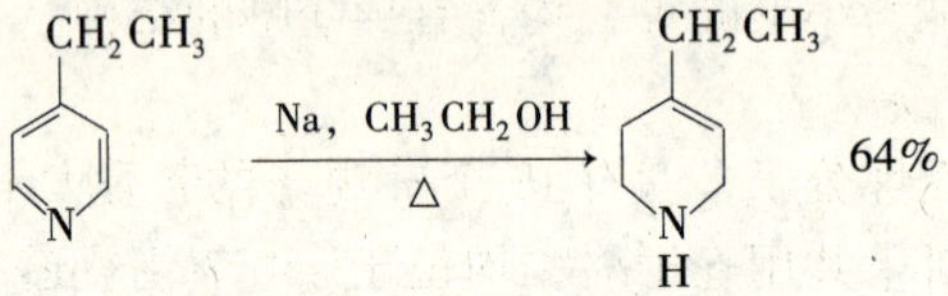

吡啶的还原产物为六氢吡啶（哌啶），具有仲胺的性质，碱性比吡啶强（$pK_a=11.2$），沸点 106 ℃。很多天然产物具有此环系，是常用的有机碱。

［问题 12－4］　为什么哌啶的碱性比吡啶强？

5. 环上取代基与母环的影响

取代基对水溶解度的影响：当吡啶环上连有—OH、—NH_2后，其衍生物的水溶度明显降低，而且连有—OH、—NH_2数目越多，水溶解度越小，例如：

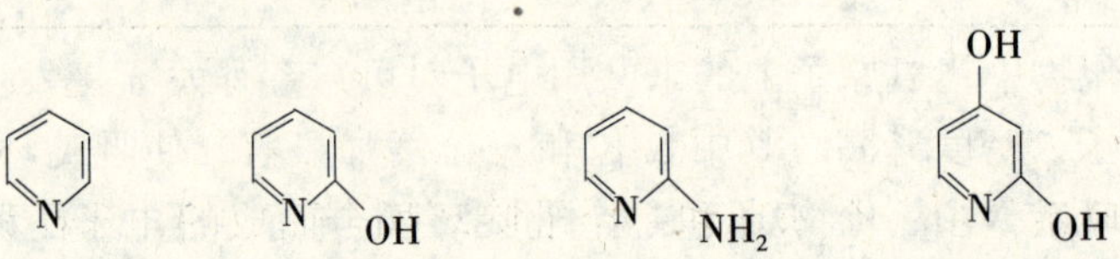

水溶解度	∞	1:1	1:1	溶解

其原因是吡啶环上的氮原子与羟基或氨基上的氢形成了氢键，阻碍了与水分子的结合。

取代基对碱性的影响：当吡啶环上连有供电基时，吡啶环的碱性增加，连有吸电基时，则碱性降低，与取代苯胺影响规律相似。例如：

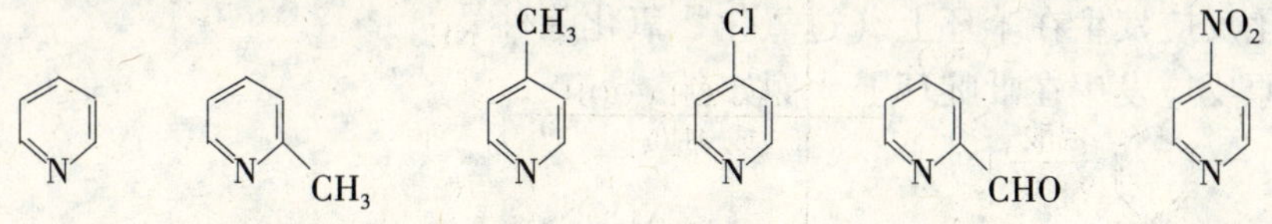

pK_a 5.19 5.60 6.02 3.53 3.80 0.8

12.4.2 喹啉与异喹啉

喹啉和异喹啉都是由一个苯环和一个吡啶环稠合而成的化合物。

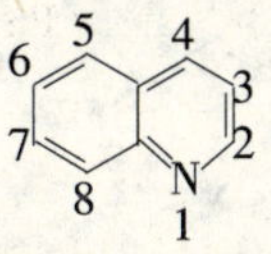

喹啉（Quinoline）
苯并［b］吡啶

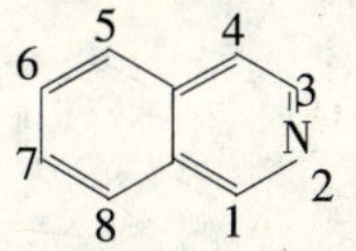

异喹啉（Isoquinoline）
苯并［c］吡啶

喹啉和异喹啉都存在于煤焦油中，1834 年首次从煤焦油中分离出喹啉，不久，用碱干馏抗疟药奎宁（Quinine）也得到喹啉，并因此而得名。喹啉衍生物在医药中起着重要作用，许多天然或合成药物都具有喹啉的环系结构，如奎宁、喜树碱等。而天然存在的一些生物碱，如吗啡碱、罂粟碱、小檗碱等，均含有异喹啉的结构。

1. 结构与物理性质

喹啉和异喹啉都是平面性分子，含有 10 个 π 电子的芳香大 π 键，结构与萘相似。喹啉和异喹啉的氮原子上有一对未共用电子对，均位于 sp^2 杂化轨道中，与吡啶的氮原子相同，其碱性与吡啶也相似。由于分子中增加了憎水的苯环，故水溶解度比吡啶大大降低。其物理性质见表 12-3。

表 12-3 喹啉、异喹啉及吡啶的物理性质

名称	沸点（℃）	熔点（℃）	水溶解度	苯溶解度	pK_a
喹啉	238	-15.6	溶（热）	混溶	4.90
异喹啉	243	26.5	不溶	混溶	5.42
吡啶	115.5	-42	混溶	混溶	5.19

2. 化学性质

喹啉和异喹啉环系是由一个苯环和一个吡啶环稠合而成的。苯环和吡啶环相互影响，使喹啉和异喹啉发生亲电取代反应、亲核取代反应、氧化反应和还原反应，并有以下规律：

（1）亲电取代反应发生在苯环上，其反应活性比萘低，比吡啶高，取代基主要进入 5 位和 8 位。

（2）亲核取代反应发生在吡啶环上，反应活性比吡啶高。喹啉取代主要发生在 2 位上，异喹啉取代主要发生在 1 位上。

（3）氧化反应发生在苯环上（过氧化物氧化除外）。

（4）还原反应发生在吡啶环上。例如：

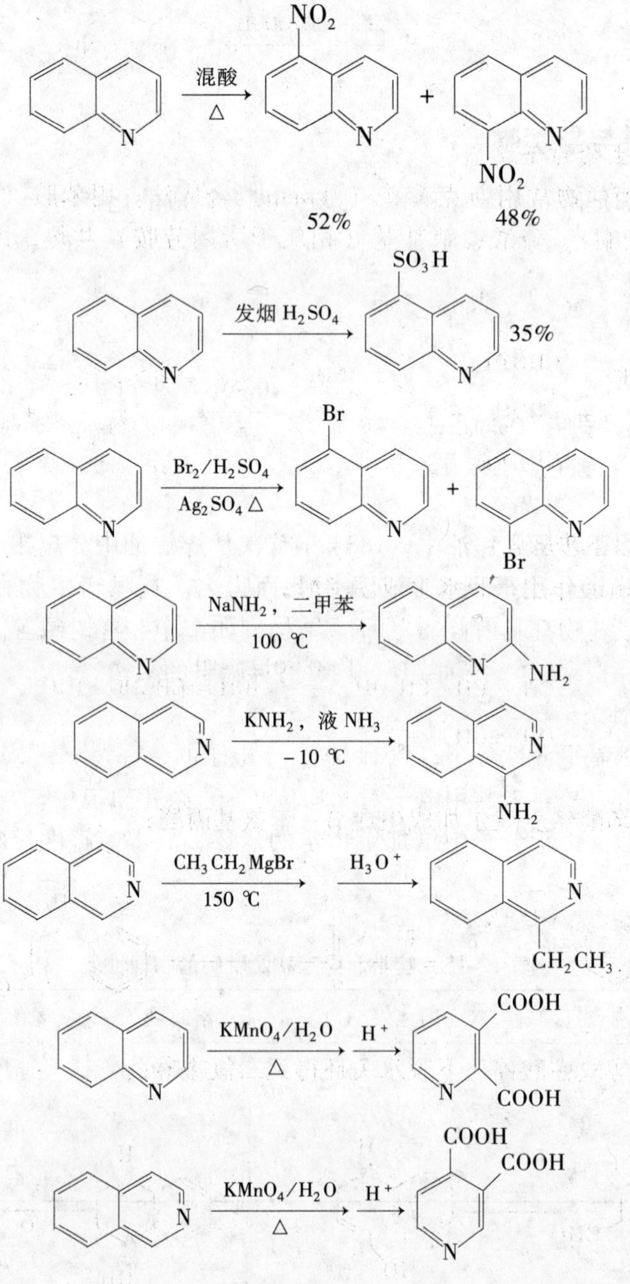

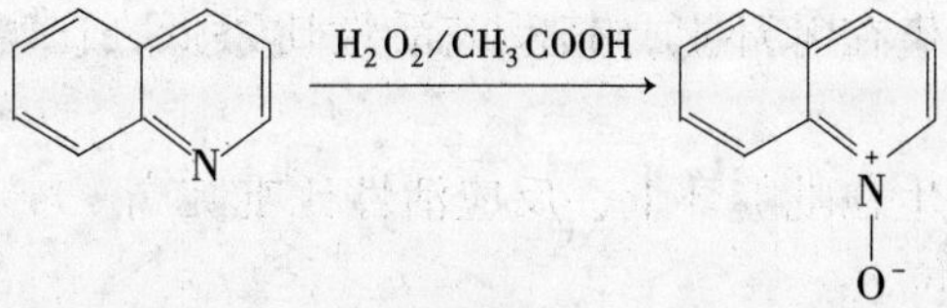

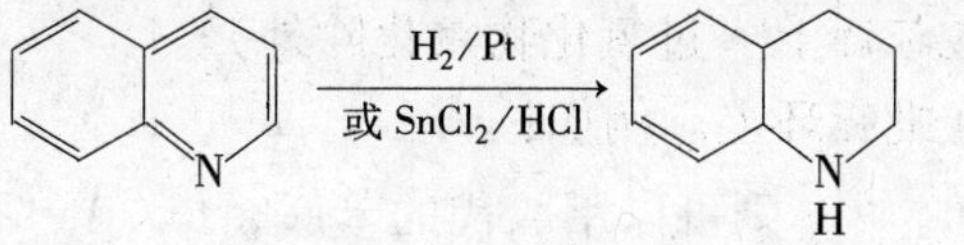

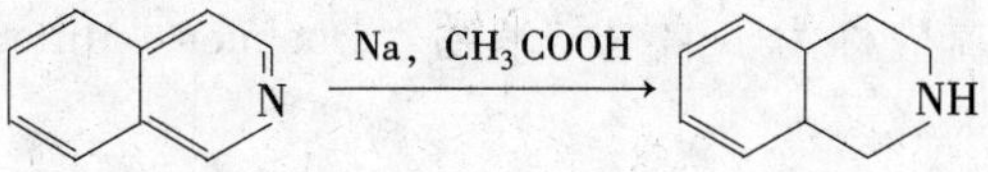

3. 喹啉及其衍生物的合成

合成喹啉及其衍生物常用斯克劳普（Skraup）合成法。用苯胺（或其他芳胺）、甘油（或α，β不饱和醛酮）、硫酸、硝基苯（相应于所用芳胺）共热，即可得到喹啉及其衍生物。

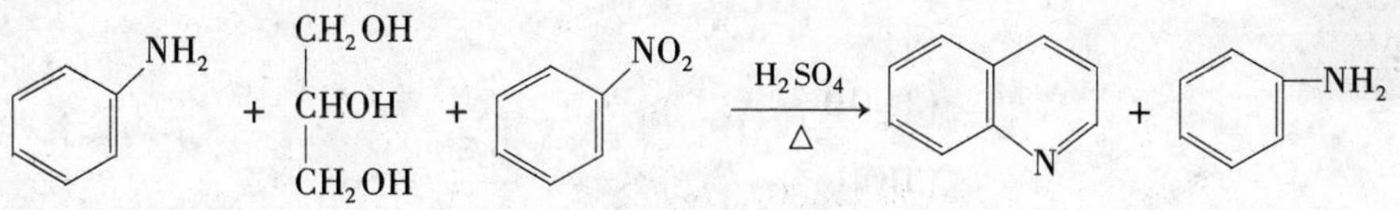

反应过程包括以下步骤：

（1）甘油在浓硫酸作用下脱水生成丙烯醛；

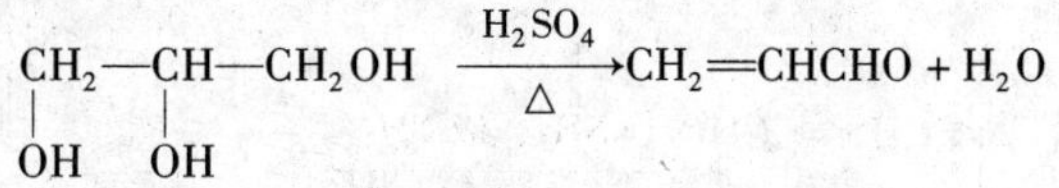

（2）苯胺与丙烯醛经麦克尔加成生成β－苯氨基丙醛；

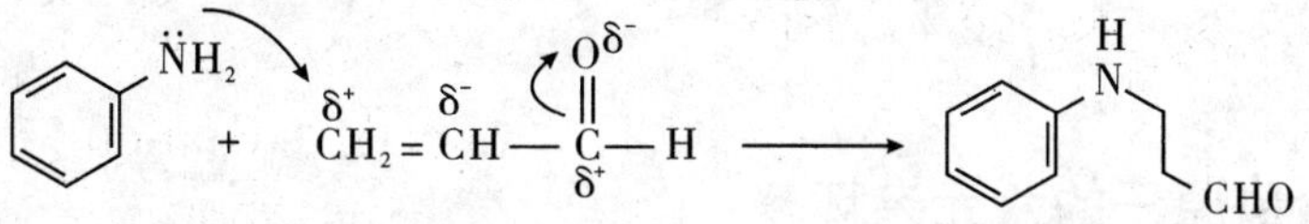

（3）醛经过烯醇式在酸催化下脱水关环得到二氢喹啉；

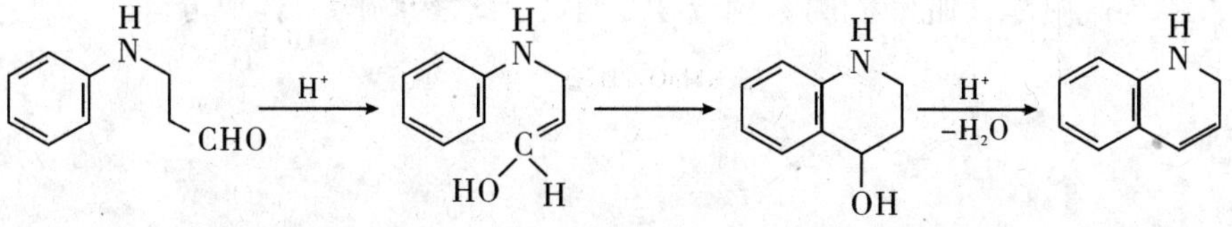

（4）二氢喹啉与硝基苯作用脱氢成喹啉，硝基苯被还原成苯胺，继续进行反应。

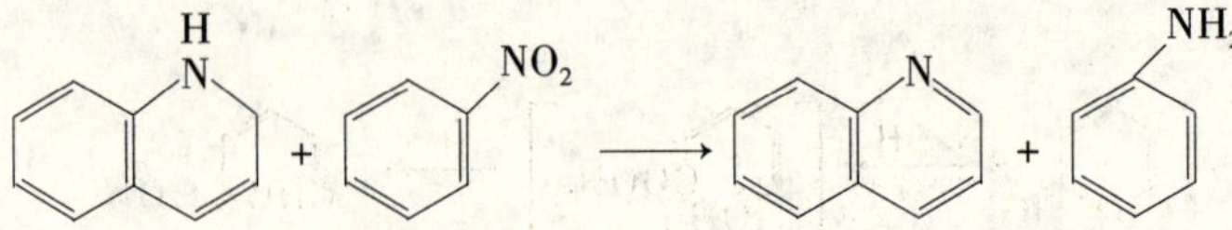

若想合成各种取代的喹啉，则可以用取代的苯胺，α，β－不饱和醛酮，浓硫酸和取代硝基苯共热来完成。此类反应称为多伯纳—米勒（Doebner－Miller）反应。

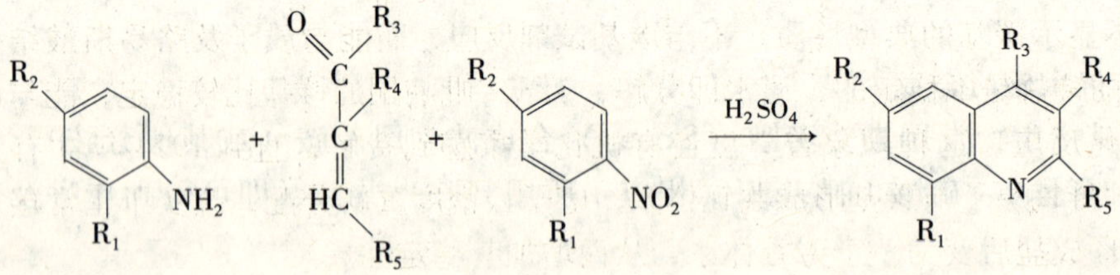

例如：

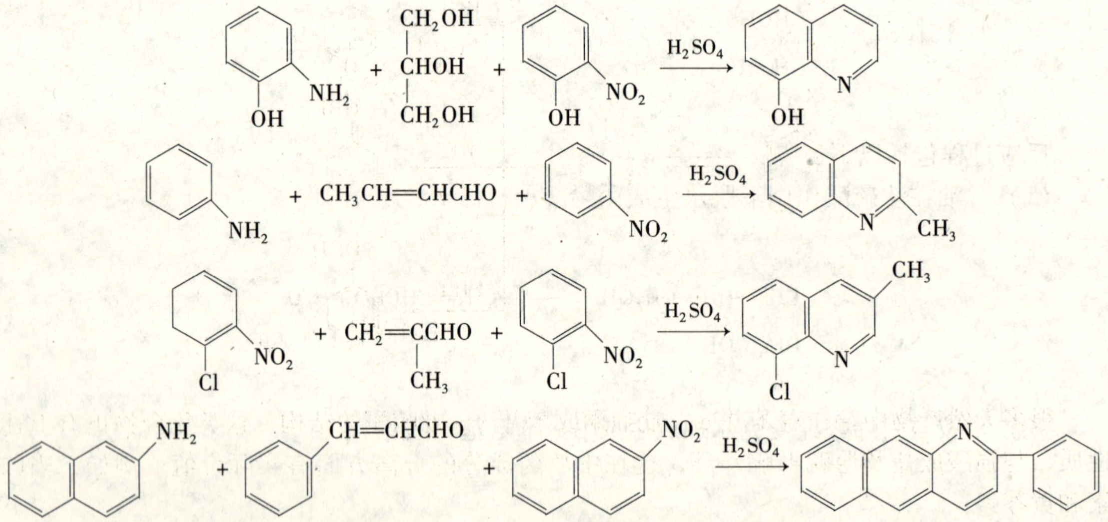

12.4.3 含氧原子的六元杂环

最简单的含氧六元杂环是吡喃。吡喃有两种异构体，2*H*－吡喃（α－吡喃）和 4*H*－吡喃（γ－吡喃）。吡喃在自然界不存在，4*H*－吡喃由人工合成得到。自然界存在的是吡喃羰基衍生物，称为吡喃酮。吡喃酮的苯稠合物是许多天然药物的结构成分。

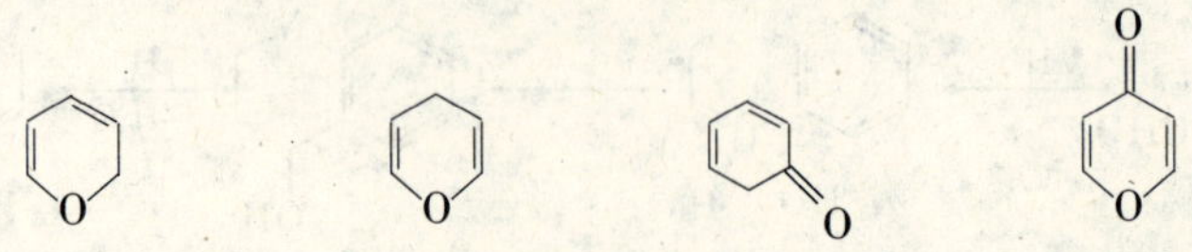

2*H*－吡喃　　4*H*－吡喃　　α－吡喃酮　　γ－吡喃酮

从结构上看，α－吡喃酮为不饱和内酯，不稳定，室温放置会慢慢聚合。γ－吡喃酮是稳定的晶形化合物，但在碱性条件下也容易水解，可以看成是插烯内酯。

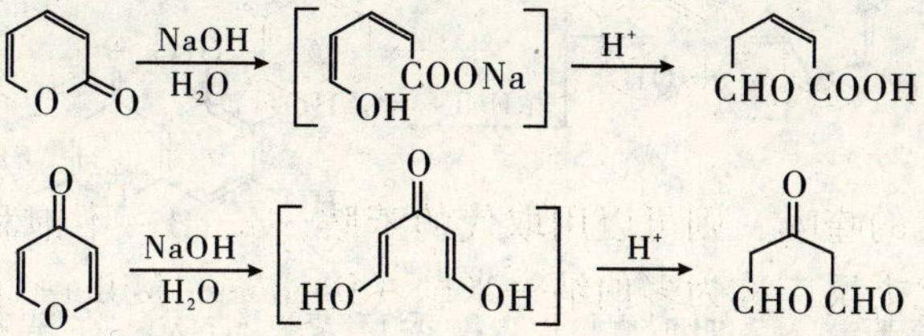

γ－吡喃酮不显示羰基的典型性质，不与羰基试剂反应，而能与质子及路易斯酸结合形成鉾盐。通常醚的鉾盐是不稳定的，遇水即分解，而γ－吡喃酮的鉾盐比较稳定，能与硫酸二甲酯发生甲基化反应。这种现象曾一度使有机化学家感到费解，直到 1924 年才有人提出：γ－吡喃酮的醚氧原子与羰基形成共轭体系，电子云密度重新分配，改变了正常羰基的性质。而吡喃酮环成盐后变为一个芳香体系，从而增加其稳定性。

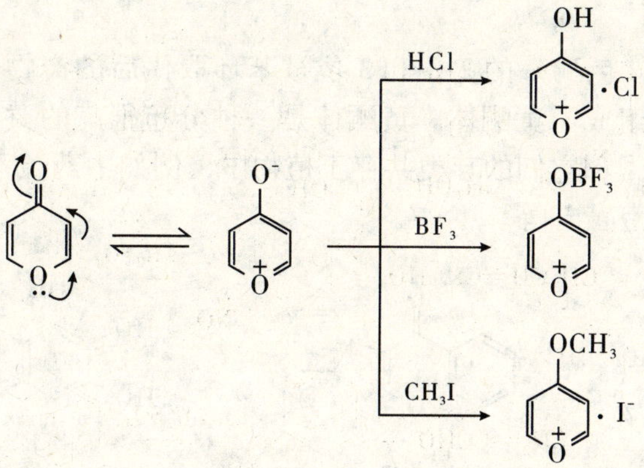

很多天然产物中存在着苯并α 吡喃酮或苯并γ 吡喃酮的结构，这类化合物也有上述性质，与强酸成盐及遇碱水解开环，这在中草药成分的分离方面有实际价值。例如，当归素和黄芩素：

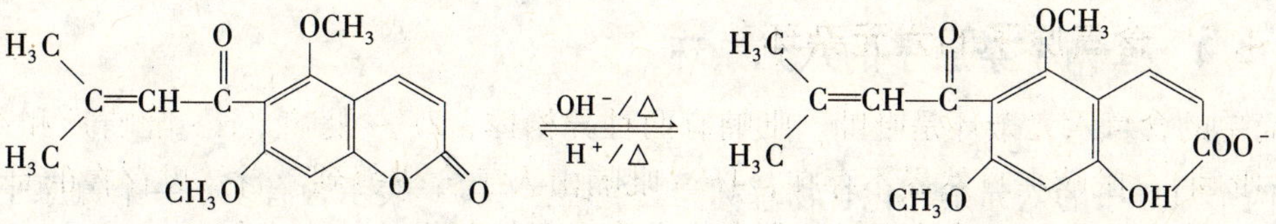

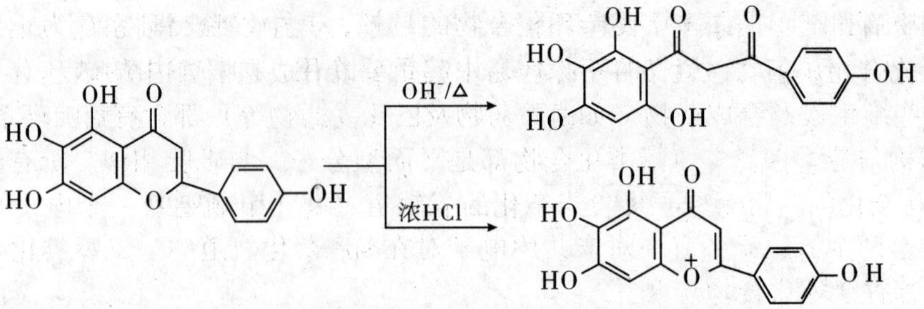

在当归素中存在着苯并α-吡喃酮（又称香豆素）结构，在黄芩素中存在着苯并γ-吡喃酮（又称色酮）结构。

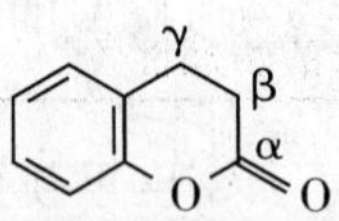

苯并α-吡喃酮
（香豆素）

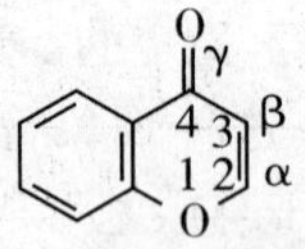

苯并γ-吡喃酮
（色酮）

在苯并γ-吡喃酮（色酮）的2位和3位被苯环取代后的产物称为黄酮和异黄酮，黄酮和异黄酮及其衍生物组成了黄酮体。黄酮体是一种分布很广的黄色色素，是许多天然药物的有效成分，黄酮体常和它们的苷类共存于植物中，例如中药黄芩中的黄芩素和黄芩苷，葛根中的大豆黄素和大豆黄苷等。

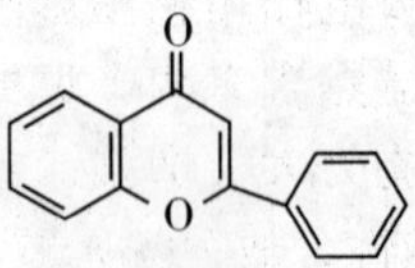

黄酮

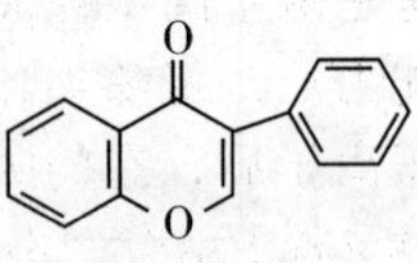

异黄酮

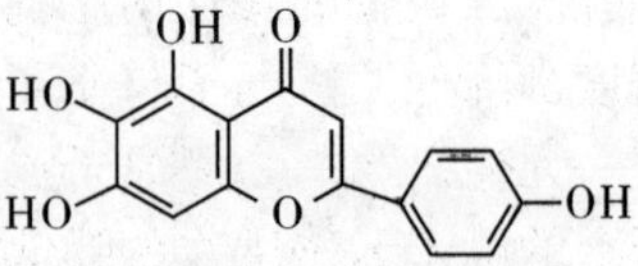

黄芩素

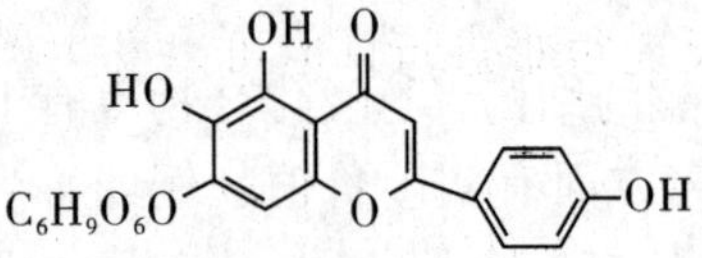

黄芩苷

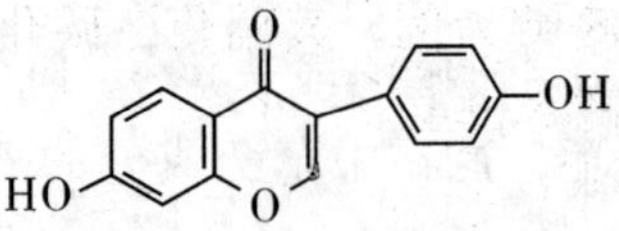

大豆黄素

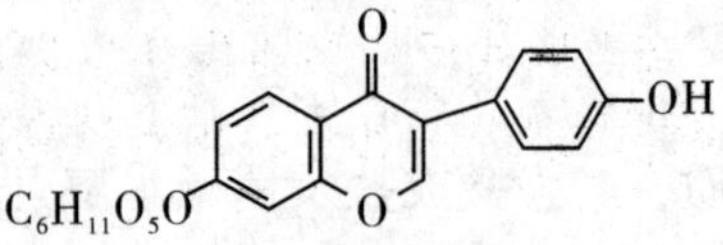

大豆黄苷

12.4.4 含两个杂原子的六元杂环

1. 哒嗪、嘧啶和吡嗪

含两个氮原子的六元杂环化合物总称为二氮嗪。“嗪”表示含有多于一个氮原子的六元杂环。二氮嗪共有三种异构体，其结构和名称如下：

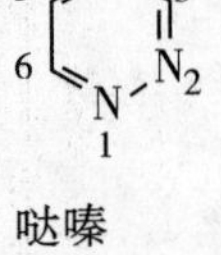

哒嗪

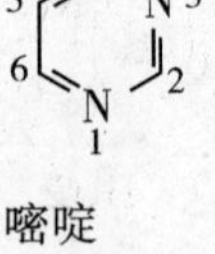

嘧啶

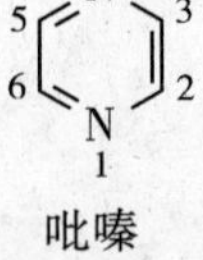

吡嗪

哒嗪、嘧啶和吡嗪是许多重要杂环化合物的母核，其中以嘧啶环系最为重要，广泛存在于动、植物中，并在动、植物的新陈代谢中起重要作用。如核酸中的碱基有三种含嘧啶衍生物，某些维生素及合成药物（如磺胺药物及巴比妥药物等）都含有嘧啶环系。

（1）结构与芳香性。二氮嗪类化合物都是平面型分子，与吡啶相似。所有碳原子和氮原子都是 sp^2 杂化的，每个原子未参与杂化的 p 轨道（每个 p 轨道有一个电子）侧面重叠形成大 π 键，两个氮原子各有一对未共用电子对在 sp^2 杂化轨道中。二嗪类化合物具有芳香性，属于芳香杂环化合物。

（2）物理性质。二氮嗪类化合物由于氮原子上含有未共用电子对，可以与水形成氢键，所以哒嗪和嘧啶与水互溶，而吡嗪由于分子对称，极性小，水溶解度降低。三种二氮嗪的物理性质见表 12－4。

表 12－4　哒嗪、嘧啶及吡嗪的物理性质

	哒嗪	嘧啶	吡嗪
偶极矩	13.1×10^{-30} C·m	6.99×10^{-30} C·m	0
水溶度	∞	∞	溶解
熔点（℃）	－6.4	22.5	54
沸点（℃）	207	124	121
pK_a	2.33	1.30	0.65

（3）化学性质。

①碱性。二氮嗪的碱性均比吡啶弱。这是由于两个氮原子的吸电作用相互影响，使其电子云密度都降低，减弱了与质子的结合能力。二氮嗪类化合物虽然含有两个氮原子，但它们都是一元碱，当一个氮原子成盐变成正离子后，它的吸电子能力大大增强，致使另一个氮原子上的电子云密度大大降低，很难再与质子结合，不再显碱性，故为一元碱。

②亲电取代反应。二氮嗪类化合物由于两个氮原子的强吸电作用使环上电子云密度更低，亲电取代反应更难发生。以嘧啶为例，其硝化、磺化反应很难进行，但可以发生卤代反应，卤素进入电子云相对较高的5位上。

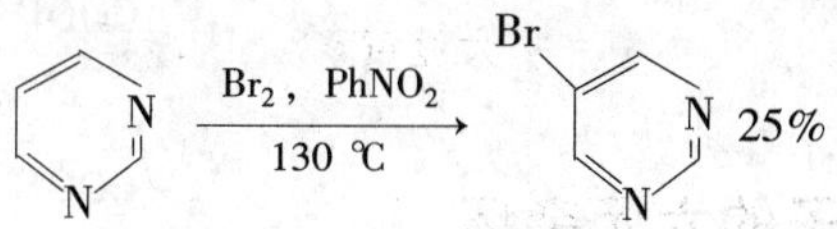

但是，当环上连有羟基、氨基等供电子基时，由于环上电子云密度增加，反应活性增加，能发生硝化、磺化等亲电取代反应。例如：

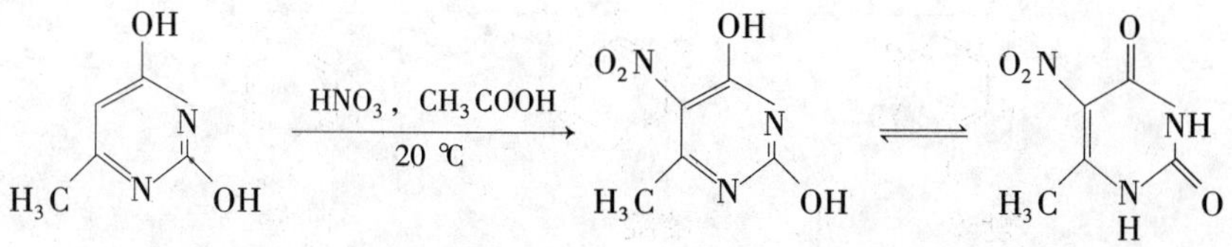

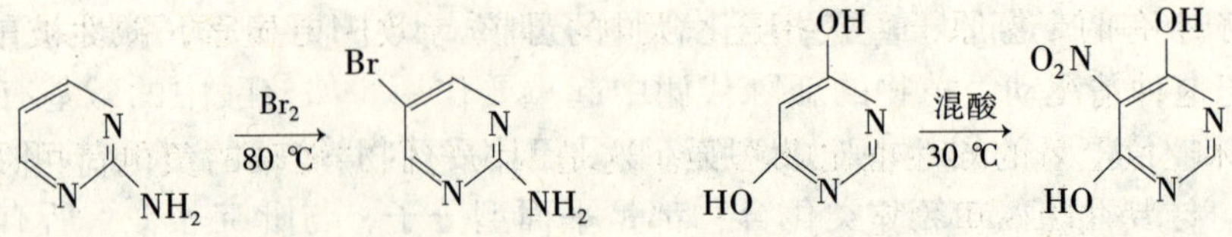

③亲核取代反应。二氮嗪可以与亲核试剂反应，如嘧啶的2、4、6位分别处于两个氮原子的邻位或对位，受双重吸电子的影响，电子云密度低，是亲核试剂进入的主要位置。例如：

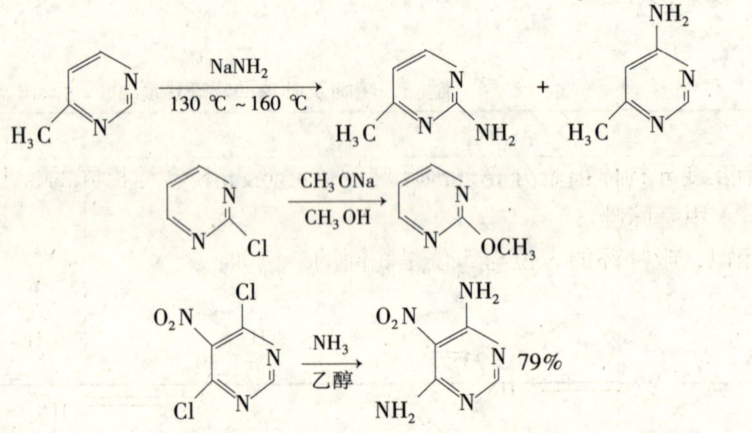

4，6－二氨基－5－硝基嘧啶（VB_4中间体）

④氧化反应。二氮嗪母核不易氧化，当有侧链及苯并二氮嗪氧化时，侧链及苯环可氧化成羧酸及二羧酸。

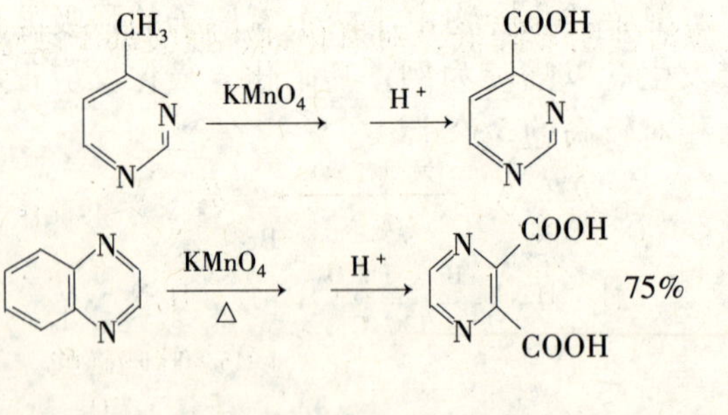

与吡啶类似，二氮嗪在过氧酸或过氧化氢中可发生反应，生成单氮氧化物。单氮氧化物容易发生亲电、亲核取代反应。

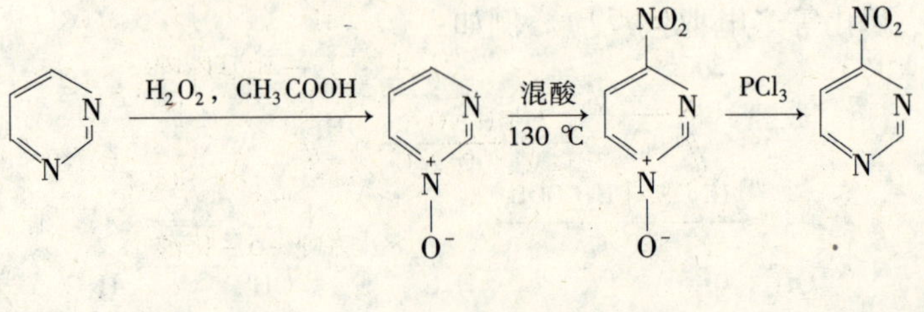

(4) 嘧啶环的合成。嘧啶环的合成途径主要是 1，3 - 二羰基化合物与二胺缩合。常用的二胺有脲、硫脲、胍、脒等。常用的 1，3 - 二羰基化合物可以是丙二酸酯、β - 酮酸酯、β - 二酮等。反应通式为：

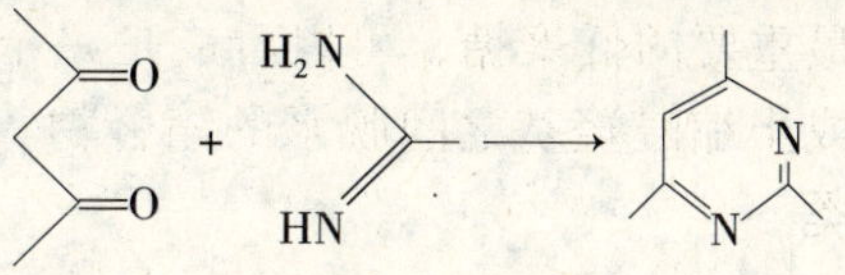

例如：

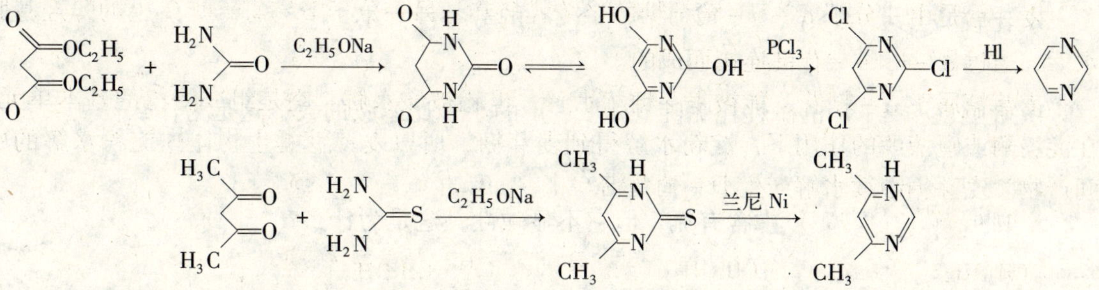

氰乙酸酯也能与二胺类化合物反应，生成嘧啶衍生物。

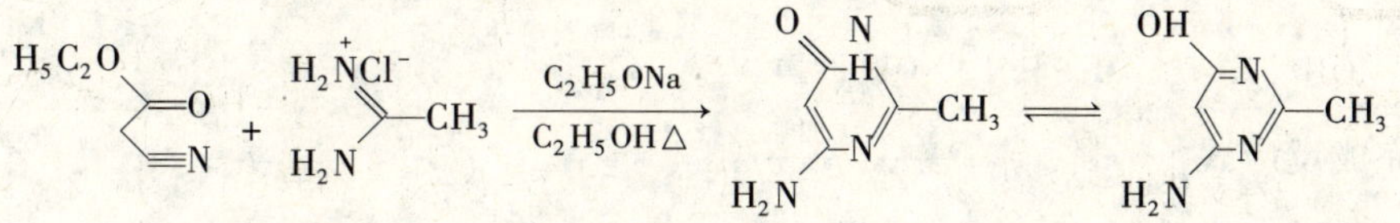

2. 喋啶

喋啶由嘧啶环和吡嗪环稠合而成，因最早发现于蝴蝶翅膀色素中而得名。

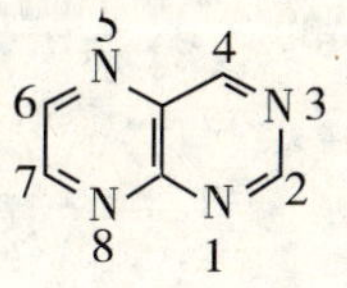

喋啶为黄色片状结晶，熔点 140 ℃，水溶解度为 1∶7.2，具有弱碱性（pK_a4.05）。其碱性比嘧啶和吡嗪都强。喋啶环系也广泛存在于动、植物体内，是天然药物的有效成分，如叶酸及维生素 B_2 的分子中都有喋啶环的结构。

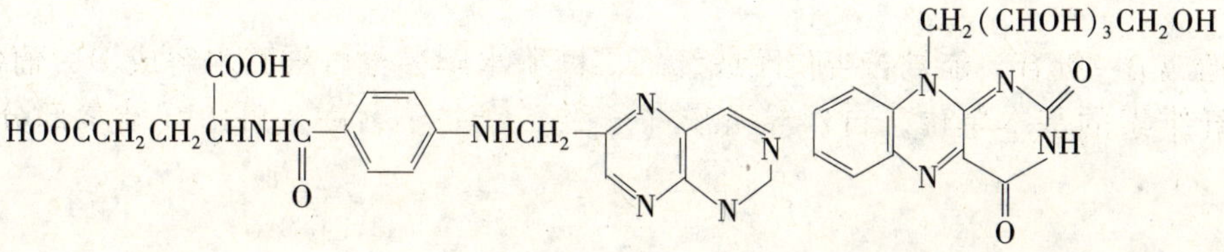

叶酸 VB$_2$（核黄素）

习 题

1. 指出下列化合物的偶极距方向：

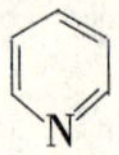 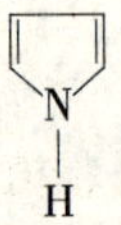

2. 比较吡啶和吡咯产生芳香性的原因。

3. 比较   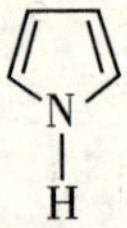  的芳香性大小。

4. 吡啶（ 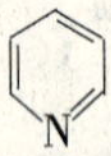 ）的碱性比哌啶（ 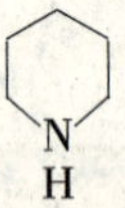 ）的小，比苯胺的大，这是为什么？

5. 吲哚（ 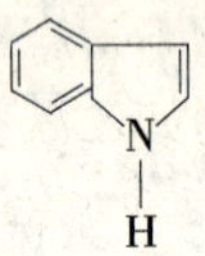 ）中含有氮，但它不显碱性，这是为什么？

6. 推测吲哚（ 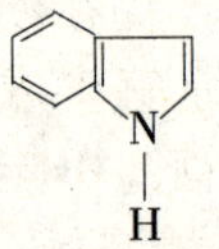 ）进行亲电取代，反应主要发生在哪个位置？为什么？

7. 完成反应式 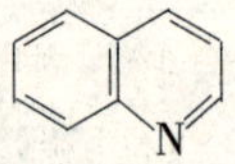 $\xrightarrow{[O]}$? $\xrightarrow{加热}$?。

8. 用化学方法分离化合物 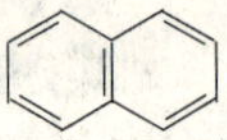、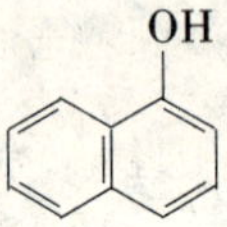、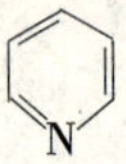。

第13章　碳水化合物

碳水化合物也称糖，是自然界存在最广泛的一类有机物。它们是动、植物体的重要成分，也是人和动物的主要食物来源。绿色植物光合作用的主要产物就是碳水化合物，在植物中的含量可达干重的80%，植物种子中的淀粉，根、茎、叶中的纤维素，甘蔗和甜菜根部所含的蔗糖，水果中的葡萄糖和果糖都是碳水化合物。动物的肝脏和肌肉内的糖元，血液中的血糖，软骨和结缔组织中的黏多糖也是碳水化合物。

碳水化合物由碳、氢、氧三种元素组成。人们最初发现这类化合物，除碳原子外，氢与氧原子数目之比与水相同，可用通式 $C_m(H_2O)_n$ 表示，形式上像碳和水的化合物，故称碳水化合物。如葡萄糖、果糖等的分子式为 $C_6H_{12}O_6$，蔗糖的分子式为 $C_{12}H_{22}O_{11}$ 等。但后来发现，有些有机物在结构和性质上与碳水化合物十分相似，但组成不符合 $C_m(H_2O)_n$ 的通式，如鼠李糖（$C_6H_{12}O_5$）、脱氧核糖（$C_5H_{10}O_4$）等；而有些化合物如乙酸（$C_2H_4O_2$），乳酸（$C_3H_6O_3$）等，分子组成虽然符合上述通式，但其结构和性质与碳水化合物相差甚远。可见碳水化合物这一名称是不确切的，但因历史沿用已久，至今仍在使用。从分子结构的特点来看，碳水化合物是一类多羟基醛或多羟基酮，以及能够水解生成多羟基醛或多羟基酮的有机化合物。碳水化合物按其结构特征可分为三类：①单糖：不能水解的多羟基醛或多羟基酮。它是最简单的碳水化合物，如葡萄糖、半乳糖、甘露糖、果糖、山梨糖等。②低聚糖：也称为寡糖，能水解产生 2~10 个单糖分子的化合物，根据水解后生成的单糖数目，又可分为二糖、三糖、四糖等。其中最重要的是二糖，如蔗糖、麦芽糖、纤维二糖、乳糖等。③多糖：水解产生 10 个以上单糖分子的化合物，如淀粉、纤维素、糖元等。

13.1　单糖的结构

按照分子中的羰基，可将单糖分为醛糖和酮糖两类。例如，核糖是戊醛糖，果糖是己酮糖等。在碳水化合物的命名中，以俗名最为常用。自然界中的单糖以戊醛糖、己醛糖和己酮糖分布最为广泛。例如，戊醛糖中的核糖和阿拉伯糖，己醛糖中的葡萄糖和半乳糖，己酮糖中的果糖和山梨糖，都是自然界存在的重要单糖。

13.1.1　单糖的构型

最简单的单糖是丙醛糖和丙酮糖，除丙酮糖外，所有的单糖分子中都含有一个或多个手性碳原子，因此都有旋光异构体。如己醛糖分子中有四个手性碳原子，有 $2^4=16$ 个立体异构体，葡萄糖是其中的一种；己酮糖分子中有三个手性碳原子，有 $2^3=8$ 个旋光异构体，果糖是其中的一种。单糖构型通常采用 D、L 构型标记法标记，即以甘油醛为标准，通过逐步增长碳链的方法来确定。凡由 D-(+)-甘油醛经过逐步增长碳链的反应转变而成的醛糖，其构型为 D-构型；由 L-(-)-甘油醛经过逐步增长碳链的反应转变成的醛糖，其构型为 L-构型。例如，从 D-甘油醛出发，经与 HCN 加成、水解、内酯化、还原，可得两种 D－构型的丁醛糖。

在 D－(＋)－甘油醛与 HCN 的加成过程中，CN^- 可以从羰基所在平面的两侧进攻羰基碳原子，从而派生出两个构型相反的新手性碳原子。由于原来甘油醛中手性碳原子的构型在整个转化过程中保持不变，因此两种丁醛糖仍为 D－构型，分别称为 D－(－)－赤藓糖和 D－(－)－苏阿糖。

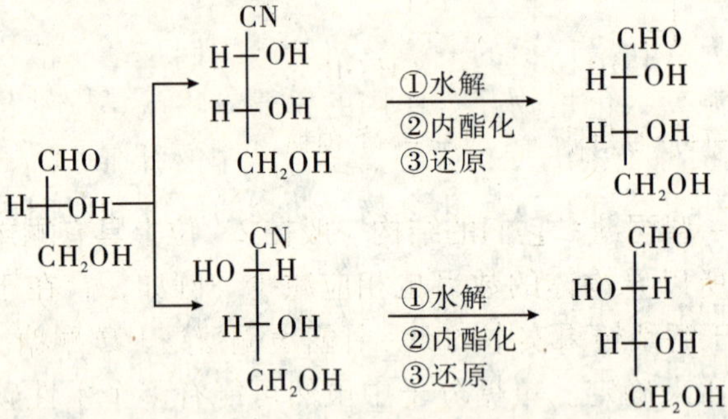

为简便起见，在构型式中可以省去手性碳原子上的氢原子，并以半短线“－”表示手性碳原子上的羟基，用一竖线表示碳链。自然界存在的单糖绝大部分是 D－构型。图 13－1 列出了由 D－(＋)－甘油醛导出的 D－型醛糖，其中最重要的是 D－(－)－赤藓糖、D－(－)－核糖、D－(－)－阿拉伯糖、D－(＋)－木糖、D－(＋)－葡萄糖、D－(＋)－甘露糖和 D－(＋)－半乳糖。

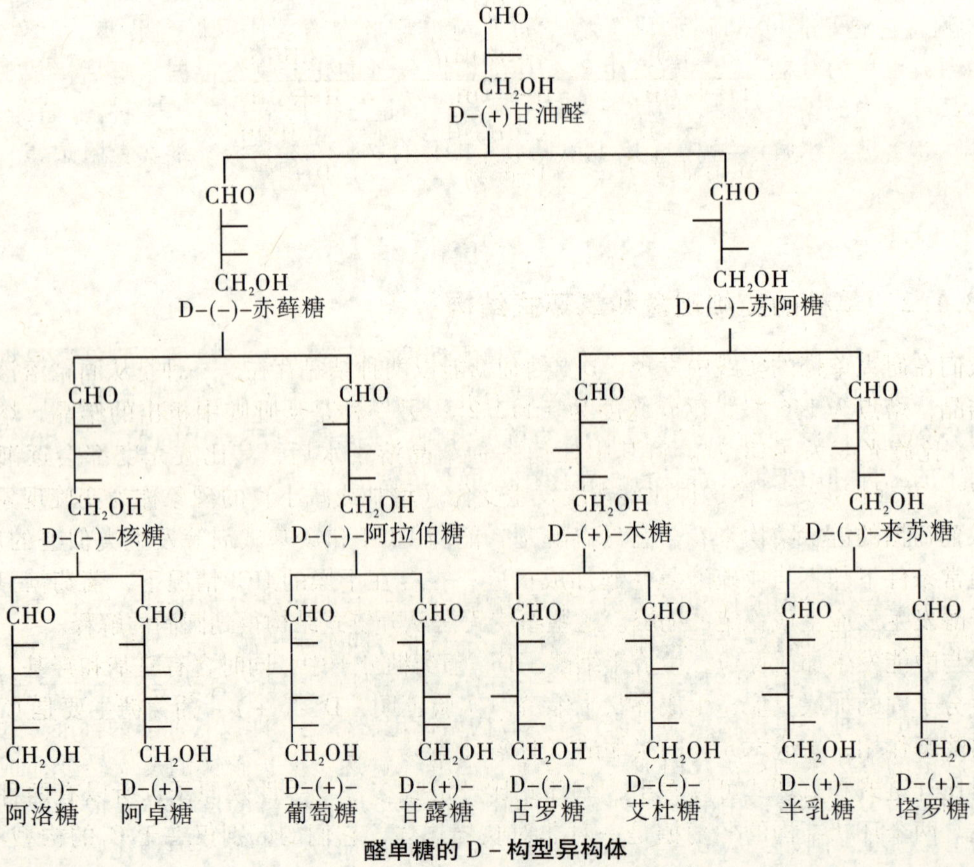

醛单糖的 D－构型异构体

从 L－甘油醛出发，也可导出 L－构型的醛糖，它们与 D－构型的醛糖互为对映体。例如，D－(＋)－葡萄糖与 L－(－)－葡萄糖是对映体，它们的旋光度相同，旋光方向相反。

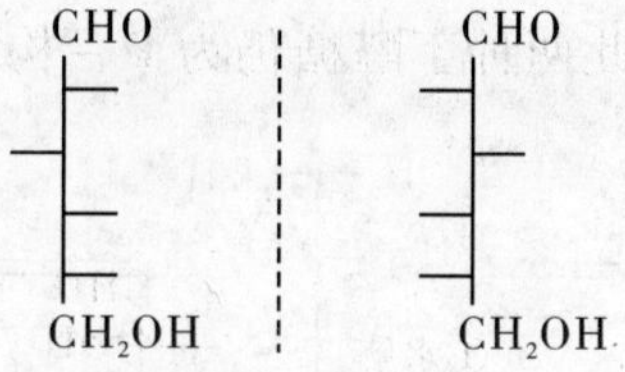

D-(+)-葡萄糖　　L-(-)-葡萄糖

在自然界中，也发现一些 D－型酮糖，它们的结构一般在 2－位上具有酮羰基，比相同碳数的醛糖少一个手性碳原子，所以异构体的数目也相应减少。例如，存在于甘蔗、蜂蜜中的 D－果糖为六碳酮糖；存在于鳄梨树果实中的 D－甘露庚酮糖是七碳酮糖。

单糖的构型通过与甘油醛对比来确定。单糖分子中虽然可能有多个手性碳子，但决定其构型的仅是距羰基最远的手性碳原子。即单糖分子中距羰基最远的手性碳原子与 D－(＋)－甘油醛的手性碳原子构型相同时，称为 D－构型；与 L－(－)－甘油醛构型相同时，称为 L－构型。例如：下面各糖导出的碳原子的构型与 D－(＋)－甘油醛的手性碳原子的构型相同，因此都是 D－构型糖。

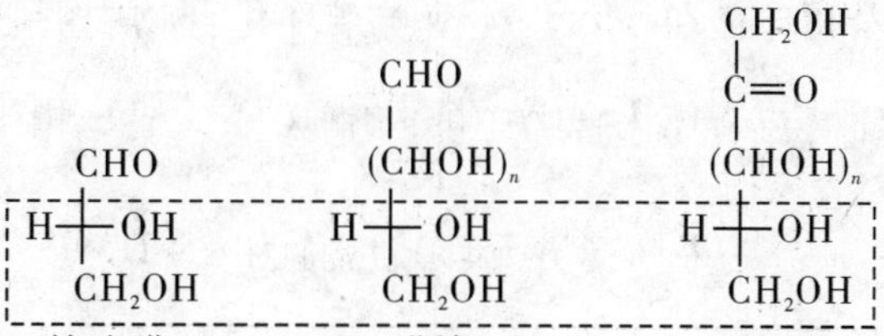

D-甘油醛　　D-醛糖　　D-酮糖

13.1.2　单糖的变旋现象和氧环式结构

人们在研究单糖的实践中发现，D－葡萄糖能以两种结晶存在，一种是从酒精溶液中析出的结晶，熔点为 146 ℃，比旋光度为＋112.2°；另一种是从吡啶中析出的结晶，熔点为 150 ℃，比旋光度为＋18.7°。将其中任何一种结晶溶于水后，其比旋光度都会逐渐变成＋52.7°，并保持恒定。像这种比旋光度发生变化（增加或减小）的现象称为变旋现象。另外，从葡萄糖的链状结构来看，它具有醛基，能与 HCN 和羰基试剂等发生类似醛的反应，但在通常条件下却不与亚硫酸氢钠起加成反应；在存在干燥的 HCl 情况下，葡萄糖只能与一分子醇发生反应生成稳定的缩醛。这些事实无法从开链式结构得到圆满的解释。

醛与醇能发生加成反应，生成半缩醛。D－葡萄糖分子中，同时含有醛基和羟基，因此能发生分子内的加成反应，生成环状半缩醛。实验证明，D－(＋)－葡萄糖主要是 C_5 上的羟基与醛基作用，生成六元环的半缩醛（称氧环式）。

对比开链式和氧环式可以看出，氧环式比开链式多一个手性碳原子，所以有两种异构体存在。两个环状结构的葡萄糖是一对非对映异构体，它们的区别仅在于 C_1 的构型不同。

C_1上新形成的羟基（也称半缩醛羟基），如与决定单糖构型的羟基处于同侧，称为 α－型；反之，称为 β－型。

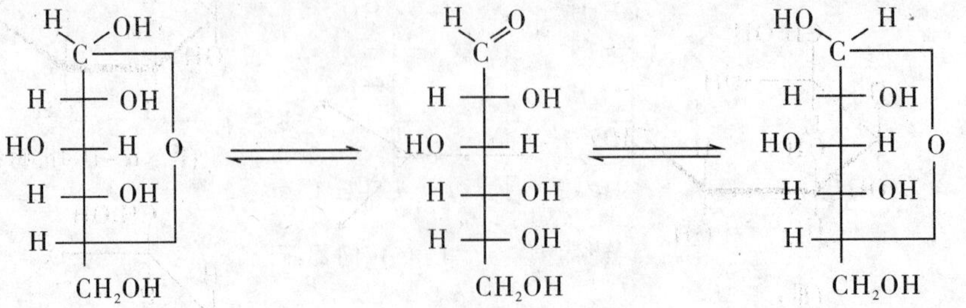

α－D－(+)－葡萄糖 37% $[\alpha]_D^{20}$=+112.2°　　D－(+)－葡萄糖 0.01% $[\alpha]_D^{20}$=+52.7°　　β－D－(+)－葡萄糖 63% $[\alpha]_D^{20}$=+18.7°

由此可见，产生变旋现象是由于 α－构型或 β－构型溶于水后，通过开链式相互转变，最后 α－构型、β－构型和开链式三种形式达到动态平衡。平衡时的比旋光度为＋52.7°。由于平衡混合物中开链式含量仅占0.01%，因此不能与饱和 $NaHSO_3$发生加成反应。葡萄糖主要以环状半缩醛形式存在，所以只能与一分子甲醇反应生成缩醛。其他单糖，如核糖、脱氧核糖、果糖、甘露糖和半乳糖等也都是以环状结构存在，都具有变旋现象。

单糖主要以五元、六元环存在。六元环糖与杂环化合物中的吡喃相当，具有这种结构的糖称为吡喃糖；五元环糖与杂环化合物中的呋喃（）相当，具有这种结构的糖称为呋喃糖，所以 α－D－（－）－果糖（五元环）应称为 α－D－（－）－呋喃果糖。

13.1.3 哈武斯（Haworth）透视式

前面给出的氧环式的环状结构投影式不能反映各个基团的相对空间关系。为了更接近其真实结构，并形象地表达单糖的氧环结构，一般采用 Haworth 透视式来表示单糖的半缩醛环状结构。现以 D－葡萄糖为例，说明由链式书写 Haworth 式的步骤：首先将碳链右倒水平放置（Ⅰ），然后将羟甲基一端从左面向后弯曲成类似六边形（Ⅱ），为了有利于形成环状半缩醛，将 C_5按箭头所示绕 C_4－C_5键轴旋转 120°成（Ⅲ）。此时，C_5上的羟基与羰基加成生成半缩醛环状结构，若新产生的半缩醛羟基与 C_5上的羟甲基处在环的异侧（Ⅳ），即为 α－D－吡喃葡萄糖；反之，新形成的半缩醛羟基与 C_5上的羟甲基处在环的同侧（Ⅴ），则为 β－D－吡喃葡萄糖。

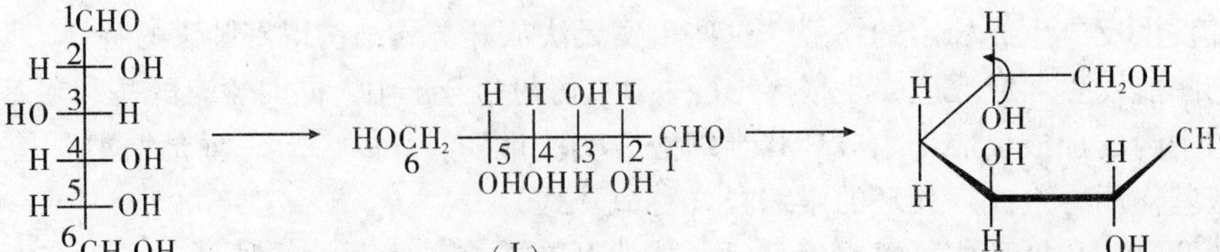

（Ⅰ）　　（Ⅱ）

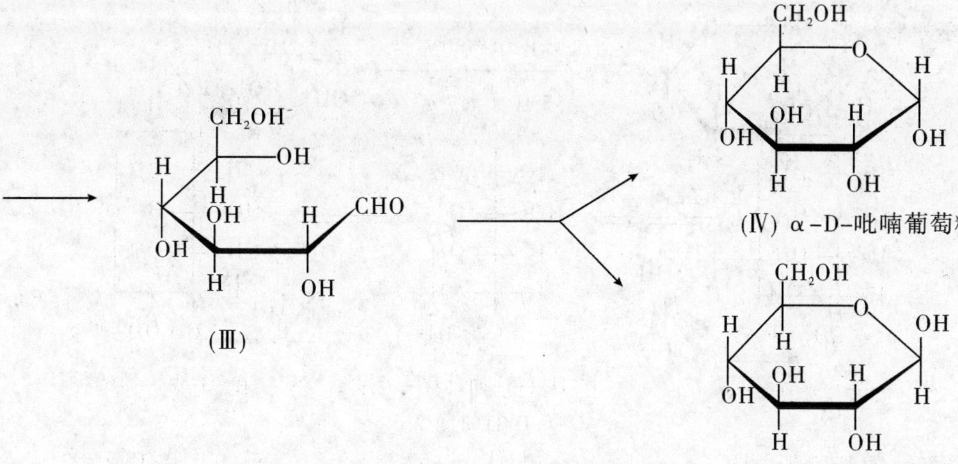

(Ⅲ)

(Ⅳ) α-D-吡喃葡萄糖

(Ⅴ) β-D-吡喃葡萄糖

其他几种常见单糖的 Haworth 如下：

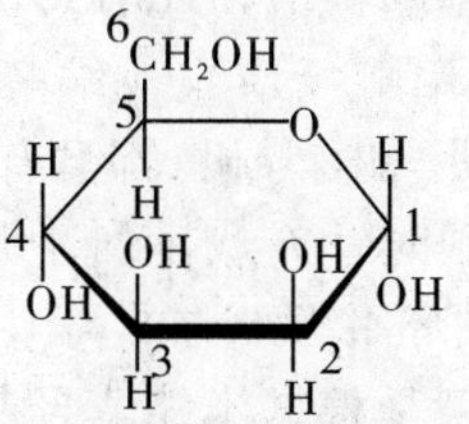

α-D-吡喃甘露糖

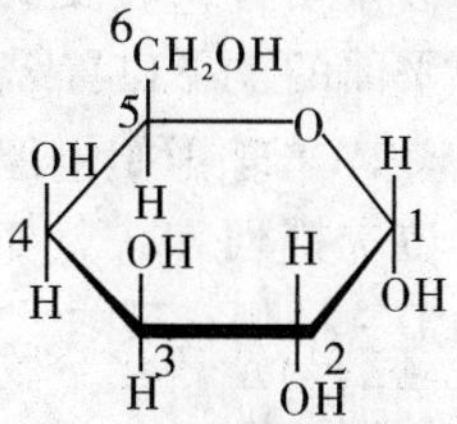

α-D-吡喃半乳糖

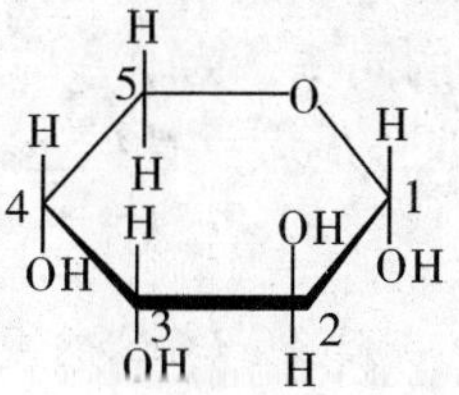

α-D-吡喃阿拉伯糖

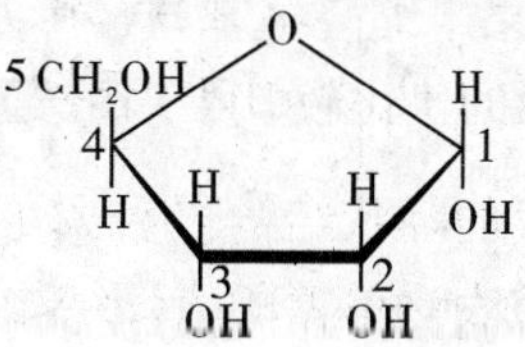

α-D-呋喃核糖

为了书写方便，一般可将单糖的环平面在纸面上旋转或翻转。现以α-D-(+)-吡喃葡萄糖为例加以说明。

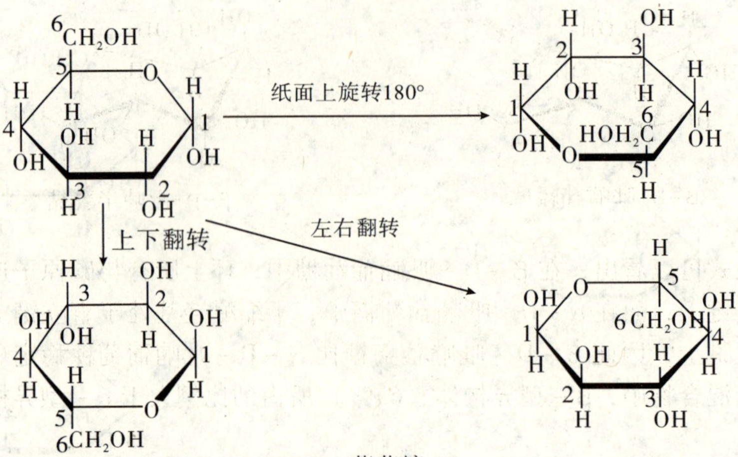

α-D-(+)-葡萄糖

在单糖的 Haworth 式中，通常环上碳原子的位次排列方式为顺时针排列。从上式中可以看出，纸面上旋转不会改变碳原子的位次排列方式，环上各碳原子上的基团处于环平面的上下位置不变；如果是翻转，无论是上下翻转还是左右翻转，都会改变环上碳原子位次的排列方式，由原来顺时针排列方式转变为逆时针排列方式，此时为了保持构型，环上各碳原子所连接的基团在环平面的上下位置需颠倒过来。

在单糖的 Haworth 式中，如何确定单糖的 D、L－构型和 α、β－构型呢？确定 D、L－构型要看环上碳原子的位次排列方式。如果是按顺时针方式排列，编号最大手性碳上的羟甲基在环平面上方的为 D－构型；反之，羟甲基在环平面下方的为 L－构型。如果是按逆时针方式排列，则与上述判别恰好相反。α、β－构型是根据半缩醛羟基与编号最大手性碳上的羟甲基的相对位置确定的，如果半缩醛羟基与编号最大手性碳上的羟甲基在环的异侧，为α－构型；反之，如果半缩醛羟基与羟甲基在环的同侧，为 β－构型。编号最大手性碳上无羟甲基时，则与其上的氢比较，半缩醛羟基与编号最大手性碳上的氢在环的异侧为 α－构型；反之，为 β－构型。

13.1.4 单糖的构象

近代 X－射线分析等技术对单糖的研究证明，以五元环形式存在的单糖，如果糖、核糖等，分子中成环碳原子和氧原子基本共处于一个平面内。而以六元环形式存在的单糖，如葡萄糖、半乳糖和阿拉伯糖等，分子中成环的碳原子和氧原子不在同一个平面 。上述吡喃糖的 Haworth 式不能真实地反映环状半缩醛的立体结构。吡喃糖中的六元环与环已烷相似，椅式构象占绝对优势。在椅式构象中，又以环上碳原子所连较大基团连接在平伏键上比连接在直立键上更稳定。下面是几种单糖的椅式构象：

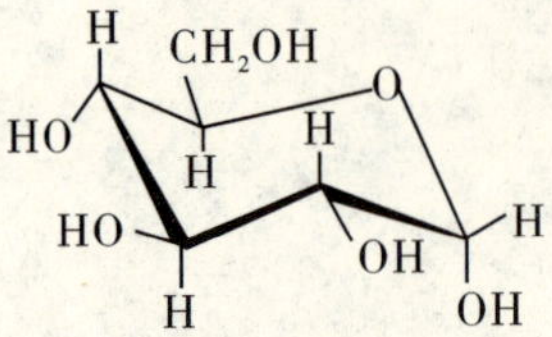

α-D-吡喃葡萄糖

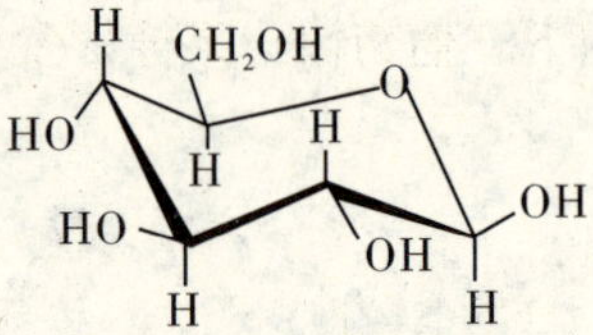

β-D-吡喃葡萄糖

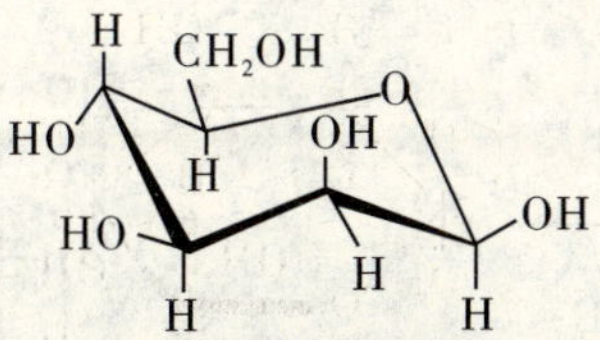

β-D-吡喃甘露糖

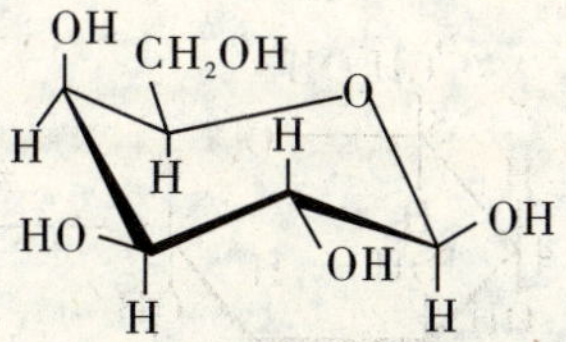

β-D-吡喃半乳糖

由上述构象式可以看出，在β-D-吡喃葡萄糖中，环上所有与碳原子连接的羟基和羟甲基都处于平伏键上，而在α-D-吡喃葡萄糖中，半缩醛羟基处于直立键上，其余羟基和羟甲基处于平伏键上，因此β-D-吡喃葡萄糖比α-D-吡喃葡萄糖稳定。所以在D-葡萄糖的变旋平衡混合物中，β-型异构体（63%）所占的比例大于α-型异构体（37%）。

13.2　单糖的物理性质

单糖都是无色晶体，因分子中含有多个羟基，所以易溶于水，并能形成过饱和溶液——糖浆。单糖可溶于乙醇和吡啶，难溶于乙醚、丙酮、苯等有机溶剂。除丙酮糖外，所有单糖都具有旋光性，且存在变旋现象。

单糖都有甜味，但相对甜度不同，一般以蔗糖的甜度为100，葡萄糖的甜度为74，果糖的甜度为173。果糖是已知单糖和二糖中甜度最大的糖。

13.3　单糖的化学性质

单糖是多羟基醛或多羟基酮，除具有醇、醛和酮的特征性质外，还具有因分子中各基团的相互影响而产生的一些特殊性质。此外，单糖在水溶液中是以链式和氧环式平衡混合物的形式存在的，因此单糖的反应有的以环状结构进行，有的则以开链结构进行。

13.3.1　差向异构化

D-葡萄糖分子中C_2上的α-H同时受羰基和羟基的影响很活泼，用稀碱处理可以互变为烯二醇中间体。烯二醇很不稳定，在其转变到醛酮结构时，C_1羟基上的氢原子转回C_2时有两种可能：若按（a）途径加到C_2上，则仍然得到D-葡萄糖；若按（b）途径加到C_2上，则得到D-甘露糖；同样，按（c）途径C_2羟基上的氢原子转移到C_1上，则得到D-果糖。

用稀碱处理D-甘露糖或D-果糖，也得到上述互变平衡混合物。生物体代谢过程中，在异构酶的作用下，葡萄糖与果糖常发生互相转化。

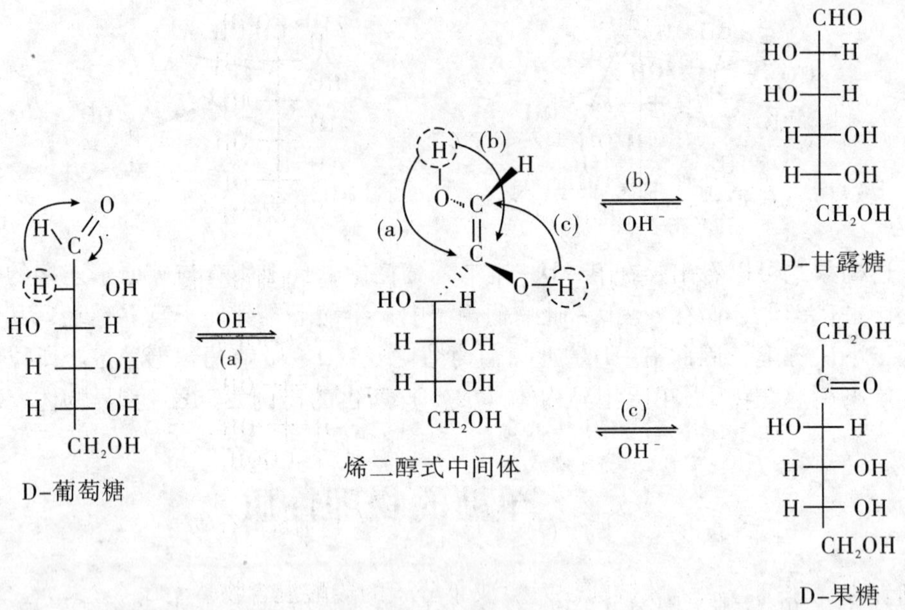

在含有多个手性碳原子的旋光异构体中，若只有一个手性碳原子的构型不同，其他碳原子的构型都完全相同，这样的旋光异构体称为差向异构体。如D－葡萄糖和D－甘露糖，它们仅第二个碳原子的构型相反，叫做2－差向异构体。差向异构体间的互相转化称为差向异构化。

13.3.2 氧化反应

单糖可被多种氧化剂氧化，所用氧化剂的种类及介质的酸碱性不同，氧化产物也不同。

(1) 酸性介质中的氧化反应。

① 溴水氧化。醛糖能被溴水氧化生成糖酸。酮糖不被溴水氧化，可由此区别醛糖与酮糖。

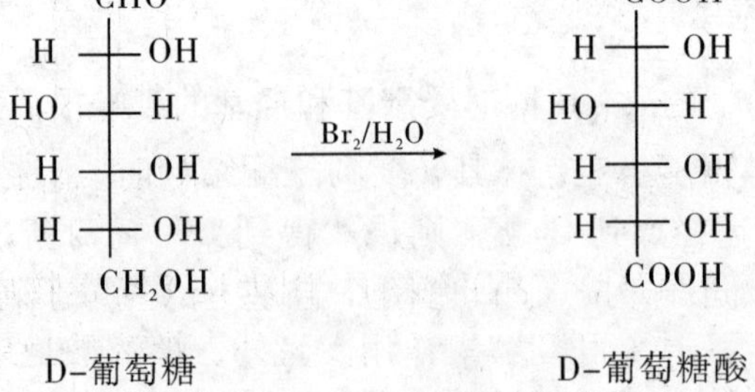

② 硝酸氧化。醛糖在硝酸作用下生成糖二酸。例如，D－葡萄糖被氧化为D－葡萄糖二酸，D－赤藓糖被氧化为内消旋酒石酸。根据氧化产物的结构和性质，可以帮助确定醛糖的结构。

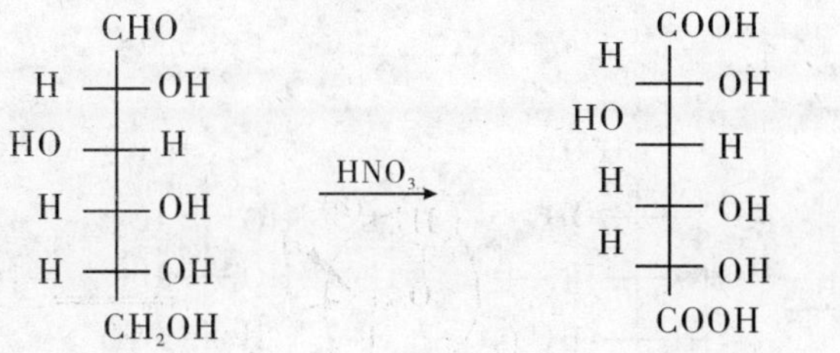

D-葡萄糖　　D-葡萄糖二酸

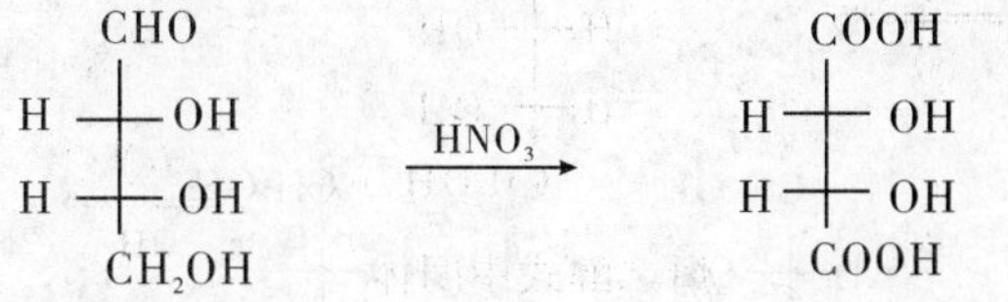

D-赤藓糖　　内消旋酒石酸

酮糖与强氧化剂作用，碳链断裂，生成小分子的羧酸混合物。

(2) 碱性介质中的氧化反应。醛能被弱氧化剂氧化，醛糖也具有醛基，同样能被弱氧化剂氧化。酮一般不被弱氧化剂氧化，但酮糖（如果糖）在弱碱性介质中能发生差向异构化从而转变为醛糖，因此也能被弱氧化剂氧化。醛糖和酮糖能被托伦试剂、斐林试剂和本尼迪试剂所氧化，分别产生银镜或砖红色的氧化亚铜沉淀，通常把这些糖称为还原性糖。这些反应常用作糖的鉴别和定量测定，例如与本尼迪试剂的反应常用来测定果蔬、血液和尿中还原性糖的含量。

(3) 生物体内的氧化反应。在生物体内的代谢过程中，有些醛糖在酶作用下发生羟甲基的氧化反应，生成糖醛酸。例如，葡萄糖和半乳糖被氧化时，分别生成葡萄糖醛酸和半乳糖醛酸。

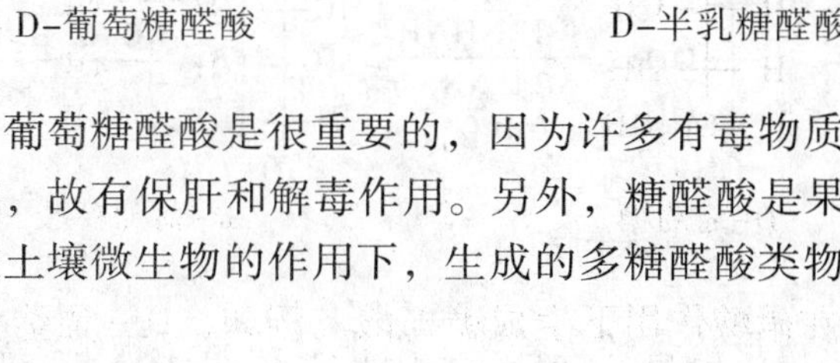

D-葡萄糖醛酸　　D-半乳糖醛酸

对于动物体来说，葡萄糖醛酸是很重要的，因为许多有毒物质是以葡萄糖醛酸苷的形式从尿中排泄出体外的，故有保肝和解毒作用。另外，糖醛酸是果胶质、半纤维素和黏多糖的重要组成成分，在土壤微生物的作用下，生成的多糖醛酸类物质是天然土壤结构的改良剂。

13.3.3　还原反应

与醛和酮的羰基相似，糖分子中的羰基也可被还原成羟基。实验室中常用的还原剂有硼氢化钠等，工业上则采用催化加氢，催化剂为镍、铂等。例如 D－葡萄糖还原为山梨醇，D－甘露糖还原生成甘露醇，果糖在还原过程中由于 C_2 转化为手性碳原子，故得到山梨醇和甘露醇的混合物。

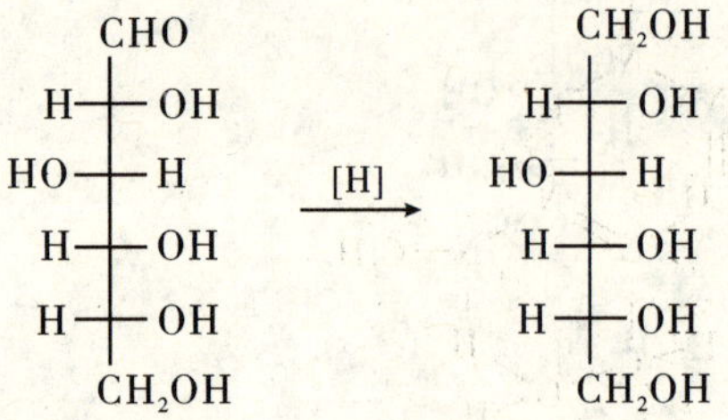

D-葡萄糖　　　　　　　　山梨醇

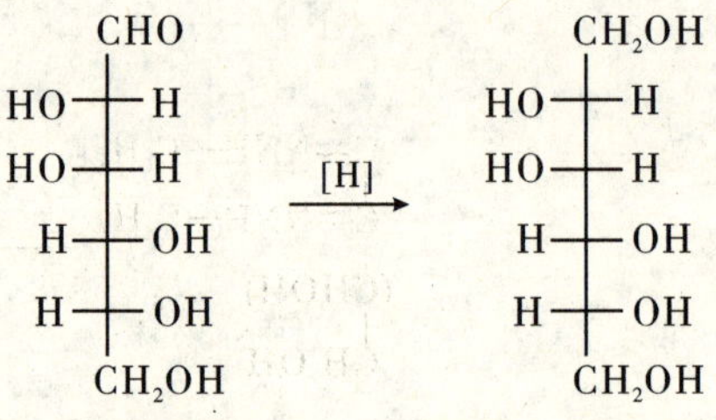

D-甘露糖　　　　　　　　甘露醇

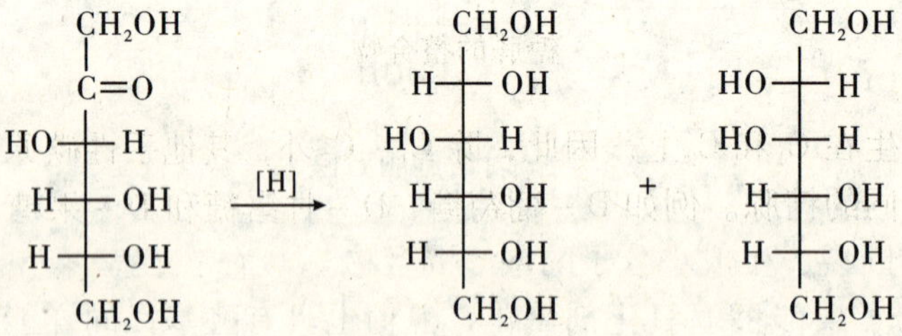

D-果糖　　　　　　　　山梨醇　　　　　　甘露醇

山梨醇和甘露醇广泛存在于植物体内，李子、桃子、苹果、梨等果实中含有大量的山梨醇；而柿子、胡萝卜、洋葱等植物中含有甘露醇。山梨醇可用作细菌的培养基及合成维生素 C 的原料。

13.3.4　成脎反应

单糖具有羰基，与苯肼作用首先生成糖苯腙。当苯肼过量时，则继续反应生成难溶于水的黄色结晶，称为糖脎。一般认为成脎反应分三步完成：首先单糖和一分子苯肼生成糖苯腙；然后糖苯腙的 α－羟基被过量的苯肼氧化为羰基；最后与第三分子苯肼作用生成糖脎。

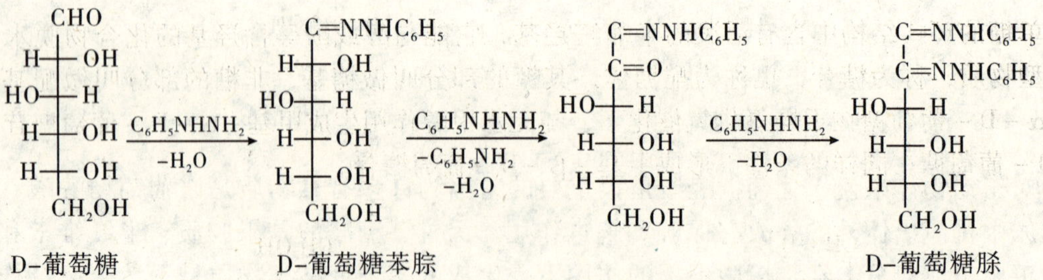

D-葡萄糖　　　　　D-葡萄糖苯腙　　　　　　　　　　　　　　D-葡萄糖脎

糖脎分子可以通过氢键形成螯环化合物，阻止 C_3 上羟基被继续氧化而终止反应。

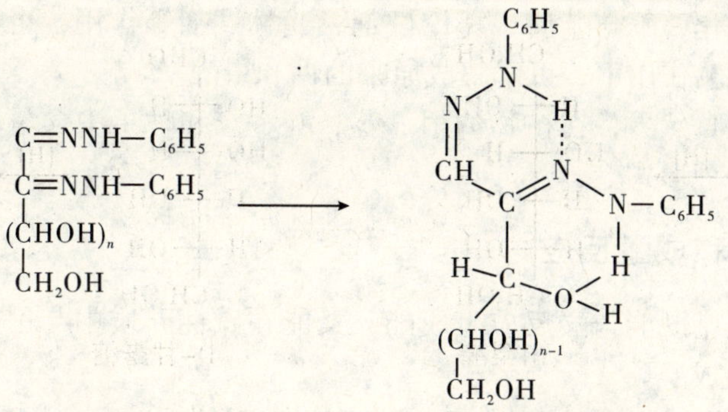

糖脎　　　　糖脎的螯合物

由上可知，糖脎的生成只发生在 C_1 和 C_2 上，因此，除 C_1、C_2 外，其他手性碳原子构型相同的己糖或戊糖，都能形成相同的糖脎。例如 D－葡萄糖、D－甘露糖和 D－果糖与过量的苯肼反应生成相同的糖脎。

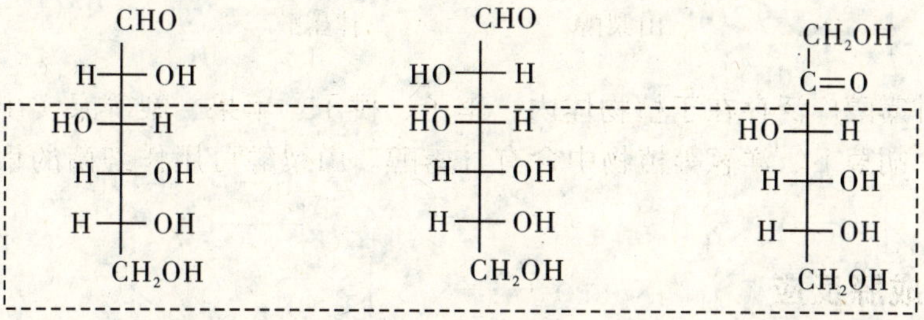

D–葡萄糖　　　D–甘露糖　　　D–果糖

不同的糖脎其结晶形状、熔点和成脎所需的时间都不相同，因此可用于糖的鉴定。成脎反应并非局限于单糖，凡具有 α－羟基的醛或酮都能发生成脎反应。

13.3.5　糖苷的生成

单糖的环式结构中含有活泼的半缩醛羟基，它能与醇或酚等含羟基的化合物脱水形成缩醛型物质，称为糖苷，也称为配糖体，其糖的部分叫做糖基，非糖的部分叫做配基。例如，α－D－葡萄糖在干燥氯化氢催化下，与无水甲醇作用生成甲基－α－D－葡萄糖苷；而 β－D－葡萄糖在同样的条件下形成甲基－β－D－葡萄糖苷。

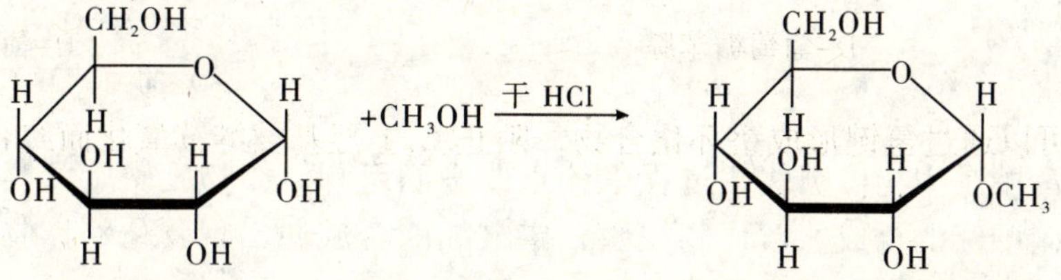

α–D–葡萄糖　　　甲基 α–D–葡萄糖苷

α－D－葡萄糖和 β－D－葡萄糖通过开链式可以相互转变，形成糖苷后，分子中已无半缩醛羟基，不能再转变成开链式，故不能再相互转变。糖苷是一种缩醛（或缩酮），所以比较稳定，不易被氧化，不与苯肼、托伦试剂、斐林试剂等作用，也无变旋现象。糖苷对碱稳定，但在稀酸或酶作用下，可水解成原来的糖和甲醇。

糖苷广泛存在于自然界，在植物的根、茎、叶、花和种子中含量较多。低聚糖和多糖也都是糖苷存在的一种形式。

13.3.6 成酯和成醚反应

单糖分子中的羟基既能与酸反应生成酯，又能在碱性介质中与甲基化试剂，如碘甲烷或硫酸二甲酯作用生成醚。

（1）酯化反应。在生物体内，α－D－葡萄糖在酶的催化下与磷酸发生酯化反应，生成1－磷酸－α－D－葡萄糖和1，6－二磷酸－α－D－葡萄糖。

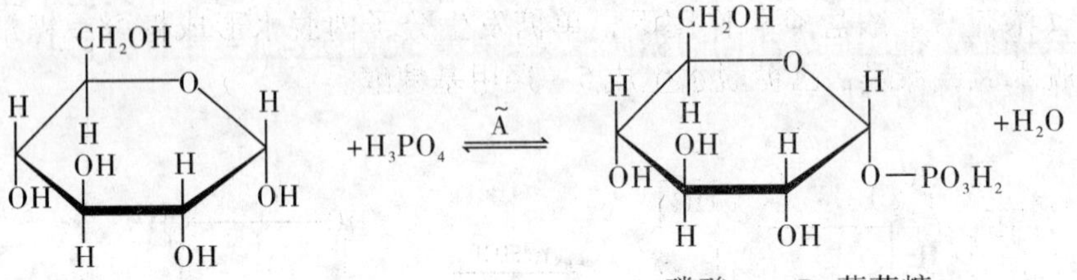

1-磷酸-α-D-葡萄糖

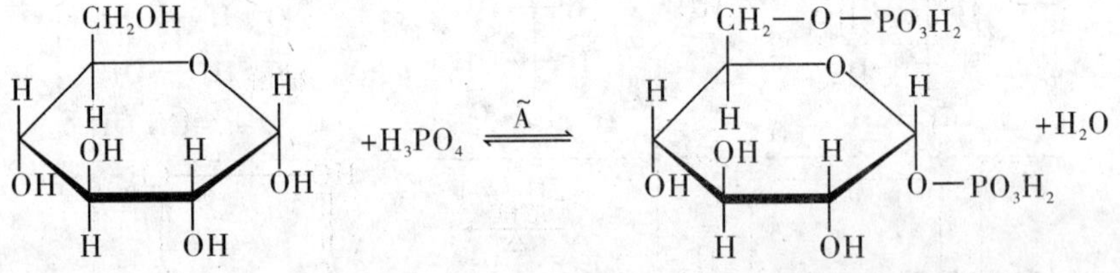

1,6-二磷酸-α-D-葡萄糖

在实验室中，用乙酰氯或乙酸酐与葡萄糖作用，可以得到葡萄糖五乙酸酯。

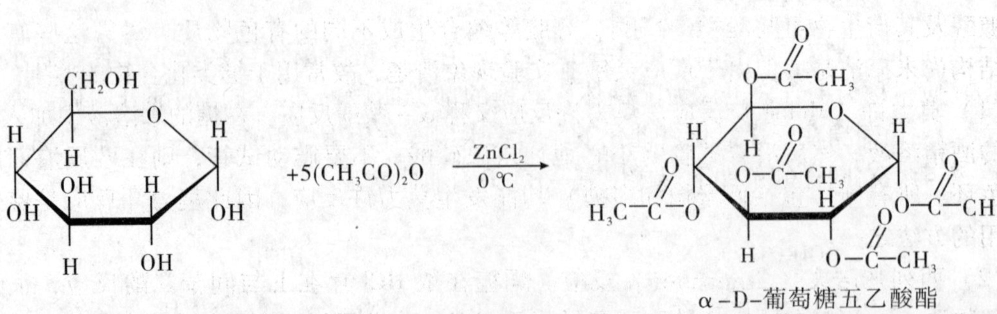

α-D-葡萄糖五乙酸酯

单糖的磷酸酯是生物体糖代谢过程中的重要中间产物。作物施磷肥就是为了有充足的磷去完成体内磷酸酯的合成。若作物缺磷，磷酸酯的合成便出现障碍，作物的光合作用和呼吸作用也不能顺利进行。

（2）成醚反应。由于单糖分子在碱性介质中直接甲基化会发生副反应，所以一般先将单糖分子中的半缩醛羟基通过成苷保护起来，然后再进行成醚反应。

产物分子中的五个甲氧基以 C_1 上的最为活泼，在稀酸中可发生水解，生成 2，3，4，6 - 四甲氧基 - D - 葡萄糖。

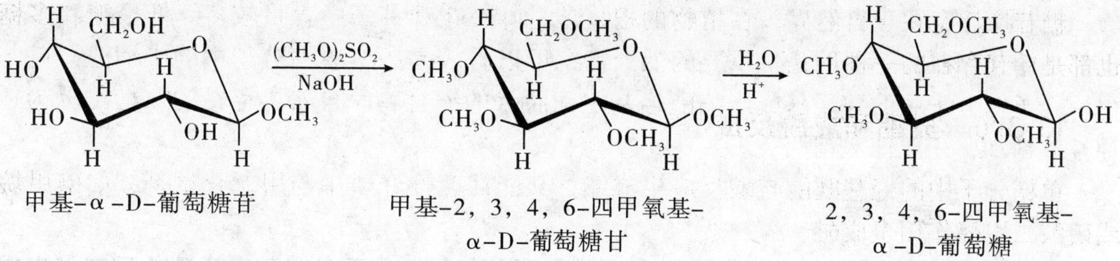

13.3.7　显色反应

在浓酸（浓硫酸或浓盐酸）作用下，单糖发生分子内脱水形成糠醛或糠醛的衍生物。例如，戊糖脱水生成糠醛，己糖脱水生成 5 - 羟甲基糠醛。

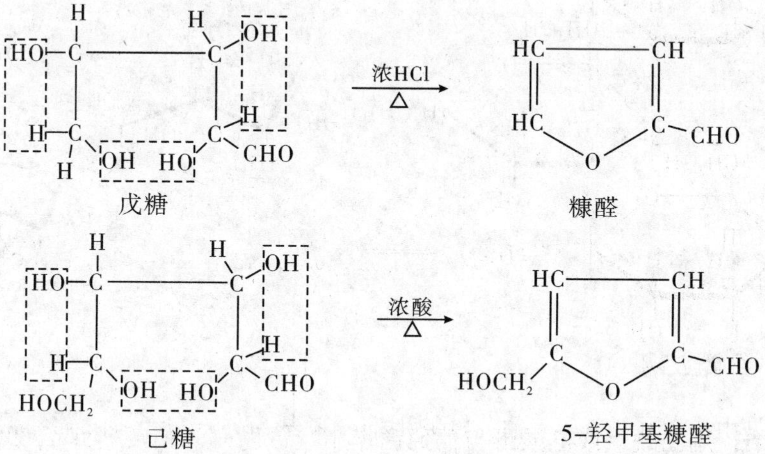

糠醛及其衍生物可与酚类、蒽酮、芳胺等缩合生成不同的有色物质。尽管这些有色物质的结构尚未搞清楚，但由于反应灵敏，实验现象清楚，故常用于糖类化合物的鉴别。

（1）莫力许（Molish）反应。莫力许反应又称 α - 萘酚反应。在糖的水溶液中加入 α - 萘酚的酒精溶液，然后沿着试管壁小心地加入浓硫酸，不要震动试管，则在两层液面间形成紫色环。所有糖（包括低聚糖和多糖）均能发生莫力许反应，因此莫力汗反应是鉴别糖最常用的方法之一。

（2）西列凡诺夫（Селиванов）反应。酮糖在浓 HCl 存在下与间苯二酚反应，很快生成红色物质。而醛糖在同样条件下两分钟内不显色，由此可以区别醛糖和酮糖。

（3）皮阿耳（Bial）反应。戊糖在浓 HCl 存在下与 5 - 甲基间苯酚反应，生成绿色的物质。该反应是用来区别戊糖和己糖的方法。

（4）狄斯克（Discke）反应。脱氧核糖在乙酸和硫酸混合液中与二苯胺共热，可生成蓝色的物质。其他糖类在同样条件下不显蓝色。因此，该反应是用于鉴别脱氧戊糖的方法。

13.4 二 糖

二糖又称双糖。双糖是最重要的低聚糖，可以看成是一个单糖分子中的半缩醛羟基与另一个单糖分子中的醇羟基或半缩醛羟基之间脱水的缩合物。自然界存在的双糖可分为还原性双糖和非还原性双糖两类。

13.4.1 麦芽糖

麦芽糖是由一分子α－D－葡萄糖的半缩醛羟基与另一分子D－葡萄糖C_4上的醇羟基脱水后，通过α－1，4－苷键连接而成的。

麦芽糖属于α－糖苷，能被麦芽糖酶水解，也能被酸水解。它是组成淀粉的基本单元，在淀粉酶或唾液酶的作用下，淀粉水解得到麦芽糖，所以麦芽糖是生物体内淀粉水解的中间产物。麦芽糖继续水解产生D－葡萄糖。

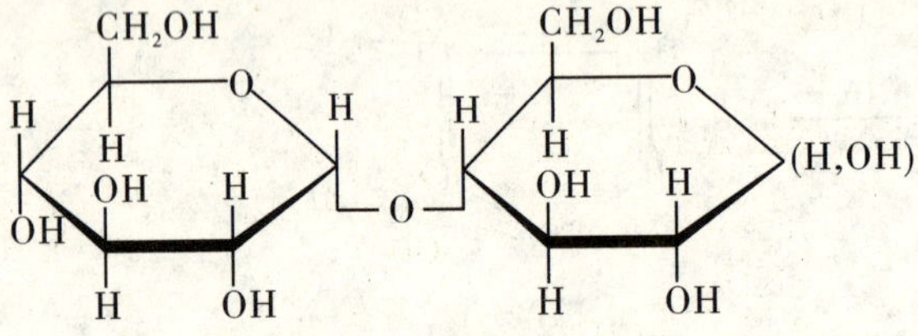

D-麦芽糖

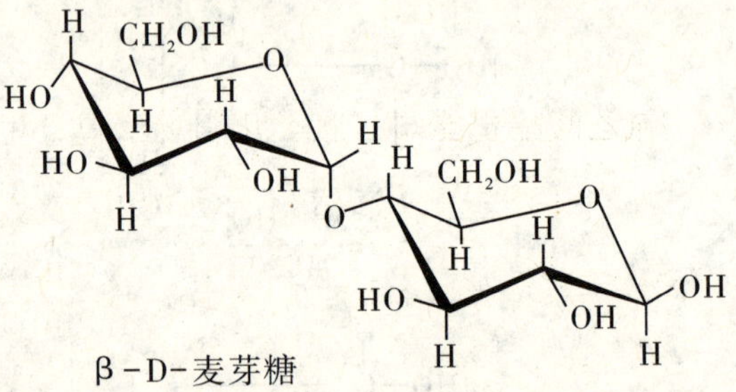

β－D-麦芽糖

13.4.2 纤维二糖

纤维二糖是由一分子β－D－葡萄糖的半缩醛羟基与另一分子D－葡萄糖C_4上的醇羟基脱水后，通过β－1，4－苷键连接而成的。

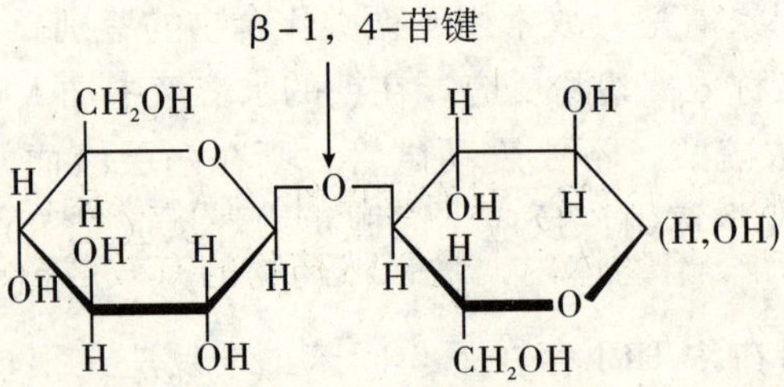

D-纤维二糖

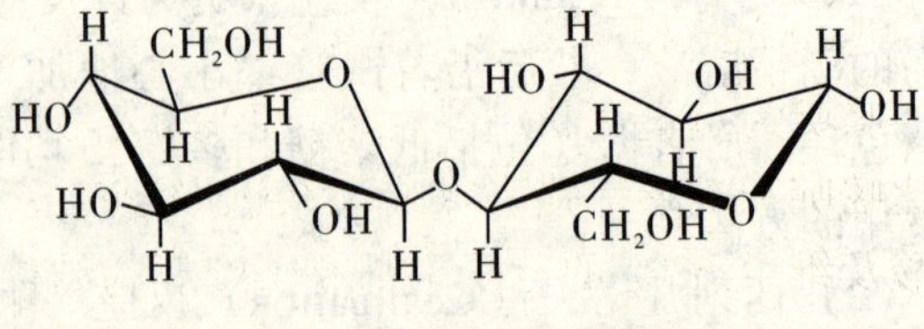

β－D-纤维二糖

纤维二糖属β－糖苷，能被苦杏仁酶或纤维二糖酶水解，也可被酸水解成D－葡萄糖。纤维二糖是纤维素的基本单位，自然界游离的纤维二糖并不存在，可由纤维素部分水解得到。

13.4.3　乳糖

乳糖是由一分子β－D－半乳糖的半缩醛羟基与另一分子D－葡萄糖C_4上的醇羟基脱水后，通过β－1，4－苷键连接而成的。

乳糖属于β－糖苷，它能被酸、苦杏仁酶和乳糖酶水解。乳糖存在于人和哺乳动物的乳汁中，人乳中含乳糖为5%～8%，牛、羊乳中含乳糖为4%～5%。乳糖是牛乳制干酪时所得的副产品，它是双糖中溶解性较小的、没有吸湿性的一种，主要用于食品工业和医药工业。

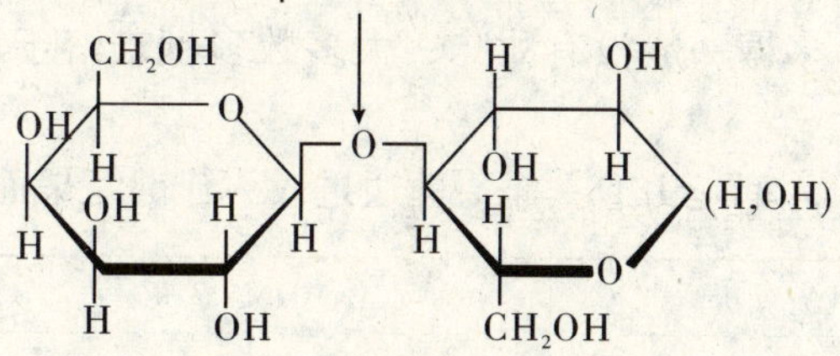

D-乳糖

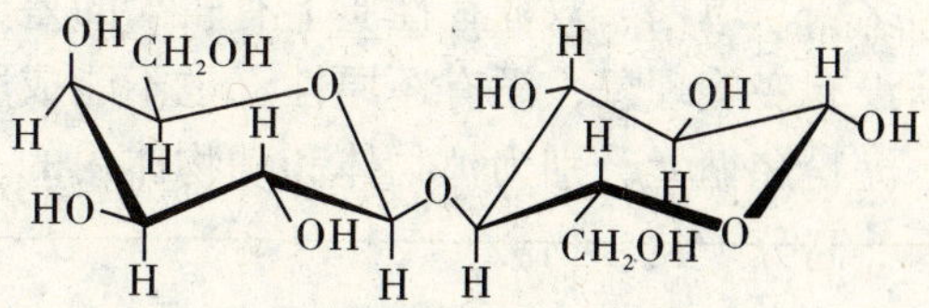
β-D-乳糖

13.4.4　蔗糖

蔗糖是由一分子α－D－葡萄糖和一分子β－D－果糖两者的半缩醛羟基脱水后，通过α－1－β－2－苷键连接而成的双糖。它既是α－糖苷，也是β－糖苷。

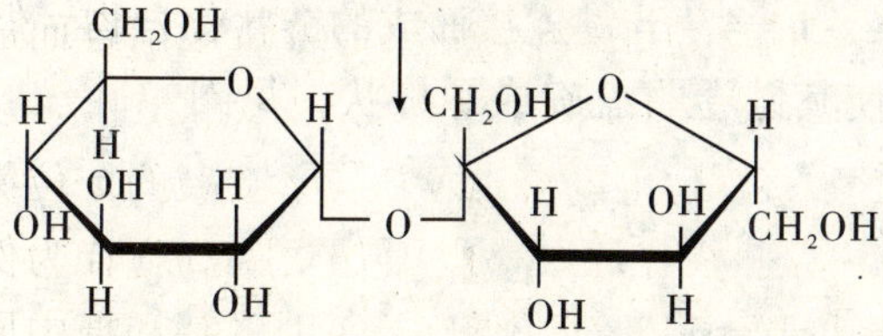

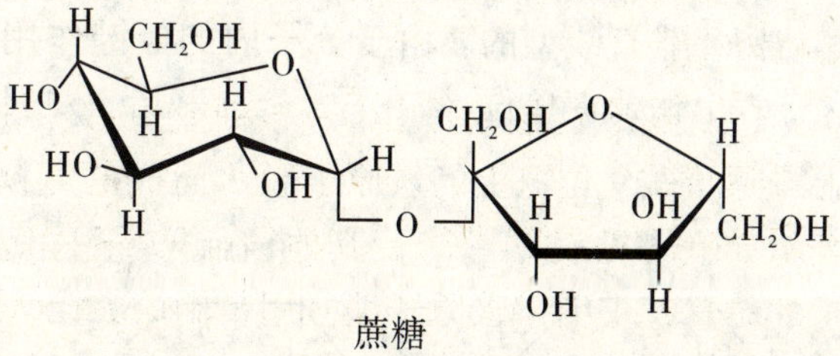
蔗糖

蔗糖是自然界分布最广的、甜度仅次于果糖的重要的非还原性双糖。它存在于植物的根、茎、叶、种子及果实中，以甘蔗（19%～20%）和甜菜（12%～19%）中含量最多。蔗糖是右旋糖，水解后生成等量的D－葡萄糖和D－果糖的左旋混合物。由于水解使旋光方向发生改变，故一般把蔗糖的水解产物称为转化糖。蜂蜜的主要成分就是转化糖（$[\alpha]_D^{20}=-19.8°$）。

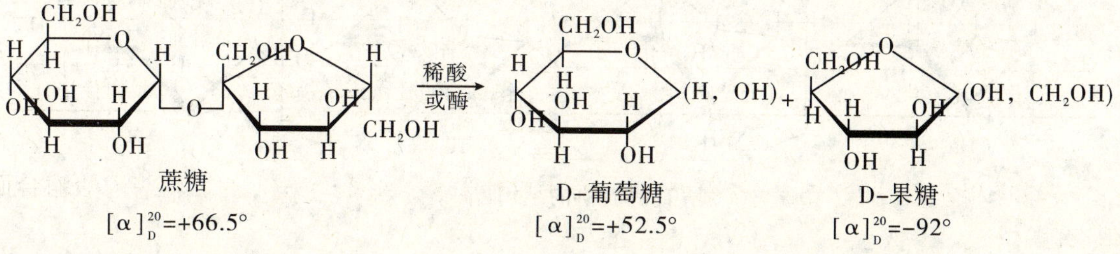

13.5 多 糖

多糖是由几百到几千个单糖或单糖的衍生物分子通过α-或β-苷键连接起来的高分子化合物。多糖广泛存在于自然界，按其水解产物分为两类：一类称为均多糖，其水解产物只有一种单糖，如淀粉、纤维素、糖元等；另一类称为杂多糖，其水解产物为一种以上的单糖或单糖衍生物，如半纤维素、果胶质、黏多糖等。淀粉和糖元分别为植物和动物的贮藏养分，纤维素和果胶质等则是构成植物体的支撑组织。

多糖与单糖、双糖在性质上有较大的差异。多糖一般没有甜味，大多数多糖难溶于水。多糖没有变旋现象，没有还原性，也不能成脎。

淀粉和糖元分别为植物体和动物体内的多糖，都是由D-葡萄糖通过α-苷键缩聚而成的天然高分子化合物。

13.5.1 淀粉

淀粉广泛存在于植物界，是植物光合作用的产物，是植物贮存的营养物质之一，也是人类粮食的主要成分。淀粉主要存在于植物的种子、块根和块茎中。例如，稻米含淀粉62%~80%，小麦含淀粉57%~75%，玉米含淀粉65%~72%，甘薯含淀粉25%~35%，马铃薯含淀粉12%~20%。

（1）淀粉的结构。淀粉为白色无定形粉末，由直链淀粉和支链淀粉两部分组成，二者在淀粉中的比例随植物品种不同而异，一般直链淀粉占10%~30%，支链淀粉占70%~90%。

直链淀粉是由200~980个α-D-葡萄糖以α-1，4-苷键连接而成的链状化合物，但其结构并非直线型的。由于分子内的氢键作用，使其链卷曲盘旋成螺旋状，每圈螺旋一般含有六个葡萄糖单位。

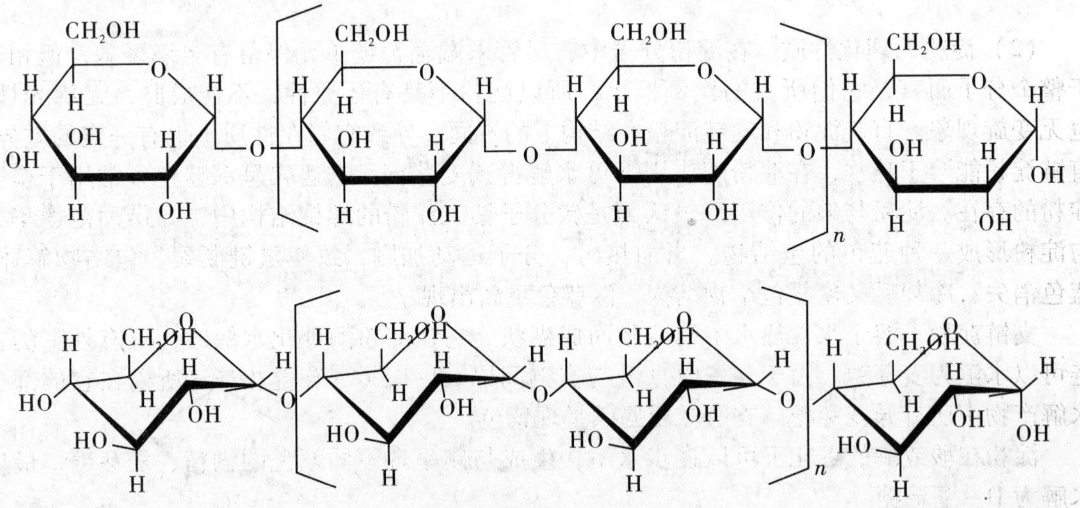

直链淀粉的结构

支链淀粉含有1 000个以上α-D-葡萄糖单位，其结构特点与直链淀粉不同。葡萄糖

a. 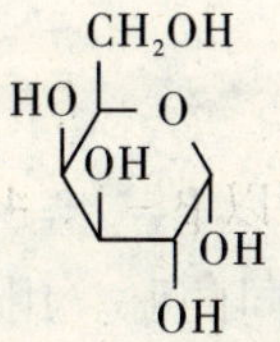

b. 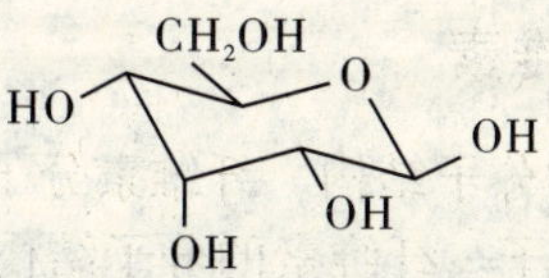

c. 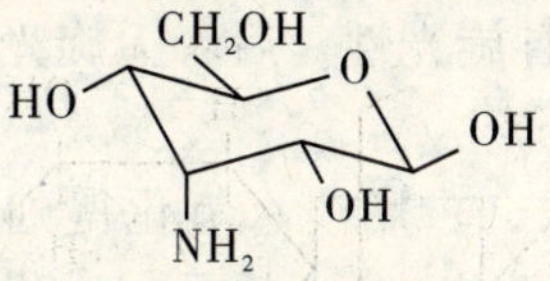

3. 完成下列反应式：

a. 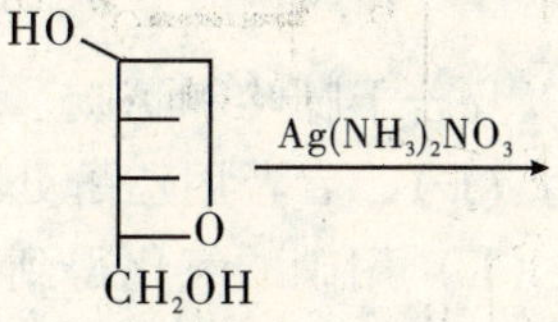

b. 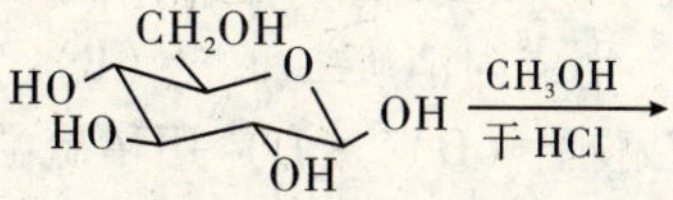

c. 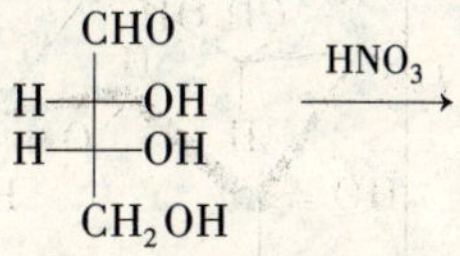

d. 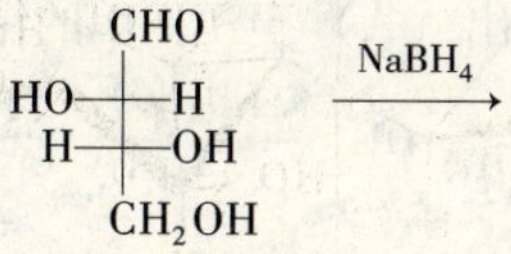

e. 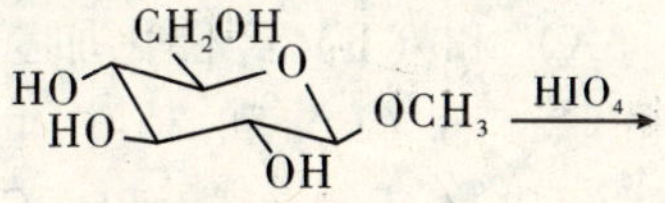

f. 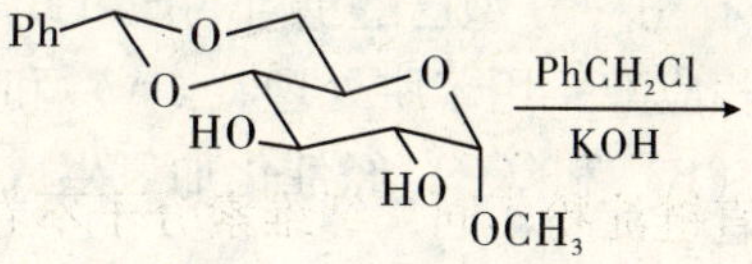

4. 回答下列问题：

（1）单糖是否均是固体？是否都溶于水？是否都不溶于有机溶剂？是否都有甜味？是否都有变旋光现象？

（2）下列两个异构体分别与苯肼作用，产物是否相同？

a. 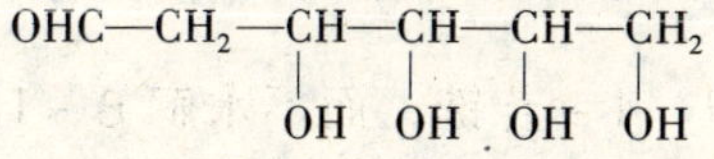

b. 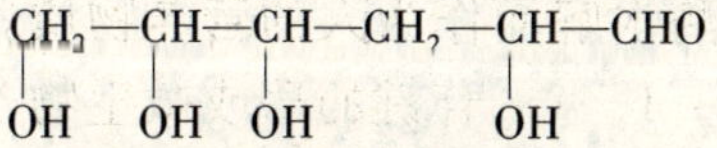

（3）糖苷既不与斐林试剂作用，也不与托伦试剂作用，且无变旋光现象，试解释原因。

（4）什么叫差向异构体？

5. 用化学方法区别下列各组化合物：

（1）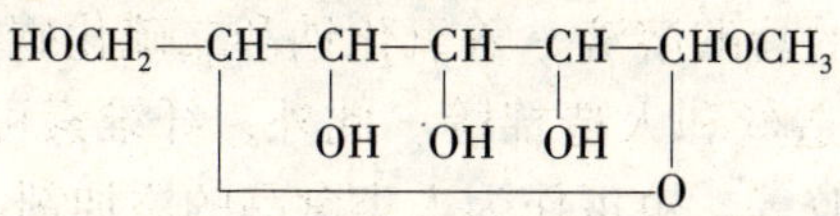

a.

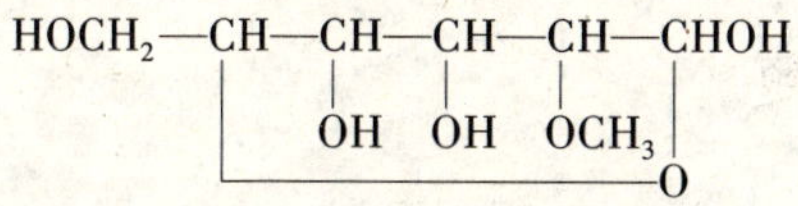

b.

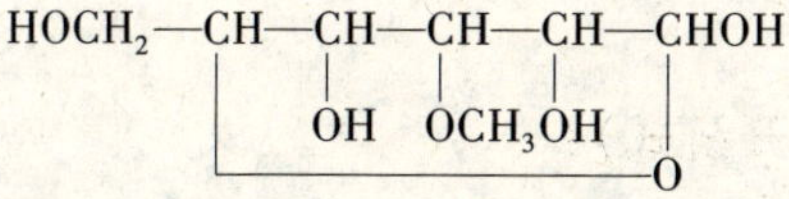

c.

（2）葡萄糖和蔗糖

（3）麦芽糖和蔗糖

（4）蔗糖和淀粉

6. 有两个具有旋光性的丁醛糖（A）和（B），与苯肼作用生成相同的脎。用硝酸氧化，（A）和（B）都生成含有四个碳原子的二元酸，但前者有旋光性，后者无旋光性。试推测（A）和（B）的结构式。

7. 化合物 $C_5H_{10}O_5$（A），与乙酐作用给出四乙酸酯，（A）用溴水氧化得到一个酸 $C_5H_{10}O_6$，（A）用碘化氢还原给出异戊烷。写出（A）可能的结构式。（提示：碘化氢能还原羟基或使羰基成为烃基。）

8. 一种核酸用酸或碱水解后，生成 D－戊醛糖（A）、磷酸以及若干嘌呤和嘧啶。用硝酸氧化（A），生成内消旋二元酸（B）。（A）用羟氨处理生成肟（C），后者用乙酐处理转变成氰醇的乙酸酯（D），（D）用稀硫酸水解给出丁醛糖（E），（E）用硝酸氧化得到内消旋二元酸（F）。写出（A）至（F）的结构式。

［提示： $\begin{matrix}\diagdown \\ \mathrm{C{=}N{-}OH} \\ \diagup \\ \mathrm{H}\end{matrix} \xrightarrow[-H_2O]{(CH_3CO)_2O} \mathrm{-C{\equiv}N}$ ］

9. 有三种 D 型已醛糖（A）、（B）和（C），其中（A）和（B）经催化加氢生成光学活性的相应醇；用苯肼处理，（A）和（B）生成不同的脎，而（B）和（C）生成相同的脎；但（B）和（C）经催化加氢生成的相应醇不同。试写出（A）、（B）和（C）的结构式并命名。

10. 光学活性化合物 $C_5H_{10}O_4$（A），有三个物性碳原子，构型均匀为 R。（A）与 NH_2OH 生成肟。（A）用 $NaBH_4$ 处理得到光学活性化合物 $C_5H_{12}O_4$（B），（B）与乙酐反应得到四乙酸酯；在酸存在下，（A）与甲醇作用生成 $C_6H_{12}O_4$（C），（C）与 HIO_4 反应得到 $C_6H_{10}O_4$（D），（D）经酸性水解得到乙二醛（OHC—CHO），D－α－羟基丙醛和甲醇。试写出（A）至（D）的结构式。

第 14 章　氨基酸、蛋白质和核酸

蛋白质和核酸是生命现象的物质基础，是参与生物体内各种生物变化最重要的成分。蛋白质存在于一切细胞中，它们是构成人体和动、植物的基本材料，肌肉、毛发、皮肤、指甲、血清、血红蛋白、神经、激素、酶等都是由不同蛋白质组成的。蛋白质在有机体中承担不同的生理功能，它们供给肌体营养、输送氧气、防御疾病、控制代谢过程、传递遗传信息、负责机械运动等。核酸分子携带着遗传信息，在生物的个体发育、生长、繁殖和遗传变异等生命过程中起着极为重要的作用。

人们通过长期的实验发现：蛋白质被酸、碱或蛋白酶催化水解，最终均产生 α－氨基酸，把因此，要了解蛋白质的组成、结构和性质，我们必须先讨论 α－氨基酸。

14.1　氨基酸

氨基酸是羧酸分子中烃基上的氢原子被氨基（—NH_2）取代后的衍生物。目前发现的天然氨基酸约有 300 种，构成蛋白质的氨基酸有 30 余种，其中常见的有 20 余种，人们把这些氨基酸称为蛋白氨基酸，把其他不参与蛋白质组成的氨基酸称为非蛋白氨基酸。

14.1.1　α－氨基酸的构型、分类和命名

构成蛋白质的 20 余种常见氨基酸中除脯氨酸外，都是 α－氨基酸，其结构可用通式表示：

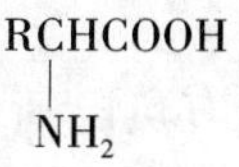

这些 α－氨基酸中除甘氨酸外，都含有手性碳原子，有旋光性。其构型一般都是 L－型（某些细菌代谢中产生极少量 D－氨基酸）。

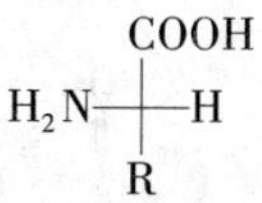

L－氨基酸

氨基酸的构型也可用 R、S 标记法表示。

根据 α－氨基酸通式中 R－基团的碳架结构不同，α－氨基酸可分为脂肪族氨基酸、芳

香族氨基酸和杂环族氨基酸；根据 R－基团的极性不同，α－氨基酸又可分为非极性氨基酸和极性氨基酸；根据 α－氨基酸分子中氨基（$—NH_2$）和羧基（—COOH）的数目不同，α－氨基酸还可分为中性氨基酸（羧基和氨基数目相等）、酸性氨基酸（羧基数目大于氨基数目）、碱性氨基酸（氨基的数目多于羧基数目）。

氨基酸命名通常根据其来源或性质等采用俗名，例如氨基乙酸因具有甜味称为甘氨酸，丝氨酸最早因来源于蚕丝而得名。在使用中为了方便起见，常用英文名称缩写符号（通常为前三个字母）或用中文代号表示。例如甘氨酸可用 Gly 或 G 或“甘”字来表示其名称。氨基酸的系统命名法与其他取代羧酸的命名相同，即以羧酸为母体命名。

组成蛋白质的氨基酸中，有八种动物自身不能合成，必须从食物中获取，缺乏时会引起疾病，它们被称为必需氨基酸。

14.1.2　α－氨基酸的物理性质

α－氨基酸一般为无色晶体，熔点比相应的羧酸或胺类要高，一般为 200 ℃～300 ℃（许多氨基酸在接近熔点时分解）。除甘氨酸外，其他的 α－氨基酸都有旋光性。大多数氨基酸易溶于水，而不溶于有机溶剂。

14.1.3　α－氨基酸的化学性质

氨基酸分子中既含有氨基，又含有羧基，因此它具有羧酸和胺类化合物的性质；同时，由于氨基与羧基之间相互影响及分子中 R－基团的某些特殊结构，又显示出一些特殊的性质。

（1）氨基酸的两性性质和等电点。氨基酸分子中同时含有羧基（—COOH）和氨基（$—NH_2$），不仅能与强碱或强酸反应生成盐，而且还可在分子内形成内盐。

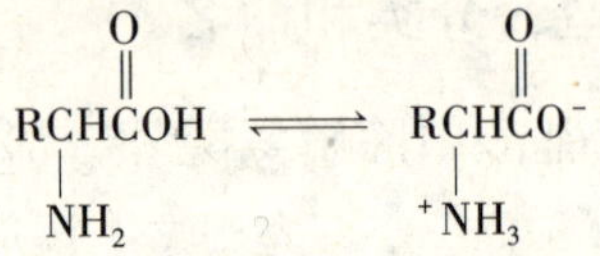

内盐（偶极离子）

氨基酸内盐分子是既带有正电荷又带有负电荷的离子，称为两性离子或偶极离子。固体氨基酸以偶极离子形式存在，静电引力大，具有很高的熔点，可溶于水而难溶于有机溶剂。

氨基酸分子是偶极离子，在酸性溶液中它的羧基负离子可接受质子，发生碱式电离，带正电荷；而在碱性溶液中铵根正离子给出质子，发生酸式电离，带负电荷。偶极离子加酸和加碱时引起的变化，可用下式表示：

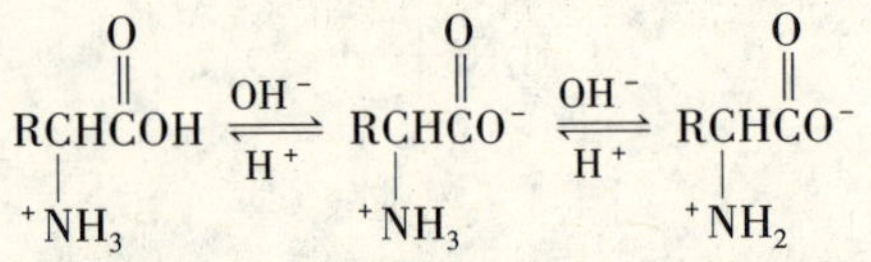

正离子　　偶极离子　　负离子

pH < pI　　pI　　pH > pI

（2）氨基酸中氨基的反应。

①与亚硝酸反应。大多数氨基酸中含有伯氨基，可以定量与亚硝酸反应，生成 α－羟基酸，并释放氮气。

该反应定量进行，从释放出的氮气的体积可计算分子中氨基的含量。这个方法称为范斯莱克（Van Slyke）氨基测定法，可用于氨基酸定量和蛋白质水解程度的测定。

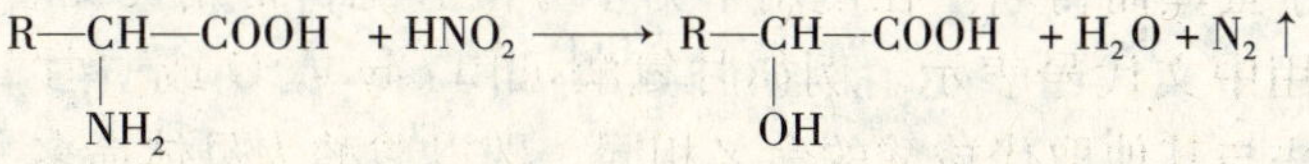

②与甲醛反应。氨基酸分子中的氨基能作为亲核试剂进攻甲醛的羰基，生成（N，N－二羟甲基）氨基酸。

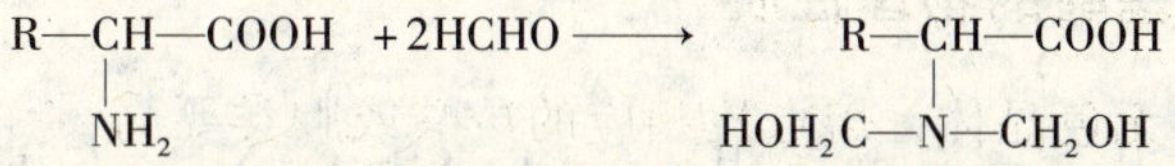

在（N，N－二羟甲基）氨基酸中，由于羟基的吸电子诱导效应，降低了氨基氮原子的电子云密度，削弱了氮原子结合质子的能力，使氨基的碱性削弱或消失，这样就可以用标准碱液来滴定氨基酸的羧基，用于氨基酸含量的测定。这种方法称为氨基酸的甲醛滴定法。

在生物体内，氨基酸分子中的氨基在某些酶的催化下，可与醛酮反应生成弱碱性的西佛碱（Schiff' base），它是植物体内合成生物碱及生物体内酶促转氨基反应的中间产物。

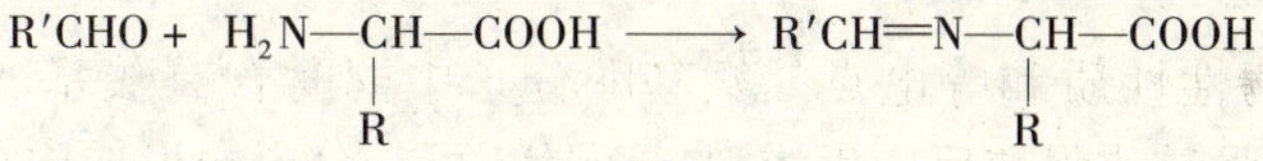

西佛碱

③与 2，4－二硝基氟苯反应。氨基酸能与 2，4－二硝基氟苯（DNFB）反应生成 N－（2，4－二硝基苯基）氨基酸，简称 N－DNP－氨基酸。这个化合物显黄色，可用于氨基酸的比色测定。英国科学家桑格尔（Sanger）首先用这个反应来标记多肽或蛋白质的 N－端氨基酸，再将肽链水解，经层析检测，就可识别多肽或蛋白质的 N－端氨基酸。

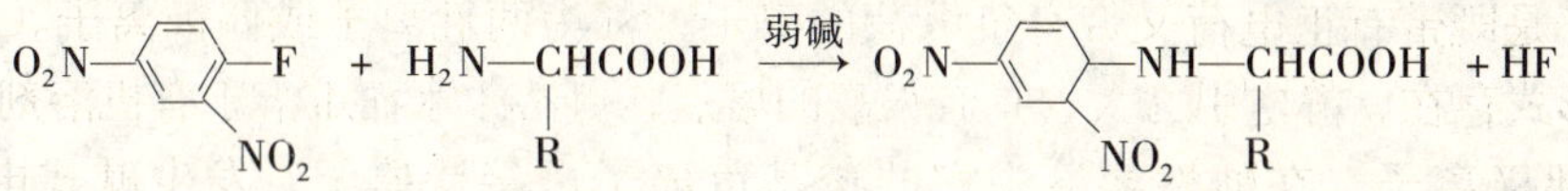

N－DNP－氨基酸（黄色）

④氧化脱氨反应。氨基酸分子的氨基可以被双氧水或高锰酸钾等氧化剂氧化，生成α－亚氨基酸，然后进一步水解，脱去氨基生成 α－酮酸。

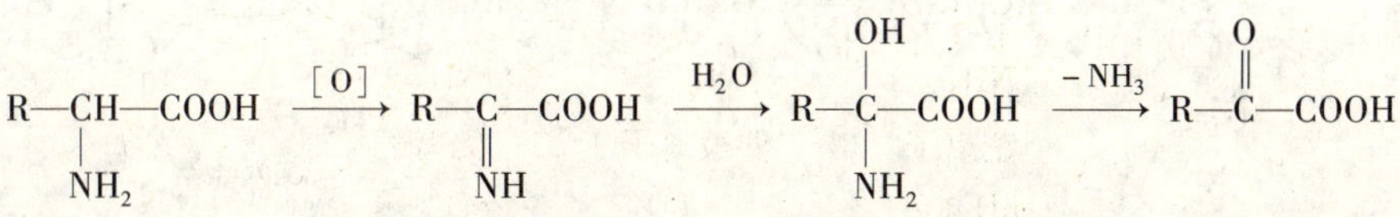

α－亚氨基酸　　α－羟基－α－氨基酸

生物体内在酶催化下，氨基酸也可发生氧化脱氨反应，这是生物体内蛋白质分解代谢的重要反应之一。

（3）氨基酸中羧基的反应。

①与醇反应。氨基酸在无水乙醇中通入干燥氯化氢，加热回流时生成氨基酸酯。

$$\underset{\underset{NH_2}{|}}{R—CH}—\overset{\overset{O}{\|}}{C}—OH + C_2H_5—OH \xrightarrow{\text{干 HCl}} \underset{\underset{NH_2}{|}}{R—CH}—\overset{\overset{O}{\|}}{C}—O—C_2H_5 + H_2O$$

α－氨基酸酯在醇溶液中又可与氨反应，生成氨基酸酰胺。

$$\underset{\underset{NH_2}{|}}{R—CH}—\overset{\overset{O}{\|}}{C}—OC_2H_5 + NH_3 \longrightarrow \underset{\underset{NH_2}{|}}{R—CH}—\overset{\overset{O}{\|}}{C}—NH_2 + C_2H_5—OH$$

这是生物体内以谷氨酰胺和天冬酰胺形式储存氮素的一种主要方式。

②脱羧反应。将氨基酸缓缓加热或在高沸点溶剂中回流，可以发生脱羧反应生成胺。生物体内的脱羧酶也能催化氨基酸的脱羧反应，这是蛋白质腐败发臭的主要原因。例如赖氨酸脱羧生成1，5－戊二胺（尸胺）：

$$H_2N—CH_2(CH_2)_3—\underset{\underset{NH_2}{|}}{CH}—COOH \xrightarrow{\triangle} \underset{\text{戊二胺(尸胺)}}{H_2N—(CH_2)_5—NH_2}$$

（4）氨基酸中氨基和羧基共同参与的反应。

①与水合茚三酮的反应。α－氨基酸与水合茚三酮的弱酸性溶液共热，一般认为先发生氧化脱氨、脱羧，生成氨和还原型茚三酮，产物再与水合茚三酮进一步反应，生成蓝紫色物质。这个反应非常灵敏，可用于氨基酸的定性及定量测定。

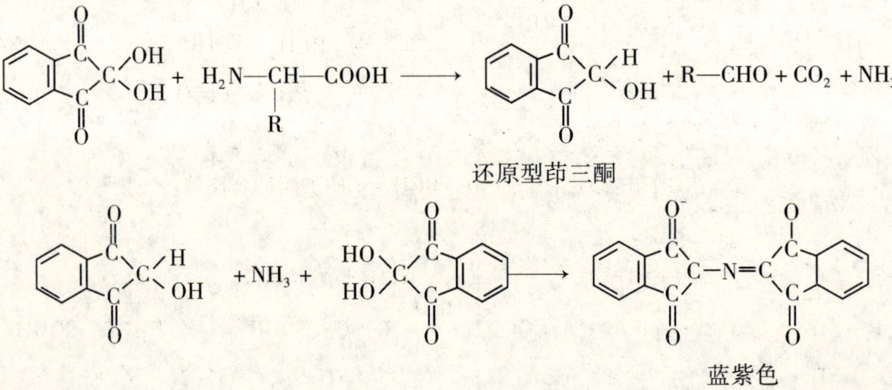

还原型茚三酮

蓝紫色

凡是有游离氨基的氨基酸都和水合茚三酮试剂发生显色反应，多肽和蛋白质也有此反应，脯氨酸和羟脯氨酸与水合茚三酮反应时，生成黄色化合物。

②与金属离子形成配合物。某些氨基酸与某些金属离子能形成结晶型化合物，有时可以用来沉淀和鉴别某些氨基酸。例如，二分子氨基酸与铜离子能形成深紫色配合物结晶：

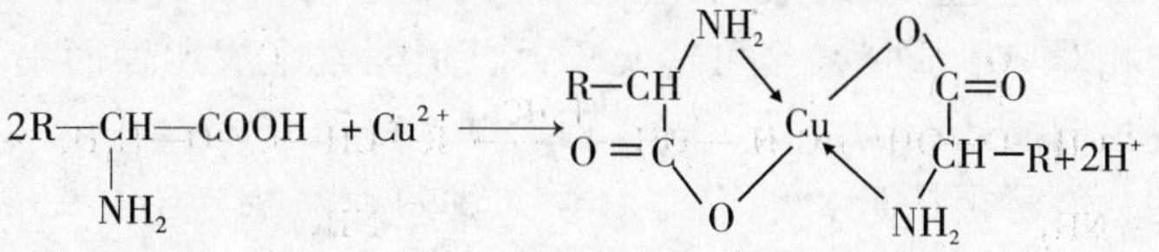

③脱羧失氨作用。氨基酸在酶的作用下，同时脱去羧基和氨基得到醇。

$$(CH_3)_2CH—CH_2—\underset{NH_2}{\underset{|}{CH}}—COOH + H_2O \xrightarrow{\text{酶}} (CH_3)_2CH—CH_2—CH_2OH + CO_2 + NH_3$$

工业上发酵制取乙醇时，杂醇就是这样产生的。此外，一些氨基酸侧链具有的官能基团，如羟基、酚基、吲哚基、胍基、巯基及非 α - 氨基等，均可以发生相应的反应，这是进行蛋白质化学修饰的基础。α - 氨基酸还可通过分子间的—NH_2基与—COOH 基缩合脱水形成多肽，该反应是形成蛋白质一级结构的基础，将在蛋白质部分介绍。

(5) 氨基酸的受热分解反应。α - 氨基酸受热时发生分子间脱水生成交酰胺；γ - 或 δ - 氨基酸受热时发生分子内脱水生成内酰胺；β - 氨基酸受热时不发生脱水反应，而是失氨生成不饱和酸。

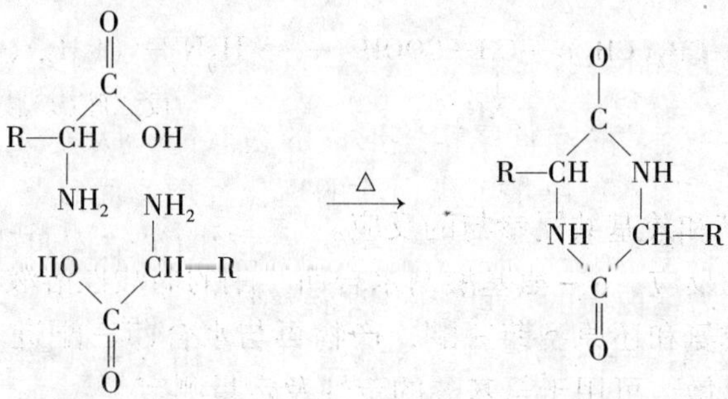

α - 氨基酸　　　　交酰胺

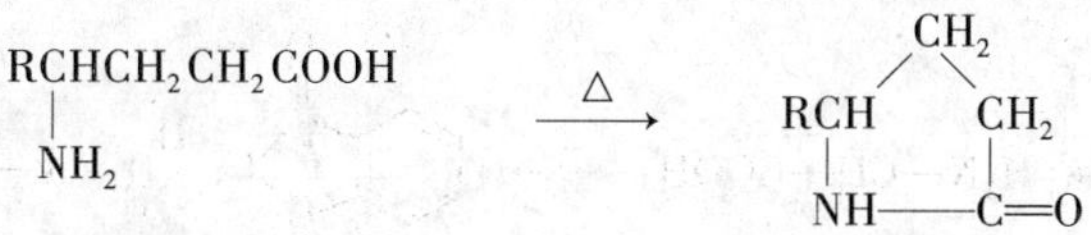

γ - 氨基酸　　　　内酰胺

$$R\underset{NH_2}{\underset{|}{CH}}CH_2COOH \xrightarrow{\triangle} RCH═CHCOOH + NH_3\uparrow$$

β - 氨基酸　　　　α，β - 不饱和酸

14.2 蛋白质

蛋白质是由多种 α-氨基酸组成的一类天然高分子化合物，相对分子质量一般可由一万到几百万，有的相对分子质量甚至可达几千万，但元素组成比较简单，主要含有碳、氢、氮、氧、硫，有些蛋白质还有磷、铁、镁、碘、铜、锌等。

各种蛋白质的含氮量很接近，平均为16%，即每克氮相当于6.25g 蛋白质，生物体中的氮元素，绝大部分都是以蛋白质形式存在的，因此，常用定氮法先测出农副产品样品的含氮量，然后计算出蛋白质的近似含量，称为粗蛋白含量。

$$W_{粗蛋白} = W_{氮} \times 6.25$$

14.2.1 蛋白质的分类

蛋白质种类繁多，结构复杂，目前只能根据蛋白质的形状、溶解性及化学组成粗略分类。蛋白质根据其形状可分为球状蛋白质（如卵清蛋白）和纤维蛋白质（如角蛋白）；根据化学组成又可分为简单蛋白质和结合蛋白质。

(1) 简单蛋白质。仅由氨基酸组成的蛋白质称为简单蛋白质。

(2) 结合蛋白质。由简单蛋白质与非蛋白质成分（称为辅基）结合而成的复杂蛋白质，称为结合蛋白质。结合蛋白质又可根据辅基不同进行分类。

14.2.2 蛋白质的结构

蛋白质分子是由 α-氨基酸经首尾相连形成的多肽链，肽链在三维空间具有特定的复杂而精细的结构。这种结构不仅决定了蛋白质的理化性质，而且是生物学功能的基础。蛋白质的结构通常分为一级结构、二级结构、三级结构和四级结构四种层次，蛋白质的二级、三级、四级结构又统称为蛋白质的空间结构或高级结构。

(1) 蛋白质的一级结构——多肽链。天然蛋白质是由 α-氨基酸组成的。α-氨基酸分子间可以发生脱水反应生成酰胺。

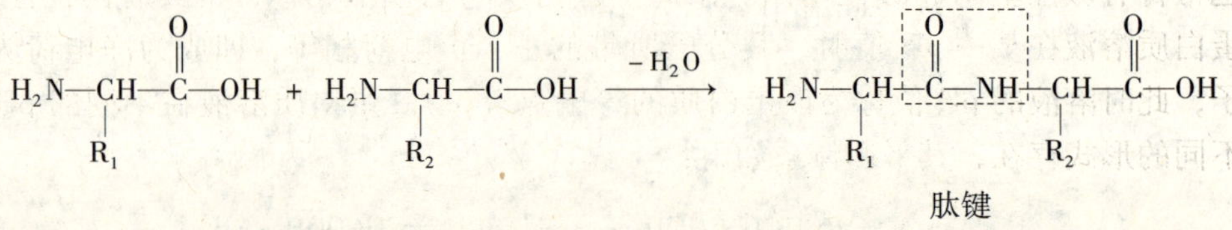

在生成的酰胺分子中，其两端仍含有 α-NH_2及—COOH，因此仍然可以与其他 α-氨基酸继续缩合脱水形成长链大分子。在蛋白质化学中，这种酰胺键称为“肽键”。氨基酸分子之间以肽键形式首尾相连形成的化合物称为肽，由两个氨基酸缩合形成的肽称为二肽，由三个氨基酸缩合形成的肽称为三肽，由多个氨基酸缩合形成的肽称为多肽。肽链中每个氨基酸都失去了原有结构的完整性，因此肽链中的氨基酸通常称为氨基酸残基。肽链一端

含有 α－氨基的氨基酸残基称为“N－端”；含有游离羧基的氨基酸残基称为“C－端”。例如，肽的命名是以 C－端氨基酸为母体，肽链中其他氨基酸名称中的“酸”字改为“酰”字，称为“某氨酰”，并从 N－端开始依次写在母体名称之前，两者之间通常用“－”连接，如肽链通常用简称表示，即按从 N－端到 C－端的顺序，将组成肽链的各种氨基酸的英文或中文简称写到一起，简称间通常用“－”连接，并在 C－端氨基酸简称后加“肽”字。例如，谷－胱－甘肽的结构式为：

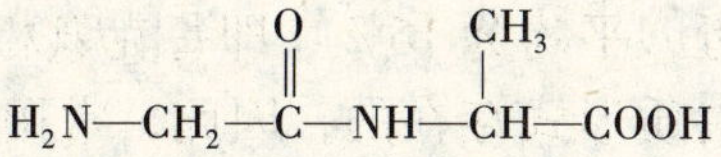

甘氨酰－丙氨酸（甘－丙肽，Gly－Ala）

（2）蛋白质分子的构象。多肽中的肽键实质上是一种酰胺键，由于酰胺键中氮原子上的孤对电子与酰基形成 p—π 共轭体系，使 C－N 键具有一定程度的双键性质。X－射线衍射证明，肽链中酰胺部分在一个平面上（肽链中的这种平面称为肽平面或酰胺平面），与羰基及氨基相连的两个基团处于反式位置；酰胺碳氮键长（0.132 nm）比一般的 C－N 单键键长（0.147 nm）短一些，这些都表明酰胺碳氮键具有部分双键的性质。因此，肽键中的碳氮键的自由旋转受到阻碍，但与肽键中氮和碳原子相连接的两个基团可以自由旋转（即相邻肽平面可以旋转），因此表现出不同的构象。

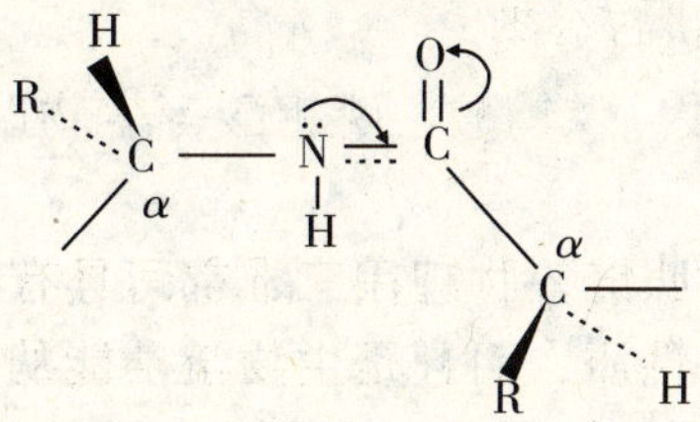

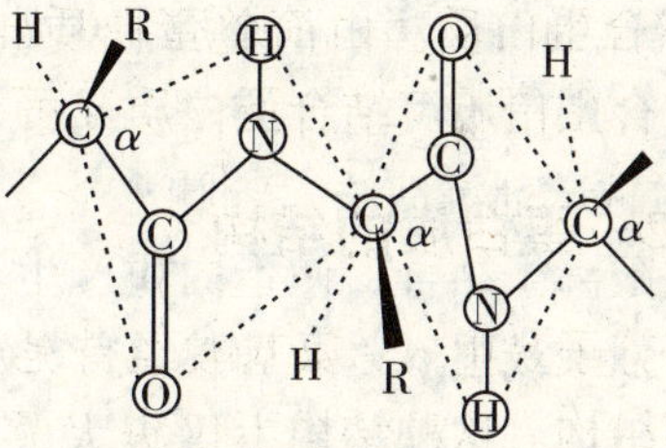

相邻酰胺平面可以绕Ca旋转

14.2.3　蛋白质的理化性质

（1）蛋白质的两性和等电点。蛋白质多肽链的 N－端有氨基，C－端有羧基，其侧链上也常含有碱性基团和酸性基团。因此，蛋白质与氨基酸相似，也具有两性性质和等电点。蛋白质溶液在某一 pH 值时，其分子所带的正、负电荷相等，即成为净电荷为零的偶极离子，此时溶液的 pH 值称为该蛋白质的等电点（pI）。蛋白质溶液在不同的 pH 溶液中，以不同的形式存在，其平衡体系如下：

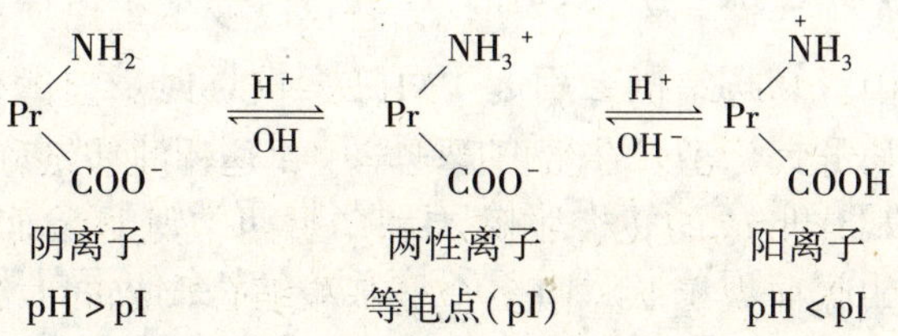

式中H_2N—Pr—COOH表示蛋白质分子，羧基代表分子中所有的酸性基团，氨基代表所有的碱性基团，Pr代表其他部分。

（2）蛋白质的胶体性质。蛋白质是大分子化合物，其分子大小一般为1～100 nm，在胶体分散相质点范围，所以蛋白质分散在水中，其水溶液具有胶体溶液的一般特性，例如具有丁铎尔（Tyndall）现象、进行布朗（Brown）运动、不能透过半透膜以及较强的吸附作用等。

（3）蛋白质的沉淀。蛋白质溶液的稳定性是有条件的、相对的。如果改变这种相对稳定的条件，例如除去蛋白质外层的水膜或者电荷，蛋白质分子就会凝集进而沉淀。蛋白质的沉淀分为可逆沉淀和不可逆沉淀。

①可逆沉淀。可逆沉淀是指蛋白质分子的内部结构仅发生了微小改变或基本保持不变，仍然保持原有的生理活性。只要消除了沉淀的因素，已沉淀的蛋白质又会重新溶解。

盐析一般不会破坏蛋白质的结构，当加水或透析时，沉淀又能重新溶解，所以盐析作用是可逆沉淀。

②不可逆沉淀。蛋白质在沉淀时，空间构象发生了很大的变化或被破坏，失去了原有的生物活性，即使消除了沉淀因素也不能重新溶解，称为不可逆沉淀。不可逆沉淀的方法有：

a. 水溶性有机溶剂沉淀法。向蛋白质加入适量的水溶性有机溶剂，如乙醇、丙酮等，由于它们对水的亲和力大于蛋白质，使蛋白质粒子脱去水化膜而沉淀。在短时间和低温时，沉淀是可逆的，但若时间较长且温度较高，则为不可逆沉淀。

b. 化学试剂沉淀法。重金属盐中如Hg^{2+}、Pb^{2+}、Cu^{2+}、Ag^{+}等重金属阳离子能与蛋白质阴离子结合产生不可逆沉淀。

c. 生物碱试剂沉淀法。苦味酸、三氯乙酸、鞣酸、磷钨酸、磷钼酸等生物碱沉淀剂，能与蛋白质阳离子结合，使蛋白质产生不可逆沉淀。

此外，强酸或强碱以及加热、紫外线或X－射线照射等物理因素，都可导致蛋白质的某些副键被破坏，引起构象发生很大改变，使疏水基外露，引起蛋白质沉淀，从而失去生物活性。这些沉淀也是不可逆的。

（4）蛋白质的变性。由于物理或化学因素的影响，蛋白质分子的内部结构发生了变化，导致理化性质改变，生理活性丧失，这称作蛋白质的变性。变性后的蛋白质称为变性蛋白质。

引起蛋白质变性的因素很多，物理因素有加热、高压、剧烈振荡、超声波、紫外线或X－射线照射等；化学因素有强酸、强碱、重金属离子、生物碱试剂和有机溶剂等。蛋白质的变性一方面是因为维持具有复杂而精细空间结构的蛋白质的副键被破坏，原有的空间结构被改变，疏水基外露；另一方面是因为蛋白质分子中的某些活泼基团如—NH_2、—COOH、—OH等与化学试剂发生了反应。

蛋白质的变性分为可逆变性和不可逆变性，若仅改变了蛋白质的三级结构，可能只引起可逆变性；若破坏了二级结构，则会引起不可逆变性。但是，蛋白质的变性不会引起它的一级结构改变。蛋白质变性一般产生不可逆沉淀，但蛋白质的沉淀不一定变性（如蛋白质的盐析）；反之，变性也不一定沉淀，例如有时蛋白质受强酸或强碱的作用变性后，常由于带同性电荷而不会产生沉淀现象。然而不可逆沉淀一定会使蛋白质变性。

与天然蛋白质相比，变性蛋白质有明显的差异，主要表现在如下几个方面：

①物理性质的改变。蛋白质变性后，多肽链松散伸展，导致黏度增大；侧链疏水基外露，导致溶解度降低而沉淀等。

②化学性质的改变。蛋白质变性后结构松散，生物、化学性质改变，易被酶水解；侧链上的某些基团外露，易发生化学反应。

③生理活性的丧失。蛋白质变性后失去了原有的生物活性，例如，酶变性后失去了催化功能；激素变性后失去了相应的生理调节功能；血红蛋白变性后失去了输送氧的功能等。

蛋白质的变性作用对工农业生产、科学研究都具有十分广泛的意义。例如，我们通常采用加热、紫外线照射、酒精、杀菌剂等杀菌消毒，其结果就是使细菌体内的蛋白质变性。菌种、生物制剂的失效，种子失去发芽能力等均与蛋白质的变性有关。

（5）水解作用。蛋白质水解经过一系列中间产物后，最终生成 α－氨基酸。其水解过程如下：

蛋白质→蛋白脒脲→蛋白胨→多肽→二肽→α－氨基酸

蛋白质的水解反应，对研究蛋白质以及在生物体中的代谢都具有十分重要的意义。

14.3　核　酸

核酸是储存、复制及表达生物遗传信息的生物高分子化合物。任何有机体包括病毒、细菌、植物和动物，都无一例外地含有核酸。核酸可分为核糖核酸（RNA）和脱氧核糖核酸（DNA）两类，RNA 主要存在于细胞质中，控制生物体内蛋白质的合成；DNA 主要存在于细胞核中，决定生物体的繁殖、遗传及变异。“种瓜得瓜，种豆得豆”是劳动人民对核酸遗传信息子孙相传的最早认识。因此，核酸化学是分子生物学和分子遗传学的基础。现在已知某些核酸也有酶的作用。

我国于 1981 年全合成出了酵母丙氨酸 t－RNA，标志着我国在核酸研究上已达到世界先进水平。

14.3.1　核酸的组成

核酸仅由 C、H、O、N、P 五种元素组成，其中 P 的含量变化不大，平均含量为 9.5%，每克磷相当于 10.5 g 的核酸。因此，通过测定核酸的含磷量，即可计算出核酸的大约含量。

$$W_{粗核酸}\ (\%) = W\text{p} \times 10.5$$

核酸在酸、碱或酶的作用下，可以逐步水解。核酸完全水解后得到磷酸、戊糖、含氮碱三类化合物。

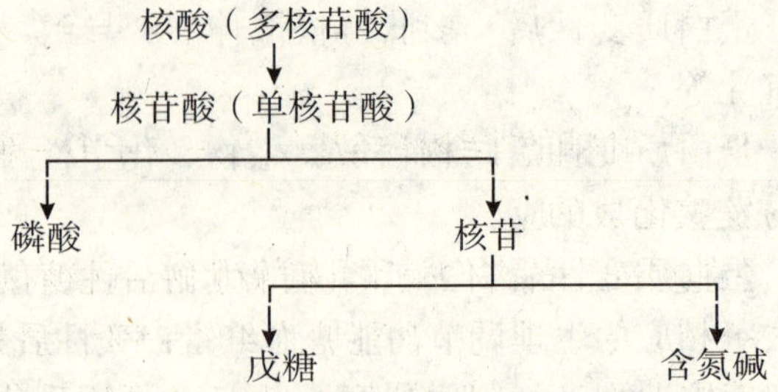

核酸中的戊糖分为 D－核糖（D－ribose）和 D－2－脱氧核糖（D－2－deoxyribose）两类。核酸通常是根据戊糖种类不同进行分类的。核酸中的碱基可分为嘌呤碱和嘧啶碱两类，两种核酸在碱基组成上也有差异；两种核酸均含有磷酸。

表 14－1　RNA 与 DNA 在化学组成上的异同

类别		RNA	DNA
戊糖		β－D－核糖	β－D－2－脱氧核糖
含氮碱	嘧啶碱	尿嘧啶　胞嘧啶	胸腺嘧啶　胞嘧啶
	嘌呤碱	腺嘌呤　鸟嘌呤	腺嘌呤　鸟嘌呤
磷酸		H_3PO_4	H_3PO_4

14.3.2　（单）核苷酸——核酸的基本结构单位

核酸是由单核苷酸连接而成的高分子化合物，而单核苷酸又是由核苷和磷酸结合而成的磷酸酯。

（1）核苷。核苷是由 D－核糖或 D－2－脱氧核糖 C_1 位上的 β－羟基与嘧啶碱的 1 位氮上或嘌呤碱 9 位氮上的氢原子脱水而成的氮糖苷。两种核苷的结构以腺苷及脱氧胞苷为例表示如下（见表 14－2），其他核苷只需用相应碱基进行置换即得。为了区别碱基和糖中原子的位置，戊糖中碳原子编号用带撇的数码表示。它们的名称与缩写见表 14－2。

表 14－2　核苷的名称与缩写

RNA 中的核糖核苷		DNA 中的脱氧核糖核苷	
名称	缩写	名称	缩写
腺嘌呤核苷	A（腺苷）	腺嘌呤脱氧核苷	dA（脱氧腺苷）
鸟嘌呤核苷	G（鸟苷）	鸟嘌呤脱氧核苷	dG（脱氧鸟苷）
胞嘧啶核苷	C（胞苷）	胞嘧啶脱氧核苷	dC（脱氧胞苷）
尿嘧啶核苷	U（尿苷）	胸腺嘧啶脱氧核苷	dT（脱氧胸苷）

（2）（单）核苷酸。（单）核苷酸是核苷中戊糖上的 C_5'或 C_3'位上的羟基与磷酸缩合而成的酯。

单核苷酸的命名有两种方法：①作为酸来命名，即 5′－某核苷酸或 3′－某核苷酸。

②作为核苷的磷酸酯，可命名为某苷 - 5′ - 磷酸或某苷 - 3′ - 磷酸。

14. 3. 3 核酸的结构

（1）核酸的一级结构。核酸是由许多（单）核苷酸所组成的多核苷酸大分子。RNA 的相对分子质量一般为 $10^4 \sim 10^6$，而 DNA 为 $10^6 \sim 10^9$。无论是 RNA 还是 DNA，都是由一个单核苷酸中戊糖的 C_5'上的磷酸与另一个单核苷酸中戊糖的 C_3'上的羟基之间，通过 3′，5′ - 磷酸二酯键连接而成的长链化合物。例如，大肠杆菌染色体 DNA 的相对分子质量为 2.6×10^9，由 4×10^6碱基对组成，长度为 1.4×10^6 nm。核酸中 RNA 主要由 AMP、GMP、CMP 和 UMP 四种单核苷酸结合而成；DNA 主要由 dAMP、dGMP、dCMP 和 dTMP 四种单核苷酸结合而成。核酸的一级结构是指组成核酸的各种单核苷酸按照一定比例和一定的顺序，通过磷酸二酯键连接而成的核苷酸长链。

（2）DNA 的双螺旋结构。1953 年瓦特生（Watson）和克利格（Crick）通过对 DNA 分子的 X - 衍射的研究和碱基性质的分析，提出了 DNA 的二级结构为双螺旋结构，这被认为是 20 世纪自然科学的重大突破之一。DNA 双螺旋结构的要点是：

①DNA 分子由两条走向相反的多核苷酸链组成，绕同一中心轴相互平行盘旋成双螺旋体结构。两条链均为右手螺旋，即 DNA 主链走向为右手双螺旋体。

②碱基的环为平面结构，处于螺旋内侧，并与中心轴垂直。磷酸与 2 - 脱氧核糖处于螺旋外侧，彼此通过 3′或 5′ - 磷酸二酯键相连，糖环平面与中心轴平行。

③两个相邻碱基对之间的距离（碱基堆积距离）为 0. 34 nm。螺旋每旋一圈包含 10 个单核苷酸，即每旋转一周的高度（螺距）为 3. 4 nm。螺旋直径为 2 nm。

④两条核苷酸链之间的碱基以特定的方式配对，并形成氢键连接在一起。配对的碱基处于同一平面上，与上下的碱基平面堆积在一起，成对碱基之间的纵向作用力叫做碱基堆积力，它也是使两条核苷酸链结合并维持双螺旋空间结构的重要作用力。

DNA 两条链之间碱基配对的规则是：一条链上的嘌呤碱基与另一条链上的嘧啶碱基配对。一方面，螺旋圈的直径恰好能容纳一个嘌呤碱和一个嘧啶碱配对。如两个嘌呤碱互相配对，体积太大，无法容纳；如两个嘧啶碱互相配对，则由于两链之间距离太远，不能形成氢键。另一方面，若以 A - T、G - C 配对，可形成五个氢键，而以 A - C、G - T 配对，只能形成四个氢键。氢键的数目越多，越有利于双螺旋结构的稳定性，因此在 DNA 双螺旋结构中，只有 A 与 T 之间或 G 与 C 之间才能配对。在 DNA 双螺旋结构中，这种 A - T 或 G - C 配对，并以氢键相连接的规律，称为碱基配对规则或碱基互补规则。

由于碱基配对具有互补性，所以一条螺旋的单核苷酸的次序（即碱基次序）决定了另一条链的单核苷酸的碱基次序。这决定了 DNA 复制的特殊规律，在遗传学中具有重要意义。

RNA 的空间结构与 DNA 不同，RNA 一般由一条回折的多核苷酸链构成，具有间隔着的双股螺旋与单股螺旋体结构部分，它是靠嘌呤碱与嘧啶碱之间的氢键保持相对稳定的结构，碱基互补规则是 A - U、C - G。

14. 3. 4 核酸的性质

（1）物理性质。DNA 为白色纤维状物质，RNA 为白色粉状物质。它们都微溶于水，水溶液显酸性，具有一定的黏度及胶体溶液的性质。它们可溶于稀碱和中性盐溶液，易溶于

2－甲氧基乙醇，难溶于乙醇、乙醚等溶剂。核酸在 260 nm 左右有最大吸收，可利用紫外分光光度法进行定量测定。

（2）核酸的水解。核酸是核苷通过磷酸二酯键连接而成的高分子化合物，在酸、碱或酶的作用下都能水解。在酸性条件下，由于糖苷键对酸不稳定，核酸水解生成碱基、戊糖、磷酸及单核苷酸的混合物。在碱性条件下，可得单核苷酸或核苷（DNA 较 RNA 稳定）。酶催化的水解比较温和，可有选择性地断裂某些键。

（3）核酸的变性。在外来因素的影响下，核酸分子的空间结构被破坏，导致部分或全部生物活性丧失的现象，称为核酸的变性。变性过程中核苷酸之间的共价键（一级结构）不变，但碱基之间的氢键断裂。例如，DNA 的稀盐酸溶液加热到 80 ℃～100 ℃时，它的双螺旋结构解体，两条链分开，形成无规则的线团。核酸变性后理化性质随之改变：黏度降低，比旋光度下降，260 nm 区域紫外吸收值上升等。能够引起核酸变性的因素很多，例如，加热、加入酸或碱、加入乙醇或丙酮等有机溶剂以及加入尿素、酰胺等化学试剂都能引起核酸变性。

（4）颜色反应。核酸的颜色反应主要是由核酸中的磷酸及戊糖所致。核酸在强酸中加热水解有磷酸生成，能与钼酸铵（在有还原剂如抗坏血酸等存在时）作用，生成蓝色的钼蓝，在 660 nm 处有最大吸收。这是紫外分光光度法通过测定磷的含量粗略推算核酸含量的依据。

RNA 与盐酸共热，水解生成的戊糖转变成糠醛，在三氯化铁催化下，与苔黑酚（即 5－甲基－1，3－苯二酚）反应生成绿色物质，产物在 670 nm 处有最大吸收。DNA 在酸性溶液中水解得到脱氧核糖并转变为 ω－羟基－γ－酮戊酸，与二苯胺共热，生成蓝色化合物，在 595 nm 处有最大吸收。因此，可用紫外分光光度法定量测定 RNA 和 DNA。

习 题

1. 命名下列化合物：

$H_2NCH_2COONH_4$

$$\begin{array}{l}(CH_3)_3CHCH_2CHCOOH\\ \qquad\qquad\qquad\quad\ |\\ \qquad\qquad\qquad\quad NH_2\end{array}$$

$$\begin{array}{l}H_2N(CH_2)_4CHCOOH\\ \qquad\qquad\quad\ |\\ \qquad\qquad\quad NH_2\end{array}$$

$$\begin{array}{l}HOOC(CH_2)_2CHCOOH\\ \qquad\qquad\qquad\ |\\ \qquad\qquad\qquad NH_2\end{array}$$

2. 写出下列氨基酸的投影式，并用 R，S－标记法表示它们的构型。

a. L－天门冬氨酸　　b. L－半胱氨酸　　c. L－异亮氨酸

3. 用化学方法区别 $\begin{array}{l}CH_3CHCOO^-\\ \qquad\ |\\ \qquad NH_3^+\end{array}$ 和 $\begin{array}{l}CH_3CHCOOH\\ \qquad\ |\\ \qquad NHCOCH_3\end{array}$ 。

4. 说明为什么 Lys 的等电点为 9.74，而 Trp 的等电点是 5.88。（提示：考虑为什么杂环 N 在 Trp 中不是碱性的。）

5. 按要求分别合成下列化合物（原料自选）。

（1）应用丙二酸酯合成法合成苯丙氨酸［$PhCH_2CH(NH_2)COOH$］。

（2）应用 Gabriel 合成法和丙二酸酯合成法相结合的方法合成蛋氨酸［$CH_3SCH_2CH_2CH(NH_2)COOH$］。

6. 一个氨基酸的衍生物 $C_5H_{10}O_3N_2$（A）与 NaOH 水溶液共热放出氨，并生成 $C_3H_5(NH_2)(COOH)_2$的钠盐，若把（A）进行 Hoffmann 降解反应，则生成 α，γ－二氨基丁酸，推测（A）的构造式，并写出反应式。

7. DNA 和 RNA 在结构上主要有什么差别？

第 15 章　光谱法在有机化学中的应用

科研中，分离得到的天然有机物或经化学反应合成的新有机化合物，都需要测定它的分子结构，因此，确定有机化合物的结构很自然地成了研究有机化学的首要任务。过去用化学方法测定有机化合物的结构是一项非常繁杂、费时的工作，甚至是很难完成的工作，因为要鉴定的“未知物”需要通过多种化学反应使它变成已知结构的有机化合物才能推导出它的可能结构。在把“未知物”变成“已知物”的过程中，往往发生结构重排或某些出乎意料的反应，容易得到错误的结论。例如，对胆固醇结构式的确定经三四十年（1889—1927 年）的工作，获得的结构式后经 X－射线衍射法证明还有某些错误。

现代物理实验方法可弥补化学方法的不足，物理实验方法可用微量样品，如质谱通常只用几微克，甚至更少的样品（10～10 g）便可给出一张满意的质谱图，在较短时间内正确地检定有机化合物的结构。目前现代物理实验方法已成为研究有机化学不可缺少的工具，应用化学反应来确定分子结构已沦为辅助手段。

本章主要对紫外光谱，红外光谱，核磁共振谱和质谱作简单介绍。

15.1　电磁波谱的一般概念

电磁波谱包括了一个极广阔的区域。从波长只有千万分之一纳米的宇宙线到波长用米甚至千米计的无线电波都包括在内。

所有这些波都有相同的速度（3×10^{10} cm/s）。

15.1.1　频　率

$$\nu = c/\lambda$$

ν：频率，单位 Hz；γ：波长，单位 cm；c：速度，3×10^{10} cm/s。波长愈短，频率愈高。光波波长的单位有很多，其换算关系为：

$$1\ \text{nm} = 10^{-7}\ \text{cm} = 10^{-3}\ \mu\text{m}$$

频率的表示法：

（1）一种表示法为 Hz，如波长为 300 nm 的光，它的频率为 $\nu = c/\lambda =$ （3×10^{10} cm/s）/（300×10^{-7} cm） $=10^{15}\,\text{s}^{-1}$。

（2）一种表示法是用波数，就是在 1 cm 长度内波的数目。如用波数表示，则在 1cm 内波长为 300 nm 的光的波数为：

$$1/（300\times10^{-7}） = 33\ 333\ \text{cm}^{-1}$$

就是 300 nm 波长的光的波数为 33 333 cm^{-1}。

15.1.2 电磁辐射能

电磁辐射是一种能量，当分子吸收辐射，就获得能量。获得多少能量决定于辐射的频率。

$$\Delta E = h\nu$$

ΔE = 获得的能量；h = planck 常数，6.626×10^{-34} J · S。频率愈高，获得的能量愈大。

15.1.3 分子吸收光谱的分类

分子中有原子与电子。原子、电子都是运动着的物质，都具有能量。在一定的条件下，整个分子有一定的运动状态，具有一定的能量，即是电子运动、原子间的振动、分子转动能量的总和。

$$E_{分子} = E_{电子} + E_{振动} + E_{转动}\ （或\ E_{总} = Ee + Ev + Er）$$

当分子吸收一个具有一定能量的光子时，分子就由较低的能级 E_1 跃迁到较高的能级 E_2，被吸收光子的能量必须与分子跃迁前后的能级差恰好相等，否则不能被吸收，它们是量子化的。

$$\Delta E_{分子} = E_2 - E_1 = E_{光子} = h\nu$$

上述分子中这三种能级，以转动能级差最小。

1. 转动光谱

在转动光谱中，分子所吸收的光能只引起分子转动能级的变化，即使分子从较低的转动能级激发到较高的转动能级。转动光谱是由彼此分开的谱线所组成的。

由于分子转动能级之间的能量差很小，所以转动光谱位于电磁波谱中的长波部分，即在远红外线及微波区域内。根据简单分子的转动光谱可以测定键长和键角。

2. 振动光谱

在振动光谱中，分子所吸收的光能引起振动能级的变化。分子中振动能级之间能量要比同一振动能级中转动能级之间能量差大 100 倍左右。振动能级的变化常常伴随转动能级的变化，所以振动光谱是由一些谱带组成的，它们大多在红外区域内，因此叫做红外光谱。

3. 电子光谱

在电子光谱中，分子所吸收的光能使电子激发到较高的电子能级，使电子能级发生变化所需的能量约为使振动能级发生变化所需能量的 10 ~ 100 倍。

电子能级发生变化时常常同时发生振动和转动能级的变化。因此从一个电子能级转变到另一个电子能级时，产生的谱线不是一条，而是无数条。实际上观测到的是一些互相重叠的谱带。在一般情况下，也很难决定电子能级的变化究竟相当于哪一个波长，一般是把吸收带中吸收强度最大的波长 λ_{max}（最大吸收峰的波长）标出，电子光谱在可见及紫外区域内出现。

15.2 紫外和可见光吸收光谱

15.2.1 紫外光谱及其产生

1. 紫外光的波长范围

紫外光的波长范围为4～400 nm。200～400 nm 为近紫外区，4～200 nm 为远紫外区。由于波长很短的紫外光会被空气中的氧和二氧化碳吸收，研究远紫外区的吸收光谱很困难，所以一般的紫外光谱仅仅是用来研究近紫外区的吸收。

2. 紫外光谱

当一束光通过有机化合物时，某一波长的光可能吸收很强，而对其他波长的光可能吸收很弱，或者根本不吸收。当化合物吸收一定波长的紫外光时，电子发生跃迁，所产生的吸收光谱叫做紫外吸收光谱，简称紫外光谱。

3. 电子跃迁的种类

在有机化合物分子中，由于化合物的价电子有三种类型，即σ键电子、π键电子和未成键的n电子，在电子吸收光谱中，电子跃迁主要是经以下三种：

（1）$\sigma\rightarrow\sigma^*$跃迁。σ电子是结合得最牢固的价电子，在基态下，电子在成键轨道中，能级最低，而σ^*态是最高能级，$\sigma\rightarrow\sigma^*$跃迁需要相当高的辐射能量。一般情况下，仅在约150 nm时才能观察到，即在一般紫外光谱仪工作范围之外，只能用真空紫外光谱仪才可观察出来（在无氧和二氧化碳的情况下）。所以测紫外光谱时，常常用烷烃作溶剂。

（2）n电子的跃迁。n电子是指像N，S，O，X等原子上未共用的电子。它的跃迁有两种方式。

$n\rightarrow\pi^*$跃迁。未共用电子激发跃入π^*轨道，产生吸收带，称为R带（基团型的，Radikalartig德文），由$n\rightarrow\pi^*$引起的，在200 nm以上。如：醛酮分子中羰基在275～295 nm处有吸收带，为C═O中$n\rightarrow\pi^*$跃迁吸收带。

$n\rightarrow\sigma^*$跃迁，这种跃迁所需的能量大于$n\rightarrow\pi^*$，故醇醚均在远紫外区才出现吸收带，λ_{max}约为200 nm，如甲醇λ_{max}为183 nm。

（3）$\pi\rightarrow\pi^*$跃迁。乙烯分子中π电子吸收光能量，跃迁到π^*轨道。吸收带在远紫外区。

当双键上氢逐个被烯基取代后，由于共轭作用，$\pi\rightarrow\pi^*$能级减小。吸收带向长波递增。由共轭双键产生的吸收带称为K带，其特征是摩尔消光系数大于10^4。在近紫外区吸收，$CH_2═CH_2$ λ_{max}为162 nm，$CH_2═CH—CH═CH_2$ λ_{max}为217 nm。

15.2.2　Lambert-Beer 定律和紫外光谱图

1. Lambert-Beer（朗勃特—比尔）定律

当我们用一束单色光照射溶液时，一部分光通过溶液，而另一部分先被溶液吸收了。这种吸收是与溶液中物质的浓度（c）和液层的厚度成正比的。这就是 Lambert-Beer 定律。透射光强度（I）和入射光强度（I_0）之比，即 I/I_0 为透射比。$\text{Log}I/I_0$ 为透光率，$A = -\text{Log}I/I_0$ 为吸光度（吸收度）；c：溶液的摩尔浓度（mol/L）；L：液层的厚度，单位 cm；ε：摩尔消光系数。从理论上说，ε 的大小表示这个分子在吸收峰的波长可以发生能量转移（电子从能位低的分子轨道跃迁到能位高的分子轨道）的可能性。ε 值大于 10^4 是完全允许的跃迁，而小于 10^3 的跃迁概率较低，若跃迁是禁阻的，ε 值小于几十。当 c 为百分浓度时，ε 为百分消光系数，以 $E_{1\,\text{cm}}^{1\%}$ 表示。

2. 紫外光谱图

紫外光谱图为以吸光度或消光系数（ε 或 $\log\varepsilon$）为纵坐标，以波长（单位 nm）为横坐标作图得到的紫外光吸收曲线，即紫外光谱图。

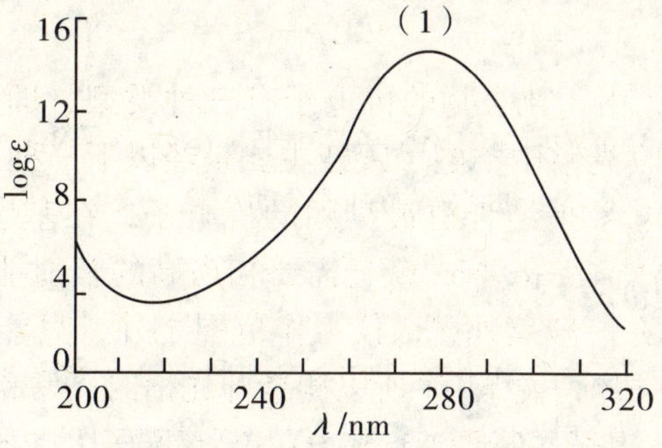

丙酮在环己烷溶液中的紫外光谱图

（1）处有一个最大吸收峰，位于波长 280 nm，用 λ_{max}280 nm 表示。最大吸收峰为化合物的特征数值。

在一般文献中，紫外吸收光谱的数据，多报道它的最大吸收峰的波长位置和摩尔消光系数。如：

$$\lambda_{max}^{\text{甲醇}} = 252\ \text{nm},\ \varepsilon = 12\ 300$$

表示样品在甲醇溶液中，在 252 nm 处有最大吸收峰，这个吸收峰的摩尔消光系数为 12 300。当消光系数很大时，一般用 $\log E$ 或 $\log\varepsilon$ 表示。

3. 紫外光谱图中常见的几种吸收带及常用光谱术语

R 吸收带［来自德文 Radikalartig（基团）］：为 $n \rightarrow \pi^*$ 跃迁引起的吸收带，如 C═O，—NO_2，—CHO，其特点是 $\varepsilon_{max} < 100$（$\log\varepsilon < 2$，λ_{max} 一般在 270 nm 以上）。

K 吸收带［来自德文 Konjugierte（共轭）］：为 $\pi \rightarrow \pi^*$ 跃迁引起的吸收带，如共轭双键，该带的特点是 $\varepsilon_{max} > 10\ 000$。共轭双键增加，$\varepsilon_{max}$ 向长波方向移动，ε_{max} 随之增加。

B 吸收带［来自 Benzenoid 一词（苯系）］：为苯的 $\pi \rightarrow \pi^*$ 跃迁引起的特征吸收带，其波长在 230～270 nm 之间，中心在 254 nm，ε 约为 204。

E 吸收带［Ethylenic（乙烯型）］：也属于 $\pi \to \pi^*$ 跃迁。可分为 E_1 和 E_2 带，二者可以分别看成是由苯环中的乙烯及共轭乙烯键所引起的。苯的 E_1 为 180 nm，$\varepsilon_{max} > 10\ 000$；$E_2$ 为 200 nm，$2\ 000 < \varepsilon_{max} < 14\ 000$。

生色基（发色团）：共价键不饱和原子基团，能引起电子光谱特征吸收，一般为带 π 电子的基团，如 C ═C，C ═O，C ═N，NO，NO_2 等。

助色基（助色团）：饱和原子基团，本身在 200 nm 以上没有吸收，但当它与发色基团连接时，可使发色团的最大吸收峰向长波方向移动，并且使强度增加，这样的基团叫助色团，如—OH，—NH_2，—Cl，—SH 等，一般为带 p 电子的原子或原子团。

15.2.3 紫外光谱与有机化合物分子结构的关系

一般紫外光谱是指 200～400 nm 的近紫外区，只有 $\pi \to \pi^*$ 时，$n \to \pi^*$ 跃迁才有实际意义，也就是说紫外光谱适用于分子中具有不饱和结构的，特别是共轭结构的化合物。

（1）共轭体系增长，吸收峰的波长向长波方向移动。如：

$$CH_2{=}CH_2 \quad \lambda_{max} = 162\ nm \qquad CH_2{=}CH{-}CH{=}CH_2 \quad \lambda_{max} = 217\ nm$$

（2）共轭链的一端引入含有未共用电子的基团（如：—NH_2，—OH）和烷基时，可以产生 p—π，σ—π 超共轭，使 λ_{max} 向长波方向移动。

15.2.4 紫外光谱的应用

（1）推断官能团（确定不饱和化合物的结构骨架）。如在 200～250 nm 有强吸收带（$\varepsilon > 10\ 000$），可能含有双键的共轭单位；在 250～300 nm 有弱吸收（$\varepsilon < 100$）表示可能有羰基存在。

（2）检查化合物的纯度。

15.3 红外光谱

在有机化合物的结构鉴定中，红外光谱法是一种重要的手段。用它可以确定两个化合物是否相同，若两个化合物的红外光谱完全相同，则它们一般为同一化合物（旋光对映体除外）。也可以确定一个新化合物中某些特殊键或官能团是否存在。

15.3.1 红外光谱图的表示方法

红外光谱以波长（或波数）为横坐标，以表示吸收带的位置。以透射百分率（Transmittance %，符号 $T\%$）为纵坐标，表示吸收强度，吸收带为向下的谷。

15.3.2 红外光谱的产生及与有机化合物分子结构的关系

1. 分子振动的分类

（1）伸缩振动（ν）：原子沿着键轴伸长和缩短，振动时键长有变化，键角不变。

a. 对称伸缩（Vs）

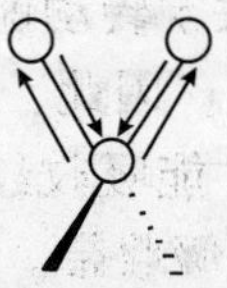

b. 不对称伸缩（Vas）

（2）弯曲振动（δ）：组成化学键的原子离开键轴而上下左右地弯曲。弯曲振动时，键长不变，但键角有变化。

①面内弯曲：

a. 剪式振动

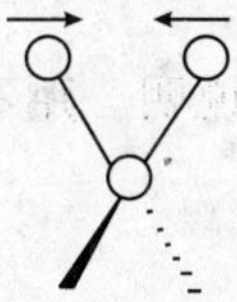

b. 平面摇摆

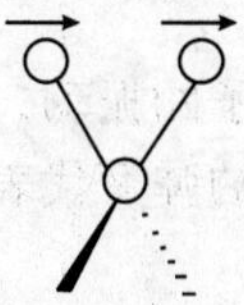

②面外弯曲：

a. 非平面摇摆

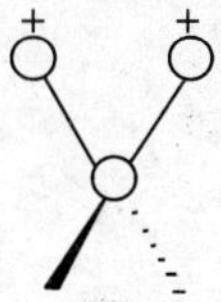

b. 扭曲振动

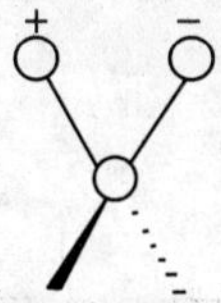

2. 红外光谱的产生

当分子吸收红外光子，从低的振动能级向高的振动能级跃迁时，从而产生红外吸收光谱。

振动能：

$$E_{vib} = (V + 1/2)\ h\nu$$

V=0，1，2，3…称为振动量子数；ν = 振动频率；h = 普朗克常数（6.36×10^{-34}焦耳·秒）。

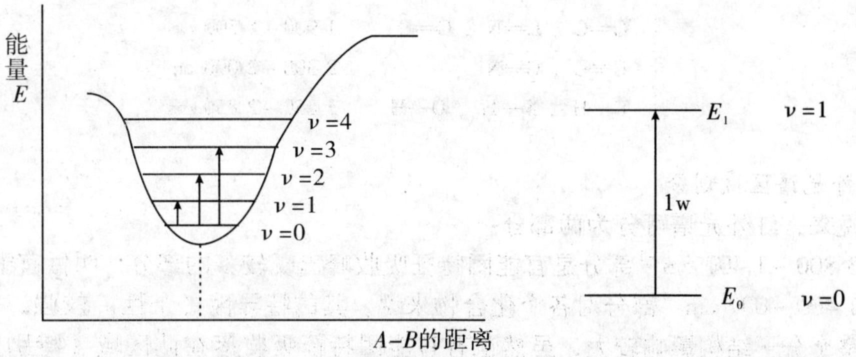

ΔE=hν

在分子中发生振动能级跃迁所需要的能量大于转动能级跃迁所需要的能量，所以发生振动能级跃迁的同时，必然伴随转动能级的跃迁。因此，红外光谱也成为振转光谱。

只有偶极矩大小或方向有一定改变的振动才能吸收红外光，发生振动能级跃迁，产生红外光谱。不引起偶极变化的振动，无红外光谱吸收带。

R—C≡C—R　无红外光谱吸收带

$\Delta\mu = 0$

3. 原理

对于分子的振动，为了便于理解可以用经典力学来说明。用不同质量的小球代表原子，用不同硬度的弹簧代表各种化学键。

根据胡克（Hooke）定律，两个原子的伸展振动视为一种简谐振动，其频率可依以下公式近似估计：

$$\nu = 1/2\pi\ (k/\mu)^{-1/2}$$

k：力常数；μ：折合质量 = $m_1 m_2/(m_1 + m_2)$，m_1和m_2分别为两个振动质点的质量。

$$波数：\bar{\nu} = 1/\lambda = \frac{\nu}{c} = \frac{1}{2\pi c}\sqrt{\frac{k}{\mu}}$$

π 和 c 为常数，吸收频率随键的强度的增加而增加，随键连原子的质量增加而减少。

化学键的力常数越大，原子折合质量越小，则振动频率越高，吸收峰将出现在高波数区（即短波区）。

当振动频率和入射光的频率一致时，入射光就被吸收，因而同一基团基本上总是相对稳定地在某一稳定范围内出现吸收峰。如：

C—C，C—N，C—O	1 300 ~ 800 cm^{-1}
C=C，C=N，C=O	1 900 ~ 1 500 cm^{-1}
C≡C，C≡N	2 300 ~ 2 000 cm^{-1}
C—H，N—H，O—H	3 650 ~ 2 850 cm^{-1}

4. 红外光谱区域划分

一般说来，红外光谱可分为两部分：

（1）3 800 ~ 1 400 cm^{-1}部分是官能团特征吸收峰出现较多的部分，叫做官能团区。

（2）1 400 ~ 600 cm^{-1}部分对各个化合物来说，其的特异性（个性）较强，其中各峰出现情况受整个分子结构影响较大，虽然也有官能团特征吸收落在此区域（特别是弯曲振动峰），但是总的说来，这一部分光谱是反映整体分子特征的，称为指纹区，它对鉴定各个有机化合物是很有用的。

吸收峰的种类：

（1）基频吸收峰：分子吸收红外光主要发生在基态到第一激发态的跃迁，由这种跃迁所产生的吸收叫基频吸收。振动的频率与其吸收峰频率是一样的。

（2）倍频峰：有的基团除了在基频有强的吸收外，在比基频高一倍或 n 倍处还出现了弱的吸收，称倍频峰。倍频带的频率不严格地等于基频带的整数倍，一般只有第一倍频带具有实际意义，其吸收频率近似于基频的两倍。

5. 烃的特征吸收峰

（1）烷烃：

$\nu_{C—H}$ 3 000 ~ 2 800 cm^{-1}　为甲基，亚甲基的 C—H 不对称和对称伸缩振动

$\delta_{C—H}$ 1 465 ~ 1 360 cm^{-1}　甲基在 1 375 cm^{-1} 有一个特征吸收峰（强）

异丙基在 1 370 cm^{-1} 和 1 385 cm^{-1} 出现等强度的两个峰（强）

叔丁基，在 1 370 cm^{-1} 和 1 395 cm^{-1} 出现不等强度的两个峰低波数的吸收峰为高波数的吸收峰强度的两倍

亚甲基在 1 465 cm^{-1} 左右处出现特征峰

—$(CH_3)_n$-（$n \geqslant 4$）：在 722 ~ 744 cm^{-1} 出现吸收峰

—$(CH_2)_n$-（$n < 4$）：吸收移向高波数方向

环丙烷由于键角变小，C—H 的伸缩振动移向 3 050 cm^{-1}

（2）烯烃：

$\nu_{C—H}$ 3 095 ~ 3 010 cm^{-1}（中）

$\nu_{C=C}$ 1 680 ~ 1 600 cm^{-1}，其强度和位置决定了双键碳上的取代基和双键的共轭情况，对称性强其峰就弱，共轭使峰增强，波数则略低。

在 980 ~ 650 cm^{-1} 出现弯曲振动吸收峰，由此可以判断取代基数目、性质以及顺反异构等情况。

如：

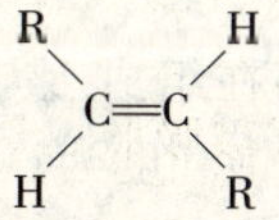
980 ~ 965 cm^{-1} 强

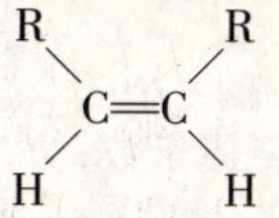
760 ~ 650 cm^{-1} 强

（3）炔烃：

$\nu_{\equiv C—H}$ 3 320 ~ 3 310 cm^{-1}（强）尖吸收峰

$\nu_{C\equiv C}$ 2 100 ~ 2 200 cm^{-1}，乙炔与对称二取代乙炔因分子对称在红外光谱中没有吸收峰，因此有时即使有 C≡C 存在，在光谱中不一定能看到。

$\delta_{\equiv C—H}$ 600 ~ 700cm^{-1} 的弯曲振动吸收，对于结构鉴定非常有用。

（4）芳香烃：

$\nu_{=C—H}$ 在 3 080 ~ 3 030 cm^{-1} 与烯氢的 $\nu_{=C—H}$ 相近。

$\nu_{C=C}$ 正常情况下苯环的骨架振动有四条谱带，分别约为 1 600 cm^{-1}，1 585 cm^{-1}，

1 500 cm ⁻1，1 450 cm^{-1}。归因于C═C的面内振动（陈耀祖，《有机分析》，P600）；有时芳环骨架的拉伸振动吸收位置在1 625～1 575 cm^{-1}（中）和1 525～1 475 cm^{-1}（强）有两个吸收峰（邢其毅，《基础有机化学》，P203）。

$\delta_{C—H}$ 在900～700 cm^{-1}出现苯环氢面外变形振动峰，是识别苯环上取代基位置和数目的极其重要的特征峰。取代基越多，$\delta_{C—H}$ 频率越高。

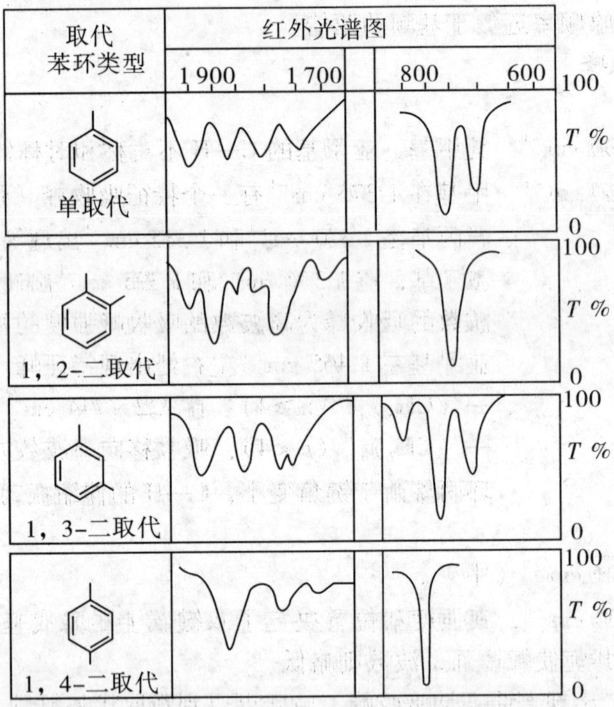

15.3.3 红外光谱解析举例

不饱和度（Ω）：所谓不饱和度是指该化合物在组成上与饱和化合物所相差一价元素（H）成对的数目。设化合物CnHmNaObScXd的不饱和度为：

$$\Omega=[(2n+2)-(m-a+d)]/2$$

n：碳原子数；m：氢原子数；a：氮原子数；d：卤原子数。

二价的氧、硫等原子数一般不必考虑。

一个双键，一个脂肪环的不饱和度等于1；

一个三键的不饱和度等于2；

一个苯环的不饱和度等于4。

例1：某化合物分子式为$C_{11}H_{24}$，红外光谱如下，确定其结构。

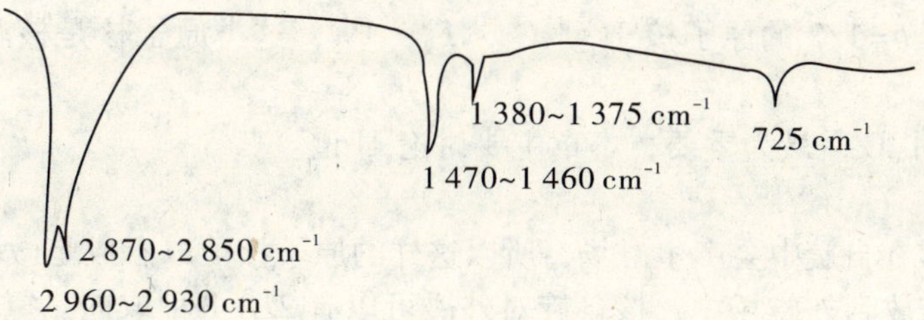

不饱和度为 $\Omega=(2\times 11+2-24)/2=0$，说明为开键饱和烃。

2 960 ~ 2 850 cm^{-1} 处有两个强峰为甲基和亚甲基的 $\nu_{C—H}$

1 380 ~ 1 375 cm^{-1} 处有一个峰为—CH_3，$\delta_{C—H}$

1 470 ~ 1 460 cm^{-1} 处有一个峰为—CH_2—，$\delta_{C—H}$

725 cm^{-1} 处吸收峰为—(CH_2) n—，≥4 的 $\delta_{C—H}$ 说明为直链烷烃。

无异丙基、叔丁基的吸收峰，因此为正烷烃，为正十一烷。

例 2：分子式为 C_7H_8，IR：

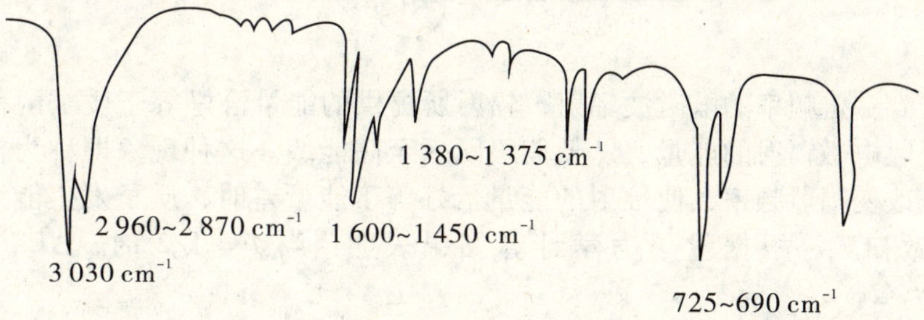

不饱和度为 $\Omega=[(2\times 7+2)-8]/2=4$，可能含苯环。

1 600 ~ 1 450 cm^{-1} 三组吸收峰，为苯环的 $\nu_{C═C}$，3 030 cm^{-1} 为苯环的 $\nu_{C—H}$。

C_7H_8—C_6H_5══—CH_3

2 960 ~ 2 870 cm^{-1} 有一个吸收峰为—CH_3 的 $\nu_{C—H}$，1 380 ~ 1 375 cm^{-1} 有一个吸收峰甲基 $\delta_{C—H}$。

725 ~ 690 cm^{-1} 有两个强吸收峰，说明为单取代芳烃，推测结构为甲苯。

15.4　核磁共振谱

自 20 世纪 50 年代初广泛用红外光谱以后，有机化学获得了很大的裨益。对未知物来说，红外光谱能给出所含的官能团，指出是什么类型的化合物，而 60 年代发展起来的核磁共振谱却有助于指出是什么化合物。利用核磁共振谱，能推断化合物的结构，因此，现已成为测定有机化合物的重要手段。

15.4.1　基本知识

1. 原子核的自旋及其磁性

原子核除有质量、电荷外，还具有自旋角动量 p 为：$p=h/2\pi\ [I\ (I+1)]^{1/2}$（h：普朗克常数，$I$：自旋量子数）从原则上说，凡是自旋量子数不等于 0 的原子核，具有磁矩，都可发生核磁共振。$I=1/2$ 的原子核$^{1}H_{1}$，$^{13}C_{6}$，$^{19}F_{9}$，$^{31}P_{15}$，这类原子核是核磁共振研究的最适宜的对象。

目前以氢谱和^{13}C 谱最为重要，本章主要讨论^{1}H 谱。

2. 核磁共振

$I>0$ 的原子核在自旋中会产生磁场，所以这样的原子核可以看成是微小的磁铁。如果把这样带有磁性的核放到外磁场中，核自旋对外磁可以有 $2I+1$ 种取向。氢原子核的 $I=1/2$，因此只有两种取向：$+1/2$，$-1/2$，即与外磁场同向和与外磁场反向。前者能量低，后者能量高。

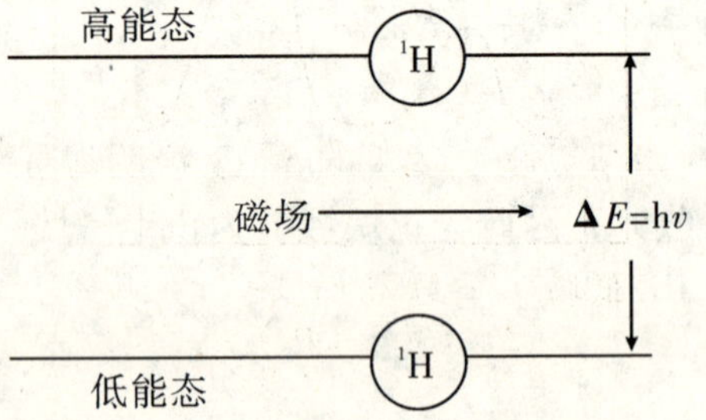

若质子受到一定频率的电磁波辐射，辐射所提供的能量恰好等于质子两种取向的能量差，质子就吸收电磁辐射的能量，从低能级跃迁至高能级。这种现象即称为核磁共振。这种磁场不变，改变辐射频率，使辐射的能量恰好等于能量差时，质子发生能级跃迁，产生共振，这叫做扫频。根据量子力学计算结果表明：当 $I=1/2$ 时，ΔE 与 H_0 的关系为：$\Delta E=\gamma hH_0/2\pi$

γ：磁旋比；h：普朗克常数；H_0：磁场强度。

由上面两个式子可以导出频率的表达式：$\Delta E=h\nu=\gamma hH_0/2\pi$

$$\nu=\gamma H_0/2\pi$$

在这个关系中，有两个变数：H_0 和 ν，所以从理论上讲，无论改变外界磁场的强度 H_0 或改变辐射能的频率均可达到上述关系：$\Delta E=h\nu=\gamma hH_0/2\pi$。

在这种条件下，与外磁场平行排列的原子核就吸收能量，翻转过来变为反平行的，即发生了所谓的“共振”，事实上，现在一般的仪器是改变磁场的强度（以高斯计）而将无线电波的频率固定不变。这样得到的能量吸收曲线，它的吸收峰就相当于 $\nu=\gamma H_0/2\pi$ 共振时的吸收，这叫做扫场。

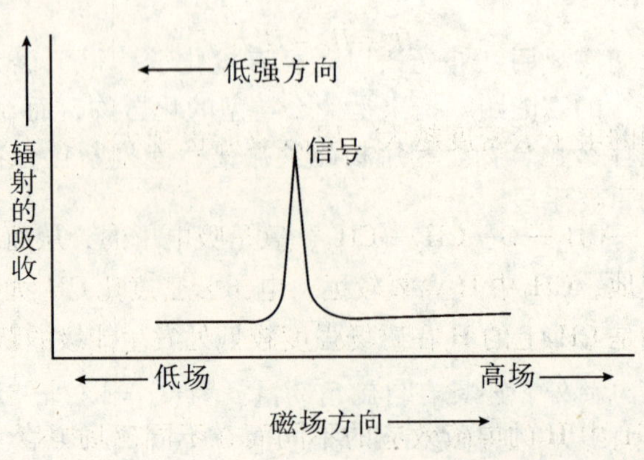

15. 4. 2　屏蔽效应和化学位移

1. 屏蔽效应（作用）

对相同的核来说，γ 为常数，在一个有机分子中的全部氢质子在同一磁场强度下吸收，只有一个信号，但实际不是这样。如乙醚：

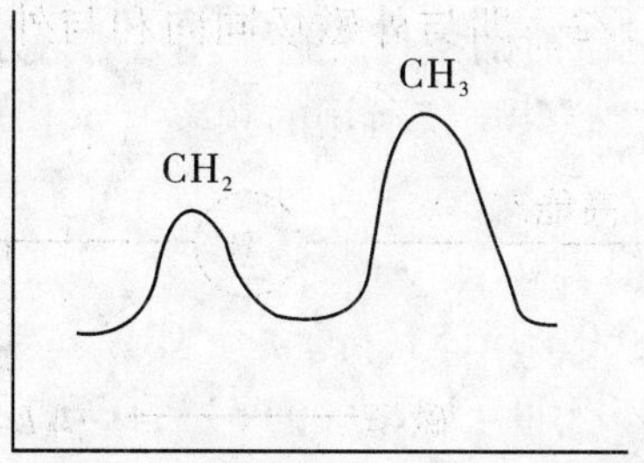

对乙醚样品进行扫场，磁场强度由低至高，首先出现 CH_2 基中 H 的信号，其次是 CH_3 中 H 的信号，即出现了两种不同 H 的信号，在图谱上就是两个吸收峰。

这是因为在有机化合物分子中的质子周围还有电子，而不同类型的 H 周围电子云密度不一样，在外加磁场的作用下，引起了电子环流，在环流中产生另一个磁场，即感应磁场。电子围绕质子所产生的这个感应磁场，使质子产生对抗磁场，磁场方向与外界磁场方向相反。

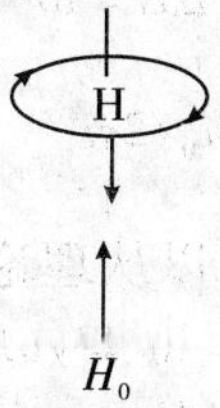

于是，质子所感应到的外界磁场强度减弱了，即实际上作用于质子的磁场强度 H_i 比 H_0 要小一点（百万分之几）。这时，我们说质子受到屏蔽作用。

$$H_i = H_0 - H_{感应}$$

所以，在质子周围的电子云密度越大，屏蔽效应也越大，即在更高的磁场强度中才发生共振。

在乙醚分子中 $CH_3—CH_2—O—CH_2—CH_3$，氧是吸电子的，从而减少了它两侧的 CH_2 中 H 的电子云密度，相应地，CH_3 中 H 离氧较远，电子云密度比 CH_2 大，就是 CH_3 的屏蔽效应比 CH_2 要强些，其结果是 CH_2 上的 H 在磁场强度较低处发生能级的跃迁。

2. 化学位移

这种由于 CH_2 和 CH_3 中 H 的屏蔽效应的不同而在不同磁场强度下产生共振，称作化学位移。化学位移的大小，可采用一个标准化合物为原点，测出峰与原点的距离，就是该峰的化学位移。现在一般采用四甲硅烷（$(CH_3)_4S$）（TMS）为标准化合物。

化学位移是依赖于磁场的强度，如射频为60 MHz的核磁共振仪，磁场强度为14 100高斯，频率为100 MHz的核磁共振仪，磁场强度为23 500高斯。

如用60 MHz的核磁共振仪，乙醚中CH_3和CH_2的H相对TMS为69 Hz和202 Hz。

如用100 MHz的核磁共振仪，乙醚中CH_3和CH_2的H相对TMS为115 Hz和337 Hz。

为了使化学位移不依赖于测定时的条件，通常用δ来表示。δ的定义为：

δ = [（ν样品 - νTMS）/核磁共振仪所用的频率] $\times 10^6$ = [$\Delta\nu$（Hz）/ν（MHz）] $\times 10^6$，单位：ppm。

设标准化合物的TMS的δ值为0。

用60 MHz的：CH_3：$\delta = 69/60 = 1.15$（ppm）　CH_2：$\delta = 202/60 = 3.37$（ppm）

用100 MHz的：CH_3：$\delta = 115/100 = 1.15$（ppm）　CH_2：$\delta = 337/100 = 3.37$（ppm）

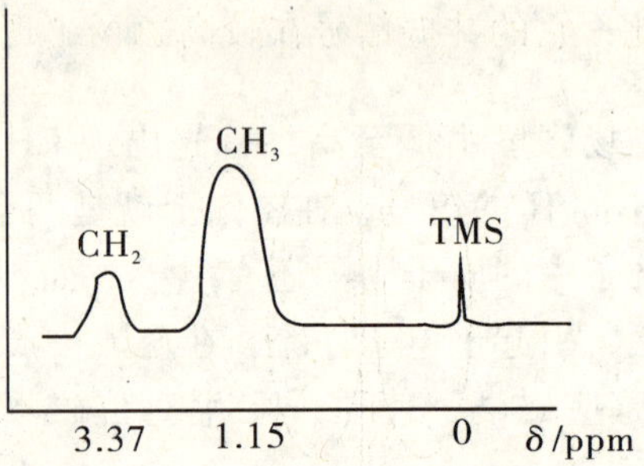

TMS为0，在标准之右为正值，在标准之左为负值，δ值与屏蔽作用成反比，δ值越大，表明H所受到的屏蔽作用越小。

3. 化学位移与分子结构

化学位移产生的原因是由于核外周围电子的抗磁屏蔽作用，现将影响屏蔽效应的结构因素简述于下：

（1）电负性。屏蔽效应的大小与质子周围的电子云密度成正比，就是质子周围的电子云密度越高，屏蔽效应越大，δ值越小；电子云密度越低，则δ值越大。与质子连接的原子如果电负性较强，即吸电子能力较大，致使质子周围的电子云密度减弱，于是有较小的屏蔽效应和较大的δ值。如：

电负性	C 2.5	N 3.0	O 3.5	I 2.5	Br 2.8	Cl 3.0	F 4.0
δ值	C—CH_3	N—CH_3	O—CH_3	I—CH_3	Br—CH_3	Cl—CH_3	F—CH_3
ppm	0.77 ~ 1.88	2.12 ~ 3.10	3.24 ~ 4.02	2.16	2.68	3.05	4.26

（2）各向异性效应。质子外围的电子云密度是决定其化学位移的主要因素。但是，化学键的各向异性效应也对质子化学位移有主要影响。在分子中处于某一化学键（单、双、叁和大π键）的不同空间位置上的核（^1H）受到不同的屏蔽作用，这种现象称为各向异性

效应。这是因为由电子构成的化学键在外磁场的作用下，产生一个各向异构的附加磁场，使得某些位置上的核受到屏蔽，而另一些位置的核则为去屏蔽。

①双键的各向异性效应。双键的电子云垂直于双键平面，所以，在双键上、下的^{1}H 就处于其电子云屏蔽区，而在双键平面内的^{1}H 处于去屏蔽区。

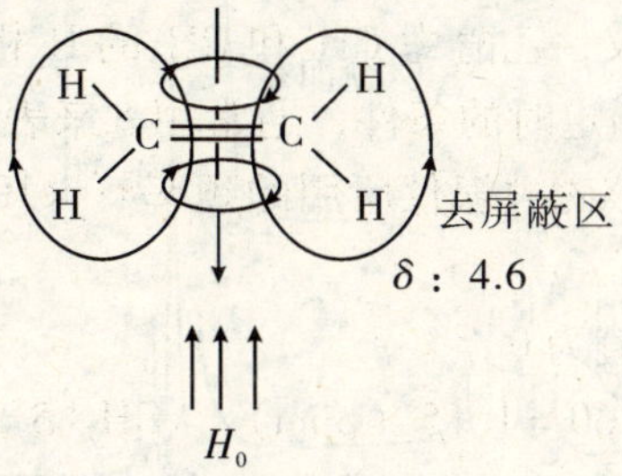

②叁键的各向异性效应。叁键的电子云是以叁键为轴心的圆柱体，炔键质子处在这一轴线上，受到屏蔽效应。因此，它的共振信号在较高磁场出现，其δ值低于烯键氢。

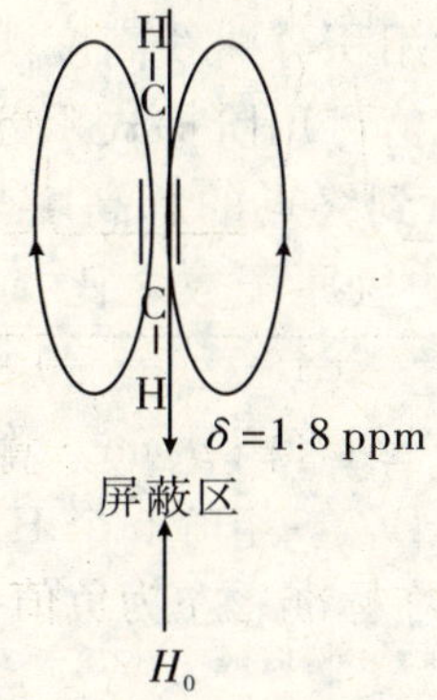

③芳环环电流效应。芳环的电子云可以看作为上下两个面包圈形的 π 电子环流。环流半径与环半径相同，距离苯环平面为 0. 128 nm，在苯环平面上下位置产生抗磁性磁场，这种现象叫做环电流效应。由于这个效应，在芳香环平面侧的质子受到去屏蔽。所以芳环质子发生共振位置较低，其δ值一般为 7 ppm 左右。

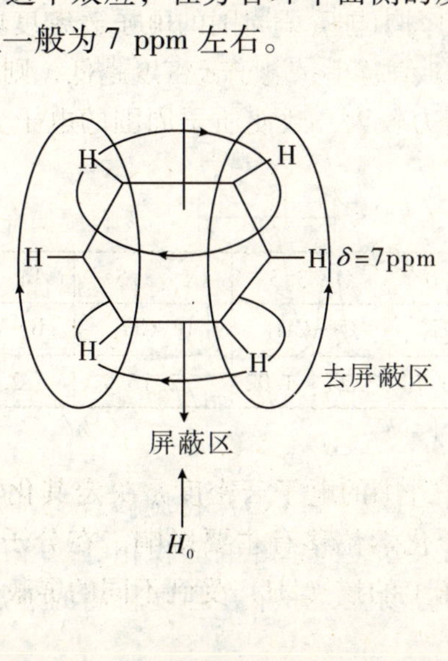

15.4.3 峰面积与氢原子数目

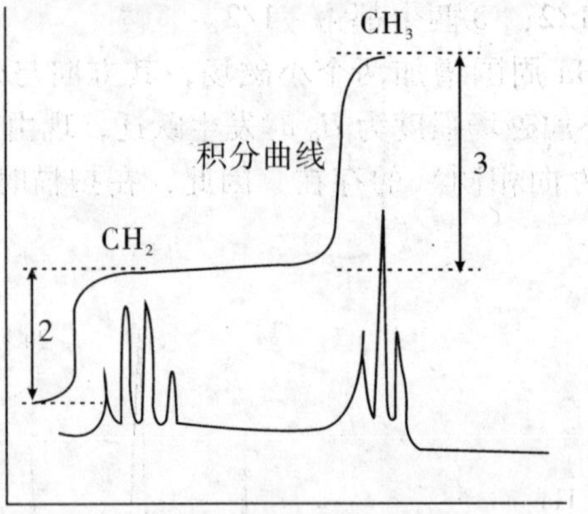

两个组峰的峰面积是不同的，衡量其面积之比是3∶2，恰好是CH_3和CH_2基中氢原子数之比。核磁共振谱不仅揭示了各种不同H的化学位移，还表示了各种不同H的数目。

衡量共振峰面积的方法现在是采用积分曲线高度法，核磁共振仪上带的自动积分仪对各峰的面积进行自动积分，得到的数值可用阶梯式积分曲线高度表示出来。积分曲线的画法是由低场到高场，从积分曲线起点到终点的总高度与分子中全部氢原子的数目成比例。每一阶梯的高度表示引起该共振峰的氢原子数之比，其高度比可以用坐标纸方格数（或cm）来表示。如：

乙醚的NMR，一组峰高2 cm，一组峰高3 cm，总高5 cm。乙醚分子含10个氢原子，则10/5 =2（个/厘米），一组峰4个H，一组峰6个H。

15.4.4 峰的裂分和自旋偶合

应用高分辨的现代核磁共振仪来测乙醚的谱图（低分辨），原来的两个峰各分裂成四重峰和三重峰，这种情况叫做峰的裂分现象。

1. 吸收峰为什么会发生裂分

这是由相邻两个碳上质子之间的自旋偶合（自旋干扰）引起的。如一个质子共振峰不受相邻的另一个氢质子的自旋偶合时，表现为一个单峰。

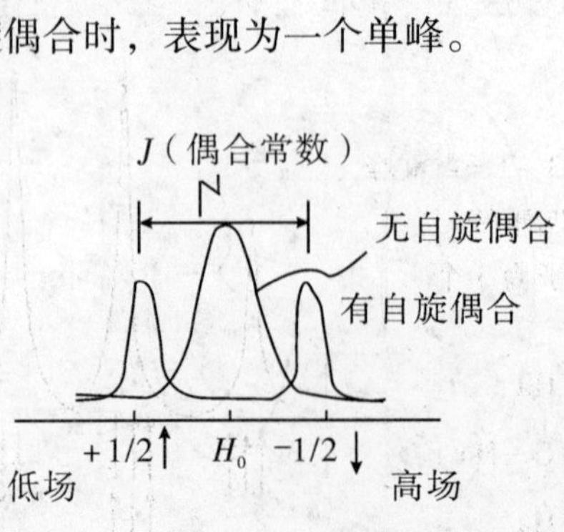

若受其（相邻一个质子，+1/2，-1/2）自旋偶合时，则裂分为一组二重峰，该二重峰强度相等，其总面积正好和未分裂的单峰的面积相等。峰位则对称分布在未分裂的单峰两侧，一个在强度较低的外加磁场区，一个在强度较高的外加磁场区。这是由于受附近质子自旋影响的结果。

乙醚分子中 CH_3 上的 H（用 Ha 代表）附近有 CH_2（用 Hb 代表），两个 Hb 的自旋有三种组合方式：①两个 Hb 自旋量子数都是 +1/2；②一个 Hb 为 +1/2，另一个为 -1/2 和一个为 -1/2，另一个为 +1/2；③两个都为 -1/2。

第一种组合：等于在 Ha 周围增加两个小磁场，其方向与外加磁场相同。假定在没有 Hb 存在的情况下，Ha 在外加磁场强度为 H_0 时发生跃迁，现由于两个 Hb（+1/2，+1/2）两个小磁场（与外加磁场方向相同）的存在，因此，在扫描时，外加磁场强度比 H_0 略小时，即发生能级的跃迁。

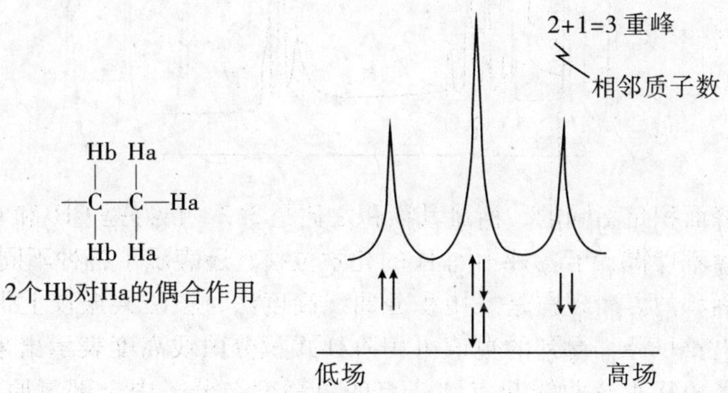

第二种组合：等于增加了两个方向相反、强度相等的小磁场，对 Ha 周围的磁场强度等于没有影响。

第三种组合：相当于增加两个方向与外加磁场相反的小磁场。因此，在扫描时，外加磁场的强度比 H_0 略大时（H 外 = H_0 + 克服两个 Hb 产生的与外加磁场方向相反的小磁场的强度），Ha 才发生能级的跃迁。

样品中乙醚分子的数目非常大，两个 Hb 的这三种自旋组合方式的乙醚分子都存在（其数目比为 1∶2∶1），对乙醚样品进行扫描时，CH_3 上的 H 就产生三重峰，其面积比为 1∶2∶1。

同理，CH_2 上的 Hb 在 CH_3 上的三个 Ha 的影响下，其信号分裂为四重峰，其面积比为1∶3∶3∶1。

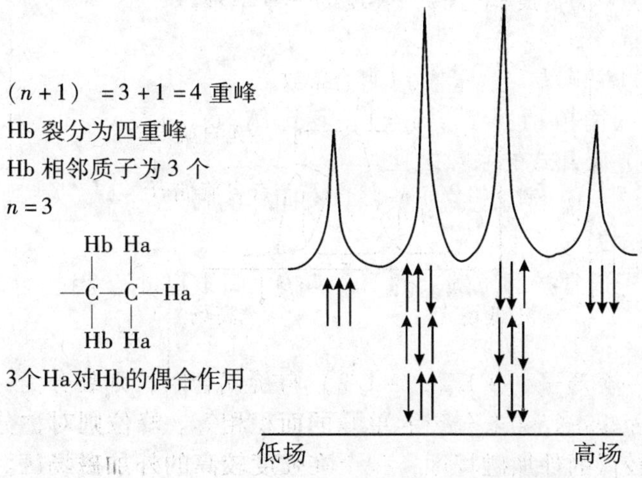

分子中邻近碳上的 H 之间自旋的相互影响称为自旋偶合。

2. 偶合常数

自旋偶合使核磁共振谱中信号分裂为多重峰。如乙醚：

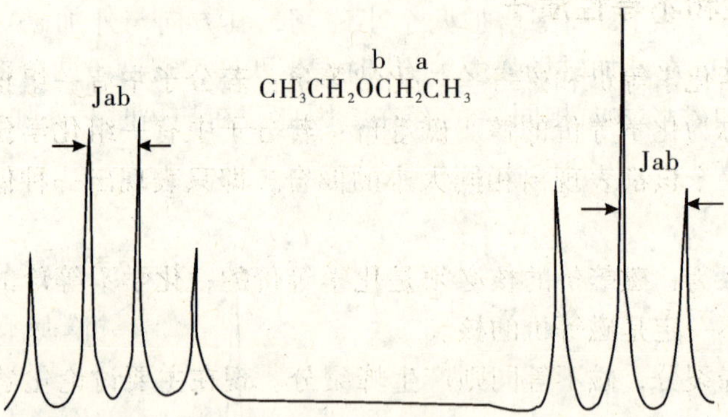

相邻两个裂分峰之间的距离称为偶合常数（J），其单位为 Hz。

（1）表示两个质子间相互干扰的强度。J_{ab} 的大小与磁场 H_0 的强度无关，它的大小由核之间的偶合及分子本身的结构决定。

（2）相互干扰的两个质子，其偶合常数必然相等。根据偶合常数是否相等可以判断哪些质子之间发生了相互偶合。

（3）当两组峰（Ha 和 Hb）化学位移之差（$\Delta\nu$）与偶合常数（J_{ab}）之比大于 6 时，即 $\Delta\nu/J>6$，则符合（$n+1$）裂分规律和裂分峰面积的强度比。

（4）当 $\Delta\nu$ 接近或小于 J_{ab}时，便会出现复杂得多的重峰。

（5）在化学结构上为等性的 H（如—CH_3 上的 3 个 H，其 $J=0$）相互之间不产生信号的自旋裂分。

3. 裂分规则

（1）（$n+1$）规则，只有自旋偶合的邻近 H 原子都相同时才适用（$n+1$）规则。如：$(CH_3)_2CHCl$，CH_3—的共振峰为 $1+1=2$，为二重峰，因为它的邻近基团 $CHCl_2$ 上只有一个 H；—$CHCl_2$的共振峰为 $6+1=7$，为七重峰，因为它的邻近基团上有六个相同的 H。

（2）如果自旋偶合的邻近 H 原子不同时，裂分的数目为（$n+1$）（$n'+1$）（$n''+1$）。如：$Cl_2CHCH_2CHBr_2$，CH_2 因邻近的 H（—$CHCl_2$，—$CHBr_2$）不同，则共振峰的裂分为（$1+1$）（$1+1$）$=4$，为四重峰。

4. 裂分面积的相对强度

（1）在($n+1$)的简单情况下，$n=1$，其比例为 1∶1；$n=2$，为 1∶2∶1；$n=3$，为 1∶3∶3∶1。为（$a+b$）^{n}展开式的系数之比。

（2）在($1+1$)($1+1$)的情况，四重峰具有同样的强度。

5. 自旋偶合的限度

（1）邻近 H 原子通常指邻位碳上的 H，两核之间不超过三个键。如：

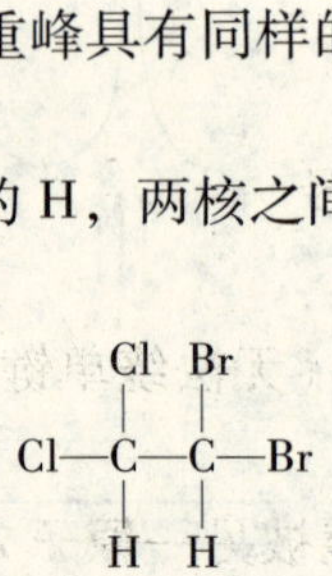

(2) 如果H较活泼，在正常情况下，H只有单峰，如 CH_3OH 中OH的H，CH_3—都是单峰。如用极纯的醇，用一定溶剂如 $(CD_3)_2SO$ 使活动变慢，则 CH_3 有双峰，OH有四重峰。

15.4.5　等性和不等性质子

核的等价性包括化学等价和磁等价。化学等价：若分子中有一组核，它们的化学位移相等，则这一组核称为化学等价的核。磁等价：若分子中有一组化学位移相同的核，它们对分子中组外任何一个核都表现出相同大小的偶合，即只表现出一种偶合常数，则这一组核称为磁等价的核。

它们之间的关系为：磁等价的核必须是化学等价的；化学不等价的核一定是磁不等价的；化学等价的核不一定是磁等价的核。

磁等同不产生峰裂分，磁不等同则产生峰裂分。现在主要讨论化学等价（等性）和磁等价一致的质子。

如等性质子用同样字母表示：

$CH_3CH_2CH_2Cl$	$CH_3CH_2CH_2Cl$	$CH_3CH_2CH_2Cl$
a　b　c	a　b　c	a　b　c
3种核磁共振信号	3种核磁共振信号	3种核磁共振信号

既然是化学等性的质子，也必须是立体化学等性的，因此也能很容易地分析下列式子：

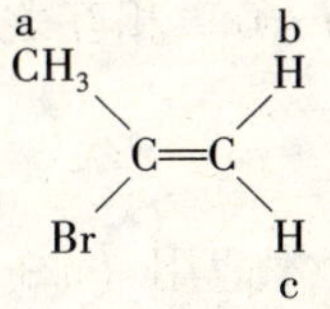

3种信号

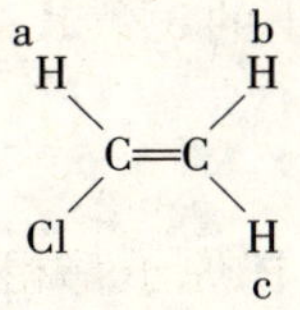

3种信号

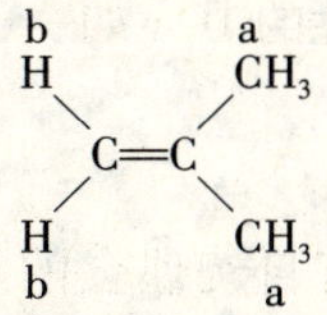

2种核磁共振信号

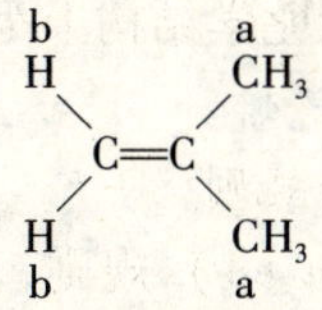

2种核磁共振信号

1，2-二氯丙烷给出四个核磁共振信号，这只需用模型或立体化学式就可以看出确实是这样。

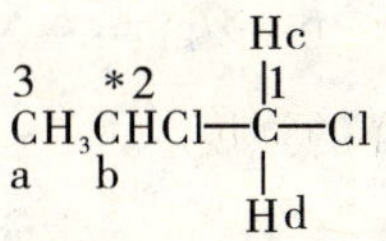

4种核磁共振信号

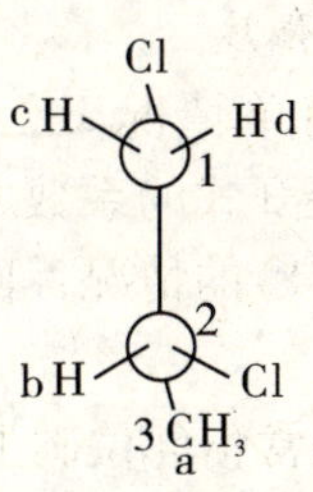

C-1上两个质子的环境是不同的（无法绕单键旋转使之相同）。这两个质子不是等性的，因此将在不同的磁场强度下吸收。

判别等性质子的办法：各质子轮流被另一原子Z取代，假如两个质子中的任何一个被

Z 取代后得到同样的产物（或对映体)，那么这两个质子是化学等性的。我们不考虑构象异体的存在。

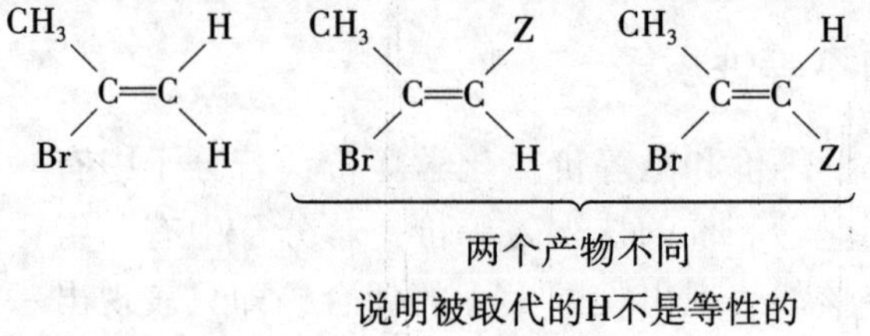

15.4.6 核磁共振谱举例

例 1：1，2 - 二溴乙烷

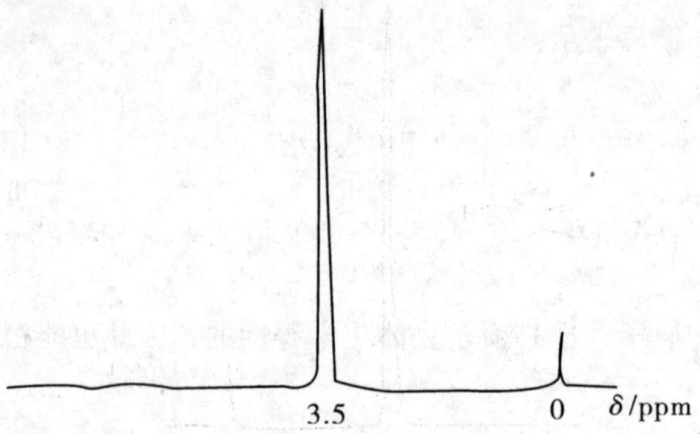

例 2：乙烷

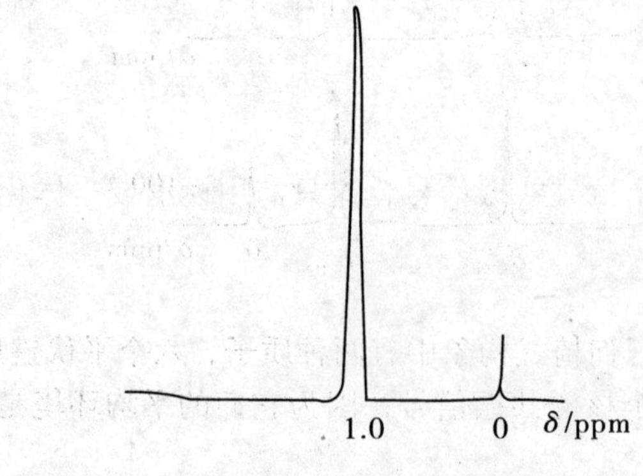

例 3：对二甲苯

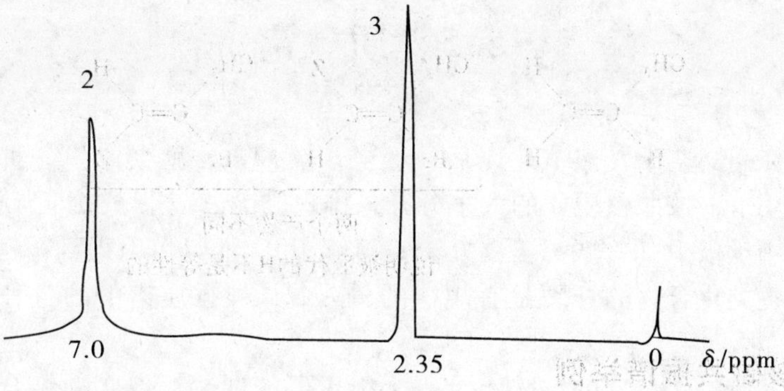

例 4：环己烷

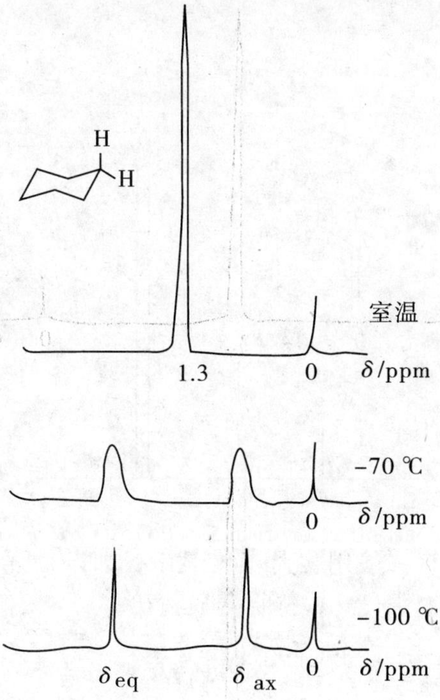

两个椅式快速转换，在任何椅式构象中有两种质子，六个平伏键质子和六个直立质子，但是全部十二个质子只有一个核磁共振信号，因为它们的平均环境是相同的，一半是平伏键，一半是直立键。

如果（用降低温度的方法）能使围绕单键的旋转降低到很慢，就可预料所得到的核磁共振谱将反映出每一构象的质子的“瞬间”环境，情况确实如此。例如：环己烷在冷却时，在室温时看到的一个尖峰就变宽了，在约 −70 ℃时，分裂成两个峰，后者在 −100 ℃时就明显分开了：一个峰代表直立键质子，另一个峰代表平伏键质子。（莫里森，《有机化学》，P364；伍越寰，《有机结构分析》，P63）

范德华效应：两个原子非常靠近时，带有负电荷的电子云就互相排斥，结果这些原子周围的电子密度就要减小，从而对质子的屏蔽效应显著下降，使 δ 值往低场移动，这种效

应称为范德华效应。(陈耀祖,《有机分析》, P639～640)

15.5 质 谱

有机化合物在高真空中受热汽化以后,经电子流冲击,就会产生各种阳离子,在电场和磁场的综合作用下,按照核质比的大小分开,排列成谱,记录下来即为质谱。

质谱的样品用量极少(一般只需要几微克就够了),而且可以得到精密的相对分子质量和分子式。另外各类化合物的开裂是有规律的,因此,根据质谱中的各种阳离子可得到结构的线索。

应用质谱研究有机化合物的结构,是一个很重要的课题,但必须结合紫外光谱、红外光谱、核磁共振谱等物理仪器及化学反应结果进行综合判断,才能得到正确结论。

15.5.1 甲苯的质谱图

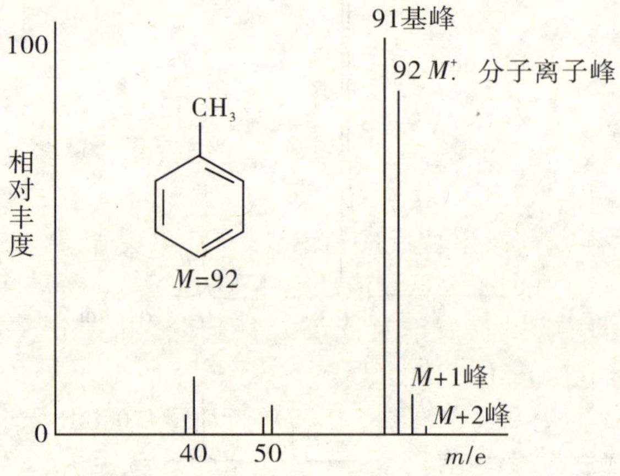

纵坐标表示离子的强度,一般用相对丰度表示,即以最强峰(基峰)为100,其他的峰则以此为标准,确定其相对强度,横坐标是质荷比。

15.5.2 分子离子峰及分子离子峰的确定

(1)一个分子不论通过何种电离方法,使其丢失了一个外层电子而形成带正电荷的粒子,称为分子离子。

$$M \xrightarrow{-e} M^{+\cdot}$$

在质谱中,由分子离子所形成的峰,即为分子离子峰。在通常情况下,失去一个电子的分子离子,其质荷比是质量数被1除,即 $m/1$。因而,分子离子峰的质荷比就是样品的相对分子质量。所以,可应用质谱测定有机化合物的相对分子质量。

(2)通常判断分子离子峰的方法如下:一般最大的质荷比就是分子离子峰。但是分子离子如果不稳定,在质谱上就不出现分子离子峰。

15.5.3　同位素离子峰

在有机物中^{12}C的含量实际上只有98.92%，其余的1.08%是^{13}C。如甲烷除了质量为16的分子离子峰（$M^{+\cdot}$）外，还出现质量为17的信号，其相对丰度约1.1%。这个丰度较小的峰称作同位素峰，即（$M+1$）峰，是由1.08%的$^{13}CH_4$或CH_3D引起的。

习　题

1. 某化合物A具有分子式$C_6H_{12}O_3$，在1 710 cm^{-1}处有强的红外吸收峰。A用碘的氢氧化钠溶液处理时，得到黄色沉淀。与Tollens试剂不发生银镜反应。然而A先用稀硫酸处理，然后再与Tollens试剂作用有银镜产生。A的核磁共振谱数据如下：δ 2.1（3H）单峰，δ 2.6（2H）二重峰，δ 3.2（6H）单峰，δ 4.7（1H）三重峰。试推测A的结构。

2. 化合物A的相对分子质量为100，与$NaBH_4$作用后得B，相对分子质量为102。B的蒸气于高温通过Al_2O_3可得C，相对分子质量为84，C经臭氧化还原水解得D和E，D能发生碘仿反应而E不能。试根据以上化学反应和A的如下图谱数据，推测A，B，C，D，E的结构。

A的IR：1 712 cm^{-1}，1 383 cm^{-1}，1 376 cm^{-1}。

A的NMR：	δ：	1.00	1.13	2.13	3.52
	峰型：	三重峰	二重峰	四重峰	多重峰
	峰面积：	7.1	13.9	4.5	2.3

3. 化合物A（$C_7H_{15}N$）和碘甲烷反应得B（$C_8H_{18}NI$），B和AgOH水悬浮液加热得C（$C_8H_{17}N$），C再和碘甲烷、AgOH水悬浮液加热得D（C_6H_{10}）和三甲胺，D能吸收2摩尔H_2而得E（C_6H_{14}），E的核磁共振氢谱只显示一个七重峰和一个二重峰，它们的相对峰面积比是1:6，试推断A，B，C，D，E的结构。

4. 某分子式$C_5H_{12}O$的化合物，含有5组不等性质子从NMR光谱图中见到：

a. 在$\delta=0.9$处出现二重峰（6H）；

b. 在$\delta=1.6$处出现多重峰（1H）；

c. 在$\delta=2.6$处出现多重峰（1H）；

d. 在$\delta=3.6$处出现单峰（1H）；

e. 在$\delta=1.1$处出现二重峰（3H）。

5. 某化合物分子式为C_3H_6Cl，其核磁共振谱在化学位移的3.4处有一组七重峰，在1.27处有一组二重峰，试判断它的构造式，并指出相应的吸收峰。

6. 化合物（A）分子式为$C_{10}H_{14}O$，能溶于NaOH水溶液，而不溶于$NaHCO_3$水溶液，（A）跟溴水反应产生化合物$C_{10}H_{12}Br_2O$。（A）R的NMR光谱图中$\delta=1.3$（9H）单峰；$\delta=4.9$（1H）单峰；$\delta=7.0$（4H）多峰。（A）的结构是什么？写出推导过程。

7. 化合物A，B分子式均为$C_{10}H_{12}O$。IR在1 720 cm^{-1}处均有强吸收峰，^1H—NMR（δ，ppm）：A：7.2（5H），3.6（单峰，2H），2.3（四重峰，2H），1.0（三重峰，3H）；B：7.1（5H），2.7（三重峰，2H），2.6（三重峰，2H），1.9（单峰，3H）。试写出A，B的构造式，并指出^1H—NMR化学位移的归属。

8. 利用什么波谱分析法可以区别化合物PhCH ═CHCH$_2$OH和PhCH ═CHCHO，简述原因。

参考文献

1．邢其毅，徐瑞秋，周政，裴伟伟．基础有机化学（上、下册）．第二版．北京：高等教育出版社，1994.

2．胡宏纹．有机化学．第二版．北京：高等教育出版社，1990.

3．高鸿宾．有机化学简明教程．天津：天津大学出版社，2001.

4．徐寿昌．有机化学．第二版．北京：高等教育出版社，1993.

5．［美］莫里森 R. T.，博伊德 R. N．有机化学（上、下册）．第二版．复旦大学化学系有机化学教研室译．北京：科学出版社，1992.

6．汪小兰．有机化学．第三版．北京：高等教育出版社，1996.

7．［英］赛克斯．有机化学反应机理指南．王世春译．北京：科学出版社，1983.

8．邢其毅，徐瑞秋，裴伟伟．基础有机化学习题解答与解题示例．北京：北京大学出版社，1998.

9．杨悟子，金素文．有机化学习题——反应纵横、习题解答．上海：华东理工大学出版社，1993.

10．尚振海．有机反应中的电子效应．北京：高等教育出版社，1992.

11．蒋硕健，丁有骏，李旺谦．有机化学（上册）．北京：北京大学出版社，1989.